中国国家标准汇编

546

GB 28699～28722

（2012 年制定）

中国标准出版社　编

中国标准出版社

北　京

图书在版编目(CIP)数据

中国国家标准汇编:2012年制定.546:
GB 28699～28722/中国标准出版社编.—北京:
中国标准出版社,2013.11
ISBN 978-7-5066-7260-3

Ⅰ.①中… Ⅱ.①中… Ⅲ.①国家标准-
汇编-中国-2012 Ⅳ.①T-652.1

中国版本图书馆CIP数据核字(2013)第186460号

中国标准出版社出版发行
北京市朝阳区和平里西街甲2号(100013)
北京市西城区三里河北街16号(100045)

网址 www.spc.net.cn
总编室:(010)64275323 发行中心:(010)51780235
读者服务部:(010)68523946
中国标准出版社秦皇岛印刷厂印刷
各地新华书店经销

*

开本 880×1230 1/16 印张 35.75 字数 1 081 千字
2013年11月第一版 2013年11月第一次印刷

*

定价 220.00 元

出 版 说 明

1.《中国国家标准汇编》是一部大型综合性国家标准全集。自1983年起，按国家标准顺序号以精装本、平装本两种装帧形式陆续分册汇编出版。它在一定程度上反映了我国建国以来标准化事业发展的基本情况和主要成就，是各级标准化管理机构，工矿企事业单位，农林牧副渔系统，科研、设计、教学等部门必不可少的工具书。

2.《中国国家标准汇编》收入我国每年正式发布的全部国家标准，分为"制定"卷和"修订"卷两种编辑版本。

"制定"卷收入上一年度我国发布的、新制定的国家标准，顺延前年度标准编号分成若干分册，封面和书脊上注明"20××年制定"字样及分册号，分册号一直连续。各分册中的标准是按照标准编号顺序连续排列的，如有标准顺序号缺号的，除特殊情况注明外，暂为空号。

"修订"卷收入上一年度我国发布的、被修订的国家标准，视篇幅分设若干分册，但与"制定"卷分册号无关联，仅在封面和书脊上注明"20××年修订-1,-2,-3,……"字样。"修订"卷各分册中的标准，仍按标准编号顺序排列(但不连续)；如有遗漏的，均在当年最后一分册中补齐。需提请读者注意的是，个别非顺延前年度标准编号的新制定的国家标准没有收入在"制定"卷中，而是收入在"修订"卷中。

读者配套购买《中国国家标准汇编》"制定"卷和"修订"卷则可收齐由我社出版的上一年度我国制定和修订的全部国家标准。

3.由于读者需求的变化，自1996年起，《中国国家标准汇编》仅出版精装本。

4.2012年我国制修订国家标准共2 101项。本分册为"2012年制定"卷第546分册，收入国家标准GB 28699～28722的最新版本。

中国标准出版社

2013年8月

目　录

GB/T 28699—2012　钢结构防护涂装通用技术条件 …………………………………………… 1
GB/T 28700—2012　SWZ 型整体轴承座十字轴式万向联轴器 ……………………………… 29
GB/T 28701—2012　胀紧联结套……………………………………………………………… 55
GB/T 28702—2012　球墨铸铁用球化剂 ……………………………………………………… 131
GB/T 28703—2012　圆柱螺纹检测方法 ……………………………………………………… 137
GB/T 28704—2012　无损检测　磁致伸缩超声导波检测方法 ……………………………… 195
GB/T 28705—2012　无损检测　脉冲涡流检测方法 ………………………………………… 207
GB/T 28706—2012　无损检测　机械及电气设备红外热成像检测方法 …………………… 219
GB/T 28707—2012　碟簧支吊架 ……………………………………………………………… 227
GB/T 28708—2012　管道工程用无缝及焊接钢管尺寸选用规定 …………………………… 287
GB 28709—2012　非公路旅游观光车　座椅安全带及其固定器 …………………………… 299
GB 28710—2012　非公路旅游观光车　前照灯 ……………………………………………… 307
GB/T 28711—2012　无动力类游乐设施　秋千 ……………………………………………… 319
GB/T 28712.1—2012　热交换器型式与基本参数　第 1 部分:浮头式热交换器……………… 351
GB/T 28712.2—2012　热交换器型式与基本参数　第 2 部分:固定管板式热交换器………… 375
GB/T 28712.3—2012　热交换器型式与基本参数　第 3 部分:U 形管式热交换器…………… 389
GB/T 28712.4—2012　热交换器型式与基本参数　第 4 部分:立式热虹吸式重沸器………… 399
GB/T 28712.5—2012　热交换器型式与基本参数　第 5 部分:螺旋板式热交换器…………… 407
GB/T 28712.6—2012　热交换器型式与基本参数　第 6 部分:空冷式热交换器……………… 423
GB/T 28713.1—2012　管壳式热交换器用强化传热元件　第 1 部分:螺纹管………………… 457
GB/T 28713.2—2012　管壳式热交换器用强化传热元件　第 2 部分:不锈钢波纹管………… 463
GB/T 28713.3—2012　管壳式热交换器用强化传热元件　第 3 部分:波节管………………… 477
GB/T 28714—2012　取水计量技术导则 ……………………………………………………… 484
GB/T 28715—2012　饲料添加剂酸性、中性蛋白酶活力的测定　分光光度法……………… 503
GB/T 28716—2012　饲料中玉米赤霉烯酮的测定　免疫亲和柱净化-高效液相色谱法 ……… 511
GB/T 28717—2012　饲料中丙二醛的测定　高效液相色谱法 ……………………………… 517
GB/T 28718—2012　饲料中 T-2 毒素的测定　免疫亲和柱净化-高效液相色谱法 ………… 523
GB/T 28719—2012　板式热交换器用橡胶密封垫片 ………………………………………… 529
GB/T 28720—2012　淀粉糖分类通则 ………………………………………………………… 535
GB/T 28721—2012　大气环境混凝土中钢筋的阴极保护 …………………………………… 541
GB/T 28722—2012　氨基酸中铁和铅的测定　原子吸收光谱法 …………………………… 559

ICS 25.220.60
A 29

中华人民共和国国家标准

GB/T 28699—2012

钢结构防护涂装通用技术条件

Steel structure protection general requirements of coatings

2012-09-03 发布 2013-03-01 实施

中华人民共和国国家质量监督检验检疫总局
中国国家标准化管理委员会 发布

前　　言

本标准按照 GB 1.1—2009 给出的规则起草。

本标准由中国机械工业联合会提出。

本标准由全国金属与非金属覆盖层标准化技术委员会(SAC/TC 57)归口。

本标准负责起草单位:武汉材料保护研究所。

本标准参加起草单位:佛山市科富科技有限公司、武船重型工程有限公司、武汉海德天物新材料有限公司、阿克苏诺贝尔防护涂料(苏州)有限公司、赫普(中国)有限公司、湖北省交通规则设计院、武汉市国漆有限公司、河南省八达防腐安装有限公司、江苏中远船舶配件有限公司、惠州市亿可化学工业有限公司、河南省四海科技防腐保温有限公司、上海暄洋化工材料科技有限公司、北京英达克工业涂料有限责任公司、武汉协同昌远涂装技术中心。

本标准主要起草人:常玉鑫、钟萍、黄新明、李君、武峰、常玮、贾建新、谢东、王勤、李荣俊、姚彦波、易大勇、刘海森、沈波、袁兴、李学平、杨进、江英、常珊、潘文干、万友萍、李海军、汪国庆、马柏祥、王秀华。

钢结构防护涂装通用技术条件

1 范围

本标准规定了钢结构防护涂装的涂层体系技术要求、检验方法、检测及验收规则及典型的涂层体系，规定了涂装作业的安全、卫生和环境保护的要求。

本标准适用于钢结构及钢结构附属件的防护涂装。

2 规范性引用文件

下列文件对于本文件的应用是必不可少的。凡是注日期的引用文件，仅注日期的版本适用于本文件。凡是不注日期的引用文件，其最新版本（包括所有的修改单）适用于本文件。

GB/T 1730 色漆和清漆 摆杆阻尼试验

GB/T 1732 漆膜耐冲击测定法

GB/T 1740 漆膜耐湿热测定法

GB/T 1766 色漆和清漆 涂层老化的评级方法

GB/T 1768 色漆和清漆 耐磨性的测定 旋转橡胶砂轮法

GB/T 1771 色漆和清漆 耐中性盐雾性能的测定

GB/T 4956 磁性基体上非磁性覆盖层 覆盖层厚度测量 磁性法

GB/T 5210 色漆和清漆 拉开法附着力试验

GB 6514—2008 涂装作业安全规程 涂漆工艺安全及其通风净化

GB/T 6742 色漆和清漆 弯曲试验（圆柱轴）

GB 7692—1999 涂漆作业安全规程 涂漆前处理工艺安全及其通风净化

GB/T 8264 涂装技术术语

GB/T 8923—1988 涂装前钢材表面锈蚀等级和除锈等级

GB/T 9271 色漆和清漆 标准试板

GB/T 9274 色漆和清漆 耐液体介质的测定

GB/T 9286 色漆和清漆 漆膜的划格试验

GB/T 9753 色清和清漆 杯突试验

GB/T 9793 金属和其他无机覆盖层 热喷涂锌、铝及其合金

GB 11375—1999 金属和其他无机覆盖层 热喷涂 操作安全

GB/T 12608 热喷涂 火焰和电弧喷涂用线材、棒材和芯材 分类和供货技术条件

GB/T 13288.2 涂覆涂料前钢材表面处理喷射清理后的钢材表面粗糙度特性 第2部分：磨料喷射清理后钢材表面粗糙度等级的测定方法 比较样块法

GB/T 13452.2—2008 色漆和清漆 漆膜厚度的测定

GB/T 14522 机械工业产品用塑料、涂料、橡胶材料人工气候老化试验方法 荧光紫外灯

GB/T 17850.1 涂覆涂料前钢材表面处理 喷射清理用非金属磨料的技术要求 导则和分类

GB/T 18570.3 涂覆涂料前钢材表面处理 表面清洁度的评定试验 第3部分：涂覆涂料前钢材表面的灰尘评定（压敏粘带法）

GB/T 18570.6 涂覆涂料前钢材表面处理 表面清洁度的评定试验 第6部分：可溶性杂质的取

样 Bresle 法

GB/T 18570.9 涂覆涂料前钢材表面处理 表面清洁度的评定试验 第9部分:水溶性盐的现场电导率测定法

GB/T 18593 熔融结合环氧粉末涂料的防腐蚀涂装

GB/T 18838.1 涂覆涂料前钢材表面处理 喷射清理用金属磨料的技术要求 导则和分类

GB/T 18839.2 涂覆涂料前钢材表面处理 表面处理方法 磨料喷射清理

3 术语和定义

GB/T 8264 所界定的术语和定义及下列术语和定义适用于本文件。

3.1

涂层体系 coating system

具有防护和装饰功能的金属涂层或涂料涂层构成的多层涂层。

3.2

变形附着试验 deformation adhesion

涂层经划格后,在划格的区域内再进行杯突试验。

3.3

循环腐蚀试验 cycle corrosion test

在紫外(UV)/凝露(CON)/盐雾(NSS)/干燥的环境条件下按一定顺序进行一个周期的循环暴露试验。

3.4

内防护涂层体系 inside anti-corrosion coatings

在不受紫外线照射区域内使用的多层涂层。

3.5

外防护涂层体系 outside anti-corrosion coatings

在紫外线照射区域内使用的多层涂层。

3.6

维修涂装 repairing coating

钢结构在装配或使用过程中,防护涂层局部破坏或劣化现象时,对局部破坏区域进行表面预处理、修复涂装的过程。

3.7

翻新涂装 renovation coating

在规定使用年限后或出现大部分涂层劣化现象时,重新设计涂装要求,对整个钢结构件经过表面预处理,再进行完全涂装的过程。

4 涂层体系选择

4.1 概述

钢结构防护涂装所选用的涂层体系受钢结构件的使用环境、涂装防护期限、涂装工艺条件决定。本标准对不同的腐蚀环境、防护期、涂装材料类型进行分类,为如何选择钢结构防护涂层体系提供指导(参见 ISO 12944-1)。

4.2 腐蚀环境分类

使用条件下的腐蚀环境是涂装设计方案和涂层体系选择的一个至关重要的因素。腐蚀环境的分类按ISO12944-2的规定分为大气腐蚀环境、水下和土壤环境。每类腐蚀环境及相应的典型环境实例说明见表1、表2。

表1 大气腐蚀种类与典型环境实例

腐蚀种类	单位表面的质量/厚度损耗(第一年暴露后)				温和气候中典型环境的实例(仅供参考)	
	低碳钢		锌		外部	内部
	质量损耗 g/m²	厚度损耗 μm	质量损耗 g/m²	厚度损耗 μm		
C1 很低	≤10	≤1.3	≤0.7	≤0.1	—	洁净大气的供暖建筑,如办公室、商店、学校、酒店等
C2 低	>10～200	>1.3～25	>0.7～5	>0.1～0.7	低污染的大气,大部分农村地区	有可能发生大气凝结的无供暖建筑,如仓库、体育馆等
C3 中等	>200～400	>25～50	>5～15	>0.7～2.1	城市和工业大气,中等SO_2污染,低盐分的海岸区	高湿和某些空气污染的生产场所,如食品厂、酿酒厂、奶制品厂等
C4 高	>400～650	>50～80	>15～30	>2.1～4.2	中度盐分工业区和海岸区	化工厂、游泳池、沿海的造船厂
C5-I 很高(工业)	>650～1 500	>80～200	>30～60	>4.2～8.4	高湿度和腐蚀气氛环境的工业区	持续有露水凝结和高污染的建筑或地区
C5-M 很高(海洋)	>650～1 500	>80～200	>30～60	>4.2～8.4	高盐分的海岸和近海的地区	持续有露水凝结和高污染的建筑或地区

注:评估腐蚀种类时还要考虑到平均湿润时间、SO_2年平均浓度、氯化物年平均沉降量等这些环境因素的综合作用。

表2 水和土壤的腐蚀环境分类

分类	环境	环境和结构实例
Im1	淡水	河流上安装的设施,水力发电厂
Im2	海水或盐水	海港区的钢结构,如水闸、锁具、防波堤、码头;海面上结构
Im3	土壤	埋地的储罐、钢桩和钢管

4.3 涂层体系的防护期分类

涂层体系的防护期分类包括下列部分:

——普通型,防护期一般为8～15年;

——长效型，防护期一般为15年以上。

涂层体系防护期是设计初始涂装到制定第一次维修计划时的技术参考（参见ISO 12944-1）。

4.4 防护涂料类型

防护涂料类型包括在自然环境条件下能够干燥或固化的涂料产品，不包括以下部分：

——一次涂覆干膜厚度超过2 mm的涂料；

——贮罐衬里；

——用于表面化学处理的产品（如：磷化液）。

4.5 防护涂层体系分类

4.5.1 涂装防护体系按结构分类：

——热喷涂金属涂层体系：

a) 金属热喷涂涂层＋封闭涂层＋面漆涂层；

b) 金属热喷涂涂层＋封闭涂层＋中间漆涂层＋面漆涂层。

——涂料涂层体系：

a) 防腐蚀底漆＋面漆；

b) 防腐蚀底漆＋中间漆＋面漆。

钢结构预涂制件的粉末涂层见GB/T 18593。

4.5.2 防护涂层体系按使用环境分为：

——大气腐蚀环境下防护涂层体系；

——水和土壤环境下防护涂层体系；

——特殊环境下防护涂层体系。

对应环境下典型涂层体系见附录A。

5 防护涂装技术要求

5.1 防护涂层材料质量要求

5.1.1 热喷涂铝涂层用铝丝材质中的铝含量为Al≥99.5%，应符合GB/T 12608中铝丝的质量要求。

5.1.2 热喷涂锌涂层用锌丝材质中的锌含量为Zn≥99.99%，应符合GB/T 12608中锌丝的质量要求。

5.1.3 热喷涂铝镁合金涂层用合金丝材质中的镁(Mg)含量为5%，应符合GB/T 12608中铝镁合金丝材的质量要求。

5.1.4 热喷涂锌铝合金涂层用合金丝材质中的铝(Al)含量为14%～16%，余量为锌，应符合GB/T 12608中锌铝合金丝材的质量要求。

5.1.5 涂层体系所用车间底漆、防锈底漆、中间漆、面漆及功能性涂料应符合涂装设计的技术要求，或参照附录C至附录H中技术要求。

5.2 钢结构件预处理前的基本状态

5.2.1 钢结构表面的毛刺、焊渣、飞溅物和疏松的氧化皮等应清除，锐边应打磨成圆角。

5.2.2 钢结构表面应无可见的油污和污垢。少许油污可采用有机溶剂处理；面积较大的油污，采用表面活性剂或碱液等专用清洁剂清洗，然后采用清洁淡水（热水或冷水）洗净，并干燥处理。

5.2.3 被酸、碱、盐浸染的钢结构表面，采用清洁淡水洗净，并干燥处理。

5.2.4 钢结构表面带有车间底漆的一般予以清除。若车间底漆完好，经供需双方商定需要保留的，应按6.6.1对涂层附着力进行检测。涂层附着力的检测结果应符合5.5.3.2要求。检测结果不符合要求的，应全部清除。

5.2.5 防护涂装设计要求维修涂装或翻新涂装时，应按涂装设计要求进行预处理。或参考下列情况，钢结构涂层基本完好的双组份固化成膜的涂层，保留使用前应进行打毛、粗化，涂层接口处应留有坡口，清除残留污染物后，再进行涂装。对于钢结构表面涂层已劣化，其中起泡等级≥3(S3)级(参见ISO 4628-2)、锈蚀等级≥3(Ri3)级(参见ISO 4628-3)、开裂等级≥4(S4)(参见ISO 4628-4)、剥落等级≥4(S4)级(参见ISO 4628-5)的，除非另有商定，应全部按5.3规定的喷(抛)射处理方法除去劣化涂层。

注：一些钢结构件非主要表面，因技术上不可能使用磨料喷射处理时，可采用动力工具或手工工具进行处理，除去疏松成片的浮锈，清除污染物后，再进行涂装。底涂可选用低表面处理涂料，但是不可使用低表面处理涂料代替除锈。

5.3 钢结构件表面喷(抛)射预处理要求

5.3.1 喷(抛)射预处理工作环境

钢结构件表面预处理应采用磨料喷(抛)射处理，喷(抛)射处理的工作环境应符合以下要求：

a) 工作环境的空气相对湿度不大于85%或钢结构基体金属表面温度不低于露点以上3℃，方可进行喷(抛)射处理。

b) 可采用遮盖、供暖或输入净化干燥的空气等措施改善不良气候条件，以满足对工作环境的要求。

5.3.2 喷(抛)射磨料的选择

喷(抛)射磨料的选择应符合下列要求：

a) 喷(抛)射处理使用磨料的类型、粒度、硬度等因素将影响钢结构表面清洁度和表面粗糙度级别，选用磨料应附合GB/T 18839.2的规定，并且不应含有腐蚀性成分和影响涂层附着力的污染物。

b) 喷(抛)射处理用金属磨料种类应符合GB/T 18838.1的规定，磨料粒度选择范围宜在0.5 mm～1.5 mm之间。

c) 喷(抛)射处理用非金属磨料种类应符合GB/T 17850.1的规定，磨料的粒度选择范围宜在0.5 mm～1.8 mm之间。

5.3.3 钢结构表面喷(抛)射处理后的除锈等级要求

钢结构表面喷(抛)射处理后的除锈等级要求如下：

a) 热喷涂锌、铝及其合金涂层时，钢结构基材表面除锈应达到GB/T 8923—1988规定的Sa3级。

b) 涂装无机富锌防腐底漆涂层时，钢结构基材表面除锈应达到或超过GB/T 8923—1988规定的Sa2.5级。

c) 涂装其他类防腐涂料涂层时，钢结构基材表面除锈应达到或超过GB/T 8923—1988规定的Sa2级。无法喷(抛)射处理的表面，采用手动机械除锈，应达到GB/T 8923—1988规定的St3级。

5.3.4 钢结构表面喷(抛)射预处理后的粗糙度要求

钢结构表面喷(抛)射预处理后的粗糙度要求如下：

a) 热喷涂锌、铝及其合金涂层时，钢结构基材表面粗糙度(Rz)按GB/T 13288.2规定进行评级，粗糙度应达到60 μm～100 μm。

b) 涂装无机富锌防腐底漆涂层时，钢结构基材表面粗糙度(Rz)按GB/T 13288.2规定进行评级，粗糙度应达到 40 μm～80 μm。

c) 涂装厚浆型防腐底漆和玻璃磷片类防腐底漆涂层时，钢结构基材表面粗糙度（Rz）按 GB/T 13288.2规定进行评级，粗糙度应达到 60 μm～100 μm。

d) 涂装其他类防腐底漆涂层时，钢结构基材表面粗糙度（Rz）按 GB/T 13288.2 规定进行评级，一般情况下，粗糙度应达到 25 μm～60 μm。特殊要求的防腐底漆涂层，粗糙度应符合防腐底漆技术要求规定。

5.3.5 钢结构表面喷（抛）射预处理后的表面状态要求

5.3.5.1 喷（抛）射处理后，钢结构基材表面可溶性氯化物残留量，在大气环境下使用时应不大于 7 $\mu g/cm^2$，在液体介质浸润的区域使用时不大于 5 $\mu g/cm^2$。检测方法按 6.4 的规定进行。

5.3.5.2 喷（抛）射处理后，钢结构基材表面磨料等残留物，使用真空吸尘器吸尘或无油、无水的压缩空气吹净清理。钢结构基材表面灰尘清洁度要求按 GB/T 18570.3（压敏粘带法）的规定评级，清洁度应不大于 3 级。

5.3.5.3 喷（抛）射处理后应在规定时间内进行涂装作业。在涂装前，钢结构表面出现返锈现象时，应重新喷（抛）射处理。

5.4 涂装施工要求

5.4.1 热喷涂金属涂层涂装

5.4.1.1 热喷涂金属涂层体系结构

典型的热喷涂金属涂层体系结构如下：

a) 金属涂层＋封闭涂层＋面漆涂层；

b) 金属涂层＋封闭涂层＋中间漆涂层＋面漆涂层。

5.4.1.2 热喷涂金属涂层的种类、涂层厚度应符合防护设计要求（见附录 B 和 GB/T 9793）。金属复合涂层体系中涂料要求可参照附录 A 中涂层体系配套要求。在严酷环境或重要部位使用的钢结构，涂装设计要求高于本规定的，应按设计要求执行。

5.4.1.3 待喷涂的钢结构表面状态应符合 5.3 的基本要求。除锈等级和表面粗糙度应符合 5.3.3 和 5.3.4 的规定。

5.4.1.4 热喷涂施工及施工环境要求应符合 GB/T 9793 的规定。

5.4.1.5 在潮湿或 C3 类以上大气环境条件下实施热喷涂金属涂层时，应在 4 h 内完成热喷涂金属涂层；在施工环境相对湿度不大于 60％条件下，最长不超过 10 h 完成热喷涂金属涂层涂装。

5.4.1.6 热喷涂金属涂层施工完毕后，应在金属涂层吸潮前尽快完成涂料封闭或防腐蚀底漆涂装。后续涂料涂装可参见 5.4.2 的规定。

5.4.1.7 因安装需要在工地现场焊接的，钢结构焊缝两侧预留区域内，应先涂装不影响焊接性能的车间防锈底漆。安装后，应对焊接预留区域和因机械碰撞等原因造成局部损伤部位，按 5.3 的规定进行表面喷（抛）射处理；条件不具备时，可采用动力工具进行表面处理，达到 St3 等级。再涂装环氧富锌防腐蚀底漆替代热喷涂金属涂层。

5.4.2 涂料涂层涂装

5.4.2.1 涂料涂层体系结构

典型的涂料涂层体系结构如下：

a) 防腐蚀底漆＋面漆；

b) 防腐蚀底漆＋中间漆＋面漆。

5.4.2.2 涂料品种的选用与使用环境应相适应，涂层厚度和涂覆道数应符合防护涂装设计使用年限要求或附录 A 中涂层体系配套要求。

5.4.2.3 涂层体系中涂层之间应具有良好的相容性，所用涂料一般宜由同一涂料供应商提供。不同供应商的涂料配套使用时，应进行配套性试涂试验，检验涂层体系的附着性，其附着力应符合 5.5.3.2 的规定或涂装设计要求，方可使用。

5.4.2.4 涂装选用的涂料，供应商应提供产品合格证、第三方检验报告和产品使用指导说明书。

5.4.2.5 待涂装的钢结构表面除锈等级和表面粗糙度应符合 5.3.3 和 5.3.4 的规定或涂装设计要求。在潮湿或 C3 类以上大气环境条件下实施的涂料涂装，应在 6 h 内完成底漆涂装；在施工环境相对湿度不大于 60%条件下，最长不超过 12 h 完成底漆涂装。

5.4.2.6 涂料涂装环境

涂料涂装环境应符合下列要求：

a) 涂装施工环境温度 5 ℃～38 ℃（钢结构表面温度至少要高于露点 3 ℃），空气相对湿度小于 85%。

b) 涂装环境温度低于 5 ℃时，应采用低温下固化的涂料产品。

c) 在有雨、雾、雪、风沙和较大的灰尘时，禁止户外涂装。

5.4.2.7 涂料调配和涂覆

涂料调配和涂覆过程如下：

a) 搅拌：涂料调配前、后应采用动力搅拌装置，充分搅拌均匀。

b) 配制：双组分或多组分涂料应严格按涂料供应商提供的产品使用指导说明书规定的比例进行配制。

c) 熟化：混合搅拌均匀后的涂料应按涂料产品使用指导说明书规定的时间熟化，涂装中调配的涂料超过产品使用说明书规定的适用期的，不可再使用。

d) 涂装方法：应根据涂料的物理性能、施工条件和被涂结构的形状选择涂装方法。大面积涂装应选用高压无气喷涂或空气喷涂；焊缝和边角部位应采用往返刷涂方式进行涂装，最后一道面漆宜整体喷涂。

e) 每道涂装间隔时间：涂层体系中每道涂层的涂覆间隔时间段应按涂料供应商的产品使用指导说明书的规定执行。如超过其说明书规定的最长涂覆间隔时间，则应将前道涂层打毛处理后再进行涂装，以保证涂层间的附着力。

注：多层涂装时应保持每道涂层面的清洁。

5.5 涂覆后涂层质量要求

5.5.1 涂层外观

5.5.1.1 金属热喷涂涂层表面应均匀一致，没有金属熔融粗颗粒、起皮、鼓泡、裂纹、剥落及其他影响防护性能的缺陷，允许很轻微的结疤。

5.5.1.2 钢结构表面涂料涂装不应误涂、漏涂，涂层表面应平整、均匀一致，涂层无明显流挂、皱纹、起泡、针孔、裂纹和返锈现象。装饰效果要求不高的防护涂层，允许轻微桔皮和局部轻微流挂。

5.5.2 涂层厚度

5.5.2.1 热喷涂金属涂层厚度为涂层多点厚度的平均值，厚度设计及测量方法见 GB/T 9793。

5.5.2.2 涂料涂装施工中应随时检查涂料湿膜厚度以保证干膜厚度满足涂装设计要求。涂料湿膜厚度与设计中干膜厚度和已知涂料体积固含量的关系：

$$湿膜厚度=\frac{干膜厚度\times 100\%}{体积固含量}$$

5.5.2.3　涂料涂层厚度值按7.1.2规则测量。厚度值应符合涂装设计要求或附录A规定的厚度值。或相关方协商，规定测量面上90%以上的涂层厚度值应达到涂装设计或附录A规定的厚度。没有达到规定的厚度值部分，其最小局部厚度应不低于涂装设计或附录A规定厚度的90%。但是，这样的最小局部厚度值应符合防护涂装设计的要求。

5.5.2.4　涂层体系总厚度达不到设计要求时，可增涂面漆，但应避免为满足最小厚度值而引起涂层过厚的涂层缺陷。

5.5.2.5　当对涂层厚度无要求时，外防护涂料涂层厚度应不低于125 μm，内防护涂料涂层厚度应不低于100 μm。

5.5.3　涂层附着力

5.5.3.1　金属涂层

热喷涂涂层附着力按GB/T 9793规定进行划格试验时，金属涂层应不产生剥离。

热喷涂涂层附着力按6.6.1规定进行拉开法检测时，单位为MPa。要求如下：

a)　热喷涂铝涂层≥9.0 MPa；

b)　热喷涂锌涂层≥6.0 MPa；

c)　热喷涂锌铝合金涂层≥6.0 MPa。

5.5.3.2　涂料涂层

涂料附着力按6.6.1拉开法或6.6.2划格法的规定检测。拉开法检测附着力的单位为MPa，划格法检测附着力的单位为级。涂料涂层附着力要求如下：

a)　无机硅酸锌车间底漆涂层≥3.0 MPa；

b)　无机富锌底漆涂层≥3.0 MPa；

c)　环氧富锌(铁红、磷酸锌)底漆涂层≥7.0 MPa或≤1级；

d)　防火涂料配套体系涂层 ≥2.0 MPa或≤2级；

e)　配套体系涂层(新建涂装)≥6.0 MPa或≤2级；

f)　配套体系涂层(维修涂装)≥4.0 MPa或≤2级；

g)　配套体系涂层(翻新涂装)≥6.0 MPa或≤2级。

注：拉开法检测值与划格法检测值，两者之间没有必然联系。拉开法为首选采用。当被涂覆钢结构表面未经喷(抛)射处理时，涂层附着力检测值推荐采用划格法。

6　检验方法

6.1　表面清洁度等级评定

按GB/T 8923—1988的规定进行。

6.2　表面粗糙度评定

表面粗糙度采用比较样块法，按GB/T 13288.2的规定进行。

6.3　表面灰尘清洁度测定

按GB/T 18570.3的规定进行。

6.4 表面可溶性氯化物测定

按 GB/T 18570.6 或 GB/T 18570.9 的规定行进。

注：钢结构基材未受氯离子环境污染的，可免除检测。

6.5 涂层厚度测定

6.5.1 涂料涂层湿膜厚度按 GB/T 13452.2—2008 方法 6 规定进行。

6.5.2 涂料涂层干膜厚度按 GB/T 13452.2—2008 方法 5 规定进行。

6.5.3 热喷涂涂层厚度按 GB/T 4956 的规定的方法进行。

6.6 涂层附着力测定

6.6.1 拉开法按 GB/T 5210 的规定进行。

注：推荐采用符合 GB/T 5210 要求的便携式涂层拉力仪测试。

6.6.2 热喷涂涂层划格法按 GB/T 9793 的规定进行。涂料涂层划格法按 GB/T 9286 的规定进行。

6.6.3 变形附着试验按 GB/T 9286 的规定进行 1 mm 间隔纵、横切割 6 条或 11 条正方形小格，再按 GB/T 9753 的规定在正方形小格区域进行杯突试验。

6.7 涂层硬度测定

按 GB/T 1730 的规定进行。

6.8 涂层弯曲性测定

按 GB/T 6742 的规定进行。

6.9 涂层冲击强度测定

按 GB/T 1732 的规定进行。

6.10 涂层耐磨性测定

按 GB/T 1768 的规定进行。

6.11 涂层耐化学液体介质试验

按 GB/T 9274 的规定进行。

6.12 涂层耐湿热性试验

按 GB/T 1740 的规定进行。

6.13 涂层耐盐雾性试验

按 GB/T 1771 的规定进行。

6.14 涂层耐人工加速老化试验

按 GB/T 14522 的规定进行。试验结果按 GB/T 1766 的规定进行评级。

6.15 涂层耐循环腐蚀试验

在紫外(UV)/凝露(CON)/盐雾(NSS)/干燥的环境条件下按表 1 的顺序进行循环暴露试验。试验结果按循环一周(168 h)试验，具体试验条件、时间如表 3：

表 3 耐循环腐蚀试验周期表

第一天	第二天	第三天	第四天	第五天	第六天	第七天
紫外/冷凝(UV/CON)试验			盐雾(NSS)试验			低温(−20±2 ℃)试验
注:第一天至第三天按 GB/T 14522 的规定进行 UV/CON 试验。第四天至第六天按 GB/T 1771 的规定进行 NSS 试验。第七天放置在低温箱内进行低温试验。						

6.16 涂料性能的测定

各类涂料的粘度、细度、不挥发物、不挥发物中锌含量、可溶物中氟含量、干燥时间的技术要求和试验方法参见附录 C 至附录 H。

7 检测规则

7.1 现场涂装、涂层检测规则

7.1.1 现场表面预处理喷(抛)射粗糙度测点的选择

在检测区域每 10 m^2 内至少均匀地选择 3 个测点,其平均值为评定结果。

7.1.2 现场涂层厚度基准面的选择

涂层厚度检测基准面的确定,在平整的钢结构表面上,每 10 m^2 至少应有 3 个基准面,基准面为 10 cm^2 平面,基准面内取 3 处测点的算术平均值,每基准面相距 50 cm。结构复杂、面积较小的钢结构表面,应每 1 m^2 设定一个基准面进行测量。

注:测量涂层局部厚度时,应注意基准面分布的均匀性。

7.1.3 现场涂层附着力测点的选择

涂层附着力检测点的确定。在平整钢结构表面上,单件涂装面积大于 10 m^2 的取 3 个检测点;单件涂装面积小于 10 m^2 或结构复杂的,检验方式、抽件数和检测点由业主或监管与施工方协商确定。

注:附着力试验属于破坏性试验。因此检测点的位置和数量应严格控制。各方应探讨有效的检测方式。附着力测试完毕后,应制定检测点的维修涂装计划或尽快用面层涂料涂覆破坏的测试点至少两道。

7.2 实验室抽检涂料取样及验收规则

7.2.1 涂料抽检的取样

7.2.1.1 抽检的产品应包装完好、标志完整清晰。

7.2.1.2 抽检样品标志与产品标志信息(名称、型号、批号、组分、配比)无误。

7.2.1.3 抽检样品用容器应为无油、无水、无污染物的洁净器皿。

7.2.1.4 抽检样品均匀一致,取样应在搅拌均匀后进行。

7.2.2 抽检涂料的检验程序

涂料产品进场后,涂料抽检样品检测项目为资料性附录中必检项目的,检测结果合格后,才能使用;检测结果其中有一项指标不合格时,允许对不合格要求的项目重新抽样、复检一次,复检结果仍不符合要求,则该批次产品检验不合格。

7.2.3 涂料的检验报告要求

涂料产品进场后,涂料抽检样品检测项目因检测周期较长的,可由供应商提供国家认可的检测机构出具型式检验或例行检测产品合格的检测报告，经监管方和施工方认可后，方可使用。

7.3 实验室涂料涂层质量检测试验方法

7.3.1 抽检样品应由具有防护涂装检测专业资质的检验机构进行检测。

7.3.2 实验室进行涂层性能试验应采用标准试板，除非另有要求，标准板应按 GB/T 9271 规定制备。

7.3.3 实验室涂层性能检测时的涂层厚度要求：

a) 涂层的机械物理性能（弯曲性、冲击强度、附着力等）试验，单一品种涂层干膜厚度要求 30 μm ±5 μm。如有特殊要求，可以注明按照协商的厚度检测，但试验报告中应注明厚度值。

b) 涂层的耐腐蚀性能（耐化学液体介质性、耐湿热性、耐盐雾性、耐人工加速老化性等）试验，涂层干膜厚度要求如下：

底漆（单一品种漆膜）二道共 70 μm±5 μm；

中间漆（单一品种漆膜）二道共 80 μm±5 μm；

面漆（单一品种漆膜）二道共 70 μm±5 μm；

厚浆漆（单一品种漆膜）一道 70 μm±5 μm；

配套涂层体系（二道底漆、二道面漆）不大于 150 μm；

循环腐蚀试验，除非另有要求，涂层干膜厚度不大于 150 μm。

如有特殊要求，可以注明按照协商的厚度检测，但试验报告中应注明厚度值。

8 涂装施工安全、卫生和环境保护的基本要求

8.1 喷（抛）射除锈、动力工具除锈和清除旧涂层等涂装前处理作业安全及通风净化，应按 GB 7692—1999 规定进行。

8.2 涂装作业中涂料及辅料贮存、涂料调配、涂装施工、涂层干燥等劳动安全、卫生及其通风净化，应按 GB 6514—2008 规定进行。

8.3 热喷涂涂装设备的安全操作及操作人员的安全和通风净化，应按 GB 11375—1999 的规定进行。

8.4 涂装施工现场应符合清洁化生产要求。所有的废弃物及时收集并无害化处理。施工中的粉尘、有机挥发物排放量应符合国家有关法律法规要求。

9 交工验收文件规范

9.1 防护涂装设计文件

涂装设计文件应包括本标准涂装技术要求和检验规则要求。防护涂装工程质量验收应符合防护涂装设计规定。

9.2 防护涂装工程质量验收

防护涂装工程质量验收时，施工单位应提供以下验收资料：

a) 防护涂装设计文件或设计变更文件；

b) 涂装材料出厂合格证或产品出厂检验报告；

c) 涂装材料进场见证抽样复检报告；

d) 涂装材料进场验收记录；

e) 钢结构表面预处理检测记录；

f) 涂装施工和涂层质量检测记录；

g) 涂装施工过程中对重大技术问题和其他涂装质量问题处理的记录；

h) 修补和返工的记录。

附 录 A
（资料性附录）
钢结构防护典型涂层体系

A.1 涂层体系说明

本附录中涂层体系为一般性推荐体系，涂层体系中干膜厚度为涂装工艺中最低要求。根据环境腐蚀强度，在制定涂装设计方案时，按照所拥有的技术经验适当增加涂覆道数、增加涂层厚度以提高涂层体系的防护期。

A.2 钢结构在C2～C5大气腐蚀环境下典型涂层配套体系

A.2.1 钢结构内防护（普通型）涂层配套体系（见表A.1）。

表 A.1 大气腐蚀环境下钢结构内防护（普通型）涂层配套体系

序号	腐蚀类型	涂 层	涂 料 品 种	涂覆道数/最低干膜厚度
T01	C2、C3、C4	底涂层	环氧（铁红或磷酸锌或云母氧化铁）底漆	2道/70 μm
		面涂层	环氧（厚浆）面漆	1～2道/100 μm
T02	C2、C3、C4	底涂层	聚氨酯（铁红）防腐底漆	2道/70 μm
		面涂层	聚氨酯面漆	2道/80 μm
T03	C5-I C5-M	底涂层	（无机或有机）富锌底漆	1道/60 μm
		面涂层	环氧（厚浆）面漆	1～2道/100 μm

A.2.2 钢结构内防护（长效型）涂层配套体系（见表A.2）。

表 A.2 大气腐蚀环境下钢结构内防护（长效型）涂层配套体系

序号	腐蚀类型	涂 层	涂 料 品 种	涂覆道数/最低干膜厚度
T04	C2、C3、C4	底涂层	环氧铁红底漆或环氧磷酸锌底漆	2道/100 μm
		中间涂层	环氧（云铁或厚浆）中间漆	1道/100 μm
		面涂层	环氧（厚浆）面漆或聚氨酯面漆	2～3道/120 μm
T05	C5-I C5-M	底涂层	（无机或有机）富锌底漆	1～2道/80 μm
		中间涂层	环氧（云铁或厚浆）中间漆	1道/100 μm
		面涂层	环氧（厚浆）面漆	1～2道/120 μm

A.2.3 钢结构外防护（普通型）涂层配套体系（见表A.3）。

表 A.3 大气腐蚀环境下钢结构外防护(普通型)涂层配套体系

序号	腐蚀类型	涂层	涂料品种	涂覆道数/最低干膜厚度
T06	C2、C3	底涂层	聚氨酯防腐底漆	2 道/80 μm
		面涂层	丙烯酸脂防族聚氨酯面漆	2 道/80 μm
T07	C3、C4	底涂层	环氧铁红底漆或环氧磷酸锌底漆	2 道/80 μm
		中间涂层	环氧(云铁或厚浆)中间漆	1 道/80 μm
		面涂层	丙烯酸面漆或丙烯酸脂肪族聚氨酯面漆	2 道/80 μm
T08	C5-I C5-M	底涂层	(无机或有机)富锌底漆	1～2 道/70 μm
		中间涂层	环氧(云铁或厚浆)中间漆	1 道/80 μm
		面涂层	丙烯酸面漆或丙烯酸脂肪族聚氨酯面漆	2 道/80 μm

A.2.4 钢结构外防护(长效型)涂层配套体系(见表 A.4)。

表 A.4 大气腐蚀环境下钢结构外防护(长效型)涂层配套体系

序号	腐蚀类型	涂层	涂料品种	涂覆道数/最低干膜厚度
T09	C2、C3、C4	底涂层	环氧富锌底漆	2 道/100 μm
		中间涂层	环氧(云铁或厚浆)中间漆	1～2 道/120 μm
		面涂层	丙烯酸脂肪族聚氨酯面漆或氟碳面漆或聚硅氧烷面漆	2 道/80 μm
T10	C5-I C5-M	底涂层	无机富锌底漆	1 道/70 μm
		封闭涂层	环氧封闭漆	1 道/25 μm
		中间涂层	环氧(云铁或厚浆)中间漆	1～2 道/120 μm
		面漆层	丙烯酸脂肪族聚氨酯面漆或氟碳面漆或聚硅氧烷面漆	2 道/80 μm
T11	C5-I C5-M	底涂层	热喷涂锌或铝及其合金涂层	1 道/120 μm
		封闭涂层	环氧封闭漆或环氧聚氨酯封闭漆	1～2 道/不要求
		中间涂层	环氧(云铁或厚浆)中间漆	1 道/60 μm～80 μm
		面涂层	丙烯酸脂肪族聚氨酯面漆或氟碳面漆或聚硅氧烷面漆	2 道/80 μm

A.2.5 在水和土壤环境下(普通型)防护涂层配套体系(见表 A.5)。

表 A.5 在水和土壤腐蚀环境下(普通型)防护涂层配套体系

序号	腐蚀类型	涂层	涂料品种	涂覆道数/最低干膜厚度
T12	Im1、Im2	底涂层	环氧富锌底漆	1 道/60 μm
		面涂层	环氧、脂肪族或芳香族聚氨酯(单或双组分)	3～5 道/540 μm
T13	Im1、Im2	底涂层	环氧其他类型防锈颜料的底漆	1 道/80 μm
		面漆层	环氧、脂肪族或芳香族聚氨酯(单或双组分)	2～4 道/380 μm
T14	Im1、Im2、Im3	底面合一涂层	环氧、脂肪族或芳香族聚氨酯(单或双组分)的其他类型防锈颜料的底漆	1～3 道/600 μm
T15	Im1、Im2、Im3	底涂层	环氧沥青防腐蚀底漆	2 道/120 μm
		面涂层	(厚浆型)环氧沥青面漆	2 道/200 μm

A.2.6　在水和土壤环境下(长效型)防护涂层配套体系(见表 A.6)。

表 A.6　在水和土壤腐蚀环境下防护(长效型)涂层配套体系

序号	腐蚀类型	涂 层	涂 料 品 种	涂覆道数/最低干膜厚度
T16	Im1、Im2	底涂层	环氧富锌底漆	1 道/60 μm
		面涂层	环氧、聚氨酯聚合物面漆	3～5 道/540 μm
T17	Im1、Im2	底涂层	环氧(硅酸乙酯)富锌底漆	1 道/60 μm
		面漆层	环氧、环氧玻璃鳞片漆	3 道/450 μm
T18	Im1、Im2、Im3	底涂层	含防锈颜料环氧类底漆	1 道/80 μm
		面涂层	环氧玻璃鳞片漆	3 道/800 μm
T19	Im1、Im2、Im3	底涂层	沥青(环氧、不饱和聚酯)玻璃鳞片底漆	1 道/400 μm
		面涂层	沥青(环氧、不饱和聚酯)玻璃鳞片面漆	1 道/400 μm

A.2.7　在水和土壤腐蚀环境下,钢结构热喷涂金属涂层的(长效型)防护涂层配套体系(见表 A.7)。

表 A.7　钢结构热喷涂金属涂层的(长效型)防护涂层配套体系

序号	腐蚀类型	涂 层	涂 料 品 种	涂覆道数/最低干膜厚度
T20	Im1、Im2	封闭层	环氧、脂肪族或芳香族聚氨酯(单或双组分)	1 道/不要求
		后道涂层	环氧、脂肪族或芳香族聚氨酯(单或双组分)	2 道/80 μm～150 μm
T21	Im1、Im2、Im3	封闭层	环氧漆基类型	1 道/不要求
		后道涂层	环氧、环氧聚氨酯类	3 道/320 μm
注:涂层体系的预期防护期与热喷涂金属涂层的种类、厚度、附着力有关,见附录 B。				

A.2.8　钢结构防火涂层配套体系(见表 A.8)。

表 A.8　钢结构防火涂层配套体系

序号	环境	涂 层	涂 料 品 种	涂覆道数/最低干膜厚度
T22	室内	底涂层	环氧防腐底漆	1 道/60 μm
		防火涂层	防火涂料(超薄型或薄型)	根据防火时限确定
		面涂层	丙烯酸面漆或氯化橡胶面漆	1 道/40 μm
T23	室外	底涂层	环氧富锌涂料	1 道/80 μm
		中涂层	环氧(云铁或厚浆)漆	1 道/80 μm
		防火涂层	防火涂料(超薄型或薄型)	根据防火时限确定
		面涂层	丙烯酸聚氨酯面漆	1 道/40 μm

A.2.9　钢结构耐高温(200 ℃以下)耐液态腐蚀介质防护涂层配套体系(见表 A.9)。

表 A.9 钢结构(200 ℃以下)耐液态腐蚀介质防护涂层配套体系

序号	涂层	涂料品种	涂覆道数/最低干膜厚度
T24	底涂层	漆酚钛防腐底漆	2 道/80 μm
	面涂层	漆酚钛防腐面漆	3 道/120 μm
T25	底涂层	无机钛酸锌底漆	1 道/40 μm
	中涂层	漆酚钛防腐中间漆	1 道/40 μm
	面涂层	漆酚钛防腐面漆	3 道/120 μm
注：使用本表体系时，供应商应提出该类产品的使用说明书，包括使用环境、防护使用期、适用范围等基本信息。			

A.2.10 钢结构耐高温(200 ℃～600 ℃)C4 类以下大气腐蚀环境下防护涂层配套体系(见表 A.10)。

表 A.10 钢结构耐高温(200 ℃～600 ℃)、C4 类以下大气腐蚀环境下防护涂层体系

序号	环境温度	涂层	涂料品种	涂覆道数/最低干膜厚度
T26	≤250 ℃	底涂层	有机硅环氧底漆或环氧酚醛底漆	1 道/60 μm
		面涂层	有机硅环氧面漆或环氧酚醛面漆	1～2 道/80 μm
T27	≤400 ℃	底涂层	无机硅酸锌底漆	1 道/40 μm
		面涂层	有机硅铝粉漆	1～2 道/60 μm
T28		底涂层	无机硅酸锌底漆	1 道/40 μm
		面涂层	硅酮铝粉漆	2 道/60 μm
T29	≤600 ℃	底涂层	有机硅高温底漆	2 道/70 μm
		面涂层	有机硅高温面漆	2 道/60 μm
注：使用本表体系时，供应商应提出该类产品的使用说明书，包括使用环境、防护使用期、适用范围等基本信息。				

A.2.11 钢结构翻新涂装内防护涂装涂层体系或原设计涂层体系(见表 A.11)。

表 A.11 钢结构翻新涂装内防护涂层体系

序号	涂层	涂料品种	涂覆道数/最低干膜厚度
T30	底涂层	低表面处理环氧防腐底漆或无溶剂环氧防锈底漆	1 道/60 μm
	面涂层	环氧(厚浆)面漆	1～2 道/100 μm
T31	底涂层	湿固化聚氨酯底漆	1 道/75 μm
	面涂层	聚氨酯云母面漆或环氧(厚浆)面漆	2 道/100 μm

A.2.12 钢结构维修涂层体系。

涂装完工后的涂层因意外造成局部破坏，进行维修涂装时，应按原涂层体系涂装。底涂层为金属涂层时，受施工条件限制，不能恢复原金属涂层的，推荐环氧富锌底漆打底，再按原涂层体系涂装。或经相关方协商确定方案。

附 录 B
（资料性附录）
钢结构用热喷涂防护涂层技术要求和试验方法

B.1 分类

热喷涂涂层分类（见 GB/T 9793）包括：热喷涂锌涂层、热喷涂铝涂层、热喷涂铝镁合金涂层、热喷涂锌铝合金涂层。

B.2 技术要求

B.2.1 不同的使用环境推荐的最小涂层厚度（见表 B.1）。

表 B.1 不同的使用环境推荐的最小涂层厚度

环境	环境分类按 ISO 12944-2	金属(um)							
		Zn		Al		AlMg5		ZnAl15	
		未涂装	涂装	未涂装	涂装	未涂装	涂装	未涂装	涂装
盐水	Im2	N. R.[a]	100	200	150	250[b]	200[b]	N. R.[a]	100
淡水	Im3	200	100	200	150	150	100	150	100
城市环境	C2 和 C3	100	50	150	100	150	100	100	50
工业环境	C4 和 C5-1	N. R.[a]	100	200	100	200	100	150	100
海洋大气	C5-M	150	100	200	100	250[b]	200[b]	150	100
干燥室内环境	C1	50	50	100	100	100	100	50	50

[a] N. R. ＝不推荐

[b] 近海环境中应用

B.2.2 热喷涂层实验室检测技术要求（见表 B.2）。

表 B.2 热喷涂层实验室检测技术要求

项目	单位	技术要求			
		Zn	Al	AlMg5	ZnAl15
附着力	MPa	≥6.0	≥9.0	≥9.0	≥6.0
耐盐雾性	h	72 h 无红锈出现			

B.3 试验方法

B.3.1 厚度测量按 GB/T 9793 的规定进行。

B.3.2 附着力测定按 GB/T 5210 的规定进行，试样基材应喷射处理。

B.3.3 耐盐雾性按 GB/T 10125 的规定进行。

附 录 C
（资料性附录）
钢结构用车间底漆技术要求和试验方法

C.1 类型

车间底漆分为含锌粉底漆和不含锌粉底漆两种。

C.2 钢结构用车间底漆技术要求(见表C.1)。

表C.1 钢结构用车间底漆技术要求

项目	单位	技术指标	
		含锌车间底漆	不含锌车间底漆
在容器中状态		搅拌后无粗颗粒、呈现均匀状态	
表干时间	min	≤5	
不挥发物	%	≥40	≥35
不挥发物中锌含量	%	≥30	—
变形附着试验(压陷深度)	mm	≥5	≥7
耐盐雾性	h	48 h无红锈出现	48 h无起泡、无生锈
焊接与切割试验		合格	
注：焊接与切割试验，是型式试验项目。			

C.3 试验方法

C.3.1 试样制备按GB/T 9271的规定进行，涂层干膜厚度：含锌粉车间底漆(20±5)μm，不含锌粉车间底漆(25±5)μm，底材不喷(抛)射处理。

C.3.2 表干时间测定按GB/T 1728的规定进行。

C.3.3 不挥发物测定按GB/T 1725的规定进行试验。

C.3.4 不挥发物中锌含量测定按HG/T3668的规定进行。

C.3.5 变形附着试验按6.6.3的规定进行。

C.3.6 耐盐雾性试验按GB/T 1771的规定进行。

附 录 D
（资料性附录）
钢结构用防锈底漆技术要求和试验方法

D.1 类型

D.1.1 无机富锌底漆：由硅酸乙酯溶液、改性树脂制成的锌粉浆和助剂等组成的双组份或多组分涂料。高含量锌粉对钢结构基材起阴极保护作用，并具有一定的耐高温腐蚀性能。

D.1.2 环氧富锌底漆：由环氧树脂为基料配以固化剂、超细锌粉、助剂而成。高含量锌粉对钢结构基材起阴极保护作用，环氧树脂基料与钢结构基材具有良好的附着性。

D.1.3 环氧铁红（或磷酸锌）防锈底漆：由环氧树脂、磷酸锌或氧化铁红等防锈颜料及固化剂等组成的双组份环氧防锈底漆。对钢结构基材起缓蚀作用。

D.2 钢结构用防锈底漆技术要求（见表 D.1）。

表 D.1 钢结构用防锈底漆技术要求

项 目		单位	技术指标		
			无机富锌底漆	环氧富锌底漆	环氧铁红（或磷酸锌）底漆
在容器中状态			基料搅拌均匀无结块，锌粉呈现粉末状、无硬块		
不挥发物		%	≥80	≥75	≥65
不挥物发中锌含量		%	≥80	≥75	—
黏度（ISO-6 号杯）		s	≥6	≥30	≥40
干燥时间	表干	h	≤0.5	≤2	≤2
	实干	h	≤2	≤24	≤24
弯曲性		mm	—	≤2	≤2
冲击强度		cm	—	50	50
附着力（拉开法）		MPa	≥3	≥3	≥4
耐盐雾性		h	≥500 h 试样无红锈、无起泡		≥500 h 无起泡、无生锈
耐盐雾性（划痕法）		h	≥120 h 试样划痕处无腐蚀扩展		≥120 h 扩蚀宽度≤2 mm

D.3 试验方法

D.3.1 不挥发物测定按 GB/T 1725 规定进行试验。

D.3.2 不挥发物中锌含量测定按 HG/T 3668 的规定进行。

D.3.3 黏度测定按 GB/T 6753.4 的规定进行。

D.3.4 干燥时间测定按 GB/T 1728 的规定中甲法进行。

D.3.5 弯曲性测定按 GB/T 6742 的规定进行。

D.3.6 冲击强度测定按 GB/T 1732 的规定进行。

D.3.7 附着力测定按 GB/T 5210 的规定进行，无机富锌底漆试样基材采用喷（抛）射处理厚度为≥2 mm 冷轧板，其他底漆试样基材采用未喷射（抛）射处理厚度为 2 mm 冷轧板。

D.3.8 耐盐雾性试验按 GB/T 1771 的规定进行，采取 500 h 盐雾试验，涂层无划痕；采取 120 h 盐雾试验，涂层切割一道或二道平行试板长边的划痕。

附 录 E
(资料性附录)
钢结构防护涂层用封闭漆、中间漆技术要求和试验方法

E.1 分类

E.1.1 环氧封闭漆：由环氧树脂、助剂、固化剂等组成的双组份常温固化漆。作用于封闭热喷涂金属涂层和无机富锌涂层疏松孔隙，防止有色金属氧化产生，并提高涂层的附着性。

E.1.2 环氧云铁中间漆：由环氧树脂及固化剂，云母氧化铁颜料、防锈颜料、助剂和溶剂等组成的双组份涂料。作用于底漆与面漆之间，由于云铁的片状结构，延缓介质的渗透，同时具有一定的粗糙度，可提高面漆涂层的附着性。

E.1.3 环氧厚浆漆(耐磨)：由环氧树脂、颜料、填料、固化剂和溶剂等组成的双组份厚浆型涂料。作为中间漆或内防腐蚀面漆使用，可产生较高的膜厚，提高涂层体系抗腐蚀能力。

E.2 钢结构防护涂层用封闭漆、中间漆技术要求(见表 E.1)。

表 E.1 钢结构防护涂层用封闭漆、中间漆技术要求

项目		单位	技术指标		
			环氧封闭漆	环氧云铁中间漆	环氧厚浆漆(耐磨)
在容器中状态			基料搅拌均匀、无结块		
不挥发物		%	50-60	≥70	≥75
黏度(ISO-4 号杯)		s	≤45	—	—
干燥时间	表干	h	≤2	≤2	≤3
	实干	h	≤24	≤24	≤24
弯曲性		mm	≤2	≤2	≤2
冲击强度		cm	50	50	≥40
附着力(拉开法)		MPa	≥3	≥4	≥3
耐磨性(1 千克/1 千转)		g	—	—	≤0.05

E.3 试验方法

E.3.1 不挥发物测定按 GB/T 1725 的规定进行试验。

E.3.2 黏度测定按 GB/T 6753.4 的规定进行。

E.3.3 干燥时间测定按 GB/T 1728 的规定进行。

E.3.4 弯曲性测定按 GB/T 6742 的规定进行。

E.3.5 冲击强度测定按 GB/T 1732 的规定进行。

E.3.6 附着力测定按 GB/T 5210 的规定进行，试板基材采用未喷(抛)射处理厚度为 2 mm 冷轧板。

E.3.7 耐磨性试验按 GB/T 1768 的规定进行。

附 录 F
（资料性附录）
钢结构用耐候性面漆技术要求和试验方法

F.1 分类

F.1.1 丙烯酸聚氨酯面漆：由羟基丙烯树脂和脂肪族异氰酸酯、颜料、助剂及溶剂等组成的双组份涂料。

F.1.2 氟碳面漆：由氟聚合物和脂肪族异氰酸酯树脂、颜料、填料、助剂及溶剂等组成的双组份涂料。

F.1.3 （环氧/丙烯酸）聚硅氧烷面漆：由无机-有机聚合物、颜料、填料、助剂及溶剂等组成的双组份涂料。

F.2 钢结构用耐候性面漆技术要求（见表F.1）。

表 F.1 钢结构用耐候性面漆技术要求

项目		单位	技术指标		
			丙烯酸聚氨酯面漆	氟碳面漆	聚硅氧烷面漆
不挥发物		%	≥60	≥55	≥70
可溶物中氟含量		%	—	≥18	—
黏度(ISO-6号杯)		s	≥40	≥30	≥50
细度		μm	≤30	≤30	≤30
干燥时间	表干	h	≤1	≤1	≤3
	实干	h	≤24	≤24	≤24
弯曲性		mm	≤2	≤2	≤2
冲击强度		cm	50	50	50
附着力(拉开法)		MPa	≥4	≥4	≥5
硬度			≥0.5	≥0.5	≥0.6
耐碱性(5%NaOH)		h	120无异常		
耐酸性(5%H_2SO_4)		h	120无异常		
耐人工加速老化(500 h)			无起泡、无开裂 色差≤1.5 失光率≤10%	无起泡、无开裂 色差≤1.0 失光率≤2%	无起泡、无开裂 色差≤1.0 失光率≤2%
循环腐蚀试验(4周期)			无起泡、无开裂 色差≤1.0 失光率≤5%	无起泡、无开裂 色差≤0.5 失光率≤1%	无起泡、无开裂 色差≤0.5 失光率≤1%
耐磨性(1千克/1千转)		g	≤0.05	≤0.04	≤0.03
注：耐人工加速老化(500 h)，除非另有商定，为必检项目。					

F.3 试验方法

F.3.1 不挥发物测定按GB/T 1725的规定进行。

F.3.2 可溶物中氟含量测定按HG/T 3792的规定进行。

F.3.3 黏度测定按GB/T 6753.4的规定进行。

F.3.4 细度测定按 GB/T 6753.1 的规定进行。

F.3.5 干燥时间测定按 GB/T 1728 的规定进行。

F.3.6 硬度测定按 GB/T 1730 的规定进行。

F.3.7 弯曲性测定按 GB/T 6742 的规定进行。

F.3.8 冲击强度测定按 GB/T 1732 的规定进行。

F.3.9 附着力测定按 GB/T 5210 的规定进行，试样基材采用未喷(抛)射处理厚度为 2 mm 冷轧板。

F.3.10 耐酸、碱性试验按 GB/T 9274 的规定进行。

F.3.11 耐人工加速老化性试验按 GB/T 14522 的规定进行。试验条件：UV＝60 ℃·4 h、CON＝50 ℃·4 h 光源 UVA-340 型荧光紫外灯管。涂层老化按 GB/T 1766 评价。

F.3.12 循环腐蚀试验按本标准 6.13 的规定进行。涂层老化按 GB/T 1766 评价。

F.3.13 耐磨性试验按 GB/T 1768 的规定进行。

附　录　G
（资料性附录）
钢结构在水和土壤环境下用防护涂料技术要求和试验方法

G.1　分类

G.1.1　环氧(聚氨酯)沥青防腐涂料：由环氧(聚氨酯)树脂、煤焦油沥青、防锈颜料、助剂、固化剂等组成的双组份涂料。此类涂料具有较好的耐水性和附着性。

G.1.2　聚氨酯环氧改性防腐涂料：由环氧树脂、聚氨酯、颜料及助剂等组成的双组份涂料。此类涂料兼有环氧与聚氨酯两者优点，具有耐水、耐碱、透水性低、附着力强和耐磨性优良的特点。

G.1.3　不饱和聚酯(环氧、聚氨酯)玻璃磷片涂料：由不饱和聚酯(环氧、聚氨酯)玻璃磷片、颜料及助剂等组成的双组份涂料。此类涂料具有优异的抗渗透性和良好的耐磨性和耐低温变性。

G.2　钢结构在水和土壤环境下用防护涂料技术要求(见表 G.1)。

表 G.1　钢结构在水和土壤环境下用防护涂料技术要求

<table>
<tr><th colspan="2" rowspan="2">项　目</th><th rowspan="2">单位</th><th colspan="3">技术指标</th></tr>
<tr><th>环氧(聚氨酯)
沥青防腐涂料</th><th>聚氨酯环氧
改性防腐涂料</th><th>不饱和聚酯(环氧、聚氨酯)
玻璃磷片涂料</th></tr>
<tr><td colspan="2">在容器中状态</td><td></td><td colspan="3">基料搅拌均匀、无结块</td></tr>
<tr><td colspan="2">不挥发物</td><td>%</td><td>≥65</td><td>≥65</td><td>≥80</td></tr>
<tr><td colspan="2">黏度(ISO-6 号杯)</td><td>s</td><td>≥65</td><td>≥60</td><td>—</td></tr>
<tr><td colspan="2">硬　度</td><td></td><td>≥0.4</td><td>≥0.6</td><td>—</td></tr>
<tr><td rowspan="2">干燥时间</td><td>表干</td><td>h</td><td>≤3</td><td>≤2</td><td>≤3</td></tr>
<tr><td>实干</td><td>h</td><td>≤24</td><td>≤24</td><td>≤24</td></tr>
<tr><td colspan="2">弯 曲 性</td><td>mm</td><td>≤2</td><td>≤2</td><td>—</td></tr>
<tr><td colspan="2">冲击强度</td><td>cm</td><td>50</td><td>50</td><td>—</td></tr>
<tr><td colspan="2">附着力(拉开法)</td><td>MPa</td><td>≥3</td><td>≥4</td><td>≥3</td></tr>
<tr><td colspan="2">耐湿热性</td><td>h</td><td>≥120 h
涂层无异常</td><td>≥240 h
涂层无异常</td><td>≥240 h 涂层无异常</td></tr>
<tr><td colspan="2">耐盐雾性</td><td>h</td><td>≥240 h
涂层无异常</td><td>≥240 h
涂层无异常</td><td>≥240 h 涂层无异常</td></tr>
<tr><td colspan="2">耐酸性 5% H_2SO_4</td><td>h</td><td>≥168 h
涂层无异常</td><td>≥240 h
涂层无异常</td><td>≥240 h 涂层无异常</td></tr>
<tr><td colspan="2">耐碱性 5% NaOH</td><td>h</td><td>≥168 h
涂层无异常</td><td>≥240 h
涂层无异常</td><td>≥240 h 涂层无异常</td></tr>
<tr><td colspan="2">冷热交替试验
(−20 ℃·3 h 与 80 ℃·3 h)</td><td></td><td>5 次，涂层无异常</td><td>涂层无异常</td><td>涂层无异常</td></tr>
</table>

G.3　试验方法

G.3.1　不挥发物测定按 GB/T 1725 的规定进行。

G.3.2　黏度测定按 GB/T 6753.4 的规定进行。

G.3.3 硬度测定按 GB/T 1730 的规定进行。

G.3.4 干燥时间测定按 GB/T 1728 的规定进行。

G.3.5 弯曲性测定按 GB/T 6742 的规定进行。

G.3.6 冲击强度测定按 GB/T 1732 的规定进行。

G.3.7 附着力测定按 GB/T 5210 的规定进行，试验基材采用未喷(抛)射处理厚度为 2mm 冷轧板。

G.3.8 耐湿热性试验按 GB/T 1740 的规定进行。涂层无起泡、无起皱、无锈蚀现象，则认为“涂层无异常”。

G.3.9 耐盐雾性试验按 GB/T 1771 的规定进行。涂层无起泡、无起皱、无锈蚀现象，则认为“涂层无异常”。

G.3.10 耐酸性试验按 GB/T 9274 的规定进行。涂层试样板如果 3 块中有 2 块或 2 块以上，经目测涂层无起泡、起皱、生锈现象，则认为是“浸酸中涂层无异常”。

G.3.11 耐碱性试验按 GB/T 9274 的规定进行，涂层试验样板如果 3 块中有 2 块或 2 块以上，经目测涂层无起泡、起皱、溶出现象，则认为是“浸于碱中涂层无异常”。

G.3.12 冷热交替试验，试板涂层干膜厚度为 70 μm±5 μm，将试验样板置于－20 ℃恒温箱中 3 h，取出后室内(23 ℃±2 ℃)放置 30 min，再置于 80 ℃恒温箱中 3 h，重复 5 次循环操作。取出置放 24 h，3 块试验板中 2 块以上涂层无可见起泡、开裂、剥落现象，试验后的涂层附着力不降低，则认定涂层无异常。

附 录 H
（资料性附录）
钢结构用功能性涂料技术要求和试验方法

H.1 分类

H.1.1 耐液态介质漆酚钛防腐蚀漆：由天然生漆中提取的漆酚与有机钛合成的漆酚钛树脂、耐蚀微粒颜填料、助剂、溶剂及固化剂组成双组分涂料。具有优良的耐沸水性，良好的耐热态环境中酸、碱、盐类等液态介质腐蚀性能。

H.1.2 C4类以下大气环境下使用的钢结构耐高温漆：以无机硅酸盐或由高分子硅聚合物添加耐高温铝粉或耐高温颜料所组成的单组份或双组份高温防护漆。

H.1.3 湿固化涂料：主要涂料为单组分聚氨酯涂料，对低温和高湿环境下能固化成膜，维修或翻修涂装施工中对钢结构有限的表面预处理及旧涂层有良好的容忍性。

H.1.4 低表面处理涂料（无溶剂环氧带锈防锈涂料）：用于部分翻修涂装工程，用于工作条件很难进行彻底除锈的钢结构表面牢固锈面的防锈涂料，涂料对锈层具有足够的渗透力和反应性。

H.2 钢结构用功能性涂料技术要求（见表H.1）

表 H.1 钢结构用功能性涂料技术要求

项 目		单位	技术指标			
			漆酚钛防腐漆	高温漆	湿固化涂料	低表面处理涂料
不挥发物		%	≥50	—	≥65	≥60
黏度(ISO-4号杯)		s	≥50	≥30	≥80	—
干燥时间	表干	h	≤2	≤2	≤2	≤3
	实干	h	≤24	≤24	≤24	≤24
硬 度			≥0.5	—	≥0.4	—
冲击强度		cm	50	≥40	50	50
弯 曲 性		mm	≤2	—	≤2	≤2
附着力(拉开法)		MPa	≥3	≥3	≥3	≥3
耐盐雾性 (划痕法·120 h)			划痕扩蚀宽度 ≤2 mm	—	划痕扩蚀宽度 ≤2 mm	划痕扩蚀宽度 ≤2 mm
耐湿热性 (划痕法·8 h)			—	—	划痕扩蚀宽度 ≤2 mm	划痕扩蚀宽度 ≤2 mm
耐酸性 (30%H_2SO_4·100 ℃·72 h)			不起泡、不开裂、 不脱落	—	—	—
耐碱性 (30%NaOH·100 ℃·72 h)			不起泡、不开裂、 不脱落	—	—	—
热振试验(5次)			—	合格	—	—

H.3 试验方法

H.3.1 不挥发物测定按 GB/T 1725 的规定进行。
H.3.2 黏度测定按 GB/T 6753.4 的规定进行。
H.3.3 干燥时间测定按 GB/T 1728 的规定进行。
H.3.4 硬度测定按 GB/T 1730 的规定进行。
H.3.5 冲击强度测定按 GB/T 1732 的规定进行。
H.3.6 弯曲性测定按 GB/T 6742 的规定进行。
H.3.7 附着力测定按 GB/T 5210 的规定进行，试样基材采用未喷(抛)射处理厚度为 2 mm 冷轧板。
H.3.8 耐盐雾性试验按 GB/T 1771 的规定进行。
H.3.9 耐湿热性试验按 GB/T 1740 的规定进行。
H.3.10 耐酸、碱性按 GB/T 9274 的规定进行，除非另有规定，试样制备按 GB/T 9274 规定的钢棒，涂层干膜厚度为 200 μm±5 μm，在装有回流装置的玻璃容器中沸腾介质环境下进行。
H.3.11 热振试验按 GB/T 1735 规定进行，将涂层试板放置于已调节到按产品规定使用温度的高温炉内，保温 1 h。然后取出，浸入常温下 1 000 mL 盛水容器中，往返 5 次操作，检查试样无起层、皱皮、鼓泡、开裂现象，则认为涂层热振试验合格。

参 考 文 献

[1] GB/T 1725 色漆、清漆和塑料 不挥发物含量的测定
[2] GB/T 1728 漆膜、腻子膜干燥时间测定法
[3] GB/T 1735 色漆和清漆 耐热性的测定
[4] GB/T 6747—2008 船用车间底漆
[5] GB/T 6753.1 色漆、清漆和印刷油墨 研磨细度的测定
[6] GB/T 6753.4 色漆和清漆 用流出杯测定流出时间
[7] GB/T 10125—1997 人造气氛腐蚀试验 盐雾试验
[8] HG/T 3668—2009 富锌底漆
[9] HG/T 3792—2005 交联型氟树脂涂料
[10] TB 2137—1990 铁路钢桥栓接板面抗滑移系数试验方法
[11] JT/T 722—2008 公路桥梁钢结构防腐涂装技术条件
[12] JT/T 733—2008 港口机械钢结构表面防腐涂层技术要求
[13] ISO 4628-2 色漆和清漆 色漆涂层剥蚀的评定 一般性缺陷程度、数量和大小的规定 表面统一变化强度 第2部分:起泡等级的评定
[14] ISO 4628-3 色漆和清漆 色漆涂层剥蚀的评定 一般性缺陷程度、数量和大小的规定 表面统一变化强度 第3部分:生锈等级的评定
[15] ISO 4628-4 色漆和清漆 色漆涂层剥蚀的评定 一般性缺陷程度、数量和大小的规定 表面统一变化强度 第4部分:裂纹等级的评定
[16] ISO 4628-5 色漆和清漆 色漆涂层剥蚀的评定 一般性缺陷程度、数量和大小的规定 表面统一变化强度 第5部分:剥落等级的评定
[17] ISO 12944-1 色漆和清漆 防护涂料体系对钢结构的防腐蚀保护 第一部分 总则
[18] ISO 12944-2 色漆和清漆 防护涂料体系对钢结构的防腐蚀保护 第二部分 环境分类
[19] ISO 12944-5 色漆和清漆 防护涂料体系对钢结构的防腐蚀保护 第五部分 防护涂料体系
[20] ISO 20340 色漆和清漆 用于近海建筑及相关结构的保护性涂料系统的性能要求

ICS 21.120.20
J 19

中华人民共和国国家标准

GB/T 28700—2012

SWZ型整体轴承座十字轴式万向联轴器

SWZ universal coupling with bearing box

2012-09-03 发布 2013-03-01 实施

中华人民共和国国家质量监督检验检疫总局
中国国家标准化管理委员会
发布

前　言

本标准按照 GB/T 1.1—2009 给出的规则起草。

本标准由全国机器轴与附件标准化技术委员会(SAC/TC 109)提出并归口。

本标准主要起草单位:中国第二重型机械集团、中机生产力促进中心、德阳立达基础件有限公司。

本标准主要起草人:谭仁万、明翠新、刘学光、张金刚、陈晓凤、邓高见。

SWZ 型整体轴承座
十字轴式万向联轴器

1 范围

本标准规定了 SWZ 型整体轴承座十字轴式万向联轴器(以下简称万向联轴器)的型式、基本参数与尺寸、技术要求、检验规则、标志、包装和贮存。

本标准适用于联接两个不同轴线的传动轴系的万向联轴器。其回转直径为 160 mm～550 mm,传递公称转矩为 20 kN·m～830 kN·m,轴线折角为 10°。

2 规范性引用文件

下列文件对于本文件的应用是必不可少的。凡是注日期的引用文件,仅注日期的版本适用于本文件。凡是不注日期的引用文件,其最新版本(包括所有的修改单)适用于本文件。

GB/T 191 包装储运图示标志

GB/T 197 普通螺纹 公差

GB/T 1184 形状和位置公差 未注公差值

GB/T 1800.2 极限与配合 第 2 部分:标准公差等级和孔、轴的极限偏差表

GB/T 3098.1 紧固件机械性能 螺栓、螺钉和螺柱

GB/T 3098.2 紧固件机械性能 螺母 粗牙螺纹

GB/T 4879 防锈包装

GB/T 6388 运输包装收发货标志

GB/T 7284 框架木箱

GB/T 11345 钢焊缝手工超声波探伤方法和探伤结果分级

GB/T 13384 机电产品包装通用技术条件

JB/T 5000.1 重型机械通用技术条件 第 1 部分:产品检验

JB/T 5000.3 重型机械通用技术条件 第 3 部分:焊接件

JB/T 5000.15 重型机械通用技术条件 第 15 部分:锻钢件无损探伤

3 型式、基本参数与尺寸

3.1 型式

万向联轴器型式分为 7 种,见表 1。

表 1　万向联轴器型式

型式代号	名称	图　示
BH	标准伸缩焊接式	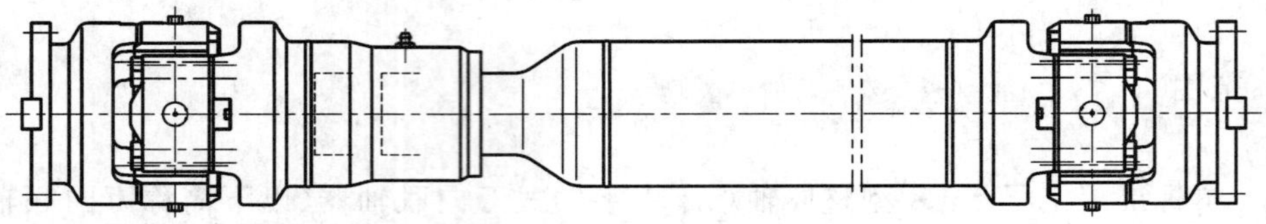
WH	无伸缩焊接式	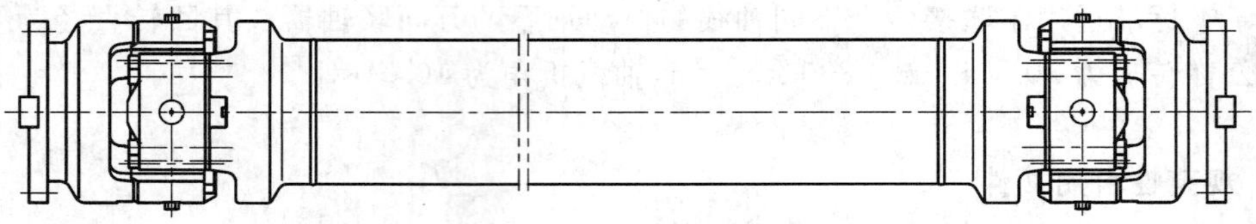
CH	长伸缩焊接式	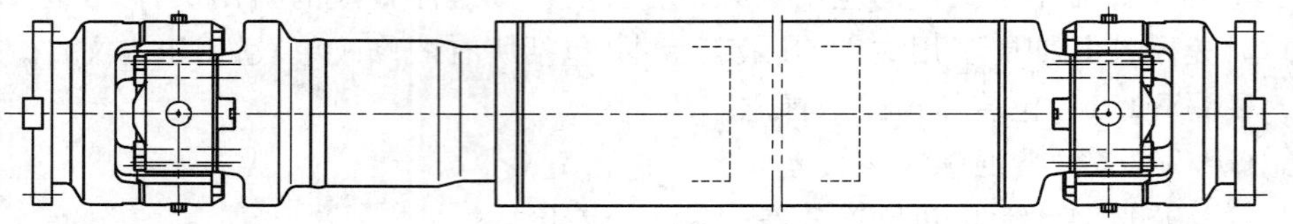
WD	无伸缩短式	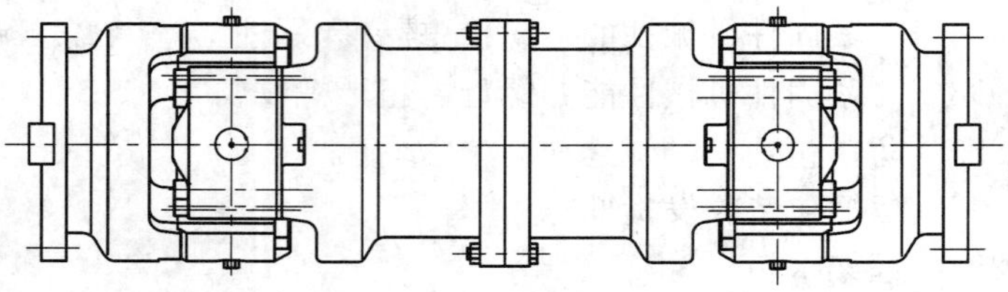
BF	标准伸缩法兰式	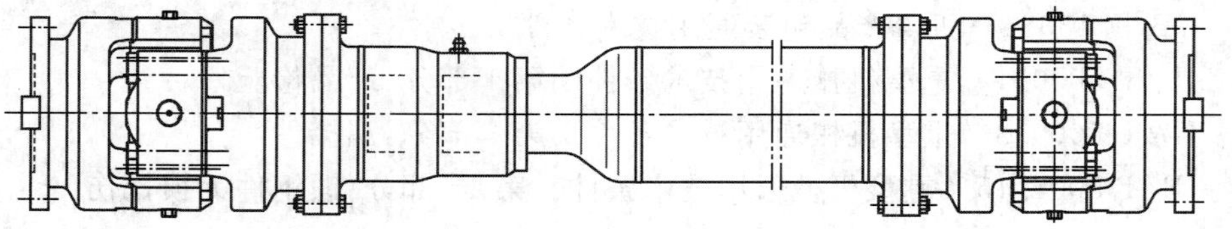
WF	无伸缩法兰式	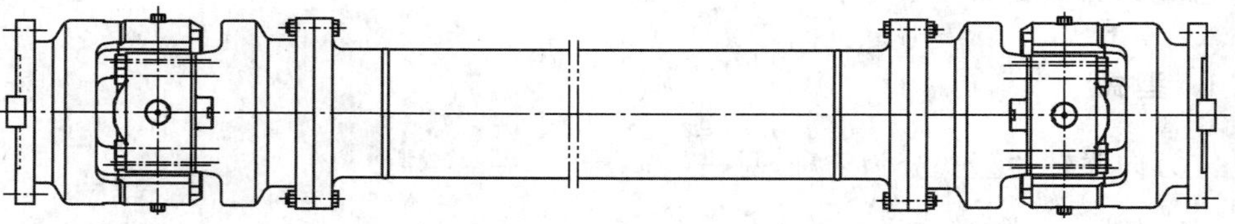
CF	长伸缩法兰式	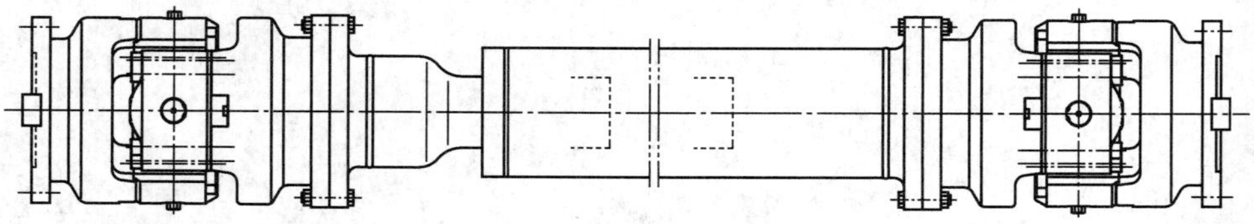

3.2 型号

万向联轴器的型号按以下规定：

SWZ □ □ × □

- □（第三个）——长度
- □（第二个）——型式代号
- □（第一个）——回转直径
- SWZ——整体轴承座十字轴式万向联轴器

3.3 标记示例

示例 1：回转直径 $D=220$ mm，长度 $L=2\,000$ mm，BH 型标准伸缩焊接式万向联轴器：

SWZ 220BH×2 000　联轴器　GB/T 28700—2012

示例 2：回转直径 $D=400$ mm，长度 $L=4\,000$ mm，BH 型无伸缩焊接式万向联轴器；

SWZ 400WH×4 000　联轴器　GB/T 28700—2012

示例 3：回转直径 $D=500$ mm，WD 型无伸缩短式万向联轴器；

SWZ 500WD　联轴器　GB/T 28700—2012

3.4 基本参数和主要尺寸

3.4.1 BH 型——标准伸缩焊接式万向联轴器

基本参数和主要尺寸应符合图 1 和表 2 的规定。

3.4.2 WH 型——无伸缩焊接式万向联轴器

基本参数和主要尺寸应符合图 2 和表 3 的规定。

3.4.3 CH 型——长伸缩焊接式万向联轴器

基本参数和主要尺寸应符合图 3 和表 4 的规定。

3.4.4 WD 型——无伸缩短式万向联轴器

基本参数和主要尺寸应符合图 4 和表 5 的规定。

3.4.5 BF 型——标准伸缩法兰式万向联轴器

基本参数和主要尺寸应符合图 5 和表 6 的规定。

3.4.6 WF 型——无伸缩法兰式万向联轴器

基本参数和主要尺寸应符合图 6 和表 7 的规定。

3.4.7 CF 型——长伸缩焊接式万向联轴器

基本参数和主要尺寸应符合图 7 和表 8 的规定。

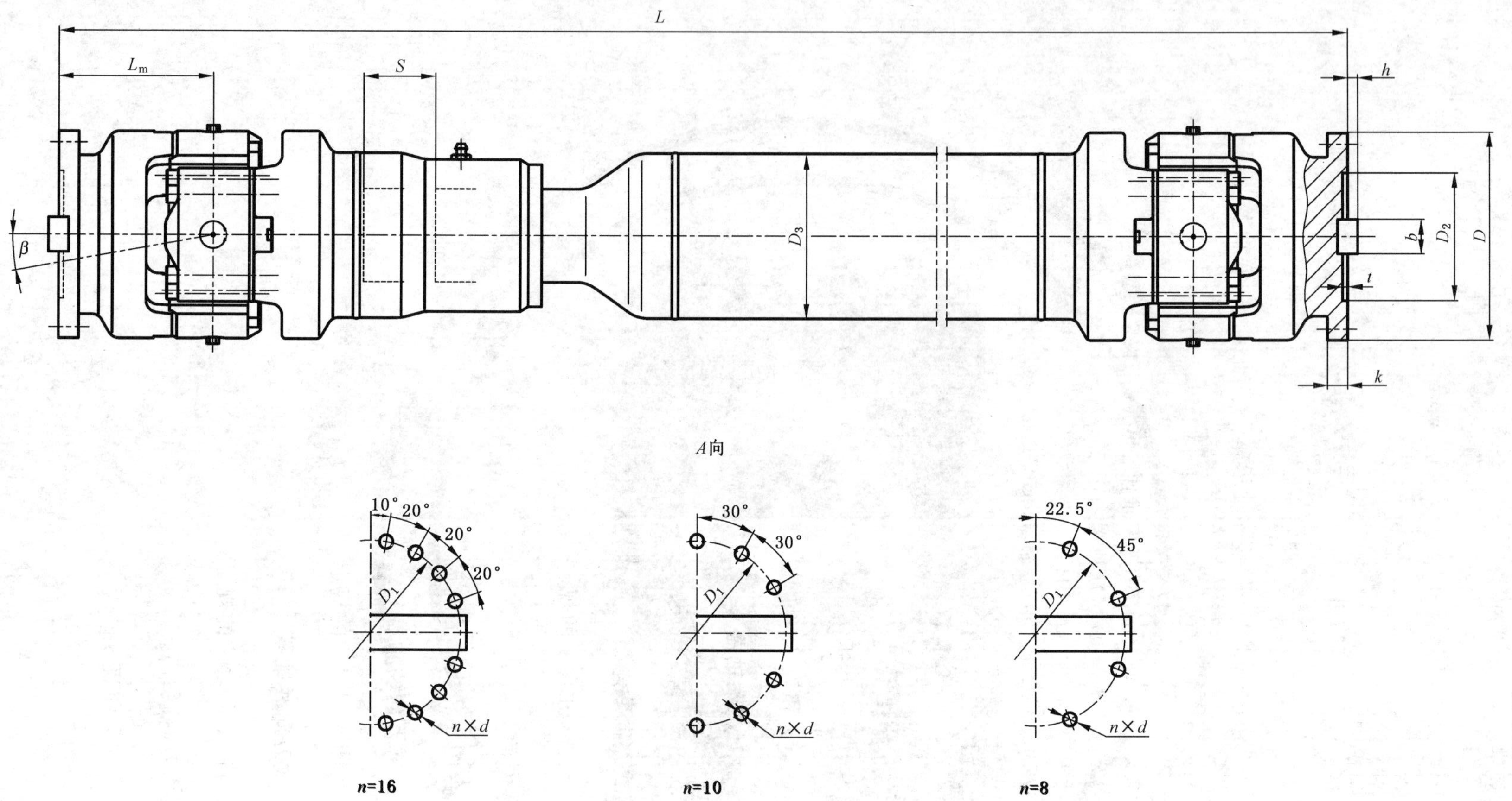

说明：

L——安装长度，按需要确定。

图 1　BH 型——标准伸缩焊接式万向联轴器

表 2　BH 型——标准伸缩焊接式万向联轴器基本参数和主要尺寸

型号	回转直径 D mm	公称转矩 T_n kN·m	疲劳转矩 T_f[a] kN·m	额定寿命转矩 T_s[b] kN·m	轴线折角 β (°)	伸缩量 S mm	尺寸 mm										转动惯量 kg·m²		质量 kg	
							L_{min}[c]	D_1	D_2 (H7)	D_3	L_m	$n \times d$	k	t	b (h9)	h	L_{min}	加长 100 mm	L_{min}	加长 100 mm
SWZ160BH	160	20	9	2.95	≤10	75	850	138	95	114	120	8×13	15	5	20	6	0.207	0.008	80	3.02
SWZ190BH	190	34	16	5.64		80	935	165	115	133	135	8×15	17	5	25	7	0.458	0.015	126	4.11
SWZ220BH	220	53	22	8.72		100	1085	190	130	159	155	8×17	20	6	32	9	0.973	0.031	198	5.96
SWZ260BH	260	86	40	15.60		115	1220	228	155	194	180	8×19	25	6	40	12.5	2.249	0.061	323	7.82
SWZ300BH	300	135	63	23.30		120	1455	260	180	219	215	10×23	30	7	40	15	4.473	0.095	477	9.37
SWZ350BH	350	215	100	38.62		130	1585	310	210	273	235	10×23	35	8	50	16	9.958	0.216	767	13.62
SWZ400BH	400	315	140	56.80		145	1785	358	240	299	270	10×25	40	8	70	18	18.749	0.347	1 125	18.72
SWZ425BH	425	380	180	68.70		145	1865	376	255	325	295	16×28	42	10	80	20	25.797	0.432	1 351	19.18
SWZ450BH	450	450	224	81.60		185	1990	400	270	351	300	16×28	44	10	80	20	34.681	0.586	1 627	22.31
SWZ500BH	500	625	315	111.50		200	2200	445	300	377	340	16×31	47	12	90	22.5	58.038	0.854	2 227	28.76
SWZ550BH	550	830	400	148.40		210	2345	492	320	426	355	16×31	50	12	100	22.5	90.588	1.272	2 835	32.87

[a] T_f ——交变负荷下的疲劳转矩。

[b] T_S ——额定寿命转矩。

[c] L_{min}——缩短后的最小长度。

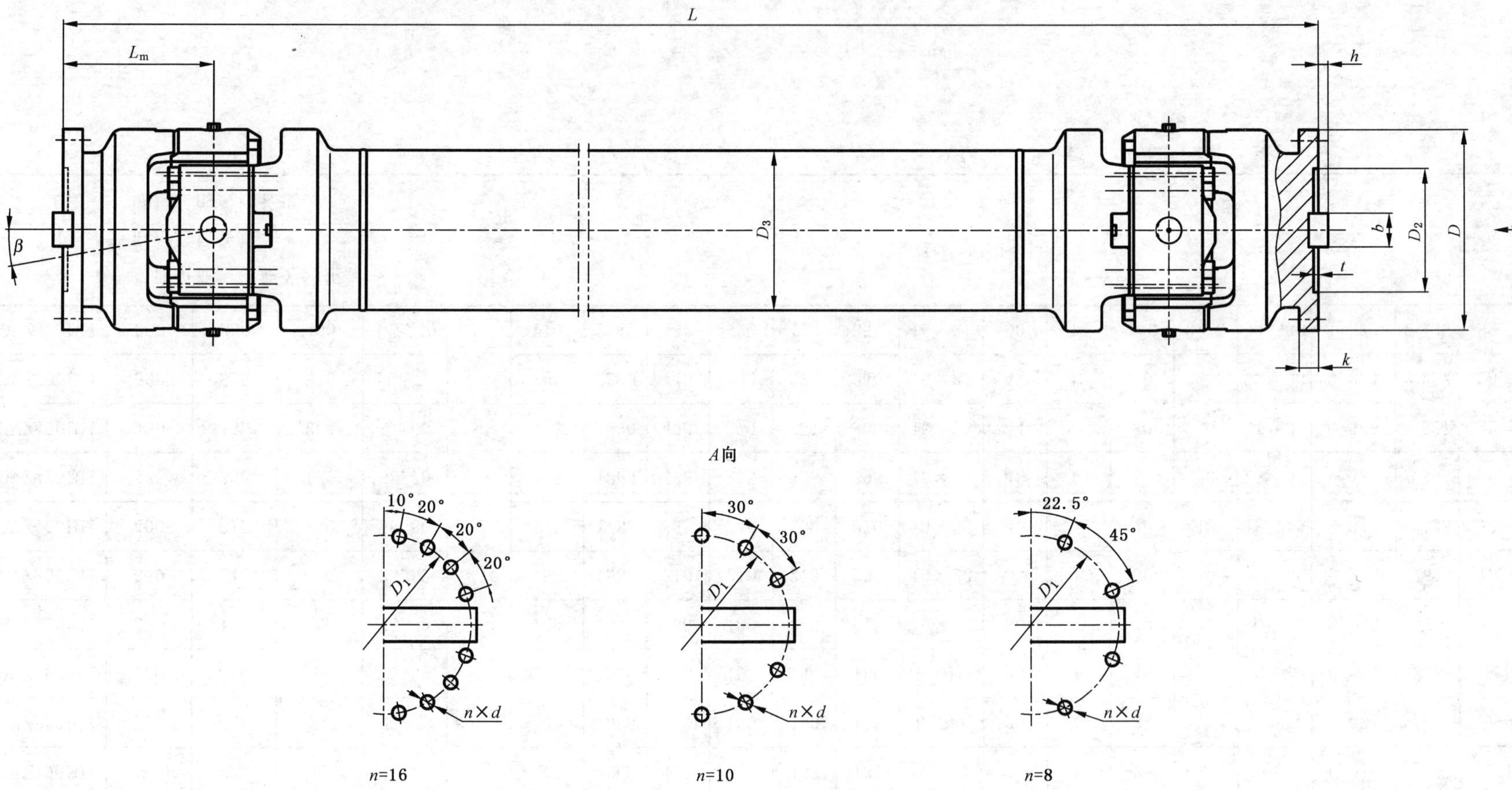

说明：

L——安装长度，按需要确定。

图 2　WH 型——无伸缩焊接式万向联轴器

表 3　WH 型——无伸缩焊接式万向联轴器基本参数和主要尺寸

型号	回转直径 D mm	公称转矩 T_n kN·m	疲劳转矩 T_f[a] kN·m	额定寿命转矩 T_s[b] kN·m	轴线折角 β (°)	尺寸 mm										转动惯量 kg·m^2		质量 kg	
						L_{min}[c]	D_1	D_2 (H7)	D_3	L_m	$n \times d$	k	t	b (h9)	h	L_{min}	加长 100 mm	L_{min}	加长 100 mm
SWZ160WH	160	20	9	2.95	≤10	580	138	95	114	120	8×13	15	5	20	6	0.176	0.008	61	3.02
SWZ190WH	190	34	16	5.64		650	165	115	133	135	8×15	17	5	25	7	0.392	0.015	96	4.11
SWZ220WH	220	53	22	8.72		760	190	130	159	155	8×17	20	6	32	9	0.824	0.031	151	5.96
SWZ260WH	260	86	40	15.60		880	228	155	194	180	8×19	25	6	40	12.5	1.893	0.061	248	7.82
SWZ300WH	300	135	63	23.30		1010	260	180	219	215	10×23	30	7	40	15	3.885	0.095	319	9.37
SWZ350WH	350	215	100	38.62		1120	310	210	273	235	10×23	35	8	50	16	8.309	0.216	590	13.62
SWZ400WH	400	315	140	56.80		1270	358	240	299	270	10×25	40	8	70	18	15.810	0.347	862	18.72
SWZ425WH	425	380	180	68.70		1350	376	255	325	295	16×28	42	10	80	20	21.697	0.432	940	19.18
SWZ450WH	450	450	224	81.60		1450	400	270	351	300	16×28	44	10	80	20	28.967	0.586	1256	22.31
SWZ500WH	500	625	315	111.50		1630	445	300	377	340	1×31	47	12	90	22.5	49.120	0.854	1725	28.76
SWZ550WH	550	830	400	148.40		1710	492	320	426	355	16×31	50	12	100	22.5	76.478	1.272	2213	32.87

[a] T_f ——交变负荷下的疲劳转矩。

[b] T_s ——额定寿命转矩。

[c] L_{min}——缩短后的最小长度。

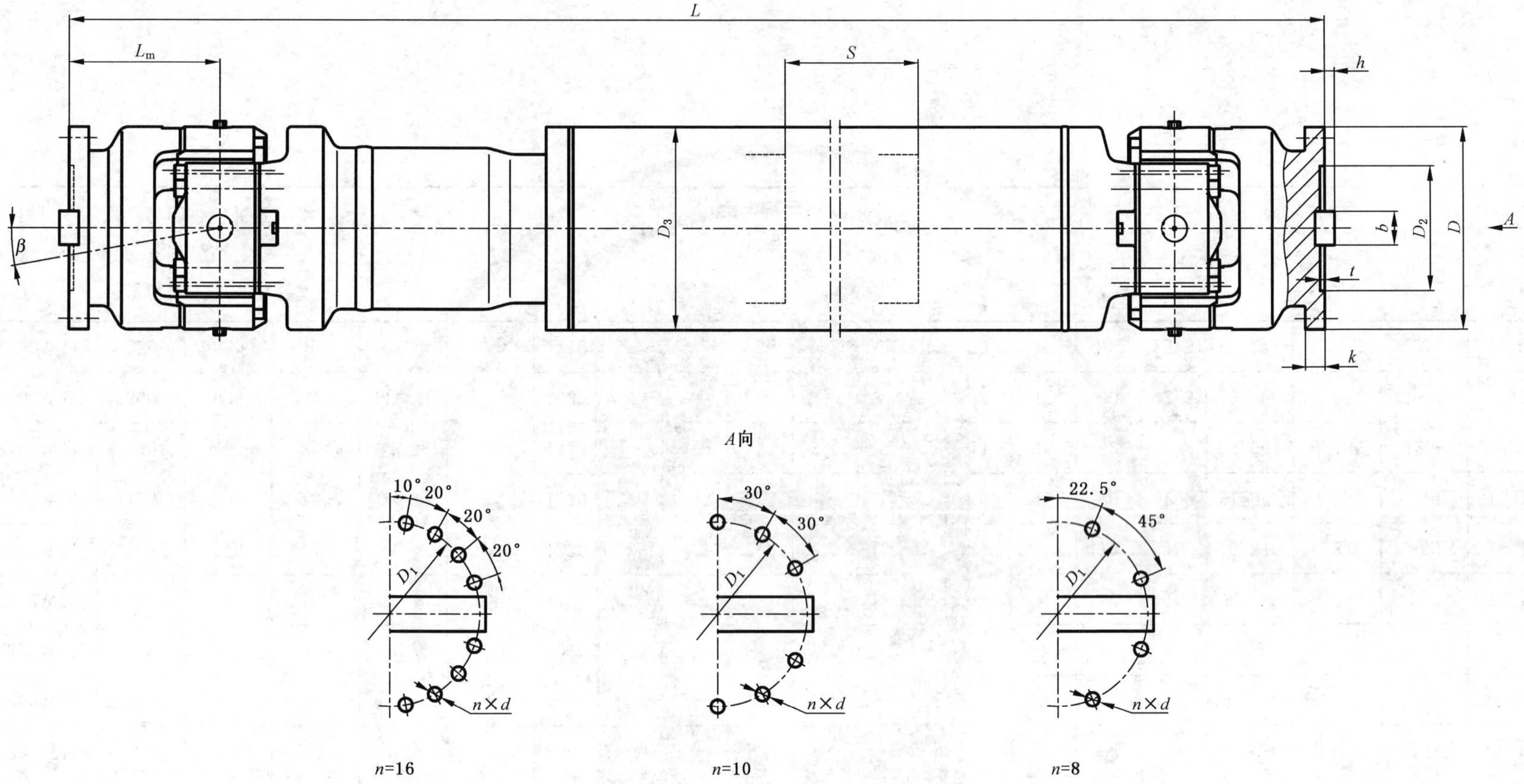

说明：

L——安装长度，按需要确定。

图 3 CH 型——长伸缩焊接式万向联轴器

表 4　CH 型——长伸缩焊接式万向联轴器基本参数和主要尺寸

型号	回转直径 D mm	公称转矩 T_n kN·m	疲劳转矩 T_f[a] kN·m	额定寿命转矩 T_s[b] kN·m	轴线折角 β (°)	伸缩量 S mm	尺寸 mm										转动惯量 kg·m²		质量 kg	
							L_{min}[c]	D_1	D_2 (H7)	D_3	L_m	$n\times d$	k	t	b (h9)	h	L_{min}	加长 100 mm	L_{min}	加长 100 mm
SWZ160CH	160	20	9	2.95	≤10	170	1010	138	95	135	120	8×13	15	5	20	6	0.232	0.01	95	5.75
SWZ190CH	190	34	16	5.64		210	1170	165	115	155	135	8×15	17	5	25	7	0.516	0.017	152	7.53
SWZ220CH	220	53	22	8.72		250	1370	190	130	180	155	8×17	20	6	32	9	1.127	0.030	247	10.12
SWZ260CH	260	86	40	15.60		290	1540	228	155	220	180	8×19	25	6	40	12.5	2.623	0.051	403	14.73
SWZ300CH	300	135	63	23.30		290	1680	260	180	250	215	10×23	30	7	40	15	5.079	0.093	578	18.41
SWZ350CH	350	215	100	38.62		340	1920	310	210	290	235	10×23	35	8	50	16	11.746	0.185	959	27.19
SWZ400CH	400	315	140	56.80		390	2240	358	240	320	270	10×25	40	8	70	18	21.800	0.262	1398	32.38
SWZ425CH	425	380	180	68.70		390	2310	376	255	350	295	16×28	42	10	80	20	30.022	0.340	1671	38.01
SWZ450CH	450	450	224	81.60		460	2480	400	270	370	300	16×28	44	10	80	20	41.087	0.461	2043	43.65
SWZ500CH	500	625	315	111.50		460	2720	445	300	400	340	16×31	47	12	90	22.5	66.122	0.613	2682	50.48
SWZ550CH	550	830	400	148.40		550	2950	492	320	450	355	16×31	50	12	100	22.5	108.055	0.984	3605	63.22

[a] T_f ——交变负荷下的疲劳转矩。

[b] T_s ——额定寿命转矩。

[c] L_{min}——缩短后的最小长度。

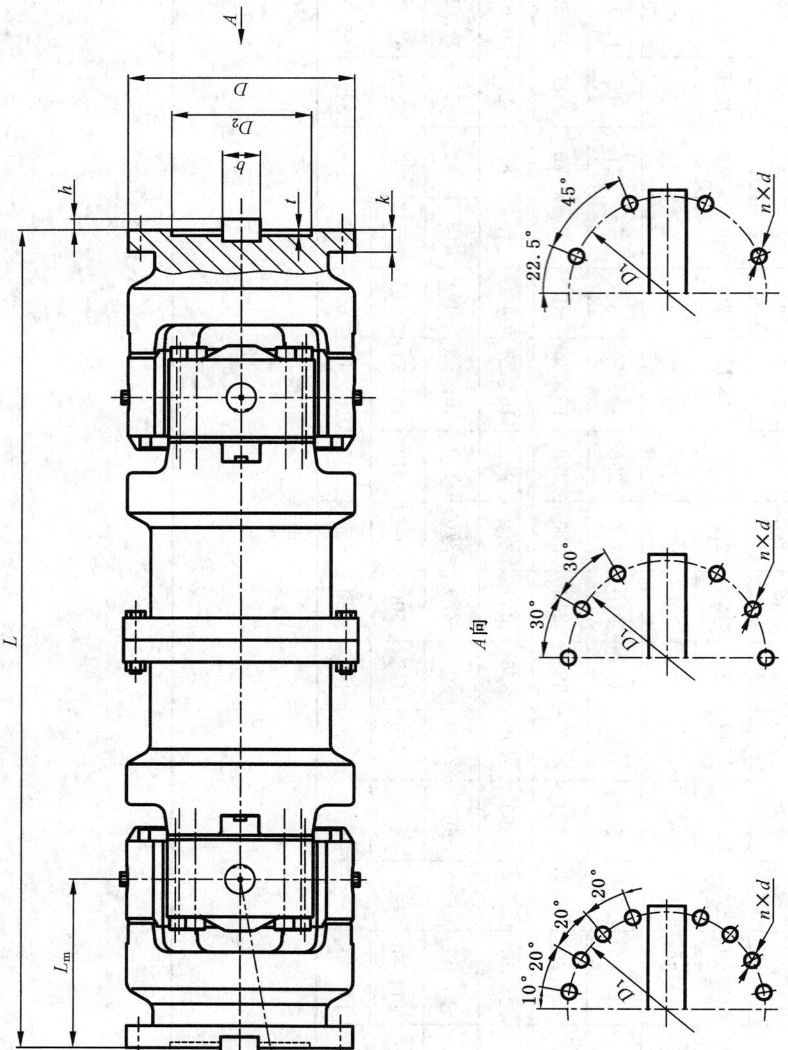

图 4　WD 型——无伸缩短式万向联轴器

表 5 WD 型——无伸缩短式万向联轴器基本参数和主要尺寸

型号	回转直径 D mm	公称转矩 T_n kN·m	疲劳转矩 T_f[a] kN·m	额定寿命转矩 T_s[b] kN·m	轴线折角 β (°)	尺寸 mm									转动惯量 kg·m^2	质量 kg
						L	D_1	D_2 (H7)	L_m	$n\times d$	k	t	b (h9)	h		
SWZ160WD	160	20	9	2.95	≤10	480	138	95	120	8×13	15	5	20	6	0.179	56
SWZ190WD	190	34	16	5.64		540	165	115	135	8×15	17	5	25	7	0.406	90
SWZ220WD	220	53	22	8.72		620	190	130	155	8×17	20	6	32	9	0.835	138
SWZ260WD	260	86	40	15.60		720	228	155	180	8×19	25	6	40	12.5	1.910	226
SWZ300WD	300	135	63	23.30		860	260	180	215	10×23	30	7	40	15	4.005	356
SWZ350WD	350	215	100	38.62		940	310	210	235	10×23	35	8	50	16	8.146	532
SWZ400WD	400	315	140	56.80		1080	358	240	270	10×25	40	8	70	18	16.000	800
SWZ425WD	425	380	180	68.70		1180	376	255	295	16×28	42	10	80	20	22.217	984
SWZ450WD	450	450	224	81.60		1200	400	270	300	16×28	44	10	80	20	28.451	1 124
SWZ500WD	500	625	315	111.50		1360	445	300	340	16×31	47	12	90	22.5	49.125	1 572
SWZ550WD	550	830	400	148.40		1420	492	320	355	16×31	50	12	100	22.5	75.096	1 986

[a] T_f——交变负荷下的疲劳转矩。

[b] T_s——额定寿命转矩。

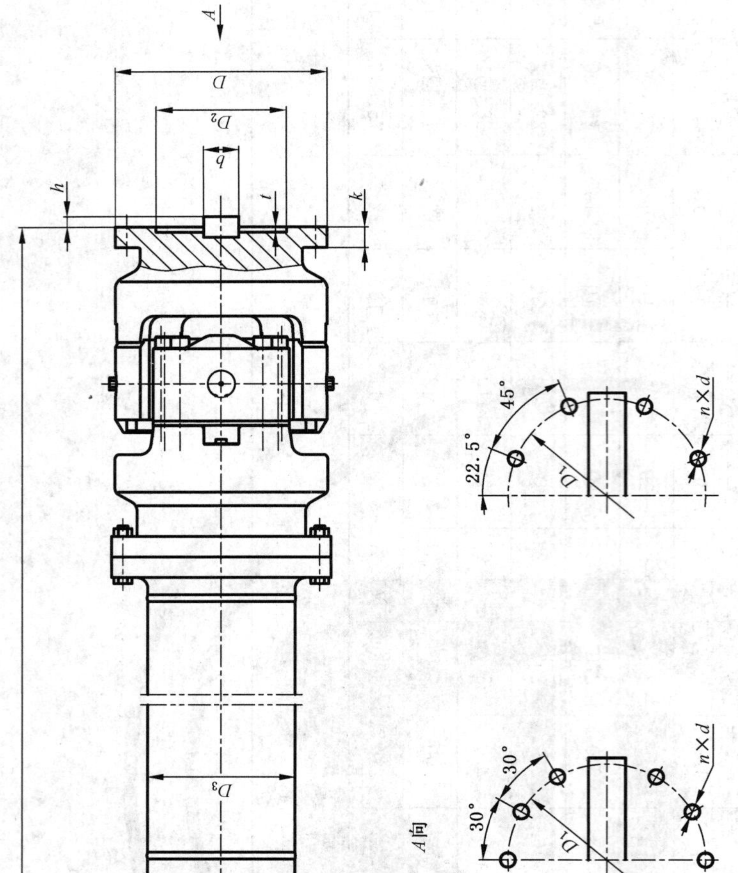

图5 BF型——标准伸缩法兰式万向联轴器

说明：L——安装长度，按需要确定。

表 6 **BF 型——标准伸缩法兰式万向联轴器基本参数和主要尺寸**

型号	回转直径 D mm	公称转矩 T_n kN·m	疲劳转矩 T_f[a] kN·m	额定寿命转矩 T_s[b] kN·m	轴线折角 β (°)	伸缩量 S mm	尺寸 mm										转动惯量 kg·m²		质量 kg	
							L_{min}[c]	D_1	D_2 (H7)	D_3	L_m	$n\times d$	k	t	b (h9)	h	L_{min}	加长 100 mm	L_{min}	加长 100 mm
SWZ160BF	160	20	9	2.95	≤10	75	980	138	95	114	120	8×13	15	5	20	6	0.244	0.008	96	3.02
SWZ190BF	190	34	16	5.64		80	1090	165	115	133	135	8×15	17	5	25	7	0.539	0.015	150	4.11
SWZ220BF	220	53	22	8.72		100	1260	190	130	159	155	8×17	20	6	32	9	1.151	0.031	238	5.96
SWZ260BF	260	86	40	15.60		115	1420	228	155	194	180	8×19	25	6	40	12.5	2.672	0.061	388	7.82
SWZ300BF	300	135	63	23.30		120	1600	260	180	219	215	10×23	30	7	40	15	5.312	0.095	574	9.37
SWZ350BF	350	215	100	38.62		130	1760	310	210	273	235	10×23	35	8	50	16	11.649	0.216	908	13.62
SWZ400BF	400	315	140	56.80		145	2040	358	240	299	270	10×25	40	8	70	18	21.870	0.347	1329	18.72
SWZ425BF	425	380	180	68.70		145	2150	376	255	325	295	16×28	42	10	80	20	30.548	0.432	1615	19.18
SWZ450BF	450	450	224	81.60		185	2300	400	270	351	300	16×28	44	10	80	20	41.310	0.586	1959	22.31
SWZ500BF	500	625	315	111.50		200	2600	445	300	377	340	16×31	47	12	90	22.5	68.419	0.854	2658	28.76
SWZ550BF	550	830	400	148.40		210	2670	492	320	426	355	16×31	50	12	100	22.5	106.809	1.272	3384	32.87

[a] T_f ——交变负荷下的疲劳转矩。

[b] T_s ——额定寿命转矩。

[c] L_{min}——缩短后的最小长度。

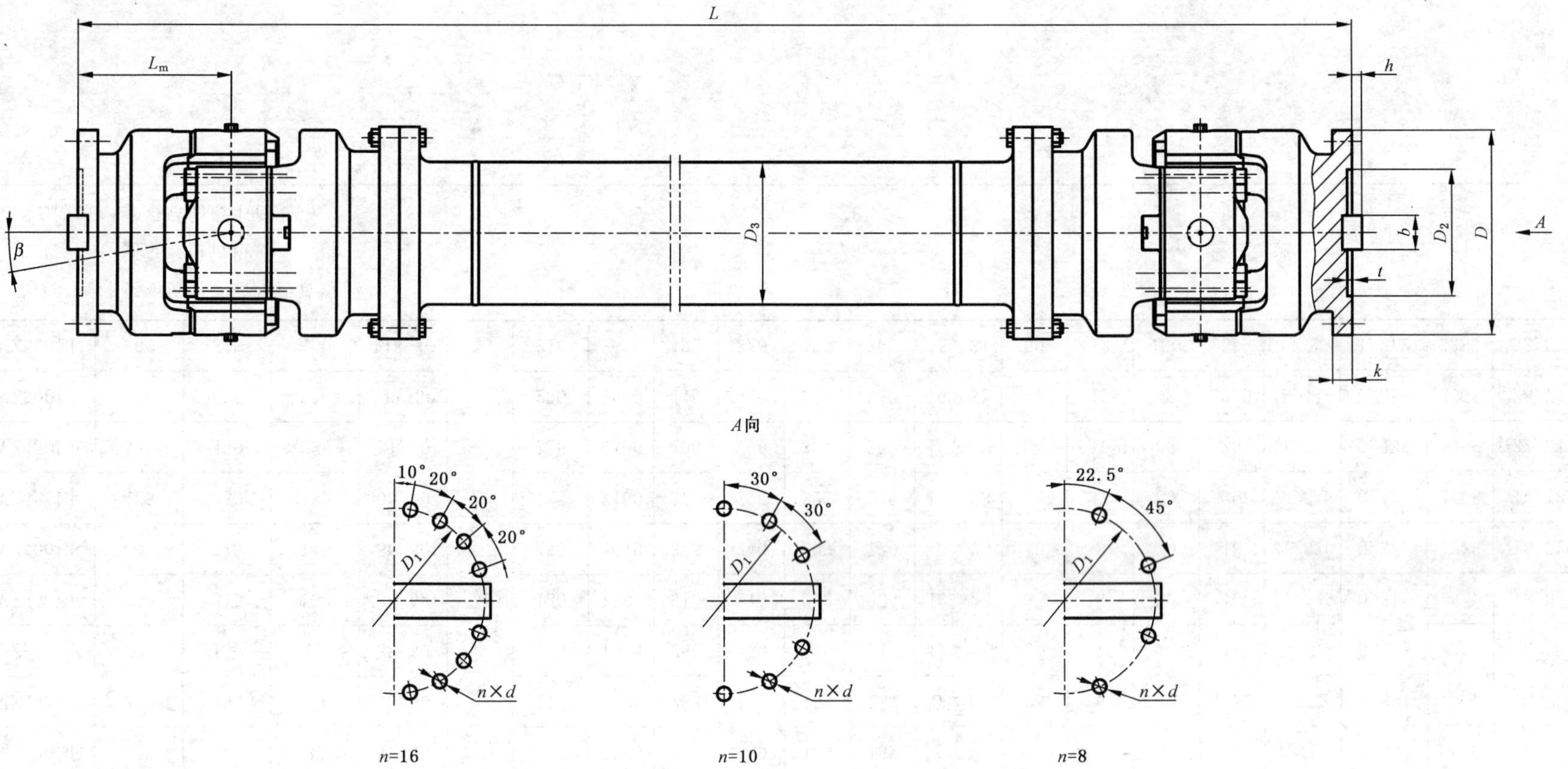

说明：L——安装长度，按需要确定。

图 6 WF型——无伸缩法兰式万向联轴器

表 7　WF 型——无伸缩法兰式万向联轴器基本参数和主要尺寸

型号	回转直径 D mm	公称转矩 T_n kN·m	疲劳转矩 T_f[a] kN·m	轴线折角 β (°)	尺寸 mm										转动惯量 kg·m²		质量 kg	
					L_{min}[b]	D_1	D_2 (H7)	D_3	L_m	$n\times d$	k	t	b (h9)	h	L_{min}	加长 100 mm	L_{min}	加长 100 mm
SWZ160WF	160	18	9		680	138	95	114	120	8×13	15	5	20	6	0.205	0.008	72	3.02
SWZ190WF	190	31.5	16		750	165	115	133	135	8×15	17	5	25	7	0.455	0.015	112	4.11
SWZ220WF	220	45	22		880	190	130	159	155	8×17	20	6	32	9	0.961	0.031	178	5.96
SWZ260WF	260	80	40		1010	228	155	194	180	8×19	25	6	40	12.5	2.225	0.061	293	7.82
SWZ300WF	300	125	63		1170	260	180	219	215	10×23	30	7	40	15	4.551	0.095	447	9.37
SWZ350WF	350	200	100	≤10	1280	310	210	273	235	10×23	35	8	50	16	9.600	0.216	688	13.62
SWZ400WF	400	280	140		1450	358	240	299	270	10×25	40	8	70	18	18.280	0.347	1004	18.72
SWZ425WF	425	355	180		1570	376	255	325	295	16×28	42	10	80	20	25.570	0.432	1238	19.18
SWZ450WF	450	450	224		1670	400	270	351	300	16×28	44	10	80	20	28.451	0.586	1481	22.31
SWZ500WF	500	600	315		1870	445	300	377	340	16×31	47	12	90	22.5	57.067	0.854	2019	28.76
SWZ550WF	550	800	400		1950	492	320	426	355	16×31	50	12	100	22.5	88.525	1.272	2578	32.87

[a] T_f——在交变负荷下按疲劳强度所允许的转矩。

[b] L_{min}——缩短后的最小长度。

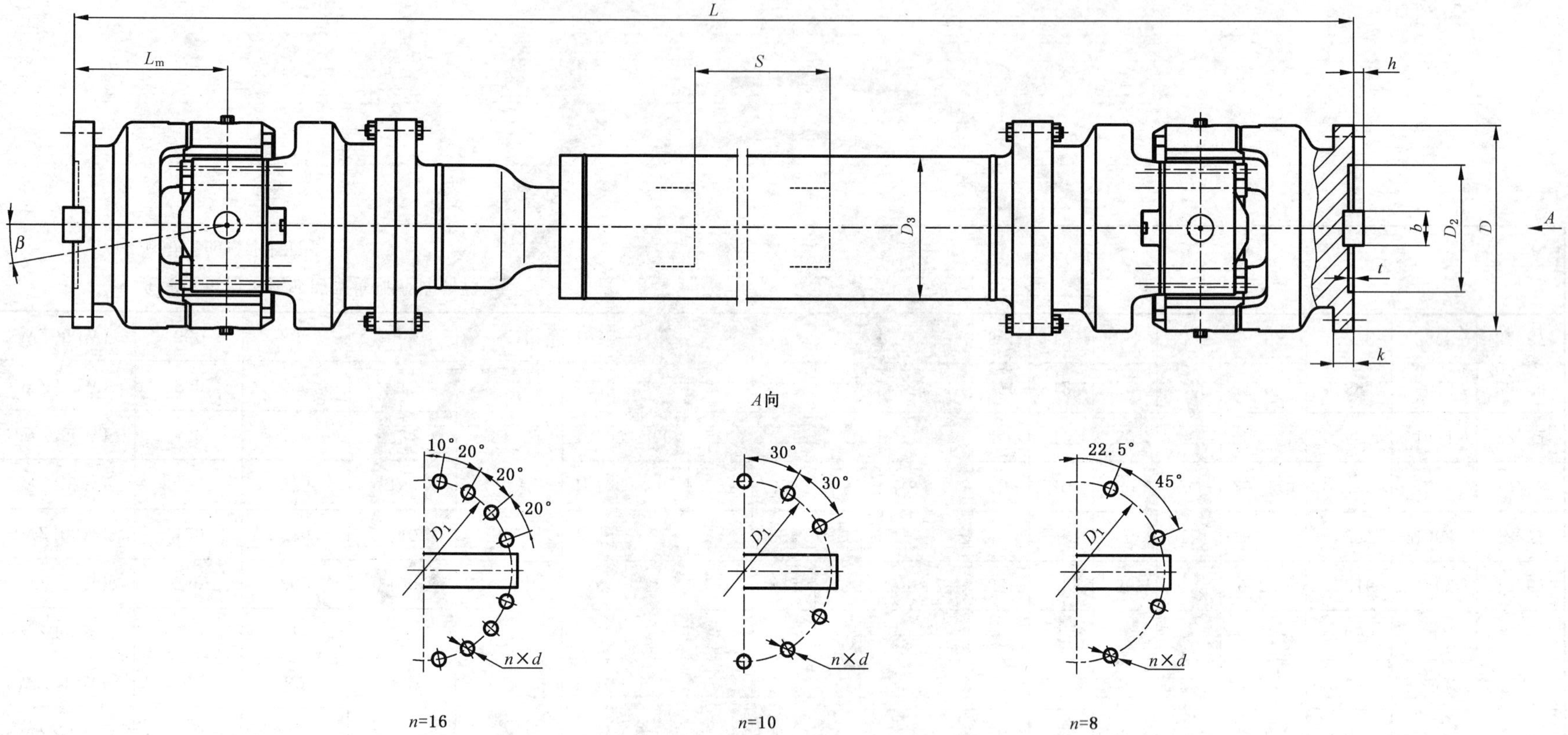

说明：

L——安装长度，按需要确定。

图 7　CF 型——长伸缩法兰式万向联轴器

表 8　CF 型——长伸缩法兰式万向联轴器基本参数和主要尺寸

型号	回转直径 D mm	公称转矩 T_n kN·m	疲劳转矩 T_f[a] kN·m	额定寿命转矩 T_s[b] kN·m	轴线折角 β (°)	伸缩量 S mm	尺寸 mm										转动惯量 kg·m²		质量 kg	
							L_{min}[c]	D_1	D_2 (H7)	D_3	L_m	$n\times d$	k	t	b (h9)	h	L_{min}	加长 100 mm	L_{min}	加长 100 mm
SWZ160CF	160	20	9	2.95	≤10	170	1160	138	95	135	120	8×13	15	5	20	6	0.267	0.01	110	5.075
SWZ190CF	190	34	16	5.64		210	1340	165	115	155	135	8×15	17	5	25	7	0.536	0.017	177	7.53
SWZ220CF	220	53	22	8.72		250	1560	190	130	180	155	8×17	20	6	32	9	1.296	0.030	284	10.12
SWZ260CF	260	86	40	15.60		290	1770	228	155	220	180	8×19	25	6	40	12.5	3.389	0.051	470	14.73
SWZ300CF	300	135	63	23.30		290	1930	260	180	250	215	10×23	30	7	40	15	5.900	0.093	672	18.41
SWZ350CF	350	215	100	38.62		340	2180	310	210	290	235	10×23	35	8	50	16	13.456	0.185	1102	27.19
SWZ400CF	400	315	140	56.80		390	2530	358	240	320	270	10×25	40	8	70	18	24.930	0.262	1599	32.38
SWZ425CF	425	380	180	68.70		390	2640	376	255	350	295	16×28	42	10	80	20	34.760	0.340	1934	38.01
SWZ450CF	450	450	224	81.60		460	2850	400	270	370	300	16×28	44	10	80	20	47.748	0.461	2377	43.55
SWZ500CF	500	625	315	111.50		460	3110	445	300	400	340	16×31	47	12	90	22.5	76.361	0.613	3105	50.48
SWZ550CF	550	830	400	148.40		550	3350	492	320	450	355	16×31	50	12	100	22.5	124.071	0.984	4145	63.22

[a] T_f ——交变负荷下的疲劳转矩。

[b] T_s ——额定寿命转矩。

[c] L_{min}——缩短后的最小长度。

3.5 万向联轴器与相配件的连接

万向联轴器是通过高强度螺栓与螺母把两端法兰连接在其他相配件上。其相配件的连接尺寸及螺栓预紧力矩按图 8 和表 9 的规定。连接螺栓只能由联轴器相配件的法兰侧装入，螺母由联轴器的法兰侧预紧。其螺栓的力学性能应符合 GB/T 3098.1 中 10.9 级的规定，其螺母的力学性能应符合 GB/T 3098.2 中 10 级的规定。

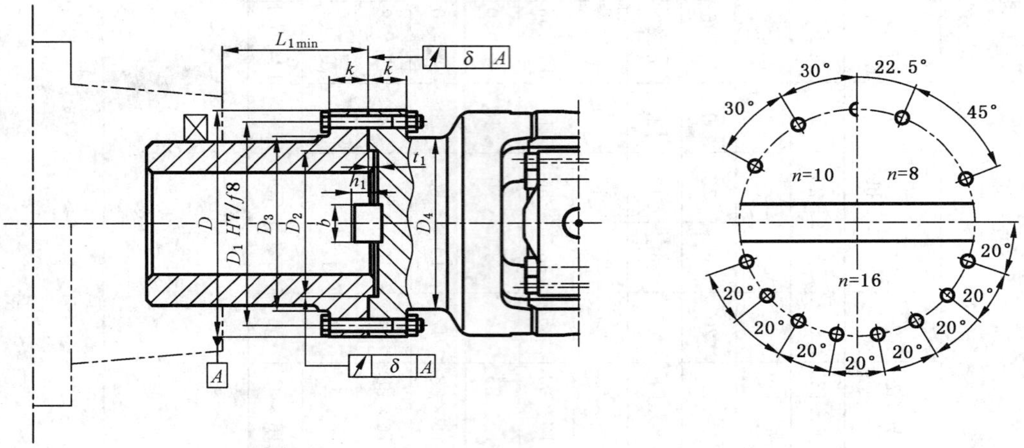

图 8 万向联轴器与相配件的连接尺寸

表 9 万向联轴器与相配件连接尺寸及螺栓预紧力矩

型号	回转直径 D mm	螺栓数 n	螺栓规格 $d\times l$ mm	预紧力矩 T_a N·m	尺寸 mm									
					D_1	D_2 (f8)	D_3	D_4 $\left(\begin{smallmatrix}0\\-0.3\end{smallmatrix}\right)$	k	b (Js8)	h_1	t_1 $\left(\begin{smallmatrix}+0.5\\0\end{smallmatrix}\right)$	δ	$L_{1\min}$
SWZ160	160	8	M12×50	120	138	95	114	116	15	20	6.5	4	0.05	60
SWZ190	190	8	M14×60	190	165	115	135	142	17	25	7.5	4	0.05	70
SWZ220	220	8	M16×65	295	190	130	158	164	20	32	9.8	5	0.05	78
SWZ260	260	8	M18×75	405	228	155	190	200	25	40	13	5	0.06	90
SWZ300	300	10	M22×90	780	260	180	214	224	30	40	15.5	6	0.06	108
SWZ350	350	10	M22×100	780	310	210	266	274	35	50	16.5	7	0.06	118
SWZ400	400	10	M24×120	1000	358	240	310	320	40	70	18.5	7	0.06	138
SWZ425	425	16	M27×120	1500	376	255	324	334	42	80	20.5	9	0.06	140
SWZ450	450	16	M27×120	1500	400	270	348	356	44	80	20.5	9	0.06	140
SWZ500	500	16	M30×140	2000	445	300	380	396	47	90	23	11	0.06	162
SWZ550	550	16	M30×140	2000	492	320	435	392	50	100	23	11	0.08	162

4 技术要求

4.1 一般要求

4.1.1 万向联轴器应符合本标准的要求，并按经规定程序批准的图样和技术文件制造。

4.1.2 通用技术要求应符合 JB/T 5000.1 的有关规定。

4.2 主要零件

4.2.1 十字轴

4.2.1.1 材料采用低碳合金结构钢，其力学性能：

a) $\sigma_b \geqslant 1\ 150$ MPa；

b) $\sigma_s \geqslant 850$ MPa；

c) $A_{KU} \geqslant 100$ J。

4.2.1.2 轴颈表面渗碳处理，渗碳层深为 1.3 mm～2.0mm，表面硬度为 58 HRC～62 HRC。

4.2.1.3 形位公差应符合 GB/T 1184 的规定：

a) 同轴度按 6 级；

b) 圆柱度按 6 级；

c) 垂直度按 7 级；

d) 对称度按 7 级。

4.2.1.4 轴颈的表面粗糙度 Ra 最大允许值为 0.32 μm。

4.2.1.5 十字轴应进行超声波探伤和磁粉检测，其质量等级应符合 JB/T 5000.15 中的规定，其中轴径部分按Ⅰ级验收，其余按Ⅱ级验收。

4.2.2 轴承座底盘

4.2.2.1 材料采用合金结构钢，其力学性能：

a) $\sigma_b \geqslant 900$ MPa；

b) $\sigma_{0.2} \geqslant 750$ MPa；

c) $A_{KU} \geqslant 48$ J。

4.2.2.2 形位公差应符合 GB/T 1184 的规定：

a) 键槽宽对定心圆中心线的对称度按 7 级；

b) 键槽两侧面对端面的垂直度按 7 级；

c) 端面对定心圆轴心线的垂直度按 7 级。

4.2.2.3 底盘根部和键槽根部的圆弧表面粗糙度 Ra 最大允许值为 0.8 μm，并进行轴向抛光。

4.2.2.4 底盘与花键轴，钢管焊接的焊缝力学性能不得低于母材的力学性能。焊缝超声波探伤检测质量等级应符合 GB/T 11345 中规定的 B 级。

4.2.3 轴承座

4.2.3.1 材料采用低碳合金结构钢，其力学性能：

a) $\sigma_b \geqslant 1\ 150$ MPa；

b) $\sigma_s \geqslant 850$ MPa；

c) $A_{KU} \geqslant 100$ J。

4.2.3.2 轴承孔表面及端面渗碳处理，渗碳层深 1.3 mm～2.0 mm，表面硬度为 56 HRC～62 HRC。

4.2.3.3 内孔表面粗糙度 Ra 最大允许值为 0.32 μm。

4.2.3.4 形位公差应符合 GB/T 1184 的规定：

a) 轴承孔的圆柱度按 6 级；

b) 轴承孔端面对孔中心线的垂直度按 6 级；

c) 底键宽对轴承孔中心线的对称度按 7 级；

d) 键两侧面对底面的垂直度按 7 级。

4.2.3.5 轴承座底键与槽的配合采用 GB/T 1801 中的 H7/n6。

4.2.4 轴承座联接螺栓

轴承座联接螺栓的机械性能按 GB/T 3098.1 中规定的 12.9 级，螺纹公差按 GB/T 197 中规定的 6 g 级，螺栓光杆部分进行抛光，其表面粗糙度 Ra 最大允许值 0.4 μm。

4.3 装配

4.3.1 按实测尺寸选配铜垫或尼龙垫，保证十字轴的轴向间隙单边为 0.06 mm～0.10 mm。

4.3.2 花键与花键套两端底盘上键槽的轴心线应在同一平面上，其偏差不得超过 1°。

4.3.3 万向联轴器组装后，花键应伸缩灵活，无卡滞现象，并在花键轴与花键套外，用粗箭头标出定位标记。

4.3.4 万向联轴器在包装前应清理干净，结合面涂防锈剂，非结合面涂油漆，油漆颜色由制造厂确定。如用户要求与主机颜色一致时，由用户与制造厂协商确定。

4.3.5 当万向联轴器的转速不小于 300 r/min 时应进行动平衡试验，其平衡精度等级为 G16。

4.3.6 轴承和花键采用 2 号工业锂基润滑脂润滑。组装完后，从油嘴注入润滑脂充满为止。

4.3.7 万向联轴器的选用参见附录 A。

5 检验规则

5.1 每套万向联轴器出厂前，均应检验两端法兰端面键的位置、轴线折角和伸缩量，并应符合本标准的有关规定。

5.2 每套万向联轴器均应经制造厂产品质量检验部门检验合格，并附有产品质量合格证方可出厂。

5.3 除本标准 5.1 外，用户另有要求时，可与制造厂协商增加其他检验项目。

6 标志、包装、贮存

6.1 万向联轴器应在明显部位打印型号标志。

6.2 每套万向联轴器的合格证中应包括：

a) 万向联轴器型号、标准号；

b) 制造厂的名称；

c) 检验合格标记；

d) 出厂日期。

6.3 包装

6.3.1 万向联轴器清洗后按 GB /T 4879 的规定进行防锈包装。

6.3.2 防锈包装后的万向联轴器应装入按 GB/T 7284 规定的框架木箱内。

6.3.3 包装要求应符合 GB/T 13384 的规定。

6.3.4 万向联轴器的外包装箱上的标志,应按 GB /T 191 和 GB/T 6388 的规定。

6.4 贮存

万向联轴器应存放在干燥、避免日晒、雨淋的场所。在存放期内应避免与酸、碱、有机溶剂等物质接触。

附 录 A
（资料性附录）
万向联轴器选用说明

A.1 本标准规定的万向联轴器是由两个万向节和一根中间轴所构成，如图 A.1。为使主、从动轴的角速度相等，即 $\omega_1=\omega_2$，须满足下列三个条件：

a) 中间轴与主、从动轴间的轴线折角相等，即 $\beta_1=\beta_2$；

b) 中间轴两端的叉头必须位于同一相位；

c) 主、从动轴与中间轴的中心线在同一平面内。

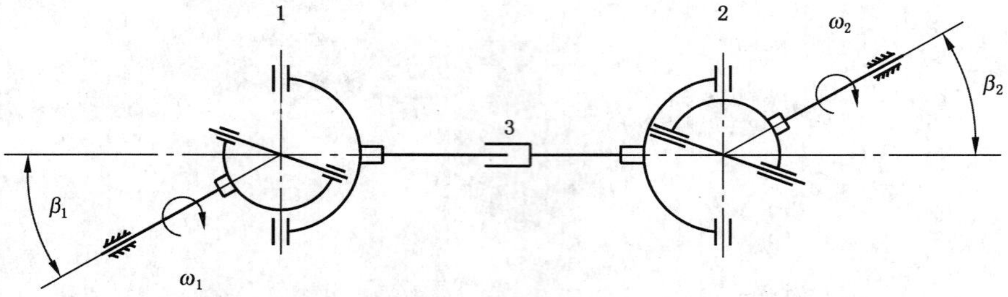

说明：

1、2——万向节；

3——中间轴。

图 A.1

A.2 万向联轴器的安装型式按其轴线相互位置一般为 Z 型和 W 型，如图 A.2。

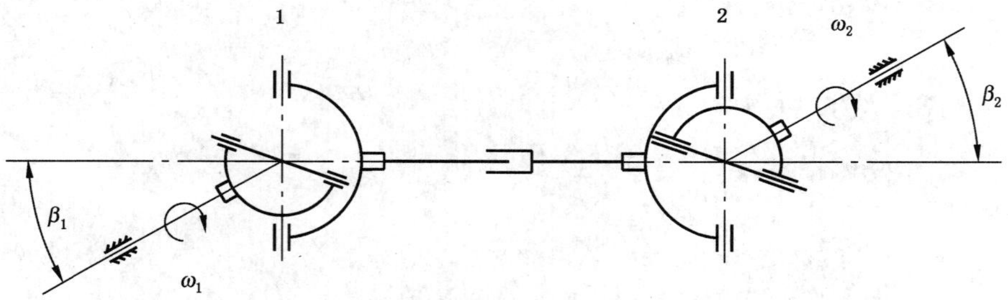

a) Z 型（两轴平行）

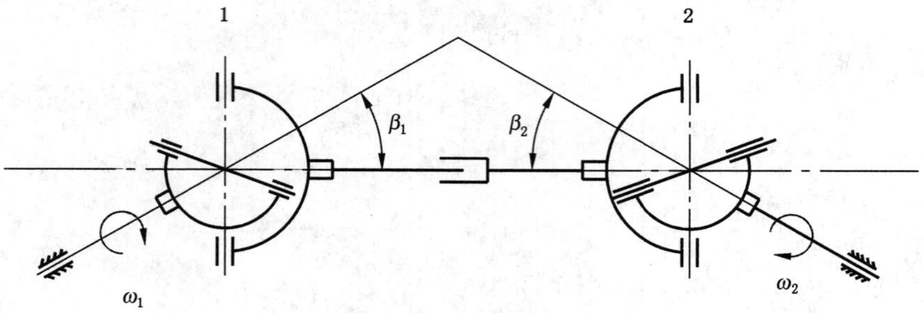

b) W 型（两轴相交）

图 A.2

A.3 万向联轴器应根据载荷特性、计算转矩、轴承寿命及工作转速选用。

A.4 计算转矩由式(A.1)求出。

$$T_c = 9.55 \times \frac{N}{n}k \quad \cdots\cdots\cdots\cdots\cdots\cdots(\text{A.1})$$

式中：

T_c ——计算的最大转矩，单位为千牛米(kN·m)；

N ——电机功率，单位为千瓦(kW)；

n ——转速，单位为转每分(r/min)；

k ——过载系数(见表A.1)。

表A.1 轧机的过载系数及电机功率利用系数

轧机名称	k	轧机名称	k
板坯初轧机	2.5～6.0	冷带钢轧机(4辊)	1.25～2.0
初轧机	2.0～5.0	破鳞机	1.5～3.5
大型型钢轧机	1.5～3.0	平整轧机	1.25～2.0
中厚板轧机	2.0～5.0	精光轧机	1.25～2.0
中小型轧机	1.25～2.0	张力辊	1.25～3.0
立辊轧机	1.5～3.5	送料辊	2～10
热带钢轧机(4辊)	1.25～2.0	辊道	2～10

A.5 万向联轴器的选择方法

A.5.1 按强度选择时应满足下列要求：

$$T_c \leqslant T_n \text{或} T_c \leqslant T_f \text{或} T_c \leqslant T_p \quad \cdots\cdots\cdots\cdots\cdots\cdots(\text{A.2})$$

式中：

T_c ——计算转矩，单位为千牛米(kN·m)；

T_n ——公称转矩，见参数表，单位为千牛米(kN·m)；

T_f ——交变负荷下的按疲劳转矩，所允许的转矩，见参数表，单位为千牛米(kN·m)；

T_p ——脉动负荷下的按疲劳转矩，$T_p = 1.45\ T_f$，单位为千牛米(kN·m)。

A.5.2 按式(A.3)进行寿命计算。

$$L_h = 3\ 000 K_m \left(\frac{T_s K_n K_\beta}{T_m}\right)^{2.907} \quad \cdots\cdots\cdots\cdots\cdots\cdots(\text{A.3})$$

式中：

L_H ——万向联轴器的寿命，单位为小时(h)；

T_s ——额定寿命转矩，见参数表，单位为千牛米(kN·m)；

T_m ——使用平均转矩，单位为千牛米(kN·m)；

K_m ——材料系数，$K_m = 1 \sim 3$；

K_n ——转速系数，$K_n = 10.2/n^{0.336}$；

n ——平均转速，单位为转每分(r/min)；

K_β ——折角系数，$K_\beta = 1.46/\beta^{0.344}$；

β ——平均合成轴线折角，单位为度(°)。

A.5.3 按各阶段的使用转矩、转速、时间计算平均转矩及平均转速。

使用阶段1、2、3……Z；

转矩 T_1、T_2、T_3……T_Z，单位为千牛米(kN·m)；

转速 n_1、n_2、n_3……n_Z，单位为转每分(r/min)；

时间比(%)t_1、t_2、t_3……t_Z；

则平均转矩及平均转速为：

$$T_m = \sqrt[3]{\frac{(T_1^3 n_1 t_1 + T_1^3 n_2 t_2 + \cdots\cdots + T_Z^3 n_Z t_Z)}{(n_1 t_1 + n_2 t_2 + \cdots\cdots + n_Z T_Z)}} \quad \cdots\cdots\cdots\cdots(A.4)$$

$$n = \frac{(n_1 t_1 + n_2 t_2 + \cdots\cdots + n_Z t_Z)}{(t_1 + t_2 + \cdots\cdots + t_Z)} \quad \cdots\cdots\cdots\cdots(A.5)$$

A.5.4 在水平、垂直面间同时有轴线折角的情况下，其合成轴线折角由式(A.6)求得：

$$\tan\beta = \sqrt{\tan^2\beta_1 + \tan^2\beta_2} \quad \cdots\cdots\cdots\cdots(A.6)$$

式中：

β ——合成轴线折角；

β_1——水平面的轴线折角；

β_2——垂直面的轴线折角。

A.6 选用长的万向联轴器时，其工作转速必须低于临界转速。

临界转速按式(A.7)计算：

$$n_c = 1.195 \times 10^8 \sqrt{\frac{{D_1}^2 + {D_2}^2}{L^2}} \quad \cdots\cdots\cdots\cdots(A.7)$$

式中：

n_c ——临界转速，单位为转每分(r/min)；

L ——两十字万向节的节距，单位为毫米(mm)；

D_1——中间轴的钢管外径，单位为毫米(mm)；

D_2——中间轴的钢管内径，单位为毫米(mm)。

在低速、小轴线折角的使用条件下，其工作转速：$n=0.85n_c$。

在高速、大轴线折角的使用条件下，其工作转速：$n<0.65n_c$。

ICS 21.120.99
J 19

中华人民共和国国家标准

GB/T 28701—2012

胀 紧 联 结 套

Locking assemblies

2012-09-03 发布 2013-03-01 实施

中华人民共和国国家质量监督检验检疫总局
中国国家标准化管理委员会 发布

前　言

本标准是按照 GB/T 1.1—2009 给出的规则起草。

本标准由全国机器轴与附件标准化技术委员会(SAC/TC 109)提出并归口。

本标准起草单位:德阳立达基础件有限公司、中机生产力促进中心、山西大新传动技术有限公司、石家庄链轮总厂、武汉正通传动技术有限公司。

本标准主要起草人:刘学光、王译贤、明翠新、张新辉、许文江、余晓锁、邓高见。

胀 紧 联 结 套

1 范围

本标准规定了 ZJ1 型～ZJ19 型胀紧联结套(以下简称胀紧套)的术语和定义、分类、技术要求、检验规则、标志、包装、运输、贮存等内容。

本标准适用于联结轴和轴上零件的胀紧联结套。

2 规范性引用文件

下列文件对于本文件的应用是必不可少的。凡是注日期的引用文件,仅注日期的版本适用于本文件。凡是不注日期的引用文件,其最新版本(包括所有的修改单)适用于本文件。

GB/T 70.1 内六角圆柱头螺钉

GB/T 191 包装贮运图示标志

GB/T 699 优质碳素结构钢

GB/T 1031 产品几何技术规范(GPS) 表面结构 轮廓法 表面粗糙度参数及其数值

GB/T 1184 形状和位置公差 未注公差值

GB/T 1800.2 产品几何技术规范(GPS) 极限与配合 第2部分:标准公差等级和孔、轴极限偏差表

GB/T 3098.1 紧固件机械性能 螺栓、螺钉和螺柱

GB/T 3177 产品几何技术规范(GPS) 光滑工件尺寸的检验

GB/T 4879 防锈包装

GB/T 6388 运输包装收发货标志

GB/T 13384 机电产品包装通用技术条件

JB/T 6396 大型合金结构钢锻件技术要求

JB/T 6399 重型机械用弹簧钢

3 术语和定义

下列术语和定义适用于本文件。

3.1

胀紧联结套 locking assemblies

在轴与孔的联结中,使包容面间产生压力和摩擦力,以实现传递负载的一种无键联结装置。

4 分类

4.1 型式

胀紧联结套型式分为 19 种,见表 1。

4.2 型号

胀紧联结套型号按以下规定。

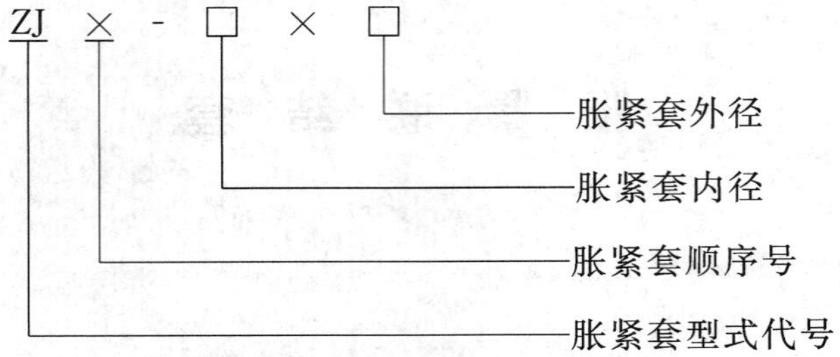

4.3 标记示例

示例 1:内径 d=100 mm,外径 D=145 mm 的 ZJ2 型胀紧联结套:

胀紧套 ZJ2-100×145 GB/T 28701—2012

示例 2:内径 d=120 mm,外径 D=165 mm 的 ZJ9A 型胀紧联结套:

胀紧套 ZJ9A-120×165 GB/T 28701—2012

表 1 胀紧联结套型式

序号	型式代号	名 称	图 示
1	ZJ1	ZJ1 型胀紧联结套	
2	ZJ2	ZJ2 型胀紧联结套	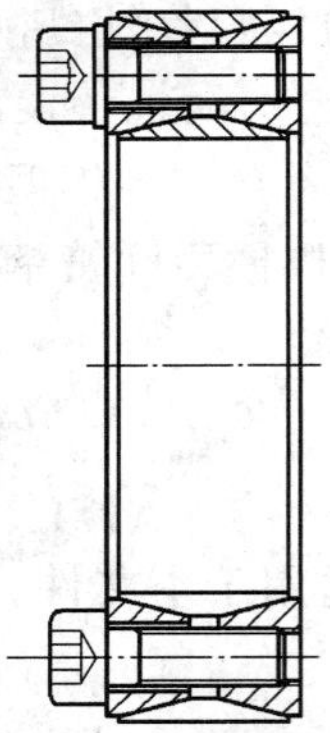
3	ZJ3	ZJ3 型胀紧联结套	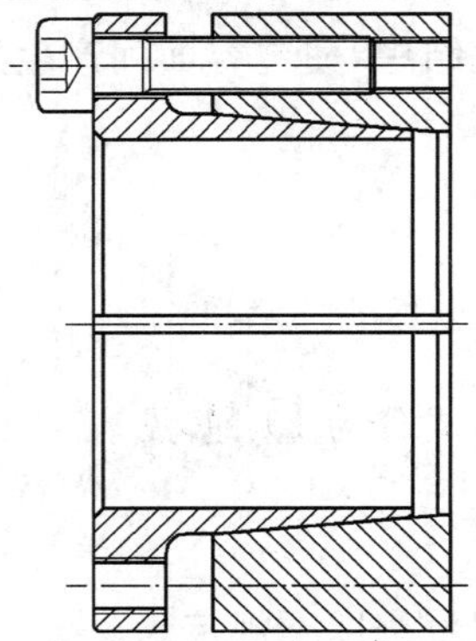

表 1（续）

序号	型式代号	名　　称	图　　示
4	ZJ4	ZJ4 型胀紧联结套	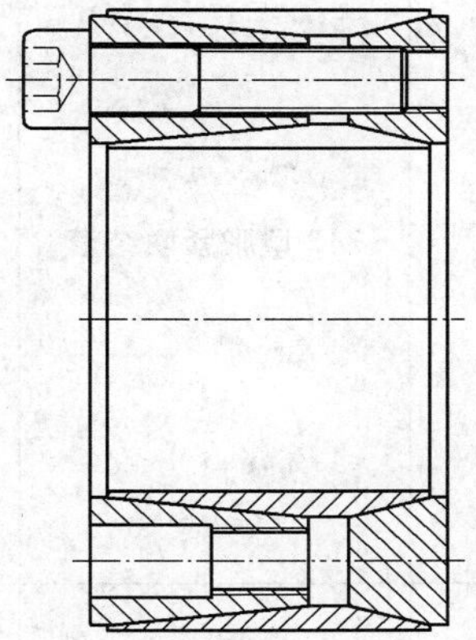
5	ZJ5	ZJ5 型胀紧联结套	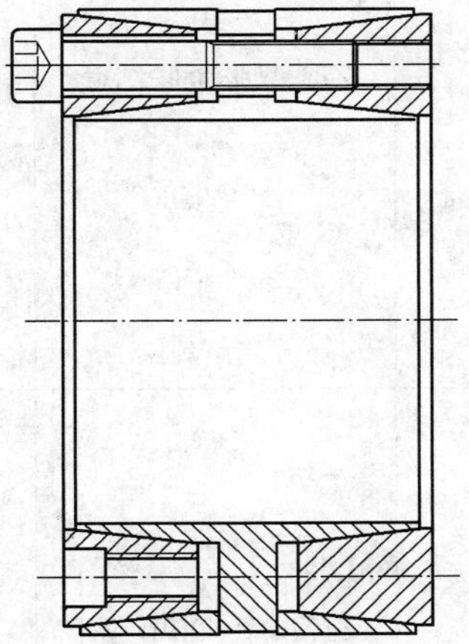
6	ZJ6	ZJ6 型胀紧联结套	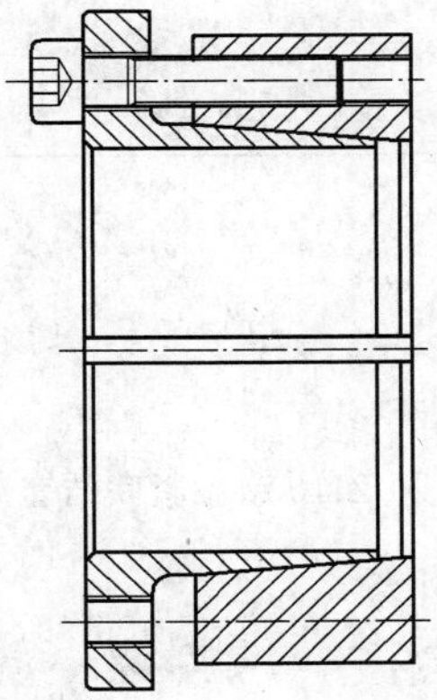

表 1(续)

序号	型式代号	名　称	图　示
7	ZJ7	ZJ7 型胀紧联结套	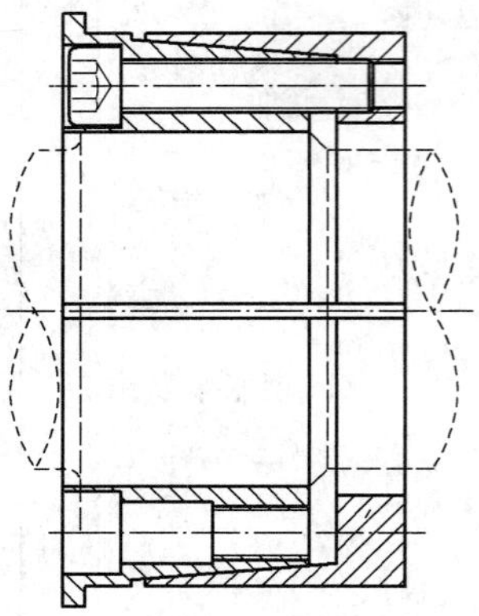
8	ZJ8	ZJ8 型胀紧联结套	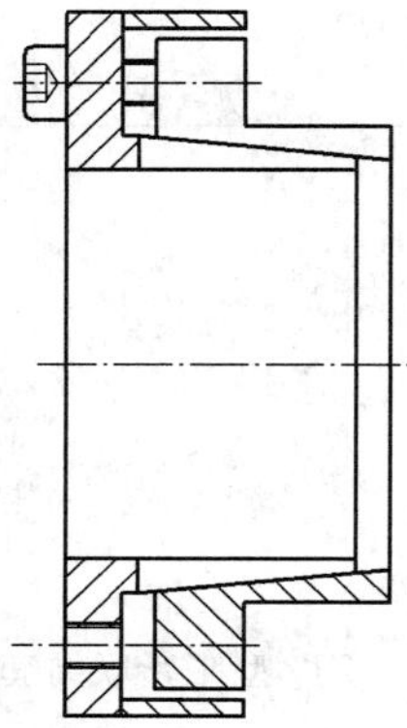
9	ZJ9A ZJ9B ZJ9C	ZJ9A 型、ZJ9B 型、 ZJ9C 型 胀紧联结套	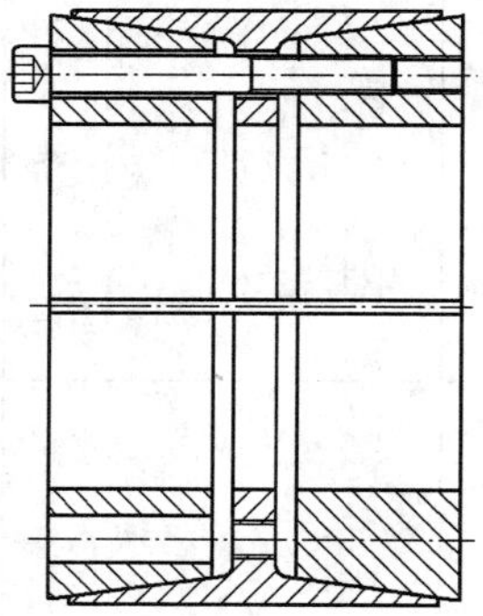
10	ZJ10	ZJ10 型胀紧联结套	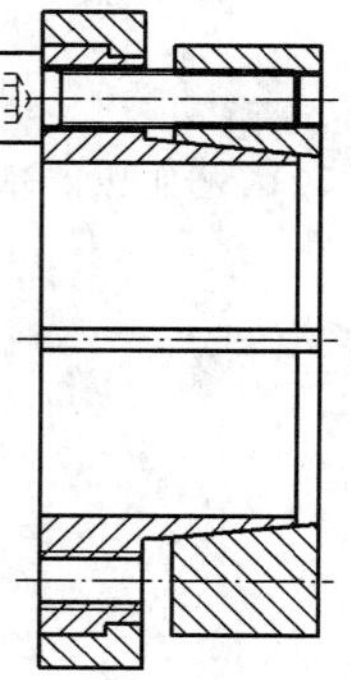

表 1（续）

序号	型式代号	名　　称	图　　示
11	ZJ11	ZJ11 型胀紧联结套	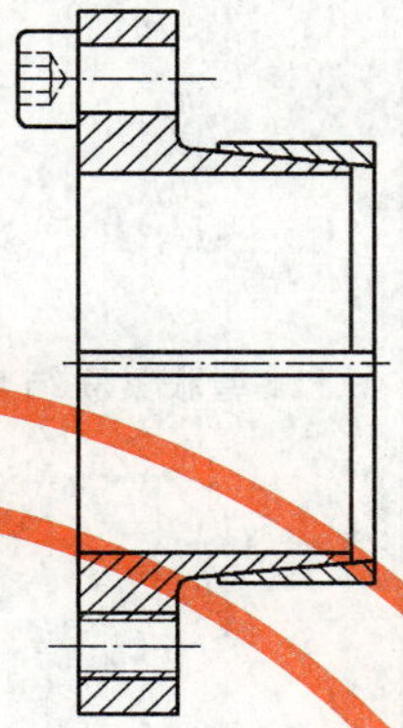
12	ZJ12	ZJ12 型胀紧联结套	
13	ZJ13	ZJ13 型胀紧联结套	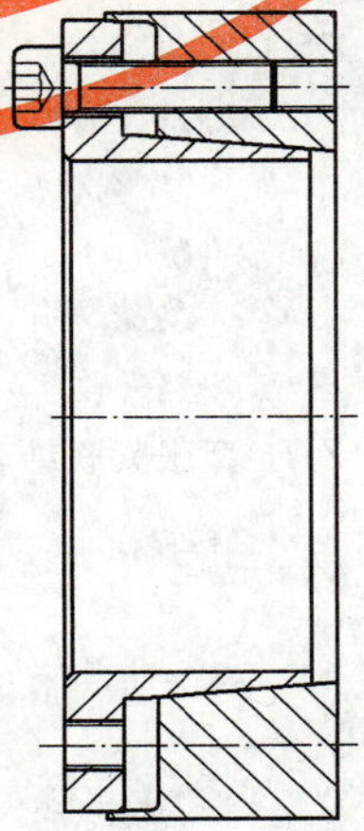

表 1（续）

序号	型式代号	名　称	图　示
14	ZJ14	ZJ14 型胀紧联结套	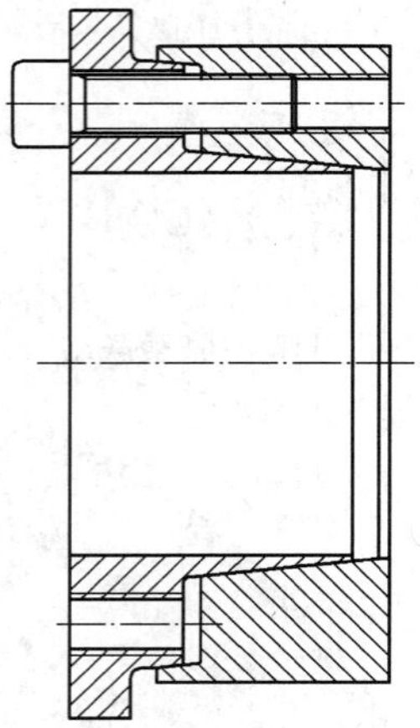
15	ZJ15	ZJ15 型胀紧联结套	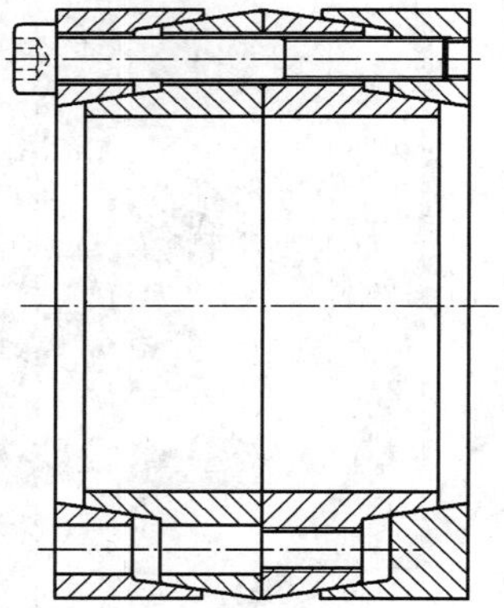
16	ZJ16	ZJ16 型胀紧联结套	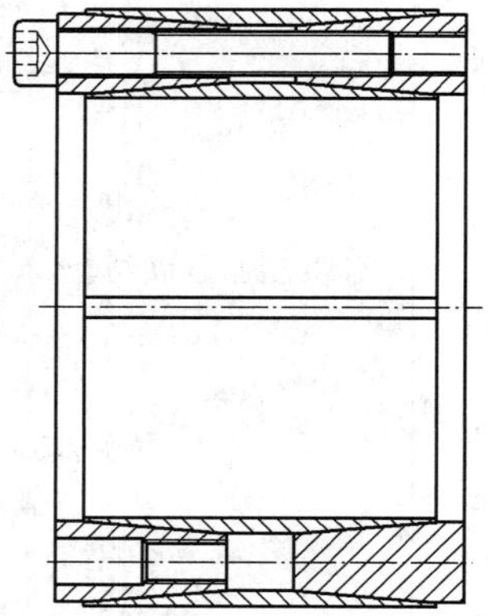

表 1（续）

序号	型式代号	名　　称	图　　示
17	ZJ17A	ZJ17A 型胀紧联结套	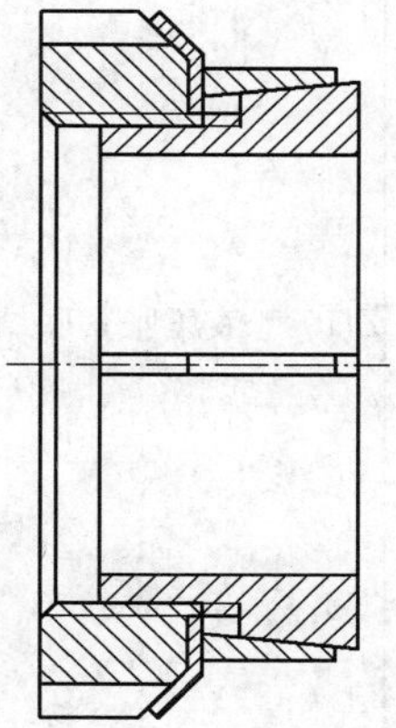
18	ZJ17B	ZJ17B 型胀紧联结套	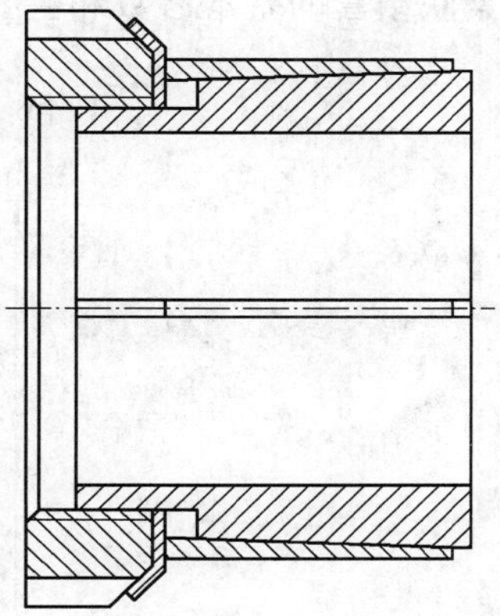
19	ZJ18	ZJ18 型胀紧联结套	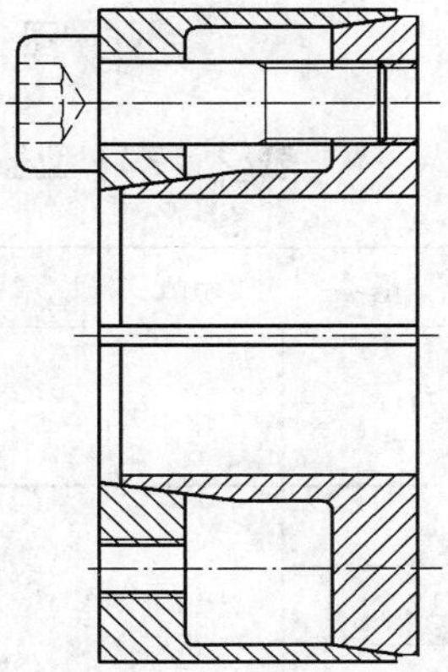

表 1（续）

序号	型式代号	名　　称	图　　示
20	ZJ19	ZJ19 型液压胀紧联结套	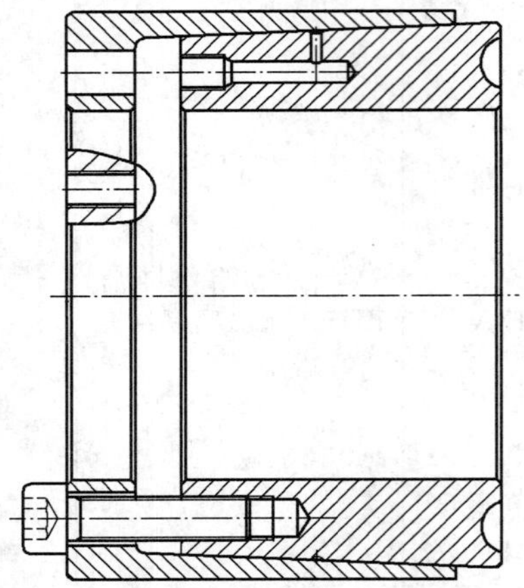

4.4　基本参数和主要尺寸

4.4.1　ZJ1 型胀紧联结套的基本参数和主要尺寸应符合图 1 和表 2 的规定。

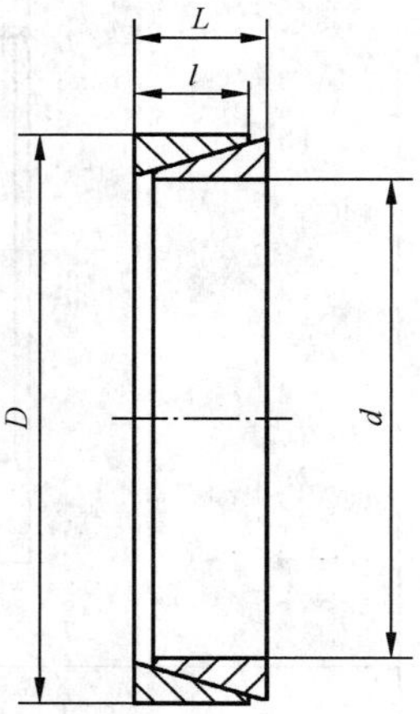

图 1　ZJ1 型胀紧联结套

表 2　ZJ1 型胀紧联结套的基本参数和主要尺寸

基本尺寸/mm				当 p_f=100 MPa 时的额定负荷		质量 kg
d	*D*	*L*	*l*	轴向力 F_t/kN	转矩 M_t/(kN·m)	
8	11			1.2	0.005	0.001
9	12			1.3	0.006	0.001
10	13	4.5	3.7	1.6	0.008	0.002
12	15			2.0	0.012	0.002
13	16			2.4	0.016	0.002

表 2（续）

<table>
<tr><th colspan="4">基本尺寸/mm</th><th colspan="2">当 p_f=100 MPa 时的额定负荷</th><th rowspan="2">质量
kg</th></tr>
<tr><th>d</th><th>D</th><th>L</th><th>l</th><th>轴向力
F_t/kN</th><th>转矩
M_t/(kN·m)</th></tr>
<tr><td>14</td><td>18</td><td rowspan="13">6.3</td><td rowspan="13">5.3</td><td>2.8</td><td>0.020</td><td>0.004</td></tr>
<tr><td>15</td><td>19</td><td>3.0</td><td>0.022</td><td>0.004</td></tr>
<tr><td>16</td><td>20</td><td>3.2</td><td>0.025</td><td>0.005</td></tr>
<tr><td>17</td><td>21</td><td>3.3</td><td>0.028</td><td>0.005</td></tr>
<tr><td>18</td><td>22</td><td>3.6</td><td>0.032</td><td>0.005</td></tr>
<tr><td>19</td><td>24</td><td>3.8</td><td>0.036</td><td>0.007</td></tr>
<tr><td>20</td><td>25</td><td>4.0</td><td>0.040</td><td>0.007</td></tr>
<tr><td>22</td><td>26</td><td>4.5</td><td>0.050</td><td>0.007</td></tr>
<tr><td>24</td><td>28</td><td>4.8</td><td>0.055</td><td>0.007</td></tr>
<tr><td>25</td><td>30</td><td>5.0</td><td>0.060</td><td>0.009</td></tr>
<tr><td>28</td><td>32</td><td>5.6</td><td>0.080</td><td>0.009</td></tr>
<tr><td>30</td><td>35</td><td>6.0</td><td>0.09</td><td>0.01</td></tr>
<tr><td>32</td><td>36</td><td>6.4</td><td>0.10</td><td>0.01</td></tr>
<tr><td>35</td><td>40</td><td rowspan="3">7.0</td><td rowspan="3">6.0</td><td>8.5</td><td>0.15</td><td>0.02</td></tr>
<tr><td>36</td><td>42</td><td>9.0</td><td>0.16</td><td>0.02</td></tr>
<tr><td>38</td><td>44</td><td>9.4</td><td>0.18</td><td>0.02</td></tr>
<tr><td>40</td><td>45</td><td rowspan="2">8.0</td><td rowspan="2">6.6</td><td>10.0</td><td>0.20</td><td>0.02</td></tr>
<tr><td>42</td><td>48</td><td>10.5</td><td>0.22</td><td>0.03</td></tr>
<tr><td>45</td><td>52</td><td rowspan="4">10.0</td><td rowspan="4">8.6</td><td>14.6</td><td>0.33</td><td>0.04</td></tr>
<tr><td>48</td><td>55</td><td>15.4</td><td>0.37</td><td>0.05</td></tr>
<tr><td>50</td><td>57</td><td>16.2</td><td>0.40</td><td>0.05</td></tr>
<tr><td>55</td><td>62</td><td>17.8</td><td>0.49</td><td>0.05</td></tr>
<tr><td>56</td><td>64</td><td rowspan="3">12.0</td><td rowspan="3">10.4</td><td>21.7</td><td>0.61</td><td>0.06</td></tr>
<tr><td>60</td><td>68</td><td>23.5</td><td>0.70</td><td>0.07</td></tr>
<tr><td>65</td><td>73</td><td>25.6</td><td>0.83</td><td>0.08</td></tr>
<tr><td>70</td><td>79</td><td rowspan="2">14.0</td><td rowspan="2">12.2</td><td>32.0</td><td>1.12</td><td>0.11</td></tr>
<tr><td>75</td><td>84</td><td>34.4</td><td>1.29</td><td>0.12</td></tr>
<tr><td>80</td><td>91</td><td rowspan="4">17.0</td><td rowspan="4">15</td><td>45.0</td><td>1.81</td><td>0.19</td></tr>
<tr><td>85</td><td>96</td><td>48.0</td><td>2.04</td><td>0.20</td></tr>
<tr><td>90</td><td>101</td><td>51.0</td><td>2.29</td><td>0.22</td></tr>
<tr><td>95</td><td>106</td><td>54.0</td><td>2.55</td><td>0.23</td></tr>
</table>

表 2（续）

基本尺寸/mm				当 p_f=100 MPa 时的额定负荷		质量 kg
d	*D*	*L*	*l*	轴向力 F_t/kN	转矩 M_t/(kN·m)	
100	114	21.0	18.7	70.0	3.50	0.38
105	119			73.2	3.82	0.40
110	124			77.0	4.25	0.41
120	134			84.0	5.05	0.45
125	139			92.0	5.75	0.62
130	148	28.0	25.3	124.0	8.05	0.85
140	158			134.0	9.35	0.91
150	168			143.0	10.70	0.97
160	178			152.5	12.20	1.02
170	191	33.0	30.0	192.0	16.30	1.50
180	201			204.0	18.30	1.58
190	211			214.0	20.40	1.68
200	224	38.0	34.8	262.0	26.20	2.32
210	234			275.0	28.90	2.45
220	244			288.0	37.70	2.49
240	267	42.0	39.5	358.0	43.00	3.52
250	280	53.0	49.0	415.0	52.00	4.68
260	290			435.0	56.50	4.82
280	313	65.0	59.0	520.0	72.50	6.27
300	333			555.0	83.00	6.47
320	360			710.0	114.00	10.90
340	380			755.0	128.50	11.50
360	400			800.0	144.00	12.20
380	420			845.0	160.50	12.80
400	440			890.0	178.00	13.50
420	460			935.0	196.00	14.10
450	490			998.0	224.50	15.20
480	520			1 070.0	256.00	16.00
500	540			1 110.0	278.00	16.50
注：p_f 为胀紧联结套与轴结合面上的压力。						

4.4.2 ZJ2 型胀紧联结套的基本参数和主要尺寸应符合图 2 和表 3 的规定。

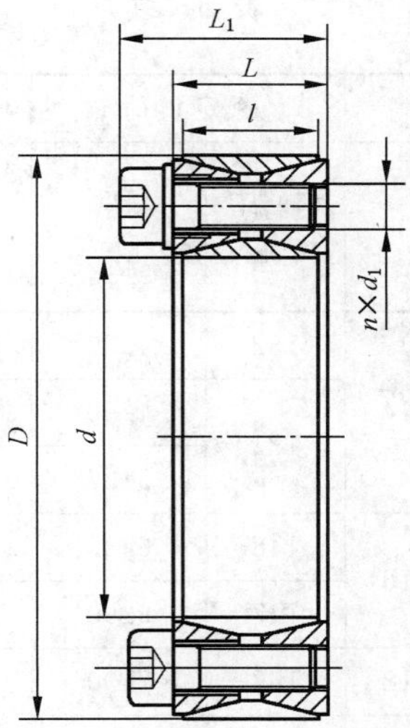

图 2　ZJ2 型胀紧联结套

表 3　ZJ2 型胀紧联结套的基本参数和主要尺寸

基本尺寸/mm					螺钉		额定负荷		胀紧套与轴结合面上的压力	胀紧套与轮毂结合面上的压力	螺钉的拧紧力矩	质量
d	D	l	L	L_1	d_1/mm	n	轴向力 F_t/kN	转矩 M_t/kN·m	p_f/MPa	p'_f/MPa	M_a/N·m	kg
19	47	17	20	27.5	M6	8	27	0.25	215	85	14	0.24
20	47	17	20	27.5	M6	8	27	0.27	210	90	14	0.23
22	47	17	20	27.5	M6	8	27	0.30	195	90	14	0.20
24	50	17	20	27.5	M6	8	30	0.36	195	95	14	0.26
25	50	17	20	27.5	M6	9	30	0.38	190	95	14	0.25
28	55	17	20	27.5	M6	10	33	0.47	185	95	14	0.30
30	55	17	20	27.5	M6	10	33	0.50	175	95	14	0.29
35	60	17	20	27.5	M6	12	40	0.70	180	105	14	0.32
38	63	17	20	27.5	M6	14	46	0.88	190	115	14	0.33
38	65	17	20	27.5	M6	14	46	0.88	190	110	14	0.34
40	65	17	20	27.5	M6	14	46	0.92	180	110	14	0.34
42	72	20	24	33.5	M8	12	65	1.36	205	120	35	0.48
45	75	20	24	33.5	M8	12	72	1.62	210	125	35	0.57
50	80	20	24	33.5	M8	12	71	1.77	190	115	35	0.60
55	85	20	24	33.5	M8	14	83	2.27	200	130	35	0.63
60	90	20	24	33.5	M8	14	83	2.47	180	120	35	0.69
65	95	20	24	33.5	M8	16	93	3.04	190	130	35	0.73

表 3（续）

基本尺寸/mm					螺钉		额定负荷		胀紧套与轴结合面上的压力 p_f/MPa	胀紧套与轮毂结合面上的压力 p'_f/MPa	螺钉的拧紧力矩 M_a/N·m	质量 kg
d	D	l	L	L_1	d_1/mm	n	轴向力 F_t/kN	转矩 M_t/kN·m				
70	110	24	28	39	M10	14	132	4.60	210	130	70	1.26
75	115						131	4.90	195	125		1.33
80	120							5.20	180	120		1.40
85	125					16	148	6.30	195	130		1.49
90	130						147	6.60	180	125		1.53
95	135					18	167	7.90	195	135		1.62
100	145	29	33	47	M12	14	192	9.60			125	2.01
105	150						190	9.98	165	115		2.10
110	155						191	10.50	180	125		2.15
120	165					16	218	13.10	185	135		2.35
125	170					18	220	13.78	160	118		2.95
130	180					20	272	17.60	165	120		3.51
140	190	34	38	52		22	298	20.90		125		3.85
150	200					24	324	24.20	170			4.07
160	210					26	350	28.00		130		4.30
170	225	38	44	60	M14	22	386	32.80	160	120	190	5.78
180	235					24	420	37.80	165	125		6.05
190	250	46	52	68		28	490	46.50	150	115		8.25
200	260					30	525	52.50				8.65
210	275	50	56	74	M16	24	599	62.89			295	10.10
220	285					26	620	68.00				11.22
240	305					30	715	85.50	160	125		12.20
250	315					32	768	96.00	165	130		12.70
260	325					34	800	104.00				13.20
280	355	60	66	86.5	M18	32	915	128.00	145	115	405	19.20
300	375					36	1 020	153.00	150	120		20.50
320	405	72	78	100.5	M20		1 310	210.00			580	29.60
340	425							224.00	145	115		31.10
360	455	84	90	116	M22		1 630	294.00			780	42.20
380	475						1 620	308.00	135	110		44.00
400	495						1 610	322.00	130	105		46.00
420	515					40	1 780	374.00	135	110		50.00

表 3（续）

基本尺寸/mm					螺钉		额定负荷		胀紧套与轴结合面上的压力 p_f/MPa	胀紧套与轮毂结合面上的压力 p'_f/MPa	螺钉的拧紧力矩 M_a/N·m	质量 kg
d	D	l	L	L_1	d_1/mm	n	轴向力 F_t/kN	转矩 M_t/kN·m				
450	555	96	102	130	M24	40	2 050	461.25	125	100	1 000	65.00
480	585					42	2 160	518.40				71.00
500	605					44	2 240	560.00				72.60
530	640					45	2 330	617.00	120			83.60
560	670					48	2 440	680.00				85.00
600	710					50	2 580	775.00				91.00
630	740					52	2 680	844.00		105		94.00
670	780					56	2 820	944.00	115	100		101.00
710	820					60	2 970	1 054.00				106.00
750	860					62	3 130	1 173.00				112.00
800	910					66	3 260	1 300.00				118.00
850	960					70	3 500	1 487.00				125.00
900	1 010					75	3 680	1 650.00				132.00
950	1 060					80	3 870	1 838.00				139.00
1 000	1 110					82	4 000	2 000.00	110			146.00

4.4.3 ZJ3 型胀紧联结套的基本参数和主要尺寸应符合图 3 和表 4 的规定。

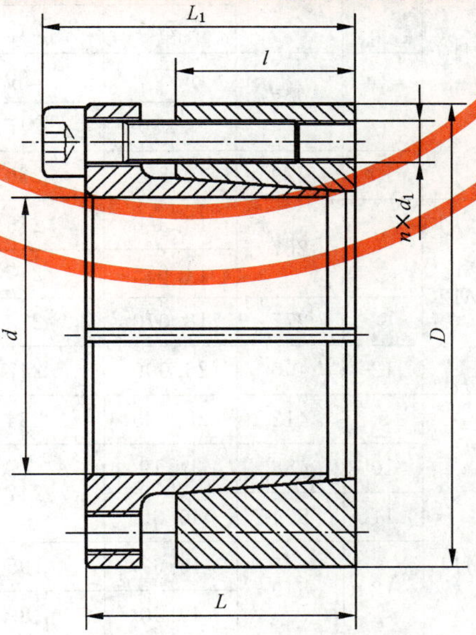

图 3 ZJ3 型胀紧联结套

表4　ZJ3型胀紧联结套的基本参数和主要尺寸

基本尺寸/mm					螺钉		额定负荷		胀紧套与轴结合面上的压力 p_f/MPa	胀紧套与轮毂结合面上的压力 p'_f/MPa	螺钉的拧紧力矩 M_a/N·m	质量 kg
d	D	l	L	L_1	d_1/mm	n	轴向力 F_t/kN	转矩 M_t/kN·m				
20	47	17	28	34	M6	5	37	0.377	286	124	14	0.25
22								0.416	260			0.25
24	50							0.481				0.27
25						6	47	0.585	279	143		0.27
28	55							0.650	260			0.32
30								0.702	247	130		0.35
32	60					8	62	1.001	279	150		0.37
35								1.092	247	143		0.34
38	65							1.183	254	150		0.40
40								1.248	247	137		0.38
45	75	20	33	41	M8	7	100	2.275	299	176	35	0.63
50	80							2.500	273	169		0.68
55	85					8	114	3.185	280	176		0.73
60	90							3.510	247	163		0.78
63	95					9	130	4.134	267	182		0.89
65								4.225	260	180		0.83
70	110	24	40	50	M10	8	183	6.500	286	182	70	1.33
75	115							6.825	260	169		1.40
80	120							7.280	247	163		1.48
85	125					9	207	8.775	260	176		1.55
90	130							9.230	247	169		1.63
95	135					10	229	10.855	260	182		1.70
100	145	26	44	56	M12	8	267	13.380	273	189	125	2.60
110	155							14.625	247	176		2.80
120	165					9	277	18.070	273	189		3.00
130	180	34	54	68		12	400	26.000	247	182		4.60
140	190				M14	9	412	28.925	234	169	190	4.90
150	200					10	458	34.19	247	182		5.20
160	210					11	504	40.30		189		5.50
170	225	44	64	78		12	549	46.67	195	149		7.75
180	235							49.40	189	143		8.15
190	250					15	686	65.13	221	169		9.50
200	260							68.64	208	163		9.90

表 4（续）

基本尺寸/mm					螺钉		额定负荷		胀紧套与轴结合面上的压力 p_f/MPa	胀紧套与轮毂结合面上的压力 p'_f/MPa	螺钉的拧紧力矩 M_a/N·m	质量 kg
d	D	l	L	L_1	d_1/mm	n	轴向力 F_t/kN	转矩 M_t/kN·m				
220	285	50	72	88	M16	12	763	83.85	189	143	295	13.40
240	305					15	945	114.40	215	169		14.30
260	325					18	1 144	148.72	234	189		15.50
280	355	60	84	102	M18	16	1 232	171.60	195	156	405	22.90
300	375					18	1 376	206.70	208	163		24.40
320	405	74	101	121	M20	18	1 786	286.00	195	156	580	36.10
340	425					21	2 084	354.25	228	176		38.40
360	455	86	116	138	M22	18	2 223	400.4	182	143	780	46.20
380	475					21	2 594	492.7	202	163		55.00
400	495							518.7	195	156		61.00

4.4.4 ZJ4 型胀紧联结套的基本参数和主要尺寸应符合图 4 和表 5 的规定。

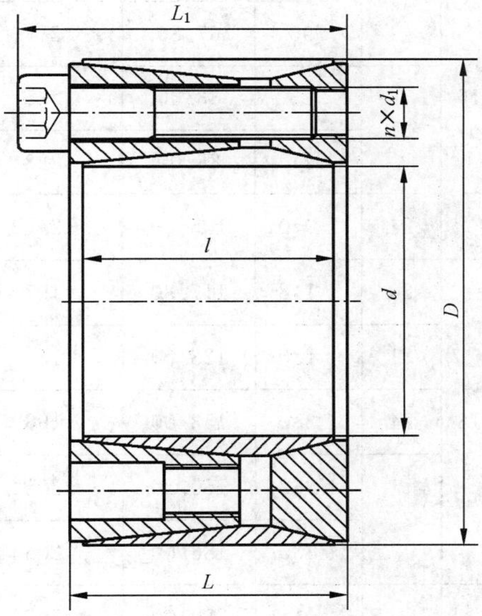

图 4 ZJ4 型胀紧联结套

表 5　ZJ4 型胀紧联结套的基本参数和主要尺寸

基本尺寸/mm					螺钉		额定负荷		胀紧套与轴结合面上的压力 p_f/MPa	胀紧套与轮毂结合面上的压力 p'_f/MPa	螺钉的拧紧力矩 M_a/N·m	质量 kg
d	D	l	L	L_1	d_1/mm	n	轴向力 F_t/kN	转矩 M_t/kN·m				
70	120	56	62	74	M12	8	197	6.85	201	117	145	3.3
80	130					12	291	11.65	263	162		3.7
90	140						290	13.00	234	150		4.0
100	160	74	80	94	M14	15	389	19.70	213	133	230	7.2
110	170						483	22.60	242	157		7.7
120	180						482	28.90	222	148		8.3
125	185						480	30.00	212	143		8.5
130	190							31.20	205	140		8.8
140	200					18	574	40.20	227	159		9.3
150	210						572	42.90	212	152		10.0
160	230	88	94	110	M16		800	64.00	227	158	355	14.9
170	240						795	67.80	214	152		15.7
180	250					21	923	83.00	235	170		16.4
190	260						921	88.00	223	163		17.2
200	270					24	1 050	105.00	242	179		18.8
210	290	110	116	134	M18	20	1 118	117.30	197	143	485	23.0
220	300					21	1 120	123.00	189	138		27.7
240	320					24	1 280	153.00	198	148		29.8
250	330					27	1 282	160.20	205	157		31.0
260	340						1 430	186.00	205	157		32.0
280	370	130	136	156	M20	24	1 650	230.00	192	145	690	46.0
300	390							245.00	179	138		49.0

4.4.5　ZJ5 型胀紧联结套的基本参数和主要尺寸应符合图 5 和表 6 的规定。

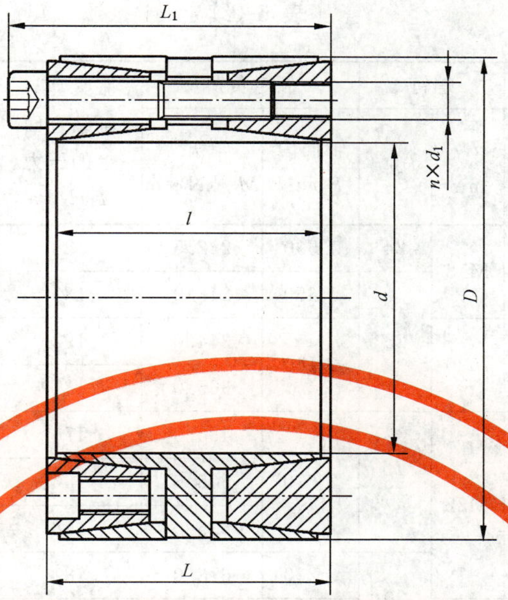

图 5　ZJ5 型胀紧联结套

表 6　ZJ5 型胀紧联结套的基本参数和主要尺寸

基本尺寸/mm					螺钉		额定负荷		胀紧套与轴结合面上的压力	胀紧套与轮毂结合面上的压力	螺钉的拧紧力矩	质量
d	D	l	L	L_1	d_1/mm	n	轴向力 F_t/kN	转矩 M_t/kN·m	p_f/MPa	p'_f/MPa	M_a/N·m	kg
100	145	60	65	77	M12	10	288	14.4	192	132	145	4.1
110	155							15.8	175	123		4.4
120	165					12	346	20.8	192	139		4.8
130	180	68	74	86		15	433	28.1	193	139		6.5
140	190					18	519	36.3	214	157		7.0
150	200							39.0	200	150		7.4
160	210					21	606	48.5	219	167		7.8
170	225	75	81	95	M14	18	712	60.6	215	162	230	10.0
180	235							64.1	203	155		10.6
190	250	88	94	108		20	792	75.2	178	135		14.3
200	260					24	950	95.0	203	156		15.0
210	275	98	104	120	M16	18	970	102.0	187	142	355	17.5
220	285						990	109.0	183	141		19.8
240	305					24	1 318	158.0	222	176		21.4
250	315						1 340	167.5	215	170		22.0
260	325					25	1 370	178.0		172		23.0

表 6（续）

基本尺寸/mm					螺钉		额定负荷		胀紧套与轴结合面上的压力	胀紧套与轮毂结合面上的压力	螺钉的拧紧力矩	质量
d	D	l	L	L_1	d_1/mm	n	轴向力 F_t/kN	转矩 M_t/kN·m	p_f/MPa	p'_f/MPa	M_a/N·m	kg
280	355	120	126	144	M18	24	1 590	222.5	188	149	485	35.2
300	375					25	1 650	248.0	183	146		37.4
320	405	135	142	162	M20		2 140	344.0	192	152	690	51.3
340	425							365.0	181	144		54.1
360	455	158	165	187	M22	25	2 670	480.0	176	139	930	75.4
380	475							508.0	166	133		79.0
400	495							535.0	158	128		82.8
420	515					30	3 200	673.0	181	147		86.5
450	555	172	180	204	M24		3 700	832.5	175	142	1 200	112.0
480	585					32	3 950	948.0		143		119.0
500	605							988.0	168	139		123.0
530	640	190	200	227	M27	30	4 320	1 145.0	157	130	1 600	151.0
560	670							1 210.0	148	124		160.0
600	710					32	4 610	1 380.0	147			170.0

4.4.6　ZJ6 型胀紧联结套的基本参数和主要尺寸应符合图 6 和表 7 的规定。

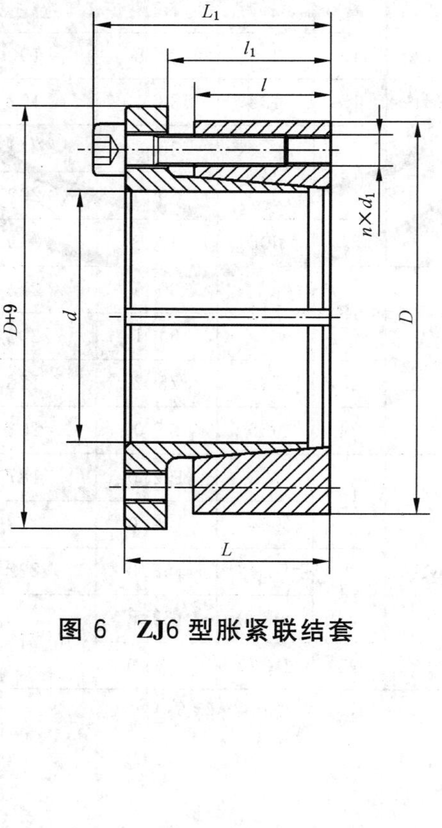

图 6　ZJ6 型胀紧联结套

表 7　ZJ6 型胀紧联结套的基本参数和主要尺寸

基本尺寸/mm						螺钉		额定负荷		胀紧套与轴结合面上的压力	胀紧套与轮毂结合面上的压力	螺钉的拧紧力矩	质量
d	D	l	l_1	L	L_1	d_1/mm	n	轴向力 F_t/kN	转矩 M_t/kN·m	p_f/MPa	p'_f/MPa	M_a/N·m	kg
20	47	17	22	28	34	M6	5	30	0.29	220	95	17	0.25
22									0.32	200			0.25
24	50								0.37				0.27
25							6	36	0.45	215	110		0.27
28	55								0.50	200	100		0.32
30									0.54	190			0.35
32	60						8	48	0.77	215	115		0.37
35									0.84	190	110		0.34
38	65								0.91	195	115		0.40
40									0.96	190	105		0.38
45	75	20	25	33	41	M8	7	77	1.75	230	135	41	0.63
50	80								1.93	210	130		0.68
55	85						8	88	2.45	215	135		0.73
60	90								2.70	190	125		0.78
63	95						9	100	3.18	205	140		0.89
65									3.25	200	135		0.83
70	110	24	30	40	50	M10	8	141	5.00	220	140	83	1.33
75	115								5.25	200	130		1.40
80	120								5.60	190	125		1.48
85	125						9	159	6.75	200	135		1.55
90	130								7.10	190	130		1.63
95	135						10	176	8.35	200	140		1.70
100	145	26	32	44	56	M12	8	205	10.30	210	145	230	2.60
110	155								11.25	190	135		2.80
120	165						9	231	13.90	210	145		3.00
130	180	34	40	54	68		12	308	20.00	190	140		4.60
140	190					M14	9	317	22.25	180	130		4.90
150	200						10	352	26.30	190	140		5.20
160	210						11	387	31.00		145		5.50
170	225	44	50	64	78		12	422	35.90	150	115		7.75
180	235								38.00	145	110		8.15
190	250						15	528	50.10	170	130		9.50
200	260								52.80	160	125		9.90

表 7（续）

<table>
<tr><th colspan="6">基本尺寸/mm</th><th colspan="2">螺钉</th><th colspan="2">额定负荷</th><th rowspan="2">胀紧套与轴结合面上的压力 p_f/MPa</th><th rowspan="2">胀紧套与轮毂结合面上的压力 p'_f/MPa</th><th rowspan="2">螺钉的拧紧力矩 M_a/N·m</th><th rowspan="2">质量 kg</th></tr>
<tr><th>d</th><th>D</th><th>l</th><th>l_1</th><th>L</th><th>L_1</th><th>d_1/mm</th><th>n</th><th>轴向力 F_t/kN</th><th>转矩 M_t/kN·m</th></tr>
<tr><td>220</td><td>285</td><td rowspan="3">50</td><td rowspan="3">56</td><td rowspan="3">72</td><td rowspan="3">88</td><td rowspan="3">M16</td><td>12</td><td>587</td><td>64.50</td><td>145</td><td>110</td><td rowspan="3">335</td><td>13.40</td></tr>
<tr><td>240</td><td>305</td><td>15</td><td>734</td><td>88.00</td><td>165</td><td>130</td><td>14.30</td></tr>
<tr><td>260</td><td>325</td><td>18</td><td>880</td><td>114.00</td><td>180</td><td>145</td><td>15.50</td></tr>
<tr><td>280</td><td>355</td><td rowspan="2">60</td><td rowspan="2">66</td><td rowspan="2">84</td><td rowspan="2">102</td><td rowspan="2">M18</td><td>16</td><td>948</td><td>132.00</td><td>150</td><td>120</td><td rowspan="2">485</td><td>22.90</td></tr>
<tr><td>300</td><td>375</td><td rowspan="2">18</td><td>1 059</td><td>159.00</td><td>160</td><td>125</td><td>24.40</td></tr>
<tr><td>320</td><td>405</td><td rowspan="2">74</td><td rowspan="2">81</td><td rowspan="2">101</td><td rowspan="2">121</td><td rowspan="2">M20</td><td>1 374</td><td>220.00</td><td>150</td><td>120</td><td rowspan="2">690</td><td>36.10</td></tr>
<tr><td>340</td><td>425</td><td>21</td><td>1 603</td><td>272.50</td><td>175</td><td>135</td><td>38.40</td></tr>
<tr><td>360</td><td>455</td><td rowspan="3">86</td><td rowspan="3">94</td><td rowspan="3">116</td><td rowspan="3">138</td><td rowspan="3">M22</td><td>18</td><td>1 710</td><td>308.00</td><td>140</td><td>110</td><td rowspan="3">930</td><td>46.20</td></tr>
<tr><td>380</td><td>475</td><td rowspan="2">21</td><td rowspan="2">1 995</td><td>379.00</td><td>155</td><td>125</td><td>55.00</td></tr>
<tr><td>400</td><td>495</td><td>399.00</td><td>150</td><td>120</td><td>61.00</td></tr>
</table>

4.4.7 ZJ7 型胀紧联结套的基本参数和主要尺寸应符合图 7 和表 8 的规定。

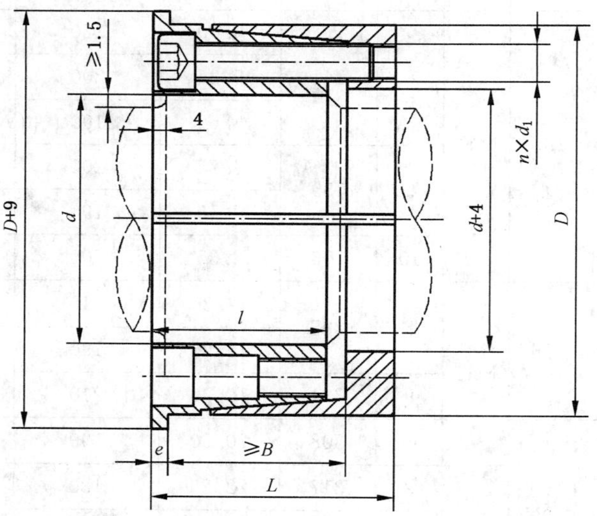

图 7 ZJ7 型胀紧联结套

表 8　ZJ7 型胀紧联结套的基本参数和主要尺寸

基本尺寸/mm						螺钉		额定负荷		胀紧套与轴结合面上的压力 p_f/MPa	胀紧套与轮毂结合面上的压力 p'_f/MPa	螺钉的拧紧力矩 M_a/N·m	质量 kg
d	D	l	L	e	B	d_1/mm	n	轴向力 F_t/kN	转矩 M_t/kN·m				
100	145	54	75	5	65	M12	8	192	9.6	102	70	145	4.7
110	155							191	10.5	92	65		5.1
120	165						9	216	13.0	96	70		5.5
130	180	63	84	6	72		12	287	17.8	100	72		7.5
140	190								20.2	95	70		7.9
150	200								21.6	86	65		8.4
160	210						15	360	28.8	101	77		8.9
170	225						16	383	32.6		76		10.5
180	235						18	431	38.8	108	83		11.0
190	250	69	94		81	M14	15	493	46.8	106	81	230	14.3
200	260						16	526	52.8	108	83		15.0
220	285					M16	14	640	70.0	118	91	355	17.8
240	305	86	112	7	98		16	731	88.0	99	78		23.2
260	325						18	822	107.0	102	82		24.8
280	355	94	120	8	106		20	914	128.0	96	76		33.0
300	375						22	1 000	151.0	99	79		36.0
320	405	109	142		125	M20	18	1 280	206.0	102	81	690	52.0
340	425						20	1 420	242.0	106	85		54.0
360	455	120	159		140	M22	20	1 770	319.0	113	89	930	72.0
380	475								337.0	107	86		75.0
400	495								355.0	101	82		78.0
420	515						22	1 980	410.0	106	86		82.0

4.4.8　ZJ8 型胀紧联结套的基本参数和主要尺寸应符合图 8 和表 9 的规定。

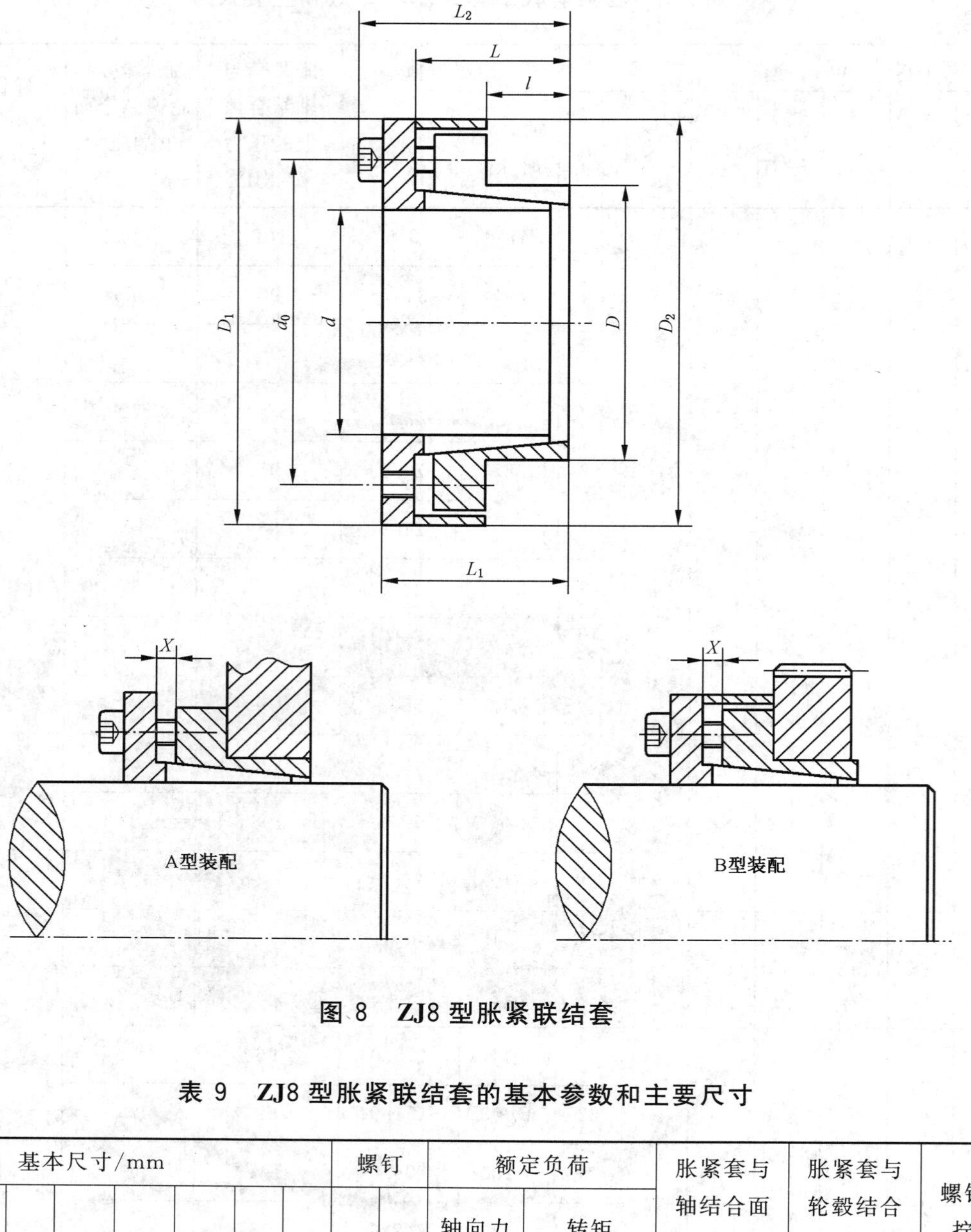

图 8 ZJ8 型胀紧联结套

表 9 ZJ8 型胀紧联结套的基本参数和主要尺寸

基本尺寸/mm									螺钉		额定负荷				胀紧套与轴结合面上的压力 p_f/MPa		胀紧套与轮毂结合面上的压力 p'_f/MPa		螺钉的拧紧力矩 M_a/N·m	质量 kg
d	D	d_0	l	L	L_1	L_2	D_1	D_2	d_1/mm	n	轴向力 F_t/kN		转矩 M_t/kN·m							
装配形式											A	B	A	B	A	B	A	B		
6	14	19	10	19.8	22.3	25.3	25	23	M3	3	6.7	4.2	20	13	297	186	127	80	4.9	0.08
8	15	20	12	21.8	24.8	28.8	27	24	M4		11.6	7.3	46	29	321	202	171	107		0.10
9	16	21	14	22.8	25.8	29.8	28	25					50	32	243	153	138	87		0.12
10	16												57	36	220	138				0.12
11	18	23		23	26	30	32	28		4	15.5	9.7	85	53	267	167	163	102		0.14
12	18												93	58	245	154				0.14
14	23	28.5					38	33					108	68	210	132	128	80		0.15

表 9（续）

基本尺寸/mm									螺钉		额定负荷				胀紧套与轴结合面上的压力 p_f/MPa		胀紧套与轮毂结合面上的压力 p'_f/MPa		螺钉的拧紧力矩 M_a/N·m	质量 kg
d	D	d_0	l	L	L_1	L_2	D_1	D_2	d_1/mm	n	轴向力 F_t/kN		转矩 M_t/kN·m							
装配形式											A	B	A	B	A	B	A	B		
15	24	32	16	29	36	42	45	40	M6	4	35.5	22.4	285	179	307	193	219	138	17	0.26
16															328	206				0.25
18	26	34	18	34	41	47	47	42					320	200	290	184	202	127		0.27
19	27	35					49	43					335	212	276	174	195	122		0.30
20	28	36					50	44					350	224	262	165	187	118		0.30
22	32	40	25	41	48	54	54	48					353	231	155	101	106	69		0.38
24	34	42					56	50		6	53.4	33.6	636	400	237	149	167	105		0.40
25													665	420	228	143				0.39
28	39	47					61	55					745	470	204	128	146	92		0.47
30	41	49					62	57					795	500	189	119	139	87		0.48
32	43	51					65	59		8	71.3	44.8	1 136	715	237	149	177	111		0.52
35	47	54	32	45	52	58	69	62					1 160	735	152	99	114	74		0.63
38	50	58					72	66					1 223	797	140	92	106	70		0.67
40	53	61					75	69					1 287	840	133	87	100	66		0.74
42	55	63					78	71					1 352	881	127	82	102	66		0.78
45	59	69.5	45	64	72	80	86	80	M8		119	77.6	2 677	1 745	155	102	119	78	41	1.23
48	62	71.5					87	81					2 855	1 860	145	95	113	74		1.24
50	65	75.5					92	86					2 975	1 940	140	92	108	70		1.40
55	71	81.5	55	74	82	90	98	92		9	133	87.2	3 680	2 400	117	77	91	60		1.70
60	77	87.5					104	98					4 015	2 620	107	70	84	55		1.90
65	84	94.5					111	105					4 350	2 840	100	65	77	55		2.20
70	90	101.5	65	87	97	107	119	113			212	139	7 440	4 850	123	81	96	63	83	3.05
75	95	107					126	119					7 970	5 200	114	75	91	59		3.32
80	100	112.5					131	125	M10	12	283	184	11 335	7 390	144	94	115	75		3.50
85	106	118.5					137	131					12 040	7 850	135	88	108	71		3.81
90	112	124.5					144	137					12 750	8 320	128	83	102	67		4.20

4.4.9 ZJ9A 型、ZJ9B 型、ZJ9C 型胀紧联结套的基本参数和主要尺寸应符合图 9 和表 10、表 11、表 12 的规定。

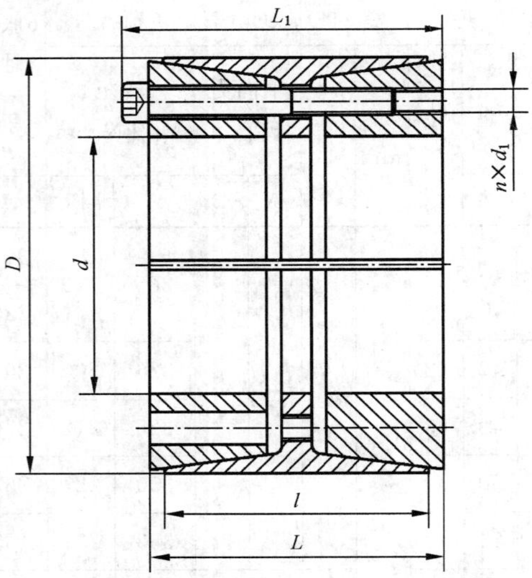

图 9 ZJ9A、ZJ9B、ZJ9C 型胀紧联结套 1

表 10 ZJ9A 型胀紧联结套的基本参数和主要尺寸

基本尺寸/mm					螺钉		额定负荷		胀紧套与轴结合面上的压力 p_f/MPa	胀紧套与轮毂结合面上的压力 p'_f/MPa	螺钉的拧紧力矩 M_a/N·m	质量 kg
d	D	l	L	L_1	d_1/mm	n	轴向力 F_t/kN	转矩 M_t/kN·m				
25	55	32	40	46	M6	6	67	0.84	297	101	17	0.47
28								0.94	265			0.44
30								1.00	248			0.42
35	60	44	54	60		7	74	1.30	165	87		1.00
40	75			62	M8		145	2.90	282	116	41	1.10
45	75							3.26	251			1.20
50	80	56	64	72		8	165	4.15	200	98		1.40
55	85					9	186	5.15	205	104		1.60
60	90					10	207	6.20	202	106		1.70
65	95							6.75	187	100		1.90
70	110	70	78	88	M10		329	11.50	223	114	83	3.10
80	120					11	362	14.50	215	115		3.50
90	130					12	390	17.80	208			3.80
100	145	90	100	112	M12	11	527	26.30	200	107	145	6.10
110	155					12	575	31.80	198	110		6.60
120	165					14	670	40.40	212	120		7.20

表 10（续）

基本尺寸/mm					螺钉		额定负荷		胀紧套与轴结合面上的压力 p_f/MPa	胀紧套与轮毂结合面上的压力 p'_f/MPa	螺钉的拧紧力矩 M_a/N·m	质量 kg
d	D	l	L	L_1	d_1/mm	n	轴向力 F_t/kN	转矩 M_t/kN·m				
130	180	104	116	130	M14	12	789	51.50	192	112	230	10.00
140	190					14	920	64.70	208	124		10.60
150	200					15	986	74.2		127		11.30
160	210					16	1 050	84.50		128		11.90
170	225	134	146	162	M16	14	1 280	108.2	182	113	355	18.00
180	235					15	1 370	123.25	184	115		18.80
190	250					16	1 460	146	186	116		21.90
200	260							181	177	112		23.00
220	285					18	1 820	218	188	115		27.00
240	305					20	1 820	218	184	119		29.20
260	325					21	1 920	250	178	117		31.50
280	355	165	177	197	M20	18	2 550	360	185		690	48.00
300	375					20	2 850	428	192	123		51.00
320	405					21	3 000	480	188	119		62.00
340	425					22	3 140	530	186			66.00
360	455	190	202	22	M22	21	3 730	670	176	115	930	91.00
380	475					22	3 900	742	175			95.00
400	495					24	4 260	852	181	120		100.00
420	515							894	173	116		104.00
440	535							937	165	112		109.00
460	555							980	158	107		113.00
480	575					28	5 000	1 200	176	121		118.00
500	595							1 240	169	117		122.00
520	615					30	5 330	1 390	174	121		126.00
540	635							1 440	168	117		131.00
560	655					32	5 680	1 590	172	121		135.00
580	675					33	5 860	1 705	172			140.00
600	695							1 760	166	118		144.00

表 11　ZJ9B 型胀紧联结套的基本参数和主要尺寸

基本尺寸/mm					螺钉		额定负荷		胀紧套与轴结合面上的压力 p_f/MPa	胀紧套与轮毂结合面上的压力 p'_f/MPa	螺钉的拧紧力矩 M_a/N·m	质量 kg
d	D	l	L	L_1	d_1/mm	n	轴向力 F_t/kN	转矩 M_t/kN·m				
70	110	50	60	70	M10	8	204	7.15	194	107	83	2.3
80	120					10	250	10.25	212	123		2.5
90	130					11	280	12.60	207	125		2.7
100	145	60	70	82	M12	10	372	18.60	205	126	145	4.1
110	155							20.50	187	118		4.4
120	165					11	408	24.50	188	122		4.8
130	180	65	79	91		14	520	33.80	197	128		6.3
140	190					15	557	39.00	196	130		6.6
150	200							41.80	183	123		7.8
160	210					16	593	47.50		125		7.4
170	225	78	92	106	M14	15	764	65.00	193	133	230	10.7
180	235						766	69.00	182	127		11.3
190	250	88	102	116		16	815	77.50	163	103		14.6
200	260					18	1 020	102	194	124		15.3
220	285	96	108	124	M16	15	1 060	117	174	113	355	20.2
240	305					20	1 410	170	212	140		21.8
260	325					21	1 480	193	205	138		23.4
280	355		110	130	M20	15	1 650	232	213	141	690	30.0
300	375						1 660	249	198	134		31.2
320	405	124	136	156		20	2 210	354	191	125		48.0
340	425							376	180	119		51.0
360	455	140	155	177	M22		2 750	496	185	118	930	69.0
380	475							524	175	113		73.0
400	495					22	3 010	602	183	122		76.0
420	515					24	3 300	694	190	127		80.0
440	535							728	166	123		81.0
460	555							760	159	118		85.0
480	575					25	3 440	830		119		88.0
500	595							861	153	115		91.0
520	615					28	3 850	1 003	164	124		95.0
540	635						3 860	1 042	158	120		98.0
560	655					30	4 130	1 157	163	125		101.0
580	675							1 199	158	121		104.0
600	695							1 240	153	118		108.0

表 12 ZJ9C 型胀紧联结套的基本参数和主要尺寸

基本尺寸/mm					螺钉		额定负荷		胀紧套与轴结合面上的压力	胀紧套与轮毂结合面上的压力	螺钉的拧紧力矩	质量
d	D	l	L	L_1	d_1/mm	n	轴向力 F_t/kN	转矩 M_t/kN·m	p_f/MPa	p'_f/MPa	M_a/N·m	kg
70	110	50	60	70	M10	8	121	4.25	115	64	49	2.3
80	120					10	152	6.10	125	73		2.5
90	130					11	167	7.50	122	74		2.7
100	145	60	70	82	M12	10	177	8.84	97	60	69	4.1
110	155							9.74	89	56		4.4
120	165					11	193	11.60	89	58		4.8
130	180	65	79	91		14	247	16.06	93	61		6.3
140	190					15	264	18.50	93	62		6.6
150	200							19.86	87	59		7.8
160	210					16	290	23.27	87	60		9.4
170	225	78	92	106	M14	15	363	30.87	92	63	108	10.7
180	235							32.75	87	60		11.3
190	250	88	102	116		16	387	36.80	78	50		14.6
200	260					18	484	48.45	92	59		15.3
220	285	96	108	124	M16	15	505	55.57	83	54	168	20.2
240	305					20	673	80.75	100	67		21.8
260	325					21	705	91.67	97	66		23.4
280	355		110	130	M20	15	877	122.80	114	75	369	30.0
300	375						887	133.00	106	72		21.2
320	405	124	136	156		20	1 181	189.00	102	67		48.0
340	425							200.80	96	64		51.0
360	455	140	155	177	M22		1 455	262.00	98	62	495	69.0
380	475							277.70	93	60		73.0
400	495					22	1 595	319.00	97	65		76.0
420	515					24	1 751	367.80	100	68	550	80.0
440	535						1 952	429.50	98	73		81.0
460	555							448.40	94	70		85.0
480	575					25	2 040	489.70	94	70		88.0
500	595							508.00	90	68		91.0
520	615					28	2 273	591.00	97	73		95.0
540	635							614.00	93	71		98.0
560	655					30	2 437	682.60	96	74		101.0
580	675							707.40	93	72		104.0
600	695							731.60	90	70		108.0

4.4.10 ZJ10 型胀紧联结套的基本参数和主要尺寸应符合图 10 和表 13 的规定。

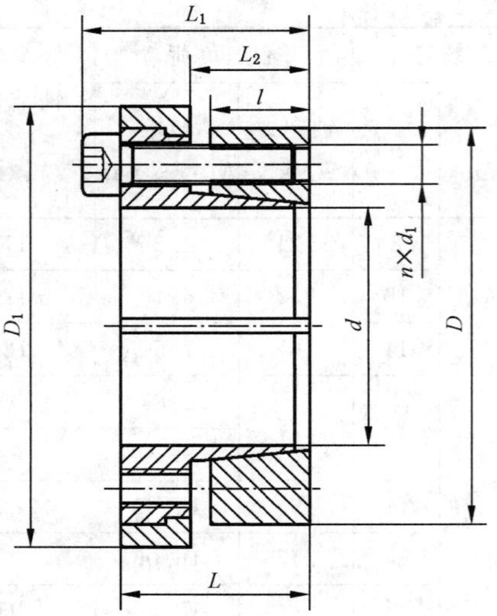

图 10 ZJ10 型胀紧联结套

表 13 ZJ10 型胀紧联结套的基本参数和主要尺寸

基本尺寸/mm							螺钉		额定负荷		胀紧套与轴结合面上的压力 p_f/MPa	胀紧套与轮毂结合面上的压力 p'_f/MPa	螺钉的拧紧力矩 M_a/N·m	质量 kg
d	D	l	L	L_1	L_2	D_1	d_1/mm	n	轴向力 F_t/kN	转矩 M_t/kN·m				
20	47	26	42	48	29	53	M6	7	0.54	54	276	117	14	0.51
22									0.60		253	118		0.53
24	50					56			0.65		230	110		0.55
25									0.68		222	111		0.65
28	55					61			0.76		198	100		0.62
30									0.82		186	101		0.80
32	60					66		11	1.31	82	261	139		0.70
35									1.44		240	140		0.81
38	65					71			1.56		220	129		0.77
40									1.64		209			1.33
42	75	30	51	59	34.5	81	M8	6	2.13	101	213	119	41	1.24
45									2.28		199			1.44
48	80					86			2.43		186	112		1.41
50									2.53		179			1.35
55	85					91		9	4.18	152	244	158		1.45
60	90					96			4.56		224	149		1.55
65	95					102			4.94		206	141		1.67

表 13（续）

基本尺寸/mm							螺钉		额定负荷		胀紧套与轴结合面上的压力	胀紧套与轮毂结合面上的压力	螺钉的拧紧力矩	质量
d	D	l	L	L_1	L_2	D_1	d_1/mm	n	轴向力 F_t/kN	转矩 M_t/kN·m	p_f/MPa	p'_f/MPa	M_a/N·m	kg
70	110	40	56	66	45	117	M10	7	6.50	186	176	112	83	2.61
75	115					122			7.00		165	107		2.75
80	120					127			7.40		153	102		2.89
85	125					132		8	9.00	213	165	112		3.04
90	130					137			9.60		157	109		3.18
95	135					142		10	12.60	267	185	130		3.33
100	145	46	65	77	52	153	M12	7	13.30	270	153	105	145	4.62
110	155					163			14.70	270	140	99		5.00
120	165					173		8	18.40	309	147	107		5.37
130	180					188		10	25.10	388	171	124		6.46
140	190	51	73.5	87.5	58.5	199	M14	11	40.15	586	213	157	230	7.73
150	200					209		12	47.00	639	217	163		8.21
160	210					219		13	54.30	692	220	167		8.64
170	225					234		14	63.00	746	226	171		10.14
180	235					244			66.00	746	212	162		10.66

4.4.11 ZJ11 型胀紧联结套的基本参数和主要尺寸应符合图 11、表 14 的规定。

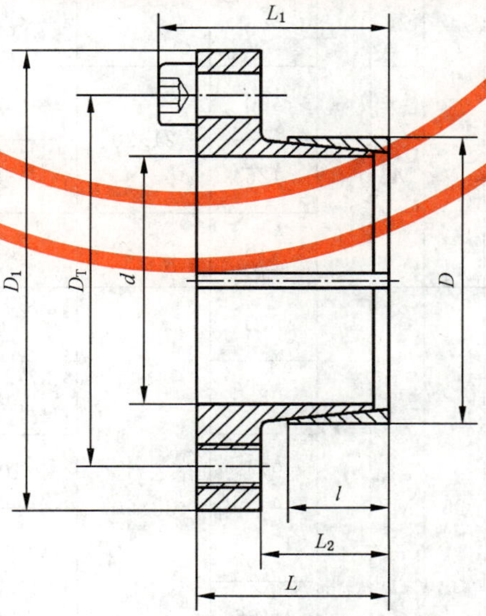

图 11 ZJ11 型胀紧联结套

表 14 ZJ11 型胀紧联结套的基本参数和主要尺寸

<table>
<tr><th colspan="8">基本尺寸/mm</th><th colspan="2">螺钉</th><th colspan="2">额定负荷</th><th rowspan="2">胀紧套与轴结合面上的压力 p_f/MPa</th><th rowspan="2">胀紧套与轮毂结合面上的压力 p'_f/MPa</th><th rowspan="2">螺钉的拧紧力矩 M_a/N·m</th><th rowspan="2">质量 kg</th></tr>
<tr><th>d</th><th>D</th><th>D_T</th><th>D_1</th><th>l</th><th>L</th><th>L_1</th><th>L_2</th><th>d_1/mm</th><th>n</th><th>轴向力 F_t/kN</th><th>转矩 M_t/kN·m</th></tr>
<tr><td>14</td><td rowspan="4">25</td><td rowspan="4">33</td><td rowspan="4">42</td><td rowspan="13">16</td><td rowspan="7">26</td><td rowspan="4">30</td><td rowspan="13">20</td><td rowspan="4">M4</td><td rowspan="20">4</td><td>64</td><td rowspan="4">9.20</td><td>109</td><td rowspan="4">61</td><td rowspan="4">2.9</td><td>0.091</td></tr>
<tr><td>16</td><td>74</td><td>95</td><td>0.082</td></tr>
<tr><td>18</td><td>82</td><td>85</td><td>0.072</td></tr>
<tr><td>19</td><td>87</td><td>80</td><td>0.068</td></tr>
<tr><td>20</td><td rowspan="3">30</td><td rowspan="3">39</td><td rowspan="3">50</td><td rowspan="6">31</td><td rowspan="6">M5</td><td>150</td><td rowspan="3">15.00</td><td>124</td><td rowspan="3">82</td><td rowspan="3">6</td><td>0.113</td></tr>
<tr><td>22</td><td>165</td><td>113</td><td>0.110</td></tr>
<tr><td>24</td><td>180</td><td>104</td><td>0.088</td></tr>
<tr><td>25</td><td rowspan="3">36</td><td rowspan="3">45</td><td rowspan="3">55</td><td>187</td><td rowspan="6">15.00</td><td>100</td><td rowspan="3">69</td><td rowspan="6">6</td><td>0.144</td></tr>
<tr><td>28</td><td>210</td><td>89</td><td>0.121</td></tr>
<tr><td>30</td><td>225</td><td>83</td><td>0.105</td></tr>
<tr><td>32</td><td rowspan="3">42</td><td rowspan="3">51</td><td rowspan="3">62</td><td rowspan="6">28</td><td rowspan="3">33</td><td rowspan="3"></td><td>240</td><td>77</td><td rowspan="3">59</td><td>0.200</td></tr>
<tr><td>35</td><td>260</td><td>71</td><td>0.173</td></tr>
<tr><td>36</td><td>270</td><td>69</td><td>0.162</td></tr>
<tr><td>38</td><td>44</td><td>54</td><td>66</td><td rowspan="3">16</td><td rowspan="3">34</td><td rowspan="3">20</td><td rowspan="3">M6</td><td>400</td><td rowspan="2">21.20</td><td>93</td><td>80</td><td rowspan="2">10</td><td>0.182</td></tr>
<tr><td>40</td><td>48</td><td>58</td><td>70</td><td>425</td><td>88</td><td>73</td><td>0.223</td></tr>
<tr><td>42</td><td>48</td><td>58</td><td>70</td><td>446</td><td>21.20</td><td>83</td><td>73</td><td>10</td><td>0.191</td></tr>
<tr><td>45</td><td rowspan="2">55</td><td rowspan="2">67</td><td rowspan="2">82</td><td rowspan="2">20</td><td rowspan="6">35</td><td rowspan="6">43</td><td rowspan="6">25</td><td rowspan="6">M8</td><td>875</td><td rowspan="6">38.90</td><td>115</td><td rowspan="2">94</td><td rowspan="6">25</td><td>0.400</td></tr>
<tr><td>48</td><td>935</td><td>107</td><td>0.350</td></tr>
<tr><td>50</td><td rowspan="2">62</td><td rowspan="2">74</td><td rowspan="2">89</td><td rowspan="2">20</td><td>974</td><td>103</td><td rowspan="2">83</td><td>0.500</td></tr>
<tr><td>55</td><td>1 070</td><td>94</td><td>0.410</td></tr>
<tr><td>60</td><td rowspan="2">72</td><td rowspan="2">84</td><td rowspan="2">99</td><td rowspan="2">20</td><td>1 165</td><td>86</td><td rowspan="2">71</td><td>0.580</td></tr>
<tr><td>65</td><td>1 265</td><td>79</td><td>0.460</td></tr>
</table>

4.4.12 ZJ12 型胀紧联结套的基本参数和主要尺寸应符合图 12、表 15 的规定。

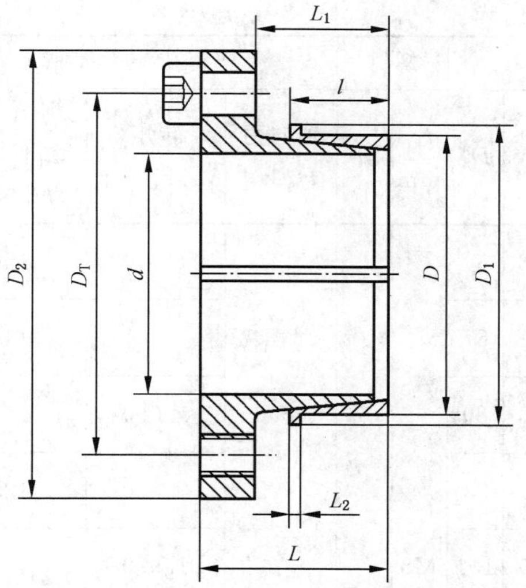

图 12 ZJ12 型胀紧联结套

表 15 ZJ12 型胀紧联结套的基本参数和主要尺寸

基本尺寸/mm									螺钉		额定负荷		胀紧套与轴结合面上的压力	胀紧套与轮毂结合面上的压力	螺钉的拧紧力矩	质量
d	D	D_T	l	L	L_1	L_2	D_1	D_2	d_1/mm	n	轴向力 F_t/kN	转矩 M_t/kN·m	p_f/MPa	p'_f/MPa	M_a/N·m	kg
9	12	21	11.5	19.5	15	1.5	15	29	M4	3	7.8	0.035	199	149	4.0	0.04
10	13	22					16	30				0.039	180	138		0.04
11	14	23					17	31				0.043	164	129		0.04
12	15	24					18	32				0.047	150	120		0.04
14	18	27	16.0	26.0	20	2.0	22	35		4	10.4	0.073	123	96		0.06
15	19	28					23	36				0.078	115	91		0.07
16	20	29		27.0			24	37		6	15.6	0.125	162	130		0.08
17	21	30					25	38				0.132	151	122		0.10
18	22	33					26	43	M5	4	17.1	0.154	156	128	8.5	0.11
19	24	35					28	45				0.162	149	118		0.12
20	25	36					29	46				0.171	142	114		0.12
22	26	38					30	48				0.188	129	109		0.16
24	28	40					32	50				0.205	118	101		0.16
25	30	42					34	52				0.214	114	95		0.19
28	32	44		28.5	21		36	54		6	25.6	0.358	151	132		0.20
30	35	47					39	57				0.384	141	121		0.23
32	36	49		30.0		2.5	41	59				0.410	133	118		0.33
35	40	53	17.5	31.5	23		45	63				0.448	111	97		0.33
38	44	58		33.0			49	70	M6		36.1	0.686	144	124	17.0	0.40
40	45	59	20.0	35.5	26		50	71				0.722	120	106		0.65
42	48	62		36.5			53	74		8	48.0	1.010	152	133		0.68

表 15（续）

基本尺寸/mm									螺钉		额定负荷		胀紧套与轴结合面上的压力 p_f/MPa	胀紧套与轮毂结合面上的压力 p'_f/MPa	螺钉的拧紧力矩 M_a/N·m	质量 kg
d	D	D_T	l	L	L_1	L_2	D_1	D_2	d_1/mm	n	轴向力 F_t/kN	转矩 M_t/kN·m				
45	52	69	25.0	44.5	32	3.0	58	84	M8	6	66.3	1.490	156	135	34.3	0.69
48	55	72					61	87				1.590	146	127		0.74
50	57	74					63	89				1.660	141	124		0.86
55	62	79					68	94				1.820	128	114		1.10
60	68	86	27.0	47.0	34	3.5	75	101				1.990	109	96		1.20
65	73	91		49.0			80	106		8	88.5	2.880	134	119		1.30
70	79	97	31.0	53.0	38		86	112				3.100	108	96		1.70
75	84	102		54.5	39		91	117		10	111	4.160	127	113		2.20
80	91	110	34.0	59.0	42	4.0	99	125				4.440	108	95		2.30

4.4.13 ZJ13 型胀紧联结套的基本参数和主要尺寸应符合图 13 和表 16 的规定。

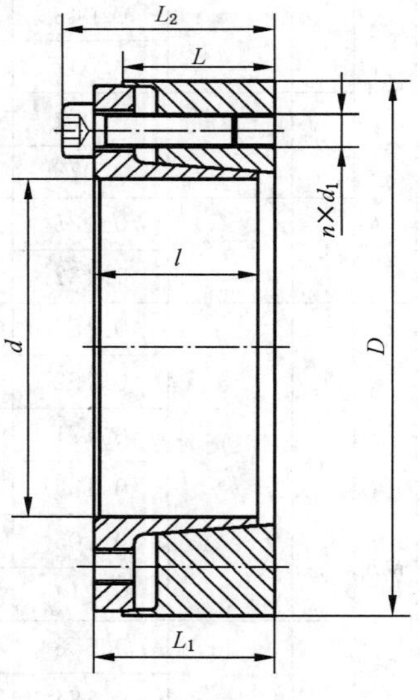

图 13 ZJ13 型胀紧联结套

表 16　ZJ13 型胀紧联结套的基本参数和主要尺寸

基本尺寸/mm						螺钉		额定负荷		胀紧套与轴结合面上的压力	胀紧套与轮毂结合面上的压力	螺钉的拧紧力矩	质量
d	D	l	L	L_1	L_2	d_1/mm	n	轴向力 F_t/kN	转矩 M_t/kN·m	p_f/MPa	p'_f/MPa	M_a/N·m	kg
20	47	20	17	23	29	M6	5	34	0.34	242	121	17	0.25
22									0.38	220			0.24
24	50								0.41	202	114		0.27
25									0.43	194			0.29
28	55						6	43	0.60	208	124		0.31
30									0.64	194			0.30
35	60						7	51	0.90		133		0.33
40	65						8		1.00		140		0.37
45	75	24	20	28	36	M8	6	80	1.80	198	142	41	0.62
50	80						7	92	2.3	208	156		0.67
55	85						8	105	2.9	216	167		0.72
60	90							107	3.2	198	158		0.77
65	95						9	117	3.8	205	169		0.82
70	110	29	24	34	44	M10	8	171	6.0	223	172	83	1.50
75	115								6.4	208	164		1.59
80	120							170	6.8	195	157		1.67
85	125						9	191	8.1	207	170		1.76
90	130						10	213	9.6	217	181		1.84
95	135							210	10.0	206	175		1.90
100	145	33	28	38	50	M12	8	220	11	200	163	145	2.58
110	155						9	254	14	205	171		2.79
120	165						10	283	17	209	179		3.00
130	180	38	33	43	55		12	354	23	201	167		4.10
140	190							342	24	186	158		4.37
150	200						14	400	30	203	175		4.63
160	210						15	438	35	204	179		4.90
170	225	43	38	49	63	M14	12	494	42	186	159	230	6.56
180	235						14	560	51	205	178		6.90
190	250	51	46	57	71		16	640	61	187	158		9.27
200	260						18	720	72	200	171		9.70
220	285	55	50	61	77	M16	16	900	100	207	175	355	12.30
240	305								108	189	164		13.30
260	325						18	1 000	130	197	173		14.30
280	355	65	60	73	91	M18		1 200	170	188	161	485	21.40
300	375						20	1 330	200	195	169		22.70

表 16（续）

基本尺寸/mm						螺钉		额定负荷		胀紧套与轴结合面上的压力	胀紧套与轮毂结合面上的压力	螺钉的拧紧力矩	质量
d	D	l	L	L_1	L_2	d_1/mm	n	轴向力 F_t/kN	转矩 M_t/kN·m	p_f/MPa	p'_f/MPa	M_a/N·m	kg
320	405	77	72	85	105	M20	18	1 700	275	198	167	930	32.20
340	425						20		290	187	160		34.00
360	455	89	84	99	121	M22		2 130	385	190	159		47.20
380	475						21	2 260	430	189	160		49.50
400	495								450	180	154		51.80
420	515						24	2 590	546	196	169		54.20
440	545	101	96	113	137	M24	22	3 000	660	190	161	1 200	72.00
460	565						24		690	182	156		74.90
480	585								720	174	150		77.90
500	605						28	3 520	880	195	170		80.80
520	630								915	178	155		88.10
540	650								950	171	150		91.10
560	670						30	3 780	1 060	178	156		94.20
580	690								1 100	172	152		97.30
600	710								1 130	165	148		100.3

4.4.14 ZJ14 型胀紧联结套的基本参数和主要尺寸应符合图 14 和表 17 的规定。

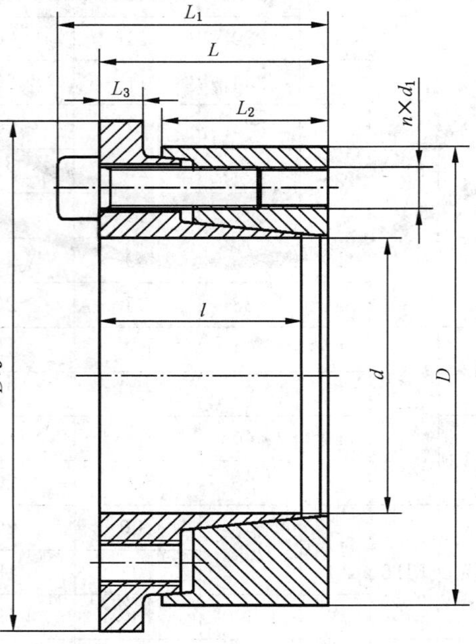

图 14 ZJ14 型胀紧联结套

表 17　ZJ14 型胀紧联结套的基本参数和主要尺寸

基本尺寸/mm							螺钉		额定负荷		胀紧套与轴结合面上的压力	胀紧套与轮毂结合面上的压力	螺钉的拧紧力矩	质量
d	D	l	L	L_1	L_2	L_3	d_1/mm	n	轴向力 F_t/kN	转矩 M_t/kN·m	p_f/MPa	p'_f/MPa	M_a/N·m	kg
20	47	20	23	29	17	3	M6	6	28	0.28	185	93	17	0.26
22										0.31	168			0.25
24	50									0.34	154	87		0.28
25										0.35	148			0.30
28	55							8	37	0.52	176	105		0.32
30										0.56	164			0.31
35	60							9	42	0.74	158	109		0.34
40	65							10	46	0.93	154	112		0.38
45	75	24	28	36	20	4	M8	8	69	1.56	168	121	41	0.64
50	80							9	80	2.00	170	127		0.69
55	85							10	87	2.40	171	133		0.75
60	90									2.60	157	126		0.80
65	95							12	105	3.40	174	143		0.85
70	110	29	34	44	24	5	M10	10	137	4.80	177	136	83	1.56
75	115									5.15	166	130		1.65
80	120								151	6.05	171	138		1.73
85	125							12	164	7.0	175	144		1.83
90	130									7.4	166	138		1.91
95	135									7.8	157	133		1.99
100	145	33	38	50	28		M12	11	200	10.0	175	142	145	2.68
110	155									11.0	159	133		2.90
120	165							14	263	15.8	186	159		3.10
130	180	38	43	55	33		M12	16	300	19.5	170	142		4.25
140	190									21.0	158	134		4.50
150	200							18	338	25.4	166	143		4.80
160	210								375	30.0	156	137		5.00
170	225	43	49	63	38		M14	16	412	35.0	158	135	230	6.80
180	235							18	464	41.8	168	145		7.10
190	250	51	57	71	46			21	537	51.4	156	132		9.60
200	260							24	620	62	170	145		10.00
220	285	55	61	77	50		M16	20	718	79	164	139	355	12.70
240	305							21	766	92	158	137		13.80
260	325							24	862	112	167	147		14.80

表 17（续）

基本尺寸/mm							螺钉		额定负荷		胀紧套与轴结合面上的压力 p_f/MPa	胀紧套与轮毂结合面上的压力 p'_f/MPa	螺钉的拧紧力矩 M_a/N·m	质量 kg
d	D	l	L	L_1	L_2	L_3	d_1/mm	n	轴向力 F_t/kN	转矩 M_t/kN·m				
280	355	65	73	91	60	5	M18	24	1 035	145	159	136	485	22.20
300	375								1 166	175	167	145		23.60
320	405	77	85	105	72		M20		1 510	242	170	144	690	33.40
340	425									257	160	137		35.30
360	455	89	99	121	84		M22		1 880	338	156	130	930	49.00
380	475								1 890	360	147	125		51.50
400	495							28	2 195	439	163	140		53.80
420	515							30	2 350	494	167	144		56.30
440	545	101	113	137	96		M24	32	2 572	566	161	137	1 200	74.80
460	565									592	154	132		77.80
480	585									617	148	128		81.00
500	605							36	2 893	723	160	139		84.00
520	630									752	146	128		91.60
540	650									781	141	123		94.70
560	670							40	3 215	900	151	133		97.90
580	690									932	145	129		101.00
600	710									964	141	125		104.00

4.4.15　ZJ15A 型、ZJ15B 型胀紧联结套的基本参数和主要尺寸应符合图 15 和表 18、表 19 的规定。

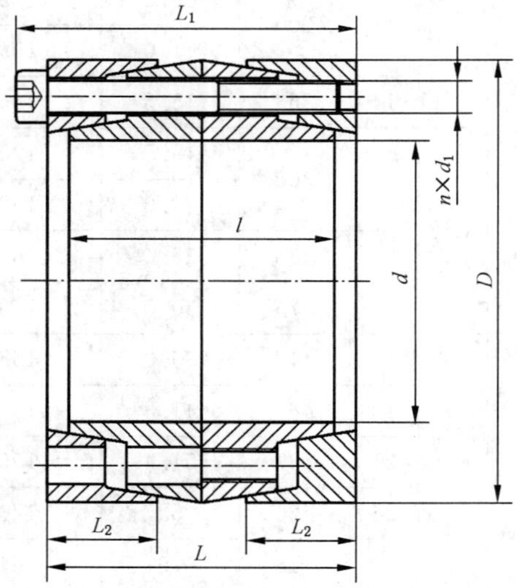

图 15　ZJ15 型胀紧联结套

表 18　ZJ15A 型胀紧联结套的基本参数和主要尺寸

基本尺寸/mm						螺钉		额定负荷		胀紧套与轴结合面上的压力 p_f/MPa	胀紧套与轮毂结合面上的压力 p'_f/MPa	螺钉的拧紧力矩 M_a/N·m	质量 kg
d	D	l	L	L_1	L_2	d_1/mm	n	轴向力 F_t/kN	转矩 M_t/kN·m				
30	55	40	46	52	17	M6	6	60	0.9	132	85	17	0.5
35	60						7	71	1.2	135	93		0.6
40	65						8	75	1.5	125	90		0.7
45	75	48	56	64	20	M8	6	111	2.5	136	98	41	1.1
50	80						7	120	3.0	133	100		1.2
55	85						8	138	3.8	139	108		1.3
60	90							143	4.3	132	106		1.4
65	95						9	163	5.3	139	114		1.5
70	110	58	68	78	24	M10	8	217	7.6	142	109	83	2.6
75	115							219	8.2	133	105		2.8
80	120							217	8.7	124	100		2.9
85	125						9	245	10.4	132	108		3.1
90	130						10	272	12	138	116		3.2
95	135							271	13	131	111		3.3
100	145	66	76	88	28	M12	8	317	16	127	104	145	4.5
110	155						9	340	19	124			4.9
120	165						10	377	23	126	108		5.3
130	180	76	86	98	33		12	453	29	122	101		7.3
140	190								32	113	96		7.8
150	200						14	528	40	23	106		8.2
160	210							566	45		108		8.7
170	225	86	98	112	38	M14	12	622	53	113	96	230	11.6
180	235						14	726	65	124	108		12.2
190	250	102	114	128	46		15	829	79	114	96		16.7
200	260						16	933	93	121	103		17.4
220	285	110	122	138	50	M16	15	1 141	126	125	106	355	22.3
240	305								137	115	99		24.1
260	325						16	1 284	167	119	105		25.8
280	355	130	146	164	60	M18		1 562	219	114	97	485	38.2
300	375							1 735	260	118	102		40.6
320	405	154	170	190	72	M20	18	2 230	357	120	101	690	58.6
340	425								379	113	97		61.8
360	455	178	198	220	84	M22		2 784	501	115		930	85.0
380	475						20	2 923	555				87.2
400	495								585	109	93		93.4
420	515						21	3 132	658	111	96		97.5
440	545	202	226	250	96	M24		3 616	696	108	92	1 200	128.9
460	565						22		832	103	88		134.1
480	585								868	99	85		139.3
500	605						26	3 938	984	103	90		144.5
520	630								1 024	99	86		157.6
540	650								1 063	96	84		163.1
560	670						27	4 219	1 181	99	87		168.6
580	690								1 224	96	84		174.0
600	710								1 266		82		179.5

表 19　ZJ15B 型胀紧联结套的基本参数和主要尺寸

基本尺寸/mm						螺钉		额定负荷		胀紧套与轴结合面上的压力 p_f/MPa	胀紧套与轮毂结合面上的压力 p'_f/MPa	螺钉的拧紧力矩 M_a/N·m	质量 kg
d	D	l	L	L_1	L_2	d_1/mm	d	轴向力 F_t/kN	转矩 M_t/kN·m				
100	145	66	76	86	28	M10	8	224	11	90	73	83	4.5
110	155						9	240	13	88			4.9
120	165						10	267	16	89	77		5.3
130	180	76	86	96	33		12	312	20	84	70		7.3
140	190							320	22	80	68		7.8
150	200						14	364	27	85	73		8.2
160	210						15	390	31		75		8.7
170	225	86	98	110	38	M12	12	449	38	82	70	145	11.6
180	235						14	524	47	90	78		12.2
190	250	102	114	126	46		16	599	57	82	69		16.7
200	260						18	674	67	88	75		17.4
220	285	110	122	136	50	M14	16	828	91	91	77	230	22.3
240	305							822	99	83	72		24.1
260	325						18	937	122	87	76		25.8
280	355	130	146	162	60	M16		1 294	181	94	81	355	38.2
300	375						20	1 431	215	97	84		40.6
320	405	154	170	188	72	M18	18	1 725	276	93	78	485	58.6
340	425							1 732	294	88	75		61.8
360	455	178	198	216	84		22	2 065	372	85	72		85.0
380	475							2 068	393	81	69		87.2
400	495						24		414	77	66		93.4
420	515						26	2 412	507	86	74		97.5
440	545	202	226	246	96	M20	21	2 409	530	72	61	690	128.9
460	565						22		554	69	59		134.1
480	585								578	66	57		139.3
500	605						26	2 811	703	74	64		144.5
520	630								731	71	62		157.6
540	650								759	68	60		163.1
560	670						27	3 012	843	71	62		168.6
580	690								873	68	60		174.0
600	710								903	66	59		179.5

4.4.16 ZJ16 型胀紧联结套的基本参数和主要尺寸应符合图 16 和表 20 的规定。

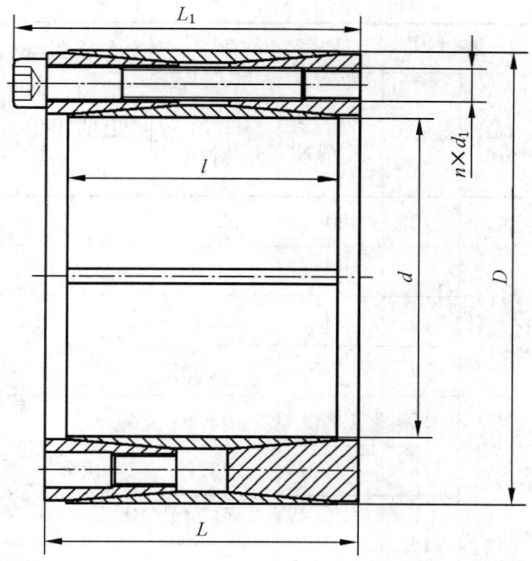

图 16 ZJ16 型胀紧联结套

表 20 ZJ16 型胀紧联结套的基本参数和主要尺寸

<table>
<tr><th colspan="5">基本尺寸/mm</th><th colspan="2">螺钉</th><th colspan="2">额定负荷</th><th rowspan="2">胀紧套与轴结合面上的压力 p_f/MPa</th><th rowspan="2">胀紧套与轮毂结合面上的压力 p'_f/MPa</th><th rowspan="2">螺钉的拧紧力矩 M_a/N·m</th><th rowspan="2">质量 kg</th></tr>
<tr><th>d</th><th>D</th><th>l</th><th>L</th><th>L_1</th><th>d_1/mm</th><th>n</th><th>轴向力 F_t/kN</th><th>转矩 M_t/kN·m</th></tr>
<tr><td>45</td><td>75</td><td rowspan="6">55</td><td rowspan="6">64</td><td rowspan="6">72</td><td rowspan="6">M8</td><td rowspan="4">9</td><td rowspan="4">174</td><td>3.90</td><td>185</td><td>110</td><td rowspan="6">41</td><td>1.5</td></tr>
<tr><td>48</td><td>80</td><td>4.15</td><td>170</td><td rowspan="2">105</td><td>1.7</td></tr>
<tr><td>50</td><td>80</td><td>4.30</td><td>165</td><td>1.6</td></tr>
<tr><td>55</td><td>85</td><td>4.80</td><td>150</td><td>95</td><td>1.7</td></tr>
<tr><td>60</td><td>90</td><td rowspan="4">11</td><td rowspan="2">213</td><td>6.40</td><td>170</td><td>110</td><td>1.8</td></tr>
<tr><td>65</td><td>95</td><td>6.90</td><td>155</td><td>105</td><td>2.0</td></tr>
<tr><td>70</td><td>110</td><td rowspan="6">70</td><td rowspan="6">78</td><td rowspan="6">88</td><td rowspan="6">M10</td><td rowspan="2">338</td><td>11.8</td><td>185</td><td>115</td><td rowspan="6">83</td><td>3.6</td></tr>
<tr><td>75</td><td>115</td><td>12.7</td><td>170</td><td>110</td><td>3.8</td></tr>
<tr><td>80</td><td>120</td><td rowspan="2">12</td><td rowspan="2">369</td><td>14.7</td><td>175</td><td>115</td><td>4.0</td></tr>
<tr><td>85</td><td>125</td><td>15.7</td><td>165</td><td>110</td><td>4.3</td></tr>
<tr><td>90</td><td>130</td><td rowspan="2">13</td><td rowspan="2">400</td><td>18.0</td><td>170</td><td>115</td><td>4.5</td></tr>
<tr><td>95</td><td>135</td><td>19.0</td><td rowspan="2">160</td><td rowspan="3">110</td><td>4.7</td></tr>
<tr><td>100</td><td>145</td><td rowspan="3">90</td><td rowspan="3">100</td><td rowspan="3">112</td><td rowspan="3">M12</td><td>12</td><td>538</td><td>26.9</td><td rowspan="3">145</td><td>7.2</td></tr>
<tr><td>110</td><td>155</td><td>13</td><td>583</td><td>32.0</td><td>155</td><td>7.7</td></tr>
<tr><td>120</td><td>165</td><td>15</td><td>673</td><td>40.3</td><td>165</td><td>120</td><td>8.3</td></tr>
</table>

表 20（续）

基本尺寸/mm					螺钉		额定负荷		胀紧套与轴结合面上的压力	胀紧套与轮毂结合面上的压力	螺钉的拧紧力矩	质量
d	D	l	L	L_1	d_1/mm	n	轴向力 F_t/kN	转矩 M_t/kN·m	p_f/MPa	p'_f/MPa	M_a/N·m	kg
130	180	105	116	130	M14	13	800	52.0	155	115	230	11.7
140	190					15	923	64.6	170	125		12.5
150	200					16	985	73.8	165			13.2
160	210					17	1 045	83.7				14.0
170	225	132	146	162	M16	15	1 283	109.0	150	115	355	20.6
180	235					16	1 369	123.2				21.6
190	250					17	1 454	138.0				25.0
200	260							145.4	145	110		26.2
220	285					20	1 710	188.0	155	120		31.1
240	305					22	1 880	225.0				33.6
260	325							244.0	145	115		36.1
280	355	160	177	197	M20	20	2 670	373.0	155	120	690	54.9
300	375					22	2 930	440.0		125		58.3
320	405							470.0	145	115		71.0

4.4.17 ZJ17A 型、ZJ17B 型胀紧联结套的基本参数和主要尺寸应符合图 17、图 18 和表 21、表 22 的规定。

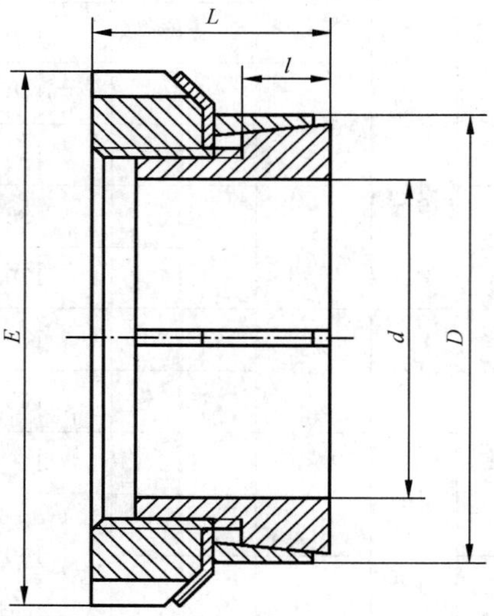

图 17 ZJ17A 型胀紧联结套

表 21 ZJ17A 型胀紧联结套的基本参数和主要尺寸

基本尺寸/mm					圆螺母螺纹直径 mm	额定负荷		胀紧套与轴结合面上的压力	胀紧套与轮毂结合面上的压力	圆螺母的拧紧力矩	质量 kg
d	*D*	*E*	*l*	*L*		轴向力 F_t/kN	转矩 M_t/kN·m	p_f/MPa	p'_f/MPa	M_a/N·m	
14	25	32	6.5	16.5	M20×1	5.10	38	200	110	95	0.05
15						5.50	41	185			0.04
16						5.45	43	174			
17	26					5.50	47	164	107		
18					M22×1	5.40	49	155			
18	30	38		18	M25×1.5	6.60	58	185	112	160	0.06
19							62	176			
20							66	167	111		
22	32						73	152	105		
24	35	45			M30×1.5	8.75	105	185	127	220	0.08
25						8.80	110	178			0.07
28	36				M32×1.5	8.55	120	159	124		0.06
28	40	52	7	19.5	M35×1.5	10.60	149	188	141	340	0.09
30							160	164	123		
32	42				M36×1.5		170	154	117		
35	45	58	8	21.5	M40×1.5	13.10	230	153	120	480	0.11
36						13.30	240	149			0.1
38	48				M42×1.5	13.10	250	141	112		0.12
38	50										0.14
40		65	10	24.5	M45×1.5	15.50	310	124	93	680	
40	52							120			0.17
42	55		10	25.5	M48×1.5	15.20	320	114	87		0.2
45		70			M50×1.5	17.70	400	122	96	870	0.16
45	57										0.2
48	60	75			M55×2	20.80	500	135	105	970	0.21
50	60	75			M55×2		520	130			0.18
50	62										0.22
55	65	80	12	27.5	M60×2	22.00	610	103	84	1 100	0.21
55	68										0.28
56							620	101	82		0.26
60	70	85		30	M65×2	26.60	800	113	93	1 300	0.24
60	73										0.33
63	79	92		30.5	M70×2	31.10	980	107	86	1 600	0.43
65			14			31.00	1 010	104			0.38
70	84	98		31.5	M75×2	35.40	1 240	110	92	2 000	0.42

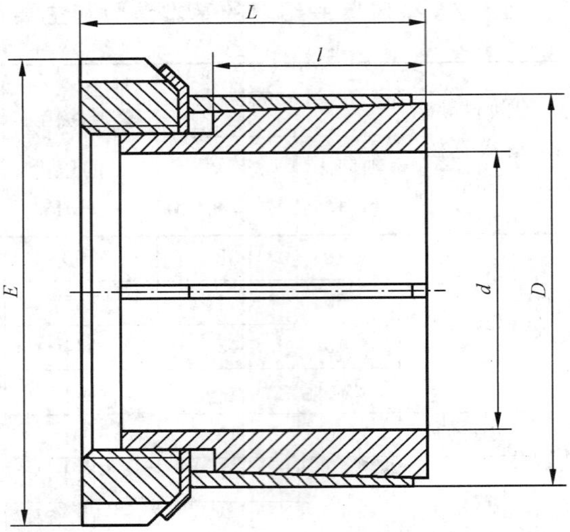

图 18 ZJ17B 型胀紧联结套

表 22 ZJ17B 型胀紧联结套的基本参数和主要尺寸

基本尺寸/mm					圆螺母螺纹直径 mm	额定负荷		胀紧套与轴结合面上的压力	胀紧套与轮毂结合面上的压力	圆螺母的拧紧力矩	质量 kg
d	D	E	l	L		轴向力 F_t/kN	转矩 M_t/kN·m	p_f/MPa	p'_f/MPa	M_a/N·m	
14	25	32	20	30	M20×1	9.1	64	85	45	95	0.08
15							70	80			
16							73	75			0.07
17				32	M22×1		80	70			
18	30						83	65	40		0.12
19		38			M25×1.5	11.0	105	75	45	160	0.11
20							112	70			0.10
22	35	45	25	36	M30×1.5	14.5	163			220	0.17
24							178	65			0.15
25							185	60			0.14
28	40	52	30	42	M35×1.5		250	55	40	340	0.22
30						17.5	270	50			0.19
32	42			44	M36×1.5	21.5	350	60	45		0.20
32	45	58			M40×1.5					480	0.27
35							390	55			0.22
38	50	65		45	M45×1.5	26.0	500	60		680	0.30
40							520		50		0.25
45	55	70		46	M50×1.5	30.0	680			870	0.29
48	60	75			M55×2	35.0	840			970	0.37
50							880				0.32
55	65	80			M60×2	37.5	1 030			1 100	0.34
60	70	85		52	M65×2	45.0	1 360	65	55	1 300	0.42

4.4.18　ZJ18 型胀紧联结套的基本参数和主要尺寸应符合图 19 和表 23 的规定。

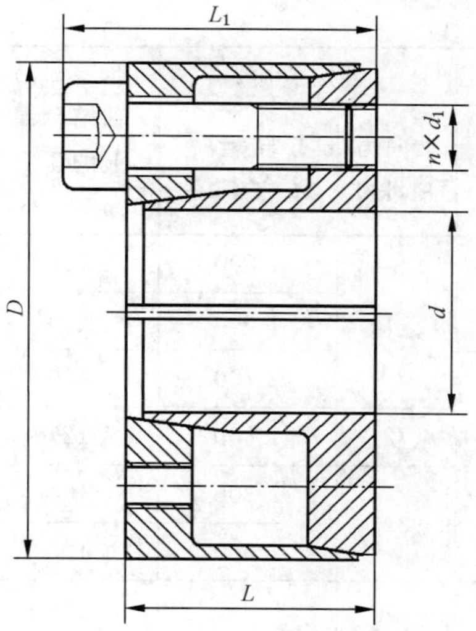

图 19　ZJ18 型胀紧联结套

表 23　ZJ18 型胀紧联结套的基本参数和主要尺寸

基本尺寸/mm				螺钉		额定负荷		胀紧套与轴结合面上的压力	胀紧套与轮毂结合面上的压力	螺钉的拧紧力矩	质量
d	D	L	L_1	d_1/mm	n	轴向力 F_t/kN	转矩 M_t/kN·m	p_f/MPa	p'_f/MPa	M_a/N·m	kg
5	16	11	13.5	M2.5	4	2.4	6	159	50	1.2	0.010
6						2.6	8	147	55		0.012
7	17						9	122	50		0.013
8	18					2.8	11	113			0.015
9	20	13	15.5			3.6	16	116	52		0.020
10							18	106	53		0.019
11	22						20	97	49		0.024
12							22	90			0.022
14	26	17	20	M3	5	5.6	39	88	48	2.2	0.039
15	28						42	83	44		0.044
16	32		21	M4		9.6	77	132	66	5	0.067
17	35		25				82	125	61		0.090
18		21				9.7	87	102	53		0.087
19							92	97			0.098
20	47	29	35	M6		28	280	155	66	17	0.100
22							310	142			0.110
24	50					33	400	154	74		0.200
25							420	148			0.190
28	55				6		470	132	67		0.220
30							500	123			0.270
32	60				7	44	710	153	82		0.250
35						45	780	141			0.360
38	65				8		850	130	76		0.430
40							890	123			0.400

表 23（续）

基本尺寸/mm				螺钉		额定负荷		胀紧套与轴结合面上的压力 p_f/MPa	胀紧套与轮毂结合面上的压力 p'_f/MPa	螺钉的拧紧力矩 M_a/N·m	质量 kg
d	D	L	L_1	d_1/mm	n	轴向力 F_t/kN	转矩 M_t/kN·m				
42	75	36	44	M8	6	71	1 500	150	84	41	0.670
45							1 600	140			0.630
48	80				8		1 700	130	78		0.740
50						72	1 800	127	80		0.700
55	85					84	2 300	134	87		1.100
60	90						2 500	123	82		1.000
63	95				9	92	2 900	129	86		1.000
65							3 000	125			0.860
70	110	46	56	M10	8	135	4 700	127	81	83	2.150
75	115						5 100	120	78		2.200
80	120						5 400	112	75		2.400
85	125				9	152	6 500	119	81		2.450
90	130				10		6 800	111	77		2.500
95	135					168	8 000	118	83		2.650
100	145	56	68	M12	8	202	10 100	107	74	145	3.850

4.4.19 ZJ19 型液压胀紧联结套的基本参数和主要尺寸应符合图 20 和表 24 的规定。

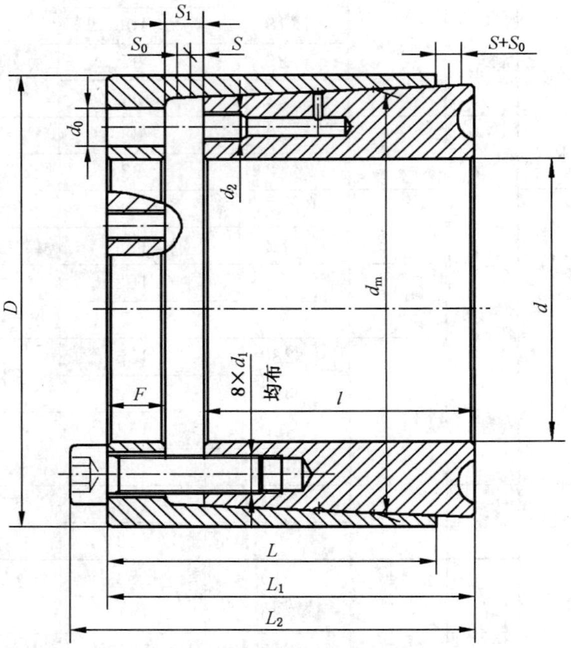

图 20 ZJ19 型液压胀紧联结套

表 24　ZJ19 型液压胀紧联结套基本参数和主要尺寸

基本尺寸/mm												螺钉	注油孔径	未注入液压油时		螺钉拧紧力矩	质量
d	D	d_m	l	L	L_1	L_2	F	d_0	S	S_1	S_0	d_1/mm	d_2	转矩 M_t/kN·m	压力 p/MPa	M_a/N·m	kg
100	145	139												12.5	80		6.5
110	155	149	70	85	95	105	15	10	2.9	10		M10		14.0	75	83	7.0
120	165	159												15.6	70		7.5
130	180	172							3.1					31.6	60		11.0
140	190	182	104	120	135	147	18	15		13		M12		36.0	80	145	12.0
150	200	192							3.4					38.4	75		13.0
160	210	202												41.2	60		14.0
170	230	220							3.6				Rc1/8	71.0	80		22.0
180	240	230	132	150	165	179	20	18		15	S_0 的值见附录 D 表 D1	M14		76.4		230	23.0
200	260	250							4.0					81.0	70		25.0
220	285	274												123	75		35.0
240	305	294							4.0					135	70		38.0
260	325	314	157	180	200	216	24	18		25		M16		145	65	355	41.0
280	345	334							4.6					183	70		44.0
300	365	354												196			48.0
320	405	387												375	85		88.0
340	425	407												402			93.0
360	445	427							5.0					431	80		97.0
400	485	467	200	237	267	287	35	24		32		M20	Rc1/4	475	70	690	107.0
420	505	487												626	85		110.0
460	545	527							6.0					684	80		120.0
500	585	567												740	75		130.0

5　技术要求

5.1　胀紧联结套应符合本标准的规定，并按规定程序批准的产品图样和技术文件制造。

5.2　胀紧联结套的材料按表 25 的规定选取。

表 25 胀紧联结套的材料

<table>
<tr><th rowspan="2">胀紧套型式</th><th colspan="3">选用材料</th></tr>
<tr><th>普通机械</th><th>重型机械</th><th>精密机械</th></tr>
<tr><td>ZJ1</td><td>45、40Cr</td><td>42CrMo、60Si2Mn</td><td>42CrMo、60Si2Mn</td></tr>
<tr><td>ZJ2</td><td>40Cr、42CrMo、65Mn</td><td>40Cr、42CrMo、60Si2Mn</td><td>40Cr、42CrMo</td></tr>
<tr><td>ZJ3</td><td>45、42CrMo</td><td>42CrMo、65Mn</td><td>42CrMo</td></tr>
<tr><td>ZJ4</td><td rowspan="2">40Cr、42CrMo、65Mn</td><td rowspan="2">40Cr、42CrMo、60Si2Mn</td><td rowspan="2">40Cr、42CrMo</td></tr>
<tr><td>ZJ5</td></tr>
<tr><td>ZJ6</td><td rowspan="2">40Cr、42CrMo</td><td rowspan="2">42CrMo、65Mn</td><td rowspan="3">42CrMo</td></tr>
<tr><td>ZJ7</td></tr>
<tr><td>ZJ8</td><td>45、40Cr</td><td>40Cr、42CrMo</td></tr>
<tr><td>ZJ9A</td><td rowspan="3">45、40Cr、65Mn</td><td rowspan="3">40Cr、42CrMo、65Mn</td><td rowspan="6">40Cr、42CrMo</td></tr>
<tr><td>ZJ9B</td></tr>
<tr><td>ZJ9C</td></tr>
<tr><td>ZJ10</td><td rowspan="3">45、40Cr</td><td rowspan="3">40Cr、42CrMo、65Mn</td></tr>
<tr><td>ZJ11</td></tr>
<tr><td>ZJ12</td></tr>
<tr><td>ZJ13</td><td rowspan="3">40Cr、65Mn</td><td rowspan="3">42CrMo、60Si2Mn</td><td rowspan="3">42CrMo</td></tr>
<tr><td>ZJ14</td></tr>
<tr><td>ZJ15</td></tr>
<tr><td>ZJ16</td><td>40Cr、42CrMo</td><td>40Cr、42CrMo、65Mn</td><td>40Cr、42CrMo</td></tr>
<tr><td>ZJ17A</td><td rowspan="2">45、40Cr</td><td rowspan="2">40Cr、42CrMo</td><td rowspan="4">42CrMo</td></tr>
<tr><td>ZJ17B</td></tr>
<tr><td>ZJ18</td><td>45、40Cr、65Mn</td><td>40Cr、42CrMo、65Mn</td></tr>
<tr><td>ZJ19</td><td>40Cr</td><td>42CrMo</td></tr>
<tr><td colspan="4">注 1：材料 45 应符合 GB/T 699 的规定。
注 2：材料 40Cr、42CrMo 应符合 JB/T 6396 的规定。
注 3：材料 65Mn、60Si2Mn 应符合 JB/T 6399 的规定。</td></tr>
</table>

5.3 胀紧联结套尺寸公差带应符合 GB/T 1800.2 的规定，其内径 d 按 E8 选取，外径 D 按 g6 选取。

5.4 胀紧联结套的形位公差应符合 GB/T 1184 的规定。

5.4.1 圆锥面的圆柱度及斜向圆跳动公差等级为 7 级。

5.4.2 轴向圆跳动公差等级为 8 级。

5.5 胀紧联结套的表面粗糙度应符合 GB/T 1031 及表 26 的相关规定。

表 26 胀紧联结套的表面粗糙度

内径 d/mm	Ra/μm			
	内表面	外表面	圆锥面	其他面
～120	1.6	0.8	0.8	6.3
＞120～500	2.5	1.25	1.25	
＞500	3.2	1.6	1.6	

5.6 胀紧联结套圆锥结合面接触率不得小于85%。

5.7 胀紧联结套选用螺钉应符合GB/T 70.1的相关规定，其机械性能应符合GB/T 3098.1规定的12.9级。

5.8 胀紧联结套的选用说明参见附录A(资料性附录)。

5.9 胀紧联结套安装和拆卸的一般要求参见附录B(资料性附录)。

5.10 ZJ1型胀紧联结套的联结设计要点参见附录C(资料性附录)。

5.11 液压胀紧联结套的设计要点与拆装参见附录D(资料性附录)。

6 检验规则

6.1 出厂检验

6.1.1 每套胀紧联结套出厂前应按第4章和图样要求进行检验。

6.1.2 每套胀紧联结套均应经制造厂质量检验部门检验合格，并附有产品质量合格证方可出厂。

6.2 型式检验

系列首制产品或当产品结构、材料、工艺有较大改变或合同规定时，应进行型式检验。

6.2.1 检验项目

检验项目按6.1.1的规定执行。

6.2.2 抽样与组批规则

胀紧联结套首批产量小于10套抽检1套，10套～50套时抽检2套，50套以上抽检3套。首次抽检不合格时加倍抽检，再不合格时需全部检验。

7 标志、包装与贮存

7.1 标志

7.1.1 每套胀紧联结套应附有型号标签。

7.1.2 每套胀紧联结套的合格证上应注明下列内容：

a) 胀紧联结套的型号和标准号；

b) 制造厂名称；

c) 出厂日期；

d) 检验合格标记。

7.2 包装

7.2.1 胀紧联结套清洗后按 GB/T 4879 的规定进行防锈包装。

7.2.2 包装要求应符合 GB/T 13384 的相关规定。

7.2.3 外包装箱上标志应符合 GB/T 191 和 GB/T 6388 的规定。

7.3 贮存

7.3.1 胀紧联结套应存放在清洁、干燥、通风，避免日晒雨淋的环境中，存放期内避免与酸、碱、有机溶剂等物质接触。

7.3.2 在遵守 7.3.1 的情况下，制造厂应保证产品从出厂日起，在一年的贮存期内其性能仍符合本标准的相关规定。

附 录 A
（资料性附录）
胀紧联结套的选用说明

A.1 按传递负荷选用

A.1.1 选取胀紧联结套应符合式(A.1)、式(A.2)、式(A.3)和式(A.4)的规定。

a) 传递转矩：$M_t \geqslant M$ ……(A.1)

式中：

M_t ——胀紧套的额定转矩，单位为千牛米(kN·m)；

M ——需传递的转矩，单位为千牛米(kN·m)。

b) 承受轴向力：$F_t \geqslant F_x$ ……(A.2)

式中：

F_t ——胀紧套的额定轴向力，单位为千牛(kN)；

F_x ——需传递的轴向力，单位为千牛(kN)。

c) 传递力：$F_t \geqslant \sqrt{F_x{}^2 + (M \times d/2 \times 10^{-3})^2}$ ……(A.3)

式中：

F_t ——胀紧套的额定轴向力，单位为千牛(kN)；

F_x ——需传递的轴向力，单位为千牛(kN)；

M ——需传递的转矩，单位为千牛米(kN·m)；

d ——胀紧套内径，单位为毫米(mm)。

d) 承受径向力：$p_f \geqslant \frac{F_r}{dl} \times 10^3$ ……(A.4)

式中：

p_f ——胀紧套与轴结合面上的压力，单位为兆帕(MPa)；

F_r ——需承受的径向力，单位为千牛(kN)；

d ——胀紧套内径，单位为毫米(mm)；

l ——胀紧套内环宽度，单位为毫米(mm)。

A.1.2 一个联结采用数个胀紧套时的额定负荷

一个胀紧套的额定负荷小于需传递的负荷时，可用两个或两个以上的胀紧套串联使用，其总额定负荷按式(A.5)确定。

$$M_{tn} = m\,M_t \quad \cdots\cdots (\text{A.5})$$

式中：

M_{tn} ——n 个胀紧套总传递转矩，单位为千牛米(kN·m)；

M_t ——胀紧套的额定转矩，单位为千牛米(kN·m)；

m ——负荷系数，见表 A.1。

表 A.1 负荷系数 m

联结中胀紧套数量 n	m		
	ZJ1	ZJ1-ZJ5	ZJ9、ZJ13、ZJ15、Z16
1	1.00	1.0	1.0
2	1.56	1.8	1.8
3	1.86	2.7	—
4	2.03	—	—

A.2 结合面的公差及表面粗糙度

A.2.1 与胀紧套结合的轴、孔尺寸公差带应按 GB/T 1800.2 的规定。其中轴为 h8,孔为 H8。

A.2.2 与胀紧套结合的轴、孔表面粗糙度应按 GB/T 1031 的规定。其中与 ZJ1 型胀紧套结合的轴、孔表面粗糙度 $Ra \leqslant 1.6\ \mu m$,而与其他型胀紧套结合的轴、孔表面粗糙度 $Ra \leqslant 3.2\ \mu m$。

A.3 联结件的尺寸

A.3.1 与胀紧套联结的空心轴内径 d_i(见图 A.1)按式(A.6)计算:

$$d_i \leqslant d\sqrt{\frac{R_{eH} - 2p_f C}{R_{eH}}} \qquad \text{(A.6)}$$

式中:

d_i ——空心轴内径,单位为毫米(mm);

d ——胀紧套内径,单位为毫米(mm);

R_{eH} ——空心轴材料的屈服强度,单位为兆帕(MPa);

p_f ——胀紧套与轴结合面上的压力,单位为兆帕(MPa);

C ——系数,见表 A.2。

表 A.2 系数 C

系数	胀紧套型式							
	ZJ1			ZJ2		ZJ3、ZJ6 ZJ8、ZJ10 ZJ13、ZJ14	ZJ4、ZJ15 ZJ16、ZJ18	ZJ5、ZJ7 ZJ9、ZJ11 ZJ12、ZJ15 ZJ17、ZJ19
	一个联结中的胀紧套数量							
	1	2	>2	1	2			
C	0.60	0.80	1.00	0.60	0.80	0.80	0.85	0.90

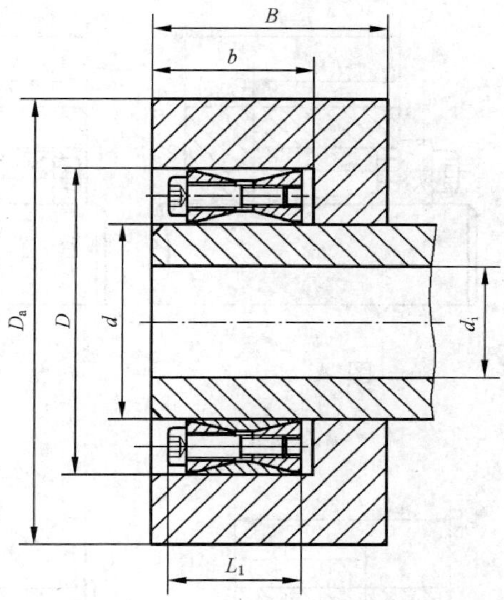

图 A.1

A.3.2 与胀紧套联结的轮毂外径 D_a 按式(A.7)计算：

$$D_a \geqslant D\sqrt{\frac{R_{eH}+p'_f C_1}{R_{eH}-p'_f C_1}} \quad \cdots\cdots\cdots\cdots (A.7)$$

式中：

D_a ——轮毂外径，单位为毫米(mm)；

D ——胀紧套外径，单位为毫米(mm)；

R_{eH} ——轮毂材料的屈服强度，单位为兆帕(MPa)；

p'_f ——胀紧套与轮毂结合面上的压力，单位为兆帕(MPa)；

C_1 ——系数。

轮毂与胀紧套联结有A、B、C三种型式，如图A.2～图A.9。联结型式最好采用A、C型，因用材少、省工、较为经济。而型式B用后有可能产生锈蚀，拆卸困难。

毂型 A：$C_1=1.0$

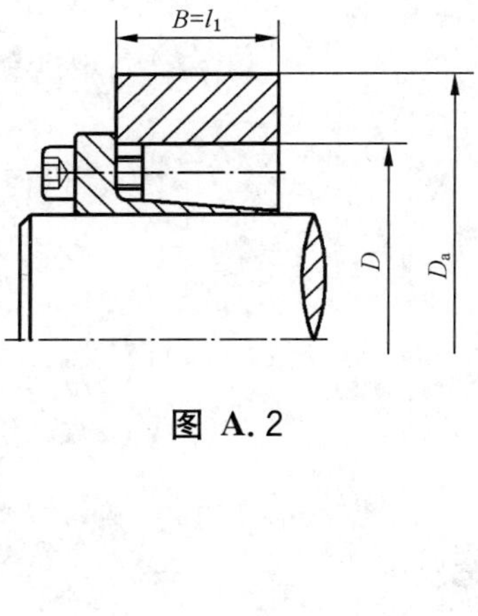

图 A.2

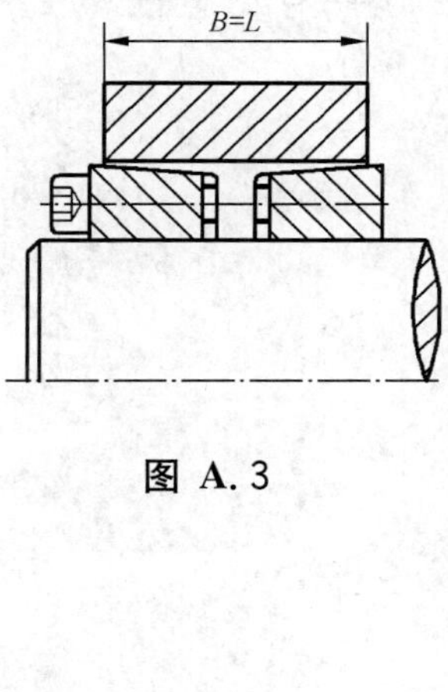

图 A.3

毂型 B：$C_1 = 0.8$

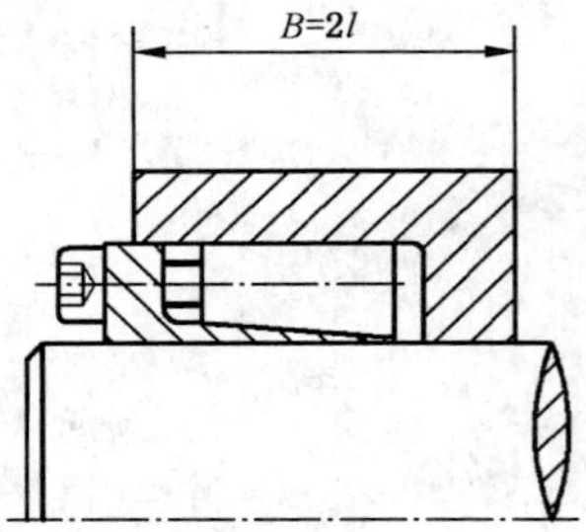

图 A.4

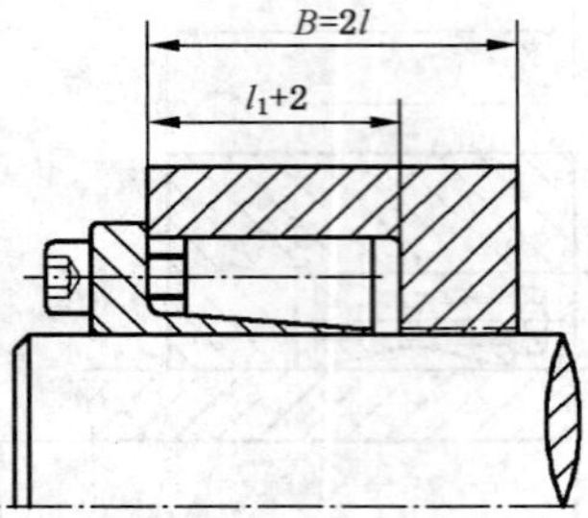

图 A.5

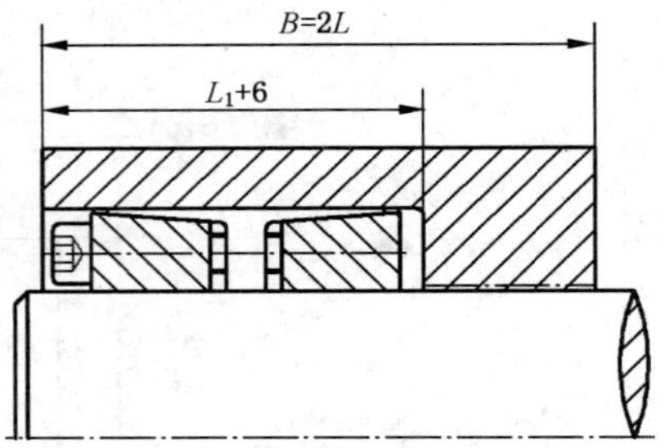

图 A.6

毂型 C：$C_1 = 0.6$

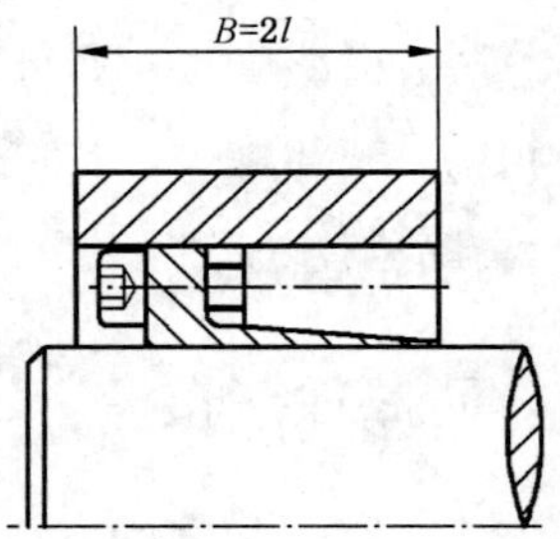

图 A.7

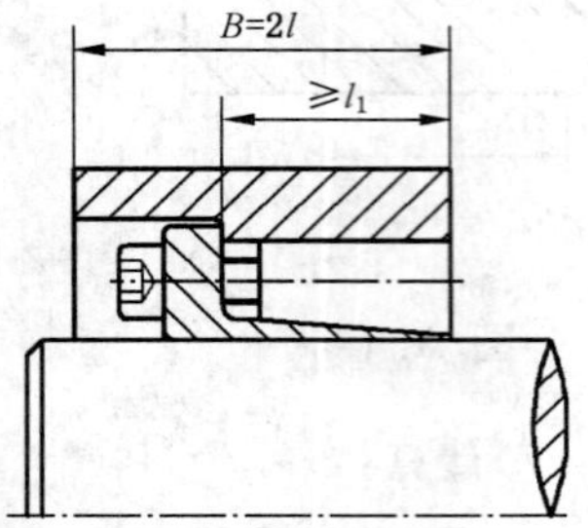

图 A.8

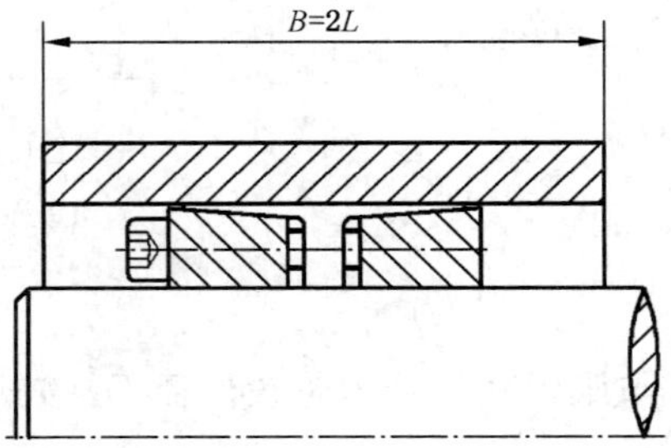

图 A.9

使用 ZJ11 型和 ZJ12 型胀紧套时轮毂外径 D_a 按式(A.8)计算：

$$D_a \geqslant D\sqrt{\frac{R_{eH} + p_f' C_1}{R_{eH} - p_f' C_1}} + 2d_1 \qquad \cdots\cdots(A.8)$$

式中：

D_a ——轮毂外径，单位为毫米(mm)；

D ——胀紧套外径，单位为毫米(mm)；

R_{eH} ——轮毂材料的屈服强度，单位为兆帕(MPa)；

p_f' ——胀紧套与轮毂结合面上的压力，单位为兆帕(MPa)；

C_1 ——系数。

d_1 ——螺孔直径，单位毫米(mm)。

附　录　B
（资料性附录）
胀紧联结套安装和拆卸的一般要求

B.1　安装准备

B.1.1　结合面的尺寸应按 GB/T 3177 规定的方法进行检验。

B.1.2　清除联结件与胀紧套结合面污物，然后均匀地涂抹薄薄一层不含二硫化钼（MoS_2）的润滑油或润滑脂。

B.1.3　松开所有螺钉数圈，并至少用三个螺钉拧入拆卸螺孔中使其压环与内外锥面保持有一定距离。

B.2　安装

B.2.1　把联结件之轮毂套在轴上，并推移到设计规定位置。

B.2.2　将拧松螺钉的胀紧套平滑地装入联结孔处（要防止结合件的倾斜），然后除去拆卸螺孔中的螺钉，并预紧紧固螺钉，使其固定在设计位置。

B.2.3　用力矩扳手对角、交叉、均匀地拧紧胀紧联结套各紧固螺钉，但开缝处两侧的螺钉应依次先后拧紧。其依次拧紧力矩按下列规定。

第一次：以三分之一拧紧力矩 M_a 值拧紧；

第二次：以二分之一拧紧力矩 M_a 值拧紧；

第三次：以拧紧力矩 M_a 值拧紧；

最后按螺钉排列顺序依次以拧紧力矩 M_a 值进行检查，确保全部达到规定的拧紧力矩。

M_a——拧紧力矩，按胀紧套基本参数表中规定，单位为牛米（N·m）。

B.3　拆卸

B.3.1　将所有螺钉转松数圈，并取出与拆卸螺孔数量相同的螺钉拧入拆卸螺孔中；

B.3.2　将拆卸螺孔中的螺钉对角逐级、平均拧入，必要时还可边拧入边无损敲击螺钉或联结件，使其胀紧套脱开。但在开缝处左右两侧的螺钉应依次拧入。

B.4　防护

B.4.1　胀紧套安装完毕，在其胀紧套外露端面及螺钉头部涂抹防锈油等措施进行防护。

B.4.2　在露天作业或工作环境较差的设备上使用，要定期检查外路部分的防护措施。

B.4.3　在腐蚀介质中工作的胀紧套，应使用有防锈功能的胀紧套或增加防护罩等专门措施进行防护。

附 录 C
（资料性附录）
ZJ1 型胀紧联结套的联结设计要点

C.1 ZJ1 型胀紧套的联结型式

ZJ1 型胀紧套需以法兰和螺栓夹紧，常用的有在轮毂上夹紧（图 C.1）和在轴端上夹紧（图 C.2）两种型式。

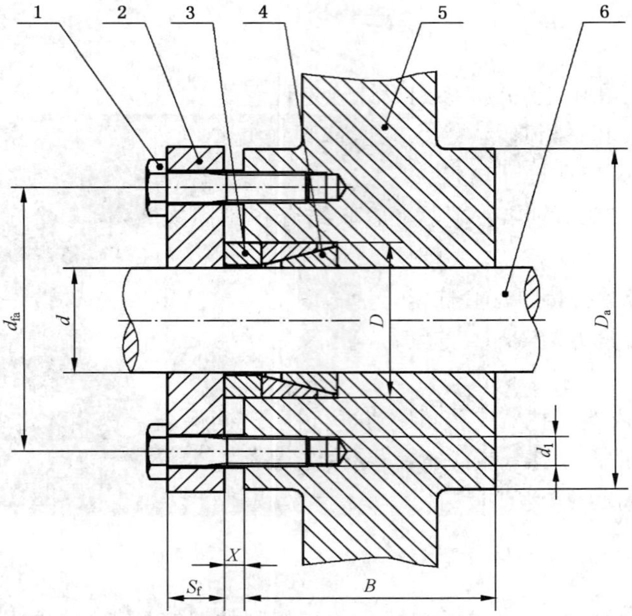

说明：1——螺栓；2——法兰；3——隔套；4——ZJ1 型胀紧套；5——轮毂；6——轴。

图 C.1 在轮毂上夹紧 ZJ1 型胀紧套

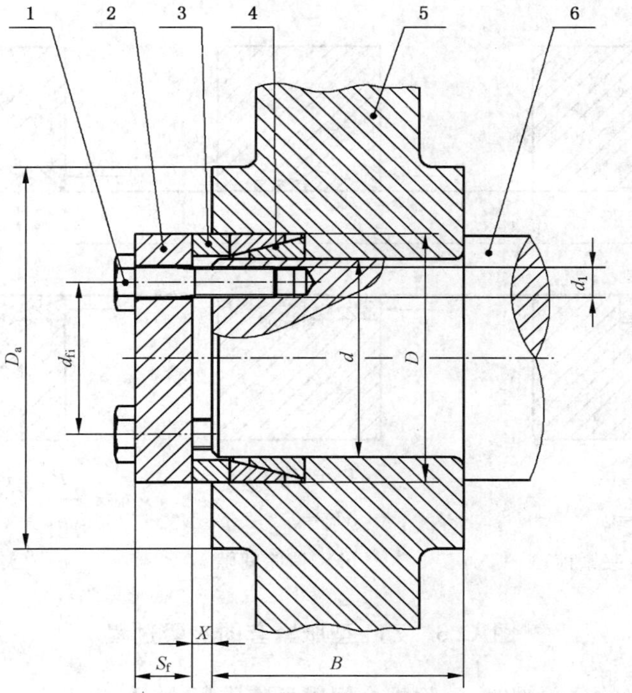

说明：1——螺栓；2——法兰；3——隔套；4——ZJ1 型胀紧套；5——轮毂；6——轴。

图 C.2 在轴端面上夹紧 ZJ1 型胀紧套

C.2 夹紧力

C.2.1 ZJ1 型胀紧套的总夹紧力 P_A 等于单件螺栓的夹紧力 P_v 乘以螺栓的数量 Z(即 $P_A = ZP_v$)。单件螺栓的拧紧力矩 M_a 与单件螺栓的夹紧力 P_v 的关系列于表 C.1。

表 C.1 螺栓的夹紧力 P_v

螺栓直径/mm	机械性能等级 8.8 级		机械性能等级 10.9 级	
	M_a/N·m	P_v/kN	M_a/N·m	P_v/kN
M5	6	6.4	8	8.43
M6	10	9.0	14	12.6
M8	25	16.5	35	23.2
M10	49	26.2	69	36.9
M12	86	38.3	120	54.0
M16	210	73.0	295	102.0
M20	410	114.0	580	160.0
M24	710	164.0	1 000	230.0

C.2.2 ZJ1 型胀紧套的夹紧过程(见图 C.3)

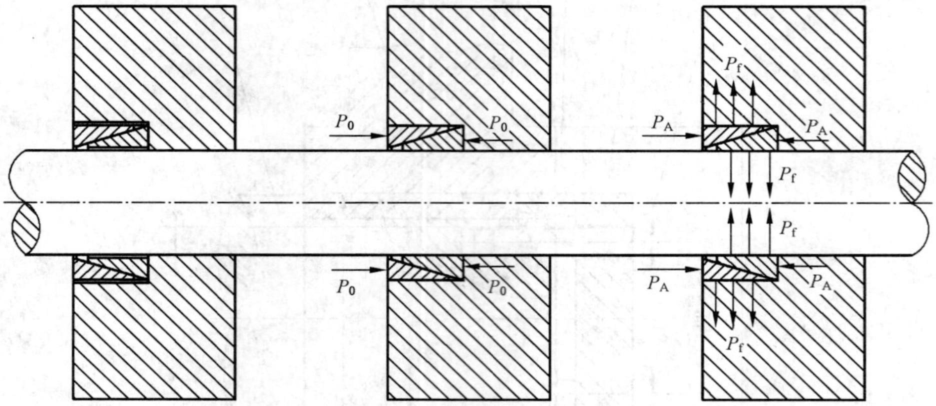

$P_A=0$ $M_n=0$ a) 夹紧前

$P_A=P_0$ $M_n=0$ b) 消除间隙

$P_A=P_0+P_y$ $M_n=f(p_f d)$ c) 夹紧胀紧套

图 C.3 ZJ1 型胀紧套的夹紧过程

C.2.2.1 按附录 A 规定的公差带时,消除配合间隙所需夹紧力 P_0 列于表 C.2。

C.2.2.2 ZJ1 型胀紧套与轴结合面上的压力 $p_f=100$ MPa 时所需的有效夹紧力 P_y 列于表 C.2。

C.3 夹紧附件的基本尺寸

C.3.1 隔套(图 C.1、图 C.2 中件号 3)的基本尺寸见图 C.4 和表 C.2。

C.3.2 法兰与轮毂端面的距离 X(图 C.1、图 C.2)按联结中胀紧套的数量而定,见表 C.2。

C.3.3 法兰(图 C.1、图 C.2)的基本尺寸:

$$d_{fa}=D+10+d_1 \quad \text{mm}$$

$$d_{fi}=D-10-d_1 \quad \text{mm}$$

$$S_f \geqslant d_1(a_1+a/Z) \quad \text{mm}$$

式中:

d_1——螺栓直径,mm;

Z——螺栓数;

a——螺栓布置系数,见表 C.3;

a_1——系数。

对于法兰的屈服强度 $R_{eH} \geqslant 295$ MPa,螺栓的机械性能等级为 8.8 级时 $a_1=1$;

对于法兰的屈服强度 $R_{eH} \geqslant 345$ MPa,螺栓的机械性能等级为 10.9 级时 $a_1=1.5$。

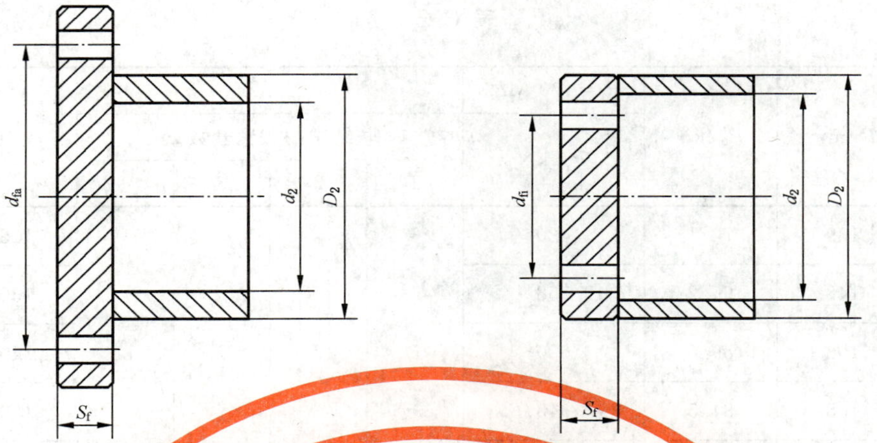

图 C.4 隔套的基本尺寸

表 C.2 夹紧力及隔套的基本尺寸

<table>
<tr><td rowspan="3">d/mm</td><td rowspan="3">D/mm</td><td rowspan="3">P_0/kN</td><td>P_f=100 MPa</td><td colspan="4">X/mm</td><td rowspan="3">d_2/mm</td><td rowspan="3">D_2/mm</td></tr>
<tr><td rowspan="2">P_y/kN</td><td colspan="4">联结中的胀紧套数量</td></tr>
<tr><td>1</td><td>2</td><td>3</td><td>4</td></tr>
<tr><td>20</td><td>25</td><td>12.1</td><td>18.0</td><td rowspan="7">3</td><td rowspan="7">3</td><td rowspan="7">4</td><td rowspan="7">5</td><td>20.2</td><td>24.8</td></tr>
<tr><td>22</td><td>26</td><td>9.1</td><td>19.8</td><td>22.2</td><td>25.8</td></tr>
<tr><td>25</td><td>30</td><td>9.9</td><td>22.5</td><td>25.2</td><td>29.8</td></tr>
<tr><td>28</td><td>32</td><td>7.4</td><td>25.2</td><td>28.2</td><td>31.8</td></tr>
<tr><td>30</td><td>35</td><td>8.5</td><td>27.0</td><td>30.2</td><td>34.8</td></tr>
<tr><td>32</td><td>36</td><td>7.9</td><td>28.8</td><td>32.2</td><td>35.8</td></tr>
<tr><td>35</td><td>40</td><td>10.1</td><td>35.6</td><td>35.2</td><td>39.8</td></tr>
<tr><td>40</td><td>45</td><td>13.8</td><td>45.0</td><td rowspan="8">3</td><td rowspan="7">4</td><td rowspan="7">5</td><td rowspan="3">6</td><td>40.2</td><td>44.8</td></tr>
<tr><td>45</td><td>52</td><td>28.2</td><td>66.0</td><td>45.2</td><td>51.8</td></tr>
<tr><td>50</td><td>57</td><td>23.5</td><td>73.0</td><td>50.2</td><td>56.8</td></tr>
<tr><td>55</td><td>62</td><td>21.8</td><td>80.0</td><td rowspan="5">7</td><td>55.2</td><td>61.8</td></tr>
<tr><td>60</td><td>68</td><td>27.4</td><td>106.0</td><td>60.2</td><td>67.8</td></tr>
<tr><td>65</td><td>73</td><td>25.4</td><td>115.0</td><td>65.2</td><td>72.8</td></tr>
<tr><td>70</td><td>79</td><td>31.0</td><td>145.0</td><td>70.3</td><td>78.7</td></tr>
<tr><td>75</td><td>84</td><td>34.6</td><td>155.0</td><td rowspan="5">5</td><td rowspan="5">6</td><td>75.3</td><td>83.7</td></tr>
<tr><td>80</td><td>91</td><td>48.0</td><td>203.0</td><td rowspan="8">4</td><td rowspan="4">8</td><td>20.3</td><td>90.7</td></tr>
<tr><td>85</td><td>96</td><td>45.6</td><td>216.0</td><td>85.3</td><td>95.7</td></tr>
<tr><td>90</td><td>101</td><td>43.4</td><td>229.0</td><td>90.3</td><td>100.7</td></tr>
<tr><td>95</td><td>106</td><td>41.2</td><td>242.0</td><td>95.3</td><td>105.7</td></tr>
<tr><td>100</td><td>114</td><td>60.7</td><td>347</td><td rowspan="4">6</td><td rowspan="4">7</td><td rowspan="4">9</td><td>100.3</td><td>113.7</td></tr>
<tr><td>105</td><td>119</td><td>63.2</td><td>332</td><td>105.3</td><td>119.7</td></tr>
<tr><td>110</td><td>124</td><td>66.0</td><td>349</td><td>110.3</td><td>123.7</td></tr>
<tr><td>120</td><td>134</td><td>60.2</td><td>380</td><td>120.4</td><td>133.6</td></tr>
</table>

表 C.2（续）

<table>
<tr><th rowspan="3">d/mm</th><th rowspan="3">D/mm</th><th rowspan="3">P_0/kN</th><th>P_f=100 MPa</th><th colspan="4">X/mm</th><th rowspan="3">d_2/mm</th><th rowspan="3">D_2/mm</th></tr>
<tr><th rowspan="2">P_y/kN</th><th colspan="4">联结中的胀紧套数量</th></tr>
<tr><th>1</th><th>2</th><th>3</th><th>4</th></tr>
<tr><td>125</td><td>139</td><td>70.1</td><td>420</td><td rowspan="5">5</td><td rowspan="5">7</td><td rowspan="5">9</td><td rowspan="5">11</td><td>125.4</td><td>138.6</td></tr>
<tr><td>130</td><td>148</td><td>96.2</td><td>558</td><td>130.4</td><td>147.6</td></tr>
<tr><td>140</td><td>158</td><td>89.0</td><td>600</td><td>140.4</td><td>157.6</td></tr>
<tr><td>150</td><td>168</td><td>84.5</td><td>643</td><td>150.4</td><td>167.6</td></tr>
<tr><td>160</td><td>178</td><td>78.5</td><td>686</td><td>160.4</td><td>177.6</td></tr>
<tr><td>170</td><td>191</td><td>117.5</td><td>865</td><td rowspan="7">6</td><td rowspan="6">8</td><td rowspan="6">11</td><td rowspan="6">13</td><td>170.5</td><td>190.5</td></tr>
<tr><td>180</td><td>201</td><td>111.2</td><td>916</td><td>180.5</td><td>200.5</td></tr>
<tr><td>190</td><td>211</td><td>105.0</td><td>966</td><td>190.5</td><td>211.5</td></tr>
<tr><td>200</td><td>224</td><td>134.0</td><td>1 180</td><td>200.6</td><td>223.4</td></tr>
<tr><td>210</td><td>234</td><td>127.0</td><td>1 239</td><td>210.6</td><td>233.4</td></tr>
<tr><td>220</td><td>244</td><td>122.0</td><td>1 298</td><td>220.6</td><td>243.4</td></tr>
<tr><td>240</td><td>267</td><td>157.5</td><td>1 610</td><td>9</td><td>12</td><td>14</td><td>240.6</td><td>266.4</td></tr>
<tr><td>250</td><td>280</td><td>190.0</td><td>1 870</td><td rowspan="4">7</td><td rowspan="2">10</td><td rowspan="2">13</td><td rowspan="2">16</td><td>250.8</td><td>279.2</td></tr>
<tr><td>260</td><td>290</td><td>182.0</td><td>1 950</td><td>260.8</td><td>289.2</td></tr>
<tr><td>280</td><td>313</td><td>206.0</td><td>2 330</td><td rowspan="2">11</td><td rowspan="2">14</td><td rowspan="2">17</td><td>280.8</td><td>312.2</td></tr>
<tr><td>300</td><td>333</td><td>214.0</td><td>2 490</td><td>300.8</td><td>332.2</td></tr>
<tr><td>320</td><td>360</td><td>292.0</td><td>3 200</td><td rowspan="9">10</td><td rowspan="9">15</td><td rowspan="9">15</td><td rowspan="9">25</td><td>321.0</td><td>359</td></tr>
<tr><td>340</td><td>380</td><td>272.0</td><td>3 400</td><td>341.0</td><td>379</td></tr>
<tr><td>360</td><td>400</td><td>258.0</td><td>3 600</td><td>361.0</td><td>399</td></tr>
<tr><td>380</td><td>420</td><td>269.0</td><td>3 800</td><td>381.0</td><td>419</td></tr>
<tr><td>400</td><td>440</td><td>256.0</td><td>4 000</td><td>401.0</td><td>439</td></tr>
<tr><td>420</td><td>460</td><td>244.0</td><td>4 200</td><td>421.0</td><td>459</td></tr>
<tr><td>450</td><td>490</td><td>238.0</td><td>4 500</td><td>451.0</td><td>489</td></tr>
<tr><td>480</td><td>520</td><td>239.0</td><td>4 800</td><td>481.0</td><td>519</td></tr>
<tr><td>500</td><td>540</td><td>229.0</td><td>5 000</td><td>501.0</td><td>539</td></tr>
</table>

表 C.3　螺栓布置系数 *a*

a	六角头螺栓直径 d_1							
	M5	M6	M8	M10	M12	M16	M20	M24
	d_{fa}或 d_{fi}/mm							
3	18	19	26	30	33	41	51	60
4	22	23	32	37	41	50	63	74
5	26	28	38	44	49	60	75	88
6	30	32	44	52	58	71	88	104
7	35	37	51	60	66	82	102	119
8	39	42	58	68	75	92	115	135
9	44	47	65	76	84	103	129	152
10	49	52	72	84	93	114	143	168
11	53	57	78	92	102	125	156	184
12	58	62	85	100	111	136	170	200
13	63	67	92	108	119	147	184	216
14	67	72	99	116	128	158	198	222
15	72	77	106	124	138	170	212	249
16	77	82	113	133	147	181	226	266
17	81	87	120	141	156	192	240	281
18	86	93	127	149	165	203	254	298
19	91	98	134	157	174	214	268	314
20	96	103	141	165	183	225	282	330
21	100	108	148	174	192	237	296	347
22	105	113	155	182	201	247	309	363
23	110	118	162	190	211	259	324	380
24	115	123	169	198	219	270	338	396
25	119	128	176	206	228	281	351	412
26	124	133	183	215	238	293	365	429
27	129	138	190	222	246	304	379	445
28	134	143	197	231	256	315	394	463
29	138	148	204	239	265	326	407	479
30	143	153	211	247	274	337	421	495

C.4　胀紧套数量和夹紧螺栓数量的计算

胀紧套数量及夹紧螺栓数量的计算公式列于表 C.4。

表 C.4 胀紧套数量及夹紧螺栓数量的计算公式

序号	计算内容	计算公式	说明
1	轮毂不产生塑性变形所容许的最大压力	在轮毂上夹紧(图 C.1) $p'_{f\max}=\frac{R_{eH}}{C}\left[\frac{(D_a-d_1)^2-D^2}{(D_a-d_1)^2+D^2}\right]$ 在轴端面上夹紧(图 C.1) $p'_{f\max}=\frac{R_{eH}}{C}\left[\frac{(D_a^2-D^2)}{(D_a^2+D^2)}\right]$	R_{eH}——轮毂的屈服强度,单位为兆帕(MPa); d_1 ——螺栓直径,单位为毫米(mm); C ——系数,查附录 A 中表 A.2。
2	与 $p'_{f\max}$ 相应的压力 $p_{f\max}$	$p_{f\max}=\frac{D}{d}p'_{f\max}$	—
3	胀紧套可传递的负荷	当 $p_f=100$ MPa 时,胀紧套可传递的转矩为 M_t。 当压力为 $p_{f\max}$ 时,胀紧套可传递的转矩为 $M_{t\max}=\frac{M_t p_{f\max}}{100}$	M_t 值查标准中表 2
4	求载荷系数并求出传递给定负荷所需的胀紧套数 n	$m\geqslant\frac{M}{M_{t\max}}$ 由 m 值求出 n	n 值查附录 A 中表 A.1
5	传递给定负荷所需的有效夹紧力	当 $p_f=100$ MPa 时,胀紧套有效夹紧力为 P_y, 当压力为 $p_{f\max}$ 时,胀紧套有效夹紧力为 $p'_y=\frac{P_y p_{f\max}}{100}$	P_y 值查表 C.2
6	总夹紧力	$p_A=P_0+P'_y$	P_0 值查表 C.2
7	螺栓数量	$Z=\frac{P_A}{P_V}$	P_V 值查表 C.1 Z 值应取整数

C.5 计算举例

C.5.1 已知条件

如图 C.5,已知 $d=100$ mm,$D_a=175$ mm,轮毂材料 $R_{eH}=315$ MPa,法兰材料 $R_{eH}=295$ MPa,需传递的转矩 $M=7.8$ kN·m。

试确定胀紧套数量、螺栓数量及法兰尺寸。

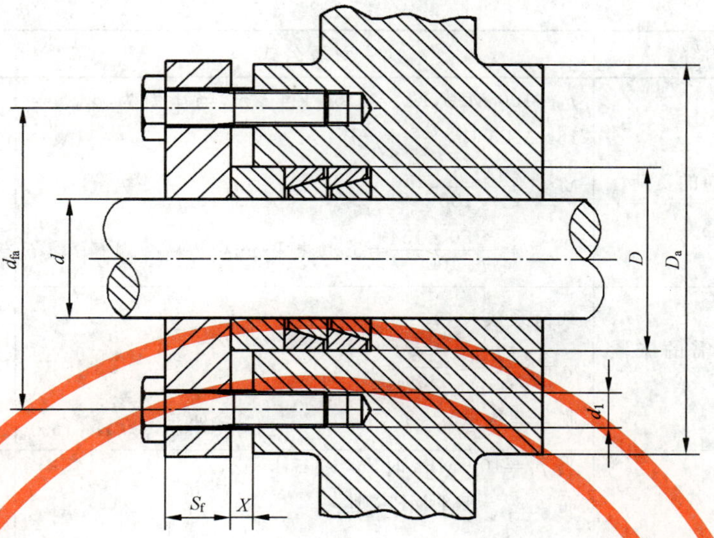

图 C.5

C.5.2 计算步骤和结果见表 C.5。

表 C.5 计算步骤和结果

序号	计算内容	计算公式	说明
1	选择胀紧套规格	根据 $d=100$ mm，选定胀紧套 ZJ1-100×114，即： $d=100$ mm，$D=114$ mm； 当 $p_f=100$ MPa 时，转矩 $M_t=3.50$ kN·m	查标准中表 2
2	查消除间隙所需夹紧力和有效夹紧力	$P_0=60.70$ kN 当 $p_f=100$ MPa 时：$P_y=347$ kN	查表 C.2
3	初选螺栓尺寸	根据联结结构选定： 螺栓直径 M12，机械性能等级 8.8 级； 拧紧力矩 $M_a=86$ N·m； 夹紧力 $P_V=38.3$ kN。	M_a 和 P_V 值查表 C.1
4	轮毂不产生塑性变形所容许的最大压力	$p'_{f\max}=\frac{R_{eH}}{C}\left[\frac{(D_a-d_1)^2-D^2}{(D_a-d_1)^2+D^2}\right]$ $=\frac{315}{0.8}\times\left[\frac{(175-12)^2-114^2}{(175-12)^2+114^2}\right]$ $=135.1$ MPa	C 值查附录 A 中表 A.2
5	与 $p'_{f\max}$ 相应的压力 $p_{f\max}$	$p_{f\max}=p'_{f\max}\frac{D}{d}$ $=135.1\times\frac{114}{100}$ $=154$ MPa	—

表 C.5（续）

序号	计算内容	计算公式	说明
6	胀紧套可传递的负荷	$p_f=100$ MPa，$M_t=3.50$ kN·m，当压力为 $p_{f\,max}=154$ MPa 时， $M_{t\,max}=\dfrac{M_t p_{f\,max}}{100}$ $=\dfrac{3.50\times154}{100}=5.39$ kN·m	查标准中表 2
7	传递负荷所需的胀紧套数量	载荷系数 $m=\dfrac{M}{M_{t\,max}}=\dfrac{7.8}{5.39}=1.45$ 胀紧套数量 $n=2$	查附录 A 中表 A.1，当 $m<1.56$ 时 $n=2$
8	传递给定负荷所需的有效夹紧力	当 $p_f=100$ MPa 时 $P_y=347$ kN 而 $p_{f\,max}=154$ MPa，则 $p'_y=\dfrac{p_y p_{f\,max}}{100}$ $=\dfrac{347\times154}{100}$ $=534.4$ kN	P_y 值查表 C.2
9	总夹紧力	$P_A=P_0+P'_y$ $=60.7+534.4$ $=595.1$ kN	P_0 值查表 C.2
10	螺栓数量	$Z=\dfrac{P_A}{P_V}=\dfrac{595.1}{38.3}=15.5$ 取 $Z=16$	—
11	螺栓的实际拧紧力矩	$p_{f\,max}=154$ MPa，且拧紧力矩 $M_a=86$ N·m 时需螺栓 $Z=15.5$ 个，现取螺栓 16 个，则实际拧紧力矩： $M_a=\dfrac{86\times15.5}{16}=83.3$ N·m	—
12	确定法兰尺寸	$d_{fa}=D+10+d_1$ $=114+10+12$ $=136$ mm $S_f=d_1(a_1+a/Z)$ $=12\times\left(1+\dfrac{15}{16}\right)$ $=23.25$，取 $S_f=24$ mm	a 值查表 C.3
13	法兰与轮毂端面的距离	$X=6$	X 值查表 C.2

附 录 D
（资料性附录）
液压胀紧联结套的设计要点与拆装

D.1 液压胀紧联结套的设计要点

D.1.1 先取液压胀紧联结套应符合式(D.1)、式(D.2)和式(D.3)的规定。

a) 当转矩 $M_t=0$ 时，可传递的轴向力 F_t 按式(D.1)计算：

$$F_t = p_m d_m \pi L\mu \times 10^{-3} \qquad \cdots\cdots(\text{D.1})$$

式中：

F_t ——轴向力，单位为千牛(kN)；

p_m ——圆锥面液压油的压力，单位为兆帕(MPa)；

d_m ——圆锥面平均直径，单位为毫米(mm)；

L ——圆锥面结合长度，单位为毫米(mm)；

μ ——摩擦系数，$\mu=0.12$。

b) 当轴向力 $F_t=0$ 时，可传递的转矩 M_t 按式(D.2)计算：

$$M_t = p_m d_m \pi L\mu d \times 0.5 \times 10^{-6} \qquad \cdots\cdots(\text{D.2})$$

式中：

M_t ——转矩，单位为千牛米(kN·m)；

p_m ——圆锥面液压油的压力，单位为兆帕(MPa)；

d_m ——圆锥面平均直径，单位为毫米(mm)；

L ——圆锥面结合长度，单位为毫米(mm)；

D ——胀紧联结套内径，单位为毫米(mm)；

μ ——摩擦系数，$\mu=0.12$。

c) 当同时需传递转矩和轴向力时，可传递转矩按式(D.3)计算：

$$M = \sqrt{M_t^{\,2} + (0.5 \times dF_t)^2} \qquad \cdots\cdots(\text{D.3})$$

式中：

M ——可传递的转矩，单位为千牛米(kN·m)；

M_t——需传递转矩，单位为千牛米(kN·m)；

F_t——需传递轴向力，单位为千牛(kN)；

d ——胀紧联结套内径，单位为毫米(mm)。

D.1.2 联结件的尺寸应符合式(D.4)和式(D.5)的规定。

a) 与液压胀紧联结套联结的轮毂，见图 D.1。其外径尺寸 D_a 按式(D.4)计算：

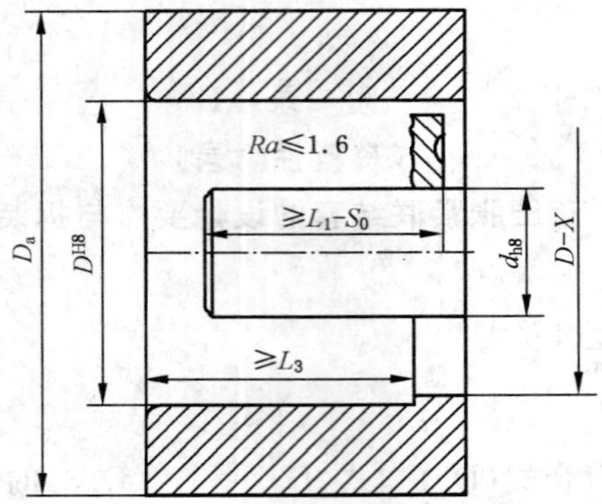

图 D.1

$$D_a = D\sqrt{\frac{R_{eH} + p'_f C}{R_{eH} - p'_f C}} \qquad \cdots\cdots(\text{D.4})$$

式中：

D_a ——轮毂外径，单位为毫米(mm)；

D ——胀紧联结套外径，单位为毫米(mm)；

R_{eH} ——轮毂材料的屈服强度，单位为兆帕(MPa)；

p'_f ——胀紧联结套与轮毂结合面上的压力，单位为兆帕(MPa)；

C ——系数，$C=1$。

b) 轮毂内径上的切向应力，按式(D.5)计算：

$$\sigma_t = \frac{p'_f({a_N}^2 + 1)}{{a_N}^2 - 1} \qquad \cdots\cdots(\text{D.5})$$

式中：

σ_t ——轮毂内径上的切向应力，单位为兆帕(MPa)；

p'_f ——胀紧联结套与轮毂结合面上的压力，单位为兆帕(MPa)；

a_N ——轮毂与胀紧联结套外径比，见式(D.6)。

$$a_N = \frac{D_a}{D} \qquad \cdots\cdots(\text{D.6})$$

式中：

D_a ——轮毂外径，单位为毫米(mm)；

D ——胀紧联结套外径，单位为毫米(mm)。

D.1.3 液压胀紧联结套在安装过程中，靠圆锥面的相互移动产生胀紧力，其总的轴向移动量为 S_0+S_e。其中 S_0 值见标准中表 24 的规定，而移动量 S_e 可按式(D.7)计算：

$$S_e = \frac{24 p_m D_a}{E({a_N}^2 - 1)} \qquad \cdots\cdots(\text{D.7})$$

式中：

S_e ——轴向移动量，单位为毫米(mm)；

p_m ——圆锥面液压油的压力，单位为兆帕(MPa)；

D_a ——轮毂外径，单位为毫米(mm)；

E ——轮毂材料的弹性模量，单位为兆帕(MPa)；

a_N ——轮毂与胀紧联结套外径比，见式(D.6)。

D.1.4 与胀紧联结套联结的轮毂外径 D_a 应符合表 D.1 的规定。

表 D.1 与胀紧联结套联结的轮毂外径 D_a

轴径 d/mm	S_0/mm	油压 p_m/MPa	额定负荷 轴向力 F_t/kN	额定负荷 转矩 M_t/kN·m	与轴结合面上的压力 p_f/MPa	与轮毂结合面上的压力 p'_f/MPa	200 D_a/mm	200 S_e/mm	220 D_a/mm	220 S_e/mm	250 D_a/mm	250 S_e/mm	270 D_a/mm	270 S_e/mm	300 D_a/mm	300 S_e/mm	350 D_a/mm	350 S_e/mm	400 D_a/mm	400 S_e/mm	450 D_a/mm	450 S_e/mm	500 D_a/mm	500 S_e/mm	600 D_a/mm	600 S_e/mm
							轮毂材料的屈服强度 R_{eH}/MPa																			
100	2.9	50	140	7.0	53	40	178	1.6	175	1.8	170	2.0	170	2.0	165	2.3										
		100	320	16.0	122	88	232	1.5	222	1.7	210	1.9	204	2.1	196	2.3	187	2.7	181	3.0	177	3.3	173	3.6	168	4.2
		150	507	25.0	192	136			299	1.5	267	1.7	252	1.9	236	2.2	219	2.6	207	3.0	198	3.3	192	3.7	183	4.3
		200	680	34.0	261	184									296	2.0	260	2.4	239	2.8	224	3.2	214	3.6	200	4.3
		250	860	43.0	330	232													282	2.6	257	3.1	240	3.5	218	4.3
110	2.9	50	156	8.6	54	41	191	1.7	187	1.9	183	2.1	180	2.3	178	2.4										
		100	353	19.0	122	89	250	1.6	238	1.8	225	2.0	219	2.2	211	2.4	200	2.9	195	3.2	190	3.5	186	3.8	180	4.5
		150	551	30.0	190	138			324	1.5	289	1.8	273	2.0	255	2.3	235	2.7	222	3.2	213	2.5	206	4.0	196	4.6
		200	744	40.0	257	185									319	2.1	280	2.6	256	3.0	240	3.5	229	3.9	214	4.6
		250	941	51.0	325	233													302	2.8	275	3.3	257	3.8	234	4.6
120	2.9	50	177	10.6	56	42	205	1.8	200	2.0	196	2.2	193	2.4	190	2.6										
		100	386	23.0	122	91	270	1.7	257	1.9	242	2.1	235	2.3	226	2.6	216	3.0	208	3.4	203	3.7	199	4.1	193	4.7
		150	595	35.7	188	139			348	1.6	309	2.0	292	2.2	273	2.4	252	2.9	238	3.3	227	3.8	220	4.2	209	5.0
		200	804	48.0	254	187									343	2.2	300	2.7	274	3.2	257	3.7	245	4.1	228	5.0
		250	1 013	60.0	320	235											372	2.4	324	3.0	295	3.5	275	4.0	250	4.9
130	3.1	50	254	16.5	50	40	220	2.0	216	2.2	211	2.4														
		100	570	37.1	112	88	286	1.9	275	2.1	260	2.4	252	2.6	244	2.8	233	3.2	225	3.7	220	4.0	215	4.4	210	4.9
		150	881	57.3	173	136			370	1.8	331	2.1	314	2.4	294	2.7	272	3.2	257	3.6	246	4.1	238	4.5	227	5.3
		200	1 197	78.0	235	184									368	2.4	337	2.8	296	3.5	278	4.0	265	4.5	247	5.4
		250	1 508	98.0	296	23											398	2.7	348	3.2	318	3.8	297	4.3	270	5.3

表 D.1（续）

轴径 d/mm	S_0/mm	油压 p_m/MPa	额定负荷		与轴结合面上的压力 p_f/MPa	与轮毂结合面上的压力 p'_f/MPa	轮毂材料的屈服强度 R_{eH}/MPa																			
			轴向力 F_t/kN	转矩 M_t/kN·m			200		220		250		270		300		350		400		450		500		600	
							D_a/mm	S_e/mm	D_a/mm	S_e/mm	D_a/mm	S_e/mm	D_a/mm	S_e/mm	D_a/mm	S_e/mm	D_a/mm	S_e/mm	D_a/mm	S_e/mm	D_a/mm	S_e/mm	D_a/mm	S_e/mm	D_a/mm	S_e/mm
140	3.4	50	296	20.7	54	40	232	2.2	228	2.3	223	2.6														
		100	652	45.7	119	88	305	2.0	290	2.2	275	2.5	262	2.8	257	3.0	246	3.4	238	3.9	232	4.3	227	4.7	220	5.5
		150	1 014	71.0	185	136			391	1.9	350	2.3	330	2.5	310	2.8	286	3.4	270	3.9	260	4.3	251	4.8	240	5.6
		200	1 365	95.6	249	184									388	2.5	340	3.2	312	3.7	293	4.2	280	4.7	261	5.7
		250	1 722	120.6	314	231											420	2.8	367	3.5	335	4.0	313	4.6	285	5.6
150	3.4	50	323	24.2	55	41	246	2.2	242	2.4	236	2.7														
		100	698	52.4	119	90	325	2.2	310	2.2	292	2.6	283	2.8	273	3.1	260	3.6	252	4.0	245	4.5	240	4.9	233	5.7
		150	1 076	80.7	183	137			415	2.0	370	2.4	350	2.6	327	3.0	302	3.6	286	4.1	274	4.6	265	5.1	252	6.0
		200	1 452	108.9	247	185									410	2.7	360	3.3	330	3.9	310	4.5	295	5.0	275	6.0
		250	1 829	137.0	311	233													390	3.6	355	4.2	330	4.9	300	6.0
160	3.4	50	345	27.6	55	43	262	2.2	256	2.5	250	2.7														
		100	746	59.7	119	91	343	2.1	330	2.3	308	2.7	298	2.9	287	3.3	274	3.8	265	4.2	258	4.7	252	5.2	245	6.0
		150	1 141	91.0	182	139			442	2.0	393	2.5	371	2.7	347	3.1	320	3.7	302	4.2	288	4.8	279	5.3	265	6.3
		200	1 537	123.0	245	187									436	2.8	382	3.4	350	4.0	327	4.7	311	5.2	290	6.3
		250	1 932	154.0	308	235													412	3.8	375	4.4	350	5.0	318	6.2
170	3.6	50	448	38.0	53	42	285	2.4	280	2.6	273	2.9														
		100	998	84.5	118	89	371	2.3	353	2.6	334	3.0	324	3.2	313	3.5	298	4.1	288	4.7	281	5.1	275	5.6	267	6.5
		150	1 548	131.0	183	137			466	2.3	425	2.7	402	3.0	377	3.4	348	4.0	329	4.6	315	5.2	305	5.7	290	6.8
		200	2 090	177.0	247	185									427	3.0	414	3.8	380	4.4	356	5.1	339	5.7	317	6.8
		250	2 639	224.0	312	233											513	3.3	448	4.1	408	4.8	381	5.5	347	6.7

表 D.1（续）

轴径 d/mm	S_0/mm	油压 p_m/MPa	额定负荷		与轴结合面上的压力 p_f/MPa	与轮毂结合面上的压力 p'_f/MPa	轮毂材料的屈服强度 R_{eH}/MPa																			
			轴向力 F_t/kN	转矩 M_t/kN·m			200		220		250		270		300		350		400		450		500		600	
							D_a/mm	S_e/mm	D_a/mm	S_e/mm	D_a/mm	S_e/mm	D_a/mm	S_e/mm	D_a/mm	S_e/mm	D_a/mm	S_e/mm	D_a/mm	S_e/mm	D_a/mm	S_e/mm	D_a/mm	S_e/mm	D_a/mm	S_e/mm
180	3.6	50	483	43.5	54	42	297	2.6	291	2.8	284	3.1														
		100	1 057	95.0	118	90	390	2.4	370	2.7	350	3.1	340	3.3	327	3.7	312	4.3	302	4.8	293	5.4	288	5.0	280	6.7
		150	1 621	146.0	181	138			500	2.3	447	2.8	422	3.1	395	3.5	365	4.2	344	4.8	330	5.4	319	6.0	303	7.1
		200	2 194	197.0	245	186									496	3.1	434	3.9	397	4.6	372	5.3	355	5.9	336	6.8
		250	2 767	249.0	309	234											538	3.5	469	4.3	427	5.0	399	5.7	362	7.0
200	4.0	50	527	52.7	53	43	323	2.8	317	3.0	310	3.3														
		100	1 145	114.0	115	92	427	2.6	408	2.8	382	3.3	370	3.6	356	4.0	340	4.6	328	5.2	320	5.8	313	6.3	300	7.8
		150	1 771	177.0	178	139			547	2.5	487	3.0	460	3.3	430	3.8	395	4.6	374	5.2	358	5.9	345	6.6	330	7.7
		200	2 388	238.0	240	188									543	3.4	474	4.2	433	5.0	406	5.7	386	6.4	360	7.7
		250	3 015	301.0	303	236											590	3.7	512	4.6	465	5.4	434	6.2	394	7.6
220	4.0	50	664	73.0	51	43	355	3.0	347	3.3	340	3.6	335	3.9	330	4.2	322	4.9								
		100	1 484	163.0	114	91	466	2.9	439	3.2	417	3.7	405	4.0	390	4.4	372	5.1	360	5.7	350	6.4	343	7.0	332	8.1
		150	2 291	252.0	176	139			600	2.8	533	3.3	503	3.7	471	4.2	434	5.0	410	5.7	392	6.5	379	7.2	360	8.5
		200	3 099	340.0	238	188									594	3.7	520	4.6	475	5.5	445	6.3	423	7.0	395	8.4
		250	3 906	429.0	300	236													560	5.1	510	6.0	475	6.8	430	8.2
240	4.0	50	724	87.0	51	44	381	3.2	374	3.5	364	3.9	360	4.2	354	4.5	346	5.2								
		100	1 605	192.0	113	92	502	3.0	476	3.4	449	3.9	435	4.2	419	4.7	400	5.4	385	6.2	375	6.9	367	7.6	355	8.9
		150	2 471	296.0	174	140			647	2.9	574	3.5	542	3.9	506	4.5	465	5.3	440	6.1	420	7.0	406	7.7	387	9.1
		200	3 338	400.0	235	188									636	4.0	555	5.0	508	5.9	475	6.7	453	7.6	422	9.1
		250	4 204	504.0	296	236													597	5.5	546	6.4	510	7.3	462	9.0

表 D.1（续）

轴径 d/mm	S_0/mm	油压 p_m/MPa	额定负荷		与轴结合面上的压力 p_f/MPa	与轮毂结合面上的压力 p'_f/MPa	轮毂材料的屈服强度 R_{eH}/MPa																			
			轴向力 F_t/kN	转矩 M_t/kN·m			200		220		250		270		300		350		400		450		500		600	
							D_a/mm	S_e/mm	D_a/mm	S_e/mm	D_a/mm	S_e/mm	D_a/mm	S_e/mm	D_a/mm	S_e/mm	D_a/mm	S_e/mm	D_a/mm	S_e/mm	D_a/mm	S_e/mm	D_a/mm	S_e/mm	D_a/mm	S_e/mm
260	4.6	50	784	102.0	51	44	406	3.5	398	3.8	388	4.3	383	4.5	377	4.9	369	5.6								
		100	1 708	222.0	111	92	534	3.3	507	3.7	478	4.2	463	4.6	446	5.1	425	5.9	410	6.7	400	7.4	390	8.3	380	9.4
		150	2 647	344.0	172	140			690	3.1	612	3.8	577	4.2	540	4.8	496	6.6	468	6.6	448	7.8	433	8.3	412	9.8
		200	3 570	464.0	232	188									678	4.3	592	5.3	541	6.3	507	7.3	483	8.1	450	9.8
		250	4 493	584.0	292	234													635	5.9	578	7.0	540	7.9	490	9.8
280	4.6	50	845	118.0	51	45	437	3.6	425	4.0	414	4.5	408	4.8	402	5.2	393	5.9								
		100	1 839	257.0	111	93	574	3.4	544	3.8	512	4.4	497	4.7	478	5.3	455	6.1	440	6.9	428	7.7	419	8.4	405	9.9
		150	2 834	396.0	171	142			747	3.2	660	3.9	622	4.4	580	4.4	533	6.0	503	6.8	480	7.8	464	8.6	440	10.3
		200	3 811	533.0	230	190									732	4.4	637	5.6	581	6.6	544	7.6	517	8.5	480	10.3
		250	4 806	672.0	290	238													688	6.1	625	5.1	582	8.2	527	10.2
300	4.6	50	923	138.0	52	45	459	3.9	450	4.2	438	4.8	432	5.1	425	5.5	415	6.4								
		100	1 971	295.0	111	93	607	3.6	575	4.1	541	4.7	526	5.0	505	5.6	481	6.5	465	7.4	453	8.2	447	9.0	428	10.6
		150	3 018	452.0	170	142			790	3.4	698	4.2	658	4.6	614	5.3	564	6.3	532	7.3	508	8.3	490	9.2	466	10.9
		200	4 066	609.0	229	190									774	6.7	674	5.9	615	7.0	575	8.1	547	9.1	508	11.0
		250	5 113	767.0	288	239													727	6.5	661	7.6	615	8.8	557	10.8
320	5.0	50	1 254	200.0	52	43	504	4.2	493	4.6	483	5.0	476	5.3	469	5.8	457	6.7								
		100	2 726	436.0	113	91	662	4.0	624	4.5	592	5.1	575	5.5	554	6.1	528	7.0	511	7.9	497	8.8	487	9.6	471	11.2
		150	4 174	667.0	173	139			852	3.8	757	4.6	715	5.1	669	5.8	617	6.9	582	8.0	557	9.0	538	9.9	511	11.8
		200	5 621	899.0	233	187									844	5.2	739	6.4	675	7.6	633	8.7	601	9.8	561	11.7
		250	7 093	1 134.0	294	234											908	5.8	791	7.2	724	8.3	672	9.6	611	11.7

表 D.1（续）

轴径 d/mm	S_0/mm	油压 p_m/MPa	额定负荷		与轴结合面上的压力 p_f/MPa	与轮毂结合面上的压力 p'_f/MPa	轮毂材料的屈服强度 R_{eH}/MPa																			
			轴向力 F_t/kN	转矩 M_t/kN·m			200		220		250		270		300		350		400		450		500		600	
							D_a/mm	S_e/mm	D_a/mm	S_e/mm	D_a/mm	S_e/mm	D_a/mm	S_e/mm	D_a/mm	S_e/mm	D_a/mm	S_e/mm	D_a/mm	S_e/mm	D_a/mm	S_e/mm	D_a/mm	S_e/mm	D_a/mm	S_e/mm
340	5.0	50	1 358	230.0	53	43	529	4.4	517	4.9	507	5.3	500	5.7	493	6.1	480	7.1								
		100	2 871	488.0	112	91	695	4.2	655	4.8	621	5.4	604	5.8	581	6.4	554	7.5	536	8.4	521	9.4	511	10.2	494	12.0
		150	4 435	754.0	173	139			894	4.1	794	4.9	750	5.4	702	6.1	647	7.3	610	8.4	585	9.5	565	10.5	536	12.6
		200	5 947	1 011.0	232	187									880	4.3	775	6.8	708	8.0	664	9.2	630	10.4	588	12.4
		250	7 485	1 272.0	292	235											951	6.1	830	7.6	760	8.8	705	10.1	641	12.4
360	5.0	50	1 465	263.0	54	44	556	4.0	545	5.0	532	5.5	525	5.9	516	6.5	505	7.3								
		100	3 067	552.0	113	92	731	4.4	694	4.9	655	5.6	635	6.0	610	6.7	582	7.8	562	8.8	548	9.7	536	10.7	519	12.5
		150	4 668	840.0	172	140			944	4.2	838	5.1	790	5.6	738	6.4	680	7.6	641	8.8	614	9.9	593	11.0	564	13.0
		200	6 297	1 133.0	232	180									928	5.7	810	7.2	741	8.5	694	9.7	660	10.9	615	13.1
		250	7 898	1 421.0	291	236											998	6.4	876	7.8	796	9.2	738	10.7	674	13.0
380	5.0	50	1 518	288.0	53	44	582	4.8	570	5.2	555	5.9	548	6.3	539	6.8	527	7.8								
		100	3 180	604.0	111	93	770	4.5	730	5.0	687	5.8	665	6.3	640	7.0	610	8.1	589	9.2	573	10.2	561	11.2	544	13.0
		150	4 900	930.0	171	140			986	4.4	875	5.3	825	5.9	771	6.7	710	8.0	670	9.3	640	10.5	620	11.5	590	13.7
		200	6 590	1 252.0	230	188									970	6.0	847	7.5	775	8.9	726	10.2	690	11.5	643	13.8
		250	8 251	1 567.0	288	237											1 060	6.5	919	7.9	835	9.5	778	10.9	706	13.3
400	5.0	50	1 598	320.0	53	44	607	5.1	595	5.5	578	6.3	572	6.6	562	7.2	550	8.2								
		100	3 347	670.0	111	93	803	4.7	761	5.3	717	6.1	693	6.6	667	7.4	636	8.5	614	9.7	597	10.8	585	11.8	567	13.7
		150	5 096	1 019.0	169	140					913	5.6	860	6.2	804	7.1	740	8.4	698	9.7	667	11.0	647	12.1	615	14.4
		200	6 876	1 375.0	228	188									1 011	6.3	883	7.9	808	9.3	757	10.7	720	12.0	670	14.5
		250	8 625	1 725.0	286	237													958	8.6	870	10.1	811	11.5	736	14.2

表 D.1（续）

轴径 d/mm	S_0/mm	油压 p_m/MPa	额定负荷		与轴结合面上的压力 p_f/MPa	与轮毂结合面上的压力 p'_f/MPa	轮毂材料的屈服强度 R_{eH}/MPa																				
			轴向力 F_t/kN	转矩 M_t/kN·m			200		220		250		270		300		350		400		450		500		600	
							D_a/mm	S_e/mm	D_a/mm	S_e/mm	D_a/mm	S_e/mm	D_a/mm	S_e/mm	D_a/mm	S_e/mm	D_a/mm	S_e/mm	D_a/mm	S_e/mm	D_a/mm	S_e/mm	D_a/mm	S_e/mm	D_a/mm	S_e/mm
420	6.0	50	1 710	359.0	54	44	632	5.3	620	5.8	602	6.6	595	6.9	589	7.3	572	8.7								
		100	3 515	738.0	111	93	836	5.0	792	5.5	746	6.4	721	7.0	695	7.7	662	9.0	640	10.1	621	11.4	610	12.3	590	14.5
		150	5 351	1 123.0	169	140					950	5.9	895	6.5	837	7.4	770	8.8	726	10.2	695	11.5	673	12.7	640	15.1
		200	7 220	1 516.0	228	189									1 050	6.6	920	8.2	840	9.8	788	11.2	750	12.5	700	15.0
		250	9 056	1 901.0	286	237													998	9.0	905	10.6	845	12.0	765	14.9
440	6.0	50	1 758	386.0	53	45	660	5.5	646	6.0	630	6.7	621	7.1	610	7.8	597	8.9								
		100	3 682	810.0	111	93	868	5.2	824	5.8	776	6.7	751	7.2	723	8.0	690	9.3	665	10.6	647	11.8	633	13.0	614	15.1
		150	5 573	1 226.0	168	141					994	6.0	937	6.7	874	7.6	805	9.1	759	10.5	726	11.9	701	13.2	667	15.7
		200	7 497	1 649.0	226	189									1 100	6.8	960	8.5	877	10.1	821	11.6	780	13.1	727	15.8
		250	9 421	2 072.0	284	237													1 035	9.4	942	11.0	878	12.6	796	15.6
460	6.0	50	1 838	422.0	53	45	685	5.7	670	6.3	654	7.0	645	7.4	633	8.2	620	9.3								
		100	3 815	877.0	110	93	901	5.4	855	6.0	806	6.9	780	7.5	750	8.4	716	9.7	680	11.7	672	12.3	657	13.6	638	15.7
		150	5 826	1 340.0	168	141					1 031	6.3	973	7.0	907	8.0	836	9.5	788	11.0	753	12.4	728	13.8	692	16.4
		200	7 803	1 794.0	225	190									1 141	7.1	996	8.9	910	10.5	852	12.1	810	13.6	755	16.4
		250	9 780	2 249.0	282	238													1 075	9.8	978	11.5	911	13.1	826	16.2
500	6.0	50	1 960	490.0	52	45	735	6.2	720	6.8	702	7.6	692	8.1	680	8.9	665	10.2								
		100	4 071	1 017.0	108	93	967	5.8	918	6.5	865	7.5	837	8.2	806	9.1	769	10.5	741	11.7	721	13.4	705	14.8	684	17.2
		150	6 258	1 564.0	166	142					1 107	6.8	1 044	7.5	974	8.6	897	10.3	845	11.9	809	13.4	781	15.0	743	17.8
		200	8 370	2 092.0	222	190									1 225	7.7	1 070	9.6	997	11.4	915	13.1	869	14.8	810	17.8
		250	10 518	2 629.0	279	238													1 153	10.6	1 050	12.4	980	14.1	887	17.6

D.2 液压胀紧联结套的安装与拆卸

D.2.1 安装

D.2.1.1 安装前通过三个调节螺钉调整间距 S_1（S_1 的值按标准中表 24 的规定），然后再用三个预紧螺钉锁定，使外套与内环之间具有一定的间距，见图 D.2。

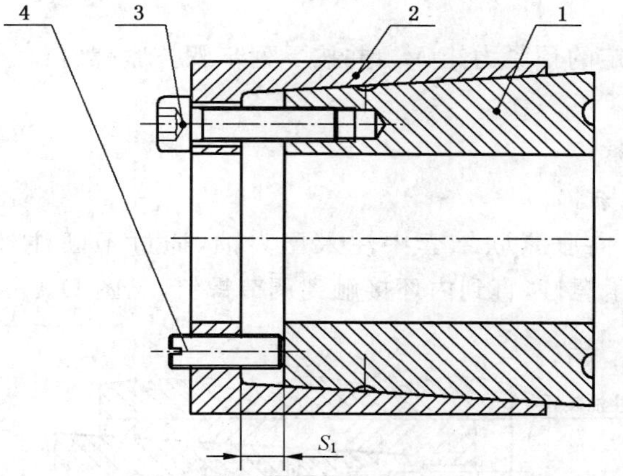

说明：1——内环；2——外圈；3——预紧螺钉；4——调节螺钉。

图 D.2

D.2.1.2 按照 a 值将胀紧联结套平滑地装入轮毂孔中，但要防止轮毂倾斜，见图 D.3。

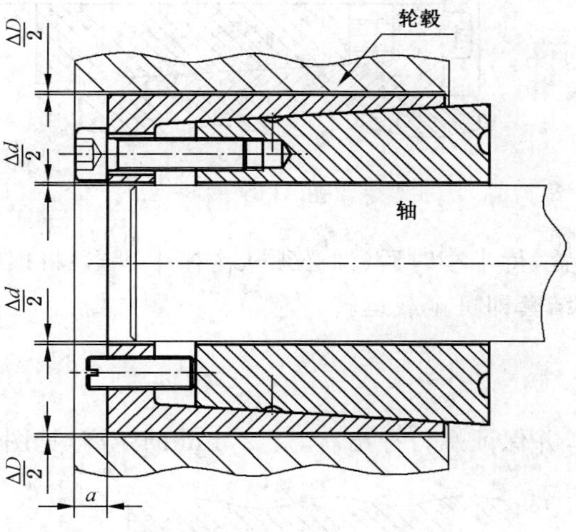

注：Δd、ΔD 为胀紧联结套与轴、孔的配合间隙。

图 D.3

D.2.1.3 平滑地将轴装入，并按尺寸 a 控制正确位置，见图 D.3。

D.2.1.4 取下调节螺钉，拧入所有预紧螺钉，然后拧紧螺钉直到外套与内环紧密配合，并消除胀紧联结套与轴和轮毂之间的间隙。

D.2.1.5 装入全部调节螺钉并拧紧，然后再通过调节螺钉精确调整间距 S_e（S_e 值按表 D.1 的规定），见图 D.4。

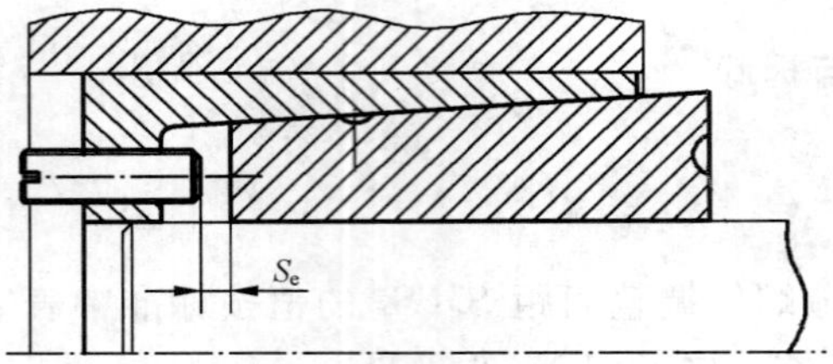

图 D.4

D.2.1.6 以本标准表 24 规定的预紧力矩 M_a，并按下列步骤拧紧螺钉：

a) 以 30%的 M_a 值拧紧；

b) 以 60%的 M_a 值拧紧；

c) 以 100%的 M_a 值拧紧。

D.2.1.7 接好注油装置，并向胀紧联结套中注入压力油，通过不断注油，油压逐渐增大，此时可按 D.2.1.6 的要求顺序从新拧紧螺钉，直到内环接触到调节螺钉，见图 D.5。

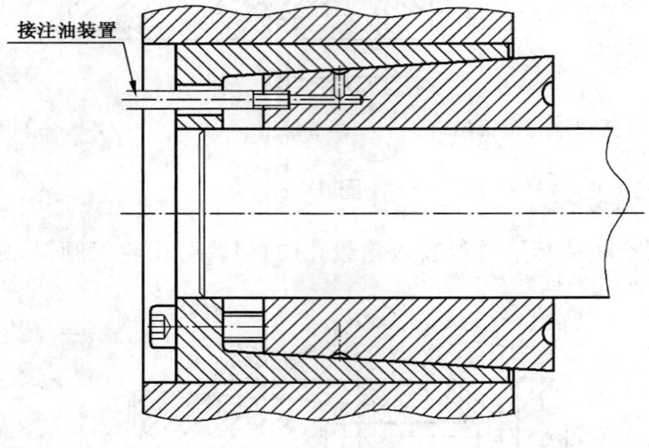

图 D.5

D.2.1.8 卸压并拆掉注油装置，待半小时后(油必须从沟槽中泄出)将螺塞拧入注油孔中。

D.2.1.9 待六小时后胀紧联结套即可全载运转。

D.2.2 拆卸

D.2.2.1 松开所有预紧螺钉，并保证螺钉拧出有 $S=2$ mm 的距离，见图 D.6。

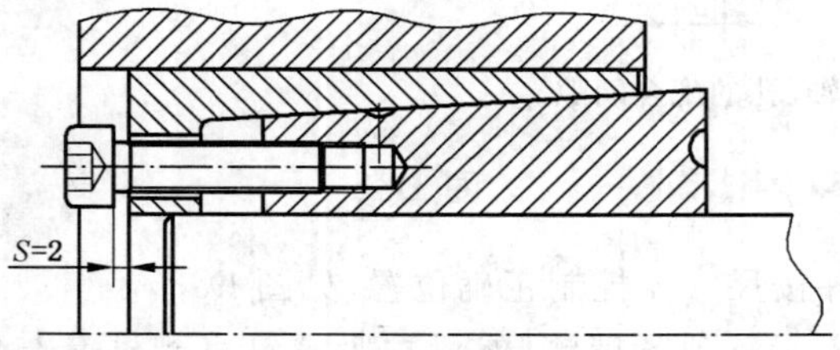

图 D.6

D.2.2.2 将注油孔中的螺塞拧出，接好注油装置并持续注入压力油，此时胀紧联结套的外套和轮毂一起与内环分开，然后接触到预紧螺钉(即 $S=0$)。在此操作过程中为防止发生意外，人必须离开危险区域(注油侧)，见图 D.7。

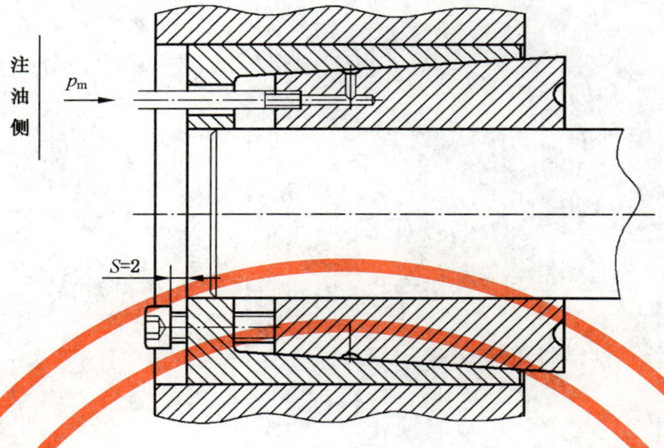

图 D.7

D.2.2.3 当 $S=0$ 时，胀紧联结套已经基本松开，不会再有危险，继续注油并逐渐旋松预紧螺钉直到油压下降。当预紧螺钉旋出约 5 mm 时，夹紧状态基本消除。

D.2.2.4 将预紧螺钉拧出几个，并拧入调节螺孔中，将胀紧联结套内环顶出，此时即可将胀紧联结套卸下，见图 D.8。

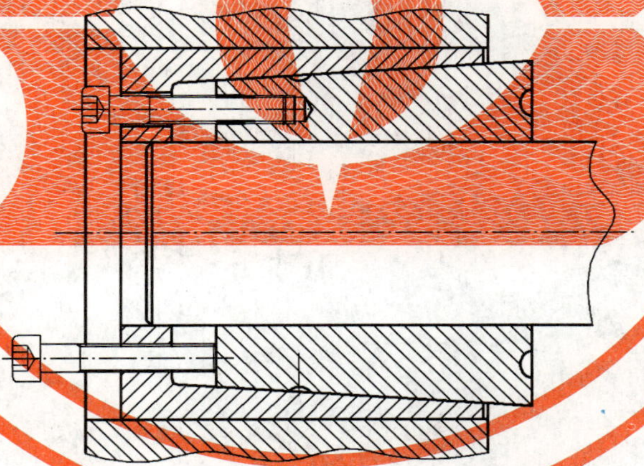

图 D.8

ICS 77.100
J 31

中华人民共和国国家标准

GB/T 28702—2012

球墨铸铁用球化剂

Nodularizer for spheroidal graphite cast iron

2012-09-03 发布　　　　2013-03-01 实施

中华人民共和国国家质量监督检验检疫总局
中国国家标准化管理委员会　发布

前　言

本标准按照 GB/T 1.1—2009 给出的规则起草。

本标准由全国铸造标准化技术委员会(SAC/TC 54)提出并归口。

本标准负责起草单位:无锡永新特种金属有限公司、安徽省机械科学研究所。

本标准参加起草单位:山东华晨(稀土)有限公司、合肥江淮铸造有限责任公司、龙南龙钇重稀土科技股份有限公司、江苏亚峰合金材料有限公司、安徽省出入境检验检疫局、禹州市恒利来合金厂、佛山市顺德区中天创展球铁有限公司、天润曲轴股份有限公司、日月重工股份有限公司、长沙金龙铸造实业有限公司、南京蓬华电子技术有限公司。

本标准主要起草人:朱煜明、马红岩、殷作虎、傅现强、黄光伟、杨清、萧勇、何赛洲、王迎战、陈永成、宋贤发、黄为、宋量。

球墨铸铁用球化剂

1 范围

本标准规定了球墨铸铁用球化剂的技术要求、试验方法、检验规则、包装、储运、标志和质量证明书。

本标准适用于热熔法生产的球墨铸铁用稀土镁球化剂。

2 规范性引用文件

下列文件对于本文件的应用是必不可少的。凡是注日期的引用文件，仅注日期的版本适用于本文件。凡是不注日期的引用文件，其最新版本（包括所有的修改单）适用于本文件。

GB/T 3650 铁合金验收、包装、储运、标志和质量证明书的一般规定

GB/T 4010 铁合金化学分析用试样的采取和制备

GB/T 13247 铁合金产品粒度的取样和检测方法

GB/T 16477.1 稀土硅铁合金及镁硅铁合金化学分析方法 第1部分：稀土总量的测定

GB/T 16477.2 稀土硅铁合金及镁硅铁合金化学分析方法 第2部分：钙、镁、锰量的测定 电感耦合等离子体发射光谱法

GB/T 16477.3 稀土硅铁合金及镁硅铁合金化学分析方法 第3部分：氧化镁含量的测定 电感耦合等离子体发射光谱法

GB/T 16477.4 稀土硅铁合金及镁硅铁合金化学分析方法 第4部分：硅量的测定

GB/T 16477.5 稀土硅铁合金及镁硅铁合金化学分析方法 第5部分：钛量的测定 电感耦合等离子体发射光谱法

GB/T 24194 硅铁 铝、钙、锰、铬、钛、铜、磷和镍含量的测定 电感耦合等离子体原子发射光谱法

3 牌号

球化剂根据化学成分分为12个牌号，见表1。

4 技术要求

4.1 化学成分

球化剂的化学成分应符合表1的规定。需方对化学成分有特殊要求，可由供需双方商定。

表1 球化剂牌号与化学成分

质量分数，%

牌号	Mg	RE	Si	Al	Ti	其他
Mg4RE	3.5～4.5	>0～1.5	≤48.0	<1.0	<0.5	余量
Mg4RE2	3.5～4.5	>1.5～2.5	≤48.0	<1.0	<0.5	余量
Mg5RE	>4.5～5.5	>0～1.5	≤48.0	<1.0	<0.5	余量

表 1（续） 质量分数，%

牌号	Mg	RE	Si	Al	Ti	其他
Mg5RE2	＞4.5～5.5	＞1.5～2.5	≤48.0	＜1.0	＜0.5	余量
Mg6RE	＞5.5～6.5	＞0～1.5	≤48.0	＜1.0	＜0.5	余量
Mg6RE2	＞5.5～6.5	＞1.5～2.5	≤48.0	＜1.0	＜0.5	余量
Mg6RE3	＞5.5～6.5	＞2.5～3.5	≤48.0	＜1.0	＜0.5	余量
Mg7RE	＞6.5～7.5	＞0～1.5	≤48.0	＜1.0	＜0.5	余量
Mg7RE2	＞6.5～7.5	＞1.5～2.5	≤48.0	＜1.0	＜0.5	余量
Mg8RE3	＞7.5～8.5	＞2.5～3.5	≤48.0	＜1.0	＜0.5	余量
Mg8RE5	＞7.5～8.5	4.5～5.5	≤48.0	＜1.0	＜0.5	余量
Mg8RE7	＞7.5～8.5	6.5～7.5	≤48.0	＜1.0	＜0.5	余量
注：其中 Mg 表示有效镁量，Mg＝总镁量－氧化镁中的镁量。						

4.2 致密度

致密度：4.0 g/cm^3～4.6 g/cm^3

4.3 外观

球化剂呈不规则块状，表面应呈光亮银灰色，不得粉化、不得有夹杂物。

4.4 供货粒度

球化剂供货粒度：3 mm～15 mm、5 mm～25 mm、5 mm～30 mm、8 mm～35 mm、8 mm～40 mm 或供需双方协商。

超过上（下）限粒度的质量不超过总质量的 5%；但其中小于 3 mm 粒度的质量不超过总质量的 3%。

4.5 氧化镁含量

球化剂中氧化镁的含量不得大于其中镁含量的 10%。

5 试验方法

5.1 球化剂外观检验以目测法按 4.3 规定执行。

5.2 球化剂中稀土的测定方法按 GB/T 16477.1 的规定执行。

5.3 球化剂中除稀土外，其他元素的测定方法按 GB/T 16477.2～GB/T 16477.5 的规定执行；亦可按 GB/T 24194 的规定执行。

5.4 致密度检测用排水法测定。

5.5 球化剂粒度检验按 GB/T 13247 的规定执行。

5.6 球化剂化学分析取样、制样按 GB/T 4010 的规定执行。

6 检验规则

6.1 球化剂应成批提交检验,每批不大于 2 500 kg。

6.2 球化剂由供方检验,并出具产品质量证明书,质量证明书须注明总镁量、有效镁量和氧化镁量。

6.3 需方如提出质量异议时,应在收货之日起 15 日内提出,由供需双方共同提取双倍试样,对异议项目进行检验或送样仲裁。

6.4 化学成分或粒度经仲裁分析与本标准不符,可以提取双倍试样对不合格项目进行复检。若复检结果仍不合格,则判定该批产品为不合格。

7 包装、储运、标志和质量证明书

7.1 包装

球化剂应采用防湿的袋装或桶装。

7.2 储运

球化剂储运时保持通风干燥。

7.3 标志和质量证明书

标志和质量证明书应符合 GB/T 3650 规定。

ICS 21.040.01
J 04

中华人民共和国国家标准

GB/T 28703—2012

圆柱螺纹检测方法

Test methods for parallel screw threads

2012-09-03 发布　　2013-03-01 实施

中华人民共和国国家质量监督检验检疫总局
中国国家标准化管理委员会　发布

前　言

本标准按照 GB/T 1.1—2009 给出的规则起草。

本标准由全国螺纹标准化技术委员会(SAC/TC 108)提出并归口。

请注意本文件的某些内容可能涉及专利。本文件的发布机构不承担识别这些专利的责任。

本标准负责起草单位:上海市计量测试技术研究院。

本标准参加起草单位:上海市紧固件和焊接材料技术研究所、中机生产力促进中心。

本标准主要起草人:蔡明钢、王健、薛俊义、李晓滨、祝逸庆、刘远模、王莺、唐英娜、茅振华、王蔚、余桂英。

圆柱螺纹检测方法

1 范围

本标准规定了圆柱螺纹参数(螺距、导程、牙侧角、大径、中径、小径、中径圆柱圆度、中径圆柱锥度、牙底圆弧半径、顶径相对中径跳动)的检测方法。

本标准适用于圆柱螺纹参数的检测。

2 规范性引用文件

下列文件对于本文件的应用是必不可少的。凡是注日期的引用文件,仅注日期的版本适用于本文件。凡是不注日期的引用文件,其最新版本(包括所有的修改单)适用于本文件。

GB/T 3934 普通螺纹量规 技术条件

GB/T 8124 梯形螺纹量规 技术条件

GB/T 10922 55°非密封管螺纹量规

GB/T 14791 螺纹术语

JB/T 10865 统一螺纹量规

JJF 1001 通用计量术语及定义

JJF 1059 测量不确定度评定与表示

3 术语和定义、代号

GB/T 14791、JJF 1001 和 JJF 1059 界定的以及下列术语和定义、代号适用于本文件。

3.1

螺纹检测 test on screw threads

为确定螺纹产品是否符合相应标准要求的一组操作。

注:这些操作通常包括对螺纹参数量值的测量和(或)是否超过允许极限的检验。

4 检测条件

4.1 标准参考条件

标准参考温度:$t_0=20$ ℃;标准参考测力:$F_0=0$。

4.2 测量温度条件

环境温度及被测件与测量器具温差要求应符合表 1 的规定。

表 1　环境温度及被测件与测量器具温差要求

测量准确度	环境温度		被测件与测量器具允许温差/℃
	对参考温度允许偏差/℃	每小时允许温度变化/℃	
高	±1	0.1	±0.2
中	±2	0.5	±0.5
低	±10	1	±1

4.3　检测器具条件

被检参数、检测方式和方法、检测器具及相关要求应符合表 2 的规定。

表 2　被检参数、检测方式和方法、检测器具及相关要求

被检参数	检测方式		方法	检测器具	检测器具要求	相关章节
	测量	检验				
中径尺寸、单一中径尺寸、中径圆柱圆度、中径圆柱锥度	√	—	量针(球)[a]	测长仪	最大允许示值误差:优于$\pm\left(0.15\ \mu\text{m}+\frac{2}{3}\times10^{-6}L\right)$	6.1.1.2 6.1.1.3 6.2.1.2 6.1.6 6.2.4
				电感仪	测量重复性:≤0.1 μm	
				量针(球)	直径测量不确定度:≤0.5 μm	
				量块	3 等	
			量针(球)[b]	测长仪	最大允许示值误差:优于$\pm(0.5\ \mu\text{m}+5\times10^{-6}L)$	6.1.1.3 6.2.1.2 6.1.6 6.2.4
				电感仪	测量重复性:≤0.1 μm	
				量针(球)	直径测量不确定度:≤0.5 μm	
			光学	万能工具显微镜	最大允许示值误差:优于$\pm(1\ \mu\text{m}+10\times10^{-6}L)$	6.1.1.4 6.1.6
			量具	螺纹千分尺	最大综合误差:±28 μm	6.1.1.6 6.1.6
			量具	外径千分尺	最大允许示值误差:±4 μm	6.1.1.5 6.1.6
				量针	直径测量不确定度:≤0.5 μm	
单一中径极限	—	√	极限量规	螺纹极限量规止端	经检测符合相应标准要求	7
作用中径极限	—	√	极限量规	螺纹极限量规通端	经检测符合相应标准要求	7
外螺纹大径尺寸	√	—	测长仪	测长仪	最大允许示值误差:优于$\pm(0.5\ \mu\text{m}+5\times10^{-6}L)$	6.1.4
			光学	万能工具显微镜	最大允许示值误差:优于$\pm(1\ \mu\text{m}+10\times10^{-6}L)$	
			量具	外径千分尺	最大允许示值误差:±4 μm	
外螺纹大径极限	—	√	极限量规	光滑极限环规	经检测符合相应标准要求	7

表 2（续）

被检参数	检测方式		方法	检测器具	检测器具要求	相关章节
	测量	检验				
外螺纹小径尺寸	√		光学	万能工具显微镜	最大允许示值误差：优于±(1 μm+10×10^{-6} L)	6.1.5
内螺纹小径尺寸	√	—	量块	量块	3 等	6.2.5
				标准圆柱	直径测量不确定度：≤0.5 μm	
			量具	内测千分尺	经检定合格	
内螺纹小径极限	—	√	极限量规	光滑极限塞规	经检测符合相应标准要求	7
牙侧角	√	—	光学	万能工具显微镜	最大测角允许示值误差：±1′	6.1.2 6.2.2
螺距(导程)	√	—	测长仪	测长仪	最大允许示值误差：优于±(0.15 μm+$\frac{2}{3}$×10^{-6} L)	6.1.3.2 6.2.3
				电感仪	测量重复性：≤0.1 μm	
			光学	万能工具显微镜	最大允许示值误差：优于±(1 μm+10×10^{-6} L)	6.1.3.3
牙底圆弧半径	√	—	光学	万能工具显微镜、投影仪、标准圆弧	标准圆弧半径测量不确定度：≤0.1 mm	6.1.8
外螺纹大径相对中径跳动	√	—	测长仪	测长仪	最大允许示值误差：优于±(0.5 μm+5×10^{-6} L)	6.1.7
				量针	直径测量不确定度：≤0.5 μm	
			量具	外径千分尺	最大允许示值误差：±4 μm	
				量针	直径测量不确定度：≤0.5 μm	
内螺纹小径相对中径跳动	√	—	指示量规	内螺纹指示量规	经检测符合相应标准要求	6.2.6

[a] 可满足目标测量不确定度大于 1.5 μm 的中径测量要求。

[b] 可满足目标测量不确定度大于 4 μm 的中径测量要求。

5 检测方法

圆柱螺纹参数检测方法分为螺纹参数测量和检验两种。

螺纹参数测量分为单参数测量和多参数测量。在第 6 章规定了单参数测量方法，多参数测量方法见附录 A。

6 螺纹单参数测量

6.1 外螺纹单参数测量

6.1.1 中径

6.1.1.1 概述

根据不同准确度的测量要求，可选择合适的中径测量方法。外螺纹中径测量方法主要有量球法、量针法、光学法和量具法等。

量球法是将量球置于外螺纹的两侧牙槽内，通过测量T型测头的位移 ΔL，再按中径的测量模型计算，求得中径测量结果的测量方法。

量针法是将量针置于外螺纹的两侧牙槽内，通过测量量针的跨距值，再按中径的测量模型计算，求得中径测量结果的测量方法。按所用量针的数量，可分为单针法、二针法和三针法。最常用的是三针法。

采用量球法和三针法测量时，如选用高精度的测量仪器，对各影响量进行精密测量，再按中径的测量模型进行精密计算(对各项系统误差进行足够准确的修正)，可满足高准确度的测量要求。如选用中等精度的测量仪器，省略对某些影响量的测量，再按中径的测量模型进行近似计算(忽略某些系统误差的修正)，可满足中、低准确度的测量要求。

根据不同的中径和测量准确度要求，量球法和三针法的中径测量分类见表3。

表3 量球法和三针法的中径测量分类

分类	测量准确度	参数	测量	假设	不确定度评估时考虑
单一中径					
1a	中、低	量球中心距 m	√	—	测量不确定度
		牙侧角 α_1、α_2	—	在公差范围内	公差带
		螺距 P	名义值	—	—
1b	高	量球中心距 m	√	—	测量不确定度
		牙侧角 α_1、α_2	√	—	测量不确定度
		螺距 P	名义值	—	—
中径					
2a	低	量球中心距 m	√	—	测量不确定度
		牙侧角 α_1、α_2	—	在公差范围内	公差带
		螺距 P	—	在公差范围内	公差带
2b	中	量球中心距 m	√	—	测量不确定度
		牙侧角 α_1、α_2	—	在公差范围内	公差带
		螺距 P	√	—	测量不确定度
2c	高	量球中心距 m	√	—	测量不确定度
		牙侧角 α_1、α_2	√	—	测量不确定度
		螺距 P	√	—	测量不确定度

光学法主要使用万能工具显微镜进行测量，分为影像法、轴切法、灵敏杠杆法和干涉法等。测量准确度较高且常用的是轴切法，可满足中、低准确度的测量要求。

量具法一般采用外径千分尺按三针法进行测量，或采用螺纹千分尺直接测量，可满足低准确度的测量要求。也可采用螺纹指示量规进行测量。螺纹指示量规见附录B。

6.1.1.2 量球法

6.1.1.2.1 适用范围

适用于校对规及以下等级的圆柱外螺纹中径测量。

6.1.1.2.2 测量步骤

按下列步骤测量外螺纹中径：

a) 根据被测螺纹的螺距和牙侧角，选择适用的量球(见附录C)，量球应先经过校准。

b) 清洗被测螺纹和量球，按表1规定的高准确度要求进行温度平衡。

c) 按仪器操作使用说明进行开机预热、调整等测量准备工作。

d) 在测长仪上选择T型测头的测力，一般为0.3 N或0.5 N(如无此选项，测力应不超过0.5 N)。

e) 用光面标准环规按式(1)对T型测头的K值进行校准。

$$K = D_S - \delta L \quad \cdots\cdots(1)$$

式中：

D_S ——光面标准环规的直径；

δL ——T型测头在光面标准环规直径方向上左右两次接触时测长仪位移的测量示值。

f) 安装被测件，调整工作台使螺纹轴线与测量轴线垂直。

g) 将量球分别置于螺纹两侧牙槽内(见图1)，测量测长仪的位移距离，记录仪器示值ΔL。

h) 测量和记录被测件和仪器的温度。

i) 按6.1.2的方法测量被测螺纹的牙侧角，求得被测螺纹实际牙侧角的估计值及其测量不确定度。

j) 按6.1.3的方法测量被测螺纹的螺距(导程)，求得被测螺纹实际螺距(导程)的估计值及其测量不确定度(单一中径测量不需测量螺距)。

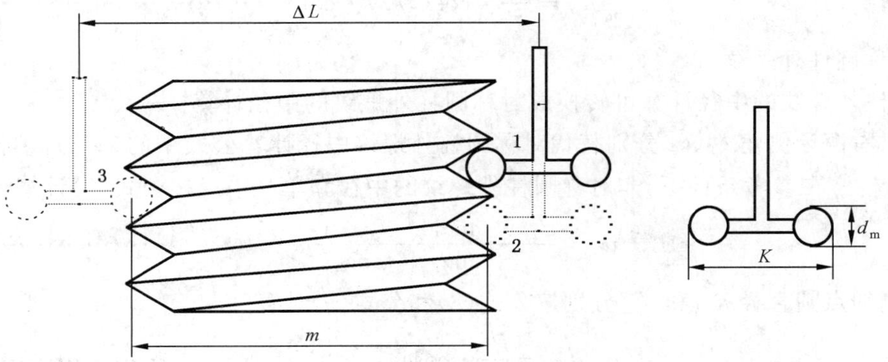

图1 外螺纹中径测量的量球法

6.1.1.2.3 测量结果计算

6.1.1.2.3.1 测量模型

a) 对称圆柱外螺纹

在参考条件下,对称圆柱外螺纹的中径和单一中径按公式(2)和公式(3)计算[1]。

$$d_2 = m \cdot \cos\theta - d_m \cdot \frac{\cos\beta}{\sin(\alpha/2)} + \left(\frac{P}{2} - \frac{P_h \cdot \theta}{\pi}\right) \cdot \cot(\alpha/2) + \delta B \quad \cdots\cdots (2)$$

$$m = \Delta L - K + d_m + \delta I + \delta T + \delta F + \delta S \quad \cdots\cdots (3)$$

式中:

m ——在参考条件下,T 型测头与螺纹两侧牙槽接触,量球中心在垂直于螺纹轴线方向上的距离;

θ ——过量球与牙侧面切点和螺纹轴线的平面(θ 平面)与过量球中心和螺纹轴线的平面的夹角,rad;

d_m ——量球直径;

β ——量球中心与切点的连线与 θ 平面的夹角,rad;

$(\alpha/2)$——被测对称螺纹的牙侧角,对称螺纹的$(\alpha/2)=\alpha_1=\alpha_2$,rad;

P ——被测螺纹的螺距(如计算单一中径,P 取基本螺距);

P_h ——被测螺纹的导程;

δB ——牙侧面形状偏差等未考虑的非理想因素所引入的修正值;

ΔL ——在测量条件下,T 型测头与螺纹两侧牙槽接触,测长仪位移的测量示值(见图 1);

K ——T 型测头的 K 值;

δI ——测量器具示值误差所引入的修正值;

δT ——温度效应所引入的修正值;

δF ——测力所引入的修正值;

δS ——工作台导轨直线度所引入的修正值。

θ 和 β 按公式(4)和公式(5)进行迭代计算。

$$\sin\theta = d_m \cdot \frac{\sin\beta}{m} \quad \cdots\cdots (4)$$

$$\tan\beta = \tan\theta \cdot \left[\frac{P_h \cdot \cos(\alpha/2)}{\pi \cdot m \cdot \sin\theta} + \sin(\alpha/2)\right] \quad \cdots\cdots (5)$$

切点圆直径 d_T(切点到螺纹轴线距离的两倍)按公式(6)计算。

$$d_T = \frac{P_h}{\pi} \cdot \cos(\alpha/2) \cdot \cot\beta \quad \cdots\cdots (6)$$

b) 非对称圆柱外螺纹

非对称圆柱外螺纹的中径计算可转换成对称圆柱外螺纹的中径计算。

首先将左、右两牙侧角 α_1、α_2 分别替代对称圆柱外螺纹中径计算公式中的$(\alpha/2)$,求得左、右两侧的当量中径 d_{21}、d_{22}。在参考条件下,非对称圆柱外螺纹的中径和单一中径按公式(7)计算[2]。

$$d_2 = \frac{d_{21} \cdot \tan\alpha_1 + d_{22} \cdot \tan\alpha_2}{\tan\alpha_1 + \tan\alpha_2} \quad \cdots\cdots (7)$$

左、右两侧切点圆直径 d_{T1} 和 d_{T2} 分别按公式(8)和公式(9)计算。

$$d_{T1} = \frac{P_h}{\pi} \cdot \cos\alpha_1 \cdot \cot\beta_1 \quad \cdots\cdots (8)$$

$$d_{T2} = \frac{P_h}{\pi} \cdot \cos\alpha_2 \cdot \cot\beta_2 \quad \cdots\cdots (9)$$

6.1.1.2.3.2 输入量的估计值及其标准不确定度评估

a) ΔL 的估计值及其标准不确定度评估

ΔL 为仪器的测量示值(见图 1),位置 1 到位置 3 和位置 2 到位置 3 的位移测量示值可能细微不同，ΔL 应取二者平均值，$\Delta L=(\Delta L_{13}+\Delta L_{23})/2$。实际测量时，如只测量一次，则取实测值 ΔL 为其估计值，如测量 l 次，则取 l 次实测平均值 $\overline{\Delta L}$ 为其估计值。ΔL 的标准不确定度可采用 A 类方法进行评估。重复进行 $n(n\geqslant 10)$ 次测量，根据贝塞尔公式，实验标准差为：

单次实验标准差：

$$s(\Delta L)=\sqrt{\frac{\sum_{i=1}^{n}(\Delta L_i-\overline{\Delta L})^2}{n-1}} \qquad (10)$$

l 次平均值实验标准差：

$$s(\overline{\Delta L})=\sqrt{\frac{\sum_{i=1}^{n}(\Delta L_i-\overline{\Delta L})^2}{l(n-1)}} \qquad (11)$$

则 ΔL 标准不确定度为：

$$u(\Delta L)=s(\Delta L)=\sqrt{\frac{\sum_{i=1}^{n}(\Delta L_i-\overline{\Delta L})^2}{n-1}} \qquad (12)$$

$\overline{\Delta L}$ 标准不确定度为：

$$u(\overline{\Delta L})=s(\overline{\Delta L})=\sqrt{\frac{\sum_{i=1}^{n}(\Delta L_i-\overline{\Delta L})^2}{l(n-1)}} \qquad (13)$$

b) K 的估计值及其标准不确定度评估

K 值用标准光面环规在测长仪上进行校准，K 值按公式(1)计算。

D_S 的估计值及其标准不确定度可根据其校准证书确定，并需考虑上次校准以来直径的漂移。

δL 估计值的确定及其标准不确定度评估与 ΔL 一样。可认为 D_S 和 δL 相互独立，则

$$u(K)=\sqrt{u(D_S)^2+u(\delta L)^2} \qquad (14)$$

c) d_m 的估计值及其标准不确定度评估

量球已经过校准，d_m 的估计值取 T 型测头两量球直径的平均值：$d_m=(d_{m1}+d_{m2})/2$；其标准不确定度可根据其校准证书确定，并需考虑上次校准以来直径的漂移。

d) δI 的估计值及其标准不确定度评估

仪器已检定合格，估计 δI 在仪器最大允许示值误差范围内服从均匀分布。如其最大允许示值误差为 $\pm a_{仪}$，则取 δI 估计值为 0，$u(\delta I)=a_{仪}/\sqrt{3}$。

e) δI 的估计值及其标准不确定度评估

δI 的测量模型见公式(15)。

$$\delta T=-m(\bar{\alpha}\cdot\delta t+\delta\alpha\cdot\Delta\bar{t}) \qquad (15)$$

式中：

$\bar{\alpha}=(\alpha_x+\alpha_s)/2$ ——被测件和仪器标尺的热膨胀系数平均值；

$\delta t=t_x-t_s$ ——被测件和仪器标尺的温差；

$\delta\alpha=\alpha_x-\alpha_s$ ——被测件和仪器标尺的热膨胀系数之差；

$\Delta\bar{t}=(t_x+t_s)/2-t_0$ ——被测件和仪器标尺的平均温度与参考温度之差。

因量球法可满足高准确度的测量要求，按表 1 要求，估计 $\Delta\bar{t}$ 在 ± 1 ℃的范围内服从均匀分布，δt 在 ± 0.2 ℃范围内服从均匀分布，$\Delta\bar{t}$ 和 δt 的估计值均为 0，则 δT 的估计值为 0，$u(\Delta\bar{t})=(1/\sqrt{3})$℃，$u(\delta t)=(0.2/\sqrt{3})$℃。根据制造商的数据，估计 α_x 在 $(11.5\pm 1.0)\times 10^{-6}$℃$^{-1}$ 的范围内服从均匀分布，α_s 在 $(8.0\pm 1.0)\times 10^{-6}$℃$^{-1}$ 的范围内服从均匀分布(此处 α_s 按通常测长

仪玻璃光栅尺的热膨胀系数进行评估，如实际与此不同，应按实际使用的测长仪标尺的热膨胀系数进行评估)，则 $\delta\alpha$ 在 $3.5\pm2\times10^{-6}$℃$^{-1}$的范围内服从三角分布，$\bar{\alpha}$ 的估计值为 9.75×10^{-6}℃$^{-1}$，$\delta\alpha$ 的估计值为 3.5×10^{-6}℃$^{-1}$，$u(\delta\alpha)=(2/\sqrt{6}\times10^{-6})$℃$^{-1}$。乘积项 $\delta\alpha\cdot\Delta\bar{t}$ 的标准不确定度平方 $u^2(\delta\alpha\cdot\Delta\bar{t})=\Delta\bar{t}^2u^2(\delta\alpha)+\delta\alpha^2u^2(\Delta\bar{t})+u^2(\delta\alpha)u^2(\Delta\bar{t})$。因 $\Delta\bar{t}$ 的估计值为 0，则 $u^2(\delta\alpha\cdot\Delta\bar{t})=\delta\alpha^2u^2(\Delta\bar{t})+u^2(\delta\alpha)u^2(\Delta\bar{t})=3.5^2\times10^{-12}\times(1/3)+(2/3)\times(1/3)\times10^{-12}=4.3\times10^{-12}$。因可认为 $u(\delta t)$ 和 $u(\delta\alpha\cdot\Delta\bar{t})$ 相互独立，故 $u(\delta T)=2.36\times10^{-6}\ m$。

f) δF 的估计值及其标准不确定度评估

量球法的测力很小，并且在 T 型测头 K 值校准时也有一定测力变形，这一变形已部分补偿了 ΔL 测量的测力变形，剩余变形量很小，相对其他不确定度分量可忽略。如为保守起见，可取其估计值为 0，标准不确定度 $u(\delta F)=0.1\ \mu$m，服从均匀分布。

g) δS 的估计值及其标准不确定度评估

量球法测量时需通过工作台的移动使量球与特定牙槽接触，为消除工作台导轨直线度所引入的误差，采用高精度电感仪对工作台导轨直线度偏差进行监测，δS 的估计值为实测值，根据电感仪的技术指标，δS 的标准不确定度 $u(\delta S)=0.2\ \mu$m。如测量时不采用电感仪进行监测，取 δS 的估计值为零，δS 的标准不确定度根据工作台导轨直线度的指标进行评估。

h) α_1、α_2 的估计值及其标准不确定度评估

α_1、α_2 的估计值及其标准不确定度可根据相关测量结果确定。

i) P_h、P 的估计值及其标准不确定度评估

因 $P_h=nP$，所以输入量 P_h、P 是相关的。在计算中径的测量结果时，输入量 P_h、P 可合并成一个输入量进行评估，将 P_h/n 代入 P，则灵敏系数 $c_{P_h}=\partial d_2/\partial P_h=\cot(\alpha/2)\cdot(\pi/2n-\theta)/\pi$，$P_h$、$P$ 的估计值及其标准不确定度可根据相关测量结果确定。

在计算单一中径的测量结果时，P 取基本螺距。基本螺距是确定的量值，没有测量不确定度。此时 P 不是输入量，但 P_h 仍是输入量，其灵敏系数 $c_{P_h}=\partial d_2/\partial P_h=-\theta\cdot\cot(\alpha/2)/\pi$。由于此灵敏系数的绝对值很小，可取 P_h 的名义值为估计值，由此引起的测量不确定度分量通常可忽略。如实际应用中不能忽略该测量不确定度分量，可假设 P_h 在其公差范围内服从均匀分布，如其公差为 T_{P_h}，则标准不确定度为：$u(P_h)=T_{P_h}/\sqrt{3}$。

j) δB 的估计值及其标准不确定度评估

根据经验，估计 δB 在 $\pm0.5\ \mu$m 范围内服从均匀分布。δB 估计值为 0，标准不确定度 $u(\delta B)=0.5/\sqrt{3}=0.3\ \mu$m。

标准不确定度汇总见表 4。

表 4 标准不确定度汇总

输入量 X_i	估计值 x_i	标准不确定度 $u(x_i)$	概率分布	灵敏系数 c_i	不确定度分量 $u_i(y)$
ΔL	$\overline{\Delta L}$	$s(\overline{\Delta L})$	正态	$\dfrac{\sin(\alpha/2)\cdot\cos\theta+\sin\theta\cdot\tan\beta}{\sin(\alpha/2)}$	$c_{\Delta L}\cdot u(\Delta L)$
K	校准结果	$\sqrt{u^2(D_S)+u^2(\delta L)}$	正态	$\dfrac{\sin(\alpha/2)\cdot\cos\theta+\sin\theta\cdot\tan\beta}{\sin(\alpha/2)}$	$c_K\cdot u(K)$
d_m	校准结果	$u(d_m)$	正态	$\cos\theta-\dfrac{1-\sin\theta\cdot\sin\beta}{\cos\beta\cdot\sin(\alpha/2)}$	$c_{d_m}\cdot u(d_m)$
δI	0	$a_{仪}/\sqrt{3}$	矩型	$\dfrac{\sin(\alpha/2)\cdot\cos\theta+\sin\theta\cdot\tan\beta}{\sin(\alpha/2)}$	$c_{\delta I}\cdot u(\delta I)$

表 4（续）

输入量 X_i	估计值 x_i	标准不确定度 $u(x_i)$	概率分布	灵敏系数 c_i	不确定度分量 $u_i(y)$
δT	0	$2.36\times10^{-6}m$	正态	$\frac{\sin(\alpha/2)\cdot\cos\theta+\sin\theta\cdot\tan\beta}{\sin(\alpha/2)}$	$c_{\delta T}\cdot u(\delta T)$
δF	0	0.1 μm	矩型	$\frac{\sin(\alpha/2)\cdot\cos\theta+\sin\theta\cdot\tan\beta}{\sin(\alpha/2)}$	$c_{\delta F}\cdot u(\delta F)$
δS	实测值	0.2 μm	矩型	$\frac{\sin(\alpha/2)\cdot\cos\theta+\sin\theta\cdot\tan\beta}{\sin(\alpha/2)}$	$c_{\delta S}\cdot u(\delta S)$
$\alpha/2$	实测值	$u(\alpha/2)$	正态	$\frac{d_T-d_2}{\sin(\alpha/2)\cdot\cos(\alpha/2)}$	$c_{\alpha/2}\cdot u(\alpha/2)$
P_h	实测值	$u(P_h)$	正态	$\frac{\cot(\alpha/2)}{\pi}(\frac{\pi}{2n}-\theta)$	$c_{P_h}\cdot u(P_h)$
δB	0	0.3 μm	矩型	1	$c_{\delta B}\cdot u(\delta B)$

6.1.1.2.3.3 输出量估计值及其合成标准不确定度和扩展不确定度

输出量 d_2 的估计值 d_{2e} 可将各项输入量估计值代入测量模型求得。因所有输入量都被认为是独立无关的，所以

合成标准不确定度：$u_c(d_{2e})=\sqrt{\sum u_i^2(d_{2e})}$ 。

扩展不确定度：$U=k\cdot u_c(d_{2e})$ 。

注 1：标准不确定度汇总表中所列的各灵敏系数是对测量模型在各输入量估计值处的一阶偏导数，求导及相关表达式均较为复杂。实际计算时，可令输入量估计值有一微小变化，按测量模型算出输出量估计值的相应变化，将输出量估计值的相应变化除以输入量估计值的微小变化，即求得相关的灵敏系数。采用此法的优点是不需进行求导，便于计算软件自动计算各灵敏系数，特别适用于求导复杂或困难的测量模型。

注 2：本标准的测量不确定度评估主要采用 GUM 法。虽然 d_2 的测量模型是非线性的，但高次项较小，所以评估时只考虑了一次项。经采用蒙特卡洛法验证：这两种方法评估的最佳估计值之差小于规定的数值容差；GUM 法评估的扩展不确定度（包含因子 $k=2$）稍小于蒙特卡洛法评估的具有 95% 包含概率的包含区间的半宽，两者之差小于 0.5 μm，但大于 0.05 μm。当 d_{2e} 的测量不确定度末位保留至 0.001 mm 时（可满足绝大多数螺纹中径的测量要求），相应的数值容差为 0.5 μm，GUM 法是适用的；当测量不确定度末位需保留至 0.000 1 mm 时，相应的数值容差为 0.05 μm，GUM 法不适用，应采用蒙特卡洛法评估 d_{2e} 的测量不确定度。6.1.1.3.3 和 6.2.1.2.3 的测量不确定度评估参照本注执行，不再复述。

6.1.1.3 三针法

6.1.1.3.1 适用范围

适用于校对规及以下等级的圆柱外螺纹中径测量。

6.1.1.3.2 测量步骤

按下列步骤测量外螺纹中径。

a) 根据被测螺纹的螺距和牙侧角，选择适用的量针（见附录 C），量针应先经检定合格或经过校准；

b) 清洗被测螺纹、3 等量块和量针，按表 1 规定的高准确度要求进行温度平衡；

c) 按仪器操作使用说明进行开机预热、调整等测量准备工作；

d) 按被测螺纹的螺距在测长仪上选择测力(见附录D)，将3等量块安装在工作台上，将三针分别置于两平面测帽与量块工作面之间(见图2)，调整工作台使测长仪示值为最小值，将测长仪示值置零；

e) 将三针分别置于外螺纹的两侧沟槽内(见图3)，调整工作台使测长仪示值为最小值，测量和记录测长仪示值Δl；

f) 测量和记录被测件和仪器的温度；

g) 按6.1.2的方法测量被测螺纹的牙侧角，求得被测螺纹实际牙侧角的估计值及其测量不确定度；

h) 按6.1.3的方法测量被测螺纹的螺距(导程)，求得被测螺纹实际螺距(导程)的估计值及其测量不确定度(单一中径测量不需测量螺距)。

注：测量准确度要求不高时，步骤b)按表1规定的中等准确度要求进行温度平衡，步骤f)、g)和h)可省略；步骤d)和e)可改为不用量块置零，直接测量三针的外跨距M，记录仪器示值M_d，此时$m=M-d_m$。

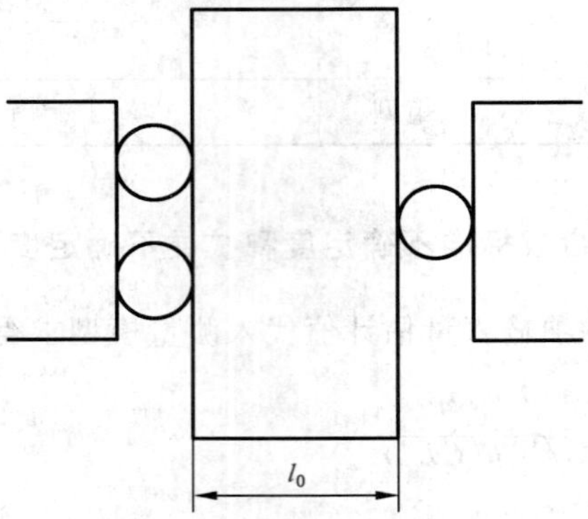

图2 外螺纹中径测量三针法的对零

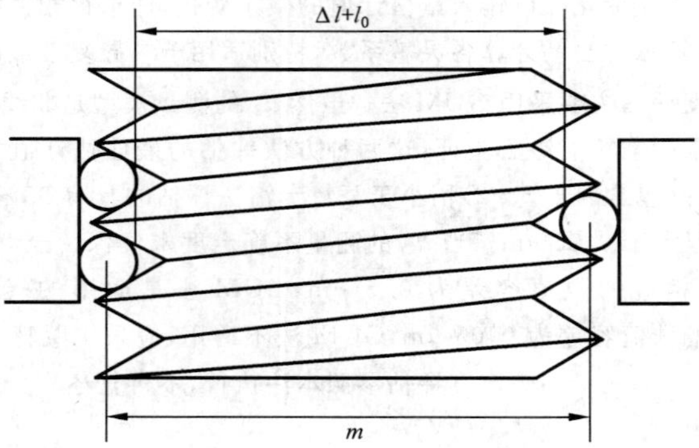

图3 外螺纹中径测量的三针法

6.1.1.3.3 测量结果计算

6.1.1.3.3.1 测量模型

测量模型见公式(2)和公式(7)，其中m按公式(16)计算。

$$m=\Delta l+l_0+d_m+\delta I+\delta T+\delta F \quad \cdots\cdots (16)$$

式中：

Δl——采用3等量块对测长仪零位标定后，在测量条件下，量针与螺纹两侧牙槽接触，测长仪的测量示值；

l_0 ——在参考条件下，3 等量块的长度；

d_m——量针直径；

δI ——测量器具示值误差所引入的修正值；

δT——温度效应所引入的修正值；

δF——测力所引入的修正值。

6.1.1.3.3.2 输入量的估计值及其标准不确定度评估

a) Δl 的估计值及其标准不确定度评估

Δl 的估计值取单次测量实测值或 l 次测量平均值，相关标准不确定度评估方法同量球法 ΔL。

b) l_0 的估计值及其标准不确定度评估

l_0 的估计值及其标准不确定度可根据其校准证书确定，并需考虑上次校准以来量块长度的漂移。

c) δI、δT、δB 的估计值及其标准不确定度评估

同量球法。

d) d_m 的估计值及其标准不确定度评估

如三针已经过校准，d_m 的估计值取三针直径的平均值：$d_m=(d_{m1}+d_{m2}+2d_{m3})/4$，其标准不确定度可根据其校准证书确定，并需考虑上次校准以来直径的漂移。如已检定合格，取其名义值为估计值，不确定度评估则需考虑其直径公差和形位公差。

e) δF 的估计值及其标准不确定度评估

δF 与测力大小、量针与牙侧面切点处的表面形状、曲率、材料性能、测量仪器结构、工作台导轨阻尼、测量程序等众多因素有关。根据三针法中径测量的实际情况，一般假设材料是均匀的，受力变形未超过其弹性极限。弹性接触变形按赫兹公式计算，同时必须考虑摩擦力的影响。δF 的估计值按公式(17)～公式(34)计算。

$$\delta F=1.63f \qquad \cdots\cdots(17)$$

式中：

f ——单根量针与螺纹两牙侧面接触的受力压陷量，单位为毫米(mm)。

1) 对称圆柱螺纹

$$f=\frac{\delta}{\cos\gamma} \qquad \cdots\cdots(18)$$

式中：

δ——量针与牙侧面的接触变形量，单位为毫米(mm)；

γ——测力方向与牙侧面切点处压力方向的夹角。

$$\delta=1.695\times10^{-3}\sqrt{\sin\tau}\cdot\sqrt[3]{N^2\cdot(\frac{2}{d_m}+\frac{1}{R}+\frac{1}{R'})} \qquad \cdots\cdots(19)$$

$$\tau=\arccos\left[(\frac{2}{d_m}+\frac{1}{R'}-\frac{1}{R})/(\frac{2}{d_m}+\frac{1}{R'}+\frac{1}{R})\right] \qquad \cdots\cdots(20)$$

$$N=\frac{F}{2(\cos\gamma+0.375\ 6\sin\gamma)} \qquad \cdots\cdots(21)$$

$$R=\frac{d_T}{2\sin(\alpha/2)} \qquad \cdots\cdots(22)$$

$$R'=-\frac{\pi^2 d_T^3\sin(\alpha/2)}{2{P_h}^2\cos^4(\alpha/2)} \qquad \cdots\cdots(23)$$

$$\cos\gamma=\frac{m-d_T\cos\theta}{d_m} \qquad \cdots\cdots(24)$$

$$\sin\gamma = \frac{\sqrt{d_m^2 - (m - d_T\cos\theta)^2}}{d_m} \quad \cdots\cdots (25)$$

式中：

F ——测力，单位为千克力(kgf)；

R、R' ——牙侧面切点处的主曲率半径，单位为毫米(mm)。

注：式(19)中系数 1.695×10^{-3} 与 $\left[\frac{E_1(1-\mu_1^2)+(E_2(1-\mu_2^2)}{E_1E_2}\right]^{\frac{2}{3}}$ 线性相关，公式推导过程中取 $E_1=E_2=E=2\times10^4\ \text{kgf/mm}^2$，$\mu_1=\mu_2=\mu=0.3$。

2) 非对称圆柱螺纹

$$f=\frac{\delta_1\sin\gamma_2+\delta_2\sin\gamma_1}{\sin(\gamma_1+\gamma_2)} \quad \cdots\cdots (26)$$

$$\delta_i=1.695\times10^{-3}\sqrt{\sin\tau_i}\cdot\sqrt[3]{N_i^2\cdot(\frac{2}{d_m}+\frac{1}{R_i}+\frac{1}{R_i'})} \quad \cdots\cdots (27)$$

$$\tau_i=\arccos\left[(\frac{2}{d_m}+\frac{1}{R_i'}-\frac{1}{R_i})/(\frac{2}{d_m}+\frac{1}{R_i'}+\frac{1}{R_i})\right] \quad \cdots\cdots (28)$$

$$R_i=\frac{d_{Ti}}{2\sin\alpha_i} \quad \cdots\cdots (29)$$

$$R_i'=-\frac{\pi^2 d_{Ti}^3\sin\alpha_i}{2{P_h}^2\cos^4\alpha_i} \quad \cdots\cdots (30)$$

$$\cos\gamma_i=\frac{m-d_{Ti}\cos\theta_i}{d_m} \quad \cdots\cdots (31)$$

$$\sin\gamma_i=\frac{\sqrt{d_m^2-(m-d_{Ti}\cos\theta_i)^2}}{d_m} \quad \cdots\cdots (32)$$

$$N_1=\frac{F(\sin\gamma_2+0.375\ 6\cos\gamma_2)}{(\sin\gamma_1+0.375\ 6\cos\gamma_1)(\cos\gamma_2+0.375\ 6\sin\gamma_2)+(\sin\gamma_2+0.375\ 6\cos\gamma_2)(\cos\gamma_1+0.375\ 6\sin\gamma_1)} \quad \cdots\cdots (33)$$

$$N_2=\frac{F(\sin\gamma_1+0.375\ 6\cos\gamma_1)}{(\sin\gamma_1+0.375\ 6\cos\gamma_1)(\cos\gamma_2+0.375\ 6\sin\gamma_2)+(\sin\gamma_2+0.375\ 6\cos\gamma_2)(\cos\gamma_1+0.375\ 6\sin\gamma_1)} \quad \cdots\cdots (34)$$

经大量实验验证，估计 δF 的标准不确定度 $u(\delta F)=0.3\ \mu\text{m}$。

f) α_1、α_2 的估计值及其标准不确定度评估

如测量分类为 1b 和 2c 类，α_1、α_2 的估计值及其标准不确定度可根据相关测量结果确定。

如测量分类为 1a、2a 和 2b 类，不对 α_1、α_2 进行测量。如其公差分别为 T_{α_1}、T_{α_2}，假设 α_1、α_2 在其公差范围内服从均匀分布，取其名义值为估计值，标准不确定度为：$u(\alpha_1)=T_{\alpha_1}/\sqrt{3}$，$u(\alpha_2)=T_{\alpha_2}/\sqrt{3}$。

g) P_h、P 的估计值及其标准不确定度评估

如测量分类为 1b、2b 和 2c 类，同量球法。

如测量分类为 1a 和 2a 类，不对 P_h、P 进行测量。输入量 P_h、P 可合并成一个输入量进行评估，将 P_h/n 代入 P。如 P_h 公差为 T_{P_h}，假设 P_h 在其公差范围内服从均匀分布，取其名义值为估计值，标准不确定度为：$u(P_h)=T_{P_h}/\sqrt{3}$。

标准不确定度汇总见表 5。

表 5 标准不确定度汇总

输入量 X_i	估计值 x_i	标准不确定度 $u(x_i)$	概率分布	灵敏系数 c_i	不确定度分量 $u_i(y)$
Δl	$\overline{\Delta l}$	$s(\overline{\Delta l})$	正态	$\frac{\sin(\alpha/2)\cdot\cos\theta+\sin\theta\cdot\tan\beta}{\sin(\alpha/2)}$	$c_{\Delta l}\cdot u(\Delta l)$
l_0	校准结果	$u(l_0)$	正态	$\frac{\sin(\alpha/2)\cdot\cos\theta+\sin\theta\cdot\tan\beta}{\sin(\alpha/2)}$	$c_{l_0}\cdot u(l_0)$
d_m	校准结果	$u(d_m)$	正态	$\cos\theta-\frac{1-\sin\theta\cdot\sin\beta}{\cos\beta\cdot\sin(\alpha/2)}$	$c_{d_m}\cdot u(d_m)$
δI	0	$a_{仪}/\sqrt{3}$	矩型	$\frac{\sin(\alpha/2)\cdot\cos\theta+\sin\theta\cdot\tan\beta}{\sin(\alpha/2)}$	$c_{\delta I}\cdot u(\delta I)$
δT	0	$2.36\times10^{-6}m$	正态	$\frac{\sin(\alpha/2)\cdot\cos\theta+\sin\theta\cdot\tan\beta}{\sin(\alpha/2)}$	$c_{\delta T}\cdot u(\delta T)$
δF	计算结果	0.3 μm	矩型	$\frac{\sin(\alpha/2)\cdot\cos\theta+\sin\theta\cdot\tan\beta}{\sin(\alpha/2)}$	$c_{\delta F}\cdot u(\delta F)$
$\alpha/2$	实测值	$u(\alpha/2)$	正态	$\frac{d_T-d_2}{\sin(\alpha/2)\cdot\cos(\alpha/2)}$	$c_{\alpha/2}\cdot u(\alpha/2)$
p_h	实测值	$u(P_h)$	正态	$\frac{\cot(\alpha/2)}{\pi}(\frac{\pi}{2n}-\theta)$	$c_{P_h}\cdot u(P_h)$
δB	0	0.3 μm	矩型	1	$c_{\delta B}\cdot u(\delta B)$

6.1.1.3.3.3 输出量估计值及其合成标准不确定度和扩展不确定度

输出量 d_2 的估计值 d_{2e} 可将各项输入量估计值代入测量模型求得。因所有输入量都被认为是独立无关的，所以

合成标准不确定度：$u_c(d_{2e})=\sqrt{\sum u_i^2(d_{2e})}$ 。

扩展不确定度：$U=k\cdot u_c(d_{2e})$ 。

6.1.1.4 轴切法

6.1.1.4.1 适用范围

适用于工件外螺纹的中径测量。

6.1.1.4.2 测量步骤

按下列步骤测量外螺纹中径。

a) 根据被测螺纹的螺距选择测量刀，螺距为 0.5 mm～3 mm 的，选用刃口与刻线间距为 0.3 mm 的测量刀；螺距为 3 mm～6 mm 的，选用刃口与刻线间距为 0.9 mm 的测量刀；螺距小于 0.5 mm 的，不能采用轴切法测量；

b) 清洗被测螺纹和测量刀，按表 1 规定的中等准确度要求进行温度平衡；

c) 将被测螺纹安装在万工显两顶针之间，并使测量刀刃在螺纹轴线平面上与螺纹牙型轮廓密合；

d) 将显微镜倾斜一个螺纹升角 ψ(沿螺旋线方向倾斜)，调整焦距，使测量刀刃口影像清晰，然后将显微镜归零；

e) 瞄准测量刀刻线,使测量刀刻线与目镜中相应虚线对准,读取和记录万工显横向坐标示值;再横向移动显微镜到螺纹轴线另一边,瞄准测量刀刻线,读取和记录第二个横向坐标示值;两次测量示值之差即为被测螺纹中径的测量示值;

f) 为消除螺纹轴线与纵向坐标轴线不平行引起的系统误差,应在螺纹牙型左、右两侧各测量一次(见图4),取两次测量的算术平均值为测得值。

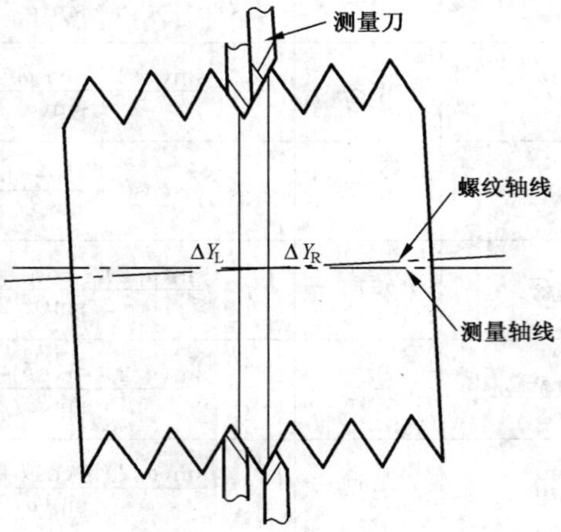

图4 外螺纹中径测量的轴切法

6.1.1.4.3 测量结果计算

6.1.1.4.3.1 测量模型

测量模型见公式(35)。

$$d_2 = \Delta Y + \delta I + \delta T + \delta K \quad \cdots\cdots (35)$$

式中:

ΔY ——螺纹牙型左、右两侧测量示值的平均值,$\Delta Y = \frac{\Delta Y_L + \Delta Y_R}{2}$;

δI ——测量器具示值误差所引入的修正值;

δT ——温度效应所引入的修正值;

δK ——刀刃磨损及刻线误差所引入的修正值。

6.1.1.4.3.2 输入量的估计值及其标准不确定度评估

a) ΔY 的估计值及其标准不确定度评估

ΔY 的标准不确定度可采用A类方法进行评估。按测量步骤c)、d)、e)、f)重复进行 $n(n \geqslant 10)$ 次测量,根据贝塞尔公式,实验标准差为:

单次实验标准差:

$$s(\Delta Y) = \sqrt{\frac{\sum_{i=1}^{n} (\Delta Y_i - \overline{\Delta Y})^2}{n-1}} \quad \cdots\cdots (36)$$

l 次平均值实验标准差:

$$s(\overline{\Delta Y}) = \sqrt{\frac{\sum_{i=1}^{n} (\Delta Y_i - \overline{\Delta Y})^2}{l(n-1)}} \quad \cdots\cdots (37)$$

如实际测量次数为一次，ΔL 的估计值为实测值，标准不确定度为：

$$u(\Delta Y)=s(\Delta Y)=\sqrt{\frac{\sum_{i=1}^{n}(\Delta Y_i-\overline{\Delta Y})^2}{n-1}} \quad \cdots\cdots(38)$$

b) δI 的估计值及其标准不确定度评估

万工显已检定合格，估计 δI 在万工显最大允许示值误差范围内服从均匀分布。万工显最大允许示值误差为 $\pm(1\ \mu\text{m}+10\times10^{-6}\ L)$，取 δI 估计值为 0，$u(\delta I)=(1\ \mu\text{m}+10\times10^{-6}\ L)/\sqrt{3}$。

c) δT 的估计值及其标准不确定度评估

δT 的测量模型见公式(39)。

$$\delta T=-\Delta Y(\bar{\alpha}\cdot\delta t+\delta\alpha\cdot\Delta\bar{t}) \quad \cdots\cdots(39)$$

式中：

$\bar{\alpha}=(\alpha_x+\alpha_s)/2$ ——被测件和仪器标尺的热膨胀系数平均值；

$\delta t=t_x-t_s$ ——被测件和仪器标尺的温差；

$\delta\alpha=\alpha_x-\alpha_s$ ——被测件和仪器标尺的热膨胀系数之差；

$\Delta\bar{t}=(t_x+t_s)/2-t_0$ ——被测件和仪器标尺的平均温度与参考温度之差。

因轴切法可满足中、低准确度的测量要求，根据表 1 要求，估计 $\Delta\bar{t}$ 在 ±2 ℃的范围内服从均匀分布，δt 在 ±0.5 ℃范围内服从均匀分布，$\Delta\bar{t}$ 和 δt 的估计值均为 0，则 δT 的估计值为 0，$u(\Delta\bar{t})=(2/\sqrt{3})$℃，$u(\delta t)=(0.5/\sqrt{3})$℃。根据制造商的数据，估计 α_x 和 α_s 分别在 $(11.5\pm1.0)\times10^{-6}$ ℃$^{-1}$ 和 $(10.2\pm0.5)\times10^{-6}$ ℃$^{-1}$ 的范围内服从均匀分布，则 $\delta\alpha$ 在 $(1.3\pm1.5)\times10^{-6}$ ℃$^{-1}$ 的范围内服从梯形分布，$\bar{\alpha}$ 的估计值为 10.85×10^{-6} ℃$^{-1}$，$\delta\alpha$ 的估计值为 1.3×10^{-6} ℃$^{-1}$，$u(\delta\alpha)=1.5/\sqrt{6/(1+0.33^2)}\times10^{-6}$ ℃$^{-1}=0.64\times10^{-6}$ ℃$^{-1}$。乘积项 $\delta\alpha\cdot\Delta\bar{t}$ 的标准不确定度平方 $u^2(\delta\alpha\cdot\Delta\bar{t})=\Delta\bar{t}^2u^2(\delta\alpha)+\delta\alpha^2u^2(\Delta\bar{t})+u^2(\delta\alpha)u^2(\Delta\bar{t})$。因 $\Delta\bar{t}$ 的估计值为 0，则 $u^2(\delta\alpha\cdot\Delta\bar{t})=\delta\alpha^2u^2(\Delta\bar{t})+u^2(\delta\alpha)u^2(\Delta\bar{t})=2.8\times10^{-12}$。因可认为 $u(\delta t)$ 和 $u(\delta\alpha\cdot\Delta\bar{t})$ 相互独立，故 $u(\delta T)=3.6\times10^{-6}\Delta Y$。

d) δK 的估计值及其标准不确定度评估

采用一把测量刀时：

$$\delta K=\frac{2\Delta b}{\sin(\alpha/2)} \quad \cdots\cdots(40)$$

采用两把测量刀时：

$$\delta K=\frac{\Delta b_1+\Delta b_2}{\sin(\alpha/2)} \quad \cdots\cdots(41)$$

式中：Δb、Δb_1、Δb_2 为各把测量刀磨损后刃口与刻线间距的理论值与实际值之差。它们的估计值及标准不确定度可根据测量刀的校准证书确定，并需考虑上次校准以来校准值的漂移。

标准不确定度汇总见表 6。

表 6 标准不确定度汇总

输入量 X_i	估计值 x_i	标准不确定度 $u(x_i)$	概率分布	灵敏系数 c_i	不确定度分量 $u_i(y)$
ΔY	实测值	$s(\Delta Y)$	正态	1	$s(\Delta Y)$
δI	0	$(1\ \mu\text{m}+10\times10^{-6}\Delta Y)/\sqrt{3}$	矩型	1	$(1\ \mu\text{m}+10\times10^{-6}\Delta Y)/\sqrt{3}$
δT	0	$3.6\times10^{-6}\Delta Y$	正态	1	$3.6\times10^{-6}\Delta Y$
δK	$\frac{2\Delta b}{\sin(\alpha/2)}$	$\frac{2}{\sin(\alpha/2)}u(\Delta b)$	正态	1	$\frac{2}{\sin(\alpha/2)}u(\Delta b)$

6.1.1.4.3.3　输出量估计值及其合成标准不确定度和扩展不确定度

输出量 d_2 的估计值 d_{2e} 可将各项输入量估计值代入测量模型求得。因所有输入量都被认为是独立无关的，所以

合成标准不确定度：$u_c(d_{2e})=\sqrt{\sum u_i^2(d_{2e})}$。

扩展不确定度：$U=k\cdot u_c(d_{2e})$。

6.1.1.5　外径千分尺法

6.1.1.5.1　适用范围

适用于工件圆柱外螺纹的中径测量。

6.1.1.5.2　测量步骤

按下列步骤测量外螺纹中径。

a)　根据被测螺纹的螺距和牙侧角，选择适用的量针（见附录 C），量针应先经检定合格或经过校准；

b)　清洗被测螺纹和量针，按表 1 规定的低准确度要求进行温度平衡；

c)　将三针相距 1/2 螺距分别置于外螺纹的两侧沟槽内，用外径千分尺测量三针的外跨距 M，记录千分尺的示值 M_d。

6.1.1.5.3　测量结果计算

6.1.1.5.3.1　测量模型

测量模型见公式(2)和公式(7)，其中 m 按公式(42)计算。

$$m=M_d-d_m+\delta I+\delta T+\delta F \qquad (42)$$

式中：

M_d ——外径千分尺的测量示值；

d_m ——量针直径；

δI ——测量器具示值误差所引入的修正值；

δT ——温度效应所引入的修正值；

δF ——测力所引入的修正值。

6.1.1.5.3.2　输入量的估计值及其标准不确定度评估

a)　M_d、d_m、α_1、α_2、P_h、P、δB 的估计值及其标准不确定度评估

同三针法。

b)　δI 的估计值及其标准不确定度评估

外径千分尺已检定合格，估计 δI 在其最大允许示值误差范围内服从均匀分布。外径千分尺最大允许示值误差为±4 μm，故取 δI 估计值为 0，$u(\delta I)=4/\sqrt{3}=2.3$ μm。

c)　δT 的估计值及其标准不确定度评估

δT 的测量模型见公式(43)。

$$\delta T=-m(\bar{\alpha}\cdot\delta t+\delta\alpha\cdot\Delta\bar{t}) \qquad (43)$$

式中：

$\bar{\alpha}=(\alpha_x+\alpha_s)/2$　——被测件和仪器标尺的热膨胀系数平均值；

$\delta t = t_x - t_s$ ——被测件和仪器标尺的温差；

$\delta\alpha = \alpha_x - \alpha_s$ ——被测件和仪器标尺的热膨胀系数之差；

$\Delta\bar{t} = (t_x + t_s)/2 - t_0$ ——被测件和仪器标尺的平均温度与参考温度之差。

因量具法可满足低准确度的测量要求，根据表1要求，$\Delta\bar{t}$ 在±10 ℃的范围内服从均匀分布，δt 在±1 ℃范围内服从均匀分布，$\Delta\bar{t}$ 和 δt 的估计值均为0，则 δT 的估计值为0，$u(\Delta\bar{t}) = (10/\sqrt{3})$℃，$u(\delta t) = (1/\sqrt{3})$℃。根据制造商的数据，估计 α_x 和 α_s 均在 $(11.5 \pm 1.0) \times 10^{-6}$ ℃$^{-1}$ 的范围内服从均匀分布，则 $\delta\alpha$ 在 $\pm 2 \times 10^{-6}$ ℃$^{-1}$ 的范围内服从三角分布，$\bar{\alpha}$ 的估计值为 11.5×10^{-6} ℃$^{-1}$，$\delta\alpha$ 的估计值为0，$u(\delta\alpha) = 2/\sqrt{6} \times 10^{-6}$ ℃$^{-1}$。乘积项 $\delta\alpha \cdot \Delta\bar{t}$ 的标准不确定度平方 $u^2(\delta\alpha \cdot \Delta\bar{t}) = \Delta\bar{t}^2 u^2(\delta\alpha) + \delta\alpha^2 u^2(\Delta\bar{t}) + u^2(\delta\alpha) u^2(\Delta\bar{t})$。因 $\Delta\bar{t}$ 和 $\delta\alpha$ 的估计值均为0，则 $u^2(\delta\alpha \cdot \Delta\bar{t}) = u^2(\delta\alpha) u^2(\Delta\bar{t}) = (2/3) \times (100/3) \times 10^{-12} = (200/9) \times 10^{-12}$。因可认为 $u(\delta t)$ 和 $u(\delta\alpha \cdot \Delta\bar{t})$ 相互独立，故 $u(\delta T) = 8.2 \times 10^{-6} m$。

d) δF 的估计值及其标准不确定度评估

δF 的计算公式同三针法。外径千分尺的测力一般为8 N，δF 的估计值可将8 N代入计算公式求得，其标准不确定度评估同三针法。

标准不确定度汇总见表7。

表7 标准不确定度汇总

输入量 X_i	估计值 x_i	标准不确定度 $u(x_i)$	概率分布	灵敏系数 c_i	不确定度分量 $u_i(y)$
M_d	$\overline{M_d}$	$s(\overline{M_d})$	正态	$\dfrac{\sin(\alpha/2) \cdot \cos\theta + \sin\theta \cdot \tan\beta}{\sin(\alpha/2)}$	$c_{\Delta L} \cdot u(\Delta L)$
d_m	校准结果	$u(d_m)$	正态	$-\cos\theta - \dfrac{1 - \sin\theta \cdot \sin\beta}{\cos\beta \cdot \sin(\alpha/2)}$	$c_{d_m} \cdot u(d_m)$
δI	0	2.3 μm	矩型	$\dfrac{\sin(\alpha/2) \cdot \cos\theta + \sin\theta \cdot \tan\beta}{\sin(\alpha/2)}$	$c_{\delta I} \cdot u(\delta I)$
δT	0	8.2×10^{-6} m	正态	$\dfrac{\sin(\alpha/2) \cdot \cos\theta + \sin\theta \cdot \tan\beta}{\sin(\alpha/2)}$	$c_{\delta T} \cdot u(\delta T)$
δF	计算结果	0.3 μm	矩型	$\dfrac{\sin(\alpha/2) \cdot \cos\theta + \sin\theta \cdot \tan\beta}{\sin(\alpha/2)}$	$c_{\delta F} \cdot u(\delta F)$
$\alpha/2$	名义值	$u(\alpha/2)$	正态	$\dfrac{d_T - d_2}{\sin(\alpha/2) \cdot \cos(\alpha/2)}$	$c_{\alpha/2} \cdot u(\alpha/2)$
P_h	名义值	$u(P_h)$	正态	$\dfrac{\cot(\alpha/2)}{\pi}\left(\dfrac{\pi}{2n} - \theta\right)$	$c_{P_h} \cdot u(P_h)$
δB	0	0.3 μm	矩型	1	$c_{\delta B} \cdot u(\delta B)$

6.1.1.5.3.3 输出量估计值及其合成标准不确定度和扩展不确定度

输出量 d_2 的估计值 d_{2e} 可将各项输入量估计值代入测量模型求得。因所有输入量都被认为是独立无关的，所以

合成标准不确定度：$u_c(d_{2e}) = \sqrt{\sum u_i^2(d_{2e})}$。

扩展不确定度：$U = k \cdot u_c(d_{2e})$。

6.1.1.6 螺纹千分尺法

按被测螺纹的螺距选取测头，按使用说明书调整零位并清洁测量面和测微螺杆。测量时先将V形测头测量面与螺纹外廓的被测面接触，再缓慢进给测微螺杆，使锥形测头测量面与螺纹的另一被测面接触。将要接触时，通过转动测力装置渐进量面，听见“咔咔”声，感觉到测力装置里打滑空转，表明测量面已接触上，即可读数。

按螺纹千分尺的技术指标，其最大综合误差为±0.028 mm，由于其测头存在一定的角度误差，工件外螺纹的螺距和牙侧角也存在较大误差，故在用绝对法测量时，其中径测量不确定度可达0.10 mm。该方法可用于精度要求不高的工件外螺纹中径测量，也常用于螺纹量规、丝锥等量刃具的加工过程中确定螺纹中径的磨削余量。

6.1.2 牙侧角

6.1.2.1 概述

牙侧角主要采用万工显进行测量。大螺距外螺纹牙侧角常用影像法测量，小螺距外螺纹牙侧角常用衍射干涉法测量。也可采用其他满足测量准确度要求的方法进行测量。

6.1.2.2 影像法

6.1.2.2.1 适用范围

适用于外螺纹的牙侧角测量。

6.1.2.2.2 测量步骤

按下列步骤测量外螺纹牙侧角。

a) 清洗被检螺纹，用对焦棒调好显微镜焦距，将被检螺纹安装在顶针上，使螺纹的测量部位位于显微镜光轴中心；

b) 通过计算或查表，调节仪器立柱下方照明系统的光圈，使其达到最佳光圈直径。最佳光圈直径按公式(44)计算。

$$D=0.18\,A\sqrt[3]{\frac{\sin(\alpha/2)}{d_2}} \qquad \cdots\cdots(44)$$

式中：

A——照明光源聚光透镜的焦距；

α——被检螺纹牙型角，取名义值；

d_2——被检螺纹中径，取名义值。

c) 将显微镜倾斜一个螺纹升角 ψ，使左、右两牙侧轮廓成像清晰；用测角目镜中米字线瞄准牙型轮廓边缘(瞄准可采用等宽法，即米字线的中心虚线与牙型轮廓边缘保留一条很窄而宽度相等的光隙)，在目镜的角度盘上读取和记录两牙侧角示值 α_{1d}、α_{2d}；

d) 为消除螺纹轴线与测量轴线不平行的影响，将显微镜反向倾斜一个螺纹升角 ψ；在螺纹轴线另一侧，重复上一步骤，测得 α'_{1d}、α'_{2d}(见图5)；

e) 因影像法测量牙侧角的不确定度主要来源于瞄准误差，为了减小测量示值的测量不确定度，可多次测量，取平均值作为测得值。不同螺距被检螺纹的最少测量次数应符合表8的规定。

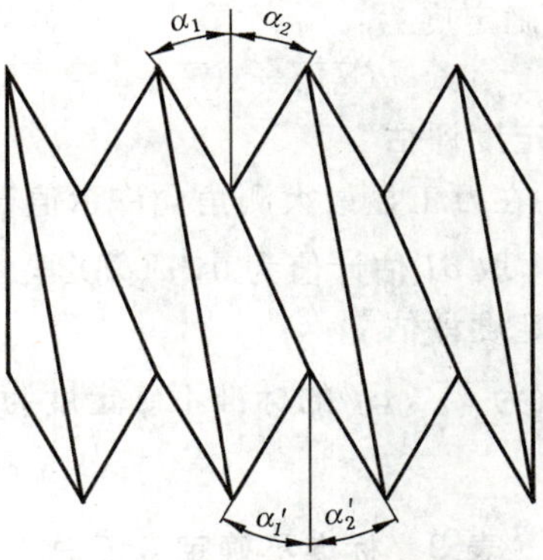

图5　外螺纹牙侧角测量的影像法

表8　牙侧角测量次数

螺距/mm	测量次数(l)
≤0.5	≥8
0.6～1	≥6
>1	≥4

6.1.2.2.3　**测量结果计算**

6.1.2.2.3.1　**测量模型**

测量模型见公式(45)～公式(47)。

$$\alpha_i = \arctan\frac{\tan\alpha_{in}}{\cos\psi} \quad \cdots\cdots(45)$$

$$\alpha_{in} = \overline{\alpha_{id}} + \delta I \quad \cdots\cdots(46)$$

$$\overline{\alpha_{id}} = \sum_{j=1}^{l}\frac{\alpha_{idj} + \alpha'_{idj}}{2l} \quad \cdots\cdots(47)$$

式中：

α_i ——被检牙侧角(i=1、2)；

ψ ——被检螺纹中径处的升角，取名义值；

α_{in} ——用万工显测得的法向牙侧角；

$\overline{\alpha_{id}}$ ——螺纹轴线两侧多次测量示值的平均值；

δI ——测量器具示值误差所引入的修正值；

α_{idj}、α'_{idj} ——螺纹轴线两侧的某次测量示值；

l ——按表8要求进行的重复测量次数。

6.1.2.2.3.2　**输入量的估计值及其标准不确定度评估**

a)　$\overline{\alpha_{id}}$ 的估计值及其标准不确定度评估

$\overline{\alpha_{id}}$ 的标准不确定度可采用A类方法进行评估。按测量步骤c)、d)、e)重复进行 $n(n\geqslant 10)$ 次测量，根据贝塞尔公式，l 次测量平均值实验标准差为：

$$s(\overline{\alpha_{id}}) = \sqrt{\frac{\sum_{j=1}^{n}\left[(\alpha_{idj} + \alpha'_{idj})/2 - \overline{\alpha_{id}}\right]^2}{l(n-1)}} \quad \cdots\cdots(48)$$

l 次测量平均值$\overline{\alpha_{id}}$的标准不确定度为：

$$u(\overline{\alpha_{id}})=s(\overline{\alpha_{id}}) \qquad \cdots\cdots(49)$$

b) δI 的估计值及其标准不确定度评估

万工显已检定合格，估计 δI 在万工显最大测角允许示值误差范围内服从均匀分布。万工显最大测角允许示值误差为$\pm1'$，取 δI 估计值为 0，$u(\delta I)=1'/\sqrt{3}=0.6'$。

c) α_{in} 的估计值及其标准不确定度评估

δI 估计值为 0，α_{in} 的估计值为 $\overline{\alpha_{id}}$，α_{in} 的标准不确定度为：$u(\alpha_{in})=\sqrt{u^2(\overline{\alpha_{id}})+u^2(\delta I)}$。

标准不确定度汇总见表 9。

表 9 标准不确定度汇总

输入量 X_i	估计值 x_i	标准不确定度 $u(x_i)$	概率分布	灵敏系数 c_i	不确定度分量 $u_i(y)$
α_{in}	$\overline{\alpha_{id}}$	$\sqrt{u^2(\overline{\alpha_{id}})+u^2(\delta I)}$	正态	$\dfrac{\cos^2\alpha_i}{\cos^2\alpha_{in}\cdot\cos\psi}$	$\dfrac{\cos^2\alpha_i\sqrt{u^2(\overline{\alpha_{id}})+u^2(\delta I)}}{\cos^2\alpha_{in}\cdot\cos\psi}$

6.1.2.2.3.3 输出量估计值及其合成标准不确定度和扩展不确定度

输出量 α_i 的估计值 α_{ie} 可将各项输入量估计值代入测量模型求得。因各输入量都被认为是独立无关的，所以

合成标准不确定度：$u_c(\alpha_{ie})=\dfrac{\cos^2\alpha_i}{\cos^2\alpha_{in}\cos\psi}\sqrt{u^2(\overline{\alpha_{id}})+u^2(\delta I)}$。

扩展不确定度：$U=k\cdot u_c(\alpha_{ie})$。

注：虽然 α_i 的测量模型是非线性的，但经采用蒙特卡洛法验证：GUM 法与蒙特卡洛法评估的最佳估计值之差小于规定的数值容差；GUM 法评估的扩展不确定度（包含因子 $k=2$）与蒙特卡洛法评估的具有 95% 包含概率的包含区间的半宽之差小于规定的数值容差，GUM 法是适用的。

6.1.2.3 衍射干涉法

采用衍射干涉法测量牙侧角时，在视场内应观察到牙型高度的 80% 以上，用测角目镜中米字线瞄准第一条干涉条纹，进行测量读数。除此以外，其他与影像法相同。

6.1.3 螺距（导程）

6.1.3.1 概述

外螺纹螺距（导程）测量可采用测长仪法、万工显法。万工显法又可分为影像法、轴切法、灵敏杠杆法、干涉法等。采用高精度测长仪和电感仪可进行高精度螺距测量。由于万工显示值误差较大，瞄准定位的重复性也较差，故只能满足一般准确度的螺距测量要求。除上述方法外，也可采用螺距、导程测量仪、轴向剖面轮廓扫描法、三坐标测量机等其他满足测量准确度要求的方法。

6.1.3.2 测长仪法

6.1.3.2.1 适用范围

适用于校对规及以下等级的圆柱外螺纹的螺距（导程）测量。

6.1.3.2.2 测量步骤

按下列步骤测量外螺纹螺距（导程）。

a) 根据被测螺纹的螺距和牙侧角，选择适用的测头；

b) 清洗被测螺纹和量球，按表1规定的高准确度要求进行温度平衡；

c) 按作业指导书要求进行开机预热、调整等测量准备工作；

d) 将标准芯棒安装在工作台上两顶针间，在接近芯棒两端的直径截面处，用电感仪测量两截面最高点，调整工作台垂直偏摆使测量示值相等；在芯棒前侧或后侧，测量芯棒母线，调整工作台水平偏摆使测量示值相等；

e) 将被测螺纹安装在两顶针间，使电感测头量球与螺纹起始端全牙侧的第一牙中径处接触（见图6），使电感仪示值为特定值，读取和记录测长仪的示值 L_0，再依次使测头量球与相邻同名牙侧或任一同名牙侧接触，每次接触都微调测长仪使电感仪示值为特定值，读取和记录测长仪的示值 L_1、L_2、…、L_i，直至测完全部螺牙；再以第一牙的另一牙侧为测量起点，依次测得 L_0'、L_1'、L_2'、…、L_i'；

f) 将被测螺纹旋转180°（只能旋转被测螺纹，不能用顶尖带动旋转），对左、右两牙侧重复上述测量过程，得两组读数 L_0''、L_1''、L_2''……L_i''，L_0'''、L_1'''、L_2'''……L_i'''。

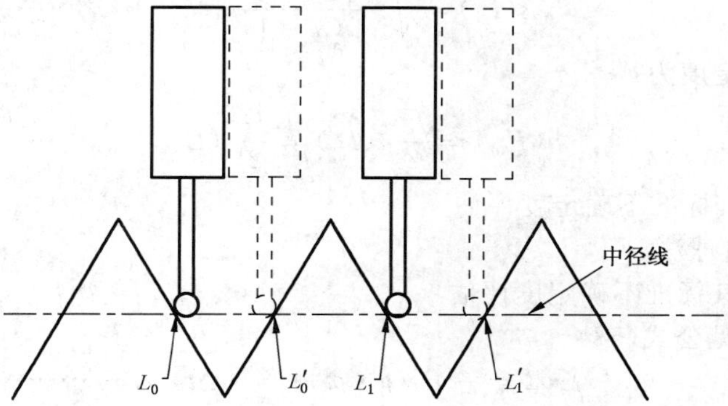

图6 外螺纹螺距（导程）测量的测长仪法

6.1.3.2.3 测量结果计算

6.1.3.2.3.1 测量模型

测量模型见公式(50)～公式(54)。

$$P_i = P_{id} + \delta I + \delta T \quad \cdots\cdots (50)$$

$$P_{id} = \frac{L_i - L_{i-1} + L_i' - L_{i-1}' + L_i'' - L_{i-1}'' + L_i''' - L_{i-1}'''}{4} \quad \cdots\cdots (51)$$

$$\Delta P_i = P_i - P_0 \quad \cdots\cdots (52)$$

$$\Delta P_{\sum_i} = \sum_{j=1}^{i} \Delta P_j \quad \cdots\cdots (53)$$

$$\Delta P_L = \Delta P_{\sum\max} - \Delta P_{\sum\min} \quad \cdots\cdots (54)$$

式中：

P_i ——第 i 牙单个螺距；

P_{id} ——第 i 牙单个螺距的测量示值；

δI ——测量器具示值误差所引入的修正值；

δT ——温度效应所引入的修正值；

L_i、L_i'、L_i''、L_i''' ——螺纹轴线两侧第 i 牙左、右牙侧的测量示值；

ΔP_i ——第 i 牙单个螺距误差；

P_0 ——被测螺纹的基本螺距；
$\Delta P_{\sum i}$ ——第 i 牙螺距累积误差；
$\Delta P_{\sum \max}$ ——各牙螺距累积误差中的最大值；
$\Delta P_{\sum \min}$ ——各牙螺距累积误差中的最小值；
ΔP_L ——测量长度内最大螺距累积误差。

6.1.3.2.3.2 输入量的估计值及其标准不确定度评估

a) P_{id} 的估计值及其标准不确定度评估

因各牙侧测量示值的不确定度相等且相互独立，由式(51)可得：$u(P_{id})=\sqrt{2}/2 \cdot u(L_i)$。$u(L_i)$可采用A类方法进行评估，将电感测头量球与螺纹某一牙侧中径处接触，使电感仪示值为特定值，读取和记录测长仪的示值 L_i，重复进行 $n(n \geqslant 10)$ 次测量，根据贝塞尔公式，实验标准差为：

$$s(L_i)=\sqrt{\frac{\sum_{i=1}^{n}(L_i-\bar{L})^2}{(n-1)}} \qquad (55)$$

P_{id}的标准不确定度为：

$$u(P_{id})=\frac{\sqrt{2}}{2}u(L_i)=\frac{\sqrt{2}}{2}s(L_i) \qquad (56)$$

b) δI 的估计值及其标准不确定度评估

同中径测量的量球法。

c) δT 的估计值及其标准不确定度评估

δT 的测量模型见公式(57)。

$$\delta T=-P_0(\bar{\alpha} \cdot \delta t+\delta\alpha \cdot \Delta\bar{t}) \qquad (57)$$

具体评估同量球法中径测量，$u(\delta T)=2.36\times10^{-6}P_0$。

标准不确定度汇总见表10。

表 10 标准不确定度汇总

输入量 X_i	估计值 x_i	标准不确定度 $u(x_i)$	概率分布	灵敏系数 c_i	不确定度分量 $u_i(y)$
P_{id}	计算结果	$\frac{\sqrt{2}}{2}s(L_i)$	正态	1	$\frac{\sqrt{2}}{2}s(L_i)$
δI	0	$a_{仪}/\sqrt{3}$	均匀	1	$a_{仪}/\sqrt{3}$
δT	0	$2.36\times10^{-6}P_0$	正态	1	$2.36\times10^{-6}P_0$

6.1.3.2.3.3 输出量估计值及其合成标准不确定度和扩展不确定度

输出量 P_i 的估计值 P_{ie} 可将各项输入量估计值代入测量模型求得。因各输入量都被认为是独立无关的，所以

合成标准不确定度：$u_c(P_{ie})=\sqrt{u^2(L_i)/2+u^2(\delta I)+u^2(\delta T)}$。

扩展不确定度：$U=k \cdot u_c(P_{ie})$。

第 i 牙螺距累积误差可表达如下：

$$\Delta P_{\sum i}=\sum_{j=1}^{i}\Delta P_j=(L_i-L_0+L_i'-L_0'+L_i''-L_0''+L_i'''-L_0''')/4+i\delta I+i\delta T-iP_0$$

合成标准不确定度：$u_c(\Delta P_{\sum ie})=\sqrt{u^2(L_i)/2+i^2u^2(\delta I)+i^2u^2(\delta T)}$。

如第 n 牙的螺距累积误差最大，第 i 牙的螺距累积误差最小，则测量长度内最大螺距累积误差 ΔP_L 可表达如下：

$$\Delta P_L = \Delta P_{\sum \max} - \Delta P_{\sum \min} = (L_n - L_i + L'_n - L'_i + L''_n - L''_i + L'''_n - L'''_i)/4 + (n-i)\delta I + (n-i)\delta T - (n-i)P_0$$

合成标准不确定度：$u_c(\Delta P_{Le}) = \sqrt{u^2(L_i)/2 + (n-i)^2 u^2(\delta I) + (n-i)^2 u^2(\delta T)}$

6.1.3.3 影像法

采用万工显影像法测量螺距时，仪器的调整与牙侧角测量的相同。测量瞄准时，转动显微镜目镜上米字线分划板，用半压线法使米字线的中心虚线瞄准螺纹一侧的轮廓，读取仪器纵向坐标值。具体的测量位置、测量结果计算和不确定度评估方法同测长仪法。

使用光学分度头，可在万工显上对螺旋线误差进行静态测量。

6.1.4 大径

根据被测螺纹大径的公差要求，选择测长类仪器或千分尺进行测量。如采用比较测量，可用量块、标准圆柱或量块和标准圆柱组合，对测量器具进行标定。组合尺寸应接近大径的名义值。将被测螺纹置于测量器具的两平面测帽间，施加一定测力进行测量。在不同的轴向位置和径向进行测量，以确定大径圆柱的圆度和锥度是否超差。也可采用万工显进行影像法测量，将被检螺纹置于万工显的顶针架上，采用半压线法将目镜的分划板上米字线与被检螺纹牙顶相切，横向坐标对径读数之差即为大径值。

6.1.5 小径

工件外螺纹小径可采用带尖测头的螺纹千分尺等进行测量。操作方法类同于中径测量的螺纹千分尺法。螺纹塞规小径可采用万工显进行影象法测量，将被检螺纹置于万工显的顶针架上，将目镜的分划板上米字线与被检螺纹牙侧末端的连线重合，横向坐标对径读数之差即为小径值。

6.1.6 中径圆柱的圆度和锥度

按中径测量方法，在被测螺纹工作段两端和中部的三个直径截面内的某个直径方向进行测量，再在间隔 90°的直径方向重复测量。一共测量六次。六次测量结果均符合中径的相关标准要求，则中径圆柱的圆度和锥度为合格。

6.1.7 大径相对中径跳动

大径相对中径跳动可采用测长仪或千分尺进行测量。首先使固定平面测帽与被测螺纹大径圆柱接触，再将两根量针置于螺纹轴线另一侧的相邻两牙槽内，使可动平面测帽与两根量针接触(见图 7)，施加一定测力进行测量。旋转被测螺纹在各个不同直径方向进行测量，找出测量示值的最大值和最小值，最大值与最小值之差为大径相对中径的跳动。

图 7　大径相对中径跳动的测量

6.1.8 牙底圆弧半径

牙底圆弧半径一般不需要直接测量，只需确认其是否满足标准规定的小径要求即可。如需对其定量，可采用有投影功能的万工显、投影仪等光学仪器，将牙底圆弧投影轮廓与一系列不同半径的标准圆弧图样比较，找出与其最接近的两相邻标准圆弧，取它们半径的平均值作为被检牙底圆弧半径的估计值，相邻标准圆弧半径之差的一半为估计值的测量不确定度。

6.2 内螺纹单参数测量

6.2.1 中径

6.2.1.1 概述

内螺纹中径的测量方法主要采用量球法，其测量分类与外螺纹相同，见表 3。

6.2.1.2 量球法

6.2.1.2.1 适用范围

适用于圆柱螺纹环规及工件内螺纹的中径测量。

6.2.1.2.2 测量步骤

按下列步骤测量内螺纹中径。

a) 根据被测螺纹的螺距和牙侧角，选择适用的量球(见附录 C)，量球应先经过校准；
b) 清洗被测螺纹和量球，按表 1 规定的高准确度要求进行温度平衡；
c) 按仪器操作使用说明进行开机预热、调整等测量准备工作；
d) 在测长仪上选择 T 型测头的测力，一般为 0.3 N 或 0.5 N。如无此选项，测力应不超过0.5 N；
e) 用光面标准环规对 T 型测头的 K 值进行校准；
f) 安装被测件，将量球分别置于螺纹两侧牙槽内(见图 8)，测量测长仪的位移距离，记录仪器示值 ΔL；
g) 测量和记录被测件和仪器的温度；
h) 按 6.2.2 的方法测量被测螺纹的牙侧角，求得被测螺纹实际牙侧角的估计值及其测量不确定度。
i) 按 6.2.3 的方法测量被测螺纹的螺距(导程)，求得被测螺纹实际螺距(导程)的估计值及其测量不确定度(单一中径测量不需测量螺距)。

注：测量准确度要求不高时，步骤 b)按表 1 规定的中等准确度要求进行温度平衡，步骤 g)、h)和 i)可省略。

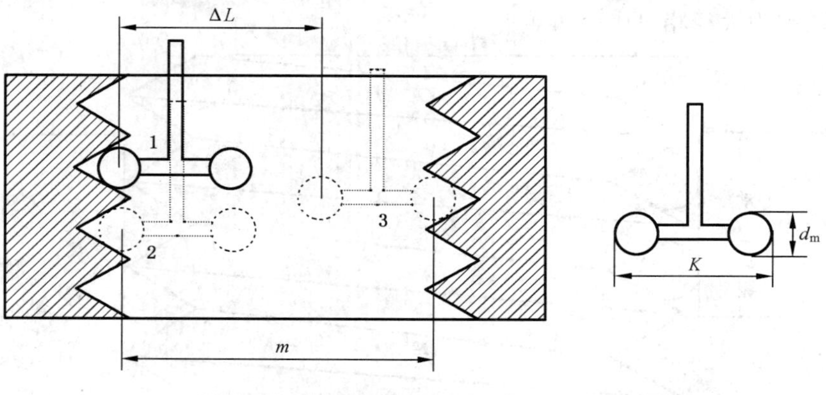

图 8 内螺纹中径测量的量球法

6.2.1.2.3 测量结果计算

6.2.1.2.3.1 测量模型

a) 对称圆柱内螺纹

在参考条件下，对称圆柱内螺纹的中径和单一中径按公式(58)和公式(59)计算。

$$D_2 = m \cdot \cos\theta + d_m \frac{\cos\beta}{\sin(\alpha/2)} - \left(\frac{P}{2} - \frac{P_h \cdot \theta}{\pi}\right) \cdot \cot(\alpha/2) + \delta B \qquad (58)$$

$$m = \Delta L + K - d_m + \delta I + \delta T + \delta F + \delta S \qquad (59)$$

式中：

$\alpha/2$、P、P_h、θ、β、δB ——同公式(2)；

ΔL、K、d_m、δI、δT、δF、δS ——同公式(3)。

θ 和 β 按公式(60)和公式(61)进行迭代计算。

$$\sin\theta = d_m \cdot \frac{\sin\beta}{m} \qquad (60)$$

$$\tan\beta = \tan\theta \cdot \left(\frac{P_h \cdot \cos(\alpha/2)}{\pi \cdot m \cdot \sin\theta} - \sin(\alpha/2)\right) \qquad (61)$$

切点圆直径 d_T 按公式(62)计算。

$$d_T = \frac{P_h}{\pi} \cdot \cos(\alpha/2) \cdot \cot\beta \qquad (62)$$

b) 非对称圆柱内螺纹

同非对称圆柱外螺纹。

6.2.1.2.3.2 输入量的估计值及其标准不确定度评估

ΔL、K、d_m、δI、δT、δF、δS、α_1、α_2、P_h、P、δB 的估计值及其标准不确定度评估同外螺纹的量球法。标准不确定度汇总见表11。

表 11 标准不确定度汇总

输入量 X_i	估计值 x_i	标准不确定度 $u(x_i)$	概率分布	灵敏系数 c_i	不确定度分量 $u_i(y)$
ΔL	$\overline{\Delta L}$	$s(\overline{\Delta L})$	正态	$\frac{\sin(\alpha/2) \cdot \cos\theta - \sin\theta \cdot \tan\beta}{\sin(\alpha/2)}$	$c_{\Delta L} \cdot u(\Delta L)$
K	校准结果	$\sqrt{u^2(D_s) + u^2(\delta L)}$	正态	$\frac{\sin(\alpha/2) \cdot \cos\theta - \sin\theta \cdot \tan\beta}{\sin(\alpha/2)}$	$c_K \cdot u(K)$
d_m	校准结果	$u(d_m)$	正态	$-\cos\theta + \frac{1 - \sin\theta \cdot \sin\beta}{\cos\beta \cdot \sin(\alpha/2)}$	$c_{d_m} \cdot u(d_m)$
δI	0	$a_{仪} / \sqrt{3}$	矩型	$\frac{\sin(\alpha/2) \cdot \cos\theta - \sin\theta \cdot \tan\beta}{\sin(\alpha/2)}$	$c_{\delta I} \cdot u(\delta I)$
δT	0	$2.36 \times 10^{-6} m$	正态	$\frac{\sin(\alpha/2) \cdot \cos\theta - \sin\theta \cdot \tan\beta}{\sin(\alpha/2)}$	$c_{\delta T} \cdot u(\delta T)$
δF	0	0.1 μm	矩型	$\frac{\sin(\alpha/2) \cdot \cos\theta - \sin\theta \cdot \tan\beta}{\sin(\alpha/2)}$	$c_{\delta F} \cdot u(\delta F)$
δS	实测值	0.1 μm	矩型	$\frac{\sin(\alpha/2) \cdot \cos\theta - \sin\theta \cdot \tan\beta}{\sin(\alpha/2)}$	$c_{\delta S} \cdot u(\delta S)$

表 11（续）

输入量 X_i	估计值 x_i	标准不确定度 $u(x_i)$	概率分布	灵敏系数 c_i	不确定度分量 $u_i(y)$
$\alpha/2$	实测值	$u(\alpha/2)$	正态	$\frac{d_T - D_2}{\sin(\alpha/2)\cdot\cos(\alpha/2)}$	$c_{\alpha/2}\cdot u(\alpha/2)$
P_h	实测值	$u(P_h)$	正态	$-\frac{\cot(\alpha/2)}{\pi}\left(\frac{\pi}{2n}-\theta\right)$	$c_{P_h}\cdot u(P_h)$
δB	0	0.3 μm	矩型	1	$c_{\delta B}\cdot u(\delta B)$

6.2.1.2.3.3 输出量估计值及其合成标准不确定度和扩展不确定度

输出量 D_2 的估计值 D_{2e} 可将各项输入量估计值代入测量模型求得。因所有输入量都被认为是独立无关的，所以

合成标准不确定度：$u_c(D_{2e})=\sqrt{\sum u_i^2(D_{2e})}$

扩展不确定度：$U=k\cdot u_c(D_{2e})$

6.2.2 牙侧角

内螺纹牙侧角测量主要采用印模法，也可采用轴线剖面轮廓扫描法等其他满足测量要求的方法。印模法是较传统的方法，采用某些稳定的印模材料，制作内螺纹的印模，将其转换成外螺纹，再按外螺纹牙侧角的测量方法测量。印模转换一般会增加 2′的测量不确定度。

6.2.3 螺距（导程）

公称直径大于 3 mm 的内螺纹螺距（导程）测量可采用测长仪法，也可采用轴向剖面轮廓扫描法、三坐标测量机法等其他满足测量要求的方法。

采用测长仪法测量内螺纹螺距（导程）时，需使用一细长横向杠杆，杠杆一臂的顶端可根据被测螺纹的螺距换装不同的测头。测量时将测杆进入内螺纹，使量球与牙侧接触于中径附近（见图 9），由高精度电感仪定位，高精度测长仪测量读数；再依次将量球与相邻同名牙侧或任意同名牙侧接触测量。具体测量方法同外螺纹螺距（导程）测量的测长仪法。

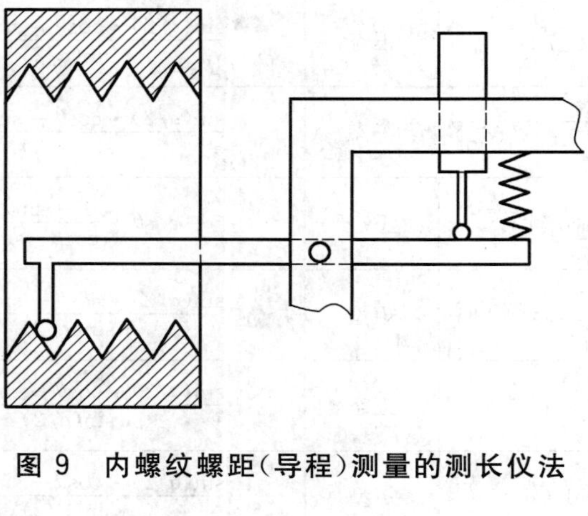

图 9　内螺纹螺距（导程）测量的测长仪法

6.2.4 中径圆柱的圆度和锥度

测量方法同外螺纹。

6.2.5 小径

公称直径大于或等于 20 mm 的工作环规的小径，采用两根标准圆柱和一组量块组合进行测量。两根已知直径的标准圆柱置于内螺纹直径方向上两侧与内螺纹接触，用一组量块组合测量两圆柱内侧母线之间的距离，该距离加上两标准圆柱的直径即为被测内螺纹的小径。

公称直径小于 20 mm 的工作环规的小径，可将一副精密楔形滑块置入被测内螺纹，滑动楔形滑块使其两侧圆柱面与内螺纹接触(见图 10)，采用最大允许示值误差优于±(1 μm+10×10^{-6} L)的测长类器具测量楔形滑块两侧圆柱面外侧母线的距离，该距离即为被测内螺纹的小径。

工件内螺纹的小径可采用内测千分尺测量，也可采用螺纹指示量规测量。

采用上述方法在不同直径方向测量内螺纹小径，可测得内螺纹小径圆柱的圆度。

图 10　内螺纹小径测量的楔形滑块法

6.2.6 小径相对中径跳动

小径相对中径跳动采用螺纹指示量规进行测量，见附录 B。

6.3 测量结果报告

如被测螺纹参数的估计值为 y，相关的扩展不确定度为 U，则被测螺纹参数的测量结果为 $y \pm U$，包含因子 $k=2$。

测量不确定度评估及测量结果报告实例见附录 E。

注：如采用蒙特卡洛法评估测量不确定度，测量结果应报告下述信息：被测量的估计值 y、估计值 y 的标准不确定度 $u(y)$、被测量的 95%包含区间的端点。

7 螺纹检验

工件螺纹检验应使用经检测合格的工作螺纹量规和光滑极限量规或卡规。工作螺纹环规检验应使用经检测合格的校对螺纹塞规和光滑极限量规。

检验规则应符合 GB/T 3934、GB/T 10922、GB/T 8124 和 JB/T 10865 等标准中的有关规定。

为减少检验和验收时发生争议，推荐制造者、检验者和验收者使用同一合格的量规。若使用同一合格的量规困难时：

a) 制造者宜使用新的(或磨损较少的)通端螺纹量规和磨损较多的(或接近磨损极限的)止端螺纹量规；

b) 检验者和验收者宜使用磨损较多的(或接近磨损极限的)通端螺纹量规和新的(或磨损较少的)止端螺纹量规。

8 合格判定

若测量结果(被测螺纹参数的估计值及其测量不确定度)完全落在相应标准规定的允许范围以内，则被测螺纹参数判为合格。

若测量结果(被测螺纹参数的估计值及其测量不确定度)完全落在相应标准规定的允许范围以外，则被测螺纹参数判为不合格。

若测量结果(被测螺纹参数的估计值及其测量不确定度)部分落在相应标准规定的允许范围以外，则按照用户与生产商事前协商的协议进行合格判定。

采用经检测合格的极限量规进行螺纹参数检验时，若符合第7章的规定，则被检螺纹参数判为合格。

经测量和/或检验，相应标准规定的各项螺纹参数均检测合格，则被检螺纹判为合格。

附　录　A
（资料性附录）
螺纹多参数测量

A.1　概述

为实现高精度螺纹多参数自动测量，本附录介绍螺纹轴向剖面二维轮廓扫描法（以下简称扫描法）。通过测头沿被测螺纹轴向剖面轮廓进行二维接触扫描，获取被测螺纹轴向剖面轮廓的二维坐标信息，由计算软件算出各被测螺纹参数的测量结果。

采用扫描法可测量螺纹的中径、单一中径、锥度、大径、小径、螺距、牙侧角和牙侧直线度。

A.2　测量步骤

螺纹多参数测量按下列步骤进行：

a）根据被测螺纹，按仪器操作使用说明书选择适用的测头；

b）清洗被测螺纹、测头、标准规，按相关要求进行温度平衡；

c）按仪器使用说明书进行开机预热、调整等测量准备工作；

d）按仪器使用说明书对测头半径进行校准；

e）按仪器使用说明书安装和调整被测螺纹，使螺纹轴向剖面与二维扫描一致；可采用专用标准规对安装位置偏差进行校准；

f）启动仪器自动扫描、计算和显示测量结果。

A.3　测量结果计算

仪器计算软件自动计算、显示各个被测螺纹参数的估计值，但目前还没有测量不确定度信息。检测方应根据被测件、测量环境、生产商提供的仪器信息评估测量不确定度。应考虑的主要测量不确定度分量为：

a）测量重复性引起的测量不确定度分量；

b）仪器有限分辨率引起的测量不确定度分量，如此项明显小于 A.3a）项，则此项可忽略；

c）测头半径修正值不确定度引起的测量不确定度分量；

d）被测件安装位置偏差造成测头未沿轴向剖面轮廓扫描所引起的测量不确定度分量，如采用专用标准规对安装位置偏差进行校准并修正，则需考虑该修正值的测量不确定度；

e）温度效应引起的测量不确定度分量；

f）测力引起的测量不确定度分量，如测力很小，此项可忽略；

g）二维导轨的运动直线度引起的测量不确定度分量；

h）二维导轨的运动垂直度引起的测量不确定度分量；

i）二维位移的测量误差引起的测量不确定度分量；

j）数据处理不完善引起的测量不确定度分量。

目前，采用扫描法的测量仪器尚没有产品标准和校准规范，其量值溯源尚无规范方法。建议检测方将扫描法与其他方法的测量结果进行比对，验证扫描法测量不确定度评估的合理性。

附 录 B
（资料性附录）
螺纹指示量规

B.1 概述

螺纹指示量规主要用于工件螺纹参数的比较测量。主要由标准量规(setting gage)、架体、测头(滚轮式、双瓣式)、显示仪表组成。测头类型可分为:通端螺纹测头、锥形和V形测头等。内螺纹中径测量范围:4.5 mm～1 000 mm;外螺纹中径测量范围:1 mm～1 000 mm。

B.2 工件螺纹参数测量

在螺纹指示量规上装配不同的测头可测量工件螺纹的作用中径、中径、单一中径、中径圆柱圆度、中径圆柱锥度、导程(包括螺旋线)偏差引起的中径当量、牙侧角偏差引起的中径当量、外螺纹大径相对中径的跳动和内螺纹小径相对中径的跳动。不同测头对应的检测项目见表B.1。

表 B.1 螺纹指示量规检测项目

测头型式	检测项目	中径圆柱的横截面形状条件
使用通端螺纹测头(长度约等于极限量规通端长度):	作用中径 中径圆柱圆度	—
a) 测头间隔120°与工件接触		三棱
b) 测头间隔180°与工件接触		椭圆(两棱)
使用圆锥和V形测头:	中径 中径圆柱的圆度和锥度	—
a) 测头间隔120°与工件接触		三棱
b) 测头间隔180°与工件接触		椭圆(两棱)
使用圆锥测头:	单一中径 中径圆柱的圆度和锥度	—
a) 测头间隔120°与工件接触		三棱
b) 测头间隔180°与工件接触		椭圆(两棱)
使用长度不超过一个螺距的通端螺纹测头与长度约等于极限量规通端长度的通端螺纹测头进行差分测量	导程(包括螺旋线)偏差引起的中径当量	—
使用圆锥和V形测头(测头与工件牙侧的接触高度为0.09H)与长度不超过一个螺距的通端螺纹测头进行差分测量	牙侧角偏差引起的中径当量	—
使用V形或球形测头与光面测头	外螺纹大径或内螺纹小径相对中径的跳动	—

B.3 螺纹指示量规的校准

螺纹指示量规校准参见IFI-301-2008《螺纹量规校准的要求和程序》[3]的第19章。

附 录 C
(资料性附录)
用于中径测量的量针(球)直径选择

C.1 对称螺纹

中径测量时,推荐选择具有最佳直径的量针(球)。对称圆柱螺纹的最佳量针(球)直径按公式(C.1)、公式(C.2)和公式(C.3)进行迭代计算。

$$\tan\beta=\frac{P_{\mathrm{h}}\cdot\cos(\alpha/2)}{\pi\cdot d_{2}} \tag{C.1}$$

$$\tan\theta=\tan\beta/\left[\frac{P_{\mathrm{h}}\cdot\cos(\alpha/2)}{\pi\cdot d_{0}\cdot\sin\beta}+\sin(\alpha/2)\right] \tag{C.2}$$

$$d_{0}=\frac{P/2-P_{\mathrm{h}}\cdot\theta/\pi}{\cos\beta\cdot\cos(\alpha/2)} \tag{C.3}$$

式中:

d_0——量针(球)的最佳直径。

最佳直径不仅与牙侧角、螺距有关,还与中径、导程有关。由于不同螺距与中径的组合太多,国内外有关标准一般采用螺纹升角为零的近似测量模型确定近似最佳直径,其计算按公式(C.4)。

$$d_{0}=\frac{P}{2\cos(\alpha/2)} \tag{C.4}$$

当螺纹升角不大时,选择近似最佳直径所确定的牙侧角估计值的灵敏系数 $c_{\alpha/2}$ 接近零,牙侧角偏差 $\Delta(\alpha/2)$ 对中径测量结果影响较小;升角大时,近似最佳直径将使 $\Delta(\alpha/2)$ 明显影响中径的测量结果。测量时应选择最接近最佳直径的量针(球),并保证所选直径不超过最大和最小极限直径,即 $d_{\mathrm{m\,min}}\leqslant d_{\mathrm{m}}\leqslant d_{\mathrm{m\,max}}$。

如所选量针(球)直径与最佳直径不符,则灵敏系数 $c_{\alpha/2}$ 便不等于零,牙侧角的可能偏差将会影响中径的测量结果。能否满足测量要求,取决于由 $\alpha/2$ 引起的标准测量不确定度分量 $c_{\alpha/2}\cdot u(\alpha/2)$[测量前 $u(\alpha/2)$ 概算为 $T_{\alpha/2}/\sqrt{3}$]相对于测量任务的目标不确定度而言是否可接受。实际测量前,可先根据被测螺纹参数名义值和选用的量针(球)直径,按公式(C.5)、公式(C.6)、公式(C.7)和公式(C.8)计算和 m、M、d_{T} 和 $c_{\alpha/2}$。

$$m=\frac{d_{\mathrm{m}}\cdot\sin\beta}{\sin\theta} \tag{C.5}$$

$$M=m+d_{\mathrm{m}} \tag{C.6}$$

$$d_{\mathrm{T}}=\frac{P_{\mathrm{h}}\cdot\cos(\alpha/2)\cdot\cot\beta}{\pi} \tag{C.7}$$

$$c_{\alpha/2}=\frac{d_{\mathrm{T}}-d_{2}}{\sin(\alpha/2)\cdot\cos(\alpha/2)} \tag{C.8}$$

θ 和 β 和按公式(C.9)和公式(C.10)进行迭代计算。

$$\tan\theta=\frac{\pi\cdot d_{\mathrm{m}}\cdot\tan\beta\cdot\sin\beta}{P_{\mathrm{h}}\cdot\cos(\alpha/2)+\pi\cdot d_{\mathrm{m}}\cdot\sin\beta\cdot\sin(\alpha/2)} \tag{C.9}$$

$$\tan\beta=\frac{P_{\mathrm{h}}\cdot\sin(\alpha/2)\cdot\cos(\alpha/2)}{\pi\cdot d_{2}\cdot\sin(\alpha/2)+P_{\mathrm{h}}\cdot\theta\cdot\cos(\alpha/2)-0.5\pi\cdot P\cdot\cos(\alpha/2)+\pi\cdot d_{\mathrm{m}}\cdot\cos\beta\cdot\cos^{2}(\alpha/2)} \tag{C.10}$$

由 $c_{\alpha/2}\cdot T_{\alpha/2}$ 预估牙侧角的可能偏差引起的测量不确定度分量,以确定是否要对牙侧角进行测量。

按表 C.1 所列判据可判定 $d_{m\,min} \leqslant d_m \leqslant d_{m\,max}$ 是否成立，并可确定 $d_{m\,min}$ 和 $d_{m\,max}$。

表 C.1 判定 $d_{m\,min} \leqslant d_m \leqslant d_{m\,max}$ 及确定 $d_{m\,min}$、$d_{m\,max}$ 的判据

被测螺纹	量针/球	判据
外螺纹	量针	$M \geqslant d_{max}$ 且 $d_{1max} \leqslant d_T \leqslant d_{min}$
	量球	$d_{1max} \leqslant d_T \leqslant d_{min}$
内螺纹	量球	$D_{1max} \leqslant d_T \leqslant D_{min}$

用于单线工件外螺纹中径测量的量针最佳直径、极限直径、选用直径见表 C.2～表 C.5。

表 C.2 普通螺纹 M 量针直径

螺纹		量针			
公称直径 mm	螺距 mm	选用直径 mm	最小直径 mm	最佳直径 mm	最大直径 mm
d	P	d_m	$d_{m\,min}$	d_0	$d_{m\,max}$
1	0.2	0.118	0.101	0.115	0.189
1.8	0.2	0.118	0.101	0.115	0.198
1	0.25	0.142	0.126	0.144	0.234
2.2	0.25	0.142	0.126	0.144	0.244
1.4	0.3	0.170	0.152	0.173	0.282
1.6	0.35	0.201	0.177	0.201	0.337
3.5	0.35	0.201	0.177	0.202	0.341
2	0.4	0.232	0.202	0.230	0.384
2.2	0.45	0.260	0.227	0.259	0.434
2.5	0.45	0.260	0.227	0.259	0.434
3	0.5	0.291	0.253	0.288	0.483
5.5	0.5	0.291	0.253	0.289	0.484
3.5	0.6	0.343	0.303	0.346	0.578
4	0.7	0.402	0.354	0.403	0.672
4.5	0.75	0.433	0.379	0.432	0.723
11	0.75	0.433	0.379	0.433	0.730
5	0.8	0.461	0.404	0.461	0.750
6	1	0.572	0.505	0.576	0.942
30	1	0.572	0.505	0.577	0.921
8	1.25	0.724	0.631	0.720	1.164
14	1.25	0.724	0.632	0.721	1.180
10	1.5	0.866	0.757	0.865	1.404
150	1.5	0.866	0.758	0.866	1.441

表 C.2（续）

螺纹		量针			
公称直径 mm	螺距 mm	选用直径 mm	最小直径 mm	最佳直径 mm	最大直径 mm
d	P	d_{m}	$d_{m\,min}$	d_{0}	$d_{m\,max}$
12	1.75	1.008	0.884	1.009	1.640
14	2	1.157	1.010	1.153	1.884
150	2	1.157	1.011	1.155	1.920
18	2.5	1.441	1.262	1.441	2.346
22	2.5	1.441	1.263	1.442	2.347
24	3	1.732	1.515	1.730	2.838
250	3	1.732	1.516	1.732	2.898
30	3.5	2.020	1.767	2.019	3.310
33	3.5	2.020	1.768	2.019	3.310
36	4	2.311	2.020	2.307	3.775
300	4	2.311	2.021	2.309	3.841
42	4.5	2.595	2.273	2.596	4.260
45	4.5	2.595	2.273	2.596	4.260
48	5	2.886	2.525	2.885	4.748
52	5	2.886	2.526	2.885	4.749
56	5.5	3.177	2.778	3.173	5.236
60	5.5	3.177	2.778	3.174	5.237
64	6	3.468	3.030	3.462	5.725
300	6	3.468	3.031	3.464	5.761
150	8	4.773	4.041	4.618	7.648
300	8	4.773	4.041	4.619	7.669

表 C.3　统一螺纹 UN 量针直径

螺纹		量针直径			
公称直径	牙数	选用直径 mm	最小直径 mm	最佳直径 mm	最大直径 mm
d	n	d_{m}	$d_{m\,min}$	d_{0}	$d_{m\,max}$
0	80	0.185	0.160	0.183	0.294
1	72	0.201	0.178	0.203	0.328
1	64	0.232	0.200	0.228	0.367
2	64	0.232	0.200	0.229	0.368

表 C.3（续）

螺纹		量针直径			
公称直径	牙数	选用直径 mm	最小直径 mm	最佳直径 mm	最大直径 mm
d	n	d_m	$d_{m\ min}$	d_0	$d_{m\ max}$
2	56	0.260	0.229	0.261	0.423
3	56	0.260	0.229	0.261	0.423
3	48	0.291	0.267	0.305	0.493
4	48	0.291	0.267	0.305	0.495
5	44	0.343	0.292	0.333	0.542
4	40	0.343	0.320	0.365	0.593
5	40	0.343	0.320	0.366	0.595
6	40	0.343	0.320	0.366	0.595
8	36	0.402	0.356	0.407	0.663
6	32	0.433	0.400	0.457	0.743
8	32	0.433	0.401	0.457	0.746
10	32	0.433	0.401	0.457	0.748
12	32	0.433	0.401	0.458	0.752
1	32	0.433	0.401	0.458	0.763
12	28	0.511	0.458	0.523	0.857
1 1/2	28	0.511	0.458	0.524	0.875
10	24	0.572	0.534	0.609	0.999
12	24	0.572	0.534	0.609	1.001
11/16	24	0.572	0.535	0.611	1.013
1/4	20	0.724	0.641	0.731	1.204
3	20	0.724	0.642	0.733	1.232
5/16	18	0.796	0.712	0.813	1.342
1 11/16	18	0.796	0.713	0.815	1.361
3/8	16	0.866	0.801	0.915	1.515
6	16	0.866	0.802	0.917	1.548
7/16	14	1.047	0.916	1.045	1.733
7/8	14	1.047	0.917	1.047	1.747
1/2	13	1.157	0.987	1.126	1.868
9/16	12	1.157	1.069	1.220	2.028
6	12	1.157	1.069	1.222	2.058
5/8	11	1.302	1.166	1.331	2.216

表 C.3（续）

螺纹		量针直径			
公称直径	牙数	选用直径 mm	最小直径 mm	最佳直径 mm	最大直径 mm
d	n	d_m	$d_{m\ min}$	d_0	$d_{m\ max}$
3/4	10	1.441	1.283	1.465	2.442
7/8	9	1.591	1.425	1.628	2.717
1	8	1.833	1.603	1.831	3.062
6	8	1.833	1.604	1.833	3.121
1 1/8	7	2.050	1.832	2.093	3.505
1 1/4	7	2.050	1.833	2.093	3.507
1 3/8	6	2.381	2.138	2.442	4.098
6	6	2.381	2.139	2.444	4.150
1 3/4	5	2.886	2.565	2.930	4.928
2	4.5	3.287	2.850	3.256	5.483
2 1/4	4.5	3.287	2.851	3.257	5.450
2 5/8	4	3.666	3.207	3.664	6.184
6	4	3.666	3.208	3.666	6.215

表 C.4　55°非密封管螺纹 G 量针直径

螺纹		量针直径			
尺寸代号	牙数	选用直径 mm	最小直径 mm	最佳直径 mm	最大直径 mm
	n	d_m	$d_{m\ min}$	d_0	$d_{m\ max}$
1/16	28	0.511	0.459	0.511	0.788
1/8	28	0.511	0.459	0.511	0.789
1/4	19	0.724	0.676	0.753	1.181
3/8	19	0.724	0.676	0.753	1.182
1/2	14	1.008	0.917	1.022	1.620
5/8	14	1.008	0.917	1.022	1.620
3/4	14	1.008	0.918	1.022	1.620
7/8	14	1.008	0.918	1.022	1.621
1	11	1.302	1.168	1.301	2.063
11/8	11	1.302	1.168	1.301	2.063
11/4	11	1.302	1.168	1.301	2.063
11/2	11	1.302	1.168	1.301	2.063

表 C.4（续）

螺纹		量针直径			
尺寸代号	牙数	选用直径 mm	最小直径 mm	最佳直径 mm	最大直径 mm
	n	d_m	$d_{m\ min}$	d_0	$d_{m\ max}$
1 3/4	11	1.302	1.168	1.301	2.063
2	11	1.302	1.168	1.301	2.063
2 1/4	11	1.302	1.168	1.302	2.042
2 1/2	11	1.302	1.168	1.302	2.042
2 3/4	11	1.302	1.168	1.302	2.042
3	11	1.302	1.168	1.302	2.042
3 1/2	11	1.302	1.168	1.302	2.042
4	11	1.302	1.168	1.302	2.042
4 1/2	11	1.302	1.168	1.302	2.042
5	11	1.302	1.168	1.302	2.042
5.5	11	1.302	1.168	1.302	2.042
6	11	1.302	1.168	1.302	2.042

表 C.5　梯形螺纹 Tr 量针直径

螺纹		量针直径			
公称直径 mm	螺距 mm	选用直径 mm	最小直径 mm	最佳直径 mm	最大直径 mm
d	P	d_m	$d_{m\ min}$	d_0	$d_{m\ max}$
8	1.5	0.866	0.730	0.775	0.985
10	1.5	0.866	0.730	0.775	0.985
9	2	1.157	0.973	1.032	1.313
20	2	1.157	0.973	1.035	1.313
11	3	1.591	1.459	1.545	1.969
60	3	1.591	1.459	1.553	1.969
16	4	2.071	1.946	2.062	2.625
110	4	2.071	1.946	2.070	2.625
22	5	2.595	2.432	2.580	3.282
28	5	2.595	2.432	2.583	3.282
30	6	3.177	2.919	3.098	3.938
170	6	3.177	2.919	3.106	3.938
38	7	3.666	3.405	3.616	4.594

表 C.5（续）

螺纹		量针直径			
公称直径 mm	螺距 mm	选用直径 mm	最小直径 mm	最佳直径 mm	最大直径 mm
d	P	d_m	$d_{m\ min}$	d_0	$d_{m\ max}$
44	7	3.666	3.405	3.618	4.594
22	8	4.120	3.892	4.102	5.251
240	8	4.120	3.892	4.141	5.251
55	9	4.773	4.378	4.651	5.907
60	9	4.773	4.378	4.652	5.907
30	10	5.150	4.865	5.136	6.563
80	10	5.150	4.865	5.172	6.563
44	12	6.212	5.838	6.181	7.876
300	12	6.212	5.838	6.211	7.876

用于单线螺纹量规中径测量的量针最佳直径、极限直径、选用直径及相关不确定度分量概算见表C.6～表C.13。表中的牙型半角公差来源于相应螺纹量规标准，具体标准编号见第2章。

表 C.6　普通螺纹 M 通端量规的量针直径和不确定度分量

螺纹		量针直径				灵敏系数	牙型半角公差(′)	不确定度分量概算
公称直径 mm	螺距 mm	选用直径 mm	最小直径 mm	最佳直径 mm	最大直径 mm			
d	P	d_m	$d_{m\ min}$	d_0	$d_{m\ max}$	$c_{\alpha/2}$	$T_{\alpha/2}$	$c_{\alpha/2} \times T_{\alpha/2}$
1	0.2	0.118	0.102	0.115	0.199	0.010	60	0.000
1	0.25	0.142	0.127	0.144	0.249	−0.006	48	0.000
1.4	0.3	0.170	0.153	0.173	0.300	−0.009	40	0.000
1.6	0.35	0.201	0.178	0.201	0.350	−0.001	35	0.000
2	0.4	0.232	0.204	0.230	0.401	0.006	31	0.000
2.2	0.45	0.260	0.229	0.259	0.451	0.004	26	0.000
3	0.5	0.291	0.254	0.288	0.502	0.010	25	0.000
3.5	0.6	0.343	0.305	0.346	0.603	−0.009	21	0.000
4	0.7	0.402	0.355	0.403	0.703	−0.004	18	0.000
4.5	0.75	0.433	0.381	0.432	0.754	0.003	17	0.000
5	0.8	0.461	0.406	0.461	0.805	0.000	16	0.000
6	1	0.572	0.507	0.576	1.006	−0.015	16	0.000
8	1.25	0.724	0.633	0.720	1.258	0.012	16	0.000
10	1.5	0.866	0.760	0.865	1.510	0.005	16	0.000

表 C.6（续）

螺纹		量针直径				灵敏系数	牙型半角公差(′)	不确定度分量概算
公称直径 mm	螺距 mm	选用直径 mm	最小直径 mm	最佳直径 mm	最大直径 mm			
d	P	d_m	$d_{m\,min}$	d_0	$d_{m\,max}$	$c_{\alpha/2}$	$T_{\alpha/2}$	$c_{\alpha/2}\times T_{\alpha/2}$
12	1.75	1.008	0.886	1.009	1.763	−0.003	16	0.000
14	2	1.157	1.012	1.153	2.014	0.014	14	0.000
18	2.5	1.441	1.265	1.441	2.519	−0.001	14	0.000
24	3	1.732	1.518	1.730	3.025	0.006	13	0.000
30	3.5	2.020	1.770	2.019	3.529	0.004	12	0.000
36	4	2.311	2.023	2.307	4.034	0.012	11	0.000
42	4.5	2.595	2.276	2.596	4.540	−0.003	11	0.000
48	5	2.886	2.528	2.885	5.044	0.005	11	0.000
56	5.5	3.177	2.781	3.173	5.548	0.013	10	0.000
64	6	3.468	3.033	3.462	6.054	0.021	10	0.000
150	8	4.773	4.045	4.618	8.095	0.537	10	0.002

表 C.7　普通螺纹 M 止端量规的量针直径和不确定度分量

螺纹		量针直径				灵敏系数	牙型半角公差(′)	不确定度分量概算
公称直径 mm	螺距 mm	选用直径 mm	最小直径 mm	最佳直径 mm	最大直径 mm			
d	P	d_m	$d_{m\,min}$	d_0	$d_{m\,max}$	$c_{\alpha/2}$	$T_{\alpha/2}$	$c_{\alpha/2}\times T_{\alpha/2}$
1	0.2	0.118	0.072	0.115	0.143	0.010	60	0.000
1	0.25	0.142	0.090	0.144	0.175	−0.006	48	0.000
1.4	0.3	0.170	0.108	0.173	0.210	−0.009	40	0.000
1.6	0.35	0.201	0.126	0.201	0.245	−0.002	35	0.000
2	0.4	0.232	0.144	0.230	0.281	0.006	31	0.000
2.2	0.45	0.260	0.161	0.259	0.316	0.003	26	0.000
3	0.5	0.291	0.179	0.288	0.347	0.010	25	0.000
3.5	0.6	0.343	0.215	0.346	0.423	−0.009	21	0.000
4	0.7	0.402	0.250	0.403	0.494	−0.005	18	0.000
4.5	0.75	0.433	0.268	0.432	0.529	0.003	17	0.000
5	0.8	0.461	0.286	0.461	0.565	0.000	16	0.000
6	1	0.572	0.357	0.576	0.706	−0.015	16	0.000
8	1.25	0.724	0.446	0.720	0.883	0.012	16	0.000
10	1.5	0.866	0.535	0.865	1.061	0.005	16	0.000

表 C.7（续）

螺纹		量针直径				灵敏系数	牙型半角公差(′)	不确定度分量概算
公称直径 mm	螺距 mm	选用直径 mm	最小直径 mm	最佳直径 mm	最大直径 mm			
d	P	d_m	$d_{m\ min}$	d_0	$d_{m\ max}$	$c_{\alpha/2}$	$T_{\alpha/2}$	$c_{\alpha/2}\times T_{\alpha/2}$
12	1.75	1.008	0.624	1.009	1.239	−0.003	16	0.000
14	2	1.157	0.713	1.153	1.408	0.014	14	0.000
18	2.5	1.441	0.890	1.441	1.770	−0.002	14	0.000
24	3	1.732	1.069	1.730	2.126	0.006	13	0.000
30	3.5	2.020	1.246	2.019	2.481	0.004	12	0.000
36	4	2.311	1.424	2.307	2.836	0.012	11	0.000
42	4.5	2.595	1.602	2.596	3.192	−0.004	11	0.000
48	5	2.886	1.779	2.885	3.546	0.005	11	0.000
56	5.5	3.177	1.957	3.173	3.901	0.013	10	0.000
64	6	3.468	2.135	3.462	4.257	0.021	10	0.000
150	8	4.773	2.846	4.618	5.679	0.537	10	0.002

表 C.8 统一螺纹 UN 通端量规量针直径和不确定度分量

螺纹		量针直径				灵敏系数	牙型半角公差(′)	不确定度分量概算
公称直径	牙数	选用直径 mm	最小直径 mm	最佳直径 mm	最大直径 mm			
d	n	d_m	$d_{m\ min}$	d_0	$d_{m\ max}$	$c_{\alpha/2}$	$T_{\alpha/2}$	$c_{\alpha/2}\times T_{\alpha/2}$
0	80	0.185	0.160	0.183	0.316	0.008	30	0.000
1	72	0.201	0.177	0.203	0.351	−0.007	30	0.000
1	64	0.232	0.200	0.228	0.395	0.013	30	0.000
2	56	0.260	0.229	0.261	0.454	−0.004	30	0.000
3	48	0.291	0.267	0.304	0.529	−0.047	30	0.000
5	44	0.343	0.292	0.332	0.579	0.037	20	0.000
4	40	0.343	0.320	0.365	0.636	−0.077	20	0.000
8	36	0.402	0.356	0.407	0.707	−0.016	20	0.000
6	32	0.433	0.400	0.456	0.794	−0.081	15	0.000
12	28	0.511	0.457	0.523	0.910	−0.041	15	0.000
10	24	0.572	0.533	0.609	1.062	−0.128	15	−0.001
1/4	20	0.724	0.640	0.731	1.275	−0.024	15	0.000
5/16	18	0.796	0.711	0.813	1.418	−0.058	10	0.000
3/8	16	0.866	0.804	0.915	1.596	−0.169	10	0.000

表 C.8（续）

螺纹		量针直径				灵敏系数	牙型半角公差(′)	不确定度分量概算
公称直径	牙数	选用直径 mm	最小直径 mm	最佳直径 mm	最大直径 mm			
d	n	d_m	$d_{m\ min}$	d_0	$d_{m\ max}$	$c_{\alpha/2}$	$T_{\alpha/2}$	$c_{\alpha/2}\times T_{\alpha/2}$
7/16	14	1.047	0.916	1.045	1.826	0.005	10	0.000
1/2	13	1.157	0.987	1.126	1.967	0.107	10	0.000
9/16	12	1.302	1.068	1.220	2.130	0.284	10	0.001
5/8	11	1.302	1.165	1.331	2.324	−0.101	10	0.000
3/4	10	1.441	1.283	1.465	2.559	−0.082	10	0.000
7/8	9	1.591	1.427	1.628	2.846	−0.127	10	0.000
1	8	1.833	1.603	1.831	3.198	0.007	5	0.000
1 1/8	7	2.050	1.832	2.093	3.656	−0.148	5	0.000
1 3/8	6	2.381	2.138	2.442	4.267	−0.210	5	0.000
1 3/4	5	2.886	2.564	2.930	5.120	−0.153	5	0.000
2	4.5	3.287	2.849	3.256	5.690	0.107	5	0.000
2 1/2	4	3.666	3.207	3.664	6.404	0.008	5	0.000

表 C.9　统一螺纹 UN 止端量规的量针直径和不确定度分量

螺纹		量针直径				灵敏系数	牙型半角公差(′)	不确定度分量概算
公称直径	牙数	选用直径 mm	最小直径 mm	最佳直径 mm	最大直径 mm			
d	n	d_m	$d_{m\ min}$	d_0	$d_{m\ max}$	$c_{\alpha/2}$	$T_{\alpha/2}$	$c_{\alpha/2}\times T_{\alpha/2}$
0	80	0.185	0.137	0.183	0.272	0.008	30	0.000
1	72	0.201	0.152	0.203	0.302	−0.007	30	0.000
1	64	0.232	0.172	0.228	0.340	0.013	30	0.000
2	56	0.260	0.196	0.261	0.388	−0.004	30	0.000
3	48	0.291	0.229	0.304	0.453	−0.047	30	0.000
5	44	0.343	0.250	0.332	0.495	0.037	20	0.000
4	40	0.343	0.274	0.365	0.545	−0.077	20	0.000
8	36	0.402	0.305	0.407	0.606	−0.016	20	0.000
6	32	0.433	0.343	0.456	0.681	−0.081	15	0.000
12	28	0.511	0.393	0.523	0.781	−0.041	15	0.000
10	24	0.572	0.458	0.609	0.909	−0.128	15	−0.001
1/4	20	0.724	0.550	0.731	1.094	−0.024	15	0.000
5/16	18	0.796	0.611	0.813	1.217	−0.058	10	0.000

表 C.9（续）

螺纹		量针直径				灵敏系数	牙型半角公差(′)	不确定度分量概算
公称直径	牙数	选用直径 mm	最小直径 mm	最佳直径 mm	最大直径 mm			
d	n	d_m	$d_{m\ min}$	d_0	$d_{m\ max}$	$c_{\alpha/2}$	$T_{\alpha/2}$	$c_{\alpha/2} \times T_{\alpha/2}$
3/8	16	0.866	0.688	0.915	1.368	−0.169	10	0.000
7/16	14	1.047	0.785	1.045	1.563	0.005	10	0.000
1/2	13	1.157	0.846	1.126	1.684	0.107	10	0.000
9/16	12	1.302	0.917	1.220	1.826	0.284	10	0.001
5/8	11	1.302	1.000	1.331	1.992	−0.101	10	0.000
3/4	10	1.441	1.100	1.465	2.192	−0.082	10	0.000
7/8	9	1.591	1.222	1.628	2.437	−0.127	10	0.000
1	8	1.833	1.375	1.831	2.741	0.007	5	0.000
1 1/8	7	2.050	1.572	2.093	3.134	−0.148	5	0.000
1 3/8	6	2.381	1.833	2.442	3.656	−0.210	5	0.000
1 3/4	5	2.886	2.200	2.930	4.390	−0.153	5	0.000
2	4.5	3.287	2.444	3.256	4.879	0.107	5	0.000
2 1/2	4	3.666	2.750	3.664	5.489	0.008	5	0.000

表 C.10　55°非密封管螺纹 G 通端量规的量针直径和不确定度分量

螺纹		量针直径				灵敏系数	牙型半角公差(′)	不确定度分量概算
尺寸代号	牙数	选用直径 mm	最小直径 mm	最佳直径 mm	最大直径 mm			
	n	d_m	$d_{m\ min}$	d_0	$d_{m\ max}$	$c_{\alpha/2}$	$T_{\alpha/2}$	$c_{\alpha/2} \times T_{\alpha/2}$
1/16	28	0.511	0.459	0.511	0.765	0.001	15	0.000
1/8	28	0.511	0.459	0.511	0.765	0.000	15	0.000
1/4	19	0.724	0.677	0.753	1.131	−0.121	13	0.000
3/8	19	0.724	0.677	0.753	1.131	−0.122	13	0.000
1/2	14	1.008	0.917	1.022	0.388	−0.059	11	0.000
5/8	14	1.008	0.917	1.022	1.535	−0.059	11	0.000
3/4	14	1.008	0.917	1.022	1.535	−0.060	11	0.000
7/8	14	1.008	0.917	1.022	1.535	−0.060	11	0.000
1	11	1.302	1.167	1.301	1.957	0.003	10	0.000
1 1/8	11	1.302	1.167	1.301	1.958	0.003	10	0.000
1 1/4	11	1.302	1.168	1.301	1.958	0.003	10	0.000
1 1/2	11	1.302	1.168	1.301	1.958	0.002	10	0.000

表 C.10（续）

螺纹		量针直径				灵敏系数	牙型半角公差(′)	不确定度分量概算
尺寸代号	牙数	选用直径 mm	最小直径 mm	最佳直径 mm	最大直径 mm			
	n	d_m	$d_{m\ min}$	d_0	$d_{m\ max}$	$c_{\alpha/2}$	$T_{\alpha/2}$	$c_{\alpha/2}\times T_{\alpha/2}$
1 3/4	11	1.302	1.168	1.301	1.958	0.002	10	0.000
2	11	1.302	1.168	1.301	1.958	0.002	10	0.000
2 1/4	11	1.302	1.167	1.302	1.954	0.002	10	0.000
2 1/2	11	1.302	1.167	1.302	1.954	0.002	10	0.000
2 3/4	11	1.302	1.167	1.302	1.954	0.002	10	0.000
3	11	1.302	1.167	1.302	1.954	0.002	10	0.000
3 1/2	11	1.302	1.167	1.302	1.954	0.002	10	0.000
4	11	1.302	1.167	1.302	1.954	0.002	10	0.000
4 1/2	11	1.302	1.167	1.302	1.954	0.002	10	0.000
5	11	1.302	1.167	1.302	1.954	0.002	10	0.000
5.5	11	1.302	1.167	1.302	1.954	0.002	10	0.000
6	11	1.302	1.167	1.302	1.954	0.002	10	0.000

表 C.11　55°非密封管螺纹 G 止端量规的量针直径和不确定度分量

螺纹		量针直径				灵敏系数	牙型半角公差(′)	不确定度分量概算
尺寸代号	牙数	选用直径 mm	最小直径 mm	最佳直径 mm	最大直径 mm			
	n	d_m	$d_{m\ min}$	d_0	$d_{m\ max}$	$c_{\alpha/2}$	$T_{\alpha/2}$	$c_{\alpha/2}\times T_{\alpha/2}$
1/16	28	0.511	0.334	0.511	0.614	0.000	16	0.000
1/8	28	0.511	0.334	0.511	0.614	0.000	16	0.000
1/4	19	0.724	0.492	0.753	0.906	−0.121	16	−0.001
3/8	19	0.724	0.492	0.753	0.907	−0.122	16	−0.001
1/2	14	1.008	0.667	1.022	1.231	−0.059	14	0.000
5/8	14	1.008	0.667	1.022	1.231	−0.059	14	0.000
3/4	14	1.008	0.667	1.022	1.231	−0.060	14	0.000
7/8	14	1.008	0.667	1.022	1.232	−0.060	14	0.000
1	11	1.302	0.848	1.301	1.568	0.003	14	0.000
1 1/8	11	1.302	0.848	1.301	1.568	0.003	14	0.000
1 1/4	11	1.302	0.848	1.301	1.569	0.003	14	0.000
1 1/2	11	1.302	0.848	1.301	1.569	0.002	14	0.000
1 3/4	11	1.302	0.848	1.301	1.569	0.002	14	0.000

表 C.11（续）

螺纹		量针直径				灵敏系数	牙型半角公差(′)	不确定度分量概算
尺寸代号	牙数	选用直径 mm	最小直径 mm	最佳直径 mm	最大直径 mm			
	n	d_m	$d_{m\ min}$	d_0	$d_{m\ max}$	$c_{\alpha/2}$	$T_{\alpha/2}$	$c_{\alpha/2} \times T_{\alpha/2}$
2	11	1.302	0.848	1.301	1.569	0.002	14	0.000
2 1/4	11	1.302	0.849	1.302	1.568	0.002	14	0.000
2 1/2	11	1.302	0.849	1.302	1.568	0.002	14	0.000
2 3/4	11	1.302	0.849	1.302	1.568	0.002	14	0.000
3	11	1.302	0.849	1.302	1.568	0.002	14	0.000
3 1/2	11	1.302	0.849	1.302	1.568	0.002	14	0.000
4	11	1.302	0.849	1.302	1.568	0.002	14	0.000
4 1/2	11	1.302	0.849	1.302	1.568	0.002	14	0.000
5	11	1.302	0.849	1.302	1.568	0.002	14	0.000
5.5	11	1.302	0.849	1.302	1.568	0.002	14	0.000
6	11	1.302	0.849	1.302	1.568	0.002	14	0.000

表 C.12 梯形螺纹 Tr 通端量规的量针直径和不确定度分量

螺纹		量针直径				灵敏系数	牙型半角公差(′)	不确定度分量概算
公称直径 mm	螺距 mm	选用直径 mm	最小直径 mm	最佳直径 mm	最大直径 mm			
d	P	d_m	$d_{m\ min}$	d_0	$d_{m\ max}$	$c_{\alpha/2}$	$T_{\alpha/2}$	$c_{\alpha/2} \times T_{\alpha/2}$
8	1.5	0.796	0.731	0.775	0.985	0.306	12	0.001
10	1.5	0.796	0.731	0.775	0.986	0.297	12	0.001
9	2	1.047	0.973	1.032	1.312	0.216	10	0.001
20	2	1.047	0.975	1.035	1.315	0.178	10	0.001
11	3	1.591	1.456	1.545	1.965	0.658	9	0.002
60	3	1.591	1.462	1.553	1.972	0.552	9	0.001
16	4	2.071	1.943	2.062	2.621	0.127	8	0.000
110	4	2.071	1.949	2.070	2.629	0.009	8	0.000
22	5	2.595	2.429	2.580	3.277	0.221	8	0.001
28	5	2.595	2.432	2.583	3.280	0.172	8	0.000
30	6	3.117	2.916	3.098	3.934	0.273	8	0.001
170	6	3.106	2.921	3.106	3.941	0.006	8	0.000
38	7	3.666	3.403	3.616	4.590	0.723	8	0.002
44	7	3.666	3.404	3.618	4.592	0.712	8	0.002

表 C.12（续）

螺纹		量针直径				灵敏系数	牙型半角公差(′)	不确定度分量概算
公称直径 mm	螺距 mm	选用直径 mm	最小直径 mm	最佳直径 mm	最大直径 mm			
d	P	d_m	$d_{m\ min}$	d_0	$d_{m\ max}$	$c_{\alpha/2}$	$T_{\alpha/2}$	$c_{\alpha/2}\times T_{\alpha/2}$
22	8	4.120	3.865	4.102	5.221	0.254	8	0.001
240	8	4.141	3.895	4.141	5.255	0.002	8	0.000
55	9	4.773	4.376	4.651	5.903	1.758	8	0.004
60	9	4.773	4.377	4.652	5.905	1.740	8	0.004
30	10	5.150	4.851	5.136	6.545	0.194	7	0.000
80	10	5.150	4.865	5.172	6.562	−0.311	7	−0.001
44	12	6.212	5.819	6.181	7.852	0.446	7	0.001
300	12	6.212	5.838	6.211	7.875	0.013	7	0.000

表 C.13 梯形螺纹 Tr 止端量规的量针直径和不确定度分量

螺纹		量针直径				灵敏系数	牙型半角公差(′)	不确定度分量概算
公称直径 mm	螺距 mm	选用直径 mm	最小直径 mm	最佳直径 mm	最大直径 mm			
d	P	d_m	$d_{m\ min}$	d_0	$d_{m\ max}$	$c_{\alpha/2}$	$T_{\alpha/2}$	$c_{\alpha/2}\times T_{\alpha/2}$
8	1.5	0.796	0.639	0.775	0.855	0.304	16	0.001
10	1.5	0.796	0.639	0.775	0.856	0.296	16	0.001
9	2	1.047	0.850	1.032	1.140	0.212	14	0.001
20	2	1.047	0.852	1.035	1.143	0.177	14	0.001
11	3	1.553	1.272	1.545	1.709	0.102	13	0.000
60	3	1.553	1.278	1.553	1.715	0.004	13	0.000
16	4	2.071	1.697	2.062	2.281	0.119	11	0.000
110	4	2.071	1.703	2.070	2.289	0.009	11	0.000
22	5	2.595	2.122	2.580	2.854	0.215	11	0.001
28	5	2.595	2.124	2.583	2.857	0.168	11	0.001
30	6	3.117	2.547	3.098	3.427	0.268	11	0.001
170	6	3.106	2.552	3.106	3.435	0.006	11	0.000
38	7	3.580	2.972	3.616	4.001	−0.522	11	−0.002
44	7	3.580	2.973	3.618	4.003	−0.549	11	−0.002
22	8	4.120	3.372	4.102	4.546	0.215	11	0.001
240	8	4.141	3.402	4.141	4.580	0.002	11	0.000
55	9	4.773	3.822	4.651	5.146	1.755	11	0.006

表 C.13（续）

螺纹		量针直径				灵敏系数	牙型半角公差(′)	不确定度分量概算
公称直径 mm	螺距 mm	选用直径 mm	最小直径 mm	最佳直径 mm	最大直径 mm			
d	P	d_m	$d_{m\ min}$	d_0	$d_{m\ max}$	$c_{\alpha/2}$	$T_{\alpha/2}$	$c_{\alpha/2}\times T_{\alpha/2}$
60	9	4.773	3.823	4.652	5.145	1.737	11	0.006
30	10	5.150	4.222	5.136	5.688	0.160	9	0.000
80	10	5.150	4.249	5.172	5.720	−0.313	9	−0.001
44	12	6.212	5.080	6.181	6.842	0.427	9	0.001
300	12	6.212	5.101	6.211	6.872	0.013	9	0.000

用于中径测量的量球选用直径见表 C.14。

表 C.14　量球选用直径

量球直径/mm	普通螺纹 M	统一螺纹 UN	55°非密封管螺纹 G	梯型螺纹 Tr
	螺距/mm	牙数	牙数	螺距/mm
	P	n	n	P
0.335	0.5	40		
	0.6	36		
0.455	0.7	32		
	0.75			
	0.8			
0.53		28	28	
0.62	1	24		
0.725	1.25	20	19	
0.895	1.5	18		1.5
	1.75	16		
1.1	2	14	14	2
		13		
1.35	2.5	12	11	
		11		
		10		
1.65	3	9		3
		8		
2.05	3.5	7		4
2.55	4	6		5
	4.5			

表 C.14（续）

量球直径/mm	普通螺纹 M	统一螺纹 UN	55°非密封管螺纹 G	梯型螺纹 Tr
	螺距/mm	牙数	牙数	螺距/mm
	P	n	n	P
3.2	5	5		6
	5.5	4.5		
4	6	4		7

C.2　非对称螺纹

测量非对称螺纹时，不能通过选择量针(球)直径使左右两侧的切点均位于中径圆柱上，只能通过选择量针(球)直径使牙侧角可能偏差引起的测量不确定度分量尽可能地小。根据被测非对称螺纹参数的名义值，非对称螺纹的最佳量针(球)直径按下列步骤计算：

a)　设定量针(球)直径的初始值；

b)　设定当量中径 d_{21} 的初始值，以 α_1 替代 $\alpha/2$，按公式(C.5)、公式(C.9)和公式(C.10)迭代计算 m、θ_1 和 β_1；

c)　以 α_2 替代 $\alpha/2$，由步骤 b)求得的 m 按公式(2)、公式(4)和公式(5)迭代计算 d_{22}、θ_2 和 β_2；

d)　由 d_{22} 和 d_2 按公式(7)计算 d_{21}；

e)　如步骤 d)的 d_{21} 与步骤 b)的 d_{21} 之差大于设定的允许差，则继续迭代计算，直至步骤 d)的 d_{21} 与步骤 b)的 d_{21} 之差不大于设定的允许差，即求得 m、θ_i 和 β_i；

f)　按公式(8)和公式(9)计算 d_{T1} 和 d_{T2}；

g)　$c_{\alpha i}$ 按公式(C.11)计算：

$$c_{\alpha i}=\frac{d_{Ti}-d_2}{(\tan\alpha_1+\tan\alpha_2)\cdot\cos^2\alpha_i}\qquad\cdots\cdots(C.11)$$

式中：

$c_{\alpha i}$——牙侧角估计值的灵敏系数，$(i=1、2)$；

h)　由牙侧角的可能偏差引起的标准测量不确定度分量按公式(C.12)计算：

$$u_\alpha(d_{2e})=\sqrt{\sum c_{\alpha i}^2\cdot u^2(\alpha_i)}\qquad\cdots\cdots(C.12)$$

式中：

$u_\alpha(d_{2e})$——由牙侧角的可能偏差引起的中径估计值的标准测量不确定度分量；

$u(\alpha_i)$　——牙侧角估计值的标准不确定度，测量前可概算为 $T\alpha_i/\sqrt{3}$，$T\alpha_i$ 为牙侧角的公差；

i)　以 0.01 mm 为步进当量，逐渐改变量针(球)直径，按步骤 b)至步骤 h)计算 $u_\alpha(d_{2e})$，直至找到其最小值，与此最小值对应的量针(球)直径即是最佳直径。

以 d_{T1}、d_{T2} 替代 d_T，按表 C.1 所列判据可判定 $d_{m\,min}\leqslant d_m\leqslant d_{m\,max}$ 是否成立，并可确定 $d_{m\,min}$ 和 $d_{m\,max}$。

建议对选用直径进行相应的测量不确定度分量概算。根据测量任务的目标不确定度，确定是否需对牙侧角进行测量。

注 1：当选用最佳直径时，如量针跨距 M 小于被测螺纹大径，就无法使用平面测帽进行测量。此时可采用量球法测量，或选用更大的量针直径，以使 M 大于大径。

注 2：当被测螺纹升角较大时，量针与较小牙侧角一侧的接触点可能不止一点，即量针与牙侧面接触可能发生干涉，此时应采用量球法测量。

附 录 D
（资料性附录）
三针法中径测量的测力选择

三针法中径测量的测力选择见表 D.1。

表 D.1 三针法中径测量的测力选择

螺距/mm	测力/N	允许偏差
0.2～0.25	1.1	±10%
大于 0.25	2～4[a]	±10%

[a] 根据测量仪器不同的结构和阻尼情况，仪器生产商会给出各自仪器的测力推荐值。当螺距大于 0.25 mm 时，在 2 N～4 N 的范围内，按仪器生产商的测力推荐值选择。

附 录 E
（资料性附录）
测量不确定度评估实例

E.1 量球法外螺纹中径测量不确定度评估实例

E.1.1 测量概述

a) 测量温度条件：符合表1规定的高准确度测量的温度要求。

b) 测量设备及技术指标：测长仪最大允许示值误差为±(0.07 μm+0.5×10^{-6} L)；电感仪测量重复性≤0.1 μm；量球直径测量不确定度≤0.5 μm；光面环规直径不确定度为0.15 μm。

c) 被测螺纹塞规规格：M12-6H。

d) 测量分类：2c类。

E.1.2 输入量标准不确定度评估

ΔL：重复测量10次，根据贝塞尔公式，得 $s(\Delta L)=0.2$ μm，故 $u(\Delta L)=0.2$ μm。

K：因 $u(D_S)=0.15/2=0.075$ μm，$u(\delta L)=0.1$ μm，故 $u(K)=\sqrt{0.075^2+0.1^2}=0.13$ μm。

d_m：根据量球校准报告，直径扩展不确定度为0.5 μm，$K=2$，故 $u(d_m)=0.25$ μm。

δI：测长仪最大允许示值误差为±(0.07μm+0.5×10^{-6} L)，故 $u(\delta I)=0.08/\sqrt{3}=0.05$ μm。

δT：根据量球法的不确定度汇总表，$u(\delta T)=2.36\times10^{-6}\,m$，现 $m=11.561\,5\times10^3$ μm，故 $u(\delta T)=$ 0.027 μm。

δF：估计 $u(\delta F)=0.1$ μm。

δS：工作台导轨直线度监测的标准不确定度为0.2 μm。

$\alpha/2$：根据 $\alpha/2$ 的测量结果报告，$u(\alpha/2)=0.000\,29$。

P_h：根据 P_h 的测量结果报告，$u(P_h)=0.2$ μm。

δB：估计 $u(\delta B)=0.3$ μm。

标准不确定度汇总见表E.1。

E.1.3 输出量估计值及其合成标准不确定度和扩展不确定度

输出量 d_2 的估计值 d_{2e} 可将各项输入量估计值代入测量模型求得：$d_{2e}=10.875\,0$ mm。因所有输入量都被认为是独立无关的，所以合成标准不确定度 $u_c(d_{2e})=\sqrt{\sum u_i^2(d_{2e})}=0.000\,55$ mm。扩展不确定度 $U(d_{2e})=k\cdot u_c(d_{2e})=2\times0.000\,55=0.001\,1$ mm。

表 E.1 标准不确定度汇总

输入量 X_i	估计值 x_i	标准不确定度 $u(x_i)$	概率分布	灵敏系数 c_i	不确定度分量 $u_i(y)$
ΔL	18.309 0 mm	0.2 μm	正态	1	0.2 μm
K	7.847 5 mm	0.13 μm	正态	−1	−0.13 μm
d_m	1.100 0 mm	0.25 μm	正态	−1	−0.25 μm
δI	0	0.05 μm	矩型	1	0.05 μm

表 E.1（续）

输入量 X_i	估计值 x_i	标准不确定度 $u(x_i)$	概率分布	灵敏系数 c_i	不确定度分量 $u_i(y)$
δT	0	0.027 μm	正态	1	0.027 μm
δF	0	0.1 μm	矩型	1	0.1 μm
δS	0.3 μm	0.2 μm	正态	1	0.2 μm
$\alpha/2$	0.523 598 775 7	0.000 29	正态	316.14 μm	0.092 μm
P_h	1.750 0 mm	0.2 μm	正态	0.86	0.17 μm
δB	0	0.3 μm	矩型	1	0.3 μm

E.1.4 测量结果报告

被测外螺纹中径的测量结果为(10.875 0±0.001 1)mm，包含因子 $k=2$。

E.2 三针法外螺纹中径测量不确定度评估实例

E.2.1 测量概述

a) 测量温度条件：符合表 1 规定的高准确度测量的温度要求。

b) 测量设备及技术指标：测长仪最大允许示值误差为±$(0.07\ \mu m+0.5\times10^{-6}\ L)$；10 mm 3 等量块长度不确定度为 0.11 μm；量针直径测量不确定度≤0.5 μm。

c) 被测螺纹塞规规格：M12-6H。

d) 测量分类：2c 类。

E.2.2 输入量标准不确定度评估

Δl、d_m、δI、δT、$\alpha/2$、P_h、δB：同 E.1.2。

l_0：根据 3 等量块技术要求，10 mm 3 等量块 $U(l_0)=0.11\ \mu m$，$k=2$，故 $u(l_0)=0.055\ \mu m$。

δF：估计 $u(\delta F)=0.3\ \mu m$。

标准不确定度汇总见表 E.2。

表 E.2 标准不确定度汇总

输入量 X_i	估计值 x_i	标准不确定度 $u(x_i)$	概率分布	灵敏系数 c_i	不确定度分量 $u_i(y)$
ΔL	0.459 5 mm	0.2 μm	正态	1	0.2 μm
l_0	10.000 0 mm	0.055 μm	正态	1	0.055 μm
d_m	1.100 0 mm	0.25 μm	正态	−1	−0.25 μm
δI	0	0.05 μm	矩型	1	0.05 μm
δT	0	0.027 μm	正态	1	0.027 μm
δF	0.001 8 mm	0.3 μm	矩型	1	0.3 μm
$\alpha/2$	0.523 598 775 7	0.000 29	正态	316.14 μm	0.092 μm

表 E.2（续）

输入量 X_i	估计值 x_i	标准不确定度 $u(x_i)$	概率分布	灵敏系数 c_i	不确定度分量 $u_i(y)$
P_h	1.750 0 mm	0.2 μm	正态	0.86	0.17 μm
δB	0	0.3 μm	矩型	1	0.3 μm

E.2.3 输出量估计值及其合成标准不确定度和扩展不确定度

输出量 d_2 的估计值 d_{2e} 可将各项输入量估计值代入测量模型求得：$d_{2e}=10.874\ 8$ mm。因所有输入量都被认为是独立无关的，所以合成标准不确定度 $u_c(d_{2e})=\sqrt{\sum u_i^2(d_{2e})}=0.000\ 57$ mm。扩展不确定度 $U(d_{2e})=k\cdot u_c(d_{2e})=2\times0.000\ 57=0.001\ 2$ mm。

E.2.4 测量结果报告

被测外螺纹中径的测量结果为(10.874 8±0.001 2)mm，包含因子 $k=2$。

E.3 三针法外螺纹中径测量不确定度评估实例

E.3.1 测量概述

a) 测量温度条件：符合表 1 规定的中等准确度测量的温度要求。
b) 测量设备及技术指标：测长仪最大允许示值误差为 $\pm(0.5\mu m+5\times10^{-6}L)$；量针直径测量不确定度≤0.5 μm。
c) 被测螺纹塞规规格：M12-6H。
d) 测量分类：2b 类，不对牙侧角进行测量，但仍对螺距(导程)进行高精度测量。
e) 测量步骤：不用 3 等量块置零，直接测量外跨距 M。

E.3.2 输入量标准不确定度评估

M_d：重复测量 10 次，根据贝塞尔公式，得 $s(M_d)=0.5$ μm，故 $u(M_d)=0.5$ μm。

d_m：根据量针校准报告，直径扩展不确定度为 0.5 μm，$k=2$，故 $u(d_m)=0.25$ μm。

δI：测长仪最大允许示值误差为 $\pm(0.5\mu m+5\times10^{-6}L)$，故 $u(\delta I)=0.55/\sqrt{3}=0.32$ μm。

δT：$u(\delta T)=5\times10^{-6}m$，现 $m=11.561\ 5\times10^3$ μm，故 $u(\delta T)=0.058$ μm。

$\alpha/2$：按其公差估计 $u(\alpha/2)=0.004\ 7/\sqrt{3}=0.002\ 7$。

δF、P_h、δB：同 E.2.2。

标准不确定度汇总见表 E.3。

表 E.3 标准不确定度汇总

输入量 X_i	估计值 x_i	标准不确定度 $u(x_i)$	概率分布	灵敏系数 c_i	不确定度分量 $u_i(y)$
M_d	12.659 6 mm	0.5 μm	正态	1	0.5 μm
d_m	1.100 0 mm	0.25 μm	正态	−3	−0.75 μm
δI	0	0.32 μm	矩型	1	0.32 μm

表 E.3(续)

输入量 X_i	估计值 x_i	标准不确定度 $u(x_i)$	概率分布	灵敏系数 c_i	不确定度分量 $u_i(y)$
δT	0	0.058 μm	正态	1	0.058 μm
δF	0.001 6 mm	0.3 μm	矩型	1	0.3 μm
$\alpha/2$	0.523 598 775 7	0.002 7	正态	316.14 μm	0.85 μm
P_h	1.750 0 mm	0.2 μm	正态	0.86	0.17 μm
δB	0	0.3 μm	矩型	1	0.3 μm

E.3.3 输出量估计值及其合成标准不确定度和扩展不确定度

输出量 d_2 的估计值 d_{2e} 可将各项输入量估计值代入测量模型求得:$d_{2e}=10.874\ 8$ mm。因所有输入量都被认为是独立无关的,所以合成标准不确定度 $u_c(d_{2e})=\sqrt{\sum u_i^2(d_{2e})}=0.001\ 4$ mm。扩展不确定度 $U(d_{2e})=k\cdot u_c(d_{2e})=2\times0.001\ 4=0.003$ mm。

E.3.4 测量结果报告

被测外螺纹中径的测量结果为(10.875±0.003)mm,包含因子 $k=2$。

E.4 轴切法外螺纹中径测量不确定度评估实例

E.4.1 测量概述

a) 测量温度条件:符合表 1 规定的中等准确度测量的温度要求。

b) 测量设备及技术指标:万工显最大允许示值误差为±(1 μm+10×10^{-6} L);测量刀刃口与刻线间距的测量不确定度≤1 μm。

c) 被测螺纹塞规规格:M12-6H。

E.4.2 输入量标准不确定度评估

ΔY:重复测量 10 次,根据贝塞尔公式,得 $s(\Delta Y)=1.5$ μm,故 $u(\Delta Y)=1.5$ μm。

δI:万工显最大允许示值误差为±(1 μm+10×10^{-6} L),故 $u(\delta I)=1.1/\sqrt{3}=0.64$ μm。

δT:根据轴切法的不确定度汇总表,$u(\delta T)=3.6\times10^{-6}\Delta Y$,现 $\Delta Y=10.878\ 5\times10^3$ μm,故 $u(\delta T)=0.04$ μm。

δK:根据测量刀的校准证书,测量刀刃口与刻线间距的标准测量不确定度为 0.5 μm,故 $u(\delta K)=\frac{2}{\sin(\alpha/2)}u(\Delta b)=2\times2\times0.5=2$ μm。

标准不确定度汇总见表 E.4。

表 E.4 标准不确定度汇总

输入量 X_i	估计值 x_i	标准不确定度 $u(x_i)$	概率分布	灵敏系数 c_i	不确定度分量 $u_i(y)$
ΔY	10.878 5 mm	1.5 μm	正态	1	1.5 μm

表 E.4（续）

输入量 X_i	估计值 x_i	标准不确定度 $u(x_i)$	概率分布	灵敏系数 c_i	不确定度分量 $u_i(y)$
δI	0	0.64 μm	矩型	1	0.64 μm
δT	0	0.04μm	正态	1	0.04μm
δK	−3.5 μm	2 μm	正态	1	2 μm

E.4.3　输出量估计值及其合成标准不确定度和扩展不确定度

输出量 d_2 的估计值 d_{2e} 可将各项输入量估计值代入测量模型求得：$d_{2e}=10.875$ mm。因所有输入量都被认为是独立无关的，所以合成标准不确定度 $u_c(d_{2e})=\sqrt{\sum u_i^2(d_{2e})}=0.0026$ mm。扩展不确定度 $U(d_{2e})=k\cdot u_c(d_{2e})=2\times0.0026=0.005$ mm。

E.4.4　测量结果报告

被测外螺纹中径的测量结果为(10.875±0.005)mm，包含因子 $k=2$。

E.5　外径千分尺法外螺纹中径测量不确定度评估实例

E.5.1　测量概述

a)　测量温度条件：符合表 1 规定的低准确度测量的温度要求。

b)　测量设备及技术指标：外径千分尺最大允许示值误差为±4 μm；量针直径测量不确定度≤0.5 μm。

c)　被测螺纹塞规规格：M12-6H。

d)　测量分类：2a 类。

E.5.2　输入量标准不确定度评估

M_d：重复测量 10 次，根据贝塞尔公式，得 $s(M_d)=2$ μm，故 $u(M_d)=2$ μm。

d_m、δB、$\alpha/2$：同 E.3.2。

δI：外径千分尺最大允许示值误差为±4 μm，故 $u(\delta I)=4/\sqrt{3}=2.31$ μm。

δT：根据外径千分尺法的不确定度汇总表，$u(\delta T)=8.2\times10^{-6}M_d$，现 $M_d=12.653\times10^3$ μm，故 $u(\delta T)=0.1$ μm。

δF：估计 $u(\delta F)=0.3$ μm。

P_h：按其公差估计，$u(P_h)=4/\sqrt{3}=2.3$ μm。

标准不确定度汇总见表 E.5。

表 E.5　标准不确定度汇总

输入量 X_i	估计值 x_i	标准不确定度 $u(x_i)$	概率分布	灵敏系数 c_i	不确定度分量 $u_i(y)$
M_d	12.663 mm	2 μm	正态	1	2 μm
d_m	1.1000 mm	0.25 μm	正态	−3	−0.75 μm

表 E.5（续）

输入量 X_i	估计值 x_i	标准不确定度 $u(x_i)$	概率分布	灵敏系数 c_i	不确定度分量 $u_i(y)$
δI	0	2.3 μm	矩型	1	2.3 μm
δT	0	0.1 μm	正态	1	0.1 μm
δF	0.002 8 mm	0.3 μm	矩型	1	0.3 μm
$\alpha/2$	0.523 6	0.002 7	正态	316.14 μm	0.85 μm
P_h	1.750 0 mm	2.3 μm	正态	0.86	2 μm
δB	0	0.3 μm	矩型	1	0.3 μm

E.5.3 输出量估计值及其合成标准不确定度和扩展不确定度

输出量 d_2 的估计值 d_{2e} 可将各项输入量估计值代入测量模型求得：$d_{2e}=10.879$ mm。因所有输入量都被认为是独立无关的，所以合成标准不确定度 $u_c(d_{2e})=\sqrt{\sum u_i^2(d_{2e})}=0.003\ 9$ mm。扩展不确定度 $U(d_{2e})=k\cdot u_c(d_{2e})=2\times0.003\ 9=0.008$ mm。

E.5.4 测量结果报告

被测外螺纹中径的测量结果为(10.879±0.008)mm，包含因子 $k=2$。

E.6 影像法外螺纹牙侧角测量不确定度评估实例

E.6.1 测量概述

a) 测量设备及技术指标：万工显最大测角允许示值误差为±1′。
b) 被测螺纹塞规规格：M12-6H。
c) 重复测量次数：4 次。

E.6.2 输入量标准不确定度评估

$\overline{\alpha_{id}}$：事先重复测量 10 次，根据贝塞尔公式，得 $s(\frac{\alpha_{id}+\alpha_{id}'}{2})=1.6'$，实测时重复测量四次取平均值，故 $u(\overline{\alpha_{id}})=s(\frac{\alpha_{id}+\alpha_{id}'}{2})/\sqrt{4}=1.6/2=0.8'$。

δI：万工显最大测角允许示值误差为 ±1′，故 $u(\delta I)=1/\sqrt{3}=0.6'$。

α_{in}：$u(\alpha_{in})=\sqrt{u^2(\overline{\alpha_{id}})+u^2(\delta I)}=\sqrt{0.8^2+0.6^2}=1'$

标准不确定度汇总见表 E.6。

表 E.6 标准不确定度汇总

输入量 X_i	估计值 x_i	标准不确定度 $u(x_i)$	概率分布	灵敏系数 c_i	不确定度分量 $u_i(y)$
α_{in}	30°1′	1′	正态	1	1′

E.6.3 输出量估计值及其合成标准不确定度和扩展不确定度

输出量 α_i 的估计值 α_{ie} 可将各项输入量估计值代入测量模型求得：$\alpha_{ie}=30°1'$。合成标准不确定度 $u_c(\alpha_{ie})=1'$。扩展不确定度 $U(\alpha_{ie})=k\cdot u_c(\alpha_{ie})=2\times1'=2'$。

E.6.4 测量结果报告

被测外螺纹牙侧角的测量结果为 $30°1'\pm2'$，包含因子 $k=2$。

参 考 文 献

［1］ 苏宗康.螺纹精密跨线测量精确公式的改进——兼论近似公式原理误差的解析表达方法.计量技术,1993.11

［2］ 苏宗康.非对称螺纹精密跨线测量的误差研究.实用测试技术,1999.6

［3］ IFI-301-2008 螺纹量规校准的要求和程序(thread gage calibration requirements and procedures)美国工业紧固件协会标准

ICS 19.100
J 04

中华人民共和国国家标准

GB/T 28704—2012

无损检测　磁致伸缩超声导波检测方法

Non-destructive testing—Test method for ultrasonic guided wave testing based on magnetostrictive effects

2012-09-03 发布　　2013-03-01 实施

中华人民共和国国家质量监督检验检疫总局
中国国家标准化管理委员会　发布

前　言

本标准按照 GB/T 1.1—2009 给出的规则起草。

本标准由全国无损检测标准化技术委员会(SAC/TC 56)提出并归口。

本标准起草单位：中国特种设备检测研究院、华中科技大学、上海泰司检测科技有限公司、北京康坦科技有限公司、河北省锅炉压力容器监督检验院、江西省锅炉压力容器检验检测研究院、河南省锅炉压力容器安全检测研究院、制造装备数字化国家工程研究中心、上海材料研究所、山东科捷工程检测有限公司、安徽华夏高科技开发有限责任公司。

本标准主要起草人：沈功田、武新军、徐江、刘德宇、景为科、赵培征、李光海、侯旭东、马建宇、兰清生、党林贵、吴占稳、孙鹏飞、金宇飞、梁玉梅、李寰。

无损检测　磁致伸缩超声导波检测方法

1　范围

本标准规定了用于快速发现构件中存在截面损失的磁致伸缩超声导波检测方法。

本标准适用于检测温度为－20 ℃～550 ℃、直径为 10 mm～1 000 mm、壁厚为 0.5 mm～80 mm 管状，直径为 10 mm～80 mm 棒状和直径为 10 mm～185 mm 束状等构件的表面和内部缺陷。如果合同各方同意，也可适用于上述构件的对接焊缝或其他构件的检测。

本标准未建立评价判据，具体的判据由合同各方协商确定。

本标准没有完全给出进行检测时的安全要求，使用本标准的各方有义务在检测前建立适当的安全和防护准则。

2　规范性引用文件

下列文件对于本文件的应用是必不可少的。凡是注日期的引用文件，仅注日期的版本适用于本文件。凡是不注日期的引用文件，其最新版本（包括所有的修改单）适用于本文件。

GB/T 9445　无损检测　人员资格鉴定与认证(ISO 9712:2005,IDT)

GB/T 12604.1　无损检测　术语　超声检测(ISO 5577:2000,IDT)

GB/T 12604.6　无损检测　术语　涡流检测

GB/T 15822.1　无损检测　磁粉检测　第 1 部分：总则(ISO 9934-1:2001,IDT)

GB/T 19943　无损检测　金属材料 X 和伽玛射线照相检测　基本规则(ISO 5579:1998,IDT)

JB/T 4730.2　承压设备无损检测　第 2 部分：射线检测

JB/T 4730.3　承压设备无损检测　第 3 部分：超声检测

JB/T 4730.4　承压设备无损检测　第 4 部分：磁粉检测

3　术语和定义

GB/T 12604.1 和 GB/T 12604.6 界定的以及下列术语和定义适用于本文件。

3.1

磁致伸缩效应　magnetostrictive effect

磁致伸缩

铁磁性材料受外磁场作用时，其尺寸、形状发生变化的现象。

3.2

逆磁致伸缩效应　inverse magnetostrictive effect

逆磁致伸缩

铁磁性材料在受到（长度方向）轴向外力时，其内部磁场状态发生变化的现象。

3.3

超声导波　ultrasonic guided wave

受构件边界条件（如构件几何尺寸、受力状态等）约束的、能够较长距离传播的某些特定频率范围的超声波。

3.4

模态 mode

导波在传播过程中的特定运动形式，在管、棒等中有纵向、扭转和弯曲三种模态：

a) 纵向模态——以压缩伸长运动形式在构件中传播的导波模态；

b) 扭转模态——以扭转运动形式在构件中传播的导波模态；

c) 弯曲模态——以弯曲运动形式在构件中传播的导波模态。

3.5

截面损失 cross sectional area loss

被检构件缺陷处横截面减少的面积。

3.6

截面损失率 ratio of cross sectional area loss

被检材料或构件缺陷处横截面减少的面积与其公称横截面总面积的比值。

3.7

频散 dispersion

波速随频率而变化的现象。

3.8

频散方程 dispersive equation

根据特定边界条件、满足弹性动力学特解的方程。

3.9

频散曲线 dispersion curve

求解频散方程得到的波速与频率的关系曲线。一般横坐标表示波的频率、波长或周期，纵坐标表示群速度或相速度。

3.10

有效检测距离 effective testing length

在一定灵敏度条件下仪器可达到的最大检测距离。

3.11

磁致伸缩带 magnetostrictive film

具有较强磁致伸缩效应的材料制成的带材，如镍合金带、铁钴硬磁合金带、Terfenol-D合金带等。

4 方法概要

4.1 概述

磁致伸缩超声导波检测方法，是利用磁致伸缩效应在构件中产生的超声导波，对构件实施检测的一种方法。

磁致伸缩超声导波检测方法分为直接法和间接法两种。

4.2 直接法

本方法利用材料自身的磁致伸缩效应在构件中直接激励和接收导波，只能适用于被检对象为铁磁性材料的检测，其检测原理如图1所示。这种方法的(磁致伸缩)传感器包括激励线圈、检测线圈和提供偏置磁场的磁化器三个部分。两种线圈为与被检铁磁性材料构件同轴的螺线管，用于实现交变磁场和应力波之间的能量与信号转换。偏置磁场沿轴线方向，其作用主要有两方面，一是提高磁能与声能的换能效率，二是选择导波模态，偏置磁场可以采用电磁或永磁方式加载。在进行检测时，首先向激励线圈通入大电流脉冲，产生交变磁场；激励线圈附近的铁磁材料由于磁致伸缩效应受到交变应力作用，从而激励出超声波脉冲；超声脉冲沿被检构件轴线传播时，不断在构件内部发生反射、折射和模式转换，经过复杂的干涉与叠加，最终形成稳定的导波模态。当构件内部存在缺陷时，导波将在缺陷处被反射返回；当反射回来的应力波通过检测线圈时，由于逆磁致伸缩效应会引起通过检测线圈的磁通量发生变化，检测线圈将磁通量变化转换为电压信号；通过测量检测线圈的感应电动势就可以间接测量反射回来的超声导波信号的时间和幅度，从而获取缺陷的位置和大小等信息。

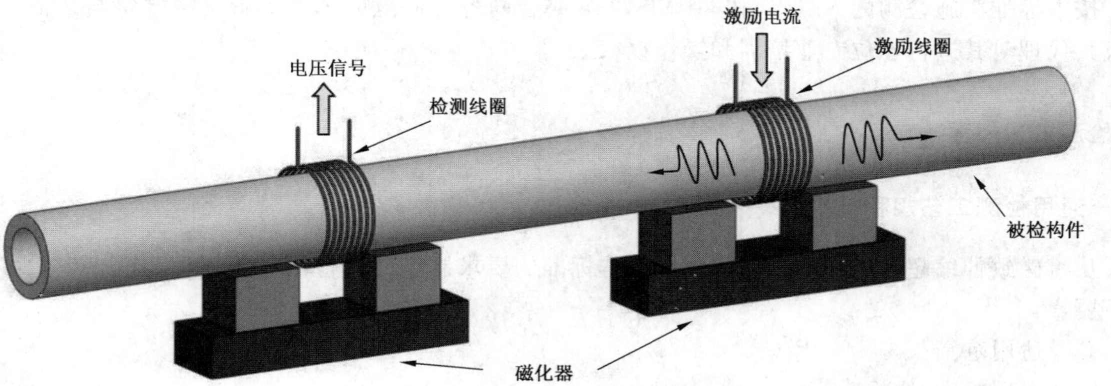

图 1　直接激励法磁致伸缩导波检测原理图

4.3　间接法

本方法基于磁致伸缩效应在磁致伸缩带上激励导波，通过干耦合或粘接耦合的方式将导波由磁致伸缩带传送到待测构件上，实现导波激励；并通过相同耦合的方式将导波从待测构件传送回磁致伸缩带，基于逆磁致伸缩效应，实现导波接收。该方法既适用于铁磁性材料的检测，也适用于非铁磁性材料的检测，其检测原理如图 2 所示。这种方法的超声导播传感器包括线圈和磁致伸缩带两部分，磁致伸缩带在使用前，需要进行预磁化。检测时，磁致伸缩带与被检构件可采用固化胶紧密粘贴、也可用其他方式紧密耦合，实现声能传递。其检测缺陷的原理与 4.2 相同。

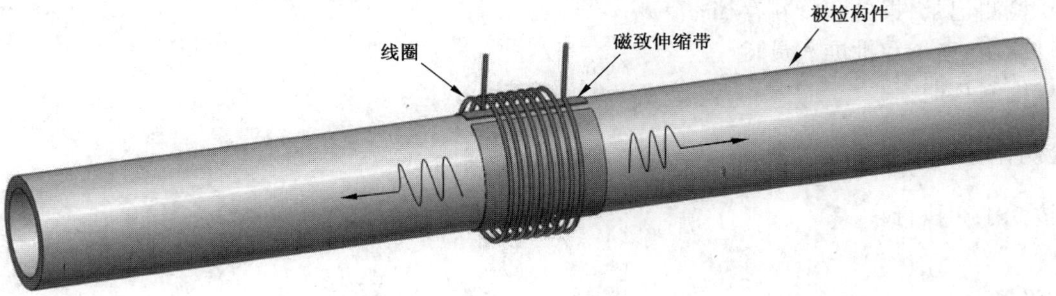

图 2　间接激励法磁致伸缩导波检测原理

5　安全警示

本章没有列出进行检测时所有的安全要求，使用本标准的用户应在检测前建立安全准则。

检测过程中的安全要求至少如下：

a)　检测人员应遵守被检件现场的安全要求，根据检测地点的要求穿戴防护工作服和佩戴有关防护设备；

b)　如有要求，使用的电子仪器应具有防爆功能；

c）在线检测时，应注意被检件的温度状态，以免烫伤或冻伤；应避免安全阀过早或突然开启引起的危险后果，尤其是被检件内储存有毒或易燃、易爆等危害性介质时。

6 人员要求

按本标准实施检测的人员，应按 GB/T 9445 或合同各方同意的体系进行资格鉴定与认证，并由雇主或其代理对其进行职位专业培训和操作授权。

7 检测工艺规程

7.1 通用检测工艺规程

从事磁致伸缩超声导播检测的单位应按本标准的要求制定通用检测工艺规程，其内容至少应包括如下要素：

a）适用范围；
b）引用标准、法规；
c）检测人员资格；
d）检测仪器设备：耦合剂、传感器、传感器夹具、信号线、前置放大器、电缆线、仪器主机、检测数据采集和分析软件等；
e）被检件的信息：几何形状与尺寸、材质、设计与运行参数；
f）检测覆盖范围及传感器安装部位阵列确定；
g）被检件表面状态及传感器安装方式；
h）检测时机；
i）灵敏度测量、距离-波幅曲线绘制；
j）检测过程和数据分析解释；
k）检测结果的评定；
l）检测记录、报告和资料存档；
m）编制、审核和批准人员；
n）编制日期。

7.2 检测作业指导书或工艺卡

应按 9.1.3 执行。

8 检测设备

8.1 检测仪器

检测仪器应具有频散曲线计算、信号激励、数据采集、信号波形显示、分析与存储的功能，且至少满足以下要求：

a）根据被检件特征参数，能给出频散曲线；
b）激励信号的频率、幅值、周期数、重复频率可调；
c）数据采集频率不低于激励信号最高频率的 10 倍，应与信号激励具有同步功能；
d）检测信号应能实时存储，以备后续处理和分析，且应具有绘制和存储距离-波幅曲线的功能；
e）具有时基和距离显示两种方式，且可实现波形局部放大；

f) 能够分析缺陷的位置和截面损失率当量，缺陷位置的最小分辨率应达到 10 mm，截面损失率的最小分辨率应达到 5%；

g) 仪器应具有截面损失率报警功能，当信号超过设定阈值时，应进行报警，报警阈值应能根据需要可调，至少可分别设置为 6%、9%和 12%。

8.2 传感器

每个传感器应给出被检构件材料、工作温度和直径的适用范围。

8.3 预磁化器

在间接激励法中，预磁化器的功能是将磁致伸缩带磁化，使其剩磁达到适当大小。

8.4 试件

8.4.1 校准试件

校准试件用于对检测设备进行灵敏度和各种功能的测试。校准试件应选用压力管道常用的无缝钢管制作，有 3%、6%和 9%截面损失率的横向环形切槽各一个，如图 3 所示。切槽的宽度在 0.5 mm～2 mm，深度方向的公差±0.2 mm。校准试件的长度、厚度和切槽位置的要求如表 1 所示。

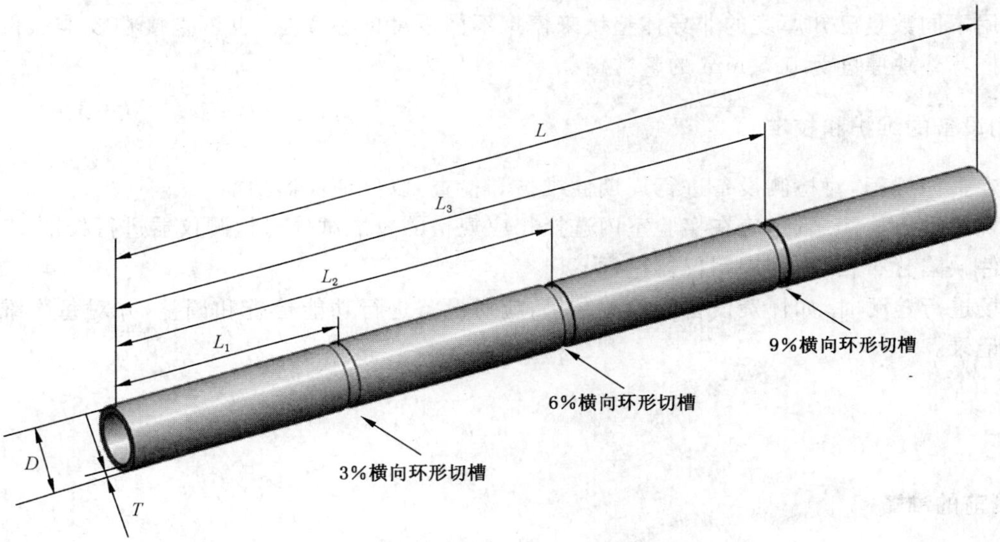

图 3 校准试件示意图

表 1 校准试件的要求

序号	外径 D/mm	厚度 T/mm	长度 L/m	横向环形切槽的位置/m		
				L_1	L_2	L_3
1	$50>D\geqslant 10$	$T\geqslant 2$	$L\geqslant 18$	7	12	17
2	$150>D\geqslant 50$	$T\geqslant 4$	$L\geqslant 24$	9	16	23
3	$1\,000\geqslant D\geqslant 150$	$T\geqslant 10$	$L\geqslant 34$	12	22	32

8.4.2 对比试件

对比试件用于对被检测构件上缺陷截面损失率当量进行评定。对比试件应采用与被检测构件材料性能及几何形状相同或相近的材料制作，试件的长度至少为仪器可探测 9% 截面损失率人工缺陷距离的 1.2 倍，且不小于 12 m。

除合同有关各方另有约定之外，应按如下要求加工对比试件：

a) 对于管状构件，在对比试件上至少 3 个部位外表面分别加工出多个直径与壁厚相同、深度为壁厚 40% 的锥孔；每处锥孔的数量按截面损失率的 9% 进行计算，锥孔在环向间距应均匀分布，深度公差±0.2 mm；试件两端的锥孔距试件端部至少 1 m。

b) 对于棒状构件，在对比试件上至少 3 个部位外表面分别加工出多个直径为 5 mm～10 mm、深度为 2 mm～5 mm 的锥孔；每处锥孔的数量按截面损失率的 9% 进行计算，锥孔在环向间距应均匀分布，深度公差±0.2 mm；试件两端的锥孔距试件端部至少 1 m。

c) 对于束扎的钢索或钢丝绳等构件，在对比试件上 3 个部位分别加工断口；每处断丝的数量按截面损失率的 9% 进行计算，同一处断丝应紧密相邻；试件两端的断口距试件端部至少 1 m，中间部位的断口在试件长度方向均匀分布，不同部位断口的环向应均匀分布。

8.5 非导体垫片

可采用不同数量已知厚度的非导体垫块来模拟不同厚度的覆盖层，也可直接在校准试件上喷涂实际涂层。推荐垫块厚度为 0.5 mm 的整数倍。

8.6 检测设备的维护和校准

应制定书面规程，对检测设备进行周期性维护和检查，以保证仪器功能。

在去现场进行检测之前，应在实验室内选择相应规格的校准试件对检测仪器进行校准，若检测结果与已知试件缺陷分布相符，则表明仪器正常。

在现场进行检测时，如怀疑设备的检测结果，应对设备进行功能检查和调整，并对每次维护检查的结果进行记录。

9 检测

9.1 检测前的准备

9.1.1 资料审查

资料审查应包括下列内容：

a) 被检件制造文件资料：产品合格证、质量证明文件、竣工图等；

b) 被检件运行记录资料：开停车情况、运行参数、工作介质、载荷变化情况以及运行中出现的异常情况等；

c) 检验资料：历次检验与检测报告；

d) 其他资料：修理和改造的文件资料等。

9.1.2 现场勘察

应对被检件现场进行勘察，找出所有可能影响检测的因素，如支吊架、内部或外部附件、外保温层情况等。在检测时应设法尽可能避免这些因素的干扰。

9.1.3 检测作业指导书或工艺卡的编制

对于每个检测工程或每套被检设备，根据使用的仪器和现场实际情况，按照通用检测工艺规程编制磁致伸缩超声导波检测作业指导书或工艺卡，确定超声导波传感器安装的部位和表面条件。安装部位应避开支吊架、内部或外部附件的影响，同时对每个被检件进行测绘，对传感器的安装部位进行编号，画出被检件结构示意图。

9.2 传感器安装部位表面处理

采用直接激励法进行检测时，传感器安装表面应无液体或污垢等固体残留物以及可能影响检测的其他障碍物，可以保留 10 mm 厚度以下的涂层、防腐层或保温层。

采用间接激励法进行检测时，传感器安装表面应首先去除涂层、防腐层或保温层，并进行打磨处理使之露出被检构件本体材料，以便于安装磁致伸缩带。

9.3 距离-波幅曲线的绘制

应根据被检测构件的材料和规格，在实验室内选择相应符合 8.4.2 规定的对比试件绘制距离-波幅曲线。该曲线族由评定线和判废线组成，判废线由 9%截面损失率的人工缺陷反射波幅直接绘制而成，评定线为判废线高度的一半，即减 6 dB。评定线及其以下区域为Ⅰ区，评定线与判废线之间为Ⅱ区，判废线及其以上区域为Ⅲ区，如图 4 所示。

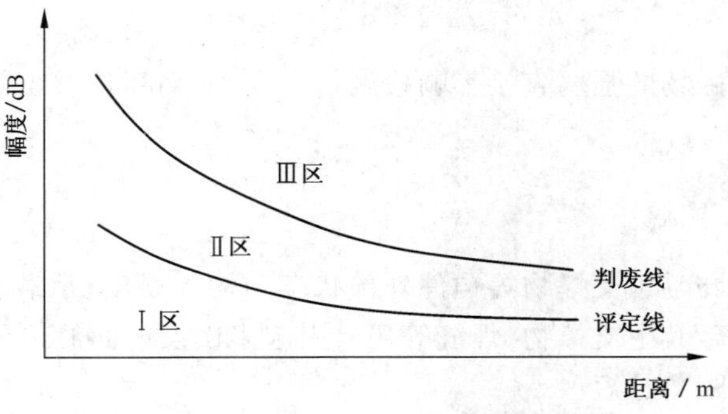

图 4 距离-波幅曲线示意图

9.4 传感器的安装

按照被检构件的规格选择合适的传感器，并按照仪器说明书的要求安装传感器。

9.5 检测仪器系统的调试

根据构件材料、尺寸对应的频散曲线，选取频散较小或非频散区域对应的频率（仪器提供的激励频率范围内）作为激励频率。

通过调节仪器的参数设置使仪器能够清晰显示被检构件上焊缝、接头或端部的反射波信号，并进行记录，同时应用这些信号及其距传感器的距离来测量导波传播的速度。

9.6 检测信号采集

将仪器检测显示灵敏度由测试距离-波幅曲线时的灵敏度提高 12 dB 进行检测，一旦发现缺陷反射信号，即降低 12 dB 并调出已存储好的距离-波幅曲线进行比对，凡处于Ⅱ区和Ⅲ区的信号需要进行信号记录，并测量出在被检件上的具体位置，在被检件示意图和实物上做出标识。

检测中应确认相邻长度有效范围之间的重叠，确保不引起漏检，从而影响检测结果。

9.7 检测记录

检测记录的主要内容至少包括第 12 章列出的内容，检测记录和超声导波检测数据应按合同约定保存。

9.8 影响检测结果的因素

9.8.1 导波模态

由于涡流效应的存在，有可能在激励某一模态时，产生其他模态，此外导波在缺陷处会发生模态转换，这些模态的存在会影响检测结果。

9.8.2 激励频率

在选择的激励频率范围内，激励频率越高，检测精度越高，有效检测距离越短；反之，则检测精度低，有效检测距离长。

9.8.3 激励能量

激励能量越大，有效检测距离越长；反之，有效检测距离越短。

9.8.4 磁化状态

对于直接激励法，偏置磁场的强弱直接影响检测信号大小；对于间接激励法，磁致伸缩带的剩磁大小直接影响检测信号大小。

9.8.5 被检件工况

埋地、覆盖层、内部流动介质、支撑物等构件外部状态和构件温度、承载状态、焊缝以及自身状况等因素均影响到有效检测距离，其中支撑物、焊缝等还易引起多次反射回波信号，增加信号分析难度；构件自身腐蚀越严重，有效检测距离越短。

9.8.6 检测盲区

检测盲区与激励信号的频率、周期数有关。激励频率越高，激励信号周期数越少，检测盲区越小；反之，则检测盲区越大。

构件与构件、支撑物与被检件等结合部位及附近区域也属检测盲区。

可通过移动传感器的安装位置消除某些检测盲区，对无法消除的检测盲区应采用其他无损检测方法进行检测。

9.8.7 传感器安装

检测过程中传感器与被检件的紧密程度会直接影响检测信号大小，且对间接法的影响更大。

检测过程中激励与接收传感器安装间距不合适会产生镜像回波，进而影响检测结果等。

10 结果解释和评价

磁致伸缩超声导波检测发现的缺陷信号按反射回波的信号幅度与已采用对比试件绘制的距离-波幅曲线进行比对分级，反射波幅在Ⅰ区的为Ⅱ级，在Ⅱ区的为Ⅱ级，在Ⅲ区的为Ⅲ级。

11 检测结果的验证

磁致伸缩超声导波检测给出的是缺陷当量，由于腐蚀缺陷的大小和形状与人工缺陷不同，且被检件的实际几何尺寸与对比试件间存在差异，因此检测结果显示的缺陷当量值与其真实缺陷会存在一定的差异，因此一旦发现Ⅱ级和Ⅲ级的信号，首先必须采用目视和小锤敲击的方法进行目视检测，用以分辨是位于外表面或内部的缺陷；对于外表面缺陷可采用深度尺直接测量缺陷的深度；对于内部缺陷，根据被检件的不同形状，分别采用如下方法进行检测验证：

a) 对于管状构件，应首先采用超声波测厚仪测量该部位的剩余壁厚，必要时采用双晶直探头进行超声检测测量，以更精确的测量缺陷的深度，超声检测方法按 JB/T 4730.3 执行；

b) 对于棒状构件，采用射线、超声或磁粉的检测方法，检测标准分别按 GB/T 19943 或 JB/T 4730.2、JB/T 4730.3、GB/T 15822.1 或 JB/T 4730.4 执行；

c) 对于束状构件，采用射线或漏磁检测的方法，射线检测标准按 GB/T 19943 或 JB/T 4730.2 执行。

必要时，经用户同意，也可采用抽查解剖的方式进行验证。

12 检测报告

磁致伸缩超声导波检测报告至少应包括如下内容：

——被检构件使用单位、编号；

——规格、几何尺寸、工作环境及使用年限；

——材料牌号、公称几何尺寸、涂层厚度、表面状态；

——执行标准、参考标准；

——检测仪器名称、型号、检测频率；

——对比试件的材料、尺寸、缺陷的形状；

——对比试件的距离-波幅曲线；

——仪器检测状态参数的设置值；

——被检构件及其缺陷位置示意图；

——检测软件名称、检测设置文件名称及数据文件名称；

——结论；

——检测与审核人员资格、签字及日期。

附录 A 为推荐的报告格式。

附 录 A
（资料性附录）
检测报告示例

磁致伸缩超声导波检测报告

<table>
<tr><td>使用单位</td><td colspan="5"></td></tr>
<tr><td>仪器型号</td><td colspan="3"></td><td>设备精度</td><td></td></tr>
<tr><td>执行标准</td><td colspan="3"></td><td>参考标准</td><td></td></tr>
<tr><td>构件编号</td><td colspan="3"></td><td>构件规格</td><td></td></tr>
<tr><td>表面状况</td><td></td><td>外涂覆层类别</td><td></td><td>构件材质</td><td></td></tr>
<tr><td>内部介质</td><td></td><td>工作环境</td><td></td><td>使用年限</td><td></td></tr>
<tr><td>基准位置</td><td></td><td>正方向</td><td></td><td></td><td></td></tr>
<tr><td>检测频率</td><td colspan="2"></td><td>传感器规格</td><td colspan="2"></td></tr>
<tr><td>检测软件名称</td><td colspan="2"></td><td>检测数据文件名</td><td colspan="2"></td></tr>
<tr><td>仪器参数设置</td><td colspan="5"></td></tr>
<tr><td>校准试件规格</td><td colspan="2"></td><td>校准试件材料</td><td colspan="2"></td></tr>
<tr><td>校准结果</td><td colspan="5"></td></tr>
<tr><td colspan="6">对比试件示意图</td></tr>
<tr><td colspan="6">对比试件距离-波幅曲线</td></tr>
<tr><td colspan="6">被检件结构及检测结果示意图：</td></tr>
</table>

<table>
<tr><td>编号</td><td>信号位置/m</td><td>信号幅值</td><td>信号分级</td><td colspan="2">检测信号图形</td></tr>
<tr><td></td><td></td><td></td><td></td><td colspan="2"></td></tr>
<tr><td></td><td></td><td></td><td></td><td colspan="2"></td></tr>
<tr><td>结论</td><td colspan="5"></td></tr>
<tr><td colspan="3">检测人员：</td><td colspan="3">检测日期：</td></tr>
<tr><td colspan="3">编制：　　　　年　月　日</td><td colspan="3">审核：　　　　年　月　日</td></tr>
</table>

ICS 19.100
J 04

中华人民共和国国家标准

GB/T 28705—2012

无损检测　脉冲涡流检测方法

Non-destructive testing—Test method for pulsed eddy current testing

2012-09-03 发布　　　　2013-03-01 实施

中华人民共和国国家质量监督检验检疫总局
中国国家标准化管理委员会　发布

前　言

本标准按照 GB/T 1.1—2009 给出的规则起草。

本标准由全国无损检测标准化技术委员会(SAC/TC 56)提出并归口。

本标准起草单位:中国特种设备检测研究院、华中科技大学、爱德森(厦门)电子有限公司、江西省锅炉压力容器检验检测研究院、河北省锅炉压力容器监督检验院、南京市锅炉压力容器检验研究院、制造装备数字化国家工程研究中心、上海材料研究所、安徽华夏高科技开发有限责任公司、山东科捷工程检测有限公司。

本标准主要起草人:沈功田、武新军、林树青、石坤、林俊明、康宜华、黄琛、徐志远、周裕峰、胡智、安克健、王丽娜、业成、吴占稳、胡斌、柯海、金宇飞、李寰、梁玉梅。

无损检测　脉冲涡流检测方法

1　范围

本标准规定了在不拆除覆盖层的情况下，对大面积腐蚀等引起的壁厚减薄进行检测的脉冲涡流检测方法。

本标准适用于检测由碳钢、低合金钢等铁磁性材料制成的厚度为 3 mm～65 mm、覆盖层厚度为 0～200 mm、温度为 −150 ℃～500 ℃的在用构件，以及直径不小于 50 mm 的管子或管件。

本标准不适用于点蚀、麻坑等局部引起的壁厚减薄和裂纹类缺陷的检测。

本标准未建立评价判据，具体的判据由检测方和用户双方协商确定。

本标准没有完全给出进行检测时的安全要求，使用本标准的各方有义务在检测前建立适当的安全和防护准则。

2　规范性引用文件

下列文件对于本文件的应用是必不可少的。凡是注日期的引用文件，仅注日期的版本适用于本文件。凡是不注日期的引用文件，其最新版本（包括所有的修改单）适用于本文件。

GB/T 9445　无损检测　人员资格鉴定与认证

GB/T 11344　无损检测　接触式超声脉冲回波法测厚方法

GB/T 12604.6　无损检测　术语　涡流检测

JB/T 4730.3　承压设备无损检测　第 3 部分：超声检测

3　术语和定义

GB/T 12604.6 界定的以及下列术语和定义适用于本文件。

3.1

覆盖层　coating

以粘接、吸附、包裹、缠绕或镶嵌等形式覆盖于被检件表面的物质，如油漆、塑料、沥青、岩棉、泡沫、细丝金属网、水泥、碳（玻璃）纤维、海洋生物等。工业设备用的覆盖层一般由防腐层、绝热层和保护层等组成。

3.2

弯曲点　bending point

在双对数坐标系中，脉冲涡流检测信号波形由直线段过渡到曲线段的转折点。

3.3

特征时间　characteristic time

与弯曲点对应的时间，表征涡流从被检件表面扩散至底部的时间，其大小正比于被检件的磁导率、电导率和厚度的平方。

4　方法概要

脉冲涡流检测方法的基本原理见图 1。通有单个矩形脉冲或方波电流的激励线圈发射出一次磁场，当一次磁场变化时，将在被检件中感生出涡流，该涡流的衰减特性与被检件的磁导率、电导率、厚度等因素相关，采用接收元件（线圈、磁敏或磁阻元件）测量该涡流产生的二次磁场，即可获得被检件的检测信号，进而得到特征时间。选定被检件某一已知厚度区域的检测信号为参考信号，比较待测区域的检测信号与参考信号的特征时间，可获得待测区域与对比区域的厚度值变化。

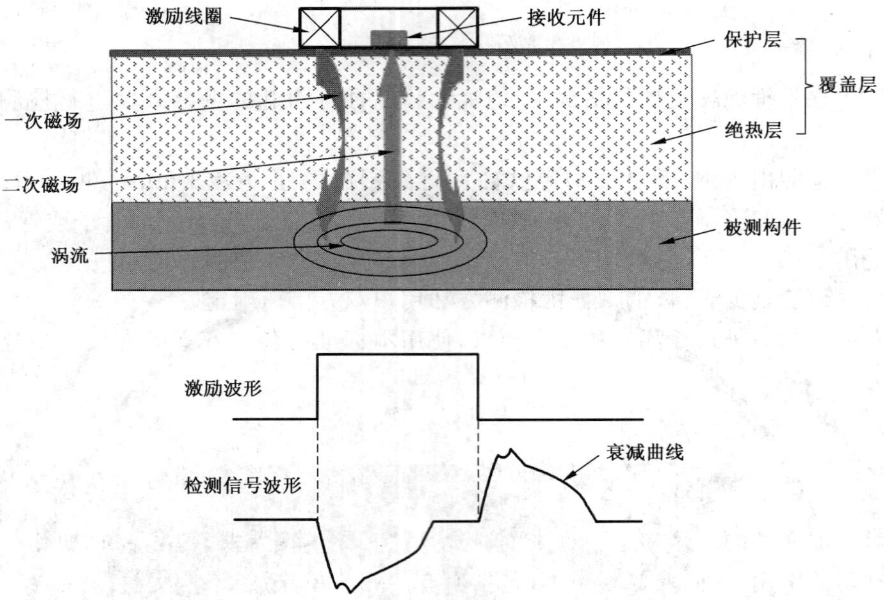

图 1 脉冲涡流检测原理图

5 安全警示

本章没有列出进行检测时所有的安全要求，使用本标准的用户应在检测前建立安全准则。

检测过程中的安全要求至少包括：

a) 检测人员应遵守被检件现场的安全要求，根据检测地点的要求穿戴防护工作服和佩戴有关防护设备；

b) 如有要求，使用的电子仪器应具有防爆功能；

c) 在线检测时，应注意被检件的温度状态，以免烫伤或冻伤；应避免安全阀过早或突然开启引起的危险后果，尤其是被检件内储存有毒或易燃、易爆等危害性介质时。

6 人员要求

按本标准实施检测的人员，应按 GB/T 9445 或合同各方同意的体系进行资格鉴定与认证，并由雇主或其代理对其进行职位专业培训和操作授权。

7 检测工艺规程

7.1 通用检测工艺规程

从事脉冲涡流检测应按本标准的要求制定通用检测工艺规程，其内容至少应包括如下要素：

a) 适用范围；

b) 引用标准、法规；

c) 检测人员资格；

d) 检测仪器设备：传感器、信号线、前置放大器、电缆线、仪器主机、检测数据采集和分析软件等；

e) 被检件的信息：几何形状与尺寸、材质、设计与运行参数；

f) 检测覆盖范围及检测部位阵列确定；

g) 被检件表面状态；

h) 检测时机；

i) 灵敏度测量；

j) 检测过程和数据分析解释；

k) 检测结果的评定；

l) 检测记录、报告和资料存档；

m) 编制、审核和批准人员；

n) 编制日期。

7.2 检测流程

推荐的 PEC 检测工艺流程图见附录 A。

7.3 检测作业指导书或工艺卡

应按 9.1.3 执行。

8 检测设备

8.1 检测仪器

检测仪器应具有脉冲涡流信号激励、数据采集、信号波形显示、分析与存储的功能，且至少满足以下要求：

a) 激励信号的频率可调，下降沿时间不大于 3 ms；

b) 数据采集硬件的位数不能低于 16 位，应具有与信号激励同步功能。对于选定的探头，在有效检测范围内设定参考值时，其检测信号曲线有弯曲点；

c) 应具有双对数显示功能，同时显示参考信号和检测信号。应具有波形局部放大功能；

d) 应能以百分比的形式给出被检被检件的相对壁厚值；

e) 应能连续存储 100 个以上检测点的相对壁厚值及对应检测信号波形的原始数据。

8.2 检测探头

8.2.1 应给出每个探头适用被检件的材料、壁厚、最小直径、覆盖层材质和厚度等性能参数。

8.2.2 探头上宜设置检测和过热指示。

8.2.3 在保证整个系统功能、灵敏度和精度的情况下，可用延长电缆连接探头和仪器。

8.3 试件

8.3.1 校准试件

为验证仪器和探头检测性能的可靠性及其系统误差，至少制作 1 个带有不同厚度阶梯的管道试件和 2 个带有不同厚度阶梯的平板试件。应在 3 个试件上分别加工出 3.0 mm、2.7 mm、2.4 mm、

1.8 mm、1.2 mm、65 mm、58.5 mm、52 mm、39 mm、26 mm，50 mm、45 mm、40 mm、35 mm、30 mm、25 mm，20 mm、15 mm、10 mm 的台阶。推荐的尺寸见图 2。其中管道试件和平板试件 1 用于校准仪器灵敏度，平板试件 2 用于测试系统的在其量程范围内的性能参数。

单位为毫米

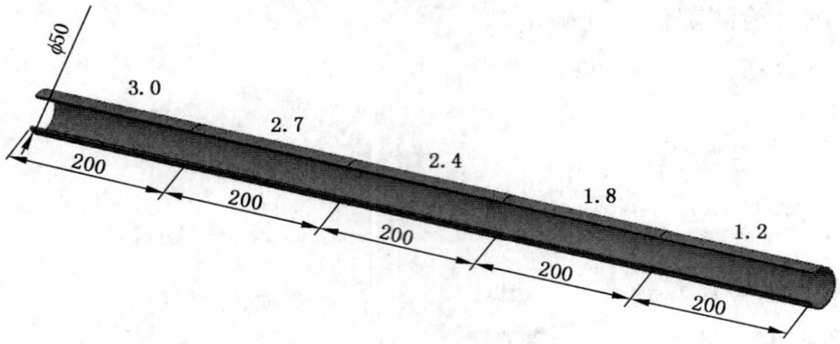

a） 管道试件

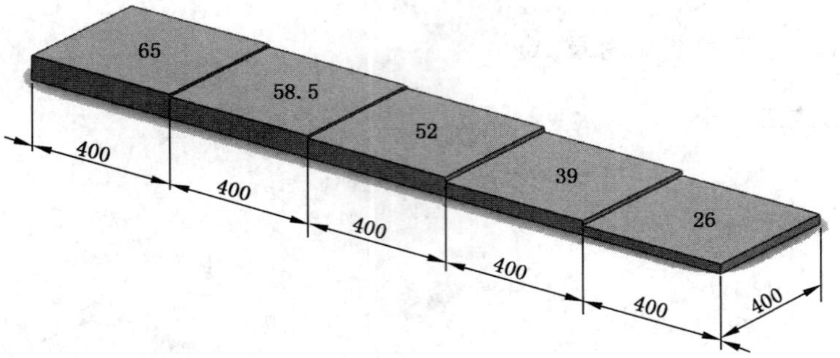

b） 平板试件 1

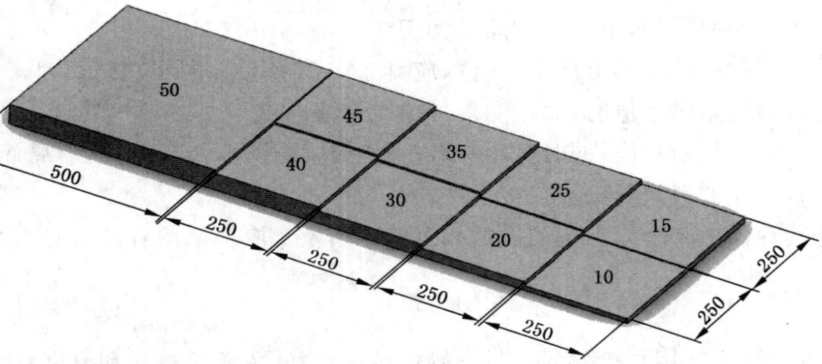

c） 平板试件 2

图 2 校准试件

8.3.2 非导体垫块

可采用不同数量已知厚度的非导体垫块来模拟不同厚度的覆盖层，也可直接在校准试件上喷涂实际涂层。推荐垫块厚度为 5 mm 的整数倍。

8.3.3 金属薄板

可采用已知厚度的铝、不锈钢或镀锌铁薄板来模拟保护层。推荐金属薄板的厚度不大于 0.8 mm。

8.4 检测设备的维护和校准

应制定书面规程，对检测设备进行周期性维护和检查，以保证仪器功能。

在去现场进行检测之前，应在实验室内选择相应规格的校准试样对检测仪器进行校准，若检测结果与已知试件厚度分布相符，则表明仪器正常。

在现场进行检测时，如怀疑设备的检测结果，应对设备进行功能检查和调整，并对每次维护检查的结果进行记录。

9 检测

9.1 检验前的准备

9.1.1 资料审查

资料审查应包括下列内容：

a) 被检件制造文件资料：产品合格证、质量证明文件、竣工图等；
b) 被检件运行记录资料：开停车情况、运行参数、工作介质、载荷变化情况以及运行中出现的异常情况等；
c) 检验资料：历次检验与检测报告；
d) 其他资料：修理和改造的文件资料等。

9.1.2 现场勘察

应对被检件现场进行勘察，找出所有可能影响检测的因素，如支吊架、内部或外部附件、外保温层情况等。在检测时应设法尽可能避免这些因素的干扰。

9.1.3 作业指导书或工艺卡的编制

对于每个检测工程或每套被检设备，根据使用的仪器和现场实际情况，按照通用检测工艺规程编制脉冲涡流检测作业指导书或工艺卡，确定脉冲涡流检测的部位和表面条件，同时对被检件进行测绘，对检测部位进行编号，画出被检件结构示意图。检测部位应避开内部或外部金属附件。

9.2 检测表面条件要求

被检件表面应无大面积疏松的锈蚀层、焊疤及其他金属连接结构等。同时，被检件材质一致，并无较大的振动。

覆盖层应连续且厚度均匀。当由于覆盖层的原因不能保证检测的灵敏度和精度时，应去除部分或全部覆盖层。对于带有金属保护层的被检件，应避免在有破损的保护层上进行检测。对于选定好的参考点，当检测点覆盖层的厚度变化大于 20%时，应重新设置参考点。对于含有金属网结构的覆盖层，不规则的金属网布置会影响检测的结果。

9.3 选择参考区域

9.3.1 参考区域的选择原则

9.3.1.1 选择已知壁厚区域或可进行超声波测量的区域；对于需要进行超声波测量的参考区域，应局部去除覆盖层和涂层，根据GB/T 11344进行超声波测厚，对测量的结果作综合分析后可作为参考区域的壁厚值。

9.3.1.2 应尽量选择检测信号弯曲点明显的区域设为参考区域。

9.3.1.3 已存有的检测数据中有和被检件具有相同材质、相同覆盖层材料及厚度、相同表面条件、相同工况以及使用相同探头等情况时，也可采用已知壁厚的数据作为参考值。

9.3.2 调整参考区域

当检测区域与参考区域之间存在较大的物理特性差异(如被检件材质不一致，公称壁厚偏差大，曲率变化较大，温差超过50 ℃，覆盖层的种类和结构发生较大的变化，覆盖层的厚度变化大于50%，覆盖层内金属网的布置不规则以及被检件周围的环境存在很大的电磁特性差异等情况)时，应重新选定参考区域。

9.3.3 记录参考区域

参考区域的具体位置、选择原则、实际壁厚等信息应详细记录。

9.4 检测实施

9.4.1 被检件区域编号

在检测之前一般按适当的网格模式对即将进行检测的部位进行编号，分别进行轴向和周向编号，并应详细记录，确保测量结果与具体检测区域一一对应。检测区域编号示例见图3。

其他设备可参照容器或管道模式进行编号。

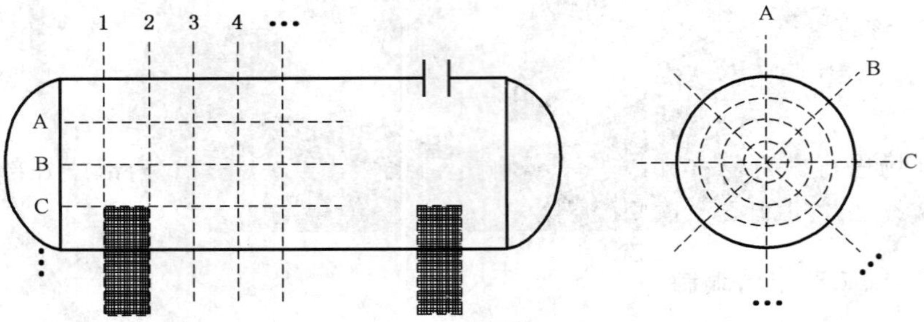

a) 容器

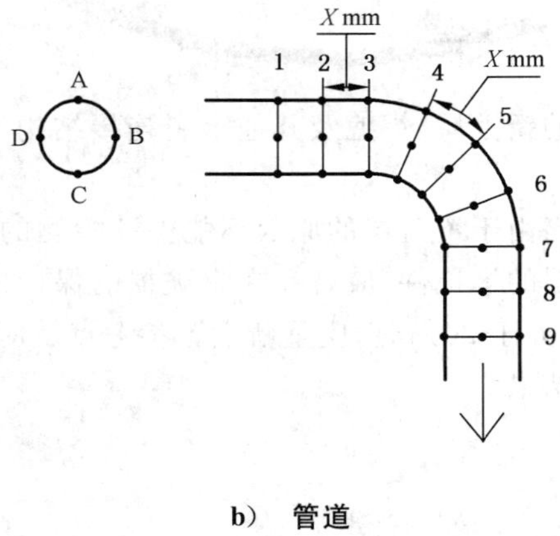

b) 管道

图3 检测区域编号示例图

9.4.2 检测

按照网格轴向或周向顺序对各区域进行检测。每个检测区域应重复检测 3 次，测量误差保持在±5%之内方可记录数据，最后结果取平均值。检测过程中，如果发现检测区域的物理特征和参考区域相比发生了较大的变化时要详细记录。当测量数据不稳定而出现较大范围的浮动或随机变化时，可放弃该区域的检测或改变检测区域位置。

检测时要确保探头发射磁场垂直于被检件表面，并保持探头稳定防止移动或振动。

9.5 检测记录

检测记录的主要内容至少包括第 12 章列出的内容，检测记录和脉冲涡流检测数据应按合同约定保存。

9.6 影响检测结果的因素

9.6.1 覆盖层

不同种类、结构和厚度的覆盖层都会影响检测的灵敏度和精度。覆盖层越单一检测效果越好。

带有非铁磁性材料如铝、不锈钢的保护层比带有铁磁性的保护层检测效果好。

对于带有铁磁性保护层的覆盖层，采取外加磁化方式将保护层磁化到饱和，则检测效果更好。

9.6.2 被检件

被检件材质越均匀检测效果越好。

被检件过小、过薄或过厚、曲率过大、内部不连续都会使检测效果变差或者无法进行检测。

被检件温度会影响被检件的电磁特性，进而影响检测结果。

检测时被检件振动也会造成检测结果不准确。

9.6.3 探头

检测时探头移动会造成检测结果不准确。

检测过程中应确保探头与被测区域平行或者对正相切，否则会影响检测结果。

磁场探测区域与探头尺寸相对应，大的磁场探测区域会降低检测精度，因而在保证检测灵敏度、精度和信号质量的情况下，尽可能选择小尺寸的探头。

检测时在探头附近两倍提离高度范围内不应有其他电磁导体或电磁场，否则可能对检测结果有影响。

9.6.4 参考区域

当检测区域与参考区域之间存在较大的物理特性差异时，如果没有重新设置参考区域，检测结果往往会有一定的偏差。

10 结果解释和评价

检测完成后，应以列表的形式逐点给出检测结果，必要时绘制出被检件剩余壁厚示意图。

当与参考区域相比，检测区域存在较大的物理特性差异时，应对检测数据进行适当的修正或补偿，再对修正补偿后的结果进行重新评价。

11 检测结果的验证

脉冲涡流检测给出的是探头磁场覆盖区域下的剩余金属综合壁厚当量，由于腐蚀缺陷的大小和形状与人工缺陷不同，且被检件的实际部位与对比区域存在差异，因此检测结果显示的当量值与其真实情况会存在一定的差异，因此一旦发现10%以上壁厚减薄信号，首先应拆除覆盖层，然后采用如下方法进行验证：

a) 采用目视和小锤敲击的方法进行检测，用以分辨是位于外表面或内表面的腐蚀；

b) 用超声波测厚仪测量该部位的剩余壁厚，超声测厚按 GB/T 11344 执行；

c) 对于外表面缺陷可采用深度尺直接测量缺陷的深度；对于内表面缺陷，应进行超声检测，以更精确的测量腐蚀坑的深度，检测标准按 JB/T 4730.3 执行；

d) 采用射线、漏磁等无损检测方法进行验证检测。

必要时，经用户同意，也可采用抽查解剖的方式进行验证。

12 检测报告

检测报告的内容应根据检测要求制订，至少应包括以下要素：

——检测机构名称；

——被检件标识；

——被检件材质；

——被检件规格；

——覆盖层类型、结构和厚度；

——表面状态；

——参考区域标注；

——检测部位示意图；

——验收准则；

——校准试件；

——检测仪器；

——检测探头；

——检测参数设置；

——检测结果；

——超出验收标准部位的标注；

——检测结论；

——检测与审核人员资格、签字及日期。

附录B为推荐的报告格式。

附　录　A
（资料性附录）
推荐的脉冲涡流(PEC)检测流程图

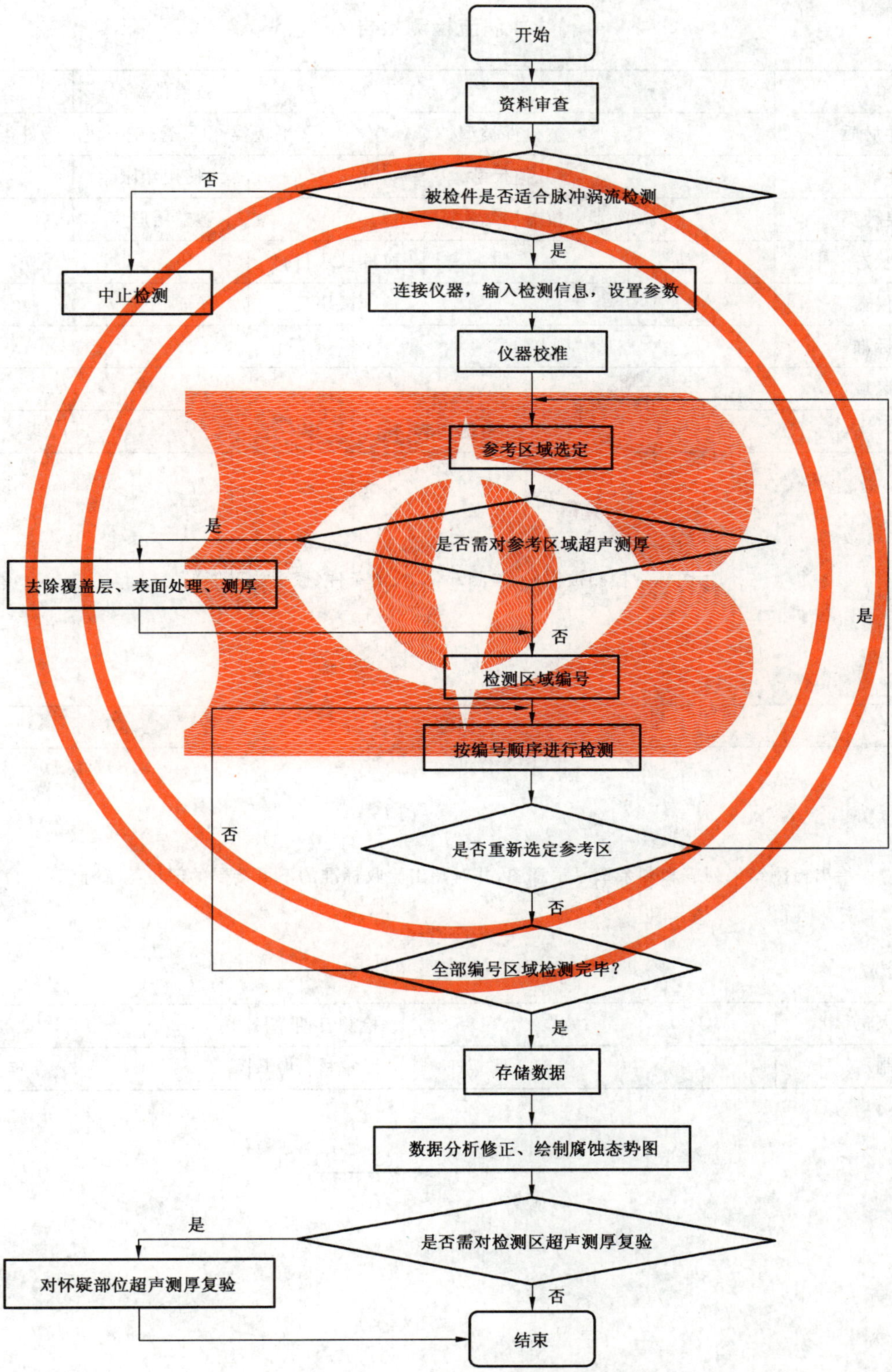

附 录 B
（资料性附录）
检测报告示例

脉冲涡流检测报告

<table>
<tr><td>检测单位</td><td colspan="3"></td><td>被检件编号</td><td></td></tr>
<tr><td>被检件材质</td><td></td><td>被检件类型</td><td colspan="3">□ 平板类 □ 管道类 □ 管件类</td></tr>
<tr><td>被检件规格</td><td></td><td>几何尺寸</td><td></td><td>使用年限</td><td></td></tr>
<tr><td>覆盖层种类</td><td></td><td>覆盖层结构</td><td></td><td>覆盖层厚度</td><td></td></tr>
<tr><td>表面状态</td><td colspan="2"></td><td>校准试块材料</td><td colspan="2"></td></tr>
<tr><td>检测仪器</td><td colspan="2"></td><td>校准试块尺寸</td><td colspan="2"></td></tr>
<tr><td>执行标准</td><td colspan="5"></td></tr>
<tr><td>参考区域</td><td colspan="5"></td></tr>
<tr><td colspan="6">检测内容</td></tr>
<tr><td colspan="6">用图标示检测被检件、检测部位、检测条件（探头放置等）</td></tr>
<tr><td colspan="6">检测结果</td></tr>
<tr><td colspan="6">给出检测结果列表和剩余壁厚示意图，并对超出验收标准的不可接受的部位给予标识</td></tr>
<tr><td>检测人员</td><td colspan="2"></td><td>检测日期</td><td colspan="2"></td></tr>
<tr><td>编制</td><td colspan="2">年 月 日</td><td>审核</td><td colspan="2">年 月 日</td></tr>
</table>

ICS 19.100
J 04

中华人民共和国国家标准

GB/T 28706—2012

无损检测　机械及电气设备红外热成像检测方法

Non-destructive testing—Test method for mechanical and electrical equipment with infrared thermography

2012-09-03 发布　　2013-03-01 实施

中华人民共和国国家质量监督检验检疫总局
中国国家标准化管理委员会　发布

前　言

本标准按照 GB/T 1.1—2009 给出的规则起草。

本标准参考 ASTM E1934-99a(2005)《电气和机械设备红外热成像检测方法》(英文版)。

本标准由全国无损检测标准化技术委员会(SAC/TC 56)提出并归口。

本标准起草单位:中国特种设备检测研究院、中国科学院金属研究所、上海泰司检测科技有限公司、天津石化装备研究院、华中科技大学、河北大学、河北省锅炉压力容器监督检验院、上海材料研究所。

本标准主要起草人:沈功田、黄毅、李涛、武新军、姚泽华、俞跃、吴彦、叶超、耿会坡、孙全胜、吴占稳、景为科、闫河、高广兴、吴志明、金宇飞。

无损检测　机械及电气设备红外热成像检测方法

1　范围

本标准规定了运行过程中的机械设备和电气设备表面温度分布的红外热成像检测方法，其目的在于发现被检机械设备或电气设备的温度异常。

本标准未建立评价判据，具体的判据由检测方和用户双方协商确定。

本标准没有完全给出进行检测时的安全要求，使用本标准的各方有义务在检测前建立适当的安全和健康准则。

2　规范性引用文件

下列文件对于本文件的应用是必不可少的。凡是注日期的引用文件，仅注日期的版本适用于本文件。凡是不注日期的引用文件，其最新版本（包括所有的修改单）适用于本文件。

GB/T 9445　无损检测　人员资格鉴定与认证(ISO 9712:2005,IDT)

GB/T 12604.9　无损检测　术语　红外检测

GB/T 19870　工业检测型红外热像仪

3　术语和定义

GB/T 12604.9 界定的术语和定义适用于本文件。

4　方法概要

4.1　检测原理

红外热成像检测方法的基本原理见图 1。高于绝对零度的物体都会产生热辐射，其辐射强度与物体材料种类、形貌、温度等特征有关。红外热成像检测就是利用物体的辐射特性来测量物体表面的温度场。其基本方法是通过测量物体热量的传递，如机械部件中的润滑不充分、电气设备中的接触不良等都引起物体温度异常变化；采用红外探测器测量出其变化，并通过图像处理技术将其转换为可见光的图像，在显示器上以灰度或伪彩色的形式显示物体各点的温度及温度差；通过对该图像的分析处理，获取被测物体的状态信息。

与可见光的成像不同，红外热成像是利用目标与周围环境之间由于温度与发射率的差异所产生的热对比度不同，而把红外辐射能量密度分布图显示出来，成为“热图像”，从而把人们的视觉范围从可见光扩展到红外波段。

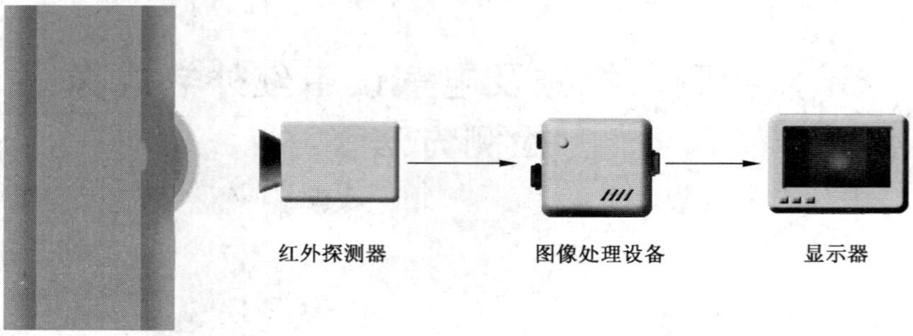

图 1 红外热成像检测原理图

4.2 机械设备温度异常产生原因

对于运转的机械设备,温度异常升高通常是由润滑不充分造成的摩擦增加、未对中、部件磨损、载荷异常等原因引起;温度异常降低通常是由零部件失效引起。对于静止的机械设备,如保温系统,其温度异常通常是由保温材料缺少、老化和安装不当等原因造成。

4.3 电气设备温度异常产生原因

在电气设备中,温度异常升高通常是由连接松弛或老化造成的电阻增大、短路、过载、载荷不平衡或元件安装不当等原因引起;温度异常降低通常是由组件失效造成。

5 安全警示

本章没有列出进行检测时所有的安全要求,使用本标准的用户应在检测前建立安全准则。

检测过程中的安全要求至少如下:

a) 检测人员应遵守被检设备现场的安全要求,根据检测地点的要求穿戴防护工作服和佩戴有关防护设备;

b) 如有要求,使用的电子仪器应具有防爆功能;

c) 在线检测时,应注意被检设备的温度状态,以免烫伤或冻伤;应避免安全阀过早或突然开启引起的危险后果,尤其是被检设备内储存有毒或易燃、易爆等危害性介质时;

d) 除非具有持证电工、专业工程师或其他同等资格,红外检测人员不应执行通常由这些专业人员完成的任务,不应移动或替换外盖,不应打开或关上装有机械或电气设备的机柜,不应测量设备的电气负荷,不应触碰任何设备,并应与之保持安全距离。

6 人员要求

按本标准实施检测的人员,应按 GB/T 9445 或合同各方同意的体系进行资格鉴定与认证,并由雇主或其代理对其进行职位专业培训和操作授权。

7 检测工艺规程

7.1 通用检测工艺规程

从事红外热成像检测的单位应按本标准的要求制定通用检测工艺规程,其内容至少应包括如下要素：

a） 适用范围；

b） 执行标准、法规；

c） 检测人员资格；

d） 检测仪器设备：如红外热成像镜头、主机、检测数据采集和分析软件等；

e） 被检设备的信息：如几何形状与尺寸、材质、设计与运行参数；

f） 被检设备表面状态；

g） 检测时机；

h） 红外发射率测量；

i） 检测过程和数据分析解释；

j） 检测结果的评定；

k） 检测记录、报告和资料存档；

l） 编制、审核和批准人员；

m） 编制日期。

7.2 检测作业指导书或工艺卡

应按 9.1.3 执行。

8 检测设备

8.1 红外热像仪

应能满足 GB/T 19870 的要求，且与被检设备的温度范围相匹配。

8.2 数字温度计

应至少配备一支接触式数字温度计用于测量被检设备的表面温度，该温度计应至少每年进行一次校准。

8.3 反光镜

应至少配备一个反光镜，用于检测红外摄像仪不能直接观察的设备部位。

8.4 检测设备的维护和校准

应制定书面规程，对红外热像仪进行周期性维护和检查，以保证仪器功能。

在现场进行检测时，如怀疑设备的检测结果，应对设备进行功能检查和调整，并对每次维护检查的结果进行记录。

9 检测

9.1 检验前的准备

9.1.1 资料审查

资料审查应包括下列内容：

a） 被检设备制造文件资料：产品合格证、质量证明文件、竣工图等，充分了解被检设备的结构、运动和工作模式等；

b) 被检设备运行记录资料:开停车情况、运行参数、工作介质、载荷变化情况以及运行中出现的异常情况等;

c) 检验资料:历次检验与检测报告;

d) 其他资料:修理和改造的文件资料等。

9.1.2 现场勘察

应对被检设备现场进行勘察,找出所有可能影响检测的因素,如设备表面状态、外保温层情况、周围存在的热辐射源等。在检测时应设法尽可能避免这些因素的干扰。

9.1.3 作业指导书或工艺卡编制

对于每个检测工程或每套被检设备,根据使用的仪器和现场实际情况,按照通用检测工艺规程编制红外热成像检测作业指导书或工艺卡,确定检测的部位和表面条件,同时对被检设备进行测绘,对检测部位进行编号,画出被检设备结构示意图。

9.1.4 被检设备准备

进行检测之前应对设备做如下准备工作:

a) 获得对被检测设备管理人员的许可;

b) 应在检测开始前打开或(和)移开相关的机柜和端盖,可直接观察到被检设备。

9.2 检测表面条件要求

被检构件表面颜色应接近均匀,无大面积疏松的锈蚀层,否则应进行表面处理。

9.3 热像仪红外发射率的设置

采用数字式温度计直接测量被检设备一个部位的温度,然后调整红外热象仪的红外发射率参数,直到热象仪的温度显示与数字式温度计的测量数值相同,将此值作为红外热像仪的发射率参数值。

9.4 检测实施

9.4.1 被检设备的加载

应确保被检设备有适当的负荷,必要时增加满足要求的负荷,对被检设备进行持续加载保证产生稳定的红外热像图。

9.4.2 检测环境

检测应在环境条件许可时进行,如存在影响检测结果的因素应设法排除后进行检测。

9.4.3 检测

在被检设备达到预定载荷稳定运行的条件下,进行红外热成像检测。首先设定实测的红外发射率,然后对被检设备进行扫查检测,发现可能存在的温度异常部位;一旦发现温度异常部位,应记录红外热像图,同时在被检设备上对温度异常部位作出标识,并拍下被检设备部位的可见光照片。

9.5 检测记录

检测记录的主要内容至少应包括第 11 章列出的内容,检测记录和红外热成像检测数据应按合同约定保存。

9.6 设备复原

在红外检测人员完成检测和记录后，应立即关闭被打开的机柜和端盖。

9.7 影响检测结果的因素

9.7.1 发射率的影响

当被检测物体表面热发射率较低(<0.5)时应特别注意。在此情形下可能很难发现温度异常。同时，这样的表面反射的红外线可能也会被误读。红外检测人员应注意到这些潜在的误差并采取合适的方法使之最小化(如移动热像仪的位置，回避红外反射较强的角度)。

9.7.2 周围环境因素

9.7.2.1 日照、灯光、热辐射源等。

9.7.2.2 风、表面和环境湿度等。

10 结果解释和评价

10.1 红外检测既可仅提供被检设备检测时的温度场分布，而不测量或不提供温度数据。也可在提供被检设备检测时温度场分布的同时，提供温度测量数据。

10.2 温度异常部位的判据需要检测单位根据长期的红外检测经验和数据来确定，也可由被检设备设计或使用单位提供。

10.3 如果检测发现温度异常部位，应在检测结果中注明。

10.4 对于温度异常原因的判断、设备完整性评价和整改措施的建议不在本标准规定的检测范畴内，需要其他知识和技能作为支撑。

10.5 红外检测并不能保证机械或电气设备正常运转，需要配合其他合适的检验和维修措施确保其运行可靠。

10.6 最终用户应依据红外检测提供的数据来决定是否采取进一步的措施。

10.7 当最终用户要求时，红外检测人员应在修理后重新检测每一处异常，以确定潜在缺陷已被修复、工作温度正常。

11 检测报告

11.1 检测报告至少应包含以下信息：

a) 被检设备使用单位名称、地址及联系方式；

b) 被检设备规格、几何尺寸、工作环境及使用年限；

c) 被检设备材料及表面状态；

d) 执行标准和(或)参考标准；

e) 检测仪器名称、型号、编号、测温范围、工作波段等；

f) 检测软件名称、检测设置文件名称及数据文件名称；

g) 被检测设备清单，并对未检设备予以说明。同时，标识出表面发射率低的设备；

h) 检测与审核人员资格、签字及日期；

i) 检测和出具报告的日期。

11.2 当仅提供红外成像检测温度分布时，应对发现的每一处温度异常部位提供以下信息：

a) 具体位置；

b) 其他描述，如设备铭牌数据、相位或线路编号、额定电压、额定电流或(和)转速等；

c) 检测时的环境温度，必要时应记录风速、风向以及天气状况；

d) 发现温度异常的时间；

e) 打印的红外热像图和对应的可见光照片；

f) 红外热像仪镜头的视场(FOV)和放大倍数，以及其他任何可能影响检测数据精度、可靠性、可重复性的热像仪参数的设置；

g) 引起红外衰减因素的记录，如窗户、滤镜、大气和外部光学系统等；

h) 必要时，在被检设备用户有关专业人员的协助下，依据生产工艺和可能影响安全使用的情况，对发现温度异常部位设备的维修先后次序进行等级评定；

i) 任何其他可能影响检测结果或能够对温度异常进行解释的信息或特殊条件。

11.3 当同时提供温度分布和温度测量值时，应对发现的每一处温度异常部位进一步提供以下信息：

a) 检测时热像仪到温度异常部位的距离；

b) 对于电气设备，应记录其最大额定载荷和检测时的实测载荷，并计算载荷比，载荷比(%)＝(实测载荷/额定载荷)×100；

c) 反射温度、发射率和透射率(用于计算异常部位的温度)；

d) 温度异常部位的温度(发射率较低表面的实际温度可能需要对测量值进行修正)；

e) 必要时，还应给出温度异常部位与具有相似载荷、环境温度或同等运行条件下同类设备的温度差；

f) 必要时，还应给出实际测量得到的温度与参考标准(包括标准热源)之间的比较结果。

ICS 21.060.60
J 15

中华人民共和国国家标准

GB/T 28707—2012

碟 簧 支 吊 架

Disc spring supports and hangers

2012-09-03 发布 2013-03-01 实施

中华人民共和国国家质量监督检验检疫总局
中 国 国 家 标 准 化 管 理 委 员 会 发布

前　言

本标准按照 GB/T 1.1—2009 给出的规则起草。

本标准原则上遵循 GB/T 17116.1—1997《管道支吊架　第1部分：技术规范》和 GB/T 17116.3—1997《管道支吊架　第3部分：中间连接件和建筑结构连接件》连接的有关规定，但吊杆螺纹及其许用应力取值原则，则参照 MSS SP-58:2002《管道支吊架　材料、设计和制作》(英文版)(Pipe Hangers and Supports—Materials, Design, and Manufacture)作了更新。

本标准由中国机械工业联合会提出。

本标准由全国管路附件标准化技术委员会(SAC/TC 237)归口。

本标准负责起草单位：中机国能电力工程有限公司、中机生产力促进中心、扬州东方吊架有限公司

本标准参加起草单位：江苏焱鑫科技股份有限公司、扬州华远石油装备有限公司。

本标准主要起草人：林其略、帖荣俊、李俊英、周国华、吴春来、吴利群、苏引平、许文斌、沈重光、冯峰。

碟 簧 支 吊 架

1 范围

本标准规定了碟簧支吊架的型式、参数、要求、试验方法、检验规则、标志、包装和贮存。

本标准适用于荷载轴与生根结构中心线为同一中心的恒力碟簧支吊架和变力碟簧支吊架，也适用于碟簧减振器。

2 规范性引用文件

下列文件对于本文件的应用是必不可少的。凡是注日期的引用文件，仅注日期的版本适用于本文件。凡是不注日期的引用文件，其最新版本(包括所有的修改单)适用于本文件。

GB/T 197 普通螺纹 公差

GB/T 321 优先数和优先数系

GB/T 1972—2005 碟形弹簧

GB/T 2423.33—2005 电工电子产品环境试验 第2部分:试验方法 试验Kca:高浓度二氧化硫试验

GB/T 2516 普通螺纹 极限偏差

GB/T 2828.1—2003 计数抽样检验程序 第1部分:按接收质量限(AQL)检索的逐批检验抽样计划

GB/T 8923—1988 涂装前钢材表面锈蚀等级和除锈等级

GB/T 8923.3 涂覆涂料前钢材表面处理 表面清洁度的目视评定 第3部分:焊缝、边缘和其他区域的表面缺陷的处理等级

GB/T 9286 色漆和清漆 漆膜的划格试验

GB/T 9969 工业产品使用说明书 总则

GB 11375—1989 热喷涂金属件表面预处理通则

GB/T 13384 机电产品包装通用技术条件

GB/T 13452.2 色漆和清漆 漆膜厚度的测定

GB/T 13912—2002 金属覆盖层 钢铁制件热浸镀锌层 技术要求及试验方法

GB/T 14093.4—2009 机械产品环境技术要求 工业腐蚀环境

GB/T 14436 工业产品保证文件 总则

GB/T 17116.1 管道支吊架 第1部分:技术规范

GB/T 17116.3 管道支吊架 第3部分:中间连接件和建筑结构连接件

TSG D2001 压力管道元件制造许可规则

TSG D7002—2006 压力管道元件型式试验规则

3 术语和定义

下列术语和定义适用于本文件。

3.1

碟簧支吊架　disc spring supports and hangers

一种用碟形弹簧作为弹性元件的支吊架。碟簧支吊架按使用功能分为恒力碟簧支吊架、变力碟簧支吊架和碟簧减振器等。

3.2

恒力碟簧支吊架　constant disc spring support and hanger

用以承受管道自重荷载，且其承载力不随支吊点处管道垂直位移的变化而变化，即荷载保持基本恒定的碟簧支吊架。

3.3

变力碟簧支吊架　variable disc spring support and hanger

用以承受管道自重荷载，但其承载力随着支吊点处管道垂直位移的变化而变化的碟簧支吊架。

3.4

碟簧减振器　disc spring sway brace

用以控制管道低频高幅晃动或高频低幅振动，但对管系的热胀或冷缩有一定约束的碟簧装置。

3.5

行程刻度牌　travel scales

一个附属于弹簧支吊架上以指示管道垂直移动的设施。

3.6

冷态位置标志　cold setting

弹簧支吊架或机械阻尼器的行程刻度牌上设置的冷态位置的标志，它标志管道冷态正确安装的位置。

3.7

热态位置标志　hot setting

弹簧支吊架或机械阻尼器的行程刻度牌上设置的热态位置的标志，它标志管道热态或工作状态的位置。

3.8

行程锁定装置　travel limit stops

一种将弹簧支吊架的可移动部件临时锁定在一固定位置，使荷载通过弹簧支吊架转移到承载结构，同时使管道在安装和/水压试验期间保持预定标高。

3.9

管道支吊架荷载　pipe hanger load

3.9.1

冷态荷载　cold load

在环境温度下，变力弹簧支吊架支承管道系统的荷载，冷态荷载等于工作荷载加减荷载变化。

注：对于冷态吊零，冷态荷载等于工作荷载。

3.9.2

热态荷载　hot load

变力弹簧支吊架的工作荷载(通常为运行工况下的静荷载)。

注：对于冷态吊零，热态荷载等于工作荷载加减荷载变化。

3.9.3

设计荷载　design load

由作业规范书(指导书)定义的工作和其他荷载组合。

3.9.4

水压试验荷载　hydrostatic load

与管道系统水压试验相关联的荷载(包括管道,绝热材料和试验液体的质量)。

3.9.5

工作荷载　operating load

与"正常"运行工况相关联的荷载(包括自重载荷以及可能存在的热胀和/或压力的作用力)。

3.9.6

标称荷载　norminal load

表示恒力碟簧支吊架规格的荷载,也可称为铭牌荷载或名义荷载。

3.9.7

最大工作荷载　maximum operating load

恒力碟簧支吊架在工作状态下可能出现的最大荷载。它应为该规格的标称荷载与其大一规格标称荷载差值的一半之和的1.1倍。

3.9.8

指定荷载　specified load

用户选择弹性支吊架时所指定的使用荷载。

3.9.9

整定荷载　presetting load

弹簧支吊架在组装中,按用户指定荷载调试整定并锁定的实际荷载。

3.10

荷载偏差

3.10.1

指定荷载上偏差　upper deviation from specified load

恒力支吊架在整个行程范围内向下位移时荷载的最大读数与指定荷载的偏差,并按式(1)计算:

$$\text{指定荷载上偏差}=\frac{\text{向下位移时荷载的最大读数}-\text{指定荷载(N)}}{\text{指定荷载(N)}}\times 100\% \quad \cdots\cdots\cdots(1)$$

3.10.2

指定荷载下偏差　lower deviation from specified load

恒力支吊架在整个行程范围内向上位移时荷载的最小读数与指定荷载的偏差,并按式(2)计算:

$$\text{指定荷载下偏差}=\frac{\text{指定荷载(N)}-\text{向上位移时荷载的最小读数}}{\text{指定荷载(N)}}\times 100\% \quad \cdots\cdots\cdots(2)$$

3.10.3

整定荷载偏差　deviation from presetting load

弹簧支吊架在组装中,按用户指定荷载调试整定并锁定的实际荷载与用户指定荷载的偏差,以百分比表示,并按式(3)计算:

$$\text{整定荷载偏差}=\frac{\text{整定荷载(N)}-\text{指定荷载(N)}}{\text{指定荷载(N)}}\times 100\% \quad \cdots\cdots\cdots(3)$$

3.10.4

荷载变化系数　variability factor

由于管道垂直热位移引起变力弹簧支吊架荷载的变化,以百分比表示,并按式(4)计算:

$$\text{荷载变化系数}=\frac{\text{管道垂直热位移(mm)}\times\text{弹簧刚度(N/mm)}}{\text{工作荷载(N)}}\times 100\% \quad \cdots\cdots\cdots(4)$$

注1:对于热态吊零,工作荷载为热态荷载;对于冷态吊零,工作荷载为冷态荷载。

注 2：由于碟簧刚度随变形量变化，因此上述计算公式应按式(5)计算：

$$荷载变化系数 = \frac{|热态荷载(N) - 冷态荷载(N)|}{工作荷载(N)} \times 100\% \quad \cdots\cdots(5)$$

3.10.5

荷载变化偏差　deviation from load variability

变力碟簧弹簧支吊架在其全行程范围内荷载最大变化的实测值相对于理论荷载最大变化值的偏差，以百分比表示，并按式(6)计算：

$$荷载变化偏差 = \frac{|全行程荷载最大变化理论值 - 全行程荷载最大变化实测值|}{全行程荷载最大变化理论值} \times 100\% \quad \cdots\cdots(6)$$

3.11

管道支吊架位置　pipe hanger location

3.11.1

冷态位置　cold location

管道在安装状态位置下，管道支吊架组件参照毗邻结构的定位(如果没有冷紧)。

3.11.2

热态位置　hot location

管道在热态或工作状态位置下，管道支吊架组件参照毗邻结构的定位。

3.12

标称位移　norminal travel

表示恒力碟簧支吊架规格的最大行程，也可称为铭牌位移或名义位移。

3.13

指定热位移　specified thermal displacement

用户对选择的弹性支吊架指定的热位移。

4　型式、参数及型号

4.1　型式

碟簧支吊架按其安装方式分为 A、B、C、D、E、F、G 七种型式。其中搁置型支架又分为 F_1(基本承载板搁置型支架)、F_2(带聚四氟乙烯承载板搁置型支架)和 F_3(带滚轮承载板搁置型支架)三种。各种型式及代号见表 1，恒力碟簧支吊架型式典型图见图 1～图 7，变力碟簧支吊架型式典型图见图 8～图 14。

表 1　常用支吊型式代号

型式代号		支吊型式		恒力碟簧支吊架	变力碟簧支吊架
A		上螺纹悬吊型		图 1	图 8
B		单吊板型		图 2	图 9
C		双吊板型		图 3	图 10
D		上调节搁置型		图 4	图 11
E		下调节搁置型		图 5	图 12
F	F_1	基本承载板	搁置型支架	图 6	图 13
	F_2	带聚四氟乙烯承载板			
	F_3	带滚轮承载板			
G		并联悬吊型		图 7	图 14

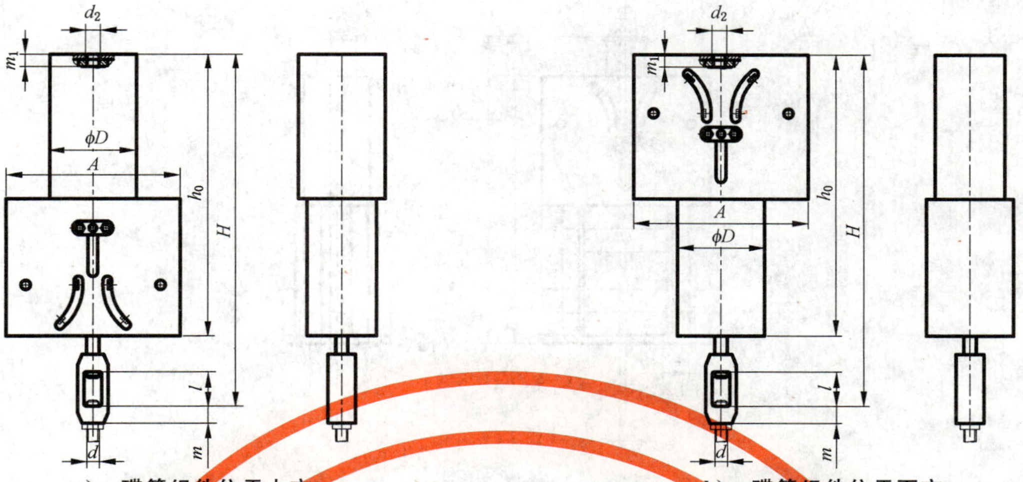

a） 碟簧组件位于上方　　　　b） 碟簧组件位于下方

图 1　A 型——上螺纹悬吊型恒力碟簧吊架

a） 碟簧组件位于上方　　　　b） 碟簧组件位于下方

图 2　B 型——单吊板型恒力碟簧吊架

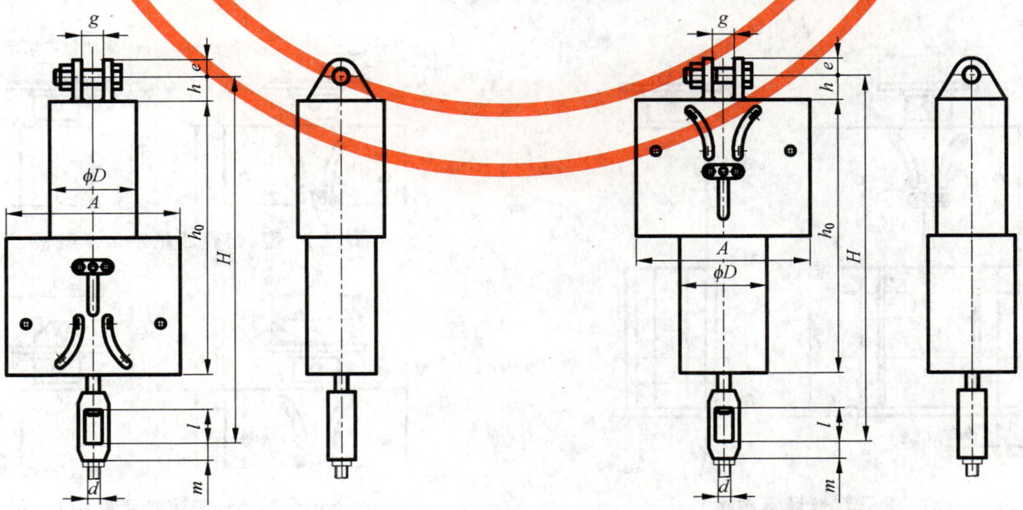

a） 碟簧组件位于上方　　　　b） 碟簧组件位于下方

图 3　C 型——双吊板型恒力碟簧吊架

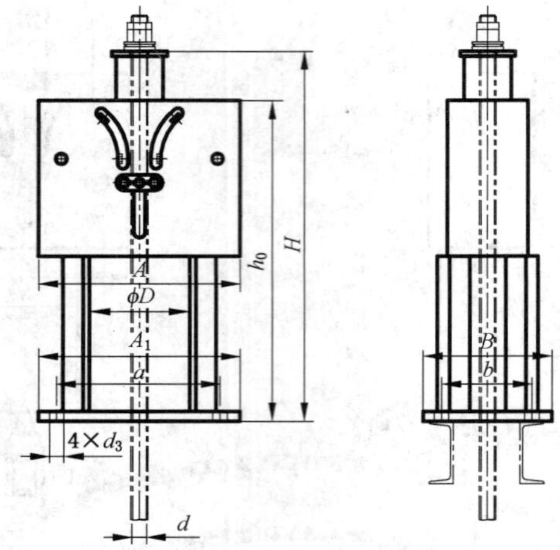

图 4　D 型——上调节搁置型恒力碟簧吊架

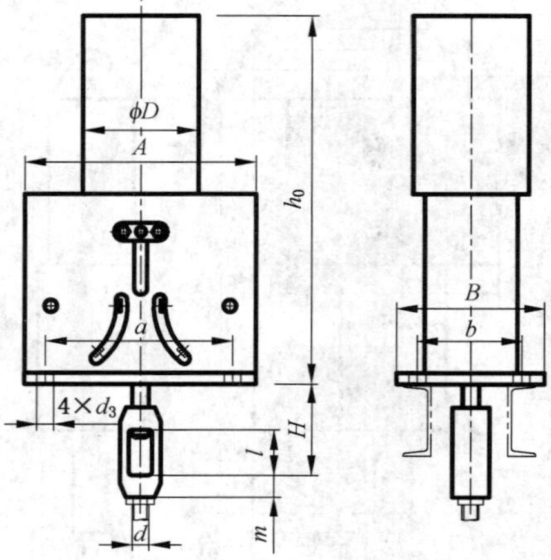

a）碟簧组件位于上方

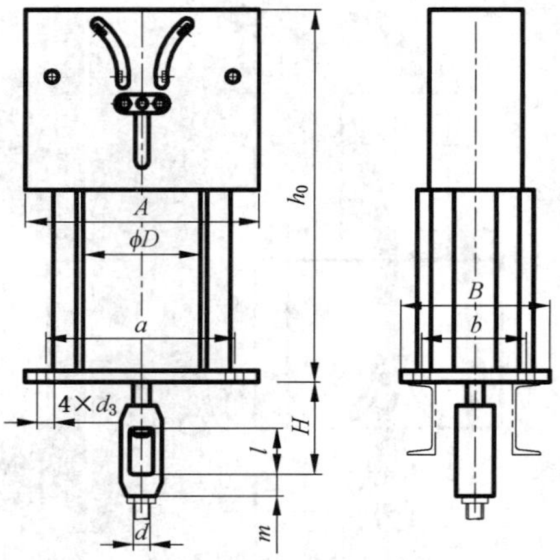

b）碟簧组件位于下方

图 5　E 型——下调节搁置型恒力碟簧吊架

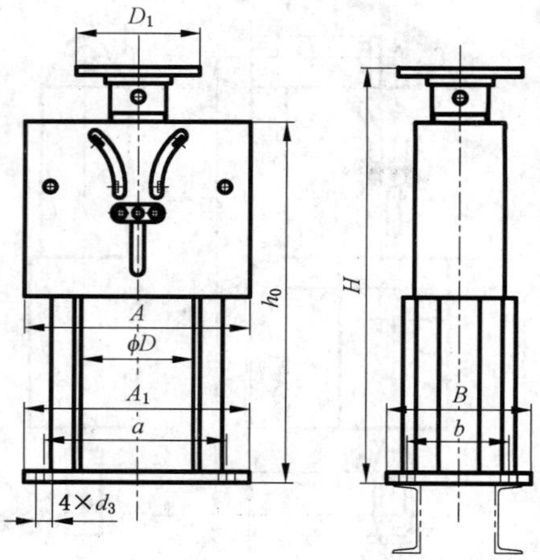

a）F_1 型（普通承载板）

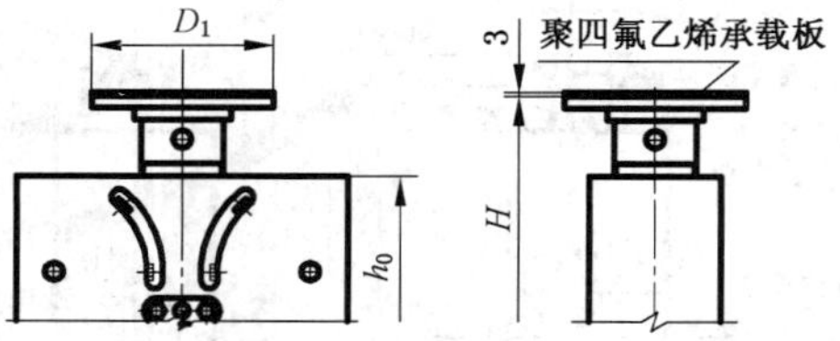

b）F_2 型（带聚四氟乙烯承载板）

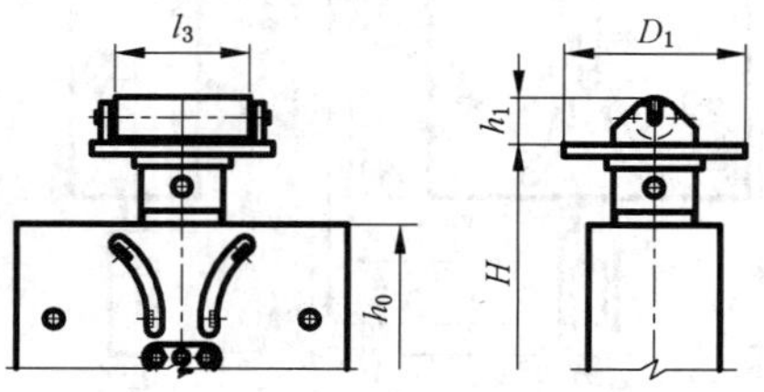

c）F_3 型（带滚轮承载板）

图 6　F 型——搁置型恒力碟簧支架

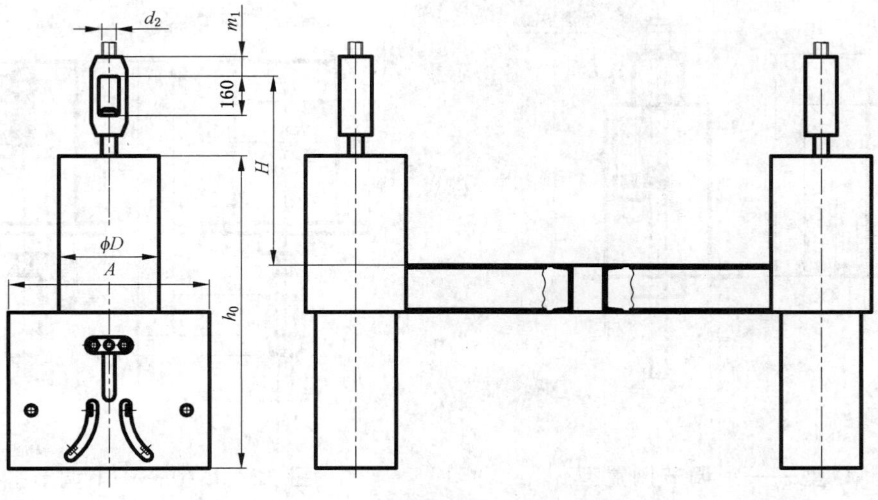

a） 碟簧组件位于上方

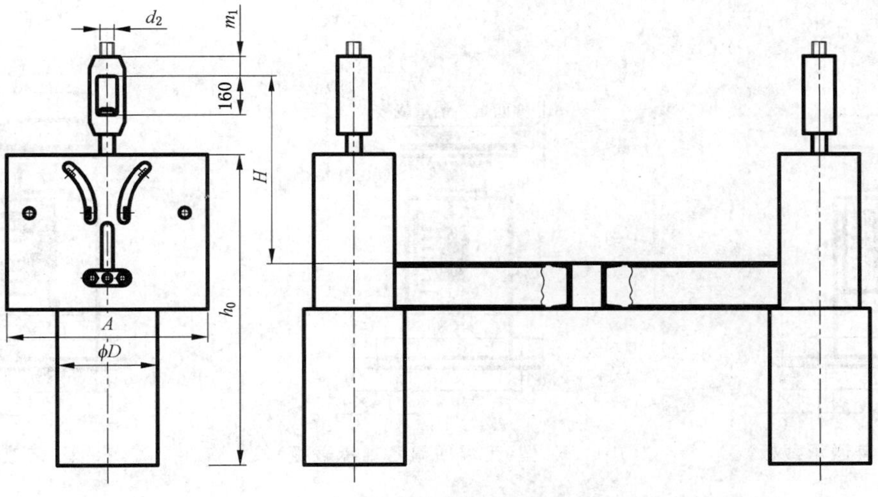

b） 碟簧组件位于下方

图 7　G 型——并联悬吊型恒力碟簧吊架

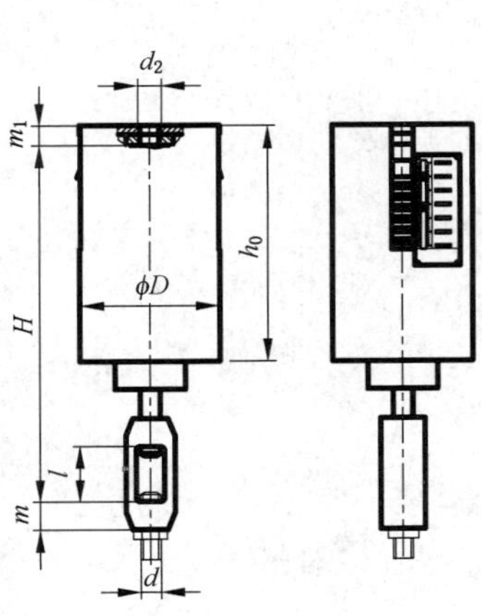

图 8　A 型——上螺纹悬吊型变力碟簧吊架

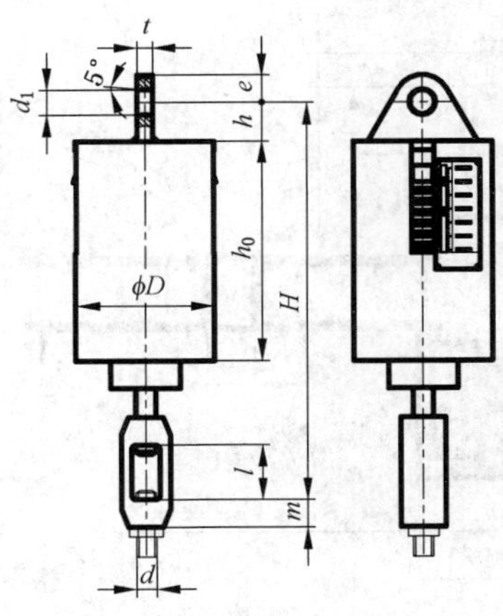

图 9　B 型——单吊板型变力碟簧吊架

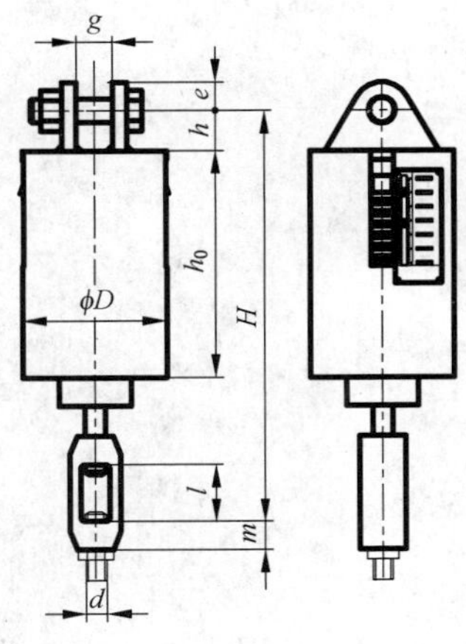

图 10　C 型——双吊板型变力碟簧吊架

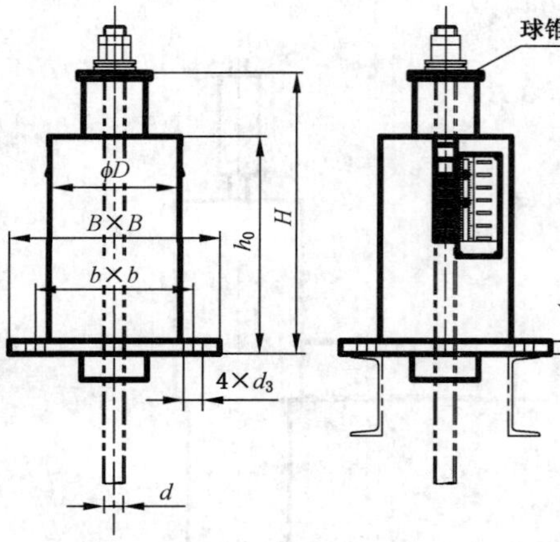

图 11 D 型——上调节搁置型变力碟簧吊架

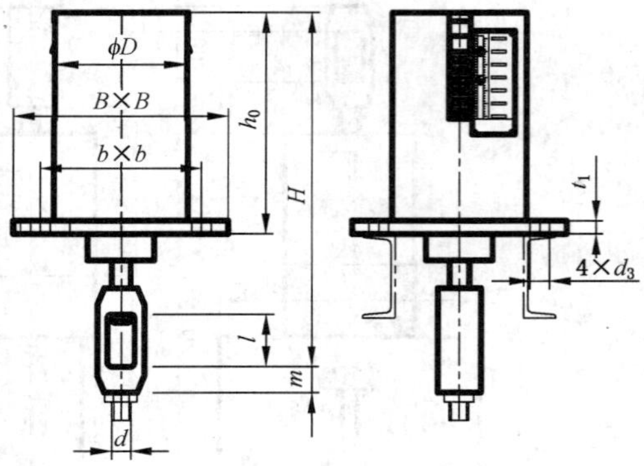

图 12 E 型——下调节搁置型变力碟簧吊架

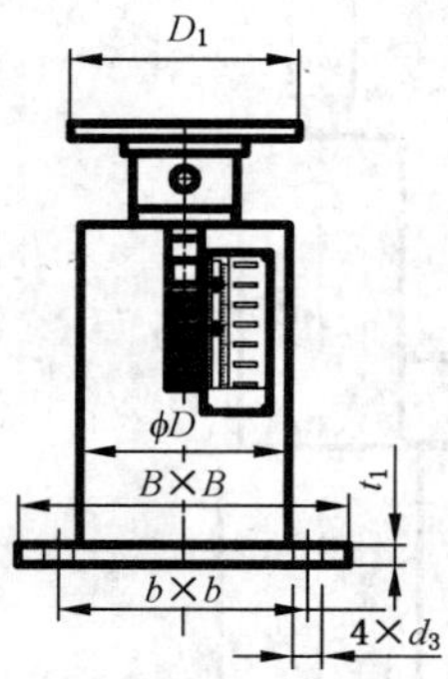

a) F_1 型(普通承载板)

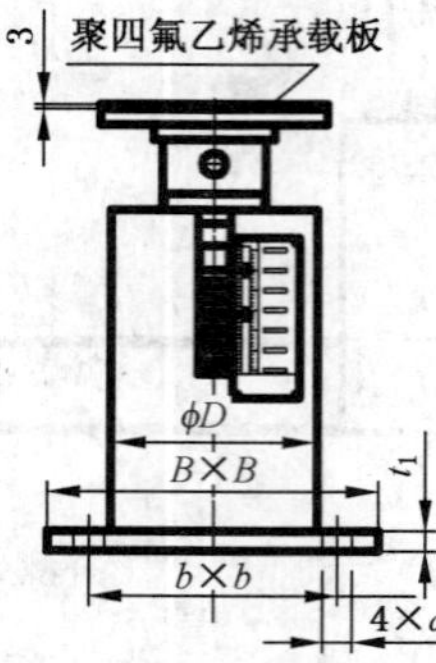

b) F_2 型(带聚四氟乙烯承载板)

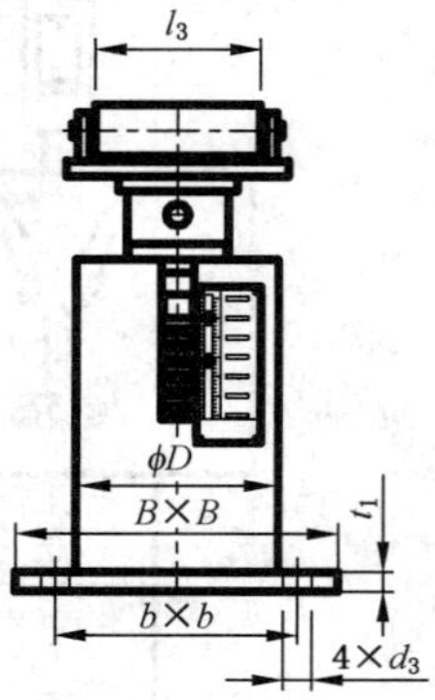

c) F_3 型(带滚轮承载板)

图 13 F 型——搁置型变力碟簧支架

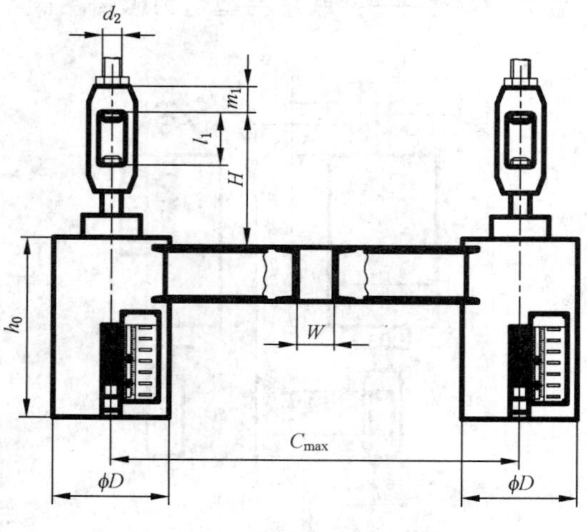

图 14 G 型——并联悬吊型变力碟簧吊架

图 1～图 14 中的尺寸代号为:

A ——恒力支吊架固定框架宽度;

A_1 ——D 型、E 型、F 型支吊架底板长度尺寸；
a ——D 型、E 型、F 型支吊架底板孔(槽)长度方向间距；
B ——D 型、E 型、F 型支吊架底板宽度尺寸；
b ——D 型、E 型、F 型支吊架底板孔(槽)宽度方向间距；
C_{max}——G 型吊架吊杆间距最大值；
D ——碟簧组件外壳直径；
D_1 ——F 型支架顶板直径；
d ——荷载吊杆直径；
d_0 ——C 型吊架生根双吊板销轴直径；
d_1 ——B 型吊架生根单吊板销轴孔直径；
d_2 ——A 型、G 型吊架生根吊杆直径；
d_3 ——D 型、E 型、F 型支吊架底板孔(槽)直径；
d_4 ——D 型吊架顶端孔径；
e ——B 型、C 型吊板销轴(孔)中心至边缘距离；
g ——C 型吊架生根双吊板净间距；
H ——碟簧支吊架安装高度；
h ——B 型、C 型吊板销轴(孔)中心高；
h_0 ——碟簧组件本体高度；
h_1 ——F_a 型支架滚轮顶面高度；
l ——A 型、B 型、C 型、E 型承载吊杆螺纹扣内腔高度；
l_1 ——G 型吊架生根吊杆螺纹扣内腔高度；
l_3 ——F_3 型支架滚轮长度；
m ——螺旋扣螺纹长度；
m_1 ——A 型吊架生根螺纹和 G 型吊架螺旋扣螺纹长度；
NS ——连接件公称尺寸(见 GB/T 17116.3 规定)；
t ——B 型吊架吊板厚度；
t_1 ——D 型、E 型、F 型支吊架底板厚度；
W ——G 型吊架横担槽钢间距。

4.2 基本参数

4.2.1 恒力碟簧支吊架

4.2.1.1 标称位移系列

恒力碟簧支吊架标称位移的数值采用 GB/T 321 规定的 R20 系列的圆整值，标称位移的范围为 50 mm～500 mm。

4.2.1.2 标称荷载系列

恒力碟簧支吊架标称荷载的数值采用 GB/T 321 规定的 R20 系列的圆整值，标称荷载的范围为 500 N～630 000 N。

4.2.2 变力碟簧支吊架

4.2.2.1 位移范围系列

变力碟簧支吊架位移范围系列如表 2 所示。

表 2　变力碟簧支吊架位移范围和碟簧组变形量范围系列表　　单位为毫米

系　列　号	1	2	3	4
位移范围	0～30	0～60	0～90	0～120
碟簧组变形量范围	30～60	60～120	90～180	120～240

4.2.2.2　**最大位移下荷载系列**

变力碟簧支吊架在最大位移下的荷载系列范围为 7 943 N～631 000 N，其数值应从表 3 系列中选择。

表 3　变力碟簧支吊架最大位移下荷载系列表　　单位为牛顿

序号	01	02	03	04	05	06	07	08	09	10
荷载	7 943	10 000	12 590	15 850	19 950	25 120	31 620	39 810	50 120	63 100
序号	11	12	13	14	15	16	17	18	19	20
荷载	79 430	100 000	125 900	158 500	199 500	251 200	316 200	398 100	501 200	631 000

4.3　**型号**

4.3.1　**恒力碟簧支吊架**

恒力碟簧支吊架的型号由下列七部分组成：

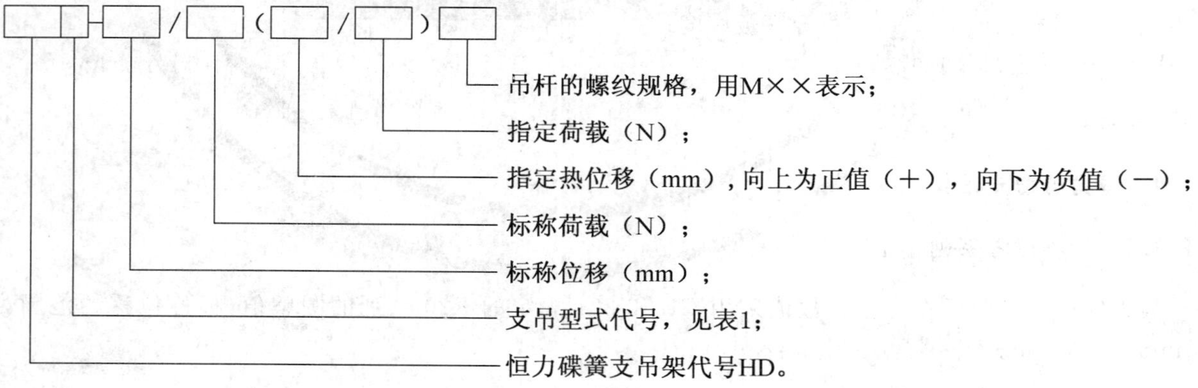

型号示例：

HDC-400/200 000(＋300/195 000)M72×4 表示双吊板悬吊型(C 型)恒力碟簧吊架，标称位移值为 400 mm，标称荷载值为 200 000 N，指定热位移为＋300 mm(热位移向上)，指定荷载值为 195 000 N，荷载吊杆螺纹规格为 M72×4。

恒力碟簧支吊架选择和使用指南参见附录 C。

4.3.2　**变力碟簧支吊架**

变力碟簧支吊架的型号由下列七部分组成：

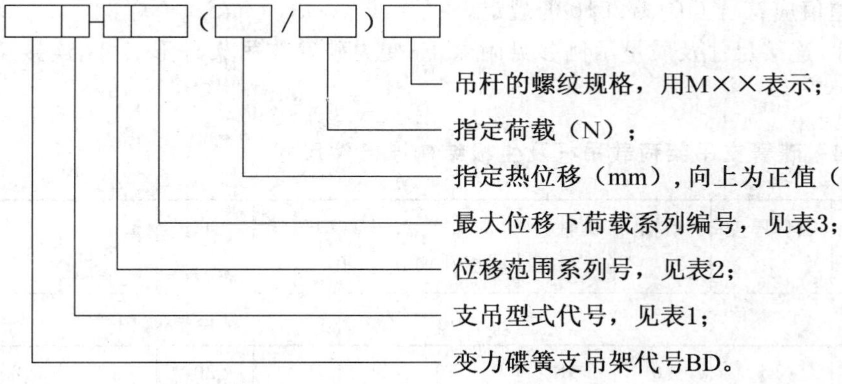

型号示例：

BDG-418(—64/750 000)M90×4 表示并联悬吊型(G 型)变力碟簧吊架，规格编号为 418(即，位移范围为 0 mm～120 mm，最大位移下荷载值为 398 107 N)，指定热位移值为—64 mm，热位移向下，指定荷载值为 750 000 N(包括并联悬吊型变力碟簧吊架组件自重)，荷载吊杆螺纹规格为 M90×4。

变力碟簧支吊架选择和使用指南参见附录 D。

5 要求

5.1 一般要求

5.1.1 碟簧支吊架的材料、设计、制造应符合 GB/T 17116.1 的规定，除非本标准另有规定。

5.1.2 碟簧支吊架与管道支吊架中间连接件或建筑结构连接件连接的尺寸应符合 GB/T 17116.3 的规定，除非本标准另有规定。

5.1.3 碟簧支吊架设计和制造应根据产品使用环境条件，按照 GB/T 14093.4—2009 第 4 章“技术要求”和附录 A“工业腐蚀环境用机械产品的环境防腐要点”要求，采取有效的防护措施。

5.1.4 碟簧支吊架生根部件的设计荷载应为最大工作荷载与支吊架组件自重荷载之和。

5.1.5 碟簧支吊架组件结构在最大工作荷载和最不利受力位置时，整体强度和刚度应符合 GB/T 17116.1 的规定。

5.1.6 碟簧支吊架所用的碟形弹簧的技术要求和设计计算应符合 GB/T 1972—2005 的规定。碟形弹簧精度应满足碟簧支吊架长期稳定的性能要求。

5.1.7 碟簧组件应采用导向件。导向件与碟簧之间的间隙以及导向件表面的硬度和表面粗糙度，应符合 GB/T 1972—2005 的规定。

5.1.8 碟簧支吊架应有供现场方便调整荷载的设施。

5.1.9 碟簧支吊架组件应有防止行程过大或脱载的安全装置和制动装置。

5.1.10 碟簧支吊架组件应有安装和水压试验用的行程锁定装置。锁定时，碟簧支吊架在 2 倍支吊架最大工作荷载下的受力构件的最大应力应不大于构件材料屈服强度的 0.8 倍。

5.1.11 碟簧支吊架组件荷载吊杆的支撑结构以及 B 型吊架的单吊板，应允许其在工作状态下以铅垂线为轴线的锥顶角 8°范围内自由摆动，并符合性能要求。

5.2 连接尺寸

碟簧支吊架与管道连接部件相连的荷载吊杆及与承载结构相连的生根结构连接尺寸应符合表 4 的规定。该表是依照材料为 Q235B 或 20 钢，吊杆螺纹精度为 6H/6g，螺纹吊杆许用应力为 74 MPa 确定的。

碟簧支吊架与其他支吊架元件连接的螺纹精度应符合 GB/T 197 规定，其外螺纹应不低于 6g，内螺纹应不低于 6H，其极限偏差值应符合 GB/T 2516 的规定。

恒力碟簧支吊架外形尺寸、连接尺寸及质量示例参见附录 E；变力碟簧支吊架外形尺寸、连接尺寸及质量示例参见附录 F。

表 4 碟簧支吊架荷载吊杆及生根结构连接件尺寸

公称尺寸 NS	最大使用荷载[1]/N	螺纹规格 $d\times P$[2]	螺母厚度 m	销轴 d_0	销轴孔 d_1	D、E、F 型底板孔槽 d_3	D 型顶端孔径 d_4	e	g	h
		mm								
12	5 300	M12	16	16	18	16	16	20	12	25
16	10 000	M16	20	20	22	16	20	25	16	32
20	16 000	M20	25	25	28	16	25	32	20	40
24	23 000	M24	32	30	32	16	30	40	25	50
30	36 500	M30	40	36	40	16	36	50	28	63
36	54 500	M36	45	45	50	20	43	56	36	71
42	75 000	M42	56	50	55	20	50	71	40	90
48	97 500	M48	63	55	57	20	60	80	45	100
56	145 000	M56×4	71	65	70	25	71	90	56	112
64	200 000	M64×4	80	70	80	30	80	100	63	125
68	224 000	M68×4	90	70	80	30	85	112	63	140
72	258 000	M72×4	90	80	82	36	90	112	71	140
76	290 000	M76×4	100	80	82	36	95	125	71	160
80	315 000	M80×4	100	90	93	36	100	125	80	160
85	365 000	M85×4	112	90	93	36	108	140	80	180
90	412 000	M90×4	112	100	104	43	116	140	90	180
95	462 000	M95×4	125	100	104	43	120	160	90	200
100	515 000	M100×4	125	110	114	43	125	160	100	200
105	560 000	M105×4	140	110	114	50	132	160	100	224
110	630 000	M110×4	140	120	124	50	140	180	112	224
115	690 000	M115×4	160	120	124	50	147	180	112	250
120	750 000	M120×4	160	120	124	50	153	200	112	250
125	825 000	M125×4	160	140	144	60	160	200	125	250

1） 最大使用荷载：对于恒力碟簧支吊架的荷载吊杆为最大工作荷载，生根结构为最大工作荷载与支吊架组件自重荷载之和；对于变力碟簧支吊架的荷载吊杆为最大位移下的标称荷载，生根结构为最大位移下的标称荷载与支吊架组件自重荷载之和；对于 G 型碟簧支吊架荷载吊杆的荷载应计入支吊架组件自重荷载。

2） 对于生根结构螺纹规格符号改为 $d_2\times P$。

5.3 性能

5.3.1 恒力碟簧支吊架在标称位移范围内指定荷载的上、下偏差均应不大于6%。

5.3.2 恒力碟簧支吊架至少应留有用户指定荷载±10%的现场荷载调整量。

5.3.3 变力碟簧支吊架的荷载变化偏差应不大于10%。

5.3.4 变力碟簧支吊架的整定荷载偏差应不大于1%。

5.4 锁定超载能力

碟簧支吊架组件锁定时，支吊架应能承受2倍支吊架的最大工作荷载。

5.5 表面防护

5.5.1 碟簧支吊架组件表面防护应根据产品实际使用的环境条件，按照GB/T 14093.4—2009确定环境条件等级、防护类型和技术要求。如果订货合同没有约定，涂料类型和涂料体系的防护类型按F1(户内)或WF1(户外)和高耐久性要求确定，确保支吊架组件在大气环境下正常、安全服役，免维修。

5.5.2 钢构件热浸镀锌前的表面应平整、光滑、边缘无毛刺、无影响质量的斑点、凹坑、划伤等缺陷，并应除去表面的油污、锈迹、焊渣和氧化层等多余物，镀前处理应符合GB/T 13912—2002附录C的规定。

5.5.3 钢构件热浸镀锌层的外观、厚度、附着力应符合GB/T 13912—2002第6章“镀层的要求”的规定。

5.5.4 钢构件涂装防护前应按照GB/T 11373的规定进行表面预处理，钢材的表面清洁度应达到GB/T 8923—1988规定的Sa2.5级，焊缝、边缘和其他区域的表面缺陷的处理等级应不低于GB/T 8923.3规定的P2级，粗糙度应达到Rz40 μm～70 μm。表面预处理后应在规定时间内进行底层处理或面层处理。

5.5.5 如果订货合同没有约定，钢材基层的涂料涂装采用1道环氧富锌底漆，干膜厚度70 μm，1～2道环氧云铁防锈漆，干膜厚度70 μm(户内)～110 μm(户外)和3道聚氨酯工程机械面漆，干膜厚度100 μm，干膜总厚度240 μm～280 μm；热浸镀锌基层的涂料涂装采用1道环氧密封底漆，干膜厚度20 μm，1道环氧云铁防锈漆，干膜厚度40 μm和2～3道聚氨酯工程机械面漆，干膜厚度60 μm～100 μm，干膜总厚度205 μm～245 μm(包括85 μm锌层)。

5.5.6 涂层厚度应均匀，无流挂、下垂、漏涂、针孔、起皱、光泽不匀、缩孔、颗粒、干喷和起泡现象。涂层从底材上脱离的抗性(划格试验)不低于1级。

5.5.7 碟簧支吊架组件表面防护应经GB/T 2423.33—2005规定的化学气体腐蚀试验合格。F1型实验持续时间为2 d，WF1型实验持续时间为10 d。

5.6 产品标识

碟簧支吊架至少应有下列标识：

a) 铭牌标识

——产品名称；

——产品型号；

——工程(项目)名称或代码；

——管线代码(或简称)和支吊架编号；

——指定荷载；

——指定热位移；

——出厂编号；

——出厂日期；

——制造厂名称及地址。

b) 位移标识

——行程刻度牌；

——冷态位置标志；

——热态位置标志。

c) 荷载调整指示标识

恒力碟簧支吊架的荷载调整机构处应有指示荷载值调整百分比的刻度标识。

6 试验方法

6.1 一般要求检查

6.1.1 目视碟簧支吊架外观和配置，判别是否符合5.1的各项规定。

6.1.2 对进厂的碟簧支吊架材料和外购件，应按相应的标准进行检验或核对材料理化性能试验报告、合格证明书等相关资料。

6.1.3 碟形弹簧及其组件的试验方法应符合GB/T 1972—2005的规定。

6.1.4 一般要求中有关产品结构设计要求，按TSG D7002—2006规定的“设计审查”予以验证。

6.2 连接尺寸

6.2.1 碟簧支吊架的连接尺寸用通用量具(如钢直尺、游标卡尺)测量。

6.2.2 螺纹精度用螺纹量规测量。

6.3 性能

恒力碟簧支吊架性能的试验方法及使用的试验装置应符合附录A的规定；变力碟簧支吊架性能的试验方法及使用的试验装置应符合附录B的规定。

6.4 锁定超载能力

恒力碟簧支吊架锁定超载能力的试验方法应符合附录A的规定；变力碟簧支吊架锁定超载能力的试验方法应符合附录B的规定。

6.5 表面防护

6.5.1 采用目视比较法检视防腐蚀涂装外观质量，符合5.5.3或5.5.6的要求。

6.5.2 对热镀锌层的检验，应符合GB/T 13912—2002规定的试验方法。

6.5.3 漆膜厚度的测定应符合GB/T 13452.2的规定。

6.5.4 评定涂层从底材上脱离的抗性试验应在测试板上进行，并根据GB/T 9286的规定进行测定和评级。

6.5.5 表面防护的化学气体腐蚀试验，应符合GB/T 2423.33规定的试验方法。

6.6 标识检查

标识检查方法是：

a) 铭牌内容与用户订货清单核对；

b) 位移标识与用户订货清单核对；

c) 目测荷载调整指示标识的指示位置，与指定荷载应有位置相比较。

7 检验规则

7.1 检验分类

7.1.1 碟簧支吊架的检验分出厂检验和型式检验。

7.1.2 出厂检验为每批产品交货前的检验。

7.1.3 有下列情况之一者，应进行型式检验：

a) 每种规格第一次生产；

b) 停产一年以上又重新生产；

c) 影响碟簧支吊架安全或使用性能的结构形式、设计所采用的计算模型、标准、安全系数等发生改变，需要进行设计验证；

d) 因产品的主体材料发生变化等原因导致主要制造工序的工艺发生改变且需要对其制造工艺进行验证；

e) 出厂检验结果与上次型式检验有较大差异时；

f) 制造许可鉴定评审或者换证评审提出要求；

g) 用户提出要求。

7.2 检验项目和要求

7.2.1 出厂检验

出厂检验包括以下内容：

a) 恒力碟簧支吊架出厂检验项目为5.1.1、5.1.6、5.1.7、5.1.10、5.2、5.3.1、5.3.2、5.5.3、5.5.6、5.6。

b) 变力碟簧支吊架出厂检验项目为5.1.1、5.1.6、5.1.7、5.1.10、5.1.11、5.2、5.3.3、5.3.4、5.5.3、5.5.6、5.6a)、5.6b)。

c) 指定荷载偏差、整定荷载偏差和标识应逐台检查。

d) 螺纹精度和表面防护的检查抽样以合同批或周产量按GB/T 2828.1—2003中一般检查水平Ⅱ，正常检验一次抽样方案随机进行样本抽取。螺纹精度的接受质量限（AQL）取2.5，表面防护的接受质量限（AQL）取6.5。不合格项可返修或更换合格零件。

7.2.2 型式检验

型式检验包括以下内容：

a) 碟簧支吊架的型式检验除应符合TSG D7002—2006附录A“压力管道元件型式试验基本项目及其要求”规定。

b) 碟簧支吊架的型式检验项目为5.1～5.6。

c) 每个型号规格的碟簧支吊架首次制造时应对以5.1、5.3和5.4为主的型式检验。型式检验的数量不少于3台。首批合同达不到3台的可与后续合同累计至3台后完成该型号规格的型式检验。永久保存型式检验的资料。

碟簧支吊架要求、试验方法及检验项目，除图样、制造工艺、文件和包装按GB/T 17116.1的规定外，其余见表5。

表 5 碟簧支吊架要求、试验方法及检验项目

序号	检验项目	要求	试验方法	出厂检验	型式检验
1	一般要求	5.1	6.1	○	●
2	连接尺寸	5.2	6.2	△	●
3	恒力碟簧支吊架指定荷载偏差	5.3.1	6.3	●	●
4	恒力碟簧支吊架现场荷载调整量	5.3.2	6.3	●	●
5	变力碟簧支吊架荷载变化偏差	5.3.3	6.3	●	●
6	变力碟簧支吊架整定荷载偏差	5.3.4	6.3	●	●
7	锁定超载能力	5.4	6.3	△	●
8	表面防护	5.5	6.4	○	●
9	产品标识	5.6	6.5	●	●
注 1：●为 100%必检项目。 注 2：○表示出厂检验项目按 7.2.1a)或 7.2.1b)规定。 注 3：△为按 7.2.1d)的规定抽检，但不少于 2 件。					

8 标志、包装、贮存

8.1 标志

8.1.1 每台碟簧支吊架的产品标志应符合 5.6 的规定。

8.1.2 每台碟簧支吊架均应在明显可见的位置 以清晰可辨和不易擦除的方式加贴(喷、刻、钢印等)许可标志。许可标志样式、字体、尺寸和使用等要求，应符合 TSG D2001 的规定。

8.2 包装

8.2.1 碟簧支吊架与其他支吊架元件连接的螺纹应涂二硫化钼防锈油脂，外螺纹段应进行包裹，内螺纹宜用软塞封堵。

8.2.2 碟簧支吊架宜用木箱包装，多件合箱时应相应隔离。产品采用木箱包装，其技术要求应符合 GB/T 13384 的规定。包装箱内附有附件和随机文件。随机文件包括：

a) 产品保证文件(包括产品质量保证书、产品合格证和每件碟簧支吊架的性能试验报告)，保证文件编制的基本原则、主要内容和编制要求应符合 GB/T 14436 的规定，试验报告内容应符合附录 C 或附录 D 的规定；

b) 产品使用说明书，使用说明书其基本要求和编制方法应符合 GB/T 9969 的规定；

c) 装箱单。

8.3 贮存

碟簧支吊架应贮存在干燥和通风的仓库，并不应与腐蚀性等有害物质接触。

附　录　A
（规范性附录）
恒力碟簧支吊架性能试验方法

A.1　试验设备

A.1.1　恒力碟簧支吊架性能试验设备由试验台、连接工装构件、测量仪器及数据采集与输出系统等组成。碟簧支吊架常用试验台的组成如图 A.1 所示。

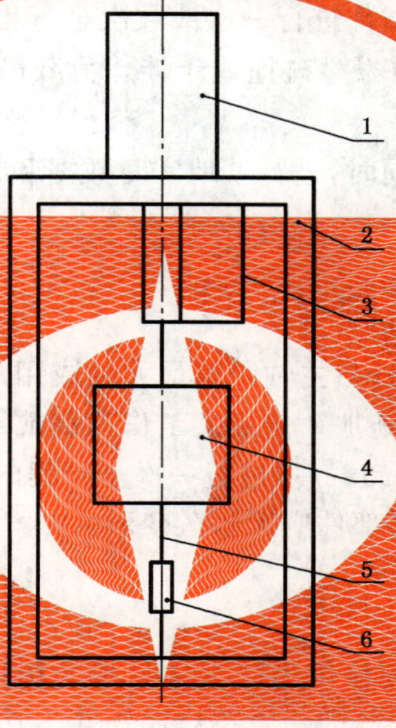

1——施力液压缸；
2——承力框架；
3——位移传感器；
4——试件；
5——荷载吊杆；
6——力传感器。

图 A.1　试验台设备示意图

A.1.2　测量仪器及数据采集与输出系统由力传感器、位移传感器、就地实时数据显示器、测试数据连续采集记录用计算机及打印机等组成。

测试用的力传感器的精度等级不应低于 0.2 级，被测荷载宜在传感器量程范围的 20%～80%；位移传感器的精度等级不应低于 0.5%。

A.1.3　试验台的加载设备应采用能平缓运动的液压油缸，并宜以对碟簧支吊架进行拉伸的方式加载测试。若需对恒力碟簧支吊架加压试验时，应防止受压机构失稳。

A.1.4　试验设备、测量仪器及数据采集与处理设备应定期检定或校准，试验过程中应确保计算机连续采集的测试数据与就地实时显示器的显示数据保持同步、一致。

A.2 试验步骤

A.2.1 试件安装

A.2.1.1 恒力碟簧支吊架试件在试验设备上的安装姿态应与产品设计的状态一致。采用其他姿态时应有能消除影响检测数据的因素(诸如自重等)的措施。

A.2.1.2 选用合适的连接工装,将试件安装在试验台上,以铅垂线为轴线的锥顶角 8°范围内自由摆动荷载吊杆,确认没有卡阻后,将恒力碟簧支吊架荷载吊杆与力传感器相连。

A.2.2 试验准备

A.2.2.1 操作驱动机构使试件处于不受载状态,在力传感器不受力情况下进行测量仪器置零调整。

A.2.2.2 应对安装在试验设备上的试件进行一次或数次全行程的运动试验,各运动部件应动作灵活,不得出现卡阻现象,不得与非运动部件发生碰撞或干涉。荷载吊杆与铅垂线的夹角在运动过程中不应超出 4°,对不附合项应进行消除。

A.2.2.3 在试件全行程运动试验的同时,进行就地实时数据和计算机显示数据的同步性、一致性的核对、校正。

A.2.3 超载试验

将恒力碟簧支吊架锁定在荷载吊杆与主轴距离最大处或用户指定位移的冷态位置处(当用户要求进行超载试验时),然后对支吊架缓慢施加 2 倍最大工作荷载或 2.2 倍用户指定荷载(当用户要求进行超载试验时),保持时间不少于 5 min,卸载后,进行一次全行程的运动试验,各运动部件应动作灵活,不得与非运动部件发生碰撞或干涉,各零部件应无永久变形。

A.2.4 指定荷载偏差试验

A.2.4.1 型式试验的指定荷载取该规格恒力碟簧支吊架的标称荷载、可能的最小工作荷载和最大工作荷载三个试验点;用户要求的型式试验的指定荷载取 0.9、1.0、1.1 倍用户指定荷载三个试验点;出厂试验的指定荷载取用户指定荷载一个试验点。

A.2.4.2 对恒力碟簧支吊架缓慢加载,在移动部件作一个全行程往复运动过程中,连续测试并读取荷载及其对应的位移数值。加载过程中,液压缸活塞应缓慢匀速移动,单向移动全行程不应小于 30 s;移动部件在行程上位至下位或行程下位返回上位时应连续单向移动,不应停顿,也不应反向移动;记录荷载数据的位移间隔不应大于 3 mm。

A.2.4.3 测试过程宜用计算机实时采集并显示和打印过程曲线和全移动过程的数据。恒力碟簧支吊架的荷载—位移典型图见图 A.2。

A.2.4.4 恒力碟簧支吊架的全位移量等于位移终点读数与位移起点读数之差。当全位移量大于该弹性支吊架铭牌标示的标称位移量时,其端点位移可不计,但保留的以出厂整定位置为基点的总位移量应不小于该恒力支吊架铭牌标示的保证位移量。

A.2.4.5 从记录的恒力碟簧支吊架的荷载—位移性能图形或数据表中查取向下位移时荷载的最大读数和向上位移时荷载的最小读数,按照 3.10.1 和 3.10.2 中的公式计算指定荷载上偏差和指定荷载下偏差,其值均应不大于 6%。如果超差,对于出厂产品应予调整后重新试验,直至合格方能出厂;对于型式试验试样,应分析超差原因,提出改进措施,落实到今后生产中。

A.2.4.6 对于并联悬吊型(G 型)恒力碟簧支吊架组件,可以对每台组件分别单独试验,并取性能接近的组件进行拼装。

A.2.4.7 恒力碟簧支吊架试验完毕后,应按用户指定位移的大小和方向确定其锁定在冷态位置,宜使碟簧支吊架在冷态和热态留有相同的位移余量。

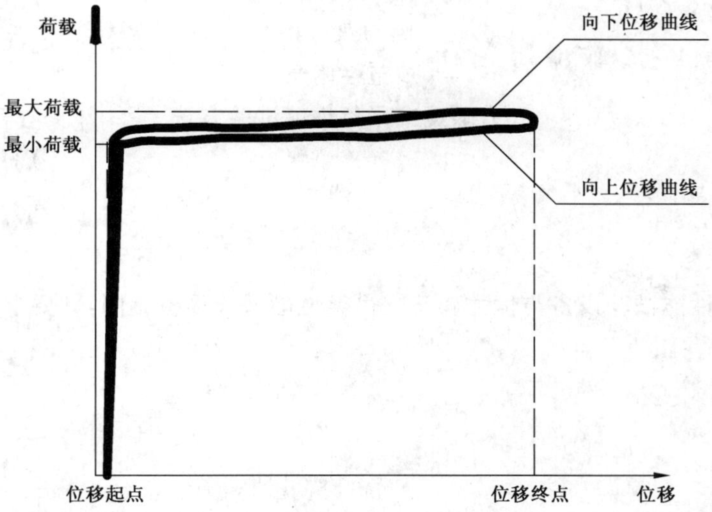

图 A.2 恒力碟簧支吊架典型的荷载—位移特性曲线

A.3 数据处理

A.3.1 试验记录应清晰、正确、完整,且至少应包括如下信息:

a) 工程名称、管线号、支吊架编号;
b) 恒力碟簧支吊架型号;
c) 出厂编号;
d) 指定荷载;
e) 指定位移及方向;
f) 荷载—位移曲线;
g) 最小及最大位移值;
h) 荷载最小值和最大值;
i) 指定荷载上偏差、下偏差及整定荷载;
j) 合格结论;
k) 试验人员和批准人员签字;
l) 试验日期。

A.3.2 试验记录应作为厂家技术档案长期保存;也应作为产品保证文件不可缺少的一部分提供给用户。

附　录　B
（规范性附录）
变力碟簧支吊架性能试验方法

B.1　试验设备

变力碟簧支吊架性能试验设备与恒力碟簧支吊架性能试验设备相同，其要求同A.1。

B.2　试验步骤

B.2.1　试件安装

B.2.1.1　变力碟簧支吊架试件在试验设备上的安装姿态应与产品设计的状态一致。采用其他姿态时应有能消除影响检测数据的因素（诸如自重等）的措施。
B.2.1.2　选用合适的连接工装，将试件安装在试验台上，使变力碟簧支吊架荷载吊杆与力传感器相连。解除锁定装置，使其在荷载位移指示牌所示位移范围内运动，确认变力弹簧支吊架各运动部件动作灵活，没有卡阻现象。

B.2.2　试验准备

B.2.2.1　操作驱动机构使试件处于不受载状态，在力传感器不受力情况下进行测量仪器置零调整。
B.2.2.2　应对安装在试验设备上的试件进行一次或数次全行程的运动试验，各运动部件应动作灵活，不得出现卡阻现象，不得与非运动部件发生碰撞或干涉。
B.2.2.3　在试件全行程运动试验的同时，进行就地实时数据和计算机显示数据的同步性、一致性的核对、校正。

B.2.3　超载试验

将变力碟簧支吊架锁定在用户指定的冷态位置处（当用户要求进行超载试验时），然后对支吊架缓慢施加2倍最大工作荷载，保持时间不少于5 min，卸载后，进行一次全行程的运动试验，各运动部件应动作灵活，不得与非运动部件发生碰撞或干涉，各零部件应无永久变形。

B.2.4　整定荷载偏差试验

对变力碟簧支吊架缓慢加载，当其处于冷态位置且锁定销或锁定装置能自由装卸时，读取荷载值，该荷载值为变力碟簧支吊架整定荷载。按照3.10.3中的公式计算变力支吊架的整定荷载偏差，其值应不大于1%。如果超差，应予以调整后重新试验，直至合格。试验完毕后，应按用户指定位移的大小和方向确定其锁定在冷态位置。

B.2.5　荷载变化偏差试验

对变力碟簧弹簧支吊架加载，分别测试载荷位移指示牌所示最小位移及最大位移处的荷载值，实测荷载差值与理论荷载差值的偏差不应超过10%。

对于并联悬吊型（G型）变力碟簧支吊架组件，可以对每台组件分别单独试验，并取性能接近的组件进行拼装。

B.2.6 试验后要求

变力碟簧支吊架试验完毕后，应按用户指定位移的大小和方向确定其锁定在冷态位置。

B.3 数据处理

B.3.1 试验记录应清晰、正确、完整，且至少应包括如下信息：

a) 工程名称、管线号、支吊架编号；
b) 变力碟簧支吊架型号；
c) 出厂编号；
d) 指定荷载；
e) 指定位移及方向；
f) 荷载位移指示牌所示最小和最大位移及相应实测荷载；
g) 整定荷载偏差；
h) 荷载变化偏差；
i) 合格结论；
j) 试验人员和批准人员签字；
k) 试验日期。

B.3.2 试验记录应作为厂家技术档案长期保存；也应作为产品保证文件不可缺少的一部分提供给用户。

附 录 C
（资料性附录）
恒力碟簧支吊架选择和使用指南

C.1 恒力碟簧支吊架的选择

C.1.1 型式选择

根据恒力碟簧支吊架所处位置的承载条件，选择合适的型式。

C.1.2 位移量的确定

选用的恒力碟簧支吊架组件，其标称位移量宜比用户指定位移量(计算位移量)大20%，且至少应大20 mm。

$$T_n \geqslant 1.2T_c \quad 且\ T_n \geqslant T_c + 20$$

式中：

T_n——标称位移量；

T_c——用户指定位移量。

C.1.3 荷载值的确定

恒力碟簧支吊架的用户指定荷载应包括支吊点处的管道永久荷载和支吊架所需承受的所有支吊架部件(如管夹、吊杆等)的质量之和，但不包括碟簧支吊架组件的自重(G型除外)。

根据恒力碟簧支吊架的指定荷载选出与指定荷载差值绝对值最小的荷载值即为选用的标称荷载值。

C.1.4 恒力碟簧支吊架规格的确定

根据上述选定的型式、标称荷载和标称位移加上已知的指定荷载、指定位移和位移方向，就能确定恒力碟簧支吊架的规格。

C.1.5 选型示例

a) 电厂一管道指定荷载为192 000 N，指定热位移为向上150 mm，根据安装要求采用下调节搁置型吊架，试确定产品的型号：
   $T = 1.2 \times T_c = 1.2 \times 150\ \text{mm} = 180\ \text{mm}$，选用标称位移 $T_n = 180\ \text{mm}$；
   指定荷载为192 000 N，查表3在标称荷载系列180 000 N和200 000 N之间，与180 000 N差值12 000 kN，与200 000 N差值8 000 N，按就近选取原则，选用标称荷载200 000 N。查表C.1得知：荷载吊杆和生根结构的公称尺寸都是DN68，对应的螺纹规格是M68×4。
   由此确定产品的型号为：HDE-180/200 000(+150/192 000)M68×4。
b) 化工厂一管道指定荷载为95 000 N，指定热位移为向下41 mm，根据安装要求采用上螺纹吊杆悬吊型吊架，试确定产品的型号：
   $T_1 = 1.2 \times T_c = 1.2 \times 41\ \text{mm} = 49.2\ \text{mm}$，$T_2 = T_c + 20 = 41 + 20\ \text{mm} = 61\ \text{mm}$，按两者的较大值61 mm，查表2选用标称位移 $T_n = 63\ \text{mm}$；
   指定荷载为95 000 N，在标称荷载系列90 000 N和100 000 N之间，与90 000 N差值和与

100 000 N 差值都是 5 000 N，按能选小不选大原则，选用标称荷载 90 000 N。查表 C.1 得知：荷载吊杆和生根结构的公称尺寸都是 DN48，对应的螺纹规格都是 M48×4。

由此确定产品的型号为：HDA-63/90 000(－41/95 000)M48×4。

C.2 安装

C.2.1 恒力碟簧支吊架组件的安装，首先应核对所安装组件的铭牌标示的管线代码、吊架编号、型号、规格、整定荷载及位移方向是否与设计文件相符。

C.2.2 恒力碟簧支吊架组件定位应使荷载杆顶端转动点的冷态位置和设计要求的偏装点正好处在同一铅垂线上。

C.2.3 搁置型(D 型、E 型和 F 型)恒力碟簧支吊架的壳体应牢靠地固定在支承结构上。

C.2.4 并联悬吊型(G 型)并联恒力碟簧吊架安装，应使管道中心与横担两侧荷载吊杆保持等距离，防止两个恒力碟簧吊架组件受力不均造成横担偏斜而影响正常工作。

C.2.5 恒力碟簧支吊架的安装和解除锁定，应参照制造厂的产品使用说明书进行。

C.3 现场调整

C.3.1 恒力碟簧支吊架具有特殊的荷载调整装置，它能使弹簧作用力增加或减少一定百分比。如果恒力碟簧支吊架整定的荷载与管道的实际荷载偏差较大，此时需用碟簧支吊架组件内的荷载调整装置，调整支吊架的整定荷载，使其与实际荷载相平衡，直至锁定装置能自由地取出为止。这些装置的定位和操作应参照制造厂的产品使用说明书进行。

C.3.2 在完成管道系统水压试验和绝热层敷设后，为水压试验所设置的锁定装置应通过旋转高度调节装置自由取出，并妥善保管。严禁强行取出。

C.3.3 当管道首次升温到额定温度运行时，应对管道系统的所有支吊架进行检查调整。如果在额定温度下运行时恒力碟簧支吊架的荷载-位移指示同热态标记不重合，则需要进一步调整。然而，在作业任何调整前，应将管系中所有恒力支吊架荷载-位移指示的位置都记录下来；并分析其不重合的原因。

单位为毫米

表 C.1 恒力碟簧支吊架生根结构公称尺寸表

标称荷载 N	荷载吊杆公称尺寸	标称位移																				
		50	56	63	71	80	90	100	112	125	140	160	180	200	224	250	280	315	355	400	450	500
		生根结构公称尺寸																				
500	12	12	12	12	12	12	12	12	12	12	12	12	12	12	12							
560	12	12	12	12	12	12	12	12	12	12	12	12	12	12	12							
630	12	12	12	12	12	12	12	12	12	12	12	12	12	12	12							
710	12	12	12	12	12	12	12	12	12	12	12	12	12	12	12							
800	12	12	12	12	12	12	12	12	12	12	12	12	12	12	12							
900	12	12	12	12	12	12	12	12	12	12	12	12	12	12	12							
1 000	12	12	12	12	12	12	12	12	12	12	12	12	12	12	12							
1 120	12	12	12	12	12	12	12	12	12	12	12	12	12	12	12							
1 250	12	12	12	12	12	12	12	12	12	12	12	12	12	12	12							
1 400	12	12	12	12	12	12	12	12	12	12	12	12	12	12	12							
1 600	12	12	12	12	12	12	12	12	12	12	12	12	12	12	12	12	12	12				
1 800	12	12	12	12	12	12	12	12	12	12	12	12	12	12	12	12	12	12				
2 000	12	12	12	12	12	12	12	12	12	12	12	12	12	12	12	12	12	12				
2 240	12	12	12	12	12	12	12	12	12	12	12	12	12	12	12	12	12	12				
2 500	12	12	12	12	12	12	12	12	12	12	12	12	12	12	12	12	12	12				
2 800	12	12	12	12	12	12	12	12	12	12	12	12	12	12	12	12	12	12				
3 150	12	12	12	12	12	12	12	12	12	12	12	12	12	12	12	12	12	12				
3 550	12	12	12	12	12	12	12	12	12	12	12	12	12	12	12	12	12	16				
4 000	12	12	12	12	12	12	12	12	12	12	12	12	12	16	16	16	16	16				
4 500	12	12	12	12	12	12	12	12	12	16	16	16	16	16	16	16	16	16				

表 C.1（续）

单位为毫米

标称荷载 N	荷载吊杆公称尺寸	标称位移 50	56	63	71	80	90	100	112	125	140	160	180	200	224	250	280	315	355	400	450	500
		生根结构公称尺寸																				
5 000	16	16	16	16	16	16	16	16	16	16	16	16	16	16	16	16	16	16	16	16		
5 600	16	16	16	16	16	16	16	16	16	16	16	16	16	16	16	16	16	16	16	16		
6 300	16	16	16	16	16	16	16	16	16	16	16	16	16	16	16	16	16	16	16	16		
7 100	16	16	16	16	16	16	16	16	16	16	16	16	16	16	16	16	16	16	16	16		
8 000	16	16	16	16	16	16	16	16	16	16	16	16	16	16	16	16	16	20	20	20		
9 000	16	16	16	16	16	16	16	16	16	16	16	20	20	20	20	20	20	20	20	20		
10 000	20	20	20	20	20	20	20	20	20	20	20	20	20	20	20	20	20	20	20	20		
11 200	20	20	20	20	20	20	20	20	20	20	20	20	20	20	20	20	20	20	20	20		
12 500	20	20	20	20	20	20	20	20	20	20	20	20	20	20	20	20	20	24	24	24		
14 000	20	20	20	20	20	20	20	20	20	20	20	20	24	24	24	24	24	24	24	24		
16 000	24	24	24	24	24	24	24	24	24	24	24	24	24	24	24	24	24	24	24	24		
18 000	24	24	24	24	24	24	24	24	24	24	24	24	24	24	24	24	24	24	24	30		
20 000	24	24	24	24	24	24	24	24	24	24	24	24	24	30	30	30	30	30	30	30		
22 400	30	30	30	30	30	30	30	30	30	30	30	30	30	30	30	30	30	30	30	30		
25 000	30	30	30	30	30	30	30	30	30	30	30	30	30	30	30	30	30	30	30	30		
28 000	30	30	30	30	30	30	30	30	30	30	30	30	30	30	30	30	30	30	30	30		
31 500	30	30	30	30	30	30	30	30	30	30	30	30	30	30	30	36	36	36	36	36		
35 500	30	36	36	36	36	36	36	36	36	36	36	36	36	36	36	36	36	36	36	36		
40 000	36	36	36	36	36	36	36	36	36	36	36	36	36	36	36	36	36	36	36	36		
45 000	36	36	36	36	36	36	36	36	36	36	36	36	36	36	36	36	36	36	36	42		
50 000	42	36	36	36	36	36	36	36	42	42	42	42	42	42	42	42	42	42	42	42	42	42

表 C.1（续）

单位为毫米

标称荷载 N	荷载吊杆公称尺寸	标称位移																				
		50	56	63	71	80	90	100	112	125	140	160	180	200	224	250	280	315	355	400	450	500
		生根结构公称尺寸																				
56 000	42	42	42	42	42	42	42	42	42	42	42	42	42	42	42	42	42	42	42	42	42	48
63 000	42	42	42	42	42	42	42	42	42	42	42	42	42	42	42	42	42	42	42	48	48	48
71 000	48	48	48	48	48	48	48	48	48	48	48	48	48	48	48	48	48	48	48	48	48	56
80 000	48	48	48	48	48	48	48	48	48	48	48	48	48	48	48	48	48	48	48	48	56	56
90 000	48	48	48	48	48	48	48	48	48	56	56	56	56	56	56	56	56	56	56	56	56	56
100 000	56	56	56	56	56	56	56	56	56	56	56	56	56	56	56	56	56	56	56	56	56	56
112 000	56	56	56	56	56	56	56	56	56	56	56	56	56	56	56	56	56	56	56	56	56	56
125 000	56	56	56	56	56	56	56	56	56	56	56	56	56	56	56	56	56	56	64	64	64	64
140 000	56	56	64	64	64	64	64	64	64	64	64	64	64	64	64	64	64	64	64	64	64	64
160 000	64	64	64	64	64	64	64	64	64	64	64	64	64	64	64	64	64	64	64	64	64	64
180 000	64	64	64	64	64	64	64	64	64	64	64	64	64	64	64	68	68	68	68	68	68	68
200 000	68	68	68	68	68	68	68	68	68	68	68	68	68	72	72	72	72	72	76	76	76	76
224 000	72	72	72	72	72	72	72	72	72	72	72	72	72	72	72	72	72	72	76	76	76	76
250 000	76	76	76	76	76	76	76	76	76	76	76	76	76	76	76	76	76	76	76	76	76	76
280 000	80											80	80	80	80	80	80	80	80	80	80	80
315 000	80											85	85	85	85	85	85	85	85	85	85	85
355 000	85											90	90	90	90	90	90	95	95	95	95	95
400 000	90											95	95	95	95	95	95	100	100	100	100	100
450 000	95											100	100	100	100	100	100	105				
500 000	100											105	105	105	105	105	105	110				
560 000	105											110	110	110	110	110	110	110				
630 000	115											115	115	115	115	115	120	120				

注：本表所列各规格的生根结构公称尺寸仅作恒力碟簧支吊架的选择示例用。实际应用应根据所选用的恒力碟簧吊架的真实质量予以核实、修正。

附 录 D
（资料性附录）
变力碟簧支吊架选择和使用指南

D.1 变力碟簧支吊架的选择

D.1.1 型式选择

根据变力碟簧支吊架所处位置的承载条件，选择合适的型式。

D.1.2 荷载值的确定

变力碟簧支吊架的指定荷载应包括支吊点处的管道永久荷载和支吊架所需承受的所有支吊架部件（如管夹、吊杆等）的质量之和，但不包括支吊架组件的自重（G型除外）。

D.1.3 变力碟簧支吊架规格的确定

根据上述选定的型式加上已知的指定荷载、指定位移和位移方向，就能确定变力碟簧支吊架的规格。

D.1.4 选型示例

a） 电厂一管道指定荷载为126 000 N，指定热位移为向上22 mm，根据安装要求采用D型——上调节搁置型吊架，试确定产品的型号：

1） 从表F.1变力碟簧支吊架典型选用表渐变线框（ ）中找到＃14荷载125 649 N和127 627 N分别对应系列1位移量为10 mm和11 mm，吊杆公称尺寸是DN64，对应的螺纹规格是M64×4。

2） 内插法得到126 000 N对应的位移量为10.18 mm。

3） 吊架的冷态位移量为22 mm＋10.18 mm＝32.18 mm，超过系列1的最大位移量，改选系列2。

4） 系列2对应荷载125 649 N和127 627 N的位移量分别为20 mm和22 mm，内插法得到126 000 N对应的位移量为20.36 mm，吊架的冷态位移量为22 mm＋20.36 mm＝42.36 mm，此时的冷态荷载为145 568 N。

5） 验算荷载变化系数：

$$|126\,000-145\,568|/126\,000=15.53\%<25\%，合格。$$

6） 由此确定产品的型号为：BDD-214（＋22/126 000）M64×4。

b） 化工厂一管道指定荷载为95 538 N，指定热位移为向下41 mm，根据安装要求采用上螺纹吊杆悬吊型吊架，试确定产品的型号：

1） 从表F.1变力碟簧支吊架典型选用表粗细双线框（ ）中找到＃12荷载95 538 N对应系列2位移量为50 mm，吊杆公称尺寸是DN56，对应的螺纹规格是M56×4。

2） 吊架的冷态位移量为50 mm－41 mm＝9 mm，对应的冷态荷载为71 911 N。

3） 验算荷载变化系数：

|95 538－71 911|/95 538＝24.73%＜25%，合格。

4) 由此确定产品的型号为：BDA-212(－41/95 538)M56×4。

c) 电厂一管道指定荷载为 75 000 N，指定热位移为向下 64 mm，根据安装要求采用并联悬吊型吊架，两吊杆中心间距 1 200 mm，试确定产品的型号：

1) G 型吊架中，每个吊架仅承受管道指定荷载的一半，但还要承受吊架质量的一半，假设吊架质量为 2 800 N，即(75 000 N＋2 800 N)/2＝38 900 N

从表 F.1 变力碟簧支吊架典型选用表粗细双线框(□)中找到＃308 荷载 38 875 N 和 39 082 N 分别对应位移量为 75 mm 和 78 mm，吊杆公称尺寸是 DN36，对应的螺纹规格都是 M36。

2) 内插法得到 38 900 N 对应的位移量为 75.36 mm。

3) 吊架的冷态位移量为 75.36 mm－64 mm＝11.36 mm，对应的冷态荷载为 31 391 N。

4) 验算荷载变化系数：

|38 900－31 391|/385 000＝19.3%＜25%，合格。

5) 查表 F.7＃308，C_{max}＝1 500 mm，吊架质量为 242 kg，当 C＝1 200 mm 时折减 4.5×(300/100)＝13.5 kg，即吊架实际质量为 228.5 kg(2 241 N)，与原先估计的 2 800 N 少了 559 N，占支吊架荷载 0.72%，可以忽略不计，不需重算，但指定荷载应为 75 000 N＋2 241 N＝77 241 N。

6) 由此确定产品的型号为：BDG-308(-64/77 241)M36。

D.2 安装

D.2.1 变力碟簧支吊架组件的安装，首先应核对所安装组件的铭牌标示的管线代码、吊架编号、型号、规格、整定荷载及位移方向是否与设计文件相符。

D.2.2 变力碟簧支吊架组件定位应使荷载杆顶端转动点的冷态位置和设计要求的偏装点正好处在同一铅垂线上。

D.2.3 搁置型(D 型、E 型和 F 型)变力碟簧支吊架的壳体应牢靠地固定在支承结构上。

D.2.4 并联悬吊型(G 型)并联变力碟簧吊架安装，应使管道中心与横担两侧荷载吊杆保持等距离，防止两个变力碟簧吊架组件受力不均造成横担偏斜而影响正常工作。

D.2.5 变力碟簧支吊架的安装和解除锁定，应参照制造厂的产品使用说明书进行。

D.3 现场调整

D.3.1 变力碟簧支吊架可以旋转螺旋扣、杆端螺母(D 型)或托盘(F 型)，调整支吊架的整定荷载，使其与实际荷载相平衡，直至锁定装置能自由地取出为止。这些装置的定位和操作应参照专门的制造厂产品使用说明书进行。

D.3.2 在完成管道系统水压试验和绝热层敷设后，为水压试验所设置的锁定装置应通过旋转螺旋扣、杆端螺母(D 型)或托盘(F 型)自由取出，并妥善保管。严禁强行取出。

D.3.3 当管道首次升温到额定温度运行时，应对管道系统的所有支吊架进行检查调整。如果在额定温度下运行时变力碟簧支吊架的荷载-位移指示同热态标记不重合，则需要进一步调整。然而，在做任何调整前，应将管系中所有变力支吊架荷载-位移指示的位置都记录下来；并分析其不重合的原因。

附 录 E
（资料性附录）
恒力碟簧支吊架外形尺寸、连接尺寸及质量示例

本附录仅是供参考的恒力碟簧支吊架外形尺寸、连接尺寸及质量示例，本文件的发布机构对于该示例的可靠性、有效性以及与本文件的一致性无任何立场；对使用本附录引起的问题不承担责任。

该示例各型式恒力支吊架质量如表 E.1～E.4 所示，外形尺寸、连接尺寸如表 E.5～表 E.9 所示。表中尺寸代号及意义参见 4.1、图 1～图 3 和图 5～图 7。

表 E.1 恒力碟簧支吊架 A、B、C 型质量系列表

单位为千克

编号	荷载/N	位移/mm																		
		50	56	63	71	80	90	100	112	125	140	160	180	200	224	250	280	315	355	400	450	500
001	500	23	24	25	26	26	27	28	32	33	34	36	42	44	46	56	58	63	80	86	根据需求设计	
002	530	23	24	25	26	26	27	28	32	33	34	36	42	44	46	56	59	64	80	90		
003	560	23	24	25	26	26	27	28	32	33	34	36	42	44	46	56	60	64	81	90		
004	600	23	24	25	26	26	27	28	32	33	34	36	42	44	46	57	62	66	81	90		
005	630	23	24	25	26	26	27	28	32	34	34	36	42	44	46	57	62	67	81	90		
006	670	24	24	25	26	26	27	28	32	34	34	36	43	44	46	60	64	69	85	90		
007	710	24	24	25	26	26	27	28	32	34	34	36	43	45	46	60	65	70	85	90		
008	750	24	24	25	26	26	27	28	32	34	34	36	43	45	46	62	67	70	85	92		
009	800	24	24	25	26	26	27	28	32	34	34	36	44	45	50	64	68	70	85	92		
010	850	24	24	25	25	26	27	28	33	34	34	36	45	45	50	65	68	70	87	92		
011	900	24	25	26	26	26	27	28	33	34	34	36	45	48	51	66	68	70	87	92		
012	950	24	25	26	26	26	27	28	33	34	34	36	45	48	51	66	68	70	87	92		
013	1 000	24	25	26	26	26	27	28	33	34	35	38	47	50	52	66	68	72	87	92		
014	1 060	24	25	26	26	26	27	28	33	34	35	38	47	50	52	66	68	72	87	92		
015	1 120	24	25	26	26	26	27	28	33	34	36	38	49	51	54	66	70	72	88	92		
016	1 180	24	25	26	26	26	27	28	33	34	36	42	49	51	54	66	70	72	127	132		
017	1 250	24	25	26	26	26	27	28	33	34	36	42	50	51	54	66	70	72	127	133		
018	1 320	24	25	26	26	26	27	28	33	34	41	42	50	53	54	66	70	72	127	133		
019	1 400	24	25	26	26	26	27	28	33	34	41	42	50	53	54	66	70	72	127	133		
020	1 500	26	26	27	27	27	28	32	37	40	42	46	52	53	58	67	72	78	127	135		
021	1 600	26	26	27	27	27	28	32	40	41	44	46	52	56	58	68	73	110	127	135		
022	1 700	26	26	27	27	27	30	32	40	42	45	46	52	56	58	68	74	110	127	135		
023	1 800	26	26	27	27	28	30	32	41	42	45	46	54	56	60	69	104	110	127	135		
024	1 900	26	26	27	27	28	30	32	41	43	45	46	54	56	60	70	104	110	127	136		
025	2 000	26	26	27	27	29	31	32	41	43	45	47	54	56	60	99	104	110	127	136		

表 E.1(续)

单位为千克

编号	荷载/N	位移/mm																				
		50	56	63	71	80	90	100	112	125	140	160	180	200	224	250	280	315	355	400	450	500
026	2 120	26	26	27	29	30	31	32	42	43	45	47	54	56	60	99	105	110	128	138	根据需求设计	
027	2 240	26	28	29	29	30	32	35	42	43	45	47	54	57	60	99	105	110	128	138		
028	2 360	26	28	29	30	31	32	35	42	43	45	47	54	57	83	99	105	111	130	138		
029	2 500	28	28	29	30	31	35	36	42	43	45	47	55	57	83	99	105	111	130	163		
030	2 650	28	28	29	30	31	35	36	42	43	45	47	55	80	84	99	106	111	130	163		
031	2 800	28	28	29	30	34	35	36	42	43	45	47	55	80	84	99	106	111	154	164		
032	3 000	28	28	29	31	34	35	36	42	43	45	48	77	81	84	101	106	112	154	165		
033	3 150	28	29	30	34	35	35	36	42	43	45	50	77	81	84	101	106	134	155	166		
034	3 350	28	29	31	34	35	35	36	42	44	47	67	78	81	84	101	107	135	156	167		
035	3 550	29	30	34	34	35	35	36	42	44	48	67	78	81	84	101	127	136	157	169		
036	3 750	29	31	34	34	35	35	36	43	46	64	67	78	82	84	102	128	138	158	171		
037	4 000	30	33	34	34	35	36	37	43	46	64	68	78	82	84	121	130	138	160	171		
038	4 250	31	33	34	34	35	36	37	44	62	64	68	79	82	88	123	132	140	162	174		
039	4 500	33	33	34	34	35	36	37	44	62	66	68	79	82	104	124	132	143	162	176		
040	4 750	39	40	40	41	41	42	43	68	70	72	74	86	90	112	136	150	155	182	188		
041	5 000	40	40	41	41	41	42	43	68	71	72	75	87	110	114	136	150	156	180	190		
042	5 300	40	40	41	41	41	43	43	68	71	72	75	87	110	115	145	150	156	177	191		
043	5 600	40	40	41	41	41	43	60	69	71	73	75	108	112	123	145	151	156	178	192		
044	6 000	40	41	41	41	43	60	61	69	71	73	94	108	113	124	145	151	156	180	192		
045	6 300	41	41	41	41	60	60	63	69	72	73	94	109	121	124	146	151	156	181	255		
046	6 700	41	41	41	60	60	62	63	69	72	92	94	110	122	124	146	151	156	181	256		
047	7 100	41	41	41	60	60	62	63	70	72	92	94	119	122	124	146	151	156	242	256		
048	7 500	41	41	59	60	60	62	63	70	90	92	95	120	122	124	146	151	158	243	256		
049	8 000	41	41	60	60	60	62	64	70	90	92	95	120	122	124	146	151	210	243	256		
050	8 500	41	41	60	61	61	62	64	89	90	93	106	120	122	124	146	153	210	245	256		
051	9 000	41	60	60	61	62	62	65	89	90	93	106	120	122	124	146	205	211	245	256		
052	9 500	75	75	76	78	80	82	87	94	97	112	115	127	130	138	171	212	224	256	272		
053	10 000	75	75	76	78	81	83	98	96	97	110	112	127	130	138	206	214	224	258	374		
054	10 600	75	76	77	79	82	86	98	96	97	110	112	126	132	139	206	215	224	260	378		
055	11 200	75	76	77	79	82	97	100	96	108	110	112	126	132	182	206	215	224	357	386		
056	11 800	75	76	78	80	85	98	100	96	108	110	112	128	133	182	207	215	316	361	386		
057	12 500	75	76	78	81	96	99	102	107	108	109	112	128	174	182	207	215	316	367	382		
058	13 200	75	76	80	84	98	100	104	107	108	109	114	129	174	182	207	307	320	367	386		

表 E.1(续)

单位为千克

编号	荷载/N	位移/mm																				
		50	56	63	71	80	90	100	112	125	140	160	180	200	224	250	280	315	355	400	450	500
059	14 000	75	77	80	95	98	100	106	107	107	109	116	166	174	182	207	307	323	365	388		
060	15 000	81	86	98	101	106	113	113	112	114	118	161	178	186	196	309	319	337	387	408		
061	16 000	83	89	98	101	106	113	113	112	115	118	161	180	187	198	310	319	341	388	410		
062	17 000	85	96	99	104	110	113	113	112	116	157	161	180	189	277	310	323	341	389	470		
063	18 000	87	96	99	104	110	113	113	113	116	157	162	181	191	277	310	327	342	391	470		
064	19 000	94	97	102	108	111	113	113	114	153	157	162	183	268	280	314	328	346	450	478		
065	20 000	94	97	102	108	113	113	113	115	153	157	162	185	268	283	318	328	348	450	480		
066	21 200	105	108	110	116	118	120	124	168	170	178	254	286	293	305	337	352	421	480	505		
067	22 400	106	108	112	116	118	121	126	170	172	178	254	286	293	307	337	354	426	483	505		
068	23 600	106	108	114	116	118	122	127	171	173	251	256	286	295	309	340	405	430	483	510		
069	25 000	108	110	114	116	119	124	157	172	173	251	258	286	297	311	342	410	436	483	513		
070	26 500	108	112	114	116	120	125	157	174	251	254	258	288	299	316	391	414	438	488	521		
071	28 000	108	112	114	117	122	155	157	174	253	256	258	290	300	318	394	420	442	491	660		
072	30 000	110	112	114	118	123	155	158	253	254	256	262	292	306	361	400	422	445	499	660		
073	31 500	110	112	115	120	155	155	158	253	256	256	264	293	308	363	406	426	447	634	660	根据需求设计	
074	33 500	124	130	134	168	173	176	182	246	292	292	304	316	376	397	426	448	474	660	700		
075	35 500	126	131	135	169	174	177	236	268	297	297	304	318	380	400	430	453	591	661	708		
076	37 500	128	132	166	171	174	178	240	254	297	297	307	366	385	402	433	456	606	672	710		
077	40 000	129	133	167	172	175	232	242	277	297	297	309	370	388	403	438	570	606	680	713		
078	42 500	130	166	169	172	176	234	243	277	302	302	340	375	390	403	441	585	616	682	923		
079	45 000	131	167	170	173	229	236	244	278	307	307	352	379	391	405	552	585	620	685	923		
080	47 500	182	184	186	192	244	251	258	314	324	383	371	396	414	548	571	605	633	956	994		
081	50 000	183	184	187	194	248	252	260	317	328	385	397	399	416	551	574	612	637	956	994		
082	53 000	184	186	190	240	250	254	263	324	377	391	387	402	534	553	586	613	854	956	1006		
083	56 000	184	187	192	244	251	256	265	328	379	397	387	404	537	555	593	617	860	956	1018		
084	60 000	186	190	237	246	253	259	266	377	385	387	397	522	539	556	594	834	860	968	1242		
085	63 000	187	192	241	247	255	261	267	379	391	387	403	525	541	558	598	840	860	980	1242		
086	67 000	283	286	286	290	300	305	354	371	392	406	517	540	561	583	821	860	900	1248	1332		
087	71 000	286	286	286	293	300	307	356	375	400	411	517	543	565	586	827	866	913	1268	1351		
088	75 000	287	287	289	296	303	350	358	364	406	517	521	548	568	782	836	873	1148	1286	1410		
089	80 000	287	287	292	296	305	352	360	372	411	517	524	552	571	782	842	886	1158	1306	1430		
090	85 000	378	378	378	378	380	382	392	428	557	570	594	807	810	834	906	1195	1250	1404	1464	2144	2236
091	90 000	374	374	374	374	376	382	395	432	561	573	598	807	817	846	1164	1205	1310	1404	1488	2144	2251

表 E.1（续）

单位为千克

编号	荷载/N	位移/mm																				
		50	56	63	71	80	90	100	112	125	140	160	180	200	224	250	280	315	355	400	450	500
092	95 000	376	376	376	376	379	387	401	548	565	582	600	813	846	860	1164	1216	1328	1416	1502	2162	2280
093	100 000	379	379	379	379	382	390	404	552	569	586	604	820	858	1098	1174	1272	1338	1440	1524	2177	2309
094	106 000	384	384	384	384	387	396	510	556	578	588	788	864	872	1108	1185	1290	1350	1456	1992	2206	2335
095	112 000	387	387	387	387	390	399	518	560	582	592	795	876	1086	1118	1240	1300	1360	1476	2035	2235	2360
096	118 000	根据需求设计			518	518	518	532	578	595	794	830	1202	1202	1240	1284	1356	1435	2000	2113	2500	2645
097	125 000				518	518	520	537	582	782	797	837	1242	1242	1251	1294	1380	1892	2015	2130	2507	2666
098	132 000				520	520	528	548	586	785	815	842	1254	1254	1261	1316	1391	1900	2050	2160	2572	2712
099	140 000				522	522	533	552	770	787	822	847	1265	1265	1272	1341	1846	1906	2067	2182	2593	2733
100	150 000				788	788	788	788	835	866	1138	1167	1341	1361	1412	1895	1900	1949	2390	2516	2725	2898
101	160 000				793	793	793	793	841	883	1138	1177	1341	1381	1423	1910	1905	1978	2403	2537	2746	3485
102	170 000				800	800	800	800	858	1123	1148	1200	1360	1411	1434	1940	1945	2280	2446	2588	2800	3560
103	180 000				807	807	807	807	875	1123	1158	1263	1380	1422	1853	1955	1974	2299	2467	2628	3387	3595
104	190 000				862	862	862	862	1110	1143	1195	1265	1460	1918	2010	2118	2357	2458	2645	3349	3670	3820
105	200 000				877	877	877	877	1120	1163	1221	1275	1482	1918	2024	2148	2357	2479	2666	3349	3700	3851
106	212 000				891	891	891	891	1130	1180	1248	1296	1916	1948	2046	2365	2418	2520	3265	3400	3726	3860
107	224 000				898	898	898	898	1150	1206	1258	1309	1916	1962	2068	2365	2440	2560	3265	3439	3756	3954
108	236 000				1300	1300	1300	1300	1385	1385	1425	1872	2110	2155	2444	2568	2673	3343	3600	3756	4140	4360
109	250 000				1309	1309	1309	1309	1395	1395	1846	1872	2124	2169	2464	2589	2693	3373	3628	3854	4178	4415
110	265 000				1320	1320	1320	1320	1405	1405	1846	1887	2154	2442	2520	2650	3340	3443	3658	3893	4240	5132
111	280 000				1331	1331	1331	1331	1859	1859	1846	1902	2168	2463	2535	2670	3370	3513	3751	3929	4296	5178
112	300 000				1355	1355	1355	1355	1859	1859	1861	1976	2442	2518	2582	3336	3440	3585	3790	3880	5012	5278
113	315 000				1366	1366	1366	1366	1859	1859	1876	2006	2463	2540	2624	3366	3510	3654	3826	4046	5058	5351
114	335 000								2048	2048	2117	2430	2560	2625	3480	3724	3852	3925	根据需求设计			
115	355 000								2070	2070	2360	2458	2572	2648	3507	3754	3894	3965				
116	375 000								2092	2092	2390	2480	2620	3480	3540	3850	3924	4080				
117	400 000								2334	2334	2420	2497	2643	3507	3571	3893	3964	4156				

表 E.2　恒力碟簧支吊架 E 型质量系列表

单位为千克

编号	荷载/N	位移/mm																				
		50	56	63	71	80	90	100	112	125	140	160	180	200	224	250	280	315	355	400	450	500
001	500	25	26	27	28	28	29	30	35	36	37	39	46	48	50	61	63	68	87	93	根据需求设计	
002	530	25	26	27	28	28	29	30	35	36	37	39	46	48	50	61	64	69	87	97		
003	560	25	26	27	28	28	29	30	35	36	37	39	46	48	50	61	65	69	88	97		
004	600	25	26	27	28	28	29	30	35	36	37	39	46	48	50	62	67	71	88	97		

表 E.2（续）

单位为千克

编号	荷载/N	位移/mm																				
		50	56	63	71	80	90	100	112	125	140	160	180	200	224	250	280	315	355	400	450	500
005	630	25	26	27	28	28	29	30	35	37	37	39	46	48	50	62	67	72	88	97	根据需求设计	
006	670	26	26	27	28	28	29	30	35	37	37	39	47	48	50	65	69	74	92	97		
007	710	26	26	27	28	28	29	30	35	37	37	39	47	49	50	65	70	75	92	97		
008	750	26	26	27	28	28	29	30	35	37	37	39	47	49	50	67	72	75	92	99		
009	800	26	26	27	28	28	29	30	35	37	37	39	48	49	54	69	73	75	92	99		
010	850	26	26	27	27	28	29	30	36	37	37	39	49	49	54	70	73	75	94	99		
011	900	26	27	28	28	28	29	30	36	37	37	39	49	52	55	71	73	75	94	99		
012	950	26	27	28	28	28	29	30	36	37	37	39	49	52	55	71	73	75	94	99		
013	1 000	26	27	28	28	28	29	30	36	37	38	41	47	54	56	71	73	77	94	99		
014	1 060	26	27	28	28	28	29	30	36	37	38	41	47	54	56	71	73	77	94	99		
015	1 120	26	27	28	28	28	29	30	36	37	39	41	53	55	58	71	75	77	88	99		
016	1 180	26	27	28	28	28	29	30	36	37	39	45	53	55	58	71	75	77	134	132		
017	1 250	26	27	28	28	28	29	30	36	37	39	45	54	55	58	71	75	77	134	140		
018	1 320	26	27	28	28	28	29	30	36	37	44	45	54	57	58	71	75	77	134	140		
019	1 400	26	27	28	28	28	29	30	36	37	44	45	54	57	58	71	75	77	134	140		
020	1 500	28	28	29	29	29	30	34	39	42	44	48	56	57	62	72	77	83	133	141		
021	1 600	28	28	29	29	29	30	34	42	43	46	48	56	60	62	73	78	115	133	141		
022	1 700	28	28	29	29	29	32	34	42	44	47	48	56	60	62	73	79	115	133	141		
023	1 800	28	28	29	29	30	32	34	43	44	47	48	58	60	64	74	109	115	133	141		
024	1 900	28	28	29	29	30	32	34	43	45	47	48	58	60	64	75	109	115	133	142		
025	2 000	28	28	29	29	31	33	34	43	45	47	49	58	60	64	104	109	115	133	142		
026	2 120	28	28	29	31	32	33	34	44	45	47	49	58	60	64	104	110	115	134	144		
027	2 240	28	30	31	31	32	34	37	44	45	47	49	58	61	64	104	110	115	134	144		
028	2 360	28	30	31	32	33	34	37	44	45	47	49	58	61	87	104	110	116	136	144		
029	2 500	30	30	31	32	33	37	38	44	45	47	49	59	61	87	104	110	116	136	169		
030	2 650	30	30	31	32	33	37	38	44	45	47	49	59	84	88	104	111	116	136	169		
031	2 800	30	30	31	32	36	37	38	44	45	47	49	59	84	88	104	111	116	160	170		
032	3 000	30	30	31	33	36	37	38	44	45	47	50	81	85	88	106	111	117	160	171		
033	3 150	30	31	32	36	37	37	38	44	45	47	52	81	85	88	106	111	139	161	172		
034	3 350	30	31	33	36	37	37	38	44	46	49	69	82	85	88	106	112	140	162	173		
035	3 550	31	32	36	36	37	37	38	44	46	50	69	82	85	88	106	132	141	157	175		
036	3 750	31	33	36	36	37	37	38	45	48	66	69	82	86	88	107	133	143	164	177		
037	4 000	32	35	36	36	37	38	39	45	48	66	70	82	86	88	126	135	143	166	177		

表 E.2（续）

单位为千克

编号	荷载/N	位移/mm																				
		50	56	63	71	80	90	100	112	125	140	160	180	200	224	250	280	315	355	400	450	500
038	4 250	33	35	36	36	37	38	39	46	64	66	70	83	86	92	128	137	145	168	180		
039	4 500	35	35	36	36	37	38	39	46	64	68	70	83	86	108	129	137	148	168	182		
040	4 750	43	44	44	45	45	46	47	72	74	76	78	90	94	116	140	154	159	190	196		
041	5 000	44	44	45	45	45	46	47	72	75	76	79	91	114	118	140	154	160	188	198		
042	5 300	44	44	45	45	45	47	47	72	75	76	79	91	114	119	149	154	160	185	199		
043	5 600	44	44	45	45	45	47	64	73	75	77	79	112	116	127	149	155	160	186	200		
044	6 000	44	45	45	45	47	64	65	73	75	77	98	112	117	128	149	155	160	188	200		
045	6 300	45	45	45	45	64	64	67	73	76	77	98	113	125	128	150	155	160	189	263		
046	6 700	45	45	45	64	64	66	67	73	76	96	98	114	126	128	150	155	160	189	264		
047	7 100	45	45	45	64	64	66	67	74	76	96	98	123	126	128	150	155	160	250	264		
048	7 500	45	45	63	64	64	66	67	74	94	96	99	124	126	128	150	155	162	251	264		
049	8 000	45	45	64	64	64	66	68	74	94	96	99	124	126	128	150	155	214	251	264		
050	8 500	45	45	64	65	65	66	68	93	94	97	110	124	126	128	150	157	214	253	264		
051	9 000	45	64	64	65	66	66	69	93	94	97	110	124	126	128	150	209	215	253	264		
052	9 500	84	84	85	87	89	91	96	98	101	116	119	134	137	145	180	221	233	267	283		
053	10 000	84	84	85	87	90	92	107	100	101	114	116	134	137	145	215	223	233	269	385	根据需求设计	
054	10 600	84	85	86	88	91	95	107	100	101	114	116	133	139	146	215	224	233	271	389		
055	11 200	84	85	86	88	91	106	109	100	112	114	116	133	139	189	215	224	233	368	397		
056	11 800	84	85	87	89	94	107	109	100	112	114	116	135	140	189	216	224	325	372	397		
057	12 500	84	85	87	90	105	108	111	111	112	113	116	135	181	189	216	224	325	378	393		
058	13 200	84	85	89	93	107	109	113	111	112	113	118	136	181	189	216	316	329	378	397		
059	14 000	84	86	89	104	107	109	115	111	111	113	120	173	181	189	216	316	332	376	399		
060	15 000	90	95	107	110	115	122	122	118	120	124	167	185	193	203	318	328	346	397	418		
061	16 000	92	98	107	110	115	122	122	118	121	124	167	187	194	205	319	328	350	398	420		
062	17 000	94	105	108	113	119	122	122	118	122	163	167	187	196	284	319	332	350	399	480		
063	18 000	96	105	108	113	119	122	122	119	122	163	168	188	198	284	319	336	351	401	480		
064	19 000	103	106	111	117	120	122	122	120	159	163	168	190	275	287	323	337	355	460	488		
065	20 000	103	106	111	117	122	122	122	121	159	163	168	192	275	290	327	337	357	460	490		
066	21 200	117	120	122	128	130	132	136	178	180	188	264	298	305	317	352	367	436	496	521		
067	22 400	118	120	124	128	130	133	138	180	182	188	264	298	305	319	352	369	441	499	521		
068	23 600	118	120	126	128	130	134	139	181	183	261	266	298	307	321	355	420	445	499	526		
069	25 000	120	122	126	128	131	136	169	182	183	261	268	298	309	323	357	425	451	499	529		
070	26 500	120	124	126	128	132	137	169	184	261	264	268	300	311	328	406	429	453	504	537		

表 E.2（续）

单位为千克

编号	荷载/N	位移/mm																			
		50	56	63	71	80	90	100	112	125	140	160	180	200	224	250	280	315	355	400	450	500
071	28 000	120	124	126	129	134	167	169	184	263	266	268	302	312	330	409	435	457	507	676		
072	30 000	122	124	126	130	135	167	170	263	264	266	272	304	318	373	415	437	460	515	676		
073	31 500	122	124	127	132	167	167	170	263	266	266	274	305	320	375	421	441	462	650	676		
074	33 500	137	143	147	181	186	189	195	258	304	304	316	329	389	410	441	463	489	677	717		
075	35 500	139	144	148	182	187	190	249	280	309	309	316	331	393	413	445	468	606	678	725		
076	37 500	141	145	179	184	187	191	253	266	309	309	319	379	398	415	448	471	621	689	727		
077	40 000	142	146	180	185	188	245	255	289	309	309	321	383	401	416	453	585	621	697	730		
078	42 500	143	179	182	185	189	247	256	289	314	314	352	388	403	416	456	600	631	699	940		
079	45 000	144	180	183	186	242	249	257	290	319	319	364	392	404	418	567	600	635	702	940		
080	47 500	199	201	203	209	261	268	275	329	339	398	386	411	429	563	589	623	651	978	1016	根据需求设计	
081	50 000	200	201	204	211	265	269	277	332	343	400	412	414	431	566	592	630	655	978	1016		
082	53 000	201	203	207	257	267	271	280	339	392	406	402	417	549	568	604	631	872	978	1028		
083	56 000	201	204	209	261	268	273	282	343	394	412	402	419	552	570	611	635	878	978	1040		
084	60 000	203	207	254	263	270	276	283	392	400	402	412	537	554	571	612	852	878	990	1264		
085	63 000	204	209	258	264	272	278	284	394	406	402	418	540	556	573	616	858	878	1002	1264		
086	67 000	300	303	303	307	317	322	371	386	407	421	532	557	578	600	839	878	918	1271	1355		
087	71 000	303	303	303	310	317	324	373	390	415	426	532	560	582	603	845	884	931	1291	1374		
088	75 000	304	304	306	313	320	367	375	379	421	532	536	565	585	799	854	891	1166	1309	1433		
089	80 000	304	304	309	313	322	369	377	387	426	532	539	569	588	799	860	904	1176	1329	1453		
090	85 000	400	400	400	400	402	404	414	456	585	598	622	824	827	851	924	1213	1268	1427	1487	2179	2271
091	90 000	396	396	396	396	398	404	417	460	589	601	626	824	834	863	1182	1223	1328	1427	1511	2179	2286
092	95 000	398	398	398	398	401	409	423	576	593	610	628	830	863	877	1182	1234	1346	1439	1525	2197	2315
093	100 000	401	401	401	401	404	412	426	580	597	614	632	837	875	1115	1192	1290	1356	1463	1547	2212	2344
094	106 000	406	406	406	406	409	418	532	584	606	616	816	881	889	1125	1203	1308	1368	1479	2015	2241	2370
095	112 000	409	409	409	409	412	421	540	588	610	620	823	893	1103	1135	1258	1318	1378	1499	2058	2270	2395
096	118 000				545	545	545	559	613	630	829	865	1232	1232	1270	1319	1391	1470	2038	2151	2543	2688
097	125 000				545	545	547	564	617	817	832	872	1272	1272	1281	1329	1415	1927	2053	2168	2550	2709
098	132 000				547	547	555	575	621	820	850	877	1284	1284	1291	1351	1426	1935	2088	2198	2615	2755
099	140 000	根据需求设计			549	549	560	579	805	822	857	882	1295	1295	1302	1376	1881	1941	2105	2220	2636	2776
100	150 000				817	817	817	817	866	897	1169	1198	1373	1393	1444	1929	1934	1983	2430	2556	2764	2937
101	160 000				822	822	822	822	872	914	1169	1208	1373	1413	1455	1944	1939	2012	2443	2577	2785	3524
102	170 000				829	829	829	829	889	1154	1179	1231	1392	1443	1466	1974	1979	2314	2486	2628	2839	3599
103	180 000				836	836	836	836	906	1154	1189	1294	1412	1454	1885	1989	2008	2333	2507	2668	3426	3634

表 E.2（续） 单位为千克

编号	荷载/N	位移/mm																			
		50	56	63	71	80	90	100	112	125	140	160	180	200	224	250	280	315	355	400	450	500
104	190 000	根据需求设计			903	903	903	903	1149	1182	1234	1304	1504	1962	2054	2165	2404	2505	2693	3397	3722	3872
105	200 000				918	918	918	918	1159	1202	1260	1314	1526	1962	2068	2195	2404	2526	2714	3397	3752	3903
106	212 000				932	932	932	932	1169	1219	1287	1335	1960	1992	2090	2412	2465	2567	3313	3448	3778	3912
107	224 000				939	939	939	939	1189	1245	1297	1348	1960	2006	2112	2412	2487	2607	3313	3487	3808	4006
108	236 000				1349	1349	1349	1349	1432	1432	1472	1919	2155	2200	2489	2657	2762	3432	3658	3814	4204	4424
109	250 000				1358	1358	1358	1358	1442	1442	1893	1919	2169	2214	2509	2678	2782	3462	3686	3912	4242	4479
110	265 000				1369	1369	1369	1369	1452	1452	1893	1934	2199	2487	2565	2739	3429	3532	3716	3951	4304	5196
111	280 000				1380	1380	1380	1380	1906	1906	1893	1949	2213	2508	2580	2759	3459	3602	3809	3987	4360	5242
112	300 000				1404	1404	1404	1404	1906	1906	1908	2023	2487	2563	2627	3425	3529	3674	3848	3938	5076	5342
113	315 000				1415	1415	1415	1415	1906	1906	1923	2053	2508	2585	2669	3455	3599	3743	3884	4104	5122	5415
114	335 000								2113	2113	2182	2495	2626	2691	3546	3799	3927	4000	根据需求设计			
115	355 000								2135	2135	2425	2523	2638	2714	3573	3829	3969	4040				
116	375 000								2157	2157	2455	2545	2686	3546	3606	3925	3999	4155				
117	400 000								2399	2399	2485	2562	2709	3573	3637	3968	4039	4231				

表 E.3 恒力碟簧支吊架 F 型质量系列表 单位为千克

编号	荷载/N	位移/mm													
		50	56	63	71	80	90	100	112	125	140	160	180	200	224
001	500	37	38	39	40	40	41	42	49	50	51	54	61	64	66
002	530	37	38	39	40	40	41	42	49	50	51	54	61	64	66
003	560	37	38	39	40	40	41	42	49	50	51	54	61	64	66
004	600	37	38	39	40	40	41	42	49	50	51	54	61	64	66
005	630	37	38	39	40	40	41	42	49	51	51	54	61	64	66
006	670	38	38	39	40	40	41	42	49	51	51	54	63	64	66
007	710	38	38	39	40	40	41	42	49	51	51	54	63	65	66
008	750	38	38	39	40	40	41	42	49	51	51	54	63	65	66
009	800	38	38	39	40	40	41	42	49	51	51	54	64	65	70
010	850	38	38	39	39	40	41	42	50	51	51	54	65	65	70
011	900	38	39	40	40	40	41	42	50	51	54	54	65	68	71
012	950	38	39	40	40	40	41	42	50	51	51	54	65	68	71
013	1 000	38	39	40	40	40	41	42	50	51	53	56	63	70	72
014	1 060	38	39	40	40	40	41	42	50	51	53	56	63	70	72

表 E.3（续）

单位为千克

编号	荷载/N	位移/mm													
		50	56	63	71	80	90	100	112	125	140	160	180	200	224
015	1 120	38	39	40	40	40	41	42	50	51	54	56	69	71	71
016	1 180	38	39	40	40	40	41	42	50	51	54	60	69	71	74
017	1 250	38	39	40	40	40	41	42	50	51	54	60	70	71	74
018	1 320	38	39	40	40	40	41	42	50	51	59	60	70	73	74
019	1 400	38	39	40	40	40	41	42	50	51	59	60	70	73	74
020	1 500	45	45	46	46	46	48	52	57	60	63	67	83	84	90
021	1 600	45	45	46	46	46	48	52	60	62	65	67	83	87	90
022	1 700	45	45	46	46	46	50	52	60	63	66	67	83	87	90
023	1 800	45	45	46	46	48	50	52	62	63	66	67	85	87	92
024	1 900	45	45	46	46	48	50	52	62	64	66	67	85	87	92
025	2 000	45	45	46	46	49	51	52	62	64	66	68	85	87	92
026	2 120	45	45	46	49	50	51	52	63	64	66	68	85	87	92
027	2 240	45	48	49	49	50	52	56	63	64	66	68	85	89	92
028	2 360	45	48	49	50	51	52	56	63	64	66	68	85	89	119
029	2 500	48	48	49	50	51	56	57	63	64	66	68	86	89	119
030	2 650	48	48	49	50	51	56	57	63	64	66	68	86	116	120
031	2 800	41	41	42	43	47	48	49	56	57	59	61	73	98	102
032	3 000	48	48	49	51	55	56	57	63	64	66	69	112	117	120
033	3 150	48	49	50	55	56	56	57	63	64	66	72	112	117	120
034	3 350	48	49	51	55	56	56	57	63	65	68	91	113	117	120
035	3 550	49	50	55	55	56	56	57	63	65	69	91	113	117	120
036	3 750	49	51	55	55	56	56	57	64	67	87	91	113	118	120
037	4 000	50	53	55	55	56	57	58	64	67	87	92	113	118	120
038	4 250	51	53	55	55	56	57	58	65	85	87	92	114	118	125
039	4 500	53	53	55	55	56	57	58	65	85	90	92	114	118	144
040	4 750	65	66	66	67	67	68	69	100	102	105	107	124	129	155
041	5 000	66	66	67	67	67	68	69	100	103	105	108	125	152	157
042	5 300	66	66	67	67	67	69	69	100	103	105	108	125	152	158
043	5 600	66	66	67	67	67	69	86	101	103	106	108	150	155	168
044	6 000	66	67	67	67	69	86	87	101	103	106	131	150	156	169
045	6 300	67	67	67	67	86	86	89	101	105	106	131	151	165	169
046	6 700	67	67	67	86	86	88	89	101	105	128	131	152	166	169

表 E.3（续）

单位为千克

编号	荷载/N	位移/mm													
		50	56	63	71	80	90	100	112	125	140	160	180	200	224
047	7 100	67	67	67	86	86	88	89	102	105	128	131	163	166	169
048	7 500	67	67	85	86	86	88	89	102	126	128	132	164	166	169
049	8 000	67	67	86	86	86	88	90	102	126	128	132	164	166	169
050	8 500	67	67	86	87	87	88	90	125	126	130	145	164	166	169
051	9 000	67	86	86	87	88	88	91	125	126	130	145	164	166	169
052	9 500	113	113	114	117	119	121	127	147	151	170	174	184	188	198
053	10 000	113	113	114	117	120	122	140	150	151	167	170	184	188	198
054	10 600	113	114	116	118	121	126	140	150	151	167	170	183	190	199
055	11 200	113	114	116	118	121	139	142	150	165	167	170	183	190	251
056	11 800	113	114	117	119	125	140	142	150	165	167	170	186	192	251
057	12 500	113	114	117	120	137	141	144	164	165	166	170	186	241	251
058	13 200	113	114	119	124	140	142	147	164	165	166	172	187	241	251
059	14 000	113	116	119	136	140	142	149	164	164	166	175	232	241	251
060	15 000	127	133	148	151	157	166	166	173	175	180	232	255	265	277
061	16 000	129	137	148	151	157	166	166	173	177	180	232	257	266	280
062	17 000	132	145	149	155	162	166	166	173	178	227	232	257	269	378
063	18 000	134	145	149	155	162	166	166	174	178	227	234	259	271	378
064	19 000	143	146	153	160	163	166	166	175	223	227	234	261	366	381
065	20 000	143	146	153	160	166	166	166	177	223	227	234	264	366	385
066	21 200	159	162	165	172	174	177	181	240	242	252	341	367	375	388
067	22 400	160	162	167	172	174	178	184	242	245	252	341	367	375	390
068	23 600	160	162	170	172	174	179	185	244	246	338	344	367	377	393
069	25 000	162	165	170	172	175	181	220	245	246	338	346	367	379	395
070	26 500	162	167	170	172	177	182	220	247	338	341	346	369	381	401
071	28 000	162	167	170	173	179	217	220	247	340	344	346	371	382	403
072	30 000	165	167	170	174	180	217	221	340	341	344	351	373	389	452
073	31 500	165	167	171	177	217	217	221	340	344	344	353	375	392	454
074	33 500	188	196	201	243	249	252	260	306	356	356	370	394	462	486
075	35 500	191	197	202	244	250	254	326	330	362	362	370	396	467	489
076	37 500	193	198	240	246	250	255	331	314	362	362	373	451	472	492
077	40 000	194	199	241	247	251	321	334	340	362	362	375	455	476	493
078	42 500	196	240	244	247	252	324	335	340	368	368	410	461	478	493
079	450 000	197	241	245	249	318	326	336	341	373	373	423	465	479	495

表 E.3（续）

单位为千克

编号	荷载/N	位移/mm													
		50	56	63	71	80	90	100	112	125	140	160	180	200	224
080	47 500	267	269	271	279	342	350	359	373	383	446	434	497	518	672
081	50 000	268	269	273	281	347	352	361	376	388	449	461	501	520	675
082	53 000	269	271	276	337	349	354	365	383	440	455	451	504	656	677
083	56 000	269	273	279	342	350	357	368	388	442	461	451	506	659	680
084	60 000	271	276	333	344	353	360	369	440	449	451	461	642	661	681
085	63 000	273	279	338	346	355	363	370	442	455	451	468	645	664	683
086	67 000	347	350	350	354	365	370	423	450	473	488	611	639	662	687
087	71 000	350	350	350	357	365	373	426	454	482	494	611	642	667	690
088	75 000	351	351	353	361	368	419	428	442	488	611	615	648	670	908
089	80 000	351	351	356	361	370	421	430	451	494	611	619	652	673	908
090	85 000	457	457	457	457	460	462	473	490	622	636	660	942	946	972
091	90 000	453	453	453	453	455	462	476	494	626	639	664	942	953	986
092	95 000	455	455	455	455	458	467	482	613	631	648	667	649	986	1 001
093	100 000	458	458	458	458	462	470	486	617	635	652	671	957	999	1 265
094	106 000	464	464	464	464	467	477	601	621	644	654	860	1 006	1 015	1 277
095	112 000	467	467	467	467	470	480	610	625	648	658	867	1 019	1 252	1 288
096	118 000	根据需求设计			592	592	592	607	673	691	903	941	1 321	1 321	1 360
097	125 000				592	592	595	612	677	890	906	949	1 362	1 362	1 371
098	132 000				595	595	603	624	682	894	925	954	1 374	1 374	1 382
099	140 000				597	597	608	628	878	896	933	960	1 386	1 386	1 393
100	150 000				901	901	901	901	897	928	1 200	1 229	1 455	1 476	1 529
101	160 000				907	907	907	907	903	945	1 200	1 239	1 455	1 497	1 540
102	170 000				914	914	914	914	920	1 185	1 210	1 262	1 475	1 528	1 552
103	180 000				922	922	922	922	937	1 185	1 220	1 317	1 496	1 539	1 987
104	190 000				965	965	965	965	1 229	1 263	1 316	1 387	1 544	1 999	2 090
105	200 000				980	980	980	980	1 239	1 283	1 342	1 397	1 566	1 999	2 090
106	212 000				995	995	995	995	1 249	1 300	1 370	1 419	1 997	2 029	2 126
107	224 000				1 002	1 002	1 002	1 002	1 270	1 327	1 380	1 432	1 997	2 043	2 148

表 E.4 恒力碟簧支吊架 G 型质量系列表

单位为千克

编号	荷载/N	减重 kg/100 mm	位移/mm																				
			50	56	63	71	80	90	100	112	125	140	160	180	200	224	250	280	315	355	400	450	500
001	500	2.4	57	59	61	63	63	65	67	75	77	79	83	95	99	103	123	127	137	171	183	根据需求设计	
002	530		57	59	61	63	63	65	67	75	77	79	83	95	99	103	123	129	139	171	191		
003	560		57	59	61	63	63	65	67	75	77	79	83	95	99	103	123	131	139	173	191		
004	600		57	59	61	63	63	65	67	75	77	79	83	95	99	103	125	135	143	173	191		
005	630		57	59	61	63	63	65	67	75	79	79	83	95	99	103	125	135	145	173	191		
006	670		59	59	61	63	63	65	67	75	79	79	83	97	99	103	131	139	149	181	191		
007	710		59	59	61	63	63	65	67	75	79	79	83	97	101	103	131	141	151	181	191		
008	750		59	59	61	63	63	65	67	75	79	79	83	97	101	103	135	145	151	181	195		
009	800		59	59	61	63	63	65	67	75	79	79	83	99	101	111	139	147	151	181	195		
010	850		59	59	61	61	63	65	67	77	79	79	83	101	101	111	141	147	151	185	195		
011	900		59	61	63	63	63	65	67	77	79	79	83	101	107	113	143	147	151	185	195		
012	950		59	61	63	63	63	65	67	77	79	79	83	101	107	113	143	147	151	185	195		
013	1 000		59	61	63	63	63	65	67	77	79	81	87	105	111	115	143	147	155	185	195		
014	1 060		59	61	63	63	63	65	67	77	79	81	87	105	111	115	143	147	155	185	195		
015	1 120		59	61	63	63	63	65	67	77	79	83	87	109	113	119	143	151	155	187	195		
016	1 180		59	61	63	63	63	65	67	77	79	83	95	109	113	119	143	151	155	265	275		
017	1 250		59	61	63	63	63	65	67	77	79	83	95	111	113	119	143	151	155	265	277		
018	1 320		59	61	63	63	63	65	67	77	79	93	95	111	117	119	143	151	155	265	277		
019	1 400		59	61	63	63	63	65	67	77	79	93	95	111	117	119	143	151	155	265	277		
020	1 500		63	63	65	65	65	67	75	85	91	95	103	114	116	126	144	154	166	264	280		
021	1 600		63	63	65	65	65	67	75	91	93	99	103	114	122	126	146	156	230	264	280		
022	1 700		63	63	65	65	65	71	75	91	95	101	103	114	122	126	146	158	230	264	280		

表 E.4（续）

单位为千克

编号	荷载/N	减重 kg/100 mm	位移/mm																			
			50	56	63	71	80	90	100	112	125	140	160	180	200	224	250	280	315	355	400	450	500
023	1 800	2.4	63	63	65	65	67	71	75	93	95	101	103	118	122	130	148	218	230	264	280	根据需求设计	
024	1 900		63	63	65	65	67	71	75	93	97	101	103	118	122	130	150	218	230	264	282		
025	2 000		63	63	65	65	69	73	75	93	97	101	105	118	122	130	208	218	230	264	282		
026	2 120		63	63	65	69	71	73	75	95	97	101	105	118	122	130	208	220	230	266	286		
027	2 240		63	67	69	69	71	75	81	95	97	101	105	118	124	130	208	220	230	266	286		
028	2 360		63	67	69	71	73	75	81	95	97	101	105	118	124	176	208	220	232	270	286		
029	2 500		67	67	69	71	73	81	83	95	97	101	105	120	124	176	208	220	232	270	336		
030	2 650		67	67	69	71	73	81	83	95	97	101	105	120	170	178	208	222	232	270	336		
031	2 800		67	67	69	71	79	81	83	95	97	101	105	120	170	178	208	222	232	318	338		
032	3 000		67	67	69	73	79	81	83	95	97	101	107	164	172	178	212	222	234	318	340		
033	3 150		67	69	71	79	81	81	83	95	97	101	111	164	172	178	212	222	278	320	342		
034	3 350		67	69	73	79	81	81	83	95	99	105	145	166	172	178	212	224	280	322	344		
035	3 550		69	71	79	79	81	81	83	95	99	107	145	166	172	178	212	264	282	324	348		
036	3 750		69	73	79	79	81	81	83	97	103	139	145	166	174	178	214	266	286	326	352		
037	4 000		71	77	79	79	81	83	85	97	103	139	147	166	174	178	252	270	286	330	352		
038	4 250		73	77	79	79	81	83	85	99	135	139	147	168	174	186	256	274	290	334	358		
039	4 500		77	77	79	79	81	83	85	99	135	143	147	168	174	218	258	274	296	334	362		
040	4 750		89	91	91	93	93	95	97	146	150	154	158	182	190	234	281	309	319	373	385		
041	5 000		91	91	93	93	93	95	97	146	152	154	160	184	230	238	281	309	321	369	389		
042	5 300		91	91	93	93	93	97	97	146	152	154	160	184	230	240	299	309	321	363	391		
043	5 600		91	91	93	93	93	97	131	148	152	156	160	226	234	256	299	311	321	365	393		
044	6 000		91	93	93	93	97	131	133	148	152	156	198	226	236	258	299	311	321	369	393		

表 E.4（续）

单位为千克

编号	荷载/N	减重 kg/100 mm	位移/mm																				
			50	56	63	71	80	90	100	112	125	140	160	180	200	224	250	280	315	355	400	450	500
045	6 300	2.4	93	93	93	93	131	131	137	148	154	156	198	228	252	258	301	311	321	371	519	根据需求设计	
046	6 700		93	93	93	131	131	135	137	148	154	194	198	230	254	258	301	311	321	371	521		
047	7 100		93	93	93	131	131	135	137	150	154	194	198	248	254	258	301	311	321	493	521		
048	7 500		93	93	129	131	131	135	137	150	190	194	200	250	254	258	301	311	325	495	521		
049	8 000		93	93	131	131	131	135	139	150	190	194	200	250	254	258	301	311	429	495	521		
050	8 500		93	93	131	133	133	135	139	188	190	196	222	250	254	258	301	315	429	499	521		
051	9 000		93	131	131	133	135	135	141	188	190	196	222	250	254	258	301	419	431	499	521		
052	9 500	3.9	178	178	180	184	188	192	202	214	220	250	256	279	285	301	365	447	471	535	567		
053	10 000		178	178	180	184	190	194	224	218	220	246	250	279	285	301	435	451	471	539	771		
054	10 600		178	180	182	186	192	200	224	218	220	246	250	277	289	303	435	453	471	543	779		
055	11 200		178	180	182	186	192	222	228	218	242	246	250	277	289	389	435	453	471	737	795		
056	11 800		178	180	184	188	198	224	228	218	242	246	250	281	291	389	437	453	655	745	795		
057	12 500		178	180	184	190	220	226	232	240	242	244	250	281	373	389	437	453	655	757	787		
058	13 200		178	180	188	196	224	228	236	240	242	244	254	283	373	389	437	637	663	757	795		
059	14 000		178	182	188	218	224	228	240	240	240	244	258	357	373	389	437	637	669	753	799		
060	15 000		196	206	230	236	246	260	260	255	259	267	353	385	401	421	647	667	703	802	844		
061	16 000		200	212	230	236	246	260	260	255	261	267	353	389	403	425	649	667	711	804	848		
062	17 000		204	226	232	242	254	260	260	255	263	345	353	389	407	583	649	675	711	806	968		
063	18 000		208	226	232	242	254	260	260	257	263	345	355	391	411	583	649	683	713	810	968		
064	19 000		222	228	238	250	256	260	260	259	337	345	355	395	565	589	657	685	721	928	984		
065	20 000		222	228	238	250	260	260	260	261	337	345	355	399	565	595	665	685	725	928	988		

表 E.4（续）

单位为千克

编号	荷载/N	减重 kg/100 mm	位移/mm																			
			50	56	63	71	80	90	100	112	125	140	160	180	200	224	250	280	315	355	400	450	500
066	21 200	5.2	266	272	276	288	292	296	304	387	391	407	559	622	636	660	724	754	892	1 008	1 058	根据需求设计	
067	22 400		268	272	280	288	292	298	308	391	395	407	559	622	636	664	724	758	902	1 014	1 058		
068	23 600		268	272	284	288	292	300	310	393	397	553	563	622	640	668	730	860	910	1 014	1 068		
069	25 000		272	276	284	288	294	304	370	395	397	553	567	622	644	672	734	870	922	1 014	1 074		
070	26 500		272	280	284	288	296	306	370	399	553	559	567	626	648	682	832	878	926	1 024	1 090		
071	28 000		272	280	284	290	300	366	370	399	557	563	567	630	650	686	838	890	934	1 030	1 368		
072	30 000		276	280	284	292	302	366	372	557	559	563	575	634	662	772	850	894	940	1 046	1 368		
073	31 500		276	280	286	296	366	366	372	557	563	563	579	636	666	776	862	902	944	1 316	1 368		
074	33 500		303	315	323	391	401	407	419	541	633	633	657	681	801	843	899	943	995	1 365	1 445		
075	35 500		307	317	325	393	403	409	527	585	643	643	657	685	809	849	907	953	1 229	1 367	1 461		
076	37 500		311	319	387	397	403	411	535	557	643	643	663	781	819	853	913	959	1 259	1 389	1 465		
077	40 000		313	321	389	399	405	519	539	603	643	643	667	789	825	855	923	1 187	1 259	1 405	1 471		
078	42 500		315	387	393	399	407	523	541	603	653	653	729	799	829	855	929	1 217	1 279	1 409	1 891		
079	45 000		317	389	395	401	513	527	543	605	663	663	753	807	831	859	1 151	1 217	1 287	1 415	1 891		
080	47 500	6.3	446	450	454	466	570	584	598	703	723	841	817	867	903	1 171	1 212	1 280	1 336	1 980	2 056		
081	50 000		448	450	456	470	578	586	602	709	731	845	869	873	907	1 177	1 218	1 294	1 344	1 980	2 056		
082	53 000		450	454	462	562	582	590	608	723	829	857	849	879	1 143	1 181	1 242	1 296	1 778	1 980	2 080		
083	56 000		450	456	466	570	584	594	612	731	833	869	849	883	1 149	1 185	1 256	1 304	1 790	1 980	2 104		
084	60 000		454	462	556	574	588	600	614	829	845	849	869	1 119	1 153	1 187	1 258	1 738	1 790	2 004	2 552		
085	63 000		456	466	564	576	592	604	616	833	857	849	881	1 125	1 157	1 191	1 266	1 750	1 790	2 028	2 552		
086	67 000		647	653	653	661	681	691	789	817	859	887	1 109	1 150	1 192	1 236	1 710	1 788	1 868	2 564	2 732		
087	71 000		653	653	653	667	681	695	793	825	875	897	1 109	1 156	1 200	1 242	1 722	1 800	1 894	2 604	2 770		
088	75 000		655	655	659	673	687	781	797	803	887	1 109	1 117	1 166	1 206	1 634	1 740	1 814	2 364	2 640	2 888		
089	80 000		655	655	665	673	691	785	801	819	897	1 109	1 123	1 174	1 212	1 634	1 752	1 840	2 384	2 680	2 928		

表 E.4（续）

单位为千克

编号	荷载/N	减重 kg/100 mm	位移/mm																				
			50	56	63	71	80	90	100	112	125	140	160	180	200	224	250	280	315	355	400	450	500
090	85 000	7.2	847	847	847	847	851	855	875	945	1 203	1 229	1 277	1 694	1 700	1 748	1 890	2 468	2 578	2 886	3 006	4 360	4 544
091	90 000		839	839	839	839	843	855	881	953	1 211	1 235	1 285	1 694	1 714	1 772	2 406	2 488	2 698	2 886	3 054	4 360	4 574
092	95 000		843	843	843	843	849	865	893	1 185	1 219	1 253	1 289	1 706	1 772	1 800	2 406	2 510	2 734	2 910	3 082	4 396	4 632
093	100 000		849	849	849	849	855	871	899	1 193	1 227	1 261	1 297	1 720	1 796	2 276	2 426	2 622	2 754	2 958	3 126	4 426	4 690
094	106 000		859	859	859	859	865	883	1 111	1 201	1 245	1 265	1 665	1 808	1 824	2 296	2 448	2 658	2 778	2 990	4 062	4 484	4 742
095	112 000		865	865	865	865	871	889	1 127	1 209	1 253	1 273	1 679	1 832	2 252	2 316	2 558	2 678	2 798	3 030	4 148	4 542	4 792
096	118 000		根据需求设计			1 127	1 127	1 127	1 155	1 245	1 279	1 677	1 749	2 481	2 481	2 557	2 640	2 784	2 942	4 072	4 298	5 071	5 361
097	125 000					1 127	1 127	1 131	1 165	1 253	1 653	1 683	1 763	2 561	2 561	2 579	2 660	2 832	3 856	4 102	4 332	5 085	5 403
098	132 000					1 131	1 131	1 147	1 187	1 261	1 659	1 719	1 773	2 585	2 585	2 599	2 704	2 854	3 872	4 172	4 392	5 215	5 495
099	140 000					1 135	1 135	1 157	1 195	1 629	1 663	1 733	1 783	2 607	2 607	2 621	2 754	3 764	3 884	4 206	4 436	5 257	5 537
100	150 000	8.6				1 726	1 726	1 726	1 726	1 817	1 879	2 423	2 481	2 810	2 850	2 952	3 918	3 928	4 026	4 908	5 160	5 573	5 919
101	160 000					1 736	1 736	1 736	1 736	1 829	1 913	2 423	2 501	2 810	2 890	2 974	3 948	3 938	4 084	4 934	5 202	5 615	7 093
102	170 000					1 750	1 750	1 750	1 750	1 863	2 393	2 443	2 547	2 848	2 950	2 996	4 008	4 018	4 688	5 020	5 304	5 723	7 243
103	180 000					1 764	1 764	1 764	1 764	1 897	2 393	2 463	2 673	2 888	2 972	3 834	4 038	4 076	4 726	5 062	5 384	6 897	7 313
104	190 000					1 874	1 874	1 874	1 874	2 367	2 433	2 537	2 677	3 048	3 964	4 148	4 363	4 841	5 043	5 412	6 820	7 462	7 762
105	200 000					1 904	1 904	1 904	1 904	2 387	2 473	2 589	2 697	3 092	3 964	4 176	4 423	4 841	5 085	5 454	6 820	7 522	7 824
106	212 000					1 932	1 932	1 932	1 932	2 407	2 507	2 643	2 739	3 960	4 024	4 220	4 857	4 963	5 167	6 652	6 922	7 574	7 842
107	224 000					1 946	1 946	1 946	1 946	2 447	2 559	2 663	2 765	3 960	4 052	4 264	4 857	5 007	5 247	6 652	7 000	7 634	8 030

注 1：表中质量为 $C=C_{max}$ 时吊架质量，包括两个组件和横担质量；

注 2：表中减重为 C 值每减小 100 mm，应减去的质量。

表 E.5 A 型恒力碟簧支吊主要外形尺寸、安装连接尺寸表

单位为毫米

编号	螺纹吊杆、螺旋扣		位移 50～100				位移 112～160				位移 180～224				位移 250～315				位移 355～400				位移 450～500			
	d d_2	m m_1	D	A	h_0	H	D	A	h_0	H	D	A	h_0	H	D	A	h_0	H	D	A	h_0	H	D	A	h_0	H
001～019	M12	25	133	240	470	590	150	320	540	660	150	400	610	740	150	540	760	940	160	670	870	1 040	—	—	—	—
020～039	M12	25	150	250	530	650	160	340	660	790	190	430	760	940	190	570	910	1 120	204	680	1 010	1 140	—	—	—	—
040～051	M16	30	190	300	630	740	204	350	790	940	204	440	860	1 000	224	580	1 040	1 180	224	700	1 140	1 280	—	—	—	—
052～059	M20	40	204	460	740	880	204	360	830	980	224	460	960	1 110	280	590	1 150	1 270	280	720	1 270	1 400	—	—	—	—
060～065	M24	40	204	460	760	910	224	400	900	1 040	280	480	1 090	1 230	280	600	1 250	1 380	315	740	1 370	1 500	—	—	—	—
066～073	M30	50	224	480	850	980	280	460	1 030	1 160	315	520	1 140	1 280	315	620	1 440	1 460	340	750	1 490	1 620	—	—	—	—
074～079	M36	50	280	500	1 000	1 150	315	550	1 110	1 260	315	560	1 370	1 530	340	640	1 470	1 630	400	770	1 640	1 800	—	—	—	—
080～085	M42	60	280	520	1 070	1 230	315	580	1 200	1 360	340	590	1 400	1 560	400	660	1 600	1 780	450	790	1 780	1 950	—	—	—	—
086～089	M48	60	320	580	1 070	1 260	340	580	1 280	1 460	400	630	1 440	1 610	450	670	1 650	1 800	480	820	1 900	2 050	—	—	—	—
090～095	M56×4	80	340	620	1 220	1 410	400	760	1 400	1 610	450	700	1 650	1 820	480	770	1 810	1 970	530	840	1 990	2 170	530	980	2 270	2 450
096～099	M64×4	80	340	620	1 290	1 480	400	760	1 530	1 710	480	750	1 650	1 830	530	830	1 920	2 110	530	900	2 180	2 370	580	1 000	2 340	2 530
100～103	M72×4	90	400	680	1 380	1 590	480	830	1 550	1 780	530	830	1 830	2 050	580	870	2 010	2 280	580	930	2 260	2 490	640	1 010	2 320	2 530
104～107	M80×4	90	400	730	1 530	1 750	480	830	1 670	1 950	530	900	1 940	2 170	580	920	2 180	2 430	640	980	2 350	2 580	640	1 060	2 680	2 880
108～113	M90×4	100	480	870	1 720	1 960	530	950	1 950	2 190	580	950	2 130	2 410	640	1 060	2 420	2 650	700	1 110	2 600	2 880	720	1 240	2 940	3 160
114～117	M100×4	120	—	—	—	—	580	990	1 990	2 300	640	1 040	2 240	2 520	700	1 150	2 540	2 800	—	—	—	—	—	—	—	—

注 1：表中 H 值为下位移时值，当选用上位移时 H 值等于表中 H＋选用位移；

注 2：外形尺寸 D、A、h_0 为同组编号中的最大值。

表 E.6 B型、C型恒力碟簧支吊架主要外形尺寸、安装连接尺寸表

单位为毫米

编号	螺纹吊杆、螺旋扣		吊板				位移 50～100				位移 112～160				位移 180～224				位移 250～315				位移 355～400				位移 450～500			
	d	m	t	e	h	d_1	D	A	h_0	H	D	A	h_0	H	D	A	h_0	H	D	A	h_0	H	D	A	h_0	H	D	A	h_0	H
001～019	M12	25	10	40	50	18	133	240	460	650	150	320	530	720	150	400	600	800	150	540	750	1 000	160	670	860	1 100	—	—	—	—
020～039	M12	25	10	40	50	18	150	250	520	710	160	340	650	850	190	430	750	1 000	190	570	900	1 180	204	680	1 000	1 200	—	—	—	—
040～051	M16	30	10	40	50	22	190	300	620	800	204	350	780	1 000	204	440	850	1 060	224	580	1 020	1 250	224	700	1 120	1 350	—	—	—	—
052～059	M20	40	12	50	60	26	204	460	730	950	204	360	820	1 050	224	460	950	1 180	280	590	1 130	1 350	280	720	1 250	1 480	—	—	—	—
060～065	M24	40	16	60	80	33	204	460	750	1 000	224	400	890	1 130	280	480	1 080	1 320	280	600	1 230	1 480	315	740	1 350	1 600	—	—	—	—
066～073	M30	50	20	80	100	39	224	480	830	1 100	280	460	1 010	1 280	315	520	1 120	1 400	315	620	1 420	1 580	340	750	1 470	1 740	—	—	—	—
074～079	M36	50	20	80	100	45	280	500	980	1 270	315	550	1 090	1 380	315	560	1 350	1 650	340	640	1 450	1 750	400	770	1 620	1 920	—	—	—	—
080～085	M42	60	20	80	100	52	280	520	1 050	1 350	315	580	1 180	1 480	340	590	1 380	1 680	400	660	1 580	1 900	450	790	1 760	2 070	—	—	—	—
086～089	M48	60	24	100	125	62	320	580	1 050	1 400	340	580	1 260	1 600	400	630	1 420	1 750	450	670	1 620	1 950	480	820	1 870	2 200	—	—	—	—
090～095	M56×4	80	24	100	125	70	340	620	1 200	1 560	400	760	1 380	1 750	450	700	1 630	1 970	480	770	1 780	2 120	530	840	1 960	2 320	530	980	2 240	2 600
096～099	M64×4	80	24	125	140	78	340	620	1 260	1 650	400	760	1 500	1 880	480	750	1 620	2 000	530	830	1 890	2 280	530	900	2 150	2 540	580	1 000	2 310	2 700
100～103	M72×4	90	24	125	140	86	400	680	1 350	1 760	480	830	1 520	1 950	530	830	1 800	2 220	580	870	1 980	2 450	580	930	2 230	2 660	640	1 010	2 290	2 700
104～107	M80×4	90	30	125	140	96	400	730	1 500	1 920	480	830	1 640	2 120	530	900	1 910	2 340	580	920	2 150	2 600	640	980	2 320	2 750	640	1 060	2 640	3 060
108～113	M90×4	100	40	140	160	107	480	870	1 690	2 150	530	950	1 920	2 380	580	950	2 100	2 600	640	1 060	2 380	2 850	700	1 110	2 560	3 080	720	1 240	2 900	3 360
114～117	M100×4	120	40	140	160	107	—	—	—	—	580	990	1 950	2 500	640	1 040	2 200	2 720	700	1 150	2 500	3 000	—	—	—	—	—	—	—	—

注 1：表中 H 值为下位移时值，当选用上位移时 H 值等于表中 H＋选用位移；

注 2：外形尺寸 D、A、h_0 为同组编号中的最大值。

表 E.7 E 型恒力碟簧支吊架主要外形尺寸、安装连接尺寸表

单位为毫米

编号	螺纹吊杆、螺旋扣		H	t_1	d_3	位移 50～100					位移 112～160					位移 180～224					位移 250～315					位移 355～400					位移 450～500				
	d	m				D	A	h_0	B	b	D	A	h_0	B	b	D	A	h_0	B	b	D	A	h_0	B	b	D	A	h_0	B	b	D	A	h_0	B	b
001～019	M12	25	320	10	18	133	250	460	250	200	150	320	530	250	200	150	400	600	250	200	150	540	750	250	200	160	670	860	300	240	—	—	—	—	—
020～039	M12	25	320	10	18	150	250	520	250	200	160	340	650	250	200	190	430	750	300	240	190	570	900	300	240	204	680	1 000	300	240	—	—	—	—	—
040～051	M16	30	360	12	18	190	300	620	300	240	204	350	780	300	250	204	440	850	300	250	224	580	1 020	300	250	224	700	1 120	340	280	—	—	—	—	—
052～059	M20	40	400	16	18	204	460	730	300	240	204	360	820	300	250	224	460	950	340	280	280	590	1 130	380	320	280	720	1 250	380	320	—	—	—	—	—
060～065	M24	40	450	16	18	204	460	750	300	240	224	400	890	340	280	280	480	1 080	380	320	280	600	1 230	380	320	315	740	1 350	400	340	—	—	—	—	—
066～073	M30	50	500	20	22	224	480	830	320	240	280	460	1 010	400	320	315	520	1 120	440	360	315	620	1 420	440	360	340	750	1 470	460	380	—	—	—	—	—
074～079	M36	50	560	20	22	280	500	980	360	280	315	550	1 090	440	360	315	560	1 350	440	360	340	640	1 450	480	400	400	770	1 620	520	440	—	—	—	—	—
080～085	M42	60	630	24	22	280	520	1 050	360	280	315	580	1 180	440	360	340	590	1 380	440	360	400	660	1 580	520	440	450	790	1 760	560	480	—	—	—	—	—
086～089	M48	60	670	24	22	320	580	1 050	360	280	340	580	1 260	440	360	400	630	1 420	520	440	450	670	1 620	560	480	480	820	1 870	560	480	—	—	—	—	—
090～095	M56×4	80	710	24	26	340	620	1 200	420	320	400	760	1 380	460	360	450	700	1 630	580	480	480	770	1 780	580	480	530	840	1 960	680	580	530	980	2 240	680	580
096～099	M64×4	80	750	30	26	340	620	1 260	420	320	400	760	1 500	460	360	480	750	1 620	600	500	530	830	1 890	680	580	530	900	2 150	680	580	580	1 000	2 310	700	600
100～103	M72×4	90	800	30	26	400	680	1 350	440	340	480	830	1 520	460	360	530	830	1 800	680	580	580	870	1 980	680	580	580	930	2 230	700	600	640	1 010	2 290	740	640
104～107	M80×4	90	850	30	33	400	730	1 500	500	360	480	830	1 640	500	380	530	900	1 910	720	600	580	920	2 150	740	620	640	980	2 320	800	680	640	1 060	2 640	800	680
108～113	M90×4	100	900	30	33	480	870	1 690	540	400	530	950	1 920	560	440	580	950	2 100	750	630	640	1 060	2 380	820	700	700	1 110	2 560	840	720	720	1 240	2 900	840	720
114～117	M100×4	120	950	40	33	—	—	—	—	—	580	990	1 950	580	460	640	1 040	2 200	820	700	700	1 150	2 500	840	720	—	—	—	—	—	—	—	—	—	—

注 1：表中 H 值为下位移时值，当选用上位移时 H 值等于表中 H＋选用位移；

注 2：外形尺寸 D、A、h_0 为同组编号中的最大值。

表 E.8 F型恒力碟簧支吊架主要外形尺寸、安装连接尺寸表

单位为毫米

编号	t_1	d_3	顶板、滚轮			位移 50～100						位移 112～160						位移 180～224					
			D_1	h_1	l_3	H	D	A	h_0	B	b	H	D	A	h_0	B	b	H	D	A	h_0	B	b
001～019	10	18	120	38	104	620	133	340	460	250	200	750	150	420	530	300	240	900	150	510	620	360	280
020～039	10	18	120	38	104	670	150	350	520	300	240	790	160	470	570	360	280	1 030	190	600	750	400	320
040～051	12	18	120	38	104	800	190	400	650	300	240	960	204	520	760	360	280	1 100	204	620	850	400	320
052～059	16	18	160	46	142	840	204	450	670	360	280	1 000	204	550	780	400	320	1 200	224	660	920	440	360
060～065	16	18	160	46	142	860	204	460	700	360	280	1 070	224	580	850	400	320	1 320	280	740	1 030	440	360
066～073	20	22	180	56	160	970	224	490	800	400	320	1 200	280	640	980	440	360	1 380	315	750	1 080	440	360
074～079	20	22	180	56	160	1 100	280	580	940	400	320	1 250	315	670	1 030	440	360	1 480	315	780	1 200	440	360
080～085	20	22	230	83	208	1 160	280	620	990	420	320	1 360	315	700	1 130	440	360	1 600	340	860	1 300	500	400
086～089	24	22	260	93	234	1 180	315	640	1 000	420	320	1 460	340	740	1 220	440	360	1 660	400	860	1 360	500	400
090～095	24	26	280	103	250	1 320	340	740	1 150	440	340	1 540	400	780	1 300	500	400	1 840	450	920	1 550	600	500
096～099	24	26	310	120	280	1 340	340	750	1 150	440	340	1 670	400	820	1 450	500	400	1 840	480	980	1 550	600	500
100～103	30	26	330	130	295	1 470	400	820	1 290	500	400	1 680	480	900	1 450	600	500	1 960	530	980	1 650	700	600
104～107	30	33	330	130	295	1 600	400	840	1 420	500	400	1 760	480	950	1 520	600	500	2 100	530	1 020	1 800	700	600

注 1：表中 H 值为下位移时值，当选用上位移时 H 值等于表中 H＋选用位移；

注 2：外形尺寸 D、A、h_0 为同组编号中的最大值。

表 E.9　G 型恒力碟簧支吊架主要外形尺寸、安装连接尺寸表

单位为毫米

编号	螺纹吊杆、螺旋扣		槽钢	W	$C_{m}ax$	H	位移 50～100			位移 112～160			位移 180～224			位移 250～315			位移 355～400			位移 450～500		
	d_2	m_1					D	A	h_0	D	A	h_0	D	A	h_0	D	A	h_0	D	A	h_0	D	A	h_0
001～019	M12	25	120	50	600	200	133	240	460	150	320	530	150	400	600	150	540	750	160	670	860	—	—	—
020～039	M12	25	120	50	600	200	150	250	520	160	340	650	190	430	750	190	570	900	204	680	1 000	—	—	—
040～051	M16	30	120	50	600	240	190	300	620	204	350	780	204	440	850	224	580	1 020	224	700	1 120	—	—	—
052～059	M20	40	160	60	850	240	204	460	730	204	360	820	224	460	950	280	590	1 130	280	720	1 250	—	—	—
060～065	M24	40	160	60	1 000	280	204	460	750	224	400	890	280	480	1 080	280	600	1 230	315	740	1 350	—	—	—
066～073	M30	50	200	80	1 250	300	224	480	830	280	460	1 010	315	520	1 120	315	620	1 420	340	750	1 470	—	—	—
074～079	M36	50	200	80	1 250	360	280	500	980	315	550	1 090	315	560	1 350	340	640	1 450	400	770	1 620	—	—	—
080～085	M42	60	250	90	1 500	380	280	520	1 050	315	580	1 180	340	590	1 380	400	660	1 580	450	790	1 760	—	—	—
086～089	M48	60	250	100	1 500	420	320	580	1 050	340	580	1 260	400	630	1 420	450	670	1 620	480	820	1 870	—	—	—
090～095	M56×4	80	280	100	1 500	450	340	620	1 200	400	760	1 380	450	700	1 630	480	770	1 780	530	840	1 960	530	980	2 240
096～099	M64×4	80	280	100	1 500	500	340	620	1 260	400	760	1 500	480	750	1 620	530	830	1 890	530	900	2 150	580	1 000	2 310
100～103	M72×4	90	320	100	2 000	530	400	680	1 350	480	830	1 520	530	830	1 800	580	870	1 980	580	930	2 230	640	1 010	2 290
104～107	M80×4	90	320	100	2 000	560	400	730	1 500	480	830	1 640	530	900	1 910	580	920	2 150	640	980	2 320	640	1 060	2 640

注 1：表中 H 值为下位移时值，当选用上位移时 H 值等于表中 H＋选用位移；

注 2：外形尺寸 D、A、h_0 为同组编号中的最大值。

附　录　F
（资料性附录）
变力碟簧支吊架外形尺寸、连接尺寸及质量示例

本附录仅是供参考的变力碟簧支吊架外形尺寸、连接尺寸及质量的一个示例，本文件的发布机构对于该示例的可靠性、有效性以及与本文件的一致性无任何立场；对使用本附录引起的问题不承担责任。

该示例的荷载位移系列如表 F.1 所示。对于热态吊零：热位移向上，根据指定荷载从渐变色线框（　）内寻找合适的规格，热位移向下，根据指定荷载从粗细双线框（　）内寻找合适的规格；对于冷态吊零：热位移向上，根据指定荷载从粗细双线框（　）内寻找合适的规格，热位移向下，根据指定荷载从渐变色线框（　）内寻找合适的规格。

各型式变力支吊架外形尺寸、连接尺寸及质量如表 F.2～表 F.7 所示。表中尺寸代号意义参见 4.1 和图 7～图 13。

表 F.1 变力碟黄支吊架典型选用表

变形量/mm				01	02	03	04	05	06	07	08	09	10	11	12	13	14	15	16	17	18	19	20	位移量/mm			
系列1	系列2	系列3	系列4	标称荷载/N																				系列1	系列2	系列3	系列4
30	60	90	120	5838	7350	9253	11649	14665	18463	23243	29261	32679	41140	51792	65203	82085	103339	130096	148425	186855	235237	296146	372826	0	0	0	0
31	62	93	124	5956	7499	9440	11884	14962	18835	23712	29852	33455	42117	53022	66751	84035	105794	133186	152434	191903	241591	304145	382896	1	2	3	4
32	64	96	128	6070	7642	9620	12111	15247	19195	24166	30423	34214	43073	54226	68267	85943	108195	136210	156393	196887	247866	312045	392841	2	4	6	8
33	66	99	132	6180	7780	9795	12331	15523	19543	24603	30973	34958	44009	55404	69750	87810	110546	139169	160304	201810	254064	319848	402664	3	6	9	12
34	68	102	136	6286	7913	9962	12542	15789	19878	25025	31504	35685	44925	56557	71201	89637	112846	142064	164167	206673	260187	327555	412368	4	8	12	16
35	70	105	140	6388	8042	10124	12746	16046	20201	25431	32016	36397	45821	57685	72621	91424	115097	144898	167983	211478	266235	335170	421954	5	10	15	20
36	72	108	144	6486	8166	10280	12942	16293	20512	25823	32509	37093	46698	58789	74011	93174	117299	147671	171754	216225	272211	342693	431425	6	12	18	24
37	74	111	148	6581	8285	10430	13131	16531	20811	26200	32984	37775	47556	59869	75371	94886	119455	150385	175479	220916	278116	350128	440785	7	14	21	28
38	76	114	152	6672	8400	10575	13313	16760	21100	26563	33441	38442	48396	60926	76702	96562	121564	153040	179162	225551	283952	357475	450034	8	16	24	32
39	78	117	156	6760	8510	10714	13488	16980	21377	26912	33880	39095	49217	61961	78004	98202	123629	155639	182802	230134	289721	364737	459177	9	18	27	36
40	80	120	160	6844	8616	10847	13656	17192	21643	27247	34303	39734	50022	62974	79279	99807	125649	158183	186400	234663	295424	371916	468215	10	20	30	40
41	82	123	164	6925	8718	10976	13818	17395	21899	27570	34708	40359	50809	63965	80527	101378	127627	160673	189957	239142	301062	379015	477151	11	22	33	44
42	84	126	168	7003	8816	11099	13973	17591	22145	27879	35098	40971	51580	64935	81749	102915	129563	163110	193475	243571	306638	386034	485988	12	24	36	48
43	86	129	172	7078	8910	11217	14121	17778	22381	28176	35472	41571	52334	65885	82944	104421	131458	165496	196955	247951	312152	392976	494728	13	26	39	52
44	88	132	176	7149	9000	11330	14264	17958	22607	28461	35830	42158	53073	66815	84115	105895	133314	167832	200397	252284	317607	399844	503373	14	28	42	56
45	90	135	180	7218	9086	11439	14401	18130	22824	28734	36173	42732	53797	67726	85262	107338	135131	170120	203802	256571	323004	406638	511927	15	30	45	60
46	92	138	184	7283	9169	11543	14532	18294	23031	28995	36502	43295	54505	68618	86385	108752	136910	172360	207172	260814	328345	413362	520392	16	32	48	64
47	94	141	188	7346	9248	11643	14657	18452	23230	29245	36817	43846	55199	69491	87485	110137	138654	174555	210507	265013	333631	420017	528770	17	34	51	68
48	96	144	192	7406	9324	11738	14777	18603	23420	29484	37118	44386	55879	70347	88562	111493	140362	176705	213809	269169	338864	426605	537064	18	36	54	72
49	98	147	196	7463	9396	11829	14891	18747	23601	29712	37406	44915	56545	71186	89618	112823	142035	178812	217078	273285	344046	433128	545276	19	38	57	76
50	100	150	200	7518	9465	11916	15001	18885	23775	29931	37680	45434	57198	72008	90653	114126	143676	180877	220316	277362	349178	439589	553409	20	40	60	80
51	102	153	204	7571	9531	11999	15105	19016	23940	30139	37943	45943	57839	72814	91668	115403	145284	182902	223524	281400	354261	445988	561466	21	42	63	84
52	104	156	208	7620	9594	12078	15205	19142	24098	30338	38193	46442	58466	73605	92663	116656	146861	184887	226702	285401	359298	452329	569449	22	44	66	88
53	106	159	212	7668	9654	12153	15300	19261	24249	30527	38432	46931	59082	74380	93639	117885	148408	186835	229851	289366	364290	458614	577361	23	46	69	92
54	108	162	216	7713	9711	12225	15390	19375	24392	30708	38659	47411	59687	75141	94597	119091	149927	188746	232974	293296	369238	464844	585203	24	48	72	96
55	110	165	220	7757	9765	12294	15477	19484	24529	30880	38875	47882	60280	75888	95538	120275	151417	190623	236070	297194	374145	471021	592980	25	50	75	100
56	112	168	224	7798	9817	12359	15559	19587	24659	31044	39082	48345	60863	76622	96461	121438	152881	192466	239140	301059	379011	477147	600693	26	52	78	104
57	114	171	228	7837	9866	12421	15637	19686	24783	31200	39278	48800	61435	77343	97369	122580	154319	194276	242186	304894	383839	483225	608344	27	54	81	108
58	116	174	232	7874	9913	12480	15711	19779	24900	31348	39464	49247	61998	78051	98260	123702	155732	196055	245209	308700	388630	489256	615937	28	56	84	112
59	118	177	236	7910	9958	12536	15782	19868	25012	31489	39642	49686	62551	78748	99137	124806	157122	197805	248209	312477	393385	495243	623474	29	58	87	116
60	120	180	240	7943	10000	12589	15849	19953	25119	31623	39811	50119	63096	79433	100000	125893	158489	199526	251189	316228	398107	501187	630957	30	60	90	120
荷载吊杆和生根吊杆直径				M16	M20	M20	M24	M24	M30	M30	M36	M36	M42	M48	M56×4	M56×4	M64×4	M68×4	M76×4	M85×4	M95×4	M105×4	M115×4	荷载吊杆和生根吊杆直径			

表 F.2 A 型变力碟簧支吊架主要外形尺寸、安装连接尺寸、质量系列表

编号	螺纹吊杆、螺旋扣		D/mm	第 1 系列位移 0～15			第 2 系列位移 0～30			第 3 系列位移 0～45			第 4 系列位移 0～60		
	d、d_2	m、m_1		h_0	H	质量/kg	h_0	H	质量/kg	h_0	H	质量/kg	h_0	H	质量/kg
	mm			mm			mm			mm			mm		
01	M16	20	127	197	407	12	308	559	18	425	716	24	536	868	30
02	M20	25	140	217	428	15	331	583	22	450	743	29	564	898	36
03	M20	25	152	217	428	17	331	583	26	450	743	34	564	898	43
04	M24	32	174	229	438	24	337	586	35	450	739	46	559	887	57
05	M24	32	194	233	444	29	346	597	42	463	756	56	576	910	70
06	M30	40	219	248	457	40	356	605	57	469	758	74	578	906	92
07	M30	40	245	256	466	50	368	619	71	484	776	93	596	928	114
08	M36	45	245	273	482	56	380	629	77	493	781	98	600	928	119
09	M36	45	273	299	510	73	429	679	105	568	859	137	697	1 028	168
10	M42	56	273	312	521	76	436	684	107	570	857	138	694	1 020	169
11	M48	63	273	338	549	86	469	721	119	611	904	153	743	1 076	186
12	M56×4	71	325	361	573	119	494	746	162	637	930	204	770	1 104	247
13	M56×4	71	325	358	569	122	488	739	168	628	919	215	757	1 089	260
14	M64×4	80	356	384	594	159	509	757	209	643	930	259	767	1 093	309
15	M72×4	90	377	415	626	199	549	803	262	694	989	327	829	1 166	390
16	M80×4	100	406	485	698	275	652	907	369	828	1 125	464	995	1 334	558
17	M90×4	112	426	511	721	326	669	920	426	837	1 129	526	994	1 327	626
18	M90×4	112	457	514	723	380	665	914	495	826	1 115	611	978	1 305	726
19	M100×4	125	530	540	748	516	683	929	654	836	1 119	793	979	1 300	932
20	M115×4	160	610	621	832	749	781	1 033	949	951	1 245	1 150.8	1 112	1 447	1 351

注：表中 H 值为最小载荷时高度。

表 F.3　B 型、C 型变力碟簧支吊架主要外形尺寸、安装连接尺寸、质量系列表

单位为毫米

编号	螺纹吊杆、螺旋扣		B 型单吊板、C 型双吊板						D/	第 1 系列位移 0～30			第 2 系列位移 0～60			第 3 系列位移 0～90			第 4 系列位移 0～120		
	d	m	t	g	e	h	d_1	d_0	mm	h_0	H	质量/	h_0	H	质量/	h_0	H	质量/	h_0	H	质量/
	mm									mm		kg	mm		kg	mm		kg	mm		kg
01	M16	20	12	16	25	32	22	M20	127	189	451	12	300	603	18	417	760	24	528	912	30
02	M20	25	14	20	32	40	26	M24	140	206	482	15	320	637	22	439	797	29	553	952	36
03	M20	25	14	20	32	40	26	M24	152	206	482	17	320	637	26	439	797	34	553	952	43
04	M24	32	14	25	40	50	32	M30	174	211	502	24	319	650	35	432	803	46	541	951	57
05	M24	32	14	25	40	50	32	M30	194	215	508	29	328	661	42	445	820	56	558	974	70
06	M30	40	16	28	50	63	39	M36	219	224	536	40	332	684	57	445	837	74	554	985	91
07	M30	40	16	28	50	63	39	M36	245	232	545	49	344	698	71	460	855	92	572	1 007	114
08	M36	45	20	36	56	71	45	M42	245	248	573	56	355	720	77	468	872	98	575	1 019	119
09	M36	45	20	36	56	71	45	M42	273	274	601	73	404	770	104	543	950	136	672	1 119	168
10	M42	56	20	40	71	90	52	M48	273	276	631	76	400	794	106	534	967	138	658	1 130	168
11	M48	63	25	45	80	100	60	M56	273	300	674	85	431	846	119	573	1 029	152	705	1 201	186
12	M56×4	71	25	56	90	112	68	M64	325	315	710	117	448	883	160	591	1 067	202	724	1 241	245
13	M56×4	71	25	56	90	112	68	M64	325	312	706	121	442	876	166	582	1 056	213	711	1 226	259
14	M64×4	80	30	63	100	125	76	Φ70	356	334	749	156	459	912	206	593	1 085	257	717	1 248	307
15	M72×4	90	30	71	112	140	85	Φ80	377	355	796	193	489	973	256	634	1 159	321	769	1 336	384
16	M80×4	100	35	80	125	160	95	Φ90	406	420	893	271	587	1 102	365	763	1 320	460	930	1 529	554
17	M90×4	112	40	90	140	180	105	Φ100	426	439	941	323	597	1 140	422	765	1 349	523	922	1 547	622
18	M90×4	112	40	90	140	180	105	Φ100	457	442	943	375	593	1 134	490	754	1 335	606	906	1 525	721
19	M100×4	125	50	100	160	200	115	Φ110	530	465	998	517	608	1 179	656	761	1 369	795	904	1 550	933
20	M115×4	160	50	112	180	250	125	Φ120	610	511	1 132	734	671	1 333	934	841	1 545	1 136	1 002	1 747	1 336

注：表中 H 值为最小载荷时高度。

表 F.4　D 型变力碟簧支吊架主要外形尺寸、安装连接尺寸、质量系列表

编号	螺纹吊杆	D/	安装底板				第 1 系列位移 0～30			第 2 系列位移 0～60			第 3 系列位移 0～90			第 4 系列位移 0～120		
	d	mm	B	b	t_1	d_3	h_0	H	质量/	h_0	H	质量/	h_0	H	质量/	h_0	H	质量/
	mm		mm				mm		kg	mm		kg	mm		kg	mm		kg
01	M16	127	160	120	10	14	158	233	11	274	379	18	157	531	24	192	677	30
02	M20	140	180	130	12	14	167	244	14	286	393	21	163	546	29	198	695	36
03	M20	152	200	145	12	14	167	244	17	286	393	26	163	546	34	198	695	43
04	M24	174	220	160	14	18	168	247	23	282	391	34	170	539	45	205	682	56
05	M24	194	240	180	14	18	173	252	28	291	400	42	170	552	56	205	700	69
06	M30	219	280	220	16	18	170	251	38	284	395	55	172	543	72	207	686	89
07	M30	245	320	240	16	22	179	260	48	295	406	70	177	558	92	212	705	113
08	M36	245	320	240	16	22	179	260	49	292	403	70	182	550	91	217	693	112
09	M36	273	340	260	16	22	206	287	69	340	451	100	187	621	132	222	785	163
10	M42	273	340	260	20	22	205	290	72	334	449	102	191	613	132	226	772	162
11	M48	273	340	260	20	22	213	298	73	349	464	105	191	636	137	226	802	169
12	M56×4	325	400	300	25	26	224	314	110	361	481	150	201	654	191	236	822	231
13	M56×4	325	400	300	25	26	225	315	115	359	479	159	205	649	204	240	813	248
14	M64×4	356	420	320	25	26	224	314	132	353	473	180	210	638	228	245	797	275
15	M72×4	377	450	340	25	26	235	325	158	375	495	218	210	670	279	245	840	339
16	M80×4	406	480	360	30	32	286	381	222	458	583	311	230	789	399	265	991	487
17	M90×4	426	500	380	30	32	283	378	245	446	571	339	235	769	432	270	962	525
18	M90×4	457	550	420	30	32	286	381	300	442	567	410	245	759	520	280	945	629
19	M100×4	530	620	470	35	39	293	393	413	441	571	545	260	754	679	295	931	811
20	M115×4	610	700	550	40	39	315	420	577	481	616	767	265	816	957	300	1 012	1 146

注：表中 H 值为最小载荷时高度。

表 F.5　E 型变力碟簧支吊架主要外形尺寸、安装连接尺寸、质量系列表

编号	螺纹吊杆、螺旋扣		安装底板				D	H	第 1 系列位移 0～30		第 2 系列位移 0～60		第 3 系列位移 0～90		第 4 系列位移 0～120	
	d	m	B	b	t_1	d_4			h_0/mm	质量/kg	h_0/mm	质量/kg	h_0/mm	质量/kg	h_0/mm	质量/kg
	mm															
01	M16	20	160	120	10	14	127	280	222	13	364	20	516	27	658	34
02	M20	25	180	130	12	14	140	320	238	18	383	26	538	34	683	42
03	M20	25	200	145	12	14	152	320	238	20	383	29	538	39	683	48
04	M24	32	220	160	14	18	174	320	245	28	383	40	531	52	669	64
05	M24	32	240	180	14	18	194	320	251	33	394	48	548	63	692	78
06	M30	40	280	220	16	18	219	360	256	47	394	66	542	85	680	103
07	M30	40	320	240	16	22	245	360	265	58	408	81	560	105	702	128
08	M36	45	320	240	16	22	245	400	272	62	409	85	556	108	693	131
09	M36	45	340	260	16	22	273	400	300	83	459	117	629	151	788	184
10	M42	56	340	260	20	22	273	440	308	90	461	123	624	156	777	189
11	M48	63	340	260	20	22	273	480	325	96	487	131	660	167	822	202
12	M56×4	71	400	300	25	26	325	560	351	143	514	188	688	233	852	277
13	M56×4	71	400	300	25	26	325	560	351	149	511	197	681	246	841	295
14	M64×4	80	420	320	25	26	356	600	359	177	512	230	675	283	828	336
15	M72×4	90	450	340	25	26	377	640	381	220	548	287	724	356	891	423
16	M80×4	100	480	360	30	32	406	640	448	301	647	399	855	498	1 054	596
17	M90×4	112	500	380	30	32	426	720	454	349	643	453	842	559	1 030	664
18	M90×4	112	550	420	30	32	457	720	456	411	637	531	828	654	1 008	774
19	M100×4	125	620	470	35	39	530	840	478	563	649	708	829	856	1 000	1 000
20	M115×4	160	700	550	40	39	610	920	527	799	718	1 008	920	1 220	1 112	1 429

注：表中 H 值为最小载荷时高度。

表 F.6 F 型、F_b 型变力碟簧支吊架主要外形尺寸、安装连接尺寸、质量系列表

编号	D	安装底板				顶板、滚轮				第 1 系列位移 0～30			第 2 系列位移 0～60			第 3 系列位移 0～90			第 4 系列位移 0～120		
		B	b	t_1	d_3	D_1	h_1	l	质量/	h_0	H	质量/	h_0	H	质量/	h_0	H	质量/	h_0	H	质量/
	mm								kg	mm		kg	mm		kg	mm		kg	mm		kg
01	127	160	120	10	14	120	38	104	1	215	305	13	331	451	20	448	603	26	564	749	32
02	140	180	130	12	14	120	38	104	1	222	314	16	341	463	23	459	616	30	578	765	38
03	152	200	145	12	14	120	38	104	1	222	314	19	341	463	27	459	616	36	578	765	45
04	174	220	160	14	18	160	46	142	3	220	314	25	334	458	37	447	606	48	560	749	59
05	194	240	180	14	18	160	46	142	3	225	319	31	343	467	45	460	619	59	578	767	73
06	219	280	220	16	18	160	46	142	3	229	325	42	343	469	59	456	617	77	569	760	94
07	245	320	240	16	22	160	46	142	3	233	329	52	349	475	73	466	627	95	583	774	117
08	245	320	240	16	22	180	56	160	5	233	329	53	346	472	74	458	619	95	571	762	116
09	273	340	260	16	22	180	56	160	5	270	366	75	404	530	106	539	700	138	673	864	170
10	273	340	260	20	22	200	71	178	8	271	371	79	400	530	110	529	694	141	658	853	171
11	273	340	260	20	22	230	83	208	13	279	384	84	415	550	116	552	722	148	688	888	180
12	325	400	300	25	26	260	93	234	19	289	399	121	426	566	163	564	739	204	702	907	245
13	325	400	300	25	26	260	93	234	19	300	410	131	434	574	176	569	744	221	703	908	266
14	356	420	320	25	26	280	103	250	26	294	404	149	423	563	197	553	728	246	682	887	294
15	377	450	340	25	26	310	120	280	37	305	415	177	445	585	238	585	760	299	725	930	360
16	406	480	360	30	32	330	130	295	48	361	476	247	533	678	336	704	884	426	876	1086	515
17	426	500	380	30	32	370	150	335	74	358	473	275	521	666	369	684	864	464	847	1057	558
18	457	550	420	30	32	370	150	335	74	371	486	334	527	672	444	684	864	555	840	1050	666
19	530	620	470	35	39	420	160	380	100	383	503	461	531	681	594	679	864	727	826	1041	860
20	610	700	550	40	39	440	170	400	120	410	535	641	576	731	830	741	931	1021	907	1127	1210

注 1：表中 H 值为最小载荷时高度；

注 2：F_b 型高度为 $H+h_1$；

注 3：F_b 型质量为 F 型质量＋滚轮质量。

表 F.7 G 型变力碟簧支吊架主要外形尺寸、安装连接尺寸、质量系列表

编号	螺纹吊杆、螺旋扣		横担			D	第 1 系列位移 0～30			第 2 系列位移 0～60			第 3 系列位移 0～90			第 4 系列位移 0～120			减重/kg
	d_2	m_1	槽钢	W	C_{max}		h_0	H	质量/kg	h_0	H	质量/kg	h_0	H	质量/kg	h_0	H	质量/kg	
	mm						mm			mm			mm			mm			
01	M16	20	100	20	1000	127	183	230	40	294	271	53	411	311	65	522	352	77	2.0
02	M20	25	126	25	1000	140	198	236	51	312	277	65	431	318	79	545	359	93	2.5
03	M20	25	126	25	1000	152	198	236	54	312	277	71	431	318	89	545	359	106	2.5
04	M24	32	160	35	1250	174	203	242	85	311	281	107	424	321	129	533	361	151	3.4
05	M24	32	160	35	1250	194	207	243	92	320	284	119	437	325	147	550	365	174	3.4
06	M30	40	160	40	1250	219	214	250	109	322	289	143	435	329	178	544	369	213	3.4
07	M30	40	160	40	1250	245	222	251	125	334	291	168	450	332	212	562	372	255	3.4
08	M36	45	200	40	1500	245	234	254	158	341	294	200	454	333	242	561	373	285	4.5
09	M36	45	200	40	1500	273	270	255	197	400	296	260	539	336	324	668	376	387	4.5
10	M42	56	200	40	1500	273	272	265	200	396	304	261	530	343	324	654	382	386	4.5
11	M48	63	200	40	1500	273	291	274	212	422	315	278	564	356	345	696	396	412	4.5
12	M56×4	71	200	50	1500	325	306	282	267	439	323	352	582	364	437	715	405	522	4.5
13	M56×4	71	200	50	1500	325	307	281	279	437	322	370	577	362	463	706	403	554	4.5
14	M64×4	80	250	70	1500	356	324	289	346	449	328	446	583	367	547	707	407	647	5.5
15	M72×4	90	250	80	1500	377	345	302	411	479	343	538	624	385	667	759	427	794	5.5
16	M80×4	100	250	90	1500	406	410	312	551	577	355	739	753	397	929	920	440	1117	5.5

注 1：表中 H 值为最小载荷时高度；

注 2：表中质量包括了两个组件和横担的质量；

注 3：表中减重指 C 值每减小 100 mm 时所减小的质量。

ICS 23.040.60
J 15

中华人民共和国国家标准

GB/T 28708—2012

管道工程用无缝及焊接钢管尺寸选用规定

Specification for size selection of seamless and welded steel pipe used in piping engineering

2012-09-03 发布

2013-03-01 实施

中华人民共和国国家质量监督检验检疫总局
中国国家标准化管理委员会
发布

前　　言

本标准按照 GB/T 1.1—2009 给出的规则起草。

本标准由中国机械工业联合会提出。

本标准由全国管路附件标准化技术委员会(SAC/TC 237)归口。

本标准起草单位:中国石化工程建设公司、中国石化集团洛阳石油化工工程公司、中机生产力促进中心、中冶京诚工程技术有限公司、中国石油工程建设公司华东设计分公司、广东省电力设计研究院。

本标准主要起草人:柯松林、赵勇、王金富、李俊英、舒宗汉、刘建、黄涛、冯峰。

管道工程用无缝及焊接钢管尺寸选用规定

1 范围

本标准规定了管道工程用碳素钢、合金钢、不锈钢无缝钢管及焊接钢管的尺寸系列和理论质量。

本标准适用于管道工程流体输送用钢管的选用。

2 规范性引用文件

下列文件对于本文件的应用是必不可少的。凡是注日期的引用文件，仅注日期的版本适用于本文件。凡是不注日期的引用文件，其最新版本(包括所有的修改单)适用于本文件。

GB/T 3091 低压流体输送用焊接钢管

GB/T 17395—2008 无缝钢管尺寸、外形、重量及允许偏差

GB/T 21835—2008 焊接钢管尺寸及单位长度重量

3 管子尺寸系列和理论质量

3.1 管子外径系列

管子外径分为系列Ⅰ和系列Ⅱ。系列Ⅰ是通用系列，属推荐选用系列；系列Ⅱ是非通用系列；钢管的公称尺寸和外径见表1。

表1 钢管的公称尺寸和外径

公称尺寸		钢管外径/mm	
DN	NPS	系列Ⅰ	系列Ⅱ
6	1/8	10.2	—
8	1/4	13.5	—
10	3/8	17.2	14
15	1/2	21.3	18
20	3/4	26.9	25
25	1	33.7	32
32	1¼	42.4	38
40	1½	48.3	45
50	2	60.3	57
65	2½	73.0	76
80	3	88.9	89
90	3½	101.6	—

表 1（续）

公称尺寸		钢管外径/mm	
DN	NPS	系列Ⅰ	系列Ⅱ
100	4	114.3	108
125	5	141.3	133
150	6	168.3	159
200	8	219.1	219
250	10	273.0	273
300	12	323.9	325
350	14	355.6	377
400	16	406.4	426
450	18	457	480
500	20	508	530
550	22	559	—
600	24	610	630
650	26	660	—
700	28	711	720
750	30	762	—
800	32	813	820
850	34	864	—
900	36	914	920
950	38	965	—
1 000	40	1 016	1 020
1 050	42	1 067	—
1 100	44	1 118	1 120
1 150	46	1 168	—
1 200	48	1 219	1 220
1 300	52	1 321	1 320
1 400	56	1 422	1 420
1 500	60	1 524	1 520
1 600	64	1 626	1 620
1 700	68	1 727	1 720
1 800	72	1 829	1 820
1 900	76	1 930	1 920
2 000	80	2 032	2 020
2 100	84	2 134	2 120

表 1（续）

公称尺寸		钢管外径/mm	
DN	NPS	系列Ⅰ	系列Ⅱ
2 200	88	2 235	2 220
2 300	92	2 337	2 320
2 400	96	2 438	2 420
2 500	100	2 540	2 520
2 600	104	2 642	2 620
2 700	108	2 743	2 720
2 800	112	2 845	2 820
2 900	116	2 946	2 920
3 000	120	3 048	3 020
3 200	128	3 251	3 220
3 400	136	3 454	3 420
3 600	144	3 658	3 620
3 800	152	3 861	3 820
4 000	160	4 064	4 020

3.2　不锈钢无缝钢管和焊接钢管的尺寸和理论质量

3.2.1　用管表号(Sch)标识的奥氏体不锈钢无缝和焊接钢管的尺寸和理论质量见表 2，铁素体不锈钢和马氏体不锈钢无缝钢管和焊接钢管的理论质量按 3.5 的规定计算。

3.2.2　用壁厚标识的不锈钢无缝钢管的尺寸和理论质量应符合 GB/T 17395—2008 表 3 的规定；用壁厚标识的不锈钢焊接钢管的尺寸和理论质量应符合 GB/T 21835—2008 表 3 的规定。

表 2　奥氏体不锈钢无缝钢管和焊接钢管的尺寸和理论质量

公称尺寸		钢管外径/mm	公称壁厚和平端钢管的理论质量							
DN	NPS		Sch5S		Sch10S		Sch40S		Sch80S	
			mm	kg/m	mm	kg/m	mm	kg/m	mm	kg/m
6	1/8	10.2	—	—	1.24	0.28	1.73	0.37	2.41	0.47
8	1/4	13.5	—	—	1.65	0.49	2.24	0.63	3.02	0.79
10	3/8	17.2	—	—	1.65	0.64	2.31	0.86	3.20	1.12
15	1/2	21.3	1.65	0.81	2.11	1.01	2.77	1.28	3.73	1.64
20	3/4	26.9	1.65	1.04	2.11	1.31	2.87	1.73	3.91	2.25
25	1	33.7	1.65	1.32	2.77	2.14	3.38	2.57	4.55	3.32
32	1¼	42.4	1.65	1.68	2.77	2.75	3.56	3.46	4.85	4.56
40	1½	48.3	1.65	1.93	2.77	3.16	3.68	4.11	5.08	5.50
50	2	60.3	1.65	2.42	2.77	3.99	3.91	5.52	5.54	7.59

表 2（续）

公称尺寸		钢管外径/mm	公称壁厚和平端钢管的理论质量							
DN	NPS		Sch5S		Sch10S		Sch40S		Sch80S	
			mm	kg/m	mm	kg/m	mm	kg/m	mm	kg/m
65	2½	73.0	2.11	3.74	3.05	5.34	5.16	8.76	7.01	11.58
80	3	88.9	2.11	4.58	3.05	6.55	5.49	11.46	7.62	15.50
90	3½	101.6	2.11	5.25	3.05	7.52	5.74	13.77	8.08	18.91
100	4	114.3	2.11	5.93	3.05	8.49	6.02	16.32	8.56	22.66
125	5	141.3	2.77	9.60	3.40	11.74	6.55	22.09	9.53	31.43
150	6	168.3	2.77	11.48	3.40	14.03	7.11	28.69	10.97	43.20
200	8	219.1	2.77	15.00	3.76	20.27	8.18	43.18	12.70	65.61
250	10	273.0	3.40	22.94	4.19	28.19	9.27	61.19	12.70	82.74
300	12	323.9	3.96	31.71	4.57	36.53	9.53	74.99	12.70	98.92
350	14	355.6	3.96	34.85	4.78	41.97	9.53	82.55	12.70	109.00
400	16	406.4	4.19	42.18	4.78	48.05	9.53	94.67	12.70	125.15
450	18	457	4.19	47.49	4.78	54.10	9.53	106.74	12.70	141.23
500	20	508	4.78	60.21	5.54	69.67	9.53	118.90	12.70	157.45
550	22	559	4.78	66.31	5.54	76.75	—	—	—	—
600	24	610	5.54	83.82	6.35	95.94	9.53	143.23	12.70	189.87
750	30	762	6.35	120.10	7.92	149.49	—	—	—	—

3.3 碳素钢、合金钢无缝钢管的尺寸和理论质量

3.3.1 用管表号(Sch)标识的碳素钢、合金钢无缝钢管的尺寸和理论质量见表 3。

3.3.2 用壁厚标识的碳素钢、合金钢无缝钢管的尺寸和理论质量应符合 GB/T 17395—2008 表 1(普通钢管)或表 2(精密钢管)的规定。

3.4 碳素钢、合金钢焊接钢管的尺寸和理论质量

3.4.1 碳素钢、合金钢焊接钢管的尺寸和理论质量见表 4。

3.4.2 低压流体输送用焊接钢管和镀锌焊接钢管的尺寸、壁厚和理论质量按 GB/T 3091 的规定。

3.5 钢管单位长度理论质量计算方法

钢管单位长度理论质量可按下式计算：

$$M = 0.024\,66t(D-t)$$

式中：

M ——钢管理论质量，单位为千克每米(kg/m)；

t ——钢管公称壁厚，单位为毫米(mm)；

D ——钢管外径，单位为毫米(mm)。

对于奥氏体不锈钢钢管，按上式计算后再乘以系数 1.015；对于铁素体不锈钢和马氏体不锈钢钢管，按上式计算后再乘以系数 0.985。

表 3　碳素钢、合金钢无缝钢管的尺寸和理论质量

公称尺寸		钢管外径/mm	公称壁厚和平端钢管的理论质量									
			Sch10		Sch20		Sch30		Sch40		Sch60	
DN	NPS		mm	kg/m	mm	kg/m	mm	kg/m	mm	kg/m	mm	kg/m
6	1/8	10.2	1.24	0.27	—	—	1.45	0.31	1.73	0.36	—	—
8	1/4	13.5	1.65	0.48	—	—	1.85	0.53	2.24	0.62	—	—
10	3/8	17.2	1.65	0.63	—	—	1.85	0.70	2.31	0.85	—	—
15	1/2	21.3	2.11	1.0	—	—	2.41	1.12	2.77	1.27	—	—
20	3/4	26.9	2.11	1.29	—	—	2.41	1.46	2.87	1.70	—	—
25	1	33.7	2.77	2.11	—	—	2.90	2.20	3.38	2.53	—	—
32	1¼	42.4	2.77	2.71	—	—	2.97	2.89	3.56	3.41	—	—
40	1½	48.3	2.77	3.11	—	—	3.18	3.54	3.68	4.05	—	—
50	2	60.3	2.77	3.93	—	—	3.18	4.48	3.91	5.44	—	—
65	2½	73.0	3.05	5.26	—	—	4.78	8.04	5.16	8.63	—	—
80	3	88.9	3.05	6.46	—	—	4.78	9.92	5.49	11.29	—	—
90	3½	101.6	3.05	7.41	—	—	4.78	11.41	5.74	13.57	—	—
100	4	114.3	3.05	8.37	—	—	4.78	12.91	6.02	16.07	—	—
125	5	141.3	3.40	11.56	—	—	—	—	6.55	21.77	—	—
150	6	168.3	3.40	13.83	—	—	—	—	7.11	28.26	—	—
200	8	219.1	3.76	19.97	6.35	33.32	7.04	36.82	8.18	42.55	10.31	53.09
250	10	273.0	4.19	27.77	6.35	41.75	7.8	51.01	9.27	60.29	12.70	81.52
300	12	323.9	4.57	35.99	6.35	49.73	8.38	65.20	10.31	79.73	14.27	108.96
350	14	355.6	6.35	54.69	7.92	67.91	9.53	81.33	11.13	94.55	15.09	126.72
400	16	406.4	6.35	62.65	7.92	77.83	9.53	93.27	12.70	123.31	16.66	160.13
450	18	457	6.35	70.57	7.92	87.71	11.13	122.38	14.27	155.81	19.05	205.75
500	20	508	6.35	78.56	9.53	117.15	12.70	155.13	15.09	183.43	20.62	247.84
550	22	559	6.35	86.55	9.53	129.14	12.70	171.10	—	—	22.23	294.27
600	24	610	6.35	94.53	9.53	141.12	14.27	209.65	17.48	255.43	24.61	355.28
650	26	660	7.92	127.36	12.70	202.74	—	—	—	—	—	—
700	28	711	7.92	137.32	12.70	218.71	15.88	272.23	—	—	—	—
750	30	762	7.92	147.29	12.70	234.68	15.88	292.20	—	—	—	—
800	32	813	7.92	157.25	12.70	250.65	15.88	312.17	17.48	342.94	—	—
850	34	864	7.92	167.21	12.70	266.63	15.88	332.14	17.48	364.92	—	—
900	36	914	7.92	176.97	12.70	282.29	15.88	351.73	19.05	420.45	—	—

表 3（续）

公称尺寸		钢管外径/mm	公称壁厚和平端钢管的理论质量									
			Sch80		Sch100		Sch120		Sch140		Sch160	
DN	NPS		mm	kg/m	mm	kg/m	mm	kg/m	mm	kg/m	mm	kg/m
6	1/8	10.2	2.41	0.46	—	—	—	—	—	—	—	—
8	1/4	13.5	3.02	0.78	—	—	—	—	—	—	—	—
10	3/8	17.2	3.20	1.10	—	—	—	—	—	—	—	—
15	1/2	21.3	3.73	1.62	—	—	—	—	—	—	4.78	1.95
20	3/4	26.9	3.91	2.22	—	—	—	—	—	—	5.56	2.93
25	1	33.7	4.55	3.27	—	—	—	—	—	—	6.35	4.28
32	1¼	42.4	4.85	4.49	—	—	—	—	—	—	6.35	5.65
40	1½	48.3	5.08	5.41	—	—	—	—	—	—	7.14	7.25
50	2	60.3	5.54	7.48	—	—	—	—	—	—	8.74	11.11
65	2½	73.0	7.01	11.41	—	—	—	—	—	—	9.53	14.92
80	3	88.9	7.62	15.27	—	—	—	—	—	—	11.13	21.35
90	3½	101.6	8.08	18.63	—	—	—	—	—	—	—	—
100	4	114.3	8.56	22.32	—	—	11.13	28.32	—	—	13.49	33.54
125	5	141.3	9.53	30.97	—	—	12.70	40.28	—	—	15.88	49.11
150	6	168.3	10.97	42.56	—	—	14.27	54.20	—	—	18.26	67.56
200	8	219.1	12.70	64.64	15.09	75.92	18.26	90.44	20.62	100.92	23.01	111.27
250	10	273.0	15.09	95.97	18.26	114.71	21.44	133.00	25.40	155.09	28.58	172.26
300	12	323.9	17.48	132.08	21.44	159.91	25.40	186.97	28.58	208.14	33.32	238.76
350	14	355.6	19.05	158.11	23.83	194.98	27.79	224.66	31.75	253.58	35.71	281.72
400	16	406.4	21.44	203.54	26.19	245.57	30.96	286.66	36.53	333.21	40.49	365.38
450	18	457	23.83	254.57	29.36	309.64	34.93	363.58	39.67	408.28	45.24	459.39
500	20	508	26.19	311.19	32.54	381.55	38.10	441.52	44.45	508.15	50.01	564.85
550	22	559	28.58	373.85	34.93	451.45	41.28	527.05	47.63	600.67	53.98	672.30
600	24	610	30.96	442.11	38.89	547.74	46.02	640.07	52.37	720.19	59.54	808.27
650	26	660	—	—	—	—	—	—	—	—	—	—
700	28	711	—	—	—	—	—	—	—	—	—	—
750	30	762	—	—	—	—	—	—	—	—	—	—
800	32	813	—	—	—	—	—	—	—	—	—	—
850	34	864	—	—	—	—	—	—	—	—	—	—
900	36	914	—	—	—	—	—	—	—	—	—	—

表 3（续）

公称尺寸		钢管外径/mm	公称壁厚和平端钢管的理论质量					
			STD		XS		XXS	
DN	NPS		mm	kg/m	mm	kg/m	mm	kg/m
6	1/8	10.2	1.73	0.36	2.41	0.46	—	—
8	1/4	13.5	2.24	0.62	3.02	0.78	—	—
10	3/8	17.2	2.31	0.85	3.20	1.10	—	—
15	1/2	21.3	2.77	1.27	3.73	1.62	7.47	2.55
20	3/4	26.9	2.87	1.70	3.91	2.22	7.82	3.68
25	1	33.7	3.38	2.53	4.55	3.27	9.09	5.52
32	1¼	42.4	3.56	3.41	4.85	4.49	9.70	7.82
40	1½	48.3	3.68	4.05	5.08	5.41	10.15	9.55
50	2	60.3	3.91	5.44	5.54	7.48	11.07	13.44
65	2½	73.0	5.16	8.63	7.01	11.41	14.02	20.39
80	3	88.9	5.49	11.29	7.62	15.27	15.24	27.68
90	3½	101.6	5.74	13.57	8.08	18.63	—	—
100	4	114.3	6.02	16.07	8.56	22.32	17.12	41.03
125	5	141.3	6.55	21.77	9.53	30.97	19.05	57.43
150	6	168.3	7.11	28.26	10.97	42.56	21.95	79.22
200	8	219.1	8.18	42.55	12.70	64.64	22.23	107.92
250	10	273.0	9.27	60.29	12.70	81.52	25.40	155.09
300	12	323.9	9.53	73.88	12.70	97.46	25.40	186.97
350	14	355.6	9.53	81.33	12.70	107.40	—	—
400	16	406.4	9.53	93.27	12.70	123.31	—	—
450	18	457	9.53	105.17	12.70	139.16	—	—
500	20	508	9.53	117.15	12.70	155.13	—	—
550	22	559	9.53	129.14	12.70	171.10	—	—
600	24	610	9.53	141.12	12.70	187.07	—	—
650	26	660	9.53	152.88	12.70	202.74	—	—
700	28	711	9.53	164.86	12.70	218.71	—	—
750	30	762	9.53	176.85	12.70	234.68	—	—
800	32	813	9.53	188.83	12.70	250.65	—	—
850	34	864	9.53	200.82	12.70	266.63	—	—
900	36	914	9.53	212.57	12.70	282.29	—	—

表 4 碳素钢、合金钢焊接

公称直径 DN	钢管外径/mm											公称壁
		4.0	5.0	6.02	7.1	8.0	9.53	10.0	11.0	11.91	12.7	14.2
												平端钢管的理
150	168.3	16.21	20.13	24.09	28.22	31.62	37.31	39.04	—	—	—	—
200	219.1	21.22	26.40	31.63	37.12	41.65	49.25	51.56	—	—	—	—
250	273.0	26.53	33.04	39.63	46.56	52.28	61.92	64.86	71.07	76.68	81.52	—
300	323.9	—	39.31	47.19	55.47	62.30	73.88	77.38	84.85	91.63	97.46	108.45
350	355.6	—	—	51.90	61.02	68.57	81.33	85.22	93.48	100.94	107.39	119.55
400	406.4	—	—	59.44	69.91	78.60	93.27	97.75	107.26	115.86	123.30	137.34
450	457	—	—	66.95	78.77	88.58	105.16	110.23	120.98	130.72	139.15	155.06
500	508	—	—	74.52	87.70	98.64	117.15	122.81	134.82	145.70	155.12	172.91
550	559	—	—	82.09	96.63	108.70	129.13	135.38	148.65	160.68	171.09	190.77
600	610	—	—	89.66	105.56	118.76	141.12	147.96	162.48	175.66	187.06	208.63
650	660	—	—	96.77	114.31	128.63	152.87	160.29	176.05	190.34	202.72	226.14
700	711	—	—	104.66	123.24	138.69	164.85	172.87	189.88	205.32	218.69	244.00
750	762	—	—	—	132.17	148.75	176.84	185.44	203.72	220.30	234.67	261.86
800	813	—	—	—	141.10	158.81	188.82	198.02	217.55	235.28	250.64	279.72
850	864	—	—	—	—	168.87	200.81	210.60	231.38	250.26	266.61	297.58
900	914	—	—	—	—	178.74	212.56	222.93	244.95	264.94	282.27	315.08
950	965	—	—	—	—	188.80	224.54	235.50	258.78	279.92	298.24	332.94
1 000	1 016	—	—	—	—	198.86	236.53	248.08	272.62	294.90	314.22	350.80
1 050	1 067	—	—	—	—	—	248.52	260.66	286.45	309.88	330.19	368.66
1 100	1 118	—	—	—	—	—	—	273.23	300.28	324.86	346.16	386.52
1 150	1 168	—	—	—	—	—	—	285.56	313.85	339.54	361.82	404.03
1 200	1 219	—	—	—	—	—	—	298.14	327.68	354.52	377.79	421.89
1 300	1 321	—	—	—	—	—	—	323.29	355.35	384.48	409.74	457.60
1 400	1 422	—	—	—	—	—	—	348.20	382.75	414.14	441.37	492.97
1 500	1 524	—	—	—	—	—	—	373.35	410.42	444.10	473.31	528.69
1 600	1 626	—	—	—	—	—	—	398.51	438.08	474.06	505.26	564.41
1 700	1 727	—	—	—	—	—	—	423.41	465.48	503.72	536.89	599.77
1 800	1 829	—	—	—	—	—	—	448.57	493.15	533.68	568.83	635.49
1 900	1 930	—	—	—	—	—	—	473.47	520.55	563.34	600.46	670.86
2 000	2 032	—	—	—	—	—	—	498.63	548.22	593.30	632.41	706.58
2 100	2 134	—	—	—	—	—	—	—	—	623.26	664.35	742.29
2 200	2 235	—	—	—	—	—	—	—	—	652.92	695.98	777.66
2 300	2 337	—	—	—	—	—	—	—	—	682.88	727.93	813.38
2 400	2 438	—	—	—	—	—	—	—	—	712.54	759.56	848.75
2 500	2 540	—	—	—	—	—	—	—	—	—	—	884.46
2 600	2 642	—	—	—	—	—	—	—	—	—	—	920.18
2 700	2 743	—	—	—	—	—	—	—	—	—	—	955.55
2 800	2 845	—	—	—	—	—	—	—	—	—	—	991.27
2 900	2 946	—	—	—	—	—	—	—	—	—	—	1 026.63
3 000	3 048	—	—	—	—	—	—	—	—	—	—	1 062.35
3 200	3 251	—	—	—	—	—	—	—	—	—	—	—
3 400	3 454	—	—	—	—	—	—	—	—	—	—	—
3 600	3 658	—	—	—	—	—	—	—	—	—	—	—
3 800	3 861	—	—	—	—	—	—	—	—	—	—	—
4 000	4 064	—	—	—	—	—	—	—	—	—	—	—

钢管的尺寸和理论质量

厚/mm										
15.09	16.0	19.05	20.62	22.2	23.83	25.0	26.19	28.58	30.96	32.0
论质量/(kg/m)										
—	—	—	—	—	—	—	—	—	—	—
—	—	—	—	—	—	—	—	—	—	—
—	—	—	—	—	—	—	—	—	—	—
—	—	—	—	—	—	—	—	—	—	—
126.71	—	—	—	—	—	—	—	—	—	—
145.61	—	—	—	—	—	—	—	—	—	—
164.44	174.00	—	—	—	—	—	—	—	—	—
183.42	194.12	—	—	—	—	—	—	—	—	—
202.40	214.25	—	—	—	—	—	—	—	—	—
221.38	234.37	277.61	—	—	—	—	—	—	—	—
239.98	254.10	301.10	—	—	—	—	—	—	—	—
258.96	274.22	325.06	—	—	—	—	—	—	—	—
277.94	294.34	349.02	—	—	—	—	—	—	—	—
296.92	314.46	372.98	402.92	432.93	—	—	—	—	—	—
315.90	334.59	396.93	428.85	460.85	—	—	—	—	—	—
334.50	354.31	420.42	454.27	488.22	523.11	548.07	—	—	—	—
353.48	374.44	444.38	480.21	516.14	553.08	579.51	—	—	—	—
372.46	394.56	468.34	506.14	544.06	583.05	610.95	639.26	695.92	—	—
391.44	414.68	492.30	532.07	571.98	613.02	642.39	672.20	731.86	—	—
410.41	434.81	516.26	558.01	599.90	642.99	673.83	705.14	767.80	—	—
429.02	454.53	539.75	583.43	627.27	672.37	704.66	737.43	803.04	—	—
448.00	474.66	563.70	609.36	655.19	702.34	736.10	770.37	838.99	907.04	936.69
485.95	514.90	611.62	661.23	711.03	762.28	798.98	836.25	910.88	984.91	1 017.18
523.54	554.75	659.07	712.59	766.32	821.63	861.25	901.48	982.06	1 062.02	1 096.88
561.49	595.00	706.98	764.45	822.16	881.57	924.13	967.35	1 053.95	1 139.90	1 177.37
599.45	635.24	754.90	816.32	878.00	941.51	987.02	1 033.23	1 125.83	1 217.77	1 257.86
637.03	675.09	802.35	867.68	933.30	1 000.86	1 049.28	1 098.46	1 197.02	1 294.88	1 337.56
674.99	715.34	850.27	919.54	989.14	1 060.80	1 112.17	1 164.34	1 268.91	1 372.76	1 418.05
712.58	755.19	897.71	970.90	1 044.43	1 120.16	1 174.43	1 229.57	1 340.09	1 449.87	1 497.75
750.53	795.43	945.63	1 022.77	1 100.27	1 180.10	1 237.32	1 295.44	1 411.98	1 527.74	1 578.24
788.49	835.68	993.55	1 074.63	1 156.11	1 240.04	1 300.20	1 361.32	1 483.86	1 605.62	1 658.73
826.07	875.53	1 040.99	1 125.99	1 211.40	1 299.39	1 362.47	1 426.55	1 555.05	1 682.73	1 738.43
864.03	915.77	1 088.91	1 177.85	1 267.24	1 359.33	1 425.35	1 492.43	1 626.93	1 760.60	1 818.92
901.61	955.62	1 136.36	1 229.21	1 322.53	1 418.68	1 487.61	1 557.66	1 698.12	1 837.71	1 898.62
939.57	995.87	1 184.27	1 281.08	1 378.37	1 478.62	1 550.50	1 623.53	1 770.01	1 915.59	1 979.11
977.52	1 036.11	1 232.19	1 332.94	1 434.21	1 538.56	1 613.38	1 689.41	1 841.89	1 993.46	2 059.60
1 015.11	1 075.97	1 279.64	1 384.30	1 489.51	1 597.91	1 675.65	1 754.64	1 913.08	2 070.57	2 139.30
1 053.06	1 116.21	1 327.56	1 436.17	1 545.35	1 657.85	1 738.53	1 820.52	1 984.96	2 148.45	2 219.79
1 090.65	1 156.06	1 375.00	1 487.52	1 600.64	1 717.21	1 800.80	1 885.75	2 056.15	2 225.56	2 299.50
1 128.60	1 196.31	1 422.92	1 539.39	1 656.48	1 777.15	1 863.68	1 951.62	2 128.04	2 303.43	2 379.99
—	1 276.40	1 518.28	1 642.61	1 767.61	1 896.44	1 988.83	2 082.73	2 271.11	2 458.42	2 540.18
—	1 356.50	1 613.65	1 745.84	1 878.75	2 015.73	2 113.98	2 213.84	2 414.18	2 613.40	2 700.37
—	—	1 709.48	1 849.57	1 990.43	2 135.61	2 239.74	2 345.59	2 557.95	2 769.15	2 861.35
—	—	—	1 952.79	2 101.56	2 254.90	2 364.89	2 476.69	2 701.02	2 924.13	3 021.54
—	—	—	2 056.02	2 212.69	2 374.20	2 490.04	2 607.80	2 844.09	3 079.12	3 181.73

附 录 A
（资料性附录）
关于管表号（Sch）的说明

A.1 管表号（Sch）的定义

管表号 pipe schedule number，代号为：Sch，其定义如下：

设计压力与设计温度下的管子材料许用应力的比值乘以 1 000 并圆整后的数值，是表征管子壁厚系列的代号。

A.2 管表号（Sch）的来源

管表号（Sch）是 1938 年在美国标准 ANSI/ASME B36.10《WELDED AND SEAMLESS WROUGHT STEEL PIPE》中首次规定的，并一直延用至今。

A.3 管表号（Sch）与钢管壁厚的对应关系

钢管壁厚计算公式如下：

$$t = PD/1.75S + 2.54$$

式中：

t ——壁厚，单位为毫米（mm）；

P ——设计压力，单位为兆帕（MPa）；

D ——外径，单位为毫米（mm）；

S ——设计温度下的材料许用应力，单位为兆帕（MPa）；

2.54——腐蚀裕量和螺纹深度，单位为毫米（mm）；

1.75——2×（1－12.5%），12.5%为钢管壁厚负偏差。

取 Sch＝P/S×1 000，Sch 号对应的壁厚值就可由上式近似取得，例如：Sch40 对应的壁厚就近似等于 $t=0.040D/1.75+2.54$ 的计算所得值。

A.4 管表号（Sch）的意义

——管表号（Sch）并不表示具体壁厚，而是壁厚系列。管径不同，管子的实际壁厚不同；同一管径，不同的 Sch 号壁厚也不相同。

——管表号（Sch）在一定程度上反映了钢管的承压能力，但并不对应具体材料壁厚的准确承压值。

——管表号（Sch）的引入，可以大幅度地减少壁厚规格，有利于批量生产、库存和采购。

——管表号（Sch）的引入，简化了钢管规格的表达方式，便于工程设计。

ICS 97.200.40
Y 57

中华人民共和国国家标准

GB 28709—2012

非公路旅游观光车
座椅安全带及其固定器

Garden patrol minibus—Seat belts and seat belt anchorages

2012-09-03 发布 2013-07-01 实施

中华人民共和国国家质量监督检验检疫总局
中国国家标准化管理委员会 发布

前　言

本标准的第4章为强制性的,其余为推荐性的。

本标准按照GB/T 1.1—2009给出的规则起草。

本标准由全国索道与游乐设施标准化技术委员会(SAC/TC 250)提出并归口。

本标准起草单位:国家工程机械质量监督检验中心、浙江绿源电动车有限公司、深圳玛希尔电动车有限公司、苏州益高电动车辆制造有限公司、山西永济电瓶车厂。

本标准主要起草人:雷晓卫、张正杰、邹旭峰、倪捷、洪渝、吴国军、焦建良、高永强、任重任、赵艳丽。

非公路旅游观光车座椅安全带及其固定器

1 范围

本标准规定了成年乘员用座椅安全带及其固定器的术语和定义、要求和试验方法。本标准适用于非公路旅游观光车成年乘员用座椅安全带及其固定器。

2 规范性引用文件

下列文件对于本文件的应用是必不可少的。凡是注日期的引用文件,仅注日期的版本适用于本文件。凡是不注日期的引用文件,其最新版本(包括所有的修改单)适用于本文件。

GB/T 9798—1997 金属覆盖层 镍电沉积层

GB/T 10125—1997 人造气氛腐蚀试验 盐雾试验

ISO 24135-1:2006 工业车辆 驾驶员约束系统技术要求及试验方法 第1部分:腰部安全带(Industrial trucks—Specifications and test methods for operator restraint systems—Part 1:Lap-type seat belts)

3 术语和定义

下列术语和定义适用于本文件。

3.1

座椅安全带 seat belt assembly

为保障成年乘员安全而设置在乘坐部位的柔性可锁紧的带状物。

3.2

固定器 anchorages

将作用于安全带上的力传递到车辆结构件上的装置。

3.3

织带 strap

用于约束成年乘员身体并将所受到的力传递到安全带固定点的柔性部件。

3.4

弹性伸长率 elastic elongation

织带受外力(拉力)作用时,织带伸长的长度与原来长度的百分比。

3.5

座椅安全带装置 seat belt device

座椅安全带装置由座椅安全带和固定器及其上的锁止件等组成。

4 要求

4.1 织带

4.1.1 织带长度不小于织带宽度10倍的样本,在承受2 250 N拉力作用下,织带的弹性伸长率不得大于20%，织带的宽度应不小于46 mm；在承受9 000 N拉力时，织带不断裂。

4.1.2 织带应具有足够的抗拉强度。在4 500 N拉力的作用下，织带不应发生永久变形。

4.1.3 织带应修整边缘以防使用时松散。

4.2 带扣

4.2.1 带扣应易于使用和锁止，在连接状态时，带扣不受力的情况下，也应保持锁止状态。

4.2.2 带扣应通过按压按钮或某个类似的装置来开启，开启装置应醒目并易于操作；带扣在扣紧状态下不应自动脱开。

4.2.3 当安全带使用于前排外侧座椅位置时，带扣应能由佩戴者从某个方向用单手的简单动作来打开。

4.2.4 当安全带上作用有(670±45)N的拉力时，解开带扣的力(F)应：10 N≤F≤60 N。

4.2.5 经过5.5、5.6规定的试验后，带扣不应有损坏、松脱、自动开启和永久变形。

4.3 固定器

4.3.1 座椅安全带应固定在座椅两侧后部的固定器上(如图1所示的阴影线区域内)，安全带应能随座椅一起移动。采用其他结构形式的固定器，其强度应不低于本标准要求。

4.3.2 固定器应便于座椅安全带的安装和替换。

4.3.3 经5.5、5.6规定的试验后，固定器应无永久变形、断裂及连接松动。

4.4 金属元件

4.4.1 座椅安全带装置上的金属元件应耐腐蚀，24 h盐雾腐蚀试验后，腐蚀缺陷面积不得超过10%，判定方法见GB/T 9798—1997附录C.4。

4.4.2 座椅安全带装置上的金属元件不得有尖锐棱角和飞边。

5 试验方法

5.1 织带宽度和破断试验

截取织带长度不小于织带宽度10倍的样本两个，并将样本按附录A进行处理，其中一个样本进行低温处理后的试验；另一个样本先后进行高温和浸水处理后的试验。试验时一端固定，另一端施加不小于2 250 N的拉力，同时测量织带宽度；继续增加拉力至9 000 N，保持10 s。

5.2 织带弹性伸长率试验

截取织带长度不小于织带宽度10倍的样本，一端固定，另一端施加不小于2 250 N的拉力，测量并计算织带弹性伸长率。

5.3 金属元件耐腐蚀试验

5.3.1 金属元件腐蚀试验的样品应符合GB/T 10125—1997中第6章的要求，并且不低于两个，放置在盐雾试验箱内，进行24 h盐雾试验。试验结束后，对处理过的样品进行外观和腐蚀缺陷的面积测量。

5.3.2 腐蚀试验用溶液应符合GB/T 10125—1997中第3章的规定。

5.3.3 腐蚀试验用盐雾试验箱应符合GB/T 10125—1997中第4章的规定。

5.4 安全带带扣开启试验

在安全带上施加(670±45)N的拉力，测试并记录带扣开启的力值。

5.5 侧向拉伸试验

如图 1 所示，在座椅的侧向沿水平方向，通过体形块(见附录 B)施加 4 500 N 的拉力，受力时间不小于 10 s。

5.6 前向拉伸试验

如图 3 所示，在座椅的前方与水平面成 60°±15°的前上方方向，通过体形块(见附录 B)施加 4 500 N 的拉力，受力时间不小于 10 s，作用力应通过图 1 规定的 SIP 点，SIP 点位置如图 2 所示。

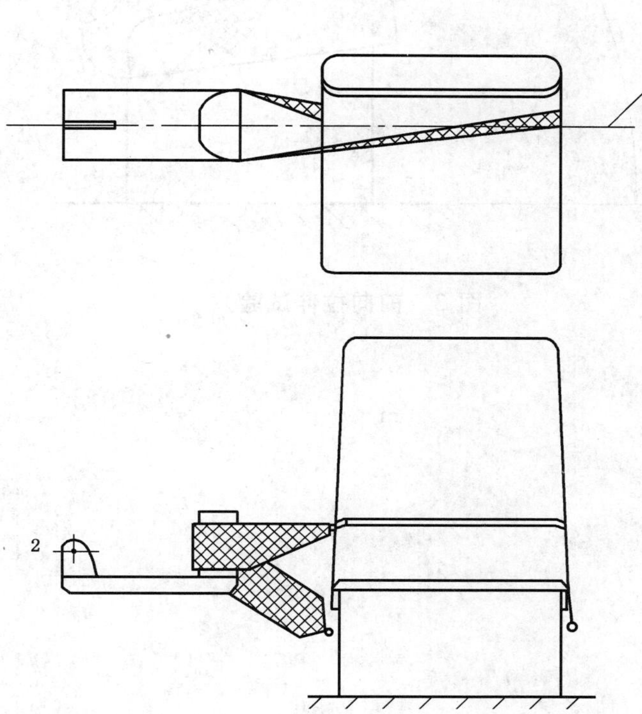

说明：

1——过 SIP 点的沿线；

2——水平拉伸力 F_1。

图 1 侧向拉伸测试

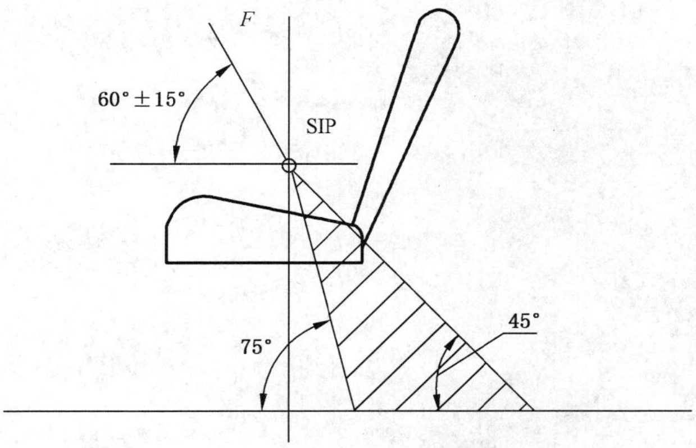

图 2 SIP 点位置

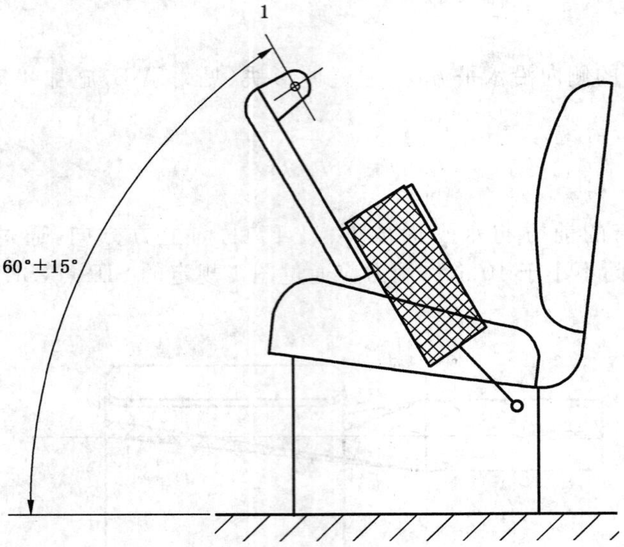

图 3　前向拉伸试验

附 录 A
(规范性附录)
织带试验前处理方法

A.1 低温处理

首先将织带放置在温度为20 ℃±5 ℃、相对湿度为65%±5%的环境中至少24 h,然后把织带和一个2 kg重块一并存放在温度为-30 ℃±5 ℃的低温箱内,1.5 h后将织带对折,并将2 kg重块压在对折处,在低温箱内继续放置30 min。除去重块,织带宽度和破断试验均应在织带从低温箱中取出后5 min内测量。

A.2 高温处理

将织带放置在温度为60 ℃±5 ℃、相对湿度为65%±5%的高温室中保存3 h,织带宽度和破断试验均应在织带从加热室中取出后5 min内测量。

A.3 浸水试验

将织带完全浸泡在温度为20 ℃±5 ℃且已加入少量湿润剂的蒸馏水溶液中保存3 h,可采用任何适用于被试织带纤维的湿润剂,织带宽度和破断试验应在织带从溶液中取出后10 min内测量。

附 录 B
（规范性附录）
体 形 块

体形块结构尺寸如图 B.1 所示。

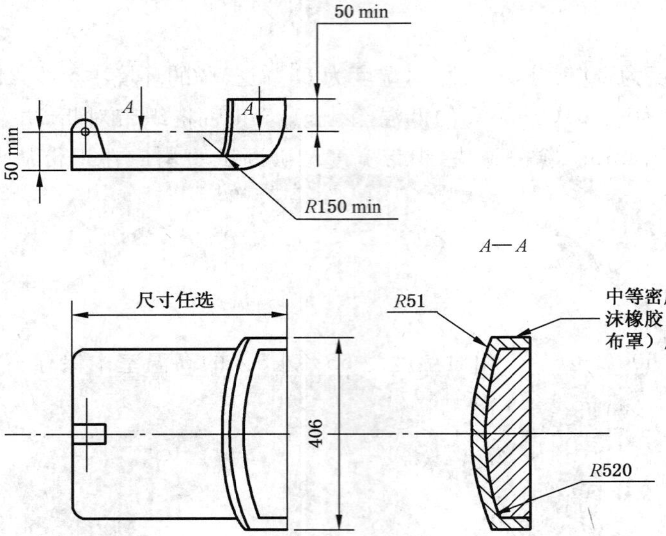

图 B.1 体形块

ICS 97.200.40
Y 57

中华人民共和国国家标准

GB 28710—2012

非公路旅游观光车　前照灯

Garden patrol minibus—Head lamps

2012-09-03 发布　　2013-07-01 实施

中华人民共和国国家质量监督检验检疫总局
中国国家标准化管理委员会　发布

前　言

本标准的第5章为强制性的,其余为推荐性的。

本标准按照GB/T 1.1—2009给出的规则起草。

本标准由全国索道与游乐设施标准化技术委员会(SAC/TC 250)提出并归口。

本标准起草单位:国家工程机械质量监督检验中心、北方海拉车灯有限公司、山东鲁得贝车灯股份有限公司、苏州益高电动车辆制造有限公司、深圳玛西尔电动车有限公司、山西永济电瓶车厂。

本标准主要起草人:雷晓卫、陈英杰、徐岩修、张兴钧、石俊伟、李利、刘倩、张明清、洪渝、焦建良。

本标准为首次发布。

非公路旅游观光车　前照灯

1　范围

本标准规定了非公路旅游观光车用前照灯的术语和定义、前照灯的不同型式、要求和试验方法。

本标准适用于非公路旅游观光车前照灯。

2　规范性引用文件

下列文件对于本文件的应用是必不可少的。凡是注日期的引用文件，仅注日期的版本适用于本文件。凡是不注日期的引用文件，其最新版本(包括所有的修改单)适用于本文件。

GB 4599—2007　汽车用灯丝灯泡前照灯

GB 4785—2007　汽车及挂车外部照明和光信号装置的安装规定

GB 15766.1—2008　道路机动车辆灯泡尺寸、光电性能要求

3　术语和定义

下列术语和定义适用于本文件。

3.1

前照灯　headlamp

照明车辆前方道路，对来车驾驶员和其他使用道路者不造成炫目，或产生不舒适感的灯具。

3.2

配光　light distribution

灯具发射的可见光的光度(照度或发光强度等)分布。

[GB 4599—2007，定义 3.1]

3.3

配光镜　lens

通过发光面透射光束灯的最外面的部件。

[GB 4599—2007，定义 3.4]

3.4

涂层　coating

配光镜外表面上使用的一层或多层涂料产品。

[GB 4599—2007，定义 3.5]

3.5

封闭式前照灯　sealed beam headlamp

采用封闭式灯光组的前照灯。

[GB 4599—2007，定义 3.7]

3.6

半封闭式前照灯　headlamp with replaceable filament lamp

采用半封闭式灯光组的前照灯。

［GB 4599—2007，定义 3.8］

3.7

标称电压　rated voltage

灯泡或封闭式灯光组上标明的电压(单位：V)。

［GB 4599—2007，定义 3.10］

3.8

标称功率　rated wattage

灯泡或封闭式灯光组上(或其包装盒上)标明的功率(单位：W)。

［GB 4599—2007，定义 3.11］

3.9

配光屏幕　measuring screen

测试灯具配光性能的屏幕。

［GB 4599—2007，定义 3.12］

3.10

明暗截止线　cut-off line

光束投射到配光屏幕上，目视感觉到的明暗显著变化的分界线。

［GB 4599—2007，定义 3.13］

3.11

HV 点　HV point

通过灯具基准中心的水平线至配光屏幕上的垂足。

［GB 4599—2007，定义 3.15.1］

3.12

h-h 线　h-h line

在配光屏幕上通过 HV 点的水平线。

［GB 4599—2007，定义 3.15.2］

3.13

v-v 线　v-v line

在配光屏幕上通过 HV 点的铅垂线。

［GB 4599—2007，定义 3.15.3］

3.14

标准灯丝灯泡　standard filament lamp

测量配光性能的灯泡，具有无色的泡壳(琥珀色灯泡除外)和缩小的灯丝几何尺寸公差，每种类型的标准灯丝灯泡仅规定一种标称电压。

［GB 4599—2007，定义 3.16］

4　前照灯的不同型式

下列内容有差异的前照灯判为不同型式：

——商标名称或商标；

——通过反射、折射、吸收和/或工作时的变形，改变光学效果的部件；

——配光镜及其涂层的材料；

——灯丝灯泡类型。

5 要求

5.1 基本要求

5.1.1 前照灯外表面不得有裂纹、气泡等缺陷。

5.1.2 前照灯的光色应为白色，其色度特性应符合 GB 4785—2007 规定。

5.1.3 前照灯外壳应注明适用的灯泡型号、电压和功率。

5.2 基本参数

前照灯的基本参数应符合表 1 的规定。

表 1 前照灯的基本参数

标称电压/V	标称功率/W
12	35～65
24	50～75

5.3 性能要求

5.3.1 绝缘性能

前照灯带电部位与其外壳之间的绝缘强度应不小于 1 MΩ。

5.3.2 配光性能

5.3.2.1 在配光屏幕上，近光应产生明显的明暗截止线，其水平部分位于 v-v 线左侧，右侧为 HV-H1 线。

5.3.2.2 在配光屏幕上的照度限值应符合表 2 的规定，测定点如图 1 所示

表 2 配光屏幕上的照度限值

配光屏幕上的测试点(区域)	照度值/lx
B50L	≤0.6
75R	≥9.6
75L	≤14.4
50R	≥9.6
50L	≤18
50V	≥4.8
25L	≥1.6
25R	≥1.6
Ⅲ区任何点	≤1.0
Ⅳ区任何点	≥2.4
Ⅰ区任何点	≤2E_{50R}

注 1：E_{50R} 为配光屏幕上的测试点 50R 的实测照度值。

注 2：表中所列的照度数据为距灯光基准中心 25 m 处屏幕上的照度值。

单位为毫米

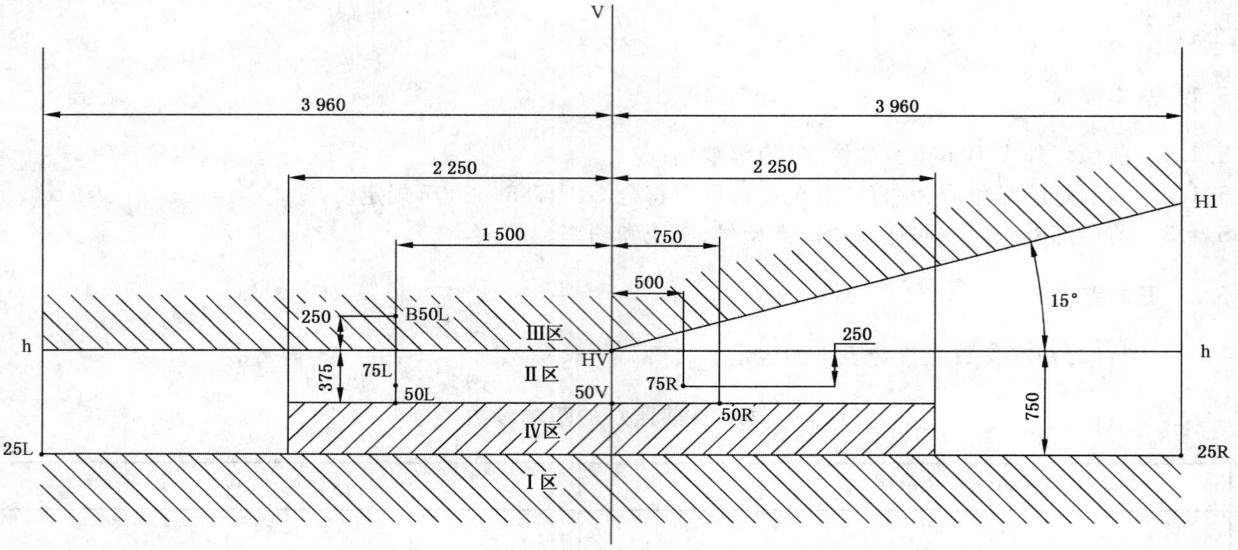

图 1 配光屏幕

5.3.3 耐温性能

前照灯在耐温试验中应工作正常,试验结束后其配光性能应满足表 2 的要求。

5.3.4 耐振动性能

前照灯在振动试验中应工作正常,各零件不应有变形、松动、脱落、破碎现象,试验结束后其配光性能应满足表 2 的要求。

5.3.5 配光性能的稳定性

前照灯在配光性能稳定性试验中应工作正常,试验结束后其配光性能应满足表 2 的要求。

5.3.6 塑料配光镜前照灯的耐光源辐照性能

样品按 6.6 的要求进行光源辐照试验后,外表面应无裂纹、擦伤、屑片和变形。按附录 A 规定的方法对其透过率进行测试,其变化 Δt_m 应不大于 0.020。

5.3.7 塑料配光镜涂层附着力

样品按 6.7 的要求进行塑料配光镜涂层附着力试验后,格子交点和划痕损伤应不大于网格面积的 15%。

5.3.8 塑料配光镜的耐机械磨损性能

样品按 6.8 的要求进行塑料配光镜的机械磨损试验后,试样透过率变化 Δt_m 不大于 0.100;漫射透过率变化 Δd_m 不大于 0.050。

6 试验方法

6.1 绝缘强度试验

用 500 V 绝缘电阻表测量前照灯带电部位与外壳之间的绝缘强度。

6.2 配光性能试验

配光性能试验设备和方法按 GB 4599—2007 的规定，封闭式前照灯的配光测试应在标称电压下进行；半封闭式前照灯的配光测试应使用相应类型的标准灯丝灯泡，试验光通量符合 GB 15766.1—2008 规定。

6.3 耐温试验

6.3.1 本试验由低温试验和高温试验组成。

6.3.2 试验应在试验箱内进行。

6.3.3 试验电压为 13.5 V/28 V。试验时间和温度见表 3。

表 3 高/低温试验

试验项目	温度/℃	时间/h	样品状态
耐高温	60±2	1	连续点亮
耐低温	−30±2	1	连续点亮

6.4 耐振动试验

6.4.1 试验应在振动试验台上分别进行上下、左右、前后三个方向的振动。

6.4.2 试验电压 13.5 V/28 V，连续点亮。

6.4.3 振动试验按表 4 的规定进行。

表 4 振动试验

振动频率/Hz	振动加速度/(m/s^2)	振动时间/h		
		上下	左右	前后
66.6	58.8	3	1.5	1.5

6.5 配光性能稳定性试验

试验电压为 13.5 V/28 V，灯连续点亮 12h 后熄灭，待试样冷却到环境温度时，配光镜应无明显变形、扭曲、裂纹或变色，再次对该样品进行配光性能试验。

6.6 塑料配光镜的光源辐照试验

取三件新的配光镜试样（可以用最小尺寸为 ϕ70 mm±10 mm 的材料试样替代，其外表面的曲率半径不小于 300 mm，中间有一个供测量用的尺寸至少为 15 mm×15 mm 的足够平的区域。）进行光源辐照试验。光源的光谱能量分布相当于 5 500 K～6 000 K 黑体。为尽可能减少波长小于 295 nm 和大于 2 500 nm 的辐射影响，光源于试样之间应放置相应的滤光片。试样的辐射照度为 1 200 W/m^2 ±200 W/m^2，试验期间接收到的辐射能量为 2 200 MJ/m^2 ±200 MJ/m^2。在试验箱内，与试样处在同一水平位置上的黑色板温度为 50 ℃±5 ℃。试样以 1 r/min～5 r/min 的速度环绕光源转动，并喷洒电导率小于 1 mS/m(23 ℃±5 ℃时）的蒸馏水，喷洒方式：5 min 喷洒，25 min 干燥，直至试验结束。

6.7 塑料配光镜涂层附着力试验

在配光镜涂层 20 mm×20 mm 表面区域上，用滚刀划成约 2 mm×2 mm 的网格，并将涂层划透。

使用宽度不小于 25 mm、附着力为 2 N/cm±0.4 N/cm 的粘胶带按压在样品网格区域至少 5 min，在粘胶带一端，垂直于表面方向上施加与附着力平衡的力，以 1.5 m/s±0.2 m/s 均匀速度撕去粘胶带。

6.8 塑料配光镜的机械磨损试验

取三件新的配光镜试样(可以用最小尺寸为 ϕ70 mm±10 mm 的材料试样替代，其外表面的曲率半径不小于 300 mm，中间有一个供测量用的尺寸至少为 15 mm×15 mm 的足够平的区域。)按附录 B 规定的试验方法进行机械磨损试验。按附录 A 规定的方法进行透过率变化和漫射透过率变化的测量。

附 录 A
（规范性附录）
漫射光和透射光的测量方法

A.1 设备原理(见图 A.1)

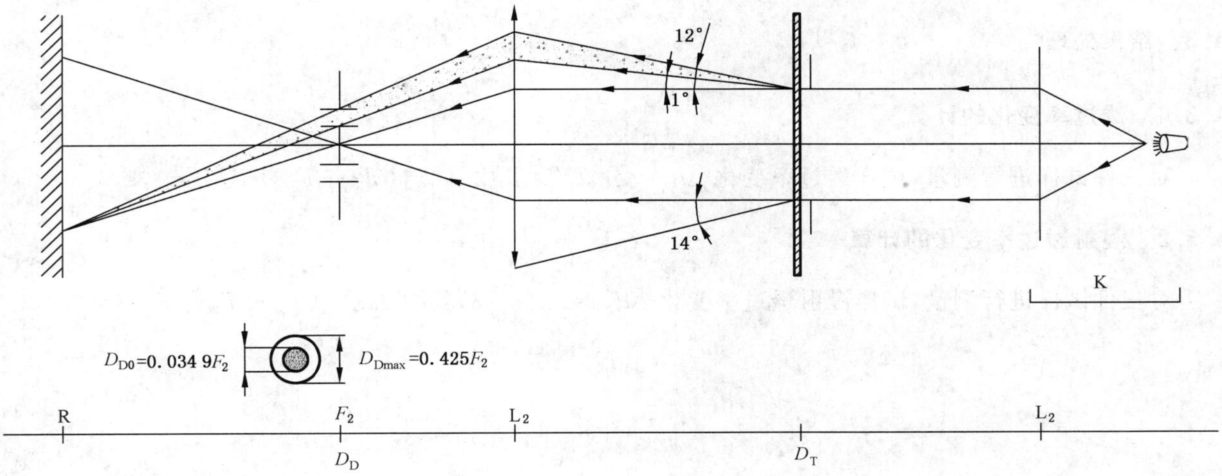

图 A.1 设备原理

平行光管 K 的光束半发散角$\frac{\beta}{2}=17.4\times10^{-4}$ rad,且受到位于试样架处孔径为 6 mm 的光阑 D_T 的限制。

光阑 D_T 和接收器 R 之间,由消色差透镜 L_2(已校正球差)耦合,L_2 的直径应使试样在半顶角为$\frac{\beta}{2}=14°$圆锥内的漫射光通过。环形光阑 D_D 位于 L_2 透镜的焦平面上,其半张角分别为$\frac{\alpha}{2}=1°$和$\frac{\alpha_{max}}{2}=12°$。[即:$D_{D0}=2\times\tan(\frac{\alpha}{2})\times F_2=0.034\ 9F_2$,$D_{Dmax}=2\times\tan\left(\frac{\alpha_{max}}{2}\right)\times F_2=0.425F_2$]。

D_D 环形光阑中心的不透光部分用来阻断光源的直射光,可以从光路中移去,但能精确地放回到原始位置上。

L_2D_T 距离和透镜 L_2 焦距 F_2 的选择,应使 D_T 的像完全覆盖接收器 R。

当初始入射光通量为 1 000 单位时,每次读数的绝对精密度应高于 1 单位。

A.2 测量

按照表 A.1 的方法测量并记录读数。

表 A.1 漫射光和透射光的测量方法

读数	试样	D_D 中心部分	备注
T_1	无	无	入射光的初始读数
T_2	有(试验前)	无	新材料在 24°角视场中的透射光读数
T_3	有(试验后)	无	试验后材料在 24°角视场中的透射光读数
T_4	有(试验前)	有	新材料的漫射光读数
T_5	有(试验后)	有	试验后材料的漫射光读数

A.3 结果处理

A.3.1 透过率变化的计算

对三件试样进行测量,试样透过率变化 $\Delta t_m = \sum \Delta t_i/3$,其中 $\Delta t_i = (T_{2i} - T_{3i})/T_{2i}$;$i=1,2,3$。

A.3.2 漫射透过率变化的计算

对三件试样进行测量,试样漫射透过率变化 $\Delta d_m = \sum \Delta d_i/3$,其中 $\Delta d_i = (T_{5i} - T_{4i})/T_{2i}$;$i=1,2,3$。

附 录 B
（规范性附录）
机械磨损试验方法

B.1 试验设备

B.1.1 喷枪

喷枪应装有一直径为 1.3 mm 的喷嘴，当工作压力为 $0.6^{+0.05}_{0}$ MPa 时，喷射液的流量为（0.24±0.02）L/min。在距离喷嘴 380 mm±10 mm 处的磨损表面上，扇状散布的喷射流形成一直径为 170 mm±50 mm 的区域。

B.1.2 试验混合液

由莫尔硬度 7，颗粒度介于 0 mm～0.2 mm，并呈正常分布，角因子 1.8～2 的硅砂和硬性不超过 205 g/m^3 的水组成。其配比为每升水含硅砂 25 g。

B.2 试验

配光镜外表面应经受一次或多次上述含砂喷射流的作用，喷射流应基本垂直于试样表面。

在进行试验的配光镜附近，放置一块或数块作为基准的玻璃试样，以此来检验磨损情况以及试样整个表面磨损的均匀性。

混合液的喷射试验，直至基准玻璃试样漫射透过率的变化 Δd 达到 0.025 0±0.002 5 时终止。

ICS 97.200.40
Y 57

中华人民共和国国家标准

GB/T 28711—2012

无动力类游乐设施　秋千

No power type of amusement devices—Swing

2012-09-03 发布　　2013-01-01 实施

中华人民共和国国家质量监督检验检疫总局
中国国家标准化管理委员会　发布

前　言

本标准使用重新起草法参考欧盟标准 EN 1176-1:2008《游乐设备和地面设施　第1部分:一般安全要求和测试方法》、EN 1176-2:2008《游乐设备和地面设施　第2部分:秋千的附加特殊安全要求和测试方法》编制,与 EN 1176-1:2008、EN 1176-2:2008 的一致性程度为非等效。

本标准由全国索道与游乐设施标准化技术委员会(SAC/TC 250)提出并归口。

本标准起草单位:温州市教玩具行业协会、奇特乐集团有限公司、永嘉县质量技术监督局、永嘉县产品质量监督检验所、温州华夏游乐设备有限公司、永浪集团有限公司、凯奇集团有限公司、育才控股集团有限公司、浙江贝旺玩具有限公司、浙江华东游乐设备有限公司、永嘉县金色年华游乐玩具有限公司、浙江爱嘉游乐设备有限公司、南京万德游乐设备有限公司、立本实业有限公司、温州康龙游乐设备有限公司、浙江飞友康体设备有限公司、温州天使体育设备有限公司、永嘉县桥下大家好玩具厂、永嘉县贝嘉乐游乐设备有限公司、温州贝德玩具有限公司。

本标准主要起草人:张晓宇、吴建静、吴文珍、陈素娟、章常义、章金飞、章定长、马景勇、葛志武、吴文景、苏尚州、黄良崇、金利群、吴立敏、吴良权、吴向兴、吴万鹏、赵义、白洁人、王金林、叶陈献、叶晓朋、戴凤全、王永宝。

无动力类游乐设施　秋千

1　范围

本标准规定了无动力类游乐设施秋千的术语和定义、分类、型号和基本参数、要求、试验方法、检验规则及标志和使用说明、包装、运输与贮存。

本标准适用于跌落高度不超过 3 000 mm 的无动力类游乐设施秋千(以下简称秋千)。

2　规范性引用文件

下列文件对于本文件的应用是必不可少的。凡是注日期的引用文件,仅注日期的版本适用于本文件。凡是不注日期的引用文件,其最新版本(包括所有的修改单)适用于本文件。

GB/T 191　包装储运图示标志

GB/T 1040.1　塑料　拉伸性能的测定　第1部分:总则

GB/T 1040.2　塑料　拉伸性能的测定　第2部分:模塑和挤塑塑料的试验条件

GB/T 1766　色漆和清漆　涂层老化的评级方法

GB/T 1804　一般公差　未注公差的线性和角度尺寸的公差

GB/T 1843　塑料　悬臂梁冲击强度的测定

GB/T 1865　色漆和清漆　人工气候老化和人工辐射曝露　滤过的氙弧辐射

GB/T 2408　塑料　燃烧性能的测定　水平法和垂直法

GB/T 2411　塑料和硬橡胶　使用硬度计测定压痕硬度(邵氏硬度)

GB 5296.1　消费品使用说明　总则

GB 5296.5　消费品使用说明　第5部分:玩具

GB 6675　国家玩具安全技术规范

GB 8408—2008　游乐设施安全规范

GB/T 9286　色漆和清漆　漆膜的划格试验

GB/T 9341　塑料弯曲性能试验方法

GB/T 9969　工业产品使用说明书　总则

GB/T 20049　游乐设施代号

GB/T 20050　游乐设施检验验收

GB/T 20306　游乐设施术语

GB/T 20946　起重用短环链　验收总则

GB/T 27689—2011　无动力类游乐设施　儿童滑梯

JB/T 4730.1　承压设备无损检测　第1部分:通用要求

JB/T 4730.3　承压设备无损检测　第3部分:超声检测

JB/T 4730.4　承压设备无损检测　第4部分:磁粉检测

JB/T 4730.5　承压设备无损检测　第5部分:渗透检测

3　术语和定义

GB/T 20306 和 GB/T 27689—2011 界定的有关术语和定义以及下列术语和定义适用于本文件。

3.1

秋千　swing

通过枢轴或铰链柔性吊挂,使用者靠自身重量绕水平回转中心往复摆动的游乐设施。

3.2

单转轴秋千　swing with one rotational axis

枢轴或铰链为单转轴,垂直于横梁摆动的秋千(见图1)。

图1　单转轴秋千示意图

3.3

多转轴秋千　swing with several rotational axes

枢轴或铰链为多转轴,平行或垂直于横梁摆动的秋千(见图2)。

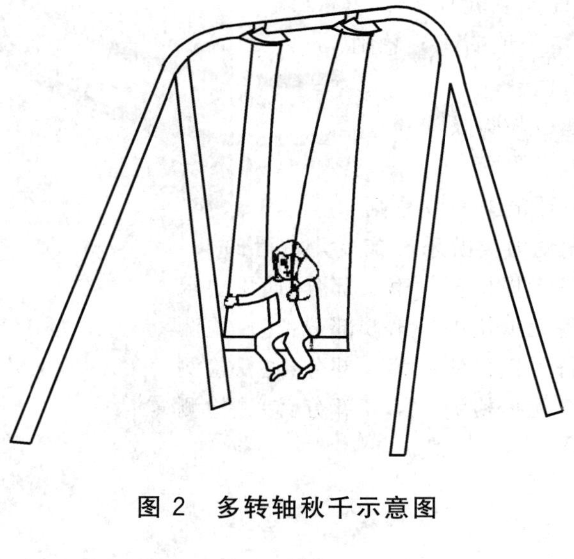

图2　多转轴秋千示意图

3.4

单点秋千　single point swing

绳子或链条固定于一点，可以进行摆动、旋转运动的秋千(见图3)。

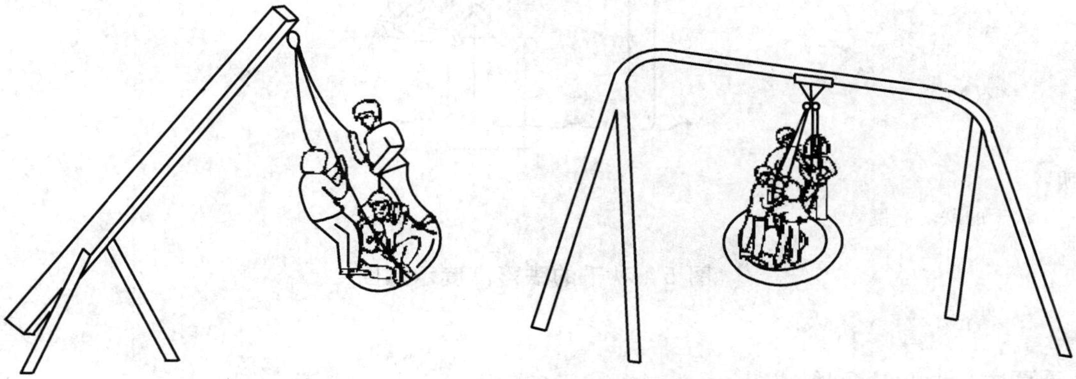

图3　单点秋千示意图

3.5

接触式秋千　contact swing

通过秋千梁悬挂、使用竖直轮胎并带有限制横档的秋千座椅，有秩序排列在中心轴四边(中心点)的若干个首尾相连的秋千。(见图4)。

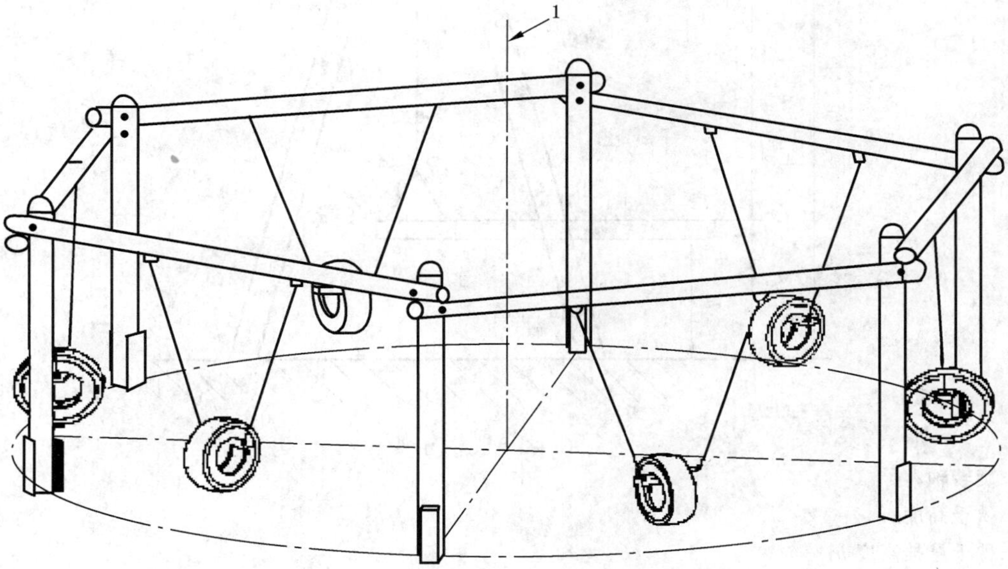

说明：

1——中心轴。

图4　接触式秋千示意图

3.6

儿童秋千　children swing

跌落高度不超过1 200 mm且身高不超过1 200 mm的儿童娱乐用的秋千。

3.7

跌落高度　free height of fall

从身体的支撑部位到防碰撞区域的最大垂直距离 h(见图5)。

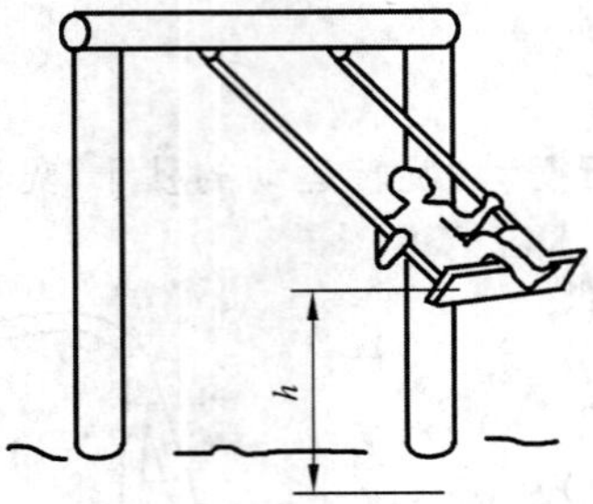

说明：

h——秋千的跌落高度。

图5 秋千的跌落高度示意图

3.8

秋千高度 swing height

从旋转轴中心到地面的距离 h_1（见图6）。

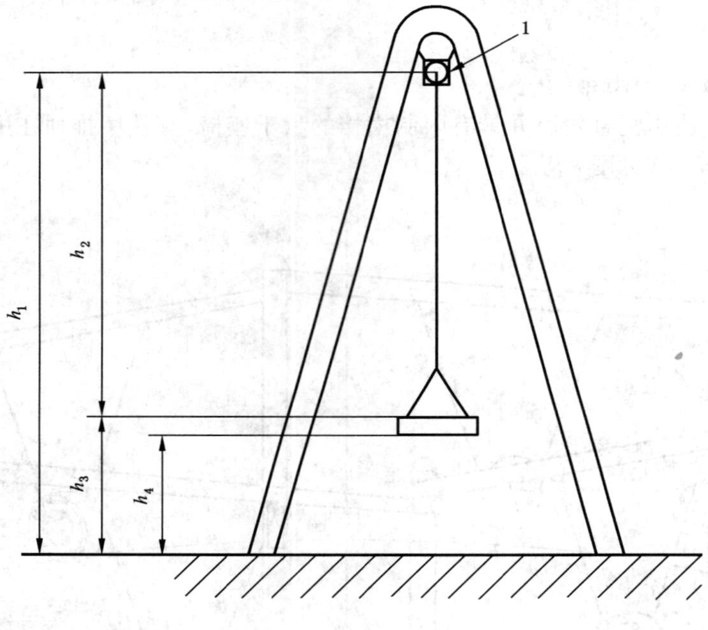

说明：

1 ——旋转轴；

h_1——秋千高度；

h_2——秋千悬挂高度 h_1-h_3；

h_3——秋千座椅高度；

h_4——秋千地面距离。

图6 秋千高度示意图

3.9

秋千悬挂高度 length of swing suspension member

从旋转轴中心到秋千座椅上表面的最高点的距离 h_2（见图6）。

3.10

秋千地面距离 swing ground clearance

秋千静止时，从秋千座椅下表面的最低点到地面的距离 h_4（见图6）。

3.11

秋千座椅高度　height of seat

秋千静止时，从秋千座椅上表面的最高点到地面的距离 h_3（见图 6）。

3.12

座位距离　seat clearance

从秋千座椅的最低点到在秋千运行轨迹任何障碍物的距离 h_5（见图 7）。

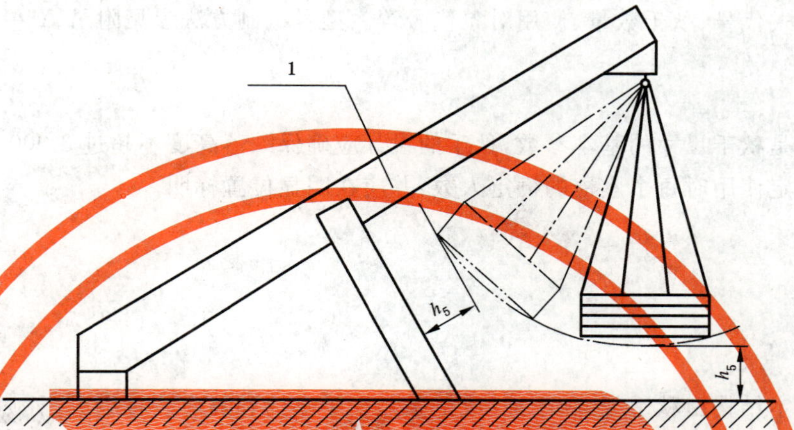

说明：

1 ——支撑梁；

h_5——座位距离。

图 7　单点秋千的座位距离示意图

3.13

秋千板　flat swing seat

不带背部和侧边保护的秋千座椅。

3.14

摇篮椅　cradle seat

供幼儿或年龄更小的儿童使用的带有摇篮型的座椅。

3.15

儿童秋千座椅　cradle swing seat

带有身体支撑的座椅，主要供幼儿或残疾儿童使用。特别设计成儿童不会从四周的保护中滑出。

3.16

秋千平台　platform

单点秋千用的使用者站立的支撑装置。

3.17

枢轴　pivotal

多个物体围绕着一个中心旋转的中心轴，如曲轴连杆机构的主轴可以称为“枢轴”，曲轴则不能称为“枢轴”。

4　分类、型号和基本参数

4.1　分类

4.1.1　秋千按结构型式不同分为单转轴秋千、多转轴秋千、单点秋千、接触式秋千等多种类型。

4.1.2 秋千按秋千座椅的型式分为坐板型、马鞍型、摇篮型和平台型。

4.1.3 秋千按秋千数量分为单个秋千、双个秋千和多个秋千。

4.1.4 秋千按使用对象分为儿童秋千和成人秋千。

4.2 型号

秋千型号编制的有关代号应符合 GB/T 20049 的规定,型号编制的内容应包括秋千高度、结构型式代号、秋千座椅型式代号、秋千数量、使用对象代号等。型号编制方法参见附录 A。

4.3 基本参数

4.3.1 秋千高度是秋千尺寸的基本参数,秋千的设计应确保跌落高度不超过 3 000 mm。

4.3.2 秋千应规定使用时每个座椅的额定人数,并应在明显位置标明。

5 要求

5.1 基本要求

5.1.1 秋千的基本结构由秋千架、秋千绳(或链条)、秋千座椅和隔离装置组成。

5.1.2 秋千的使用者载荷及受力要求应符合附录 B 的规定。

5.1.3 材料应符合 GB 8408—2008 的有关规定,特别是与使用者直接接触的材料,其表面涂层不应含有对健康有害的物质,可迁移元素的含量应符合 GB 6675 的相关规定。

5.1.4 承载的塑料件的理化性能应符合表 1 的规定。

表 1 塑料件理化性能

序号	项目	指标
1	拉伸强度/MPa	≥14.2
2	断裂伸长率/%	≥90
3	弯曲强度/MPa	≥16.3
4	悬臂梁缺口冲击强度/(kJ/m^2)	≥6.0
5	邵氏硬度/HD	≥48.5
6	燃烧性/(mm/min)	≤21.0

5.1.5 重要零件加工、焊接、螺栓连接、销轴连接及装配应符合 GB 8408—2008 的有关规定。

5.1.6 重要的轴、销轴、轴套及重要焊缝,应按 6.8 的规定进行磁粉、渗透或超声波检测,检测结果应符合 6.8 的相应规定。

5.2 悬挂连接方式(秋千绳)

5.2.1 钢丝绳、纤维绳等秋千绳,应能承受 5.1.2 规定的载荷及受力要求。

5.2.2 钢丝绳用作悬绳或其他类似部件时,每股绳子都应使用合成纤维或天然纤维包覆,包覆层应无断裂、接口或单股断裂。

5.2.3 纤维绳应使用柔软的、不易滑脱的覆盖层覆盖。

5.2.4 用于秋千的链条应符合 GB/T 20946 的规定,应能承受 5.1.2 规定的载荷及受力要求,同时在任何方向上的最大开口应小于 8 mm,否则应采用软质的塑料护套或适宜的包覆层包覆。

5.3 尺寸要求

5.3.1 地面距离

对于单转轴秋千、多转轴秋千、单点秋千，在静止位置时，秋千地面距离 h_4（见图 6）最小应为 400 mm。对于带有竖直轮胎作为座椅的接触式秋千（见图 13），离地面距离最小应为 100 mm。

注：带有竖直轮胎作为座椅的接触式秋千离地面的距离可以减小，因为轮胎是减震材料制成的，此结构是柔性的。如果出现撞击，轮胎会变形，撞击力同时变小。

5.3.2 单点秋千的座位距离

最小座位距离 h_5（见图 7）应为 400 mm（在支撑梁方向上除外）。

5.3.3 多点固定秋千之间的最小间距和侧面稳定性

5.3.3.1 秋千之间的最小间距应符合下列要求：

a) 在静止状态下，秋千座椅和旁边设备（秋千架）的距离 C［见图 8a）］应符合式（1）的规定，且不应小于 500 mm。秋千悬挂高度 h_2 按式（2）计算（见图 6）。

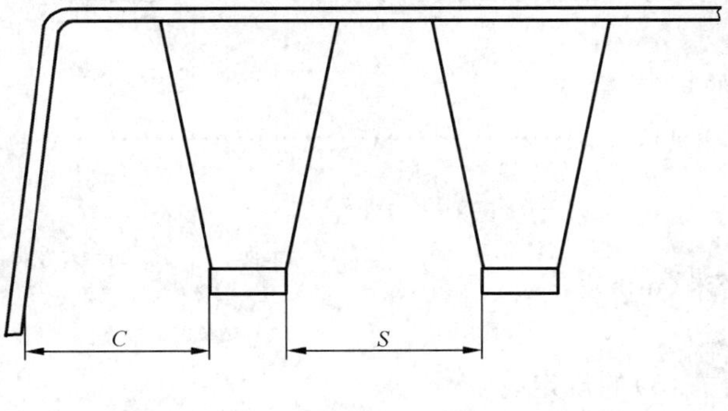

a） 秋千座椅间、秋千与秋千架间最小距离

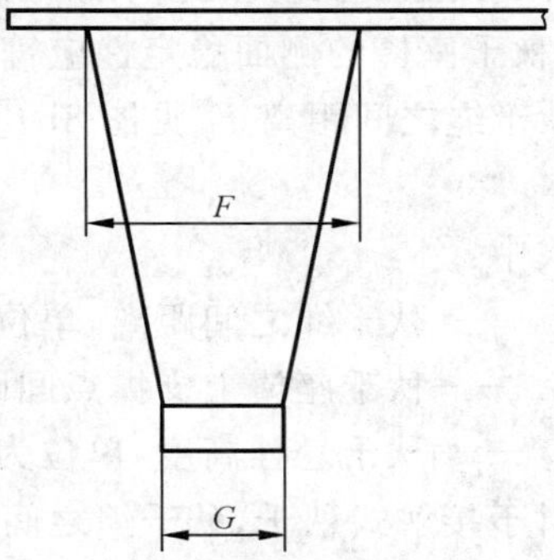

b） 秋千座椅侧面稳定性

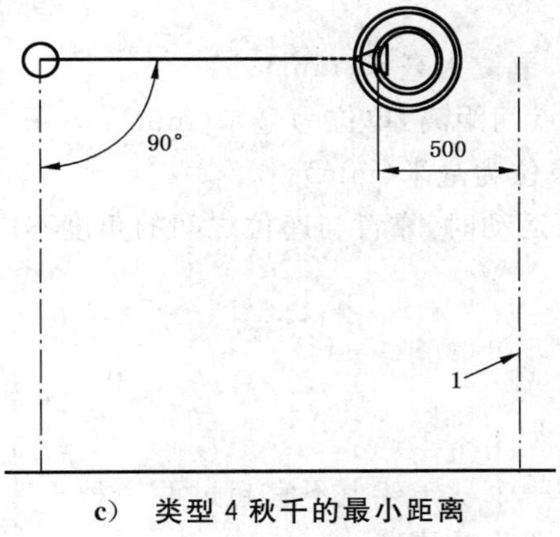

c） 类型 4 秋千的最小距离

说明：

F ——秋千绳之间距离；

G ——秋千座椅上支撑点间距离；

S ——秋千座椅间距离；

C ——秋千座椅和旁边设备（秋千架）的距离；

1 ——中心轴。

图 8 多点固定秋千座椅的最小间距和侧面稳定性

$$C \geqslant 0.2h_2 + 200 \quad \cdots\cdots (1)$$

式中：

C ——秋千座椅和旁边设备(秋千架)的距离，单位为毫米(mm)；

h_2——秋千悬挂高度，单位为毫米(mm)。

$$h_2 = h_1 - h_3 \quad \cdots\cdots (2)$$

式中：

h_2——秋千悬挂高度，单位为毫米(mm)；

h_1——秋千高度，单位为毫米(mm)；

h_3——秋千座椅高度，单位为毫米(mm)。

b) 在静止状态下，秋千座椅间距离 S[见图 8a)]应符合式(3)的规定，且不应小于 500 mm。

$$S \geqslant 0.2h_2 + 300 \quad \cdots\cdots (3)$$

式中：

S ——秋千座椅间距离，单位为毫米(mm)；

h_2 ——秋千悬挂高度，单位为毫米(mm)。

c) 对于类型 4 秋千，当秋千摆角在 90°时，座位平面到中心轴的最小距离应为 500 mm[见图 8c)]。

5.3.3.2 秋千座椅的侧面稳定性应符合下列要求：

a) 秋千绳之间距离 F[见图 8b)]应符合式(4)的规定。

$$F \geqslant G + 0.05h_2 \quad \cdots\cdots (4)$$

式中：

F ——秋千绳之间距离，单位为毫米(mm)；

G ——秋千座椅上支撑点间距离，单位为毫米(mm)；

h_2 ——秋千悬挂高度，单位为毫米(mm)。

b) 对于接触式秋千，秋千绳之间距离 F 应符合式(5)的规定。

$$F \geqslant G + 0.3h_2 \quad \cdots\cdots (5)$$

式中：

F ——秋千绳之间距离，单位为毫米(mm)；

G ——秋千座椅上支撑点间距离，单位为毫米(mm)；

h_2 ——秋千悬挂高度，单位为毫米(mm)。

5.3.3.3 当带有靠背的秋千座椅运动时，靠背与座位之间的角度不应有变化。靠背与座位的间隙应在 60 mm～75 mm 之间。

5.4 防碰撞保护

5.4.1 需要安装隔离装置的情况如下：

a) 除接触式秋千外，其他每一个秋千架上不宜超过两个秋千座椅。如果超过两个秋千座椅安装在一起时，应安装隔离装置将其隔开。

注：此要求是为了避免使用者行走在荡秋千的区域内。

b) 若秋千架需要和其他设备一起安装，两者之间应增加 1 500 mm 的环形区域，或安装隔离装置将两者隔开，见图 9。

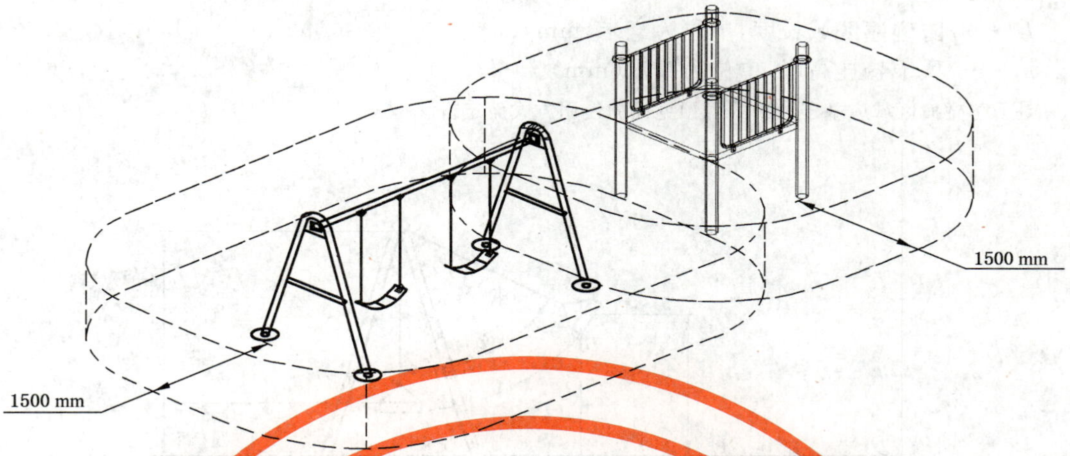

图 9　秋千架和其他设备一起安装时两者之间的环形区域示意图

5.4.2　当按 5.4.1 的规定安装的隔离装置为安全栅栏时，应符合 GB 8408—2008 的有关规定。

5.5　突出物

应符合 GB/T 27689—2011 中 6.3 的规定。

5.6　挤夹保护

应符合 GB/T 27689—2011 中 6.4 的规定。

5.7　跌落高度和防碰撞区域

5.7.1　秋千的跌落高度 h 是当秋千与垂直面成 60°角时，从座位的中间到地面的距离(见图 10)。跌落高度 h 按式(6)计算。

$$h = 0.5h_2 + h_3 \quad \cdots\cdots(6)$$

式中：

h ——跌落高度，单位为毫米(mm)；

h_2 ——秋千悬挂高度，单位为毫米(mm)；

h_3 ——秋千座椅高度，单位为毫米(mm)。

5.7.2　对于所有秋千，防碰撞区域长度 L 是当秋千与垂直面成 60°角时，从座位的中间到中心线的水平距离 A，同时加上防碰撞区域延伸长度 B 或 C(由不同的地面情况而定，见图 10)。防碰撞区域长度 L 计算规定如下：

a)　地面材料是合成材料时，防碰撞区域延伸长度 B 为 1 750 mm，防碰撞区域长度 L 除按式(7)计算外，还需附加 500 mm 的区域，不应有障碍物。

$$L = 0.867h_2 + 1\,750 \quad \cdots\cdots(7)$$

式中：

L ——防碰撞区域长度，单位为毫米(mm)；

h_2 ——秋千悬挂高度，单位为毫米(mm)。

b)　地面材料是天然的(一般是松散的)，防碰撞区域延伸长度 C 为 2 250 mm，防碰撞区域长度 L 按式(8)计算。

$$L = 0.867h_2 + 2\,250 \quad \cdots\cdots(8)$$

式中：

L ——防碰撞区域长度，单位为毫米(mm)；

h_2 ——秋千悬挂高度，单位为毫米(mm)。

注：防碰撞区域应基于秋千的可预见性的使用方式而定。

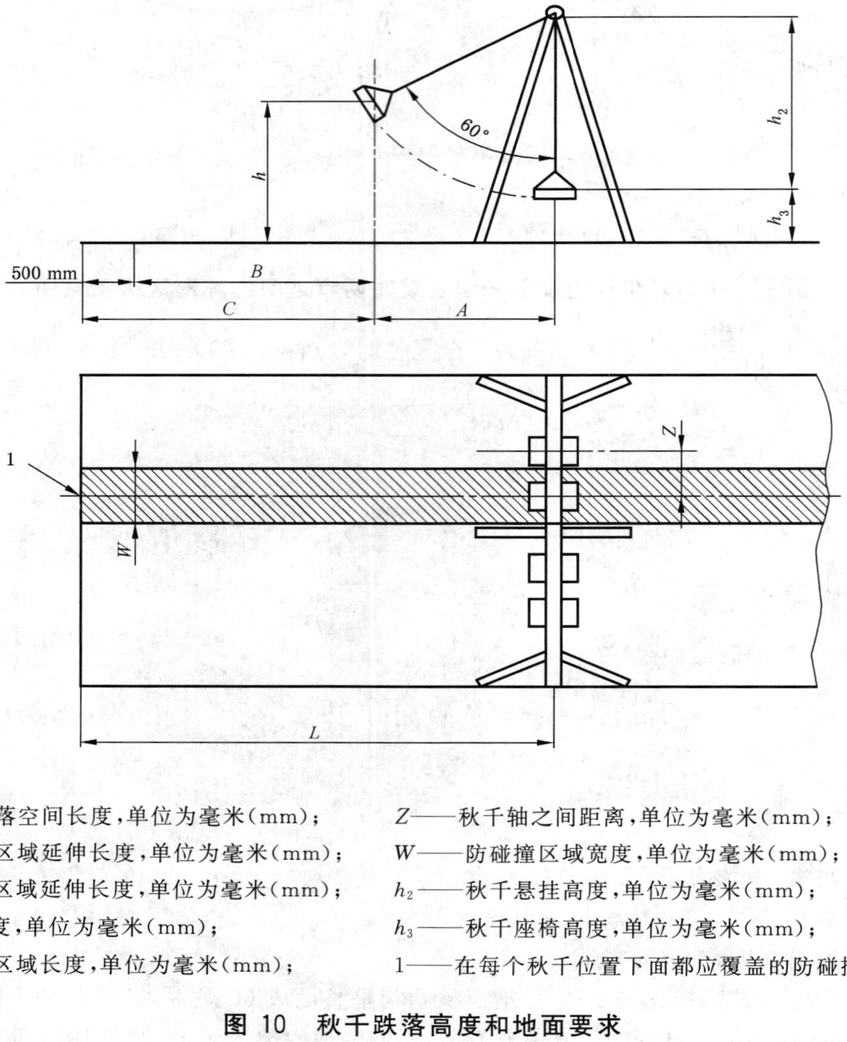

说明：

A——最大跌落空间长度，单位为毫米(mm)；

B——防碰撞区域延伸长度，单位为毫米(mm)；

C——防碰撞区域延伸长度，单位为毫米(mm)；

h——跌落高度，单位为毫米(mm)；

L——防碰撞区域长度，单位为毫米(mm)；

Z——秋千轴之间距离，单位为毫米(mm)；

W——防碰撞区域宽度，单位为毫米(mm)；

h_2——秋千悬挂高度，单位为毫米(mm)；

h_3——秋千座椅高度，单位为毫米(mm)；

1——在每个秋千位置下面都应覆盖的防碰撞区域地面。

图 10　秋千跌落高度和地面要求

5.7.3　对于一个或多个旋转轴的秋千，宽度不超过 500 mm 的秋千座椅，单转轴秋千、多转轴秋千、接触式秋千的防碰撞区域宽度 W 应至少为 1 750 mm。如果秋千座椅宽度超过 500 mm，防碰撞区域宽度还需增加秋千座椅实际宽度减去 500 mm 的数值。

5.7.4　对于在不同秋千架上的秋千座椅，其跌落空间不可以重叠。当秋千座椅在同一个秋千架上，同时符合 5.3.3.1 的要求时，跌落空间可以和自由空间相重叠。如果秋千置于其他游乐设施附近时，则秋千的跌落空间和其他游乐设施的跌落空间绝不能重叠。

注：秋千的自由空间和跌落空间见图 11。

5.7.5　对于单点秋千的防跌落区域应该是根据 5.7.2 计算确定的一个圆状面积。

5.7.6　防碰撞区域内应有着陆缓冲层，不应有锋利的边角、突出物及可能造成伤害的障碍物，同时不应存在挤夹危险。应根据秋千的跌落高度，确定缓冲材料和厚度。常用的防碰撞区域地面材料及厚度、适用高度按 GB/T 27689—2011 中表 4 的规定。

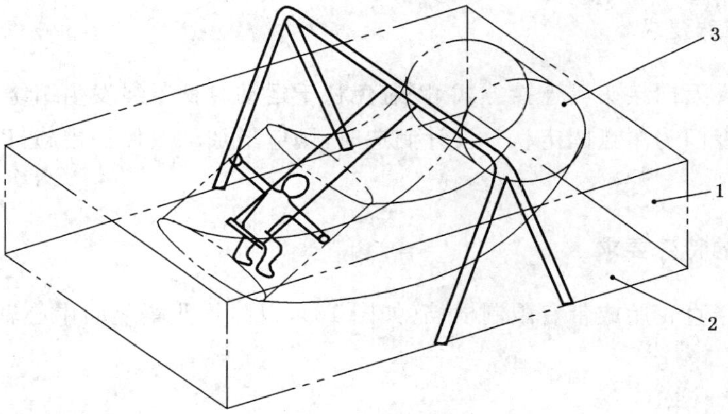

说明：
1——设备占用的空间；
2——跌落空间；
3——自由空间。

图 11 秋千的自由空间和跌落空间

5.8 秋千座椅的防撞击要求

5.8.1 秋千座椅和竖直轮胎座

按照附录 D 的规定进行防撞击试验时，加速度的峰值不应超过 50 g（g 为重力加速度，下同），平均的表面压力不应超过 900 kPa。

5.8.2 儿童秋千座椅

儿童秋千座椅的座位部分需要符合 5.8.1 的要求。当秋千座椅倾倒 30°时，从座椅部分的最外边缘划一条垂直线，如果上面的部分(X)突出于这条线之外(见图 12)，则这部分也要符合 5.8.1 的要求。

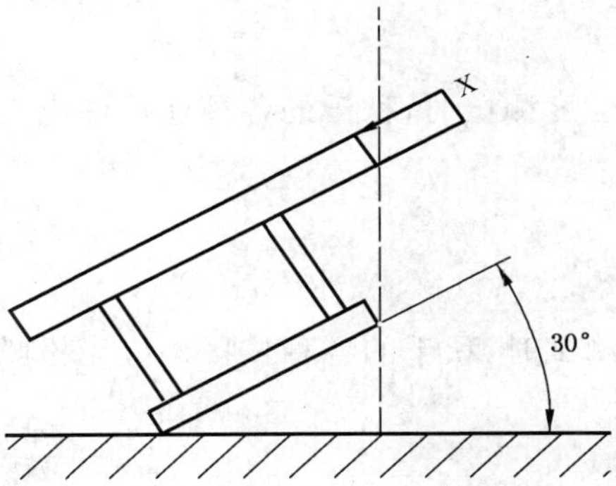

说明：
X——秋千座椅上端的突出部分。

图 12 秋千座椅倾斜 30°角时上端突出部分

5.8.3 多个使用者的秋千座椅和秋千平面

如果秋千平面的直径大于 900 mm，按照附录 D 的规定进行防撞击试验时，加速度的峰值不应超过 120 g，平均的表面压力不应超过 900 kPa。如果直径小于 900 mm，按照附录 D 的规定进行防撞击试验时，应符合 5.8.1 的要求。

5.9 对单点秋千的特殊要求

固定点应使用旋转万向接头等连接方式，以避免秋千运动时秋千绳发生缠绕。

当万向接头不是专门为单点固定秋千设计制造时，则应增加二次保护措施，以防止出现万向接头失效的情况。

5.10 对接触式秋千的特殊要求

秋千座椅应使用竖直轮胎或带有限制横档(如图13)，以防止儿童跳向中心轴。秋千座椅应该符合5.8的防撞击要求。

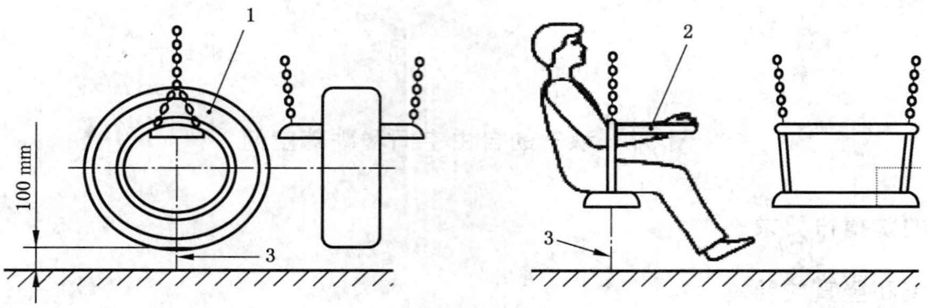

说明：

1——轮胎或相类似设备；

2——限制横档；

3——座位中心。

图 13 接触式秋千座椅示意图

5.11 秋千的结构强度要求

按照附录C的规定进行结构强度测试时，秋千的各种连接件应无松脱动现象，零部件应无目视可见的裂纹、永久变形及损坏现象。

5.12 秋千的动载要求

按照附录E的规定进行动载测试时，秋千的各种连接件应无松脱动现象，零部件应无目视可见的裂纹、永久变形及损坏现象。

5.13 外观和涂装

5.13.1 塑料件的表面应平整、色泽均匀，目视检测不应有明显的色差和色斑，不应有龟裂、破损、修补痕迹、皱纹、气孔、飞边溢料、凹凸不平等缺陷。

5.13.2 涂装除应符合GB 8408—2008中8.12外，还应符合5.13.3～5.13.5规定的相应要求。

5.13.3 焊接件的焊缝表面，应平整光滑，无烧穿及明显的裂纹、焊瘤、咬边、气孔、飞溅等缺陷。

5.13.4 金属涂饰件的外表面应平整光滑、色泽均匀、结合牢固，不应有起皮、脱落、漏涂、锈蚀、裂痕以及较明显的流痕、花斑、结点等缺陷。

5.13.5 金属涂饰件的涂层理化性能应符合表2的规定。

表 2 金属涂饰件的涂层理化性能

序号	项目	指标或要求
1	冲击强度	试验后无裂纹、剥落等现象
2	附着力	试验后不应低于 GB/T 9286 规定的 2 级要求
3	耐候性能	经过 300 h 人工加速的老化试验后，应不低于 GB/T 1766 规定的装饰综合老化性能的 2 级要求
注：外部包覆有防锈蚀材料的钢铁涂饰件可不受涂层理化性能要求经约束。		

6 试验方法

6.1 一般要求

长度尺寸和角度的测量误差允许值应符合 GB/T 1804 规定的最粗级(V 级)要求。

6.2 基本参数、重要线性和角度尺寸检验

采用钢卷尺、钢直尺、游标卡尺、万能角度尺等通用量具抽检。

6.3 外观和涂装、标志和使用说明与秋千座椅表面及配套使用设备的检验

采用目视检查，必要时采用钢卷尺、钢直尺、游标卡尺、万能角度尺等通用量具抽检。

6.4 挤夹保护的检验和试验

按 GB/T 27689—2011 中附录 E 的规定进行检验和试验。

6.5 其他安全要求的检验

采用钢卷尺、钢直尺、游标卡尺、万能角度尺等通用量具抽检及采用目视检查。

6.6 可迁移元素的含量测定

按 GB 6675 的有关规定执行。

6.7 塑料件的理化性能试验

6.7.1 塑料件的力学性能的检验频次为相同材料、相同工艺的塑料件抽检一次。塑料件试样应由相同材料，按相同工艺及相应的标准规定制作。

6.7.2 塑料件的拉伸强度、断裂伸长率按 GB/T 1040.1、GB/T 1040.2 规定的方法试验。

6.7.3 塑料件的弯曲强度按 GB/T 9341 规定的方法试验。

6.7.4 塑料件的悬臂梁冲击强度按 GB/T 1843 规定的方法试验。

6.7.5 塑料件的硬度按 GB/T 2411 规定的方法试验。

6.7.6 塑料件的燃烧性按 GB/T 2408 规定的方法试验。

6.8 无损检测

重要的轴、销轴、轴套及重要焊缝，按 GB/T 20050 中零件检验的有关规定，需要磁粉或渗透检验的

按 JB/T 4730.1、JB/T 4730.4、JB/T 4730.5 的规定进行，检测结果不应低于Ⅱ级的规定。当材料直径 20 mm 以上时，按 JB/T 4730.1、JB/T 4730.3 的规定进行超声波检测，检测结果不应低于 AA 级的规定。

6.9 秋千座椅的防撞击试验

秋千安装或试装后，秋千座椅的防撞击试验按附录 D 的规定进行。

6.10 秋千的结构强度测试

秋千安装或试装后，秋千的结构强度测试按附录 C 的规定进行。

6.11 秋千的动载测试

秋千安装或试装后，秋千的动载测试按附录 E 的规定进行。

6.12 金属涂饰件的涂层理化性能试验

6.12.1 涂层冲击强度试验

6.12.1.1 冲击器应符合下列要求：

a) 冲击器圆形导管直线度应为 1 000 mm：0.6 mm，内孔直径应为 ϕ19 mm，且内表面应光滑，外表面上应有分度值为 1 mm，长度为 1 000 mm 的高度刻线标记或其他高度标记；
b) 冲击器重锤头部嵌有直径为 sϕ12 mm 的钢球，外圆直径为 ϕ17 mm，总重量为 100 g±1 g；
c) 冲击器重锤应能在冲击器圆形导管内顺利地自由滑动。

6.12.1.2 按照下列程序进行涂层冲击强度试验，同一被测件上应在相距不小于 100 mm 的位置处，重复进行 3 次同样的试验。

a) 将被测秋千的零部件表面用干燥的软布擦净后，置于工作台上，并使其与工作台接触良好，无晃动现象；直接对秋千整机测试时，整机的被测零部件应无晃动现象；
b) 将冲击器垂直竖立于被测件的被测部位，冲击器重锤从冲击器圆形导管内 1 m 的高度处自由垂直下落，对被测件涂层进行落体冲击；
c) 将冲击器从被测件上移去，检验被冲击部位涂层的剥落和裂纹情况。

6.12.2 涂层附着力试验

按 GB/T 9286 的有关规定，且按切割数为 6、切割间距为 2 mm 的规定直接在被测件表面进行试验，试验结束后按 GB/T 9286 的有关规定进行结果评定。

6.12.3 涂层耐候性能试验

按 GB/T 1865 和 GB/T 1766 的有关规定进行涂层耐候性能试验和评定。

7 检验规则

7.1 出厂检验

出厂检验项目按表 3 的规定。

表 3 检验项目、技术要求和检验方法

序号	检验项目			检验类别		基本参数/要求	试验方法
				出厂检验	型式检验		
1	基本参数	秋千高度		√	√	4.3.1	6.2
		每个座椅的额定人数		√	√	4.3.2	6.3
2	基本要求	可迁移元素的含量	锑 Sb	—	√	5.1.3	6.6
			砷 As	—	√	5.1.3	6.6
			钡 Ba	—	√	5.1.3	6.6
			镉 Cd	—	√	5.1.3	6.6
			铬 Cr	—	√	5.1.3	6.6
			铅 Pb	—	√	5.1.3	6.6
			汞 Hg	—	√	5.1.3	6.6
			硒 Se	—	√	5.1.3	6.6
		承载的塑料件的理化性能	拉伸强度	—	√	5.1.4	6.7.1、6.7.2
			断裂伸长率	—	√	5.1.4	6.7.1、6.7.2
			弯曲强度	—	√	5.1.4	6.7.1、6.7.3
			悬臂梁缺口冲击强度	—	√	5.1.4	6.7.1、6.7.4
			邵氏硬度	—	√	5.1.4	6.7.1、6.7.5
			燃烧性	—	√	5.1.4	6.7.1、6.7.6
		重要的轴、销轴、轴套及重要焊缝		√	√	5.1.6	6.8
3	悬挂连接方式(秋千绳)	钢丝绳		√	√	5.2.2	6.3
		纤维绳		√	√	5.2.3	6.3
		链条	在任何方向上的最大开口	√	√	5.2.4	6.2、6.3
4	尺寸要求	地面距离	秋千地面距离 h_4	√	√	5.3.1	6.2
			带有竖直轮胎的座椅离地面距离	√	√	5.3.1	6.2
		单点秋千的座位距离	最小座位距离 h_5	√	√	5.3.2	6.2
		多点固定秋千之间的最小间距和侧面稳定性	秋千座椅和旁边设备(秋千架)的距离 C	√	√	5.3.3.1 a)	6.2
			秋千座椅间距离 S	√	√	5.3.3.1 b)	6.2
			座位平面到中心轴的最小距离	√	√	5.3.3.1 c)	6.2
			秋千绳之间距离 F	√	√	5.3.3.2 a)	6.2
			接触式秋千秋千绳之间距离 F	√	√	5.3.3.2 b)	6.2
			靠背和座位之间的角度	√	√	5.3.3.3	6.3
			靠背和座位之间的距离	√	√	5.3.3.3	6.2

表 3（续）

<table>
<tr><th rowspan="2">序号</th><th colspan="3" rowspan="2">检验项目</th><th colspan="2">检验类别</th><th rowspan="2">基本参数/要求</th><th rowspan="2">试验方法</th></tr>
<tr><th>出厂检验</th><th>型式检验</th></tr>
<tr><td rowspan="6">5</td><td rowspan="6">防碰撞保护[a]</td><td rowspan="2">隔离装置</td><td>需要安装的隔离装置</td><td>√</td><td>√</td><td>5.4.1</td><td>6.5</td></tr>
<tr><td>需要设置的隔离区域</td><td>√</td><td>√</td><td>5.4.1</td><td>6.5</td></tr>
<tr><td rowspan="4">隔离用的安全栅栏</td><td>栅栏高度</td><td>√</td><td>√</td><td>5.4.2</td><td>6.5</td></tr>
<tr><td>栅栏之间的间隙</td><td>√</td><td>√</td><td>5.4.2</td><td>6.5</td></tr>
<tr><td>栅栏距离地面的间隙</td><td>√</td><td>√</td><td>5.4.2</td><td>6.5</td></tr>
<tr><td>竖向栅栏</td><td>√</td><td>√</td><td>5.4.2</td><td>6.5</td></tr>
<tr><td rowspan="4">6</td><td rowspan="4">突出物</td><td colspan="2">可接触部分的部件</td><td>√</td><td>√</td><td rowspan="4">GB/T 27689—2011 中 6.3</td><td rowspan="4">6.5</td></tr>
<tr><td colspan="2">可接触部分的表面</td><td>√</td><td>√</td></tr>
<tr><td colspan="2">可接触部分范围内突出的螺栓螺纹的保护</td><td>√</td><td>√</td></tr>
<tr><td colspan="2">可接触部分范围内的凸出超过 8 mm 的角、边和突出部件</td><td>√</td><td>√</td></tr>
<tr><td rowspan="4">7</td><td rowspan="4">挤夹保护[b]</td><td colspan="2">头部和颈部挤夹保护</td><td>√</td><td>√</td><td rowspan="4">GB/T 27689—2011 中 6.4</td><td rowspan="4">GB/T 27689—2011 中附录 E</td></tr>
<tr><td colspan="2">衣物/头发钩挂或缠绕保护</td><td>√</td><td>√</td></tr>
<tr><td colspan="2">脚或腿部的挤夹保护</td><td>√</td><td>√</td></tr>
<tr><td colspan="2">手指挤夹保护</td><td>√</td><td>√</td></tr>
<tr><td rowspan="8">8</td><td rowspan="8">秋千座椅的防撞击要求</td><td rowspan="2">秋千座椅和竖直轮胎座</td><td>加速度的峰值</td><td>—</td><td>√</td><td>5.8.1</td><td>6.9</td></tr>
<tr><td>平均的表面压力</td><td>—</td><td>√</td><td>5.8.1</td><td>6.9</td></tr>
<tr><td rowspan="2">儿童秋千座椅</td><td>加速度的峰值</td><td>—</td><td>√</td><td>5.8.1</td><td>6.9</td></tr>
<tr><td>平均的表面压力</td><td>—</td><td>√</td><td>5.8.1</td><td>6.9</td></tr>
<tr><td rowspan="2">儿童秋千座椅上端的突出部分</td><td>加速度的峰值</td><td>—</td><td>√</td><td>5.8.1</td><td>6.9</td></tr>
<tr><td>平均的表面压力</td><td>—</td><td>√</td><td>5.8.1</td><td>6.9</td></tr>
<tr><td rowspan="2">多个使用者的秋千座椅和秋千平面</td><td>加速度的峰值</td><td>—</td><td>√</td><td>5.8.3</td><td>6.9</td></tr>
<tr><td>平均的表面压力</td><td>—</td><td>√</td><td>5.8.3</td><td>6.9</td></tr>
<tr><td rowspan="2">9</td><td rowspan="2">对单点秋千的特殊要求</td><td colspan="2">固定点连接方式</td><td>√</td><td>√</td><td>5.9</td><td>6.3</td></tr>
<tr><td colspan="2">辅助的支撑秋千座椅装置</td><td>√</td><td>√</td><td>5.9</td><td>6.3</td></tr>
<tr><td rowspan="3">10</td><td rowspan="3">对接触式秋千的特殊要求</td><td colspan="2">秋千座椅应使用竖直轮胎或带有限制横档</td><td>√</td><td>√</td><td>5.10</td><td>6.3</td></tr>
<tr><td rowspan="2">秋千座椅的防撞击要求</td><td>加速度的峰值</td><td>—</td><td>√</td><td>5.8.1</td><td>6.9</td></tr>
<tr><td>平均的表面压力</td><td>—</td><td>√</td><td>5.8.1</td><td>6.9</td></tr>
<tr><td>11</td><td colspan="3">秋千的结构强度要求</td><td>—</td><td>√</td><td>5.11</td><td>6.10</td></tr>
<tr><td rowspan="2">12</td><td rowspan="2">秋千的动载要求</td><td colspan="2">摇晃座位</td><td>—</td><td>√</td><td>5.12</td><td>6.11</td></tr>
<tr><td colspan="2">摇晃悬挂点</td><td>—</td><td>√</td><td>5.12</td><td>6.11</td></tr>
</table>

表 3（续）

序号	检验项目			检验类别		基本参数/要求	试验方法
				出厂检验	型式检验		
13	外观和涂装	塑料件表面质量		√	√	5.13.1	6.3
		焊接件的焊缝表面		√	√	5.13.3	6.3
		金属涂饰件的外表面质量		√	√	5.13.4	6.3
		标志和使用说明		√	√	8.1	6.3
		金属涂饰件的涂层理化性能	涂层冲击强度试验	—	√	5.13.5	6.12.1
			涂层附着力试验	—	√	5.13.5	6.12.2
			涂层耐候性能试验	—	√	5.13.5	6.12.3

注 1：秋千的悬挂连接方式(秋千绳)为序号 3 中的一种，如选用钢丝绳，则纤维绳、链条不需要检验。

注 2：秋千的随机成套性按供需双方的合同或图样规定，未列入成套性的零部件的检验项目不需检验。

注 3：重要的轴、销轴、轴套及重要焊缝，可对秋千的零部件进行无损检测。

注 4：√表示应检项目，—表示不检项目。

[a] 序号 5 防碰撞保护，根据秋千的实际情况确定，如不需要防碰撞保护的情况，则不需要检验，实际需要那一种隔离装置，则检验序号中相应的项目。

[b] 序号 7 中有关秋千的挤夹保护项目，根据秋千的实际情况确定，如隔离装置或隔离用的安全栅栏需要作头部和颈部挤夹保护试验，秋千座椅需要作有关的挤夹保护试验等。

7.2 型式检验

7.2.1 有下列情况之一时应进行型式检验：

a) 新产品试制定型鉴定时；

b) 产品结构、材料、工艺有较大改变，可能影响产品性能时；

c) 产品停产一年以上，恢复生产时；

d) 正常生产产品，一年进行一次；

e) 出厂检验结果与上次型式检验有较大差异时。

7.2.2 型式检验项目按表 3 的规定。

7.3 抽样与判定

7.3.1 抽样数量为一台(套)。不符合标准规定的产品缺陷分为重缺陷和轻缺陷，重缺陷的确定原则见表 4。每台样机有一项以上(含一项)重缺陷或 5 项以上轻缺陷为不合格品。

表 4 产品重缺陷确定原则

序号	重缺陷的确定原则
1	与尺寸有关的各种检验项目中，尺寸超差达 20%以上(包括 20%)
2	防碰撞保护、突出物、挤挟保护、秋千座椅的防撞击要求、结构强度要求、动载要求等安全项目出现不合格
3	重要的轴、销轴、轴套及重要焊缝磁粉、渗透或超声波检测出现不合格

表 4（续）

序号	重缺陷的确定原则
4	承载的塑料件的力学性能出现不合格
5	可迁移元素的含量出现不合格
6	金属涂饰件的涂层理化性能出现不合格

7.3.2 对不合格品，经返工后应达到合格要求，否则应重新组合或报废。

8 标志和使用说明、包装、运输与贮存

8.1 标志和使用说明

8.1.1 秋千应用中文标明产品名称、型号、编号、制造厂名、厂址、执行产品标准号、出厂日期和安全使用寿命。对使用人数有限制的产品，应标注同时使用人数的上限。产品标志应符合下列要求：

a) 产品标志牌应采用不锈钢材质或相应性能的材料，可靠的固定在产品实体上的明显位置，标志牌上的文字和数字应采用凹凸形式标示；

b) 各类标志文字、图案，应醒目清晰、易于识别，应与安全使用寿命相匹配的牢固性和耐久性。

8.1.2 秋千安全标志的设置应符合 GB 8408—2008 的有关规定。应根据需要在显著位置标明警示标记，内容如下：

a) 适宜娱乐的儿童年龄范围或儿童身高(儿童秋千应规定儿童身高范围)；

b) 是否要在成年人监护下使用(儿童秋千应在成人监护下使用)；

c) 游乐时容易发生危险的内容或项目警示。

8.1.3 秋千应配备“本产品出现故障，暂停使用”的警示牌或警示旗，以备必要时使用。警示牌应用螺钉等紧固件安装，以防被人随手取走，造成不测。警示旗可悬挂于绳索上。

8.1.4 秋千应附详尽的使用说明书，使用说明书的编写应符合 GB/T 9969、GB 5296.1、GB 5296.5 的规定，内容如下：

a) 产品名称，示意图(效果图、照片)，使用功能的介绍。

b) 8.1.2 规定的警示内容。

c) 安装要求(基础施工要求)，安装方法，使用前的验收要求。

d) 保养要求，保养周期，保养工作内容，保养后的检验要求。维护和保养的建议至少应包括：应经常检查易损构件、有缺陷的零部件应及时更换或将该秋千采取禁用措施直到修复。

e) 安全使用寿命。

f) 日常管理维护要求。

g) 制造厂名、厂址、保养部门地址、电话。

8.1.5 秋千应附使用记录，故障登记和维修记录纸(本)，质量反馈联系单，便于使用者与制造者、经销者之间进行联系沟通。

8.2 包装

8.2.1 秋千可整体包装，也可分体包装，视用户路途，也可裸装。

8.2.2 包装应能保证产品运输、贮存的要求。内包装应采用具有防潮、减震、抗冲击、耐腐蚀及环保性的包装材料，外包装应具有正常搬运的堆放要求的强度。适宜的内、外包装或产品贴体包装，有塑料袋、瓦楞纸箱、木箱及防潮湿的贴体包装等。也可按双方协商确定的包装型式包装。

8.2.3 包装箱或包装物上的包装储运图示标志按 GB/T 191 的规定标示。

8.2.4 包装时应附有产品合格证、使用说明书、装箱单、随机备件。

8.3 运输

8.3.1 产品运输时应避免剧烈冲撞和防止机械损伤，注意防潮、防雨、防晒。

8.3.2 产品不得与有腐蚀、有异味、有异臭的物品、潮湿物品或易燃、易爆物品同装同运。

8.3.3 运输中的装卸，应按包装箱或包装物上的储运图示标志规定，采用合理的装卸方法，不应野蛮装卸。

8.4 贮存

8.4.1 产品应贮存在干燥、通风、无雨漏、无化学性腐蚀及无污染的库房内，不应长期露天存放。

8.4.2 产品堆放应遵循包装箱或包装物上的堆码极限要求，堆码之下宜有不小于 100 mm 的干燥垫板。

8.4.3 贮存于库房内的产品，应离开无明火的采暖热源 500 mm 以上，库房内严禁烟火。

8.4.4 不应与化学物品、潮湿物品或易燃易爆物品同库贮存。

8.4.5 符合储运要求的产品，自生产（或检验）之日起，贮存期不应超过一年。

附 录 A
（资料性附录）
秋千的型号编制方法

A.1 秋千的型号

可参照如下方法编制：

09-H □-□ □ □ □-□

- 制造厂代号，可省略
- 使用对象代号，E 表示儿童秋千；成人秋千省略使用对象代号
- 秋千数量，用阿拉伯数字表示，1 表示单个秋千；2 表示双个秋千；3 表示 3 个秋千，依次类推
- 秋千座椅的型式代号，用汉语拼音字头表示，Z 表示坐板型；M 表示马鞍型；D 表示摇篮型；P 表示平台型
- 结构型式代号，用拉丁文字母表示，A 表示单转轴秋千；B 表示多转轴秋千；C 表示单点秋千；D 表示接触式秋千
- 秋千高度，单位为毫米(mm)
- 秋千高度代号
- 游乐设施代号，09 表示无动力类游乐设施

A.2 型号编制

示例参见如下：

示例 1：

09-H2100-AZ1，表示秋千高度为 2 100 mm，结构型式代号为单转轴秋千，秋千座椅的型式代号为坐板型的单个秋千。

示例 2：

09-H2000-BZ1，表示秋千高度为 2 000 mm，结构型式代号为多转轴秋千，秋千座椅的型式代号为坐板型的单个秋千。

示例 3：

09-H2000-CD1，表示秋千高度为 2 000 mm，结构型式代号为单点秋千，秋千座椅的型式代号为摇篮型的单个秋千。

示例 4：

09-H1900-DM6E，表示秋千高度为 1 900 mm，结构型式代号为接触式秋千，秋千座椅的型式代号为马鞍型的儿童用的 6 个秋千。

附 录 B
(规范性附录)
秋千的使用者载荷及受力要求

B.1 使用者载荷

B.1.1 秋千的使用者载荷计算方法

a) 总重量

1) 总重量按式(B.1)计算:

$$G_n = n \times m + 1.64 \times \sigma\sqrt{n} \qquad \cdots\cdots (B.1)$$

式中:

G_n ——n 个使用者的体重,单位为千克(kg);

n ——在秋千上使用者的数量[见 B.1.3b)];

m ——特定年龄段使用者的平均体重,单位为千克(kg);

σ ——此年龄段使用者的标准差,单位为千克(kg)。

2) 对于成人秋千,m、σ 取值如下:

m=59.7 kg,σ=9.6 kg

3) 对于儿童秋千,m、σ 取值如下:

m=41.5 kg,σ=7.9 kg

b) 动载系数

动载系数是指用以反映使用者游乐运动及游乐设备受到撞击时所引起的载荷增加程度的系数,动载系数按式(B.2)计算:

$$C_{dym} = 1 + \frac{1}{n} \qquad \cdots\cdots (B.2)$$

式中:

C_{dym}——动载系数;

n ——在秋千上使用者的数量[见 B.1.3b)]。

c) 总动载荷

n 个使用者在秋千上产生的总动载荷,按式(B.3)计算:

$$F_{tot;v} = g \times G_n \times C_{dym} \qquad \cdots\cdots (B.3)$$

式中:

$F_{tot;v}$——总动载荷,单位为牛顿(N);

g ——重力加速度,取值为 10 m/s^2;

G_n ——n 个使用者的体重,单位为千克(kg);

C_{dym}——动载系数。

B.1.2 秋千的使用者载荷计算结果

按照 B.1.1 的计算方法,经计算,供所有使用者使用的成人秋千的使用者载荷详见表 B.1 的规定;供儿童使用的儿童秋千的使用者载荷详见表 B.2 的规定。

表 B.1 成人秋千的使用者载荷

使用者数量 n	n 个使用者体重 G_n/kg	动载系数 C_{dym}	总动载荷 $F_{tot;v}$/N	人均动载荷 $F_{1;v}$/N
1	75.5	2.00	1 509	1 509
2	142	1.50	2 125	1 062
3	206	1.33	2 745	915
4	270	1.25	3 379	845
5	334	1.20	4 004	801
6	397	1.17	4 642	774
8	522	1.13	5 900	738
10	647	1.10	7 115	711
15	956	1.07	10 234	682
20	1 264	1.05	13 276	664
25	1 571	1.04	16 341	654
30	1 877	1.03	19 336	645
40	2 488	1.025	25 498	637
50	3 096	1.02	31 583	632
60	3 704	1.017	37 669	628
注：如表中查不到需要的数据，则按照 B.1.1 的规定进行计算，得到相应的数据。				

表 B.2 儿童秋千的使用者载荷

使用者数量 n	n 个使用者体重 G_n/kg	动载系数 C_{dym}	总动载荷 $F_{tot;v}$/N	人均动载荷 $F_{1;v}$/N
1	54.4	2.00	1 088	1 088
2	101	1.50	1 515	758
3	147	1.33	1 955	652
4	192	1.25	2 400	600
5	236	1.20	2 832	566
6	281	1.17	3 285	547
8	369	1.13	4 166	521
10	456	1.10	5 016	502
15	673	1.07	7 201	480
20	888	1.05	9 324	466
25	1 102	1.04	11 461	458
30	1 316	1.03	13 555	452
40	1 742	1.025	17 856	446
50	2 167	1.02	22 103	442
60	2 590	1.017	26 340	439
注：如表中查不到需要的数据，则按照 B.1.1 的规定进行计算，得到相应的数据。				

B.1.3　秋千的使用者载荷的选取

a)　秋千的使用者载荷，根据秋千座椅的使用者数量 n，成人秋千按表 B.1 选取，儿童秋千按表 B.2 选取。

b)　因秋千座椅的结构和尺寸限制只能容纳 1 人游乐的秋千，使用者数量 n 为 1；坐板型、马鞍型秋千座椅的使用者数量 n 为 2，秋千平台的使用者 n 按式(B.4)计算：

$$n = L/0.6 \quad \text{(B.4)}$$

式中：

n ——使用者数量；

L ——秋千平台的外部的尺寸，单位为米(m)。

B.2　秋千的受力要求

B.2.1　秋千的受力分析

根据秋千的运动特点进行受力分析后，运动产生的力为水平载荷 F_h、垂直载荷 F_v，两者合成的力为综合载荷 F_r，见图 B.1 所示。

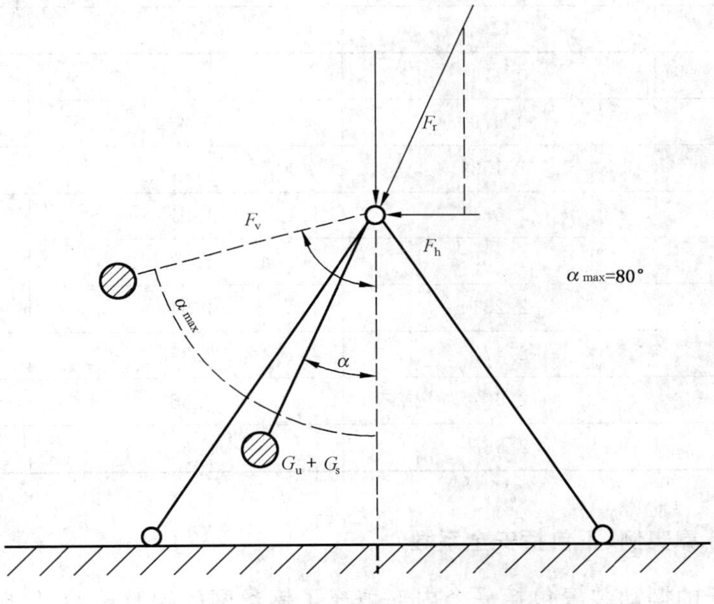

图 B.1　施加在秋千上的载荷

B.2.2　秋千的受力计算

a)　秋千的水平载荷 F_h、垂直载荷 F_v、综合载荷 F_r 分别按式(B.5)、式(B.6)、式(B.7)计算：

$$F_h = C_h \times g \times (G_n + G_s) \quad \text{(B.5)}$$

$$F_v = C_v \times g \times (G_n + G_s) \quad \text{(B.6)}$$

$$F_r = C_r \times g \times (G_n + G_s) \quad \text{(B.7)}$$

式中：

F_h ——秋千的水平载荷，单位为牛顿(N)；

F_v ——秋千的垂直载荷，单位为牛顿(N)；

F_r ——秋千的综合载荷，单位为牛顿(N)；

g ——重力加速度，量值为 10 m/s^2；

G_n ——n 个使用者的体重，单位为千克(kg)；

G_s ——摆动装置的重量，单位为千克(kg)；
C_h ——水平载荷系数；
C_v ——垂直载荷系数；
C_r ——综合载荷系数。

b) 秋千的受力计算公式中参数选取如下：
   1) n 个使用者的体重 G_n，根据秋千座椅的使用者数量 n 值，成人秋千按表 B.1 选取，儿童秋千表 B.2 选取，如表 B.1 或表 B.2 中查不到需要的数据，则按照 B.1.1 的规定进行计算，得到相应的数据；
   2) 摆动装置的重量 G_s，摆动装置的重量等于秋千座椅的重量与悬挂连接件(秋千绳或链条等)的一半重量之和；
   3) 表 B.3 列出秋千的摆动角 α 从最大摆动角度 α_{max}(为 80°)到最小摆角 α_{min}(为 0°)的三个载荷系数值，水平载荷系数 C_h、垂直载荷系数 C_v、综合载荷系数 C_r，可从表 B.3 中选取各自的最大值。

表 B.3 秋千的使用者载荷系数

$\alpha_{max}=80°$			
α	C_r	C_v	C_h
80°	0.174	0.030	0.171
70°	0.679	0.232	0.638
60°	1.153	0.577	0.999
50°	1.581	1.016	1.211
42.6°	1.950	1.494	1.253
30°	2.251	1.949	1.126
20°	2.472	2.323	0.845
10°	2.607	2.567	0.453
0°	2.653	2.653	0.000

B.2.3 秋千的受力计算实例(不包括安全系数)

B.2.3.1 某成人秋千的摆动装置包括一个内部填充了钢丝网的橡胶轮胎，轮胎用四根链条悬挂(见图 B.2)。

直径：1.0 m；轮胎和网的重量：50 kg；链条的重量：10 kg。

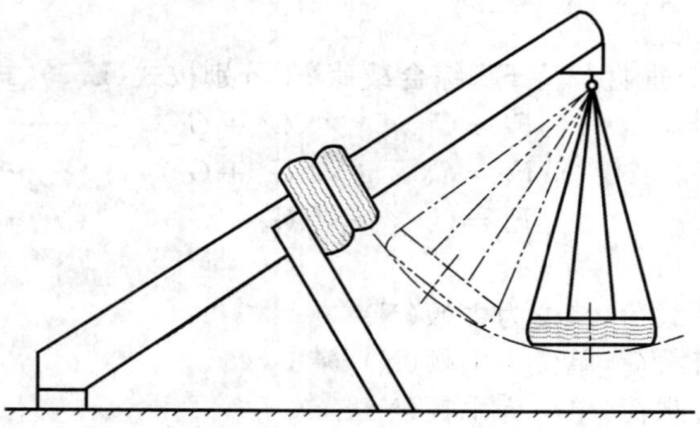

图 B.2 单点秋千

B.2.3.2 计算步骤如下：

摆动装置的重量：

$G_s = 50 + (1/2 \times 10) = 55\ \text{kg}$

摆动座椅的外围周长：

$L = \pi \times D = 3.14 \times 1.0 = 3.14\ \text{m}$

使用者数量[见公式(B.4)]：

$n = L/0.6 = 3.14/0.6 = 5.24$

取整：$n = 6$。

n 个使用者的重量 G_n：

n 个使用者的重量 G_n，查表 B.1，$n=6$ 时，$G_n = 397\ \text{kg}$。

载荷计算：

在综合载荷 F_r 处于最大值时[见式(B.7)]，链条上的力达到最大。查表 B.3，当 $\alpha = 0°$ 时，综合载荷系数最大，即 $C_r = 2.653$。

$F_{rmax} = C_r \times g \times (G_n + G_s) = 2.653 \times 10 \times (397 + 55) = 11\ 992\ \text{N}$

$C_h = 0$

$F_h = 0\ \text{N}$

载荷系数 C_h 达到最大时[见公式(B.5)]，摆动装置上的水平载荷也达到最大值。查表 B.3，当 $\alpha = 42.6°$ 时水平载荷系数最大，即 $C_h = 1.253$。

$F_h = C_v \times g \times (G_n + G_s) = 1.253 \times 10 \times (397 + 55) = 5\ 664\ \text{N}$

同时施加的垂直载荷的载荷系数 $C_v = 1.494$[见公式(B.6)]。

$F_v = C_v \times g \times (G_n + G_s) = 1.494 \times 10 \times (397 + 55) = 6\ 753\ \text{N}$

附　录　C
（规范性附录）
秋千的结构强度测试

C.1　原则

秋千加静载荷后，持续 5 min，然后检查秋千设备，各种连接件应无松脱现象，零部件应无目视可见的裂纹、永久变形及损坏现象，否则结构强度测试判为不合格。

C.2　程序

C.2.1　试验载荷

C.2.1.1　根据附录 B 第 B.2 章有关规定，计算得出秋千的最大载荷 F_{rmax}，并按式(C.1)计算试验载荷：

$$试验载荷 = \gamma_{Q;t} \times F_{rmax} \qquad \text{(C.1)}$$

式中：

F_{rmax}——最大载荷(不包括安全系数)，单位为牛顿(N)；

$\gamma_{Q;t}$ ——安全系数。对于一个系列相类似的产品，不需要每个都进行加载测试，安全系数取 2。

C.2.1.2　按 C.2.1.1 的计算结果准备好试验载荷。

C.2.2　加载试验

C.2.2.1　在每个秋千座椅上放置 C.2.1.2 准备的试验载荷，持续 5 min 后进行目视检查。

C.2.2.2　放下试验载荷，目视检查各种连接件是否有松脱现象，零部件是否有目视可见的裂纹、永久变形及损坏现象。

附　录　D
（规范性附录）
秋千座椅的防撞击试验

D.1　原则

抬高秋千座椅，然后撞向测试块。通过加速度计测量得到的每次撞击数据经过加工，得到加速度的峰值和表面压力。

D.2　测试设备

D.2.1　测试装置，包括测试块(D.2.2)、加速度计(D.2.3)、链条(D.2.4)(见图 D.1)。

D.2.2　测试块，包括一个直径为 160 mm±5 mm 的铝球，重 4.6 kg±0.05 kg。表面粗糙度小于 25 μm，这样撞击物在秋千座椅和加速度计之间就会平均受力。

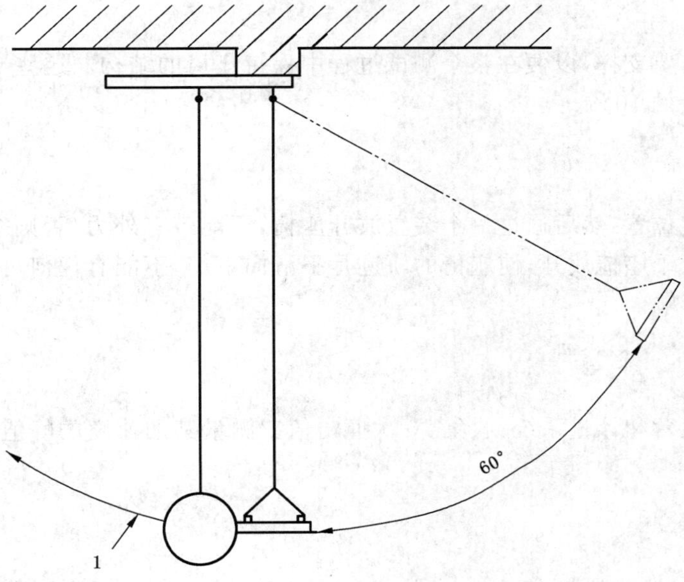

说明：
1——测试设备。

图 D.1　测试准备

D.2.3　加速度计

安装在测试块(D.2.2)的重心处，可以三维的测量加速度，加速度的轴向角度误差在 2 度以内。

D.2.4　链条

链条，2 根 6 mm 粗的链条，长 1 600 mm(从转轴到秋千座椅)，这样可以使测试块(D.2.2)撞击上秋千座椅。

D.3 测试程序

D.3.1 秋千板

将秋千板挂在 6 mm 的链条上，这样秋千板的下端距离转轴垂直距离为 2 400 mm±10 mm。

D.3.2 秋千座椅

将秋千板挂在 6 mm 的链条上，这样秋千板的下端距离转轴垂直距离为 1 800 mm±10 mm。

D.3.3 测试准备

秋千座椅的前端应该正好碰到测试块的重心位置。

D.3.4 为测试抬高秋千座椅

秋千座椅应该抬高到与垂直面成 60°角，从侧面投影看，秋千绳成直线。

当秋千悬挂在链条上时，可能会出现一些弯曲地方。调整秋千座椅，以便消除弯曲，形成直线。

一定要注意避免损伤测试仪器。如果担心测试仪器量程不够，可以先做预备的测试，在比较低的角度上测试(如 10°、20°、30°等)。如果对秋千座椅的安装或稳定性有疑问，可以在不撞击测试块的情况下先做几次试验。

有些柔性的座椅需要支撑，以便在整个测试过程中保持座椅的结构。这些支撑的重量在测试结束时不允许超过座椅重量的 10%。

D.3.5 支撑和放开座椅

将座椅放置在指定位置，然后通过一个装置放开座椅，不能带有外力，否则会影响测试。确保座椅和绳子是静止的。将秋千座椅放开，使座椅的轨迹是平滑向下的，不能有任何可见的震荡或旋转，否则会在撞击测试块时有影响。

D.3.6 收集数据

当建立了满意的运营和计量系统，收集 10 次撞击值。测量其加速度的峰值，记录秋千座椅和测试块的撞击点。

D.3.7 加速度峰值

记录 10 次撞击的加速度峰值。

D.3.8 表面压力

记录 10 次撞击的表面压力值。

D.3.9 平均表面压力

测量与测试块接触的座椅面积。然后计算平均表面压力(用座椅力去除接触面积)，记录这个值[单位为千帕(kPa)]。

附　录　E
（规范性附录）
秋千的动载测试

E.1　原则

秋千加载后，摇晃固定的循环，然后检查秋千设备，各种连接件应无松脱现象，零部件应无目视可见的裂纹、永久变形及损坏现象，否则动载测试判为不合格。

E.2　程序

E.2.1　试验载荷

E.2.1.1　按附录B中B.1.3的规定，根据秋千座椅的类型选取或计算使用者数量n值。

E.2.1.2　总动载荷$F_{tot;v}$，根据秋千座椅的使用者数量n值，成人秋千按表B.1选取$F_{tot;v}$值，儿童秋千表B.2选取$F_{tot;v}$值。如表B.1或表B.2中查不到需要的数据，则按照B.1.1的规定进行计算，得到相应的数据。

E.2.1.3　按E.2.1.1、E.2.1.2的规定确定的总动载荷$F_{tot;v}$值，准备好试验载荷。

E.2.2　动载试验

E.2.2.1　在每个秋千座椅上放置E.2.1.3准备的试验载荷后，进行下列试验：

a）　摇晃座位；

b）　摇晃悬挂点。

秋千的行程至少120°，摇晃100 000次。

E.2.2.2　放下试验载荷，目视检查各种连接件是否有松脱现象，零部件是否有目视可见的裂纹、永久变形及损坏现象。

ICS 71.120.30
J 75

中华人民共和国国家标准

GB/T 28712.1—2012

热交换器型式与基本参数
第1部分:浮头式热交换器

Types and basic parameters of heat exchangers—
Part 1: Floating heat exchangers

2012-09-03 发布　　2013-01-01 实施

中华人民共和国国家质量监督检验检疫总局
中国国家标准化管理委员会　发布

前　言

GB/T 28712《热交换器型式与基本参数》分为6个部分：

——第1部分：浮头式热交换器；

——第2部分：固定管板式热交换器；

——第3部分：U形管式热交换器；

——第4部分：立式热虹吸式重沸器；

——第5部分：螺旋板式热交换器；

——第6部分：空冷式热交换器。

本部分为GB/T 28712的第1部分。

本部分按照GB/T 1.1—2009给出的规则起草。

本部分由全国锅炉压力容器标准化技术委员会(SAC/TC 262)提出并归口。

本部分起草单位：甘肃蓝科石化高新装备股份有限公司、上海蓝滨石化设备有限责任公司、中国石化工程建设公司、中国石化洛阳石化工程公司。

本部分主要起草人：张延丰、邹建东、常春梅、林郡、马一鸣、王海波、马忠平、杨龙须。

热交换器型式与基本参数
第1部分:浮头式热交换器

1 范围

GB/T 28712的本部分规定了浮头式换热器(以下简称“换热器”)和浮头式冷凝器(以下简称“冷凝器”)的型式、公称压力、公称直径、计算换热面积等基本参数。

本部分适用公称直径不大于1 900 mm、公称压力不大于6.4 MPa的内导流换热器。

本部分适用公称直径不大于1 000 mm、公称压力不大于4.0 MPa的外导流换热器。

本部分适用公称直径不大于1 800 mm、公称压力不大于4.0 MPa的冷凝器。

2 规范性引用文件

下列文件对于本文件的应用是必不可少的。凡是注日期的引用文件,仅注日期的版本适用于本文件。凡是不注日期的引用文件,其最新版本(包括所有的修改单)适用于本文件。

JB/T 4712.1—2007 容器支座 第1部分:鞍式支座

3 符号

A ——公称换热面积,经圆整后的计算换热面积,m^2;

A_1 ——计算换热面积,m^2;

B ——管程接管中心至管箱密封面的距离,mm;

BP——折流板(支持版)间距,mm;

C ——非中心布置四管程接管中心线到垂直中心线的距离,mm;

D ——管程接管与壳程接管中心距,mm;

DN——公称直径,换热器和冷凝器卷制筒体的内径(对钢管制圆筒为外径),mm;

d ——换热管外径,mm;

dn——接管公称直径,mm;

E ——壳程靠近管箱的接管中心与固定支座中心线的轴向距离,mm;

F ——两支座中心的距离,mm;

G ——壳程接管中心距,mm;

H ——壳体外壁到支座底面的高度,mm;

L ——换热管长度,mm;

l_1 ——换热管伸出管板长度(设定为3),mm;

N ——管程数;

n ——换热管根数;

PN——公称压力,MPa;

δ ——管板厚度,mm;

δ_t ——换热管壁厚,mm;

4 型式

4.1 换热器

4.1.1 内导流换热器

内导流换热器见图 1,接管公称直径见图 9 和表 12。

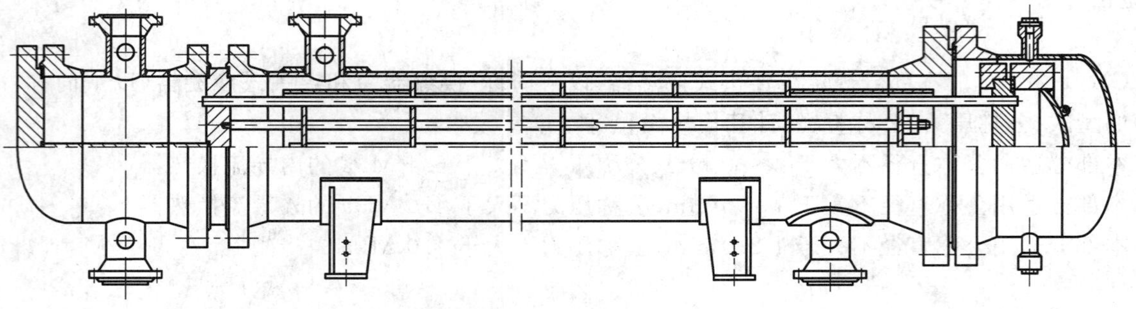

图 1

4.1.2 外导流换热器

外导流换热器见图 2,接管公称直径见图 10 和表 13。

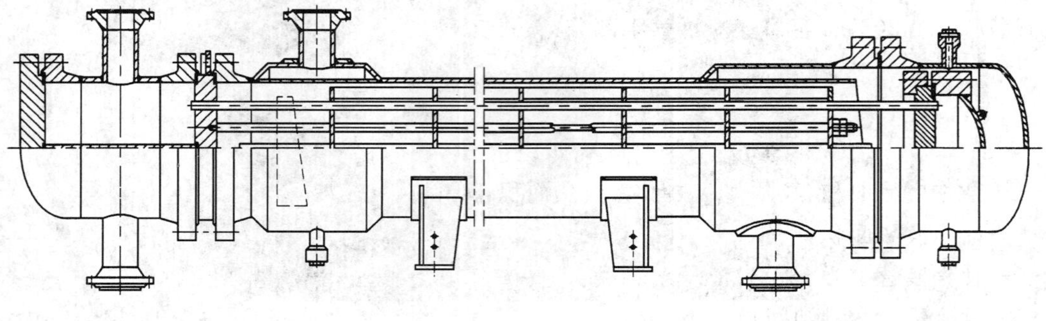

图 2

4.1.3 重叠式换热器

4.1.3.1 3 000 mm,4 500 mm,6 000 mm 管长重叠式换热器见图 3。

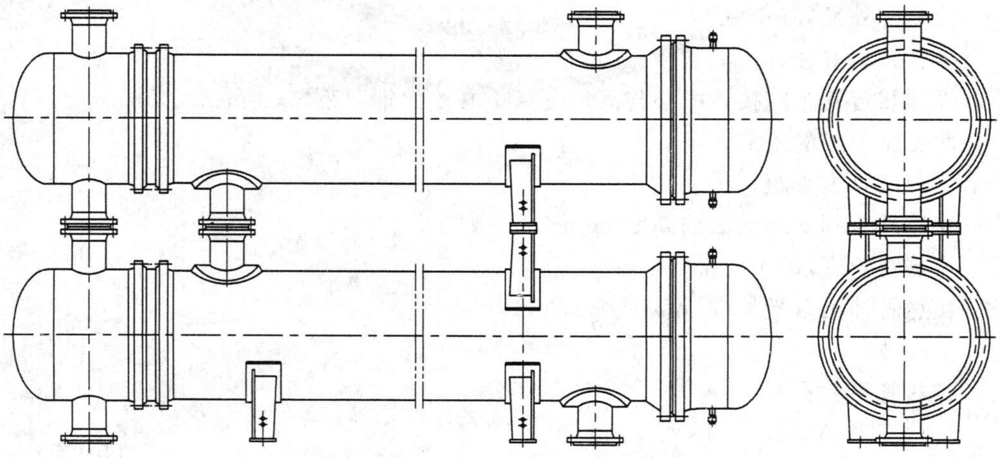

图 3

4.1.3.2 9 000 mm 管长重叠式换热器见图 4。

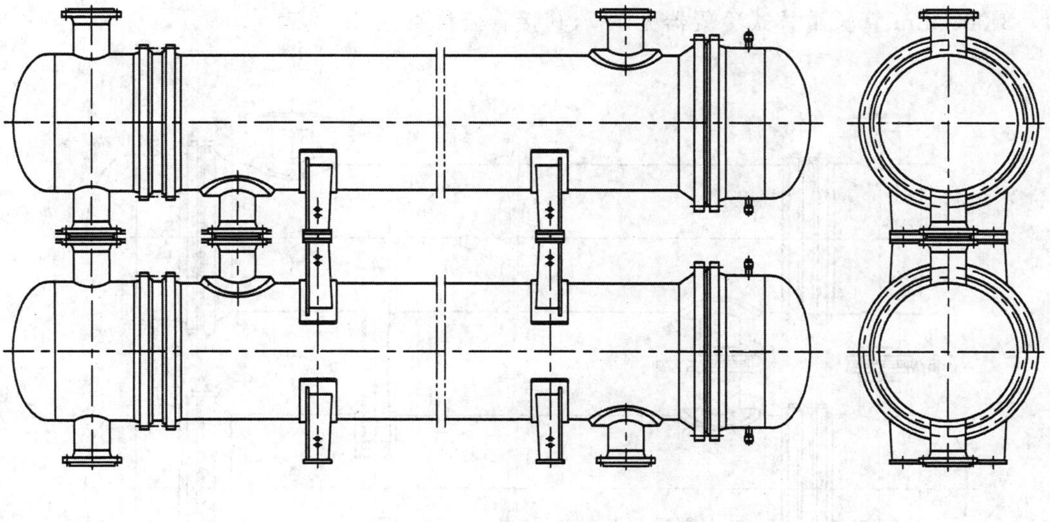

图 4

4.2 冷凝器

4.2.1 3 000 mm 管长冷凝器见图 5,其接管公称直径见图 11 和表 14。

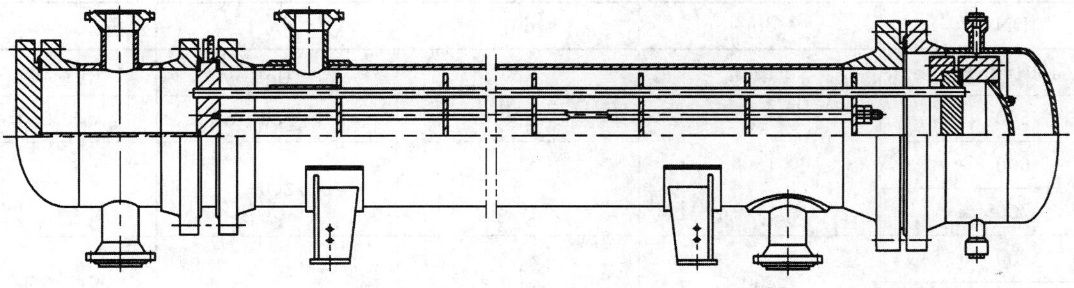

图 5

4.2.2 6 000 mm 管长冷凝器见图 6,其接管公称直径见图 11 和表 14。

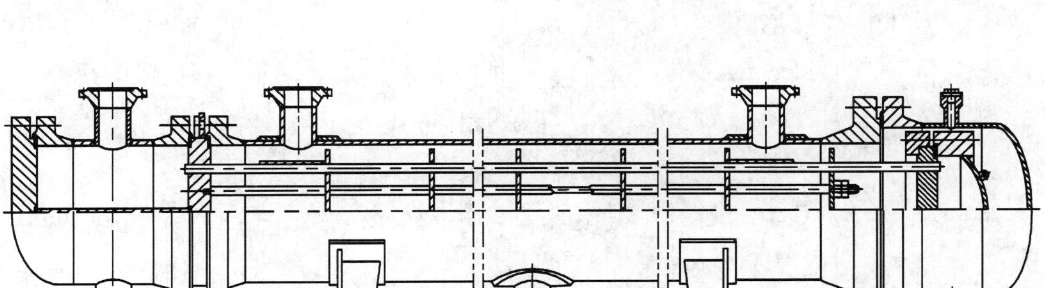

图 6

4.2.3 重叠式冷凝器

4.2.3.1 3 000 mm 管长重叠式冷凝器见图 7，其接管公称直径 dn 见表 1。

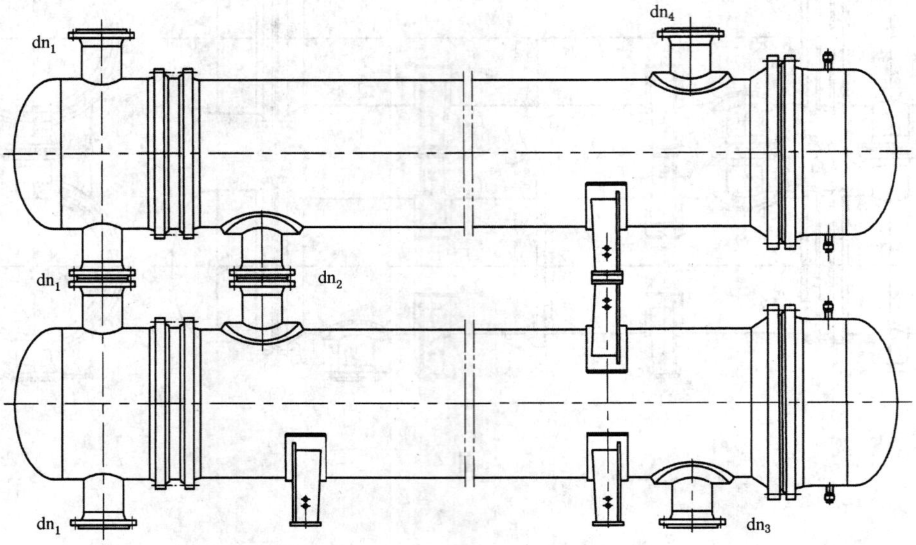

图 7

表 1

单位为毫米

DN	dn_1	dn_2	dn_3	dn_4
400(426)	100	150	100	200
500	150	200	150	250
600		250	200	300
700				
800	200	300	250	350
900				
1 000	250	350	300	400
注：括号内系钢管制圆筒外直径。				

4.2.3.2 6 000 mm 管长重叠式冷凝器见图 8，其接管公称直径 dn 见表 2。

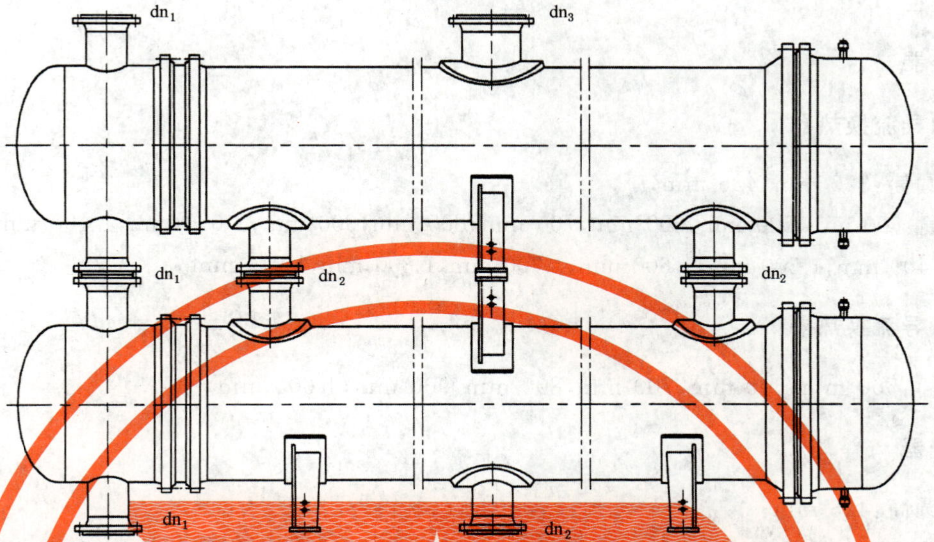

图 8

表 2

单位为毫米

<table>
<tr><th>DN</th><th>dn_1</th><th>dn_2</th><th>dn_3</th></tr>
<tr><td>500</td><td rowspan="3">150</td><td>200</td><td>250</td></tr>
<tr><td>600</td><td rowspan="2">250</td><td rowspan="2">300</td></tr>
<tr><td>700</td></tr>
<tr><td>800</td><td rowspan="2">200</td><td rowspan="2">300</td><td rowspan="2">350</td></tr>
<tr><td>900</td></tr>
<tr><td>1 000</td><td rowspan="2">250</td><td rowspan="3">350</td><td rowspan="3">400</td></tr>
<tr><td>1 100</td></tr>
<tr><td>1 200</td><td rowspan="2">300</td></tr>
<tr><td>1 300</td><td rowspan="3">400</td><td rowspan="3">450</td></tr>
<tr><td>1 400</td><td rowspan="2">350</td></tr>
<tr><td>1 500</td></tr>
<tr><td>1 600</td><td rowspan="2">400</td><td rowspan="3">450</td><td rowspan="3">500</td></tr>
<tr><td>1 700</td></tr>
<tr><td>1 800</td><td>450</td></tr>
</table>

5 基本参数

5.1 公称直径 DN

5.1.1 换热器

5.1.1.1 内导流换热器

钢管制圆筒:325 mm,426 mm;

卷制圆筒:400 mm,500 mm,600 mm,700 mm,800 mm,900 mm,1 000 mm,1 100 mm,1 200 mm,1 300 mm,1 400 mm,1 500 mm,1 600 mm,1 700 mm,1 800 mm,1 900 mm。

5.1.1.2 外导流换热器

卷制圆筒:500 mm,600 mm,700 mm,800 mm,900 mm,1 000 mm。

5.1.2 冷凝器

钢管制圆筒:426 mm;

卷制圆筒:400 mm,500 mm,600 mm,700 mm,800 mm,900 mm,1 000 mm,1 100 mm,1 200 mm,1 300 mm,1 400 mm,1 500 mm,1 600 mm,1 700 mm,1 800 mm。

5.2 公称压力 PN

换热器:1.0 MPa,1.6 MPa,2.5 MPa,4.0 MPa,6.4 MPa;

冷凝器:1.0 MPa,1.6 MPa,2.5 MPa,4.0 MPa。

5.3 换热管

5.3.1 换热管种类:光管,强化传热管。

5.3.2 换热管长度:3 000 mm,4 500 mm,6 000 mm,9 000 mm。

5.3.3 换热管材料:碳素钢,低合金钢,不锈钢,有色金属。

5.3.4 换热管规格及排列形式见表 3。

表 3

单位为毫米

换热管外径×壁厚($d \times \delta_t$)					排列形式	管心距
碳素钢、低合金钢	不锈钢	铝、铝合金	铜、铜合金	钛、钛合金		
19×2	19×2	19×2	19×2	19×1.25	正三角形 正方形 转角正方形	25
25×2.5	25×2	25×2	25×2	25×1.5		32
注:当采用其他厚度时,应核算管程流通面积。						

5.4 管程数 *N*

管程数 *N* 见表 4。

表 4

公称直径 DN/mm	≤500	600～1 200	1 300～1 900
管程数 *N*	2,4	2,4,6	4,6

5.5 折流板、支持板间距 BP

5.5.1 换热器折流板间距 BP 见表 5。

表 5

单位为毫米

公称直径 DN	换热管长 *L*	折流板间距 BP							
≤700	3 000	100	150	200					
≤700	4 500	100	150	200					
800～1 200			150	200	250	300		450(或 480)	
400～1 100	6000		150	200	250	300	350	450(或 480)	
1 200～1 800				200	250	300	350	450(或 480)	
1 900					250	300	350	450(或 480)	
1 200～1 800	9000					300	350	450	600

5.5.2 冷凝器支持板间距：450 mm(或 480 mm)，600 mm。

5.6 管箱

管箱的结构形式应符合下列规定：

a) DN≤400 mm 一般采用平盖管箱；

b) 500 mm≤DN≤800 mm 一般采用平盖管箱或封头管箱，宜使用封头管箱；

c) DN≥900 mm 一般采用封头管箱。

5.7 旁路挡板的数量

换热器管束旁路挡板的数量见表 6。

表 6

DN/mm	≤500	600～700	800～1 200	1 300～1 500	1 600～1 800	1 900
旁路挡板/对	1	2	3	4	5	6

6 基本参数组合

6.1 内导流换热器基本参数组合见表 7：

表 7

DN/mm	N	L/mm															
		3 000				4 500				6 000					9 000		
		PN/MPa															
		1.0	1.6	2.5	4.0	1.0	1.6	2.5	4.0	1.0	1.6	2.5	4.0	6.4	1.0	1.6	2.5
(325)	2																
	4																
(426) 400	2																
	4																
500	2																
	4																
600	2																
	4																
	6																
700	2																
	4																
	6																
800	2																
	4																
	6																
900	2																
	4																
	6																
1 000	2																
	4																
	6																
1 100	2																
	4																
	6																
1 200	2																
	4																
	6																
1 300	4																
	6																
1 400	4																
	6																
1 500	4																
	6																
1 600	4																
	6																
1 700	4																
	6																
1 800	4																
	6																
1 900	4																
	6																
注：括号内采用钢管作筒体的公称直径，此公称直径系指钢管外径。																	

6.2 外导流换热器的基本参数组合见表 8：

表 8

DN/mm	N	L=6 000 mm			
		PN/MPa			
		1.0	1.6	2.5	4.0
500	2				
	4				
600	2				
	4				
	6				
700	2				
	4				
	6				
800	2				
	4				
	6				
900	2				
	4				
	6				
1 000	2				
	4				
	6				

6.3 冷凝器的基本参数组合见表 9：

表 9

DN/mm	N	L/mm							
		3 000				6 000			
		PN/MPa							
		1.0	1.6	2.5	4.0	1.0	1.6	2.5	4.0
(426) 400	2								
	4								
500	2								
	4								
600	2								
	4								
	6								

表 9（续）

DN/mm	N	L/mm 3 000 PN/MPa 1.0	1.6	2.5	4.0	6 000 1.0	1.6	2.5	4.0
700	2								
	4								
	6								
800	2								
	4								
	6								
900	2								
	4								
	6								
1 000	2								
	4								
	6								
1 100	2								
	4								
	6								
1 200	2								
	4								
	6								
1 300	4								
	6								
1 400	4								
	6								
1 500	4								
	6								
1 600	4								
	6								
1 700	4								
	6								
1 800	4								
	6								

7 主要参数

7.1 计算换热面积

计算换热面积按式(1)确定：

$$A_1 = \pi d(L - 2\delta - 2l_1)n \times 10^{-6} \qquad \cdots\cdots(1)$$

7.2 内导流换热器和冷凝器的主要参数

内导流换热器和冷凝器的主要参数见表10。

表 10

DN mm	N	n^a		中心排管数		管程流通面积/m²					A_1 [b]/m²							
		d/mm				$d \times \delta_t$ mm					L=3 000 mm		L=4 500 mm		L=6 000 mm		L=9 000 mm	
		19	25	19	25	19×1.25	19×2	25×1.5	25×2	25×2.5	19	25	19	25	19	25	19	25
325	2	60	32	7	5	0.006 4	0.005 3	0.006 02	0.005 5	0.005 0	10.5	7.4	15.8	11.1				
	4	52	28	6	4	0.002 78	0.002 3	0.002 63	0.002 4	0.002 2	9.1	6.4	13.7	9.7				
(426) 400	2	120	74	8	7	0.012 83	0.010 6	0.013 8	0.012 6	0.011 6	20.9	16.9	31.6	25.6	42.3	34.4		
	4	108	68	9	6	0.005 81	0.004 8	0.006 46	0.005 9	0.005 3	18.8	15.6	28.4	23.6	38.1	31.6		
500	2	206	124	11	8	0.022 0	0.018 2	0.023 5	0.021 5	0.019 4	35.7	28.3	54.1	42.8	72.5	57.4		
	4	192	116	10	9	0.010 29	0.008 5	0.010 95	0.010 0	0.009 1	33.2	26.4	50.4	40.1	67.6	53.7		
600	2	324	198	14	11	0.034 61	0.028 6	0.037 56	0.034 3	0.031 1	55.8	44.9	84.8	68.2	113.9	91.5		
	4	308	188	14	10	0.016 46	0.013 6	0.017 85	0.016 3	0.014 8	53.1	42.6	80.7	64.8	108.2	86.9		
	6	284	158	14	10	0.010 043	0.008 3	0.009 96	0.009 1	0.008 3	48.9	35.8	74.4	54.4	99.8	73.1		
700	2	468	268	16	13	0.051 19	0.041 4	0.050 81	0.046 4	0.042 1	80.4	60.6	122.2	92.1	164.1	123.7		
	4	448	256	17	12	0.023 96	0.019 8	0.024 31	0.022 2	0.020 1	76.9	57.8	117.0	87.9	157.1	118.1		
	6	382	224	15	10	0.013 55	0.011 2	0.014 13	0.012 9	0.011 6	65.6	50.6	99.8	76.9	133.9	103.4		
800	2	610	366	19	15	0.065 22	0.053 9	0.069 4	0.063 4	0.057 5			158.9	125.4	213.5	168.5		
	4	588	352	18	14	0.031 46	0.026 0	0.032 4	0.030 5	0.027 6			153.2	120.6	205.8	162.1		
	6	518	316	16	14	0.018 39	0.015 2	0.019 93	0.018 2	0.016 5			134.9	108.3	181.3	145.5		
900	2	800	472	22	17	0.085 55	0.070 7	0.089 46	0.081 7	0.074 1			207.6	161.2	279.2	216.8		
	4	776	456	21	16	0.041 5	0.034 3	0.043 25	0.039 5	0.035 3			201.4	155.7	270.8	209.4		
	6	720	426	21	16	0.025 65	0.021 2	0.026 9	0.024 6	0.022 3			186.9	145.5	251.3	195.6		
1 000	2	1 006	606	24	19	0.107 69	0.089 0	0.114 98	0.105	0.095 2			260.6	206.6	350.6	277.9		
	4	980	588	23	18	0.052 39	0.043 3	0.055 72	0.050 9	0.046 2			253.9	200.4	341.6	269.7		

表 10（续）

DN mm	N	n[a]		中心排管数		管程流通面积/m²					A_1[b]/m²							
		d/mm				$d\times\delta_t$ mm					L=3 000 mm		L=4 500 mm		L=6 000 mm		L=9 000 mm	
		19	25	19	25	19×1.25	19×2	25×1.5	25×2	25×2.5	19	25	19	25	19	25	19	25
1 000	6	892	564	21	18	0.037 1	0.026 2	0.035 7	0.032 6	0.029 5			231.1	192.2	311.0	258.7		
1 100	2	1 240	736	27	21	0.133 1	0.110 0	0.139 1	0.127 0	0.116 0			320.3	250.2	431.3	336.8		
	4	1 212	716	26	20	0.064 9	0.053 6	0.067 9	0.062 0	0.056 2			313.1	243.4	421.6	327.7		
	6	1 120	692	24	20	0.039 81	0.032 9	0.043 69	0.039 9	0.036 2			289.3	235.2	389.6	316.7		
1 200	2	1 452	880	28	22	0.156 1	0.129 0	0.166 4	0.152 0	0.138 0			374.4	298.6	504.3	402.2	764.2	609.4
	4	1 424	860	28	22	0.076 11	0.062 9	0.081 53	0.074 5	0.067 5			367.2	291.8	494.6	393.1	749.5	595.6
	6	1 348	828	27	21	0.047 92	0.0396	0.053 33	0.047 8	0.043 4			347.6	280.9	468.2	378.4	709.5	573.4
1 300	4	1 700	1 024	31	21	0.090 87	0.075 1	0.097 13	0.088 7	0.080 4					589.3	467.1		
	6	1 616	972	29	24	0.057 6	0.047 6	0.061 32	0.056 0	0.050 9					560.2	443.3		
1 400	4	1 972	1 192	32	26	0.105 4	0.087 1	0.115 79	0.103 0	0.093 6					682.6	542.9	1 035.6	823.6
	6	1 890	1 130	30	24	0.067 4	0.055 7	0.071 4	0.065 2	0.059 2					654.2	514.7	992.5	780.8
1 500	4	2 304	1 400	34	29	0.123 4	0.102 0	0.133 0	0.121 0	0.110 0					795.9	636.3		
	6	2 252	1 332	34	28	0.080 47	0.066 3	0.084 21	0.076 9	0.069 7					777.9	605.4		
1 600	4	2 632	1 592	37	30	0.140 4	0.116 0	0.151 1	0.138 0	0.125 0					907.6	722.3	1 378.7	1 097.3
	6	2 520	1 518	37	29	0.089 54	0.074 2	0.096 4	0.087 6	0.079 5					869.0	688.8	1 320.0	1 047.2
1 700	4	3 012	1 856	40	32	0.161 1	0.133 0	0.176 3	0.161 0	0.146 0					1 036.1	840.1		
	6	2 834	1 812	38	32	0.101 04	0.083 5	0.107 42	0.098 1	0.094 9					974.0	820.2		
1 800	4	3 384	2 056	43	34	0.180 29	0.149	0.194 9	0.178	0.161					1 161.3	928.4	1 766.9	1 412.5
	6	3 140	1 986	37	30	0.111 93	0.092 5	0.125 93	0.115	0.104					1 077.5	896.7	1 639.5	1 364.4

表 10（续）

DN mm	N	n[a]		中心排管数		管程流通面积/m²					A_1[b]/m²							
		d/mm				$d\times\delta_t$ mm					L=3 000 mm		L=4 500 mm		L=6 000 mm		L=9 000 mm	
		19	25	19	25	19×1.25	19×2	25×1.5	25×2	25×2.5	19	25	19	25	19	25	19	25
1 900	4	3 660	2 228	42	36	0.195 66	0.161 7	0.211 23	0.192 9	0.175					1 251.8	1 003.0		
	6	3 650	2 172	40	34	0.129 5	0.107	0.137 3	0.125 4	0.114					1 248.4	977.5		

[a] 排管数按转角正方形排列计算。

[b] 计算换热面积按光管及公称压力 2.5 MPa 管板厚度确定。

7.3 外导流换热器的主要参数

外导流换热器的主要参数见表 11。

表 11

DN mm	N	n^a		中心排管数		管程流通面积/m²					$A_1{}^b$/m²	
		d/mm				$d\times\delta_t$/mm					L=6 000 mm	
		19	25	19	25	19×1.25	19×2	25×1.5	25×2	25×2.5	19	25
500	2	224	132	13	10	0.023 9	0.019 8	0.024 7	0.022 9	0.020 7	78.8	61.2
	4	218	124	12	10	0.111 3	0.009 2	0.011 7	0.010 7	0.016 1	73.2	57.4
600	2	338	206	16	12	0.036 0	0.029 8	0.039 1	0.035 7	0.032 4	118.8	95.2
	4	320	196	15	12	0.017 0	0.014 1	0.018 6	0.017 0	0.015 4	112.4	90.6
700	2	480	280	18	15	0.051 4	0.042 5	0.053 1	0.048 5	0.044 0	168.3	129.2
	4	460	268	17	14	0.024 6	0.020 3	0.025 4	0.023 2	0.021 0	161.3	123.6
800	2	636	378	21	16	0.068 0	0.056 2	0.071 7	0.065 5	0.059 4	222.6	174.0
	4	612	364	20	16	0.032 8	0.027 1	0.034 5	0.031 5	0.028 5	214.2	167.6
900	2	822	490	24	19	0.087 7	0.072 6	0.092 9	0.084 8	0.076 9	286.9	225.1
	4	796	472	23	18	0.043 2	0.035 7	0.044 8	0.040 9	0.036 5	277.8	216.7
	6	742	452	23	16	0.026 3	0.021 7	0.028 6	0.026 1	0.023 7	259.0	207.5
1 000	2	1050	628	26	21	0.112 4	0.092 9	0.119 4	0.109 0	0.098 7	365.9	288.0
	4	1020	608	27	20	0.054 6	0.045 1	0.057 6	0.052 6	0.047 8	355.5	278.9
	6	938	580	25	20	0.033 4	0.027 6	0.036 7	0.033 5	0.030 1	327.0	266.0

[a] 排管数按转角正方形排列计算。

[b] 计算换热面积按光管及公称压力 2.5 MPa 管板厚度确定。

8 组装尺寸

8.1 内导流换热器组装尺寸按图 9 和表 12。

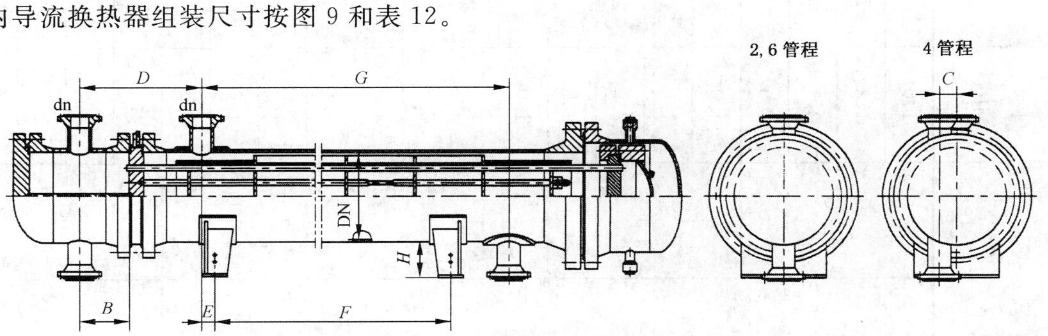

图 9

表 12

单位为毫米

<table>
<tr><th rowspan="2">组装尺寸</th><th rowspan="2">L</th><th rowspan="2">PN
MPa</th><th colspan="17">DN</th></tr>
<tr><th>325</th><th>426
400</th><th>500</th><th>600</th><th>700</th><th>800</th><th>900</th><th>1 000</th><th>1 100</th><th>1 200</th><th>1 300</th><th>1 400</th><th>1 500</th><th>1 600</th><th>1 700</th><th>1 800</th><th>1 900</th></tr>
<tr><td rowspan="13">F</td><td rowspan="4">3 000</td><td>1.0</td><td></td><td colspan="4">1 700</td><td></td><td></td><td></td><td></td><td></td><td></td><td></td><td></td><td></td><td></td><td></td><td></td></tr>
<tr><td>1.6</td><td></td><td colspan="4">1 700</td><td></td><td></td><td></td><td></td><td></td><td></td><td></td><td></td><td></td><td></td><td></td><td></td></tr>
<tr><td>2.5</td><td colspan="5">1 700</td><td></td><td></td><td></td><td></td><td></td><td></td><td></td><td></td><td></td><td></td><td></td><td></td></tr>
<tr><td>4.0</td><td colspan="2">1 700</td><td colspan="3">1 600</td><td></td><td></td><td></td><td></td><td></td><td></td><td></td><td></td><td></td><td></td><td></td><td></td></tr>
<tr><td rowspan="4">4 500</td><td>1.0</td><td></td><td colspan="4">2 900</td><td colspan="4">2 500</td><td>2 300</td><td></td><td></td><td></td><td></td><td></td><td></td><td></td></tr>
<tr><td>1.6</td><td></td><td colspan="4">2 900</td><td colspan="4">2 500</td><td>2 300</td><td></td><td></td><td></td><td></td><td></td><td></td><td></td></tr>
<tr><td>2.5</td><td colspan="5">2 900</td><td colspan="4">2 500</td><td>2 300</td><td></td><td></td><td></td><td></td><td></td><td></td><td></td></tr>
<tr><td>4.0</td><td colspan="5">2 900</td><td colspan="4">2 500</td><td>2 300</td><td></td><td></td><td></td><td></td><td></td><td></td><td></td></tr>
<tr><td rowspan="5">6 000</td><td>1.0</td><td></td><td colspan="4">4 400</td><td colspan="4">4 000</td><td colspan="2">3 800</td><td colspan="2">3 600</td><td colspan="2">3 600</td><td colspan="2">3 400</td></tr>
<tr><td>1.6</td><td></td><td colspan="4">4 400</td><td colspan="4">4 000</td><td colspan="2">3 800</td><td colspan="2">3 600</td><td colspan="2">3 600</td><td colspan="2">3 400</td></tr>
<tr><td>2.5</td><td></td><td colspan="4">4 400</td><td colspan="4">4 000</td><td colspan="2">3 800</td><td colspan="2">3 600</td><td colspan="2">3 600</td><td colspan="2">3 400</td></tr>
<tr><td>4.0</td><td></td><td colspan="4">4 400</td><td colspan="4">4 000</td><td colspan="2">3 800</td><td colspan="2">3 600</td><td></td><td></td><td></td><td></td></tr>
<tr><td>6.4</td><td></td><td colspan="5">4 400</td><td></td><td></td><td></td><td></td><td></td><td></td><td></td><td></td><td></td><td></td><td></td></tr>
<tr><td rowspan="3">9 000</td><td>1.0</td><td></td><td></td><td></td><td></td><td></td><td></td><td></td><td></td><td></td><td>7 000</td><td></td><td>6 800</td><td></td><td>6 700</td><td></td><td>6 600</td><td></td></tr>
<tr><td>1.6</td><td></td><td></td><td></td><td></td><td></td><td></td><td></td><td></td><td></td><td>7 000</td><td></td><td>6 800</td><td></td><td>6 700</td><td></td><td>6 600</td><td></td></tr>
<tr><td>2.5</td><td></td><td></td><td></td><td></td><td></td><td></td><td></td><td></td><td></td><td>6 800</td><td></td><td>6 700</td><td></td><td>6 600</td><td></td><td>6 450</td><td></td></tr>
<tr><td rowspan="4">G</td><td rowspan="4">3 000</td><td>1.0</td><td></td><td colspan="4">2 100</td><td></td><td></td><td></td><td></td><td></td><td></td><td></td><td></td><td></td><td></td><td></td><td></td></tr>
<tr><td>1.6</td><td></td><td colspan="4">2 100</td><td></td><td></td><td></td><td></td><td></td><td></td><td></td><td></td><td></td><td></td><td></td><td></td></tr>
<tr><td>2.5</td><td colspan="5">2 100</td><td></td><td></td><td></td><td></td><td></td><td></td><td></td><td></td><td></td><td></td><td></td><td></td></tr>
<tr><td>4.0</td><td colspan="2">2 100</td><td colspan="3">2 000</td><td></td><td></td><td></td><td></td><td></td><td></td><td></td><td></td><td></td><td></td><td></td><td></td></tr>
</table>

表 12（续）

单位为毫米

组装尺寸	L	PN MPa	DN 325	426 400	500	600	700	800	900	1 000	1 100	1 200	1 300	1 400	1 500	1 600	1 700	1 800	1 900
G	4 500	1.0		3 600				3 420				3 250							
		1.6		3 600				3 420				3 250							
		2.5	3 600					3 420		3 300		3 100							
		4.0	3 600		3 500			3 300		3 150		3 000							
	6 000	1.0		5 100				4 920				4 750		4 600		4 500		4 450	
		1.6		5 100				4 920				4 750		4 600		4 500		4 450	
		2.5		5 100				4 920		4 800		4 600		4 500		4 400		4 300	
		4.0		5 100	5 000			4 800		4 650		4 500	4 400						
		6.4		5 100	4 860														
	9 000	1.0										7 750		7 600		7 500		7 450	
		1.6										7 750		7 600		7 500		7 450	
		2.5										7 600		7 500		7 400		7 300	
E	3 000	1.0～4.0	300																
	4 500	1.0～2.5	300																
		4.0	300		200														
	6 000	1.0～1.6	300					400								300		400	
		2.5	300									250				150		250	

表 12（续）

单位为毫米

组装尺寸	L	PN MPa	DN 325	426 400	500	600	700	800	900	1 000	1 100	1 200	1 300	1 400	1 500	1 600	1 700	1 800	1 900
E	6 000	4.0～6.4		300	200,50			300		100		200							
	9 000	1.0～2.5										200		200		200		200	
B	3 000～9 000	1.0		280	310			370		410		460		500		540		570	
		1.6		280	310			370		410		460		500		540		570	
		2.5	280		310			370		440		500		540		600		660	
		4.0	280		330			390		475		530		580					
		6.4	280		380		400												
D		1.0		635	680			800		880		1 010		1 100		1 190		1 270	
		1.6		635	680			800		880		1 010		1 100		1 190		1 270	
		2.5	635		700			820		950		1 100		1 200		1 300		1 410	
		4.0	635		730			880		1 090		1 170		1 250					
		6.4		635	830		880												
H		1.0～6.4	200																
dn		1.0～6.4	100		150			200		250		300		350		400		450	
C		1.0～6.4	75	100	125	150		200				300				400			

8.2　外导流换热器的组装尺寸按图 10 和表 13。

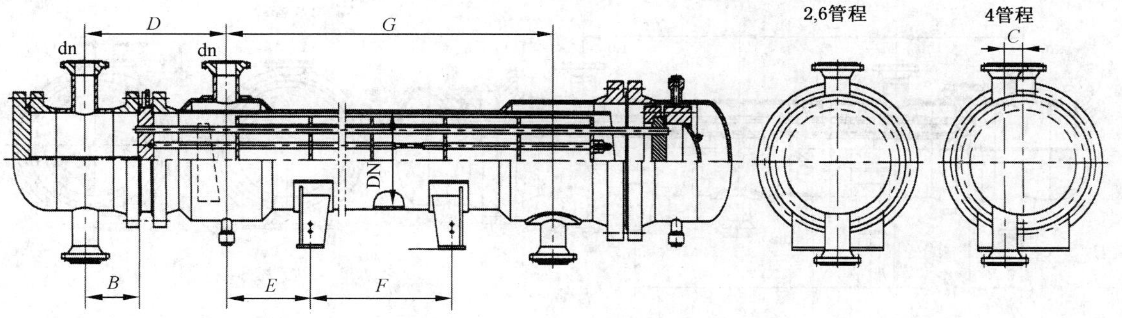

图 10

表 13

单位为毫米

<table>
<tr><th rowspan="2">组装尺寸</th><th rowspan="2">PN
MPa</th><th colspan="6">DN</th></tr>
<tr><th>500</th><th>600</th><th>700</th><th>800</th><th>900</th><th>1 000</th></tr>
<tr><td rowspan="4">F</td><td>1.0</td><td rowspan="2">4 400</td><td>4 300</td><td>4 300</td><td rowspan="2">4 000</td><td>4 000</td><td rowspan="2">3 800</td></tr>
<tr><td>1.6</td><td rowspan="3">4 000</td><td rowspan="3">4 000</td><td rowspan="2">3 800</td></tr>
<tr><td>2.5</td><td>4 300</td><td rowspan="2">3 800</td><td>3 700</td></tr>
<tr><td>4.0</td><td>4 000</td><td>3 700</td><td>3 500</td></tr>
<tr><td rowspan="4">G</td><td>1.0</td><td rowspan="3">5 100</td><td rowspan="3">5 100</td><td rowspan="2">5 100</td><td rowspan="2">5 000</td><td>5 000</td><td>4 920</td></tr>
<tr><td>1.6</td><td>4 920</td><td>4 800</td></tr>
<tr><td>2.5</td><td>5 000</td><td rowspan="2">4 920</td><td>4 800</td><td>4 750</td></tr>
<tr><td>4.0</td><td>5 000</td><td>5 000</td><td>4 920</td><td>4 750</td><td>4 600</td></tr>
<tr><td rowspan="3">B</td><td>1.0～1.6</td><td rowspan="2">310</td><td rowspan="2">310</td><td rowspan="2">310</td><td rowspan="2">370</td><td rowspan="2">370</td><td>410</td></tr>
<tr><td>2.5</td><td>440</td></tr>
<tr><td>4.0</td><td>330</td><td>330</td><td>330</td><td>390</td><td>390</td><td>475</td></tr>
<tr><td rowspan="4">D</td><td>1.0</td><td rowspan="2">680</td><td colspan="2">680</td><td>820</td><td>820</td><td>910</td></tr>
<tr><td>1.6</td><td>700</td><td>730</td><td>840</td><td>850</td><td>940</td></tr>
<tr><td>2.5</td><td>700</td><td>720</td><td>740</td><td>870</td><td>900</td><td>1 020</td></tr>
<tr><td>4.0</td><td>760</td><td>780</td><td>810</td><td>940</td><td>970</td><td>1 110</td></tr>
<tr><td rowspan="4">E</td><td>1.0</td><td rowspan="3">390</td><td>430</td><td>430</td><td colspan="2" rowspan="2">490</td><td rowspan="3">540</td></tr>
<tr><td>1.6</td><td rowspan="2">440</td><td rowspan="2">440</td></tr>
<tr><td>2.5</td><td rowspan="2">500</td><td>500</td></tr>
<tr><td>4.0</td><td>400</td><td>450</td><td>450</td><td>510</td><td>550</td></tr>
<tr><td>H</td><td>1.0～4.0</td><td colspan="6">250</td></tr>
<tr><td>dn</td><td>1.0～4.0</td><td colspan="3">150</td><td colspan="2">200</td><td>250</td></tr>
<tr><td>C</td><td>1.0～4.0</td><td>125</td><td colspan="2">150</td><td colspan="3">200</td></tr>
</table>

8.3 冷凝器的组装尺寸按图 11 和表 14。

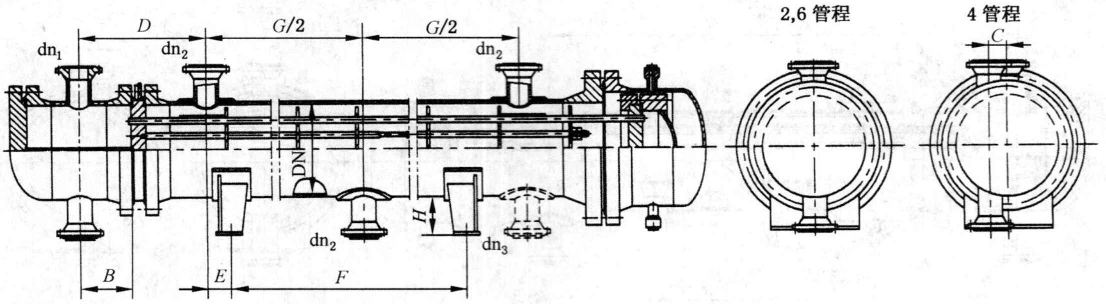

图 11

表 14

单位为毫米

<table>
<tr><td rowspan="2">组装尺寸</td><td rowspan="2">L</td><td rowspan="2">PN
MPa</td><td colspan="15">DN</td></tr>
<tr><td>426
400</td><td>500</td><td>600</td><td>700</td><td>800</td><td>900</td><td>1 000</td><td>1 100</td><td>1 200</td><td>1 300</td><td>1 400</td><td>1 500</td><td>1 600</td><td>1 700</td><td>1 800</td></tr>
<tr><td rowspan="8">F</td><td rowspan="4">3 000</td><td>1.0</td><td colspan="2" rowspan="4">1 700</td><td colspan="2" rowspan="3">1 550</td><td colspan="11"></td></tr>
<tr><td>1.6</td><td colspan="2">1 500</td><td>1 350</td><td colspan="8"></td></tr>
<tr><td>2.5</td><td colspan="11"></td></tr>
<tr><td>4.0</td><td>1 500</td><td>1 450</td><td colspan="11"></td></tr>
<tr><td rowspan="4">6 000</td><td>1.0～
1.6</td><td rowspan="4"></td><td colspan="3" rowspan="2">4 400</td><td colspan="4">4 000</td><td colspan="7">3 800</td></tr>
<tr><td>2.5</td><td colspan="2">4 000</td><td colspan="6">3 800</td><td colspan="3">3 700</td></tr>
<tr><td>4.0</td><td>4400</td><td colspan="4">4000</td><td colspan="3">3800</td><td colspan="3">3700</td><td colspan="3"></td></tr>
<tr><td rowspan="8">G</td><td rowspan="4">3 000</td><td>1.0</td><td colspan="2" rowspan="3">2 100</td><td colspan="2" rowspan="2">2 000</td><td colspan="11"></td></tr>
<tr><td>1.6</td><td colspan="2">1 900</td><td>1 780</td><td colspan="8"></td></tr>
<tr><td>2.5</td><td colspan="2">1 950</td><td colspan="11"></td></tr>
<tr><td>4.0</td><td>2 100</td><td>2 050</td><td>1 900</td><td>1 880</td><td colspan="11"></td></tr>
<tr><td rowspan="4">6 000</td><td>1.0</td><td rowspan="4"></td><td rowspan="2">5 100</td><td colspan="2" rowspan="3">4 920</td><td colspan="2">4 900</td><td colspan="4">4 700</td><td colspan="2">4 600</td><td colspan="3">4 500</td></tr>
<tr><td>1.6</td><td colspan="2">4 800</td><td colspan="3">4 700</td><td colspan="3">4 600</td><td colspan="3">4 450</td></tr>
<tr><td>2.5</td><td>5 050</td><td colspan="2">4 750</td><td colspan="2">4 650</td><td>4 600</td><td>4 550</td><td>4 500</td><td>4 450</td><td>4 350</td><td>4 320</td><td>4 300</td></tr>
<tr><td>4.0</td><td>5 000</td><td colspan="2">4 850</td><td colspan="2">4 700</td><td colspan="2">4 500</td><td>4 480</td><td>4 430</td><td>4 380</td><td>4 330</td><td colspan="3"></td></tr>
<tr><td rowspan="5">E</td><td rowspan="4">3 000</td><td>1.0</td><td colspan="4">30</td><td colspan="11"></td></tr>
<tr><td>1.6</td><td colspan="4">30</td><td colspan="11"></td></tr>
<tr><td>2.5</td><td colspan="2">30</td><td colspan="2">0</td><td colspan="11"></td></tr>
<tr><td>4.0</td><td>30</td><td colspan="3">0</td><td colspan="11"></td></tr>
<tr><td>6 000</td><td>1.0～
4.0</td><td></td><td colspan="14">300</td></tr>
</table>

表 14（续）

单位为毫米

组装尺寸	L	PN MPa	426 400	500	600	700	800	900	1 000	1 100	1 200	1 300	1 400	1 500	1 600	1 700	1 800
B	3 000 6 000	1.0～1.6	280	310			370		410		460		500		540		570
		2.5							440		500		540		600		660
		4.0		330			390		475		530		560				
D		1.0～1.6	635	700	780		870		980		1 010	1 060	1 110		1 220		1 270
		2.5					920		1 040		1 150		1 210		1 330		1 420
		4.0		750	830		960		1 140		1 220		1 350				
H		1.0～4.0	200														
dn_1		1.0～4.0	100	150			200		250		300		350		400		450
dn_2	3 000	1.0～4.0	150	200	250		300		350								
dn_3		1.0～4.0	100	150	200		250		300								
dn_2	6 000	1.0～4.0		200	250		300		350		400				450		
C	3 000 6 000	1.0～4.0	100	125	150		200				300				400		

8.4 支座按 JB/T 4712.1—2007 选用。

ICS 71.120.30
J 75

中华人民共和国国家标准

GB/T 28712.2—2012

热交换器型式与基本参数
第2部分：固定管板式热交换器

**Types and basic parameters of heat exchangers—
Part 2: Fixed tube sheet heat exchangers**

2012-09-03 发布　　　　2013-01-01 实施

中华人民共和国国家质量监督检验检疫总局
中国国家标准化管理委员会　发布

前　言

GB/T 28712《热交换器型式与基本参数》分为 6 个部分：

——第 1 部分：浮头式热交换器；

——第 2 部分：固定管板式热交换器；

——第 3 部分：U 形管式热交换器；

——第 4 部分：立式热虹吸式重沸器；

——第 5 部分：螺旋板式热交换器；

——第 6 部分：空冷式热交换器。

本部分为 GB/T 28712 的第 2 部分。

本部分按照 GB/T 1.1—2009 给出的规则起草。

本部分由全国锅炉压力容器标准化技术委员会(SAC/TC 262)提出并归口。

本部分负责起草单位：合肥通用机械研究院。

本部分主要起草人：吴晓红、陈永东。

热交换器型式与基本参数
第2部分:固定管板式热交换器

1 范围

GB/T 28712 的本部分规定了固定管板式热交换器(以下简称"换热器")的型式、公称直径、公称压力、换热管规格、排列形式、计算换热面积、折流板(支持板)间距和管程数等基本参数。

本部分适用于化学、石油工业用碳素钢、低合金钢、不锈钢、有色金属制换热器,也适用于其他工业部门用相似的换热器。

2 规范性引用文件

下列文件对于本文件的应用是必不可少的。凡是注日期的引用文件,仅注日期的版本适用于本文件。凡是不注日期的引用文件,其最新版本(包括所有的修改单)适用于本文件。

GB 151 管壳式换热器

3 型式

3.1 结构简图见图1。

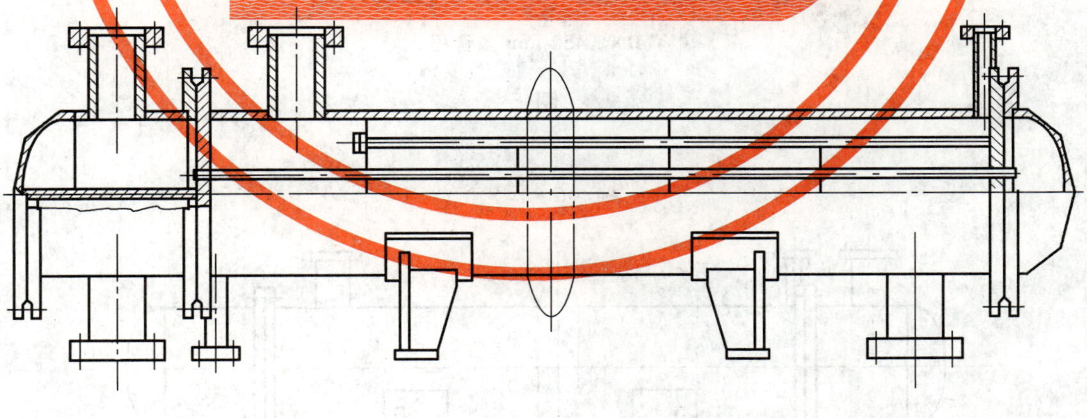

图1

3.2　立式换热器见图 2、图 3 和图 4。

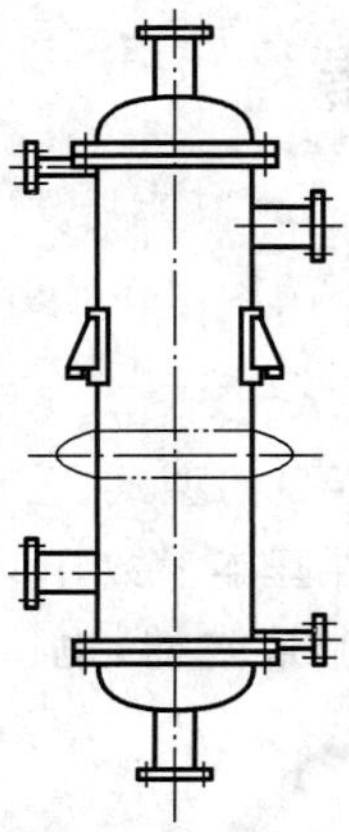

DN 为 159 mm～2 400 mm 单管程

图 2

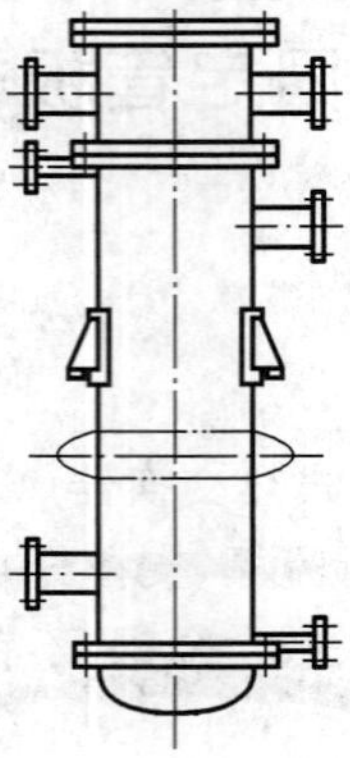

DN≤450 mm 多管程

图 3

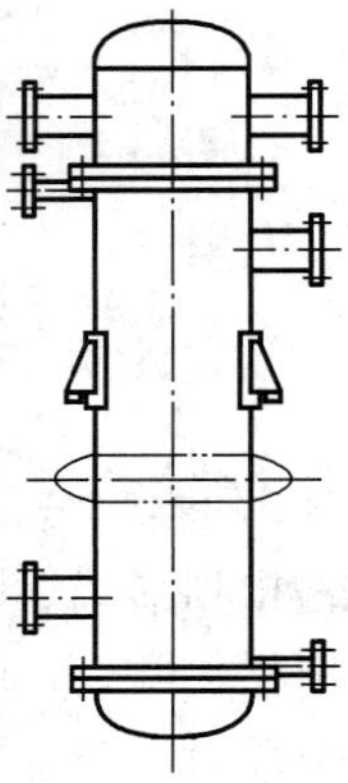

DN≥500 mm 多管程

图 4

3.3　卧式换热器见图 5、图 6、图 7 和图 8。

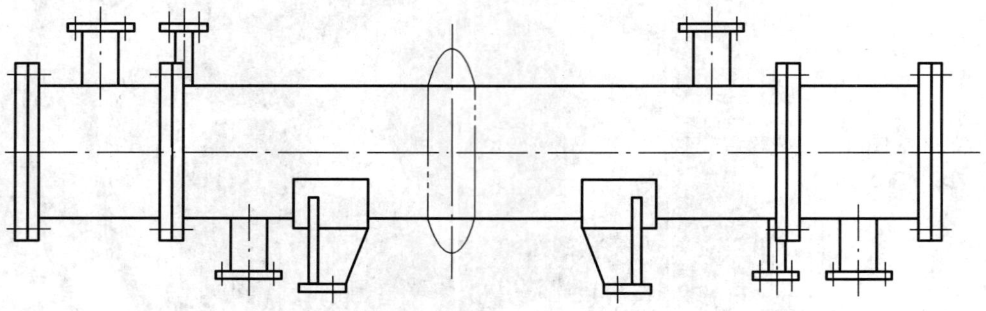

DN≤450 mm 多管程

图 5

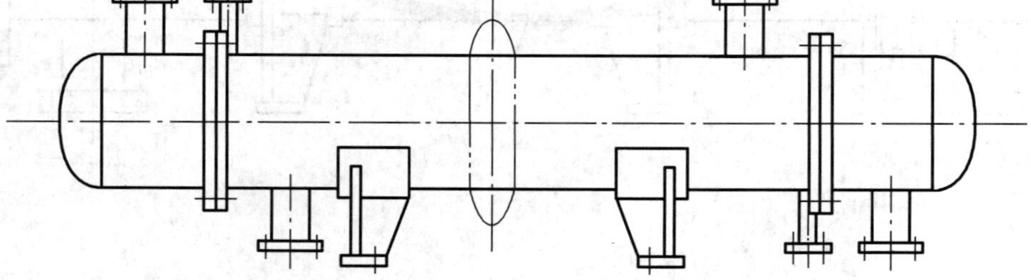

DN≥500 mm 多管程

图 6

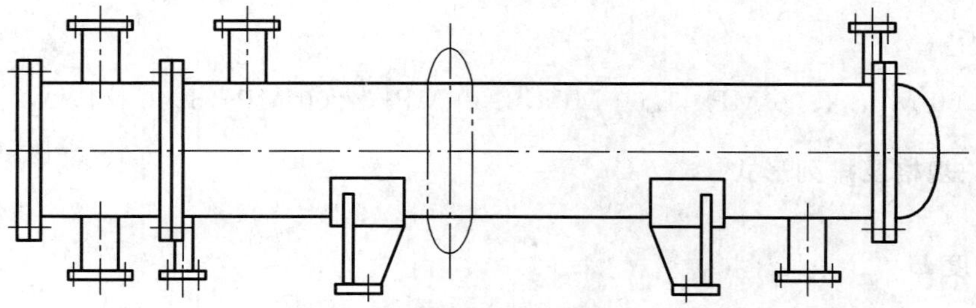

DN≤450 mm 多管程

图 7

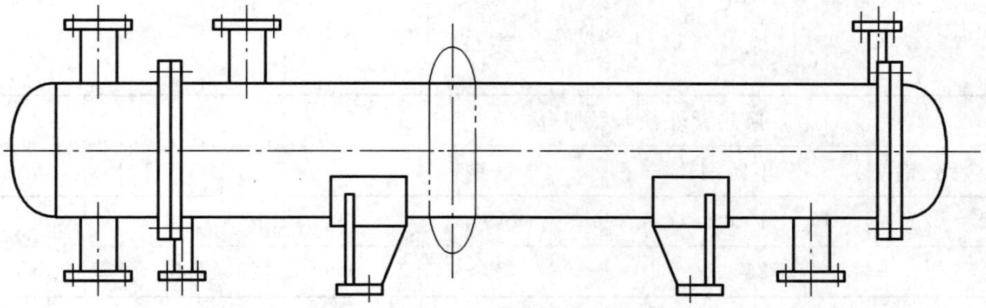

DN≥500 mm 多管程

图 8

3.4　卧式重叠换热器见图 9。

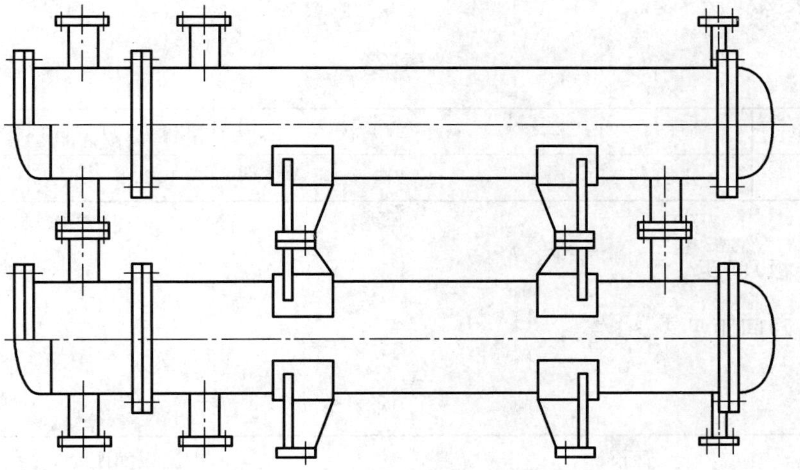

图 9

3.5　零部件名称按 GB 151 的规定。

4　基本参数

4.1　公称直径 DN

钢管制圆筒：159 mm，219 mm，273 mm，325 mm，426 mm。

卷制圆筒：400 mm，450 mm，500 mm，600 mm，700 mm，800 mm，900 mm，1 000 mm，1 100 mm，1 200 mm，1 300 mm，1 400 mm，1 500 mm，1 600 mm，1 700 mm，1 800 mm，1 900 mm，2 000 mm，2 100 mm，2 200 mm，2 300 mm，2 400 mm。

4.2 公称压力PN

0.25 MPa，0.60 MPa，1.00 MPa，1.60 MPa，2.50 MPa，4.00 MPa，6.40 MPa。

4.3 换热管长度、规格及排列形式

4.3.1 换热管长度 *L*

1 500 mm，2 000 mm，3 000 mm，4 500 mm，6 000 mm，9 000 mm，12 000 mm。

4.3.2 换热管规格及排列形式见表1

表1

单位为毫米

<table>
<tr><th colspan="4">换热管外径×壁厚($d\times\delta_t$)</th><th rowspan="2">排列形式</th><th rowspan="2">管心距</th></tr>
<tr><th>碳素钢、低合金钢、铝</th><th>不锈钢</th><th>铜</th><th>钛</th></tr>
<tr><td>19×2</td><td>19×2</td><td>19×2</td><td>19×1.25</td><td rowspan="2">正三角形</td><td>25</td></tr>
<tr><td>25×2.5</td><td>25×2</td><td>25×2</td><td>25×1.5</td><td>32</td></tr>
<tr><td colspan="6">注：允许采用其他材料或规格的换热管。</td></tr>
</table>

4.4 管程数

管程数 N 见表2。

表2

公称直径DN/mm	159～219	273	325～500	600～2 400
管程数 N	1	1,2	1,2,4	1,2,4,6

4.5 折流板(支持板)间距

折流板(支持板)间距见表3。

表3

单位为毫米

<table>
<tr><th>公称直径DN</th><th>管长</th><th colspan="6">折流板间距</th></tr>
<tr><td rowspan="2">≤500</td><td>≤3 000</td><td>100</td><td rowspan="2">200</td><td rowspan="2">300</td><td rowspan="2">450</td><td rowspan="2">600</td><td rowspan="2">—</td></tr>
<tr><td>4 500～6 000</td><td>—</td></tr>
<tr><td>600～800</td><td>1 500～6 000</td><td>150</td><td>200</td><td>300</td><td>450</td><td>600</td><td>—</td></tr>
<tr><td rowspan="2">900～1 300</td><td>≤6 000</td><td rowspan="2">—</td><td>200</td><td rowspan="2">300</td><td rowspan="2">450</td><td rowspan="2">600</td><td>—</td></tr>
<tr><td>7 500,9 000</td><td>—</td><td>750</td></tr>
<tr><td rowspan="2">1 400～1 600</td><td>6 000</td><td rowspan="2">—</td><td rowspan="2">—</td><td>300</td><td rowspan="2">450</td><td rowspan="2">600</td><td rowspan="2">750</td></tr>
<tr><td>7 500,9 000</td><td>—</td></tr>
<tr><td>1 700～1 800</td><td>6 000～9 000</td><td>—</td><td>—</td><td>—</td><td>450</td><td>600</td><td>750</td></tr>
<tr><td>1 900～2 400</td><td>6 000～12 000</td><td>—</td><td>—</td><td>—</td><td>450</td><td>600</td><td>750</td></tr>
</table>

4.6 基本参数

基本参数组合见表 4。

表 4

公称直径 DN mm	管程数	公称压力 PN MPa	换热管长度 L/mm						
			1 500	2 000	3 000	4 500	6 000	9 000	12 000
159	1	1.60 2.50 4.00 6.40				—	—	—	—
219						—	—	—	—
273	1,2							—	—
325	1 2 4							—	—
400		0.60 1.00 1.60 2.50 4.00						—	—
450								—	—
500			—					—	—
600	1 2 4 6		—					—	—
700			—	—				—	—
800			—	—				—	—
900			—	—				—	—
1 000			—	—				—	—
1 100			—	—	—			—	—
1 200			—	—	—			—	—
1 300		0.25 0.60 1.00 1.60 2.50	—	—	—			—	—
1 400			—	—	—	—		—	—
1 500			—	—	—	—		—	—
1 600			—	—	—	—		—	—
1 700			—	—	—	—		—	—
1 800			—	—	—	—		—	—
1 900			—	—	—	—			
2 000			—	—	—	—			
2 100		0.6	—	—	—	—			
2 200			—	—	—	—			
2 300			—	—	—	—			
2 400			—	—	—	—			

4.7 换热管为 ϕ19 mm 的换热器基本参数

换热管为 ϕ19 mm 的换热器基本参数见表 5。

表 5

公称直径 DN mm	公称压力 PN MPa	管程数 N	管子根数 n	中心排管数	管程流通面积 m^2	计算换热面积/m^2 换热管长度 L/mm 1 500	2 000	3 000	4 500	6 000	9 000	12 000
159	1.60 2.50 4.00 6.40	1	15	5	0.002 7	1.3	1.7	2.6	—	—	—	—
219			33	7	0.005 8	2.8	3.7	5.7	—	—	—	—
273	1.60 2.50 4.00 6.40	1	65	9	0.011 5	5.4	7.4	11.3	17.1	22.9	—	—
		2	56	8	0.004 9	4.7	6.4	9.7	14.7	19.7	—	—
325		1	99	11	0.017 5	8.3	11.2	17.1	26.0	34.9	—	—
		2	88	10	0.007 8	7.4	10.0	15.2	23.1	31.0	—	—
		4	68	11	0.003 0	5.7	7.7	11.8	17.9	23.9	—	—
400	0.60 1.00 1.60 2.50 4.00	1	174	14	0.030 7	14.5	19.7	30.1	45.7	61.3	—	—
		2	164	15	0.014 5	13.7	18.6	28.4	43.1	57.8	—	—
		4	146	14	0.006 5	12.2	16.6	25.3	38.3	51.4	—	—
450		1	237	17	0.041 9	19.8	26.9	41.0	62.2	83.5	—	—
		2	220	16	0.019 4	18.4	25.0	38.1	57.8	77.5	—	—
		4	200	16	0.008 8	16.7	22.7	34.6	52.5	70.4	—	—
500		1	275	19	0.048 6	—	31.2	47.6	72.2	96.8	—	—
		2	256	18	0.022 6	—	29.0	44.3	67.2	90.2	—	—
		4	222	18	0.009 8	—	25.2	38.4	58.3	78.2	—	—
600		1	430	22	0.076 0	—	48.8	74.4	112.9	151.4	—	—
		2	416	23	0.036 8	—	47.2	72.0	109.8	146.5	—	—
		4	370	22	0.016 3	—	42.0	64.0	97.2	130.3	—	—
		6	360	20	0.010 6	—	40.8	62.3	94.5	126.8	—	—
700		1	607	27	0.107 3	—	—	105.1	159.4	213.8	—	—
		2	574	27	0.050 7	—	—	99.4	150.8	202.1	—	—
		4	542	27	0.023 9	—	—	93.8	142.3	190.9	—	—
		6	518	24	0.015 3	—	—	89.7	136.0	182.4	—	—
800	0.60 1.00 1.60 2.50 4.00	1	797	31	0.140 8	—	—	138.0	209.3	280.7	—	—
		2	776	31	0.068 6	—	—	134.3	203.8	273.3	—	—
		4	722	31	0.031 9	—	—	125.0	189.8	254.3	—	—
		6	710	30	0.020 9	—	—	122.9	186.5	250.0	—	—
900		1	1 009	35	0.178 3	—	—	174.7	265.0	355.3	536.0	—
		2	988	35	0.087 3	—	—	171.0	259.5	347.9	524.9	—
		4	938	35	0.041 4	—	—	162.4	246.4	330.3	498.3	—

表 5（续）

公称直径 DN mm	公称压力 PN MPa	管程数 *N*	管子根数 *n*	中心排管数	管程流通面积 m^2	计算换热面积/m^2 换热管长度 *L*/mm 1 500	2 000	3 000	4 500	6 000	9 000	12 000
900		6	914	34	0.026 9	—	—	158.2	240.0	321.9	485.6	—
1 000	0.60 1.00 1.60 2.50 4.00	1	1 267	39	0.223 9	—	—	219.3	332.8	446.2	673.1	—
		2	1 234	39	0.109 0	—	—	213.6	324.1	434.6	655.6	—
		4	1 186	39	0.052 4	—	—	205.3	311.5	417.7	630.1	—
		6	1 148	38	0.033 8	—	—	198.7	301.5	404.3	609.9	—
1 100		1	1 501	43	0.265 2	—	—	—	394.2	528.6	797.4	—
		2	1 470	43	0.129 9	—	—	—	386.1	517.7	780.9	—
		4	1 450	43	0.064 1	—	—	—	380.8	510.6	770.3	—
		6	1 380	42	0.040 6	—	—	—	362.4	486.0	733.1	—
1 200		1	1 837	47	0.324 6	—	—	—	482.5	646.9	975.9	—
		2	1 816	47	0.160 5	—	—	—	476.9	639.5	964.7	—
		4	1 732	47	0.076 5	—	—	—	454.9	610.0	920.1	—
		6	1 716	46	0.050 5	—	—	—	450.7	604.3	911.6	—
1 300	0.25 0.60 1.00 1.60 2.50	1	2 123	51	0.375 2	—	—	—	557.6	747.7	1 127.8	—
		2	2 080	51	0.183 8	—	—	—	546.3	732.5	1 105.0	—
		4	2 074	50	0.091 6	—	—	—	544.7	730.4	1 101.8	—
		6	2 028	48	0.059 7	—	—	—	532.6	714.2	1 077.4	—
1 400		1	2 557	55	0.451 9	—	—	—	—	900.5	1 358.4	—
		2	2 502	54	0.221 1	—	—	—	—	881.1	1 329.2	—
		4	2 404	55	0.106 2	—	—	—	—	846.6	1 277.1	—
		6	2 378	54	0.070 0	—	—	—	—	837.5	1 263.3	—
1 500		1	2 929	59	0.517 6	—	—	—	—	1 031.5	1 555.0	—
		2	2 874	58	0.253 9	—	—	—	—	1 012.1	1 526.8	—
		4	2 768	58	0.122 3	—	—	—	—	974.8	1 470.5	—
		6	2 692	56	0.079 3	—	—	—	—	948.0	1 430.1	—
1 600		1	3 339	61	0.590 1	—	—	—	—	1 175.9	1 773.8	—
		2	3 282	62	0.338 2	—	—	—	—	1 155.8	1 743.5	—
		4	3 176	62	0.140 3	—	—	—	—	1 118.5	1 687.2	—
		6	3 140	61	0.092 5	—	—	—	—	1 105.8	1 668.1	—
1 700		1	3 721	65	0.657 6	—	—	—	—	1 310.4	1 976.1	—
		2	3 646	66	0.313 1	—	—	—	—	1 284.0	1 936.9	—
		4	3 544	66	0.156 6	—	—	—	—	1 248.1	1 882.7	—

表 5（续）

公称直径 DN mm	公称压力 PN MPa	管程数 N	管子根数 n	中心排管数	管程流通面积 m^2	计算换热面积/m^2						
						换热管长度 L/mm						
						1 500	2 000	3 000	4 500	6 000	9 000	12 000
1 700	0.25 0.60 1.00 1.60 2.50	6	3 512	63	0.103 4	—	—	—	—	1 236.8	1 869.7	—
1 800		1	4 247	71	0.750 5	—	—	—	—	1 495.7	2 256.2	—
		2	4 186	70	0.369 9	—	—	—	—	1 474.2	2 223.8	—
		4	4 070	69	0.179 8	—	—	—	—	1 433.3	2 162.2	—
		6	4 048	67	0.119 2	—	—	—	—	1 425.6	2 150.5	—
1 900		1	4 673	75	0.825 8	—	—	—	—	1 644.0	2 480.8	3 317.6
		2	4 618	75	0.408 0	—	—	—	—	1 624.7	2 451.6	3 278.6
		4	4 566	75	0.201 7	—	—	—	—	1 606.4	2 424.0	3 241.7
		6	4 528	74	0.133 4	—	—	—	—	1 593.0	2 403.8	3 214.7
2 000		1	5 281	79	0.933 2	—	—	—	—	1 857.9	2 803.6	3 749.3
		2	5 200	79	0.459 5	—	—	—	—	1 829.4	2 760.6	3 691.8
		4	5 084	79	0.224 6	—	—	—	—	1 788.6	2 699.0	3 609.4
		6	5 042	78	0.148 5	—	—	—	—	1 773.8	2 676.7	3 579.6
2 100	0.60	1	5 739	83	1.014 2	—	—	—	—	2 019.1	3 046.8	4 074.4
		2	5 680	83	0.501 9	—	—	—	—	1 998.3	3 015.4	4 032.5
		4	5 628	83	0.248 6	—	—	—	—	1 980.0	2 987.8	3 995.6
		6	5 580	82	0.164 3	—	—	—	—	1 963.1	2 962.3	3 961.6
2 200		1	6 401	87	1.131 2	—	—	—	—	2 252.0	3 398.2	4 544.4
		2	6 336	87	0.559 8	—	—	—	—	2 229.1	3 363.7	4 498.3
		4	6 186	87	0.273 3	—	—	—	—	2 176.3	3 284.1	4 391.8
		6	6 144	86	0.181 0	—	—	—	—	2 161.5	3 261.8	4 362.0
2 300		1	6 927	91	1.224 1	—	—	—	—	2 437.0	3 677.4	4 917.9
		2	6 828	91	0.603 3	—	—	—	—	2 402.2	3 624.9	4 847.6
		4	6 762	91	0.298 7	—	—	—	—	2 379.0	3 589.8	4 800.7
		6	6 746	90	0.198 7	—	—	—	—	2 373.3	3 581.4	4 789.4
2 400		1	7 649	95	1.351 7	—	—	—	—	2 691.0	4 060.7	5 430.5
		2	7 564	95	0.668 3	—	—	—	—	2 661.1	4 015.6	5 370.1
		4	7 414	95	0.327 5	—	—	—	—	2 608.4	3 936.0	5 263.6
		6	7 362	94	0.216 8	—	—	—	—	2 590.1	3 908.4	5 226.7

注：管程流通面积为各程平均值。管程流通面积以碳钢管尺寸计算。

4.8 换热管为 ϕ25 mm 的换热器基本参数

换热管为 ϕ25 mm 的换热器基本参数见表 6。

表 6

公称直径 DN mm	公称压力 PN MPa	管程数 N	管子根数 n	中心排管数	管程流通面积 m²	计算换热面积/m² 换热管长度 L/mm						
						1 500	2 000	3 000	4 500	6 000	9 000	12 000
159	1.60 2.50 4.00 6.40	1	11	3	0.003 5	1.2	1.6	2.5	—	—	—	—
219			25	5	0.007 9	2.7	3.7	5.7	—	—	—	—
273		1	38	6	0.011 9	4.2	5.7	8.7	13.1	17.6	—	—
		2	32	7	0.005 0	3.5	4.8	7.3	11.1	14.8	—	—
325		1	57	9	0.017 9	6.3	8.5	13.0	19.7	26.4	—	—
		2	56	9	0.008 8	6.2	8.4	12.7	19.3	25.9	—	—
		4	40	9	0.003 1	4.4	6.0	9.1	13.8	18.5	—	—
400	0.60 1.00 1.60 2.50 4.00	1	98	12	0.030 8	10.8	14.6	22.3	33.8	45.4	—	—
		2	94	11	0.014 8	10.3	14.0	21.4	32.5	43.5	—	—
		4	76	11	0.006 0	8.4	11.3	17.3	26.3	35.2	—	—
450		1	135	13	0.042 4	14.8	20.1	30.7	46.6	62.5	—	—
		2	126	12	0.019 8	13.9	18.8	28.7	43.5	58.4	—	—
		4	106	13	0.008 3	11.7	15.8	24.1	36.6	49.1	—	—
500		1	174	14	0.054 6	—	26.0	39.6	60.1	80.6	—	—
		2	164	15	0.025 7	—	24.5	37.3	56.6	76.0	—	—
		4	144	15	0.011 3	—	21.4	32.8	49.7	66.7	—	—
600		1	245	17	0.076 9	—	36.5	55.8	84.6	113.5	—	—
		2	232	16	0.036 4	—	34.6	52.8	80.1	107.5	—	—
		4	222	17	0.017 4	—	33.1	50.5	76.7	102.8	—	—
		6	216	16	0.011 3	—	32.2	49.2	74.6	100.0	—	—
700		1	355	21	0.111 5	—	—	80.0	122.6	164.4	—	—
		2	342	21	0.053 7	—	—	77.9	118.1	158.4	—	—
		4	322	21	0.025 3	—	—	73.3	111.2	149.1	—	—
		6	304	20	0.015 9	—	—	69.2	105.0	140.8	—	—
800	0.60 1.00 1.60 2.50 4.00	1	467	23	0.146 6	—	—	106.3	161.3	216.3	—	—
		2	450	23	0.070 7	—	—	102.4	155.4	208.5	—	—
		4	442	23	0.034 7	—	—	100.6	152.7	204.7	—	—
		6	430	24	0.022 5	—	—	97.9	148.5	119.2	—	—
900		1	605	27	0.190 0	—	—	137.8	209.0	280.2	422.7	—

表 6（续）

公称直径 DN mm	公称压力 PN MPa	管程数 N	管子根数 n	中心排管数	管程流通面积 m^2	计算换热面积/m^2						
						换热管长度 L/mm						
						1 500	2 000	3 000	4 500	6 000	9 000	12 000
900	0.60 1.00 1.60 2.50 4.00	2	588	27	0.092 3	—	—	133.9	203.1	272.3	410.8	—
		4	554	27	0.043 5	—	—	126.1	191.4	256.6	387.1	—
		6	538	26	0.028 2	—	—	122.5	185.8	249.2	375.9	—
1 000		1	749	30	0.235 2	—	—	170.5	258.7	346.9	523.3	—
		2	742	29	0.116 5	—	—	168.9	256.3	343.7	518.4	—
		4	710	29	0.055 7	—	—	161.6	245.2	328.8	496.0	—
		6	698	30	0.036 5	—	—	158.9	241.1	323.3	487.7	—
1 100		1	931	33	0.292 3	—	—	—	321.6	431.2	650.4	—
		2	894	33	0.140 4	—	—	—	308.8	414.1	624.6	—
		4	848	33	0.066 6	—	—	—	292.9	392.8	592.5	—
		6	830	32	0.043 4	—	—	—	286.7	384.4	579.9	—
1 200		1	1 115	37	0.350 1	—	—	—	385.1	516.4	779.0	—
		2	1 102	37	0.173 0	—	—	—	380.6	510.4	769.9	—
		4	1 052	37	0.082 6	—	—	—	363.4	487.2	735.0	—
		6	1 026	36	0.053 7	—	—	—	354.4	475.2	716.8	—
1 300	0.25 0.60 1.00 1.60 2.50	1	1 301	39	0.408 5	—	—	—	449.4	602.6	908.9	—
		2	1 274	40	0.200 0	—	—	—	440.0	590.1	890.1	—
		4	1 214	39	0.095 3	—	—	—	419.3	562.3	848.2	—
		6	1 192	38	0.062 4	—	—	—	411.7	552.1	832.8	—
1 400		1	1 547	43	0.485 8	—	—	—	—	716.5	1 080.8	—
		2	1 510	43	0.237 1	—	—	—	—	699.4	1 055.0	—
		4	1 454	43	0.114 1	—	—	—	—	673.4	1 015.8	—
		6	1 424	42	0.074 5	—	—	—	—	659.5	994.9	—
1 500		1	1 753	45	0.550 4	—	—	—	—	811.9	1 224.7	—
		2	1 700	45	0.266 9	—	—	—	—	787.4	1 187.7	—
		4	1 688	45	0.132 5	—	—	—	—	781.8	1 179.3	—
		6	1 590	44	0.083 2	—	—	—	—	736.4	1 110.9	—
1 600		1	2 023	47	0.635 2	—	—	—	—	937.0	1 413.4	—
		2	1 982	48	0.311 2	—	—	—	—	918.0	1 384.7	—
		4	1 900	48	0.149 2	—	—	—	—	880.0	1 327.4	—
		6	1 884	47	0.098 6	—	—	—	—	872.6	1 316.3	—
1 700		1	2 245	51	0.704 9	—	—	—	—	1 039.8	1 568.5	—

表 6（续）

公称直径 DN mm	公称压力 PN MPa	管程数 N	管子根数 n	中心排管数	管程流通面积 m^2	计算换热面积/m^2						
						换热管长度 L/mm						
						1 500	2 000	3 000	4 500	6 000	9 000	12 000
1 700		2	2 216	52	0.347 9	—	—	—	—	1 026.3	1 548.2	—
		4	2 180	50	0.171 1	—	—	—	—	1 009.7	1 523.1	—
	0.25	6	2 156	53	0.112 8	—	—	—	—	998.6	1 506.3	—
1 800		1	2 559	55	0.803 5	—	—	—	—	1 185.3	1 787.7	—
		2	2 512	55	0.394 4	—	—	—	—	1 163.4	1 755.1	—
	0.60	4	2 424	54	0.190 3	—	—	—	—	1 122.7	1 693.2	—
		6	2 404	53	0.125 8	—	—	—	—	1 113.4	1 679.6	—
1 900	1.00	1	2 899	59	0.910 7	—	—	—	—	1 342.0	2 025.0	2 708.1
		2	2 854	59	0.448 3	—	—	—	—	1 321.2	1 993.6	2 666.1
	1.60	4	2 772	59	0.217 7	—	—	—	—	1 283.2	1 936.3	2 589.5
		6	2 742	58	0.143 6	—	—	—	—	1 269.3	1 915.4	2 561.4
2 000		1	3 189	61	1.001 9	—	—	—	—	1 476.2	2 227.6	2 979.0
	2.50	2	3 120	61	0.490 1	—	—	—	—	1 444.3	2 179.4	2 914.6
		4	3 110	61	0.244 3	—	—	—	—	1 439.7	2 172.4	2 905.2
		6	3 078	60	0.161 2	—	—	—	—	1 424.8	2 150.1	2 875.3
2 100		1	3 547	65	1.114 3	—	—	—	—	1 642.0	2 477.7	3 313.4
		2	3 494	65	0.548 8	—	—	—	—	1 617.4	2 440.7	3 263.9
		4	3 388	65	0.266 1	—	—	—	—	1 568.4	2 366.6	3 164.9
		6	3 378	64	0.176 9	—	—	—	—	1 563.7	2 359.6	3 155.6
2 200		1	3 853	67	1.210 4	—	—	—	—	1 783.6	2 691.4	3 599.3
		2	3 816	67	0.599 4	—	—	—	—	1 766.4	2 665.6	3 564.7
		4	3 770	67	0.296 1	—	—	—	—	1 745.2	2 633.5	3 521.8
		6	3 740	68	0.195 8	—	—	—	—	1 731.3	2 612.5	3 493.7
2 300	0.6	1	4 249	71	1.334 9	—	—	—	—	1 966.9	2 968.1	3 969.2
		2	4 212	71	0.661 6	—	—	—	—	1 949.8	2 942.2	3 934.7
		4	4 096	71	0.321 7	—	—	—	—	1 896.1	2 861.2	3 826.3
		6	4 076	70	0.213 4	—	—	—	—	1 886.8	2 847.2	3 807.6
2 400		1	4 601	73	1.445 4	—	—	—	—	2 129.9	3 214.0	4 298.0
		2	4 548	73	0.714 4	—	—	—	—	2 105.3	3 176.9	4 248.5
		4	4 516	73	0.354 7	—	—	—	—	2 090.5	3 154.6	4 218.6
		6	4 474	74	0.234 2	—	—	—	—	2 071.1	3 125.2	4 179.4

注：管程流通面积为各程平均值。管程流通面积以碳钢管尺寸计算。

4.9 计算换热面积

计算换热面积按式(1)确定：

$$A_1 = \pi d(L - 2\delta - 2l_1)n \times 10^{-6} \quad \cdots\cdots(1)$$

式中：

A_1——计算换热面积，单位为平方米(m^2)；

d——换热管外径，单位为毫米(mm)；

L——换热管长度，单位为毫米(mm)；

l_1——换热管伸出管板长度(设定为3)，单位为毫米(mm)；

n——换热管根数；

δ——管板厚度(设定为50)，单位为毫米(mm)。

ICS 71.120.30
J 75

中华人民共和国国家标准

GB/T 28712.3—2012

热交换器型式与基本参数 第3部分:U形管式热交换器

Types and basic parameters of heat exchangers—
Part 3: U-tube heat exchangers

2012-09-03 发布　　2013-01-01 实施

中华人民共和国国家质量监督检验检疫总局
中国国家标准化管理委员会　发布

前　言

GB/T 28712《热交换器型式与基本参数》分为6个部分：

——第1部分：浮头式热交换器；

——第2部分：固定管板式热交换器；

——第3部分：U形管式热交换器；

——第4部分：立式热虹吸式重沸器；

——第5部分：螺旋板式热交换器；

——第6部分：空冷式热交换器。

本部分为GB/T 28712的第3部分。

本部分按照GB/T 1.1—2009给出的规则起草。

本部分由全国锅炉压力容器标准化技术委员会(SAC/TC 262)提出并归口。

本部分负责起草单位：甘肃蓝科石化高新装备股份有限公司、上海蓝滨石化设备有限责任公司。

本部分主要起草人：张延丰、邹建东、常春梅、林郡、王海波。

热交换器型式与基本参数
第3部分：U形管式热交换器

1 范围

GB/T 28712的本部分规定了U形管式热交换器(以下简称"换热器")的型式、公称压力、公称直径、计算换热面积等基本参数。

本部分适用于公称直径不大于1 200 mm、公称压力不大于6.4 MPa的U形管式换热器。

2 规范性引用文件

下列文件对于本文件的应用是必不可少的。凡是注日期的引用文件，仅注日期的版本适用于本文件。凡是不注日期的引用文件，其最新版本(包括所有的修改单)适用于本文件。

GB 151 管壳式换热器

JB/T 4712.1—2007 容器支座 第1部分：鞍式支座

3 符号

下列符号适用于本文件。

A ——公称换热面积，经圆整后的计算换热面积，m^2；

A_1 ——计算换热面积，m^2；

B ——管程接管中心至管箱密封面的距离，mm；

BP ——折流板(支持板)间距，mm；

C ——非中心布置四管程接管中心线到垂直中心线的距离，mm；

D ——管程接管与壳程接管中心距，mm；

DN ——公称直径，换热器卷制筒体的内径(对钢管制圆筒为外径)，mm；

d ——换热管外径，mm；

dn ——接管公称直径，mm；

E ——壳程靠近管箱的接管中心与固定支座中心线的轴向距离，mm；

F ——两支座中心的距离，mm；

G ——壳程接管中心轴向距离，mm；

H ——壳体外壁到支座底面的高度，mm；

L ——U形换热管直段长度，mm；

l_1 ——换热管伸出管板长度(设定为3)，mm；

N ——管程数；

n ——U形换热管根数；

PN_t——管程公称压力，MPa；

PN_s——壳程公称压力，MPa；

δ ——管板厚度,mm;

δ_t ——换热管壁厚,mm。

4 型式

4.1 结构图见图1。

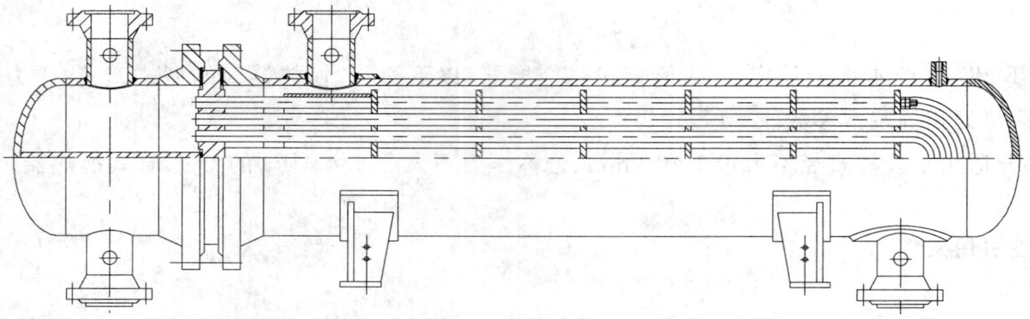

图 1

4.2 重叠式换热器见图2。

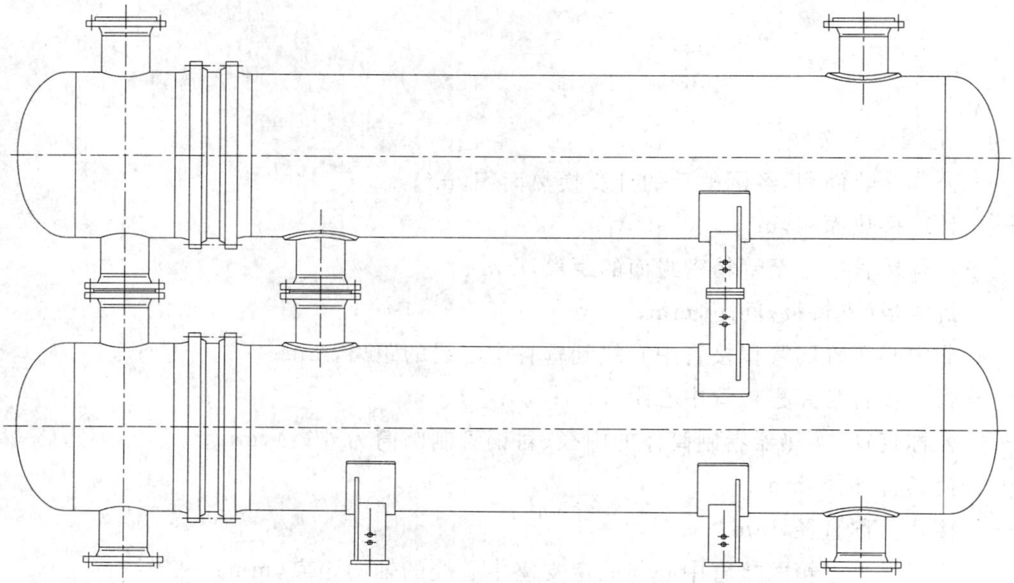

图 2

4.3 型号及零部件名称按 GB 151 的规定。

5 基本参数

5.1 公称直径 DN

钢管制圆筒:325 mm,426 mm。

卷制圆筒:400 mm,500 mm,600 mm,700 mm,800 mm,900 mm,1 000 mm,1 100 mm,

1 200 mm。

5.2　公称压力 PN

1.0 MPa,1.6 MPa,2.5 MPa,4.0 MPa,6.4 MPa。

5.3　换热管

换热管种类:光管和强化传热管(不含不锈钢波纹管)。换热管直管长度 L:3 000 mm,6 000 mm。

5.4　换热管材料及排列

5.4.1　换热管材料为碳素钢、低合金钢、不锈钢或有色金属。

5.4.2　换热管规格及排列形式见表 1。

表 1　　　　单位为毫米

<table>
<tr><td colspan="5">换热管外径×壁厚($d\times\delta_t$)</td><td rowspan="2">排列形式</td><td rowspan="2">管心距</td></tr>
<tr><td>碳素钢、低合金钢</td><td>不锈钢</td><td>铝、铝合金</td><td>铜、铜合金</td><td>钛、钛合金</td></tr>
<tr><td>19×2</td><td>19×2</td><td>19×2</td><td>19×2</td><td>19×1.25</td><td rowspan="2">正三角形
转角正方形</td><td>25</td></tr>
<tr><td>25×2.5</td><td>25×2</td><td>25×2</td><td>25×2</td><td>25×1.5</td><td>32</td></tr>
<tr><td colspan="7">注:当采用其他厚度时,应核算管程流通面积。</td></tr>
</table>

5.5　管程数 *N*

管程数为 2,4 管程。

5.6　折流板(支持板)间距

折流板(支持板)间距 BP 见表 2。

表 2　　　　单位为毫米

<table>
<tr><td>L</td><td>DN</td><td colspan="6">BP</td></tr>
<tr><td>3 000</td><td>≤600</td><td rowspan="3">150</td><td rowspan="3">200</td><td rowspan="3">—</td><td>—</td><td rowspan="3">—</td><td rowspan="2">—</td></tr>
<tr><td rowspan="3">6 000</td><td>≤600</td><td rowspan="3">300</td></tr>
<tr><td>700~900</td><td rowspan="2">450</td></tr>
<tr><td>1 000~1 200</td><td>—</td><td>—</td><td>250</td><td>350</td></tr>
</table>

6　基本参数组合

基本参数组合见表 3。

表 3

DN mm	N	换热管长度 L/mm																			
		3 000									6 000										
		管程公称压力 PN_t/MPa																			
		2.5		4.0			6.4				1.0	1.6	2.5		4.0			6.4			
		壳程公称压力 PN_s/MPa																			
		2.5	1.6	4.0	2.5	1.6	6.4	4.0	2.5	1.6	1.0	1.6	2.5	1.6	4.0	2.5	1.6	6.4	4.0	2.5	1.6
325	2																				
	4																				
426 400	2																				
	4																				
500	2																				
	4																				
600	2																				
	4																				
700	2																				
	4																				
800	2																				
	4																				
900	2																				
	4																				
1 000	2																				
	4																				
1 100	2																				
	4																				
1 200	2																				
	4																				

7 主要参数

7.1 计算换热面积 A_1

计算换热面积按式(1)确定：

$$A_1 = 2\pi d(L - \delta - l_1)n \times 10^{-6} \quad \cdots\cdots(1)$$

7.2 主要设计参数

主要设计参数见表 4。

表 4

单位为毫米

DN	N	n		中心排管数		管程流通面积/m²					A_1/m²			
		d				$d\times\delta_t$					L=3 000		L=6 000	
		19	25	19	25	19×1.25	19×2	25×1.5	25×2	25×2.5	19	25	19	25
(325)	2	38	13	11	6	0.008 1	0.006 7	0.004 9	0.004 5	0.004 1	13.4	6.0	27.0	12.1
	4	30	12	5	5	0.003 3	0.002 7	0.002 3	0.002 1	0.001 9	10.6	5.6	21.3	11.2
(426) 400	2	77	32	15	8	0.016 3	0.013 6	0.012 1	0.011 1	0.010 0	26.5	14.7	54.5	29.8
	4	68	28	8	7	0.007 3	0.006 0	0.005 3	0.004 8	0.004 4	23.8	12.9	48.2	26.1
500	2	128	57	19	10	0.027 5	0.022 7	0.021 6	0.019 7	0.017 9	44.6	26.1	90.5	53.0
	4	114	56	10	9	0.012 2	0.010 1	0.010 6	0.009 7	0.008 8	39.7	25.7	80.5	52.1
600	2	199	94	23	13	0.042 6	0.035 2	0.035 7	0.032 6	0.029 5	69.1	42.9	140.3	87.2
	4	184	90	12	11	0.019 7	0.016 3	0.016 9	0.015 5	0.014 1	63.9	41.1	129.7	83.5
700	2	276	129	27	15	0.059 5	0.049 2	0.049 8	0.045 3	0.041 1			194.1	119.4
	4	258	128	12	13	0.027 6	0.022 8	0.024 2	0.022 1	0.020 1			181.4	118.4
800	2	367	182	31	17	0.078 6	0.065 0	0.068 9	0.063 0	0.057 1			257.7	168.0
	4	346	176	16	15	0.037 0	0.030 6	0.033 3	0.030 4	0.027 6			242.8	162.5
900	2	480	231	35	19	0.102 8	0.085 0	0.087 6	0.080 0	0.072 5			336.2	212.8
	4	454	226	16	17	0.048 6	0.040 2	0.042 8	0.039 1	0.035 5			317.8	208.2
1 000	2	603	298	39	21	0.129 1	0.106 7	0.113 0	0.103 2	0.093 6			421.5	273.9
	4	576	292	20	19	0.061 7	0.021 0	0.055 3	0.050 5	0.045 8			402.4	268.4
1 100	2	738	363	43	24	0.158 0	0.130 6	0.137 6	0.125 7	0.114 0			514.6	332.9
	4	706	356	20	21	0.075 4	0.062 5	0.067 5	0.061 6	0.055 9			492.2	326.5
1 200	2	885	436	47	26	0.189 5	0.156 6	0.165 3	0.151 0	0.136 9			615.8	399.0
	4	852	428	24	21	0.091 2	0.075 4	0.081 1	0.074 1	0.067 2			592.6	391.7

注：排管数按转角正方形排列计算。

8 组装尺寸

U 形管式换热器的组装尺寸按图 3 和表 5。

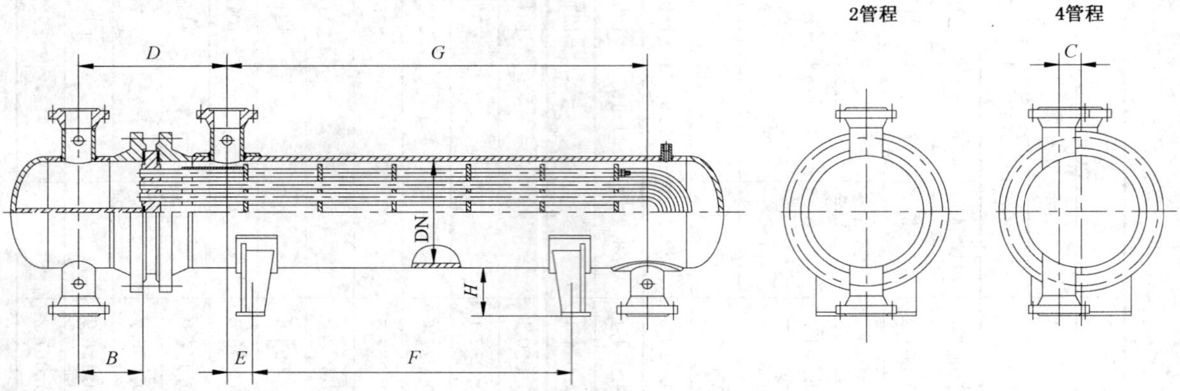

图 3

表 5

单位为毫米

<table>
<tr><th rowspan="2">组装尺寸</th><th rowspan="2">L</th><th rowspan="2">PN
MPa</th><th colspan="10">DN</th></tr>
<tr><th>(325)</th><th>(426)
400</th><th>500</th><th>600</th><th>700</th><th>800</th><th>900</th><th>1 000</th><th>1 100</th><th>1 200</th></tr>
<tr><td rowspan="7">F</td><td rowspan="3">3 000</td><td>2.5</td><td colspan="2">—</td><td colspan="2">2 000</td><td colspan="6" rowspan="2">—</td></tr>
<tr><td>4.0</td><td colspan="4">2 000</td></tr>
<tr><td>6.4</td><td colspan="3">2 000</td><td colspan="7">—</td></tr>
<tr><td rowspan="4">6 000</td><td>1.0～1.6</td><td colspan="3">—</td><td colspan="2">4 400</td><td colspan="5" rowspan="3">4 000</td></tr>
<tr><td>2.5</td><td colspan="2">—</td><td colspan="3">4 400</td></tr>
<tr><td>4.0</td><td colspan="5" rowspan="2">4 400</td></tr>
<tr><td>6.4</td><td>4 000</td><td colspan="4">—</td></tr>
<tr><td rowspan="7">G</td><td rowspan="3">3 000</td><td>2.5</td><td colspan="2">—</td><td colspan="2">2 950</td><td colspan="6" rowspan="2">—</td></tr>
<tr><td>4.0</td><td colspan="4">2 900</td></tr>
<tr><td>6.4</td><td colspan="3">2 900</td><td colspan="7">—</td></tr>
<tr><td rowspan="4">6 000</td><td>1.0～1.6</td><td colspan="3">—</td><td colspan="7">6 000</td></tr>
<tr><td>2.5</td><td colspan="2">—</td><td colspan="8">5 950</td></tr>
<tr><td>4.0</td><td colspan="10">5 900</td></tr>
<tr><td>6.4</td><td colspan="6">5 900</td><td colspan="4">—</td></tr>
<tr><td rowspan="2">E</td><td>3 000</td><td>1.0～6.4</td><td colspan="4">50</td><td colspan="6">—</td></tr>
<tr><td>6 000</td><td>1.0～6.4</td><td colspan="5">325</td><td colspan="5">400</td></tr>
</table>

表 5（续）

单位为毫米

组装尺寸	L	PN MPa	DN (325)	(426) 400	500	600	700	800	900	1 000	1 100	1 200
B	3 000	2.5	—		310		—					
		4.0	280		330							
		6.4			380	—						
	6 000	1.0～1.6	—			310		370		410		460
		2.5	—		310			370		440		500
		4.0	280		330			390		475		350
		6.4			380		400	440	—			
D	3 000	2.5	—		700		—					
		4.0	635		760							
		6.4			850	—						
	6 000	1.0～1.6	—			680		820		930		1 010
		2.5	—		700			870		1 000		1 150
		4.0	635		760			920		1 100		1 260
		6.4			850		900	1 030	—			
H	3 600	1.0～6.4	200									
dn			100		150			200		250		300
C			75	100	125	150		200		250		300
支座按 JB/T 4712.1—2007 选用。												

ICS 71.120.30
J 75

中华人民共和国国家标准

GB/T 28712.4—2012

热交换器型式与基本参数 第4部分：立式热虹吸式重沸器

Types and basic parameters of heat exchangers—Part 4: Vertical thermo siphon reboilers

2012-09-03 发布

2013-01-01 实施

中华人民共和国国家质量监督检验检疫总局
中国国家标准化管理委员会 发布

前　言

GB/T 28712《热交换器型式与基本参数》分为6个部分：

——第1部分：浮头式热交换器；

——第2部分：固定管板式热交换器；

——第3部分：U形管式热交换器；

——第4部分：立式热虹吸式重沸器；

——第5部分：螺旋板式热交换器；

——第6部分：空冷式热交换器。

本部分为GB/T 28712的第4部分。

本部分按照GB/T 1.1—2009给出的规则起草。

本部分由全国锅炉压力容器标准化技术委员会(SAC/TC 262)提出并归口。

本部分负责起草单位：合肥通用机械研究院。

本部分主要起草人：吴晓红、陈永东。

热交换器型式与基本参数
第4部分：立式热虹吸式重沸器

1 范围

GB/T 28712 的本部分规定了立式热虹吸式重沸器（以下简称“重沸器”）的型式、公称直径、公称压力、换热管规格、计算换热面积以及支持板间距等基本参数。

本部分适用于石油、化学工业用碳素钢、低合金钢、不锈耐酸钢、铝、铜和钛制重沸器，也适用于其他工业部门用相似的重沸器。

2 规范性引用文件

下列文件对于本文件的应用是必不可少的。凡是注日期的引用文件，仅注日期的版本适用于本文件。凡是不注日期的引用文件，其最新版本（包括所有的修改单）适用于本文件。

GB 151　管壳式换热器

3 型式

3.1　结构简图见图1。

3.2　型号及零部件名称按 GB 151 的规定。

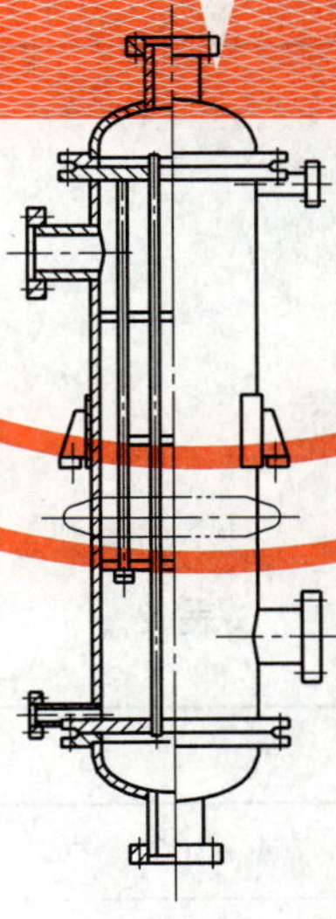

图 1

4 基本参数

4.1 公称直径 DN

400 mm，500 mm，600 mm，700 mm，800 mm，900 mm，1 000 mm，1 100 mm，1 200 mm，1 300 mm，1 400 mm，1 500 mm，1 600 mm，1 700 mm，1 800 mm，1 900 mm，2 000 mm，2 100 mm，2 200 mm，2 300 mm，2 400 mm。

4.2 公称压力 PN

0.25 MPa，0.60 MPa，1.00 MPa，1.60 MPa，2.50 MPa。

4.3 换热管

4.3.1 换热管长度 L。

1 500 mm，2 000 mm，2 500 mm，3 000 mm，4 500 mm。

4.3.2 换热管规格及排列形式见表 1。

表 1　　单位为毫米

换热管外径×壁厚($d\times\delta_t$)				排列形式	管心距
碳素钢、低合金钢、铝	不锈钢	铜	钛		
25×2.5	25×2	25×2	25×1.5	正三角形	32
38×3	38×2.5	—	—		48
注：允许采用其他材料或规格的换热管。					

4.4 管程数 N

管程数为单程。

4.5 支持板间距

支持板间距见表 2。

表 2　　单位为毫米

公称直径 DN	支持板间距 BP	
≤600	300	500
700≤DN≤2 400	600	1 000

4.6 基本参数组合

基本参数组合见表 3。

表 3

公称直径 DN mm	管程数 N	公称压力 PN MPa	换热管长度 L/mm				
			1 500	2 000	2 500	3 000	4 500
400	1	1.00 1.60 2.50				—	—
500						—	—
600						—	—
700		0.25 0.60 1.00 1.60 2.50					—
800							—
900							—
1 000							
1 100							
1 200							
1 300							
1 400			—				
1 500			—	—			
1 600			—	—			
1 700			—	—			
1 800			—	—			
1 900			—	—			
2 000			—	—			
2 100		0.60	—	—			
2 200			—	—			
2 300			—	—			
2 400			—	—			

4.7 计算换热面积

计算换热面积按式(1)确定：

$$A_1 = \pi dn(L - 2\delta - 2l_1) \times 10^{-6} \qquad \cdots\cdots(1)$$

式中：

A_1——计算换热面积，单位为平方米(m^2)；

d——换热管外径，单位为毫米(mm)；

L——换热管长度，单位为毫米(mm)；

l_1——换热管伸出管板长度(设定为 3)，单位为毫米(mm)；

n——换热管根数；

δ——管板厚度(设定为 50)，单位为毫米(mm)。

4.8 ϕ25 和 ϕ38 管径重沸器基本参数

4.8.1 ϕ25 管径重沸器基本参数见表 4。

表 4

公称直径 DN mm	公称压力 PN MPa	管程数 N	管子根数 n	中心排管数	管程流通面积 m^2	计算换热面积/m^2 换热管长度 L/mm 1 500	2 000	2 500	3 000	4 500
400	1.00 1.60 2.50	1	98	12	0.030 8	10.7	14.6	18.4	—	—
500			174	14	0.054 6	19.0	25.9	32.7	—	—
600			245	17	0.076 9	26.8	36.4	46.1	—	—
700	0.25 0.60 1.00 1.60 2.50		355	21	0.111 5	38.9	52.8	66.7	80.7	—
800			467	23	0.146 6	51.1	69.5	87.8	106.1	—
900			605	27	0.190 0	66.2	90.0	113.8	137.5	—
1 000			749	30	0.235 2	82.0	111.4	140.8	170.2	258.5
1 100			931	33	0.292 3	101.9	138.5	175.1	211.6	321.3
1 200			1 115	37	0.350 1	122.1	165.9	209.6	253.4	384.8
1 300			1 301	39	0.408 5	142.4	193.5	244.6	295.7	449.0
1 400			1 547	43	0.485 8	—	230.1	290.8	351.6	533.9
1 500			1 753	45	0.550 4	—	—	329.6	398.4	605.0
1 600			2 023	47	0.635 2	—	—	380.4	459.8	698.1
1 700			2 245	51	0.704 9	—	—	422.1	510.3	774.8
1 800			2 559	55	0.803 5	—	—	481.1	581.6	883.1
1 900			2 899	59	0.910 7	—	—	545.1	658.9	1 000.5
2 000			3 189	61	1.001 9	—	—	599.6	724.8	1 100.5
2 100	0.60		3 547	65	1.114 3	—	—	666.9	806.2	1 224.5
2 200			3 853	67	1.210 4	—	—	724.5	875.8	1 329.7
2 300			4 249	71	1.334 9	—	—	798.9	965.8	1 466.3
2 400			4 601	73	1.445 4	—	—	865.1	1 045.8	1 587.8
注：管程流通面积以碳钢管尺寸计算。										

4.8.2 ϕ38 管径重沸器基本参数见表 5。

表 5

公称直径 DN mm	公称压力 PN MPa	管程数 N	管子根数 n	中心排管数	管程流通面积 m^2	计算换热面积/m^2				
						换热管长度 L/mm				
						1 500	2 000	2 500	3 000	4 500
400	1.00 1.60 2.50	1	51	7	0.041 0	8.5	11.5	14.6	—	—
500			69	9	0.055 5	11.5	15.6	19.7	—	—
600			115	11	0.094 2	19.1	26.0	32.9	—	—
700	0.25 0.60 1.00 1.60 2.50		159	13	0.128 0	26.6	36.0	45.5	54.9	—
800			205	15	0.164 8	34.1	46.4	58.6	70.8	—
900			259	17	0.208 3	43.1	58.6	74.0	89.5	—
1 000			355	19	0.285 5	59.1	80.3	101.5	122.6	186.2
1 100			419	21	0.337 0	69.7	94.7	119.7	144.8	219.8
1 200			503	23	0.404 5	83.7	113.7	143.8	173.8	263.9
1 300			587	25	0.472 1	97.7	132.7	167.8	202.8	307.9
1 400			711	27	0.571 8	—	160.8	203.2	245.6	373.0
1 500			813	31	0.653 9	—	—	232.4	280.9	426.5
1 600			945	33	0.760 0	—	—	270.1	326.5	495.7
1 700			1 059	35	0.851 7	—	—	302.7	365.9	555.5
1 800			1 177	39	0.946 6	—	—	336.4	406.6	617.4
1 900			1 265	39	1.017 4	—	—	361.5	437.0	663.6
2 000			1 403	41	1.128 4	—	—	401.0	484.7	736.0
2 100	0.60		1 545	43	1.242 6	—	—	441.6	533.8	810.4
2 200			1 693	45	1.361 6	—	—	483.9	584.9	888.1
2 300			1 849	47	1.487 1	—	—	528.4	638.8	969.9
2 400			2 025	49	1.628 6	—	—	578.3	699.6	1 062.2

注：管程流通面积以碳钢管尺寸计算。

ICS 71.120.30
J 75

中华人民共和国国家标准

GB/T 28712.5—2012

热交换器型式与基本参数 第5部分:螺旋板式热交换器

Types and basic parameters of heat exchangers—
Part 5:Spiral heat exchangers

2012-09-03 发布　　2013-01-01 实施

中华人民共和国国家质量监督检验检疫总局
中国国家标准化管理委员会　发布

前　言

GB/T 28712《热交换器型式与基本参数》分为6个部分：

——第1部分：浮头式热交换器；

——第2部分：固定管板式热交换器；

——第3部分：U形管式热交换器；

——第4部分：立式热虹吸式重沸器；

——第5部分：螺旋板式热交换器；

——第6部分：空冷式热交换器。

本部分为GB/T 28712的第5部分。

本部分按照GB/T 1.1—2009给出的规则起草。

本部分由全国锅炉压力容器标准化技术委员会(SAC/TC 262)提出并归口。

本部分负责起草单位：合肥通用机械研究院。

本部分主要起草人：陈永东、李志。

热交换器型式与基本参数 第5部分：螺旋板式热交换器

1 范围

GB/T 28712 的本部分规定了不可拆和可拆螺旋板式热交换器的型式、公称压力、公称直径、计算换热面积等基本参数。

本部分适用于公称压力不大于 2.5 MPa、公称直径不大于 2 000 mm、公称换热面积不大于 200 m^2 的不可拆螺旋板式热交换器。

本部分适用于公称压力不大于 1.0 MPa、公称直径不大于 1 200 mm、公称换热面积不大于 90 m^2 的可拆螺旋板式热交换器。

2 规范性引用文件

下列文件对于本文件的应用是必不可少的。凡是注日期的引用文件，仅注日期的版本适用于本文件。凡是不注日期的引用文件，其最新版本(包括所有的修改单)适用于本文件。

JB/T 4751—2003 螺旋板式换热器

3 符号

下列符号适用于本文件。

a ——可拆螺旋板式热交换器的特征尺寸，mm；

b ——螺旋通道间距，mm；

DN——公称直径，基准于螺旋体的外径，mm；

D_o ——可拆螺旋板式热交换器倒锥平盖的外径，mm；

d ——螺旋中心直径，mm；

dn ——接管公称直径，mm；

A_1 ——计算换热面积，m^2；

A ——公称换热面积，m^2；

f ——螺旋通道截面积，m^2；

H ——板宽，m；

h ——倒锥平盖圆环筋的高度，mm；

h_1 ——内外锥的焊接高度，mm；

k ——倒锥平盖圆环筋的定位尺寸系数；

L_t ——螺旋通道长度，m；

l ——倒锥平盖内外锥的定位尺寸系数；

PN——公称压力，MPa；

t_B ——倒锥平盖基础板的厚度，mm；

t_H ——倒锥平盖圆环筋的厚度，mm；

t_{Z1} ——倒锥平盖内锥的厚度，mm；

t_{Z2} ——倒锥平盖外锥的厚度，mm；

V ——流速 1m/s 时的处理量，m^3/h；

δ ——螺旋板板厚，mm。

4 型式

4.1 不可拆螺旋板式热交换器

不可拆带切向缩口的螺旋板式热交换器见图 1。不可拆带半圆筒体的螺旋板式热交换器见图 2。

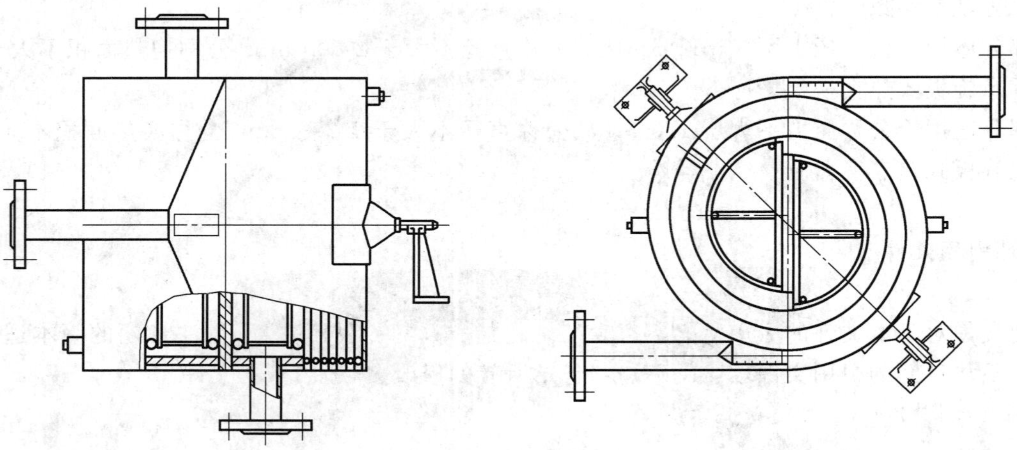

图 1

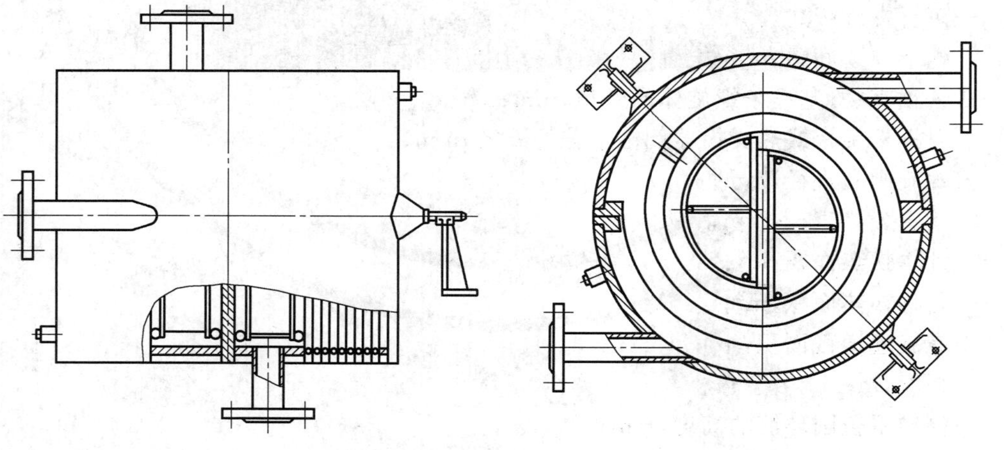

图 2

4.2 可拆螺旋板式热交换器

可拆堵死型螺旋板式热交换器见图 3。可拆贯通型螺旋板式热交换器见图 4。

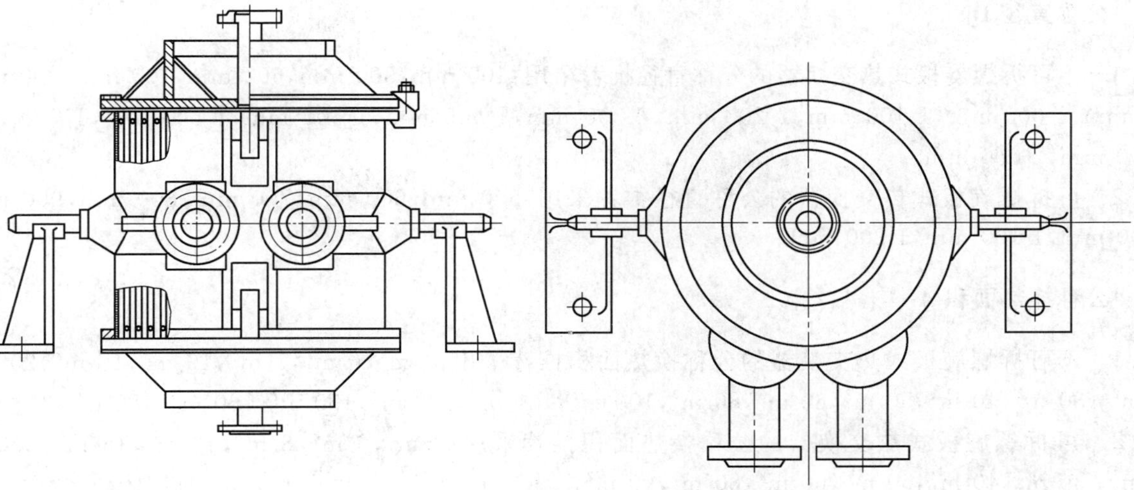

图 3

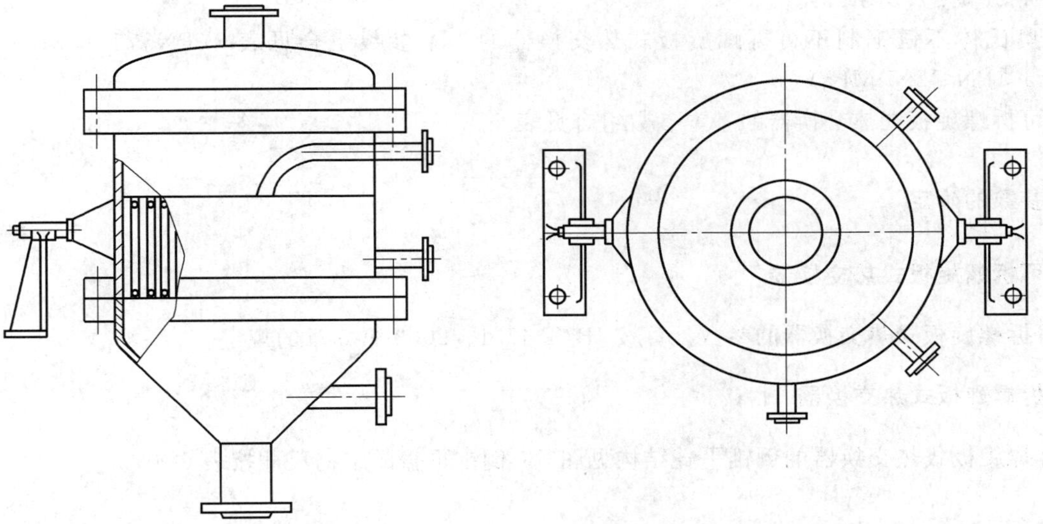

图 4

4.3 型号表示方法

螺旋板式热交换器的型号表示方法按 JB/T 4751—2003 中 4.3 的规定。

5 基本参数

5.1 公称压力 PN

公称压力系指螺旋板式热交换器单通道能承受的最高工作压力。对不可拆螺旋板式热交换器，公称压力分为 4 档，分别为 0.6 MPa、1.0 MPa、1.6 MPa、2.5 MPa。对可拆螺旋板式热交换器，公称压力分为 4 档，分别为 0.4 MPa、0.6 MPa、0.8 MPa、1.0 MPa。

5.2 公称直径 DN

5.2.1 不可拆螺旋板式热交换器的公称直径推荐采用:400 mm,500 mm,600 mm,700 mm,800 mm,900 mm,1 000 mm,1 100 mm,1 200 mm,1 300 mm,1 400 mm,1 500 mm,1 600 mm,1 700 mm,1 800 mm,2 000 mm。

5.2.2 可拆螺旋板式热交换器的公称直径推荐采用:500 mm,600 mm,700 mm,800 mm,900 mm,1 000 mm,1 100 mm,1 200 mm。

5.3 公称换热面积 A

5.3.1 不可拆螺旋板式热交换器的公称换热面积推荐采用:4 m^2,6 m^2,8 m^2,10 m^2,15 m^2,20 m^2,25 m^2, 30 m^2,40 m^2,50 m^2,60 m^2,80 m^2,100 m^2,120 m^2,130 m^2,150 m^2,160 m^2,180 m^2,200 m^2。

5.3.2 可拆螺旋板式热交换器的公称换热面积推荐采用:5 m^2,6 m^2,8 m^2,10 m^2,15 m^2,20 m^2,25 m^2, 30 m^2,40 m^2,50 m^2,60 m^2,80 m^2,90 m^2。

5.4 基本参数组合

5.4.1 碳素钢、低合金钢制不可拆螺旋板式热交换器的基本参数组合见表 1(PN≤1.6 MPa)和表 2(1.6 MPa<PN≤2.5 MPa)。

5.4.2 奥氏体不锈钢制不可拆螺旋板式热交换器的基本参数组合见表 3(PN≤1.6 MPa)和表 4(1.6 MPa<PN≤2.5 MPa)。

5.4.3 可拆螺旋板式热交换器的基本参数组合见表 5。

6 结构参数的确定

6.1 不可拆螺旋板式热交换器

不可拆螺旋板式热交换器的参数计算按 JB/T 4751—2003 第 6 章的规定。

6.2 可拆螺旋板式热交换器

可拆螺旋板式热交换器的倒锥平盖结构见图 5。倒锥平盖的结构尺寸按表 6 选取。

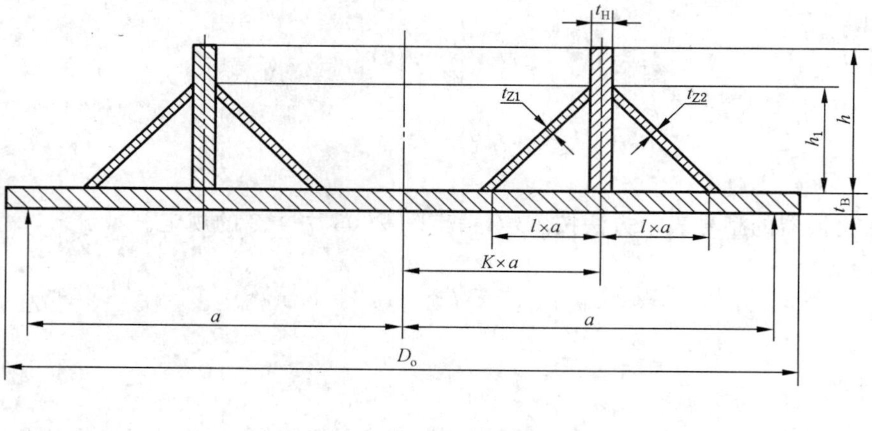

图 5

表 1

PN MPa	A m²	DN mm	b mm	δ mm	H m	A_1 m²	V m³/h	dn mm	L_t m	f m²	d mm
≤1.6	6	500	6	4	0.4	5.90	8.25	50	7.96	0.002 3	200
		500	10		0.5	5.59	16.92	80	6.21	0.004 7	200
		600	10		0.4	5.62	13.32	65	7.48	0.003 7	200
	8	500	6		0.5	7.81	10.41	65	8.36	0.002 9	200
		600	10		0.6	8.17	20.52	80	7.05	0.005 7	200
		700	10		0.4	8.07	13.32	65	10.80	0.003 7	200
	10	600	6		0.5	10.19	10.41	65	10.46	0.002 9	200
		700	10		0.5	10.26	16.92	80	10.80	0.004 7	200
		700	12		0.6	10.29	24.54	100	8.95	0.006 8	200
	15	700	6		0.5	15.27	10.41	65	15.72	0.002 9	200
		800	10		0.5	15.01	16.92	80	15.85	0.004 7	200
		800	10		0.6	15.39	20.52	80	13.31	0.005 7	300
		900	14		0.6	14.88	28.63	100	12.91	0.008 0	300
	20	800	6		0.5	20.10	10.41	65	20.73	0.002 9	200
		700	10		1.0	19.71	34.92	125	9.96	0.009 7	300
		900	10		0.6	20.41	20.52	80	17.71	0.005 7	300
		900	14		0.8	20.12	38.71	125	12.91	0.010 8	300
	25	800	6		0.6	24.96	12.57	65	21.33	0.003 5	200
		800	10		1.0	25.06	34.92	125	12.72	0.009 7	300
		900	10		0.8	26.56	27.72	100	17.05	0.007 7	300
		900	14		1.0	25.36	48.79	125	12.91	0.013 6	300
	30	700	6		1.0	30.09	21.21	80	15.20	0.005 9	200
		800	10		1.0	29.80	34.92	125	15.25	0.009 7	200
		900	12		1.0	30.23	41.82	125	15.42	0.011 6	300
		900	14		1.2	30.60	58.87	150	12.91	0.016 4	300
	40	1 000	6		0.6	39.88	12.57	65	34.15	0.003 5	200
		1 200	10		0.6	40.19	20.52	80	35.06	0.005 7	300
		1 200	14		0.8	40.20	38.71	125	25.98	0.010 8	300
		1 200	18		1.0	40.45	62.73	150	20.70	0.017 4	300

表 1（续）

PN MPa	A m^2	DN mm	b mm	δ mm	H m	A_1 m^2	V m^3/h	dn mm	L_t m	f m^2	d mm
≤1.6	50	1 000	10	4	1.2	51.74	42.12	125	21.92	0.011 7	300
		1 100	12		1.0	49.05	41.82	125	25.14	0.011 6	300
		1 200	14		1.0	50.67	48.79	125	25.98	0.013 6	300
		1 200	18		1.2	50.87	75.69	150	21.59	0.021 0	300
	60	1 500	10		0.6	62.15	20.52	80	54.33	0.005 7	300
		1 300	14		1.0	59.62	48.79	125	30.60	0.013 6	300
		1 400	18		1.0	59.12	62.73	150	30.35	0.017 4	300
	80	1 300	10		1.0	79.37	34.92	125	40.72	0.009 7	300
		1 500	10		0.8	83.96	27.72	100	54.33	0.007 7	300
		1 500	14		1.0	79.57	48.79	125	40.91	0.013 6	300
		1 700	18		1.0	83.52	62.73	150	42.95	0.017 4	300
	100	1 500	10		1.0	103.61	34.92	125	53.21	0.009 7	300
		1 600	10		0.8	100.15	27.72	100	64.84	0.007 7	300
		1 600	14		1.0	97.50	48.79	125	50.17	0.013 6	300
		1 700	18		1.2	103.70	75.69	150	44.20	0.021 0	300
	120	1 600	10		1.0	121.48	34.92	125	62.42	0.009 7	300
		1 500	10		1.2	124.97	42.12	125	53.21	0.011 7	300
		1 600	14		1.2	117.64	58.87	150	50.17	0.016 4	300
		1 600	18		1.5	119.48	95.13	200	40.50	0.026 4	300
	130	1 500	10		1.2	130.21	42.12	125	55.45	0.011 7	300
		1 700	14		1.2	129.25	58.87	150	55.14	0.016 4	300
		1 900	18		1.2	131.78	75.69	150	56.22	0.021 0	300
	150	1 800	14		1.2	147.66	58.87	150	63.02	0.016 4	300
		1 800	18		1.5	149.44	95.13	200	50.71	0.026 4	300
		2 000	18		1.2	148.80	75.69	150	63.51	0.021 0	300
	160	1 900	18		1.5	165.63	95.13	200	56.22	0.026 4	300
	180	1 800	14		1.5	181.62	73.99	150	61.67	0.020 6	300
		2 000	18		1.5	182.64	95.13	200	62.02	0.026 4	300
	200	1 900	14		1.5	201.83	73.99	150	68.55	0.020 6	300
		2 000	16		1.5	199.97	84.56	200	67.92	0.023 5	300

表 2

PN MPa	A m^2	DN mm	b mm	δ mm	H m	A_1 m^2	V m^3/h	dn mm	L_t m	f m^2	d mm
2.5	6	500	6	4	0.5	6.38	10.41	65	6.50	0.002 9	200
		500	10		0.6	5.91	20.52	80	5.07	0.005 7	200
		600	10		0.4	5.62	13.32	65	7.48	0.003 7	200
	8	500	6		0.6	8.12	12.57	65	6.86	0.003 5	200
		600	10		0.6	8.17	20.52	80	7.05	0.005 7	200
		700	10		0.4	8.07	13.32	65	10.80	0.003 7	200
	10	600	6		0.5	10.19	10.41	65	10.46	0.002 9	200
		700	10		0.5	10.26	16.92	80	10.80	0.004 7	200
		700	12		0.6	10.29	24.54	100	8.95	0.006 8	200
	15	700	6		0.5	15.27	10.41	65	15.72	0.002 9	200
		800	10		0.6	14.73	20.52	80	12.72	0.005 7	300
		900	14		0.6	14.88	28.63	100	12.91	0.008 0	300
	20	800	6		0.5	20.10	10.41	65	20.73	0.002 9	200
		700	10		1.0	19.71	34.92	125	9.96	0.009 7	300
		900	10		0.6	20.41	20.52	80	17.71	0.005 7	300
		900	14		0.8	20.12	38.71	125	12.91	0.010 8	300
	25	800	6		0.6	24.96	12.57	65	21.33	0.003 5	200
		800	10		1.0	25.06	34.92	125	12.72	0.009 7	300
		900	10		0.8	25.55	27.72	100	16.40	0.007 7	300
		900	14		1.0	25.36	48.79	125	12.91	0.013 6	300
	30	700	6		1.0	30.08	21.21	80	15.20	0.005 9	200
		800	10		1.0	29.80	34.92	125	15.25	0.009 7	200
		900	12		1.0	30.23	41.82	125	15.42	0.011 6	300
		900	14		1.2	30.60	58.87	150	12.91	0.016 4	300
	40	1 000	6		0.6	39.88	12.57	65	34.15	0.003 5	200
		1 200	10		0.6	40.19	20.52	80	35.06	0.005 7	300
		1 200	14		0.8	40.20	38.71	125	25.98	0.010 8	300
		1 200	18		1.0	40.45	62.73	150	20.70	0.017 4	300
	50	1 000	10		1.2	51.74	42.12	125	21.92	0.011 7	300
		1 100	12		1.0	47.45	41.82	125	24.32	0.011 6	300
		1 200	14		1.0	50.67	48.79	125	25.98	0.013 6	300
		1 200	18		1.2	48.80	75.69	150	20.70	0.021 0	300

表 2（续）

PN MPa	A m^2	DN mm	b mm	δ mm	H m	A_1 m^2	V m^3/h	dn mm	L_t m	f m^2	d mm
2.5	60	1 500	10	4	0.6	62.15	20.52	80	54.33	0.005 7	300
		1 400	12		0.8	61.77	33.18	125	40.02	0.009 2	300
		1 300	14		1.0	59.62	48.79	125	30.60	0.013 6	300
		1 500	18		1.0	63.25	62.73	150	32.48	0.017 4	300
	80	1 300	10		1.0	79.37	34.92	125	40.72	0.009 7	300
		1 500	10		0.8	83.96	27.72	100	54.33	0.007 7	300
		1 500	14		1.0	79.57	48.79	125	40.91	0.013 6	300
		1 700	18		1.0	83.52	62.73	150	42.95	0.017 4	300
	100	1 500	10		1.0	103.61	34.92	125	53.21	0.009 7	300
		1 600	10		0.8	98.28	27.72	100	63.63	0.007 7	300
		1 700	14		1.0	102.25	48.79	125	52.62	0.013 6	300
		1 700	18		1.2	103.70	75.69	150	44.20	0.021 0	300
	120	1 600	10		1.0	121.48	34.92	125	62.42	0.009 7	300
		1 500	10		1.2	124.97	42.12	125	53.21	0.011 7	300
		1 500	14		1.5	120.66	73.99	150	40.91	0.020 6	300
		1 600	16		1.5	122.31	84.56	200	41.47	0.023 5	300
	130	1 500	10		1.2	130.21	42.12	125	55.45	0.011 7	300
		1 700	14		1.2	129.25	58.87	150	55.14	0.016 4	300
		1 600	16		1.5	129.24	84.56	200	43.83	0.023 5	300
	150	1 800	14		1.2	147.66	58.87	150	63.02	0.016 4	300
		1 700	16		1.5	147.39	84.56	200	50.01	0.023 5	300
		1 800	18		1.5	149.44	95.13	200	50.71	0.026 4	300
	160	1 900	14		1.2	160.59	58.87	150	68.55	0.016 4	300
		1 900	18		1.5	161.51	95.13	200	54.82	0.026 4	300
	180	1 800	14		1.5	181.62	73.99	150	61.67	0.020 6	300
		1 900	16		1.5	182.96	84.56	200	62.13	0.023 5	300
	200	1 900	14		1.5	201.83	73.99	150	68.55	0.020 6	300
		2 000	16		1.5	195.65	84.56	200	66.45	0.023 5	300

表 3

PN MPa	A m^2	DN mm	b mm	δ mm	H m	A_1 m^2	V m^3/h	dn mm	L_t m	f m^2	d mm
≤1.6	4	500	10	2.5,3	0.4	4.46	13.32	65	6.27	0.003 7	200
	6	400	6		0.6	6.13	12.57	65	5.44	0.003 5	200
		500	10		0.5	6.02	16.92	80	6.66	0.004 7	200
	8	500	6		0.4	7.20	8.25	50	9.67	0.002 3	200
		500	10		0.6	7.75	20.52	80	7.06	0.005 7	200
		600	10		0.5	8.36	16.92	80	9.21	0.004 7	200
	10	600	6		0.4	10.06	8.25	50	13.47	0.002 3	200
		600	10		0.6	10.14	20.52	80	9.21	0.005 7	200
		700	14		0.6	9.76	28.63	100	8.40	0.008 0	300
		800	14		0.5	10.10	23.59	100	10.60	0.006 6	300
	15	700	6		0.5	15.52	10.41	65	15.91	0.002 9	300
		800	10		0.5	15.11	16.92	80	15.96	0.004 7	200
		800	14		0.8	16.57	38.71	125	10.60	0.010 8	300
	20	700	6		0.6	20.91	12.57	65	17.85	0.003 5	200
		800	10		0.6	18.99	20.52	80	16.54	0.005 7	200
		900	14		0.8	21.23	38.71	125	13.63	0.010 8	300
	25	800	6		0.5	24.87	10.41	65	25.68	0.002 9	200
		800	10		0.8	24.24	27.72	100	15.55	0.007 7	300
		900	10		0.6	24.74	20.52	80	21.58	0.005 7	200
		900	14		0.8	23.24	38.71	125	14.94	0.010 8	300
	30	700	6		0.8	29.72	16.89	80	18.88	0.004 7	200
		800	10		1.0	30.54	34.92	125	15.55	0.009 7	300
		1 000	14		0.8	29.72	38.71	125	19.16	0.010 8	300
	40	1 000	10		0.8	39.82	27.72	100	25.67	0.007 7	300
		900	12		1.2	39.29	50.46	125	16.63	0.014 0	300
		1 000	16		1.2	39.03	67.28	150	16.52	0.018 7	300
	50	1 000	10		1.0	50.17	34.92	125	25.67	0.009 7	300
		1 100	14		1.2	52.39	58.87	150	22.24	0.016 4	300
		1 200	18		1.2	50.78	75.69	150	21.55	0.021 0	300

表 3（续）

PN MPa	A m²	DN mm	b mm	δ mm	H m	A_1 m²	V m³/h	dn mm	L_t m	f m²	d mm
≤1.6	60	1 200	10	2.5,3	0.8	60.19	27.72	100	38.89	0.007 7	300
		1 100	12		1.2	61.55	50.46	125	26.15	0.014 0	300
		1 300	14		1.0	65.54	48.79	125	33.66	0.013 6	300
		1 400	18		1.0	60.40	62.73	150	31.01	0.017 4	300
	80	1 200	10		1.0	77.59	34.92	125	39.80	0.009 7	300
		1 500	12		0.8	82.03	33.18	125	53.21	0.009 2	300
		1 400	14		1.0	79.21	48.79	125	40.73	0.013 6	300
		1 500	18		1.2	85.34	75.69	150	36.34	0.021 0	300
	100	1 400	10		1.0	104.31	34.92	125	53.58	0.009 7	300
		1 400	12		1.2	104.57	50.46	125	44.57	0.014 0	300
		1 600	14		1.0	100.87	48.79	125	51.91	0.013 6	300
		1 600	18		1.2	98.74	75.69	150	42.08	0.021 0	300
	120	1 500	10		1.0	121.25	34.92	125	62.31	0.009 7	300
		1 700	14		1.0	117.53	48.79	125	60.52	0.013 6	300
		1 800	18		1.2	125.23	75.69	150	53.42	0.021 0	300
	130	1 800	14		1.0	130.18	48.79	125	67.05	0.013 6	300
		2 000	18		1.0	131.14	62.73	150	67.55	0.017 4	300
	150	1 900	14		1.0	148.94	48.79	125	76.74	0.013 6	300
		2 000	18		1.2	154.77	75.69	150	66.06	0.021 0	300
	160	1 800	14		1.2	160.22	58.87	150	68.39	0.016 4	300
		2 000	18		1.2	158.24	75.69	150	67.55	0.021 0	300
	180	1 900	14		1.2	179.71	58.87	150	76.74	0.016 4	300
		2 000	16		1.2	177.28	67.28	150	75.70	0.018 7	300
	200	1 900	10		1.0	198.42	34.92	125	102.09	0.009 7	300
		2 000	14		1.2	200.30	58.87	150	85.55	0.016 4	300

表 4

PN MPa	A m^2	DN mm	b mm	δ mm	H m	A_1 m^2	V m^3/h	dn mm	L_t m	f m^2	d mm
2.5	4	500	10	2.5,3	0.4	4.19	13.32	65	5.54	0.003 7	200
	6	400	6		0.6	6.13	12.57	65	5.15	0.003 5	200
		600	12		0.5	6.39	20.22	80	6.71	0.005 6	200
	8	500	6		0.5	8.00	10.41	65	8.18	0.002 9	200
		600	10		0.5	7.95	16.92	80	8.34	0.004 7	200
		600	10		0.6	8.67	20.52	80	7.49	0.005 7	200
	10	600	6		0.4	10.06	8.25	50	13.05	0.002 3	200
		600	10		0.6	9.64	20.52	80	8.34	0.005 7	200
		700	14		0.6	9.76	28.63	100	8.40	0.008 0	300
		800	14		0.5	10.10	23.59	100	10.60	0.006 6	300
	15	700	6		0.5	15.52	10.41	65	15.91	0.002 9	300
		800	10		0.5	15.11	16.92	80	15.96	0.004 7	200
		800	14		0.8	16.57	38.71	125	10.60	0.010 8	300
	20	700	6		0.6	20.91	12.57	65	17.85	0.003 5	200
		800	10		0.6	18.99	20.52	80	16.54	0.005 7	200
		900	14		0.8	21.23	38.71	125	13.63	0.010 8	300
	25	800	6		0.5	24.87	10.41	65	25.68	0.002 9	200
		800	10		0.8	23.33	27.72	100	14.95	0.007 7	300
		900	10		0.6	23.98	20.52	80	20.92	0.005 7	200
		900	14		0.8	23.24	38.71	125	14.94	0.010 8	300
	30	700	6		0.8	28.90	16.89	80	18.36	0.004 7	200
		800	10		1.0	29.39	34.92	125	14.95	0.009 7	300
		1 000	14		0.8	28.59	38.71	125	18.42	0.010 8	300
	40	1 000	10		0.8	39.82	27.72	100	25.67	0.007 7	300
		900	12		1.2	39.29	50.46	125	16.63	0.014 0	300
		1 000	16		1.2	39.03	67.28	150	16.52	0.018 7	300
	50	1 000	10		1.0	48.73	34.92	125	24.92	0.009 7	300
		1 100	14		1.2	52.39	58.87	150	22.24	0.016 4	300
		1 200	18		1.2	50.78	75.69	150	21.55	0.021 0	300
	60	1 200	10		0.8	58.81	27.72	100	37.99	0.007 7	300
		1 100	12		1.2	61.55	50.46	125	26.15	0.014 0	300
		1 300	14		1.0	63.69	48.79	125	32.71	0.013 6	300
		1 400	18		1.0	60.40	62.73	150	31.01	0.017 4	300

表 4（续）

PN MPa	A m^2	DN mm	b mm	δ mm	H m	A_1 m^2	V m^3/h	dn mm	L_t m	f m^2	d mm
2.5	80	1 500	12	2.5,3	0.8	80.31	33.18	125	52.09	0.009 2	300
		1 400	14		1.0	77.19	48.79	125	39.68	0.013 6	300
		1 500	18		1.2	82.78	75.69	150	35.25	0.021 0	300
	100	1 400	10		1.0	102.28	34.92	125	52.53	0.009 7	300
		1 400	12		1.2	104.57	50.46	125	44.57	0.014 0	300
		1 600	14		1.0	100.87	48.79	125	51.91	0.013 6	300
		1 600	18		1.2	98.74	75.69	150	42.08	0.021 0	300
	120	1 500	10		1.0	119.07	34.92	125	61.18	0.009 7	300
		1 600	14		1.2	121.72	58.87	150	51.91	0.016 4	300
	140	1 600	12		1.2	141.02	50.46	125	60.17	0.014 0	300
	160	1 600	10		1.2	162.55	42.12	125	69.27	0.011 7	300

表 5

PN MPa	A m^2	DN mm	b mm	δ mm	H m	A_1 m^2	V m^3/h	dn mm	L_t m	f m^2	d mm
≤1.0	5	500	10	2.5,3	0.5	4.98	16.92	80	5.18	0.004 7	200
	6	500	10		0.6	6.04	20.52	80	5.18	0.005 7	200
	8	500	6		0.5	8.00	10.41	65	8.18	0.002 9	200
		600	10		0.5	7.95	16.92	80	8.34	0.004 7	200
		600	12		0.6	8.24	24.54	100	7.14	0.006 8	200
		700	14		0.5	8.11	23.59	100	8.55	0.006 6	200
	10	600	6		0.4	9.72	8.25	50	12.61	0.002 3	200
		600	10		0.6	9.64	20.52	80	8.34	0.005 7	200
		700	14		0.6	9.85	28.63	100	8.56	0.008 0	200
	15	700	6		0.5	15.52	10.41	65	15.91	0.002 9	300
		700	10		0.8	16.53	27.72	100	10.54	0.007 7	300
		800	10		0.5	15.66	16.92	80	16.54	0.004 7	200
	20	700	6		0.6	21.51	12.57	65	18.36	0.003 5	200
		700	10		0.8	18.85	27.72	100	12.13	0.007 7	200
		800	14		1.0	20.89	48.79	125	10.60	0.013 6	300
		1 000	14		0.6	21.15	28.63	100	18.42	0.008 0	300
	25	800	6		0.6	26.54	12.57	65	22.60	0.003 5	300
		800	10		0.8	25.65	27.72	100	16.54	0.007 7	200

表 5（续）

PN MPa	A m^2	DN mm	b mm	δ mm	H m	A_1 m^2	V m^3/h	dn mm	L_t m	f m^2	d mm
≤1.0	25	900	10	2.5,3	0.6	24.74	20.52	80	21.58	0.005 7	200
		900	14		0.8	24.90	38.71	125	16.10	0.010 8	200
	30	700	6		0.8	28.90	16.89	80	18.36	0.004 7	200
		900	10		0.8	31.09	27.72	100	20.00	0.007 7	300
		1 000	14		0.8	29.72	38.71	125	19.16	0.010 8	300
	40	1 000	10		0.8	39.82	27.72	100	25.67	0.007 7	300
		1 000	14		1.0	39.55	48.79	125	20.32	0.013 6	200
		1 000	14		1.2	45.21	58.87	150	19.16	0.016 4	300
	50	1 000	10		1.0	50.17	34.92	125	25.67	0.009 7	300
		1 100	10		0.8	49.53	27.72	100	31.97	0.007 7	300
		1 000	14		1.2	47.73	58.87	150	20.32	0.016 4	200
	60	1 200	10		0.8	60.19	27.72	100	38.89	0.007 7	300
		1 100	14		1.2	58.67	58.87	150	25.00	0.016 4	200
		1 200	14		1.0	58.60	48.79	125	30.16	0.013 6	200
	80	1 100	10		1.2	78.78	42.12	125	33.55	0.011 7	200
		1 200	10		1.0	78.83	34.92	125	38.89	0.009 7	300
	90	1 200	10		1.2	91.46	42.12	125	38.89	0.011 7	300

表 6

PN MPa	DN mm	D_0 mm	K	l	a mm	t_B mm	t_H mm	t_{Z1} mm	t_{Z2} mm	h_1 mm	h mm
0.4	500	564	0.55	0.3	266	20	14	6	6	68	82
	600	664			316	20	14	6	6	74	90
	700	764			366	24	16	6	6	86	102
	800	864			416	28	18	6	6	96	116
	900	964	0.6		466	28	18	6	8	106	128
	1 000	1 064			516	32	20	6	8	118	142
	1 100	1 164			566	36	22	6	8	130	156
	1 200	1 264			616	40	24	6	8	142	170
0.6	500	564	0.55		266	20	14	6	6	68	82
	600	664			316	24	16	6	6	80	96
	700	764			366	28	18	6	8	90	108
	800	864			416	28	18	6	8	96	116

表 6（续）

PN MPa	DN mm	D_o mm	K	l	a mm	t_B mm	t_H mm	t_{Z1} mm	t_{Z2} mm	h_1 mm	h mm
0.6	900	964	0.6	0.3	466	32	20	6	8	112	136
	1 000	1 064			516	36	22	6	8	124	150
	1 100	1 164			566	40	24	6	10	136	164
	1 200	1 264			616	44	26	6	10	148	176
0.8	500	564	0.55	0.3	266	20	14	6	8	68	82
	600	664			316	24	16	6	8	80	96
	700	764			366	28	18	6	8	90	108
	800	864			416	32	20	6	8	102	122
	900	964	0.6		466	32	20	6	10	112	136
	1 000	1 064			516	36	22	6	10	124	150
	1 100	1 164			566	40	24	6	12	136	164
	1 200	1 264			616	44	26	6	12	148	176
1.0	500	564	0.55	0.3	266	24	16	6	8	74	88
	600	664			316	28	18	6	8	84	102
	700	764			366	32	20	6	10	96	114
	800	864			416	32	20	6	10	102	122
	900	964	0.6		466	36	22	6	12	118	142
	1 000	1 064			516	40	24	6	12	130	156
	1 100	1 164			566	44	26	6	12	142	170
	1 200	1 264			616	48	28	6	12	154	184

注：计算中采用常温下 Q345R 材料(厚度＞36 mm～60 mm)时的许用应力 163 MPa,腐蚀裕量取 2.0 mm。

ICS 71.120.30
J 75

中华人民共和国国家标准

GB/T 28712.6—2012

热交换器型式与基本参数 第6部分:空冷式热交换器

Types and basic parameters of heat exchangers—Part 6: Air cooled heat exchangers

2012-09-03 发布　　2013-01-01 实施

中华人民共和国国家质量监督检验检疫总局
中国国家标准化管理委员会　发布

前　言

GB/T 28712《热交换器型式与基本参数》分为6个部分：

——第1部分：浮头式热交换器；

——第2部分：固定管板式热交换器；

——第3部分：U形管式热交换器；

——第4部分：立式热虹吸式重沸器；

——第5部分：螺旋板式热交换器；

——第6部分：空冷式热交换器。

本部分为GB/T 28712的第6部分。

本部分按照GB/T 1.1—2009给出的规则起草。

本部分由全国锅炉压力容器标准化技术委员会(SAC/TC 262)提出并归口。

本部分负责起草单位：甘肃蓝科石化高新装备股份有限公司、上海蓝滨石化设备有限责任公司、湖北长江石化设备有限公司。

本部分主要起草人：韩卓、马军、孔繁民、王春晖、赵天波。

热交换器型式与基本参数
第6部分：空冷式热交换器

1 范围

GB/T 28712 的本部分规定了鼓风式、引风式空冷式热交换器(以下简称“空冷器”)的型式与管束、构架、风机、百叶窗等部件的公称尺寸和基本参数。

本部分适用于石油及化工行业用空冷器，也适用于其他工业部门相类似的空冷器。

2 规范性引用文件

下列文件对于本文件的应用是必不可少的。凡是注日期的引用文件，仅注日期的版本适用于本文件。凡是不注日期的引用文件，其最新版本(包括所有的修改单)适用于本文件。

NB/T 47007 空冷式热交换器

3 术语和定义

下列术语和定义适用于本文件。

3.1

翅化比 finned ratio

单位长度翅片管的总外表面积与其基管外表面积之比。

3.2

管束迎风面积之比 bundle windward area ratio

管束空气流通的净截面积与管束迎风面积之比。

4 组成与型式

4.1 组成

空冷器由管束、构架、风机及百叶窗等组成。

4.2 型式

空冷器型式分水平式和斜顶式两种。空冷器的通风方式分鼓风式和引风式两种。见图1。

4.3 型号表示方法及零部件名称

型号表示方法及零部件名称按 NB/T 47007 的规定。

5 管束

5.1 符号

下列符号适用于本文件。

d ——基管外径,mm;

D ——翅片外径,mm;

S ——翅片名义厚度,mm;

h ——翅片高度,mm;

S_1——DR 型翅片管复层厚度,mm;

Z ——管排数;

N ——管程数;

b ——接管间距,mm;

A ——管束基管外表面积,m^2;

L ——翅片管长度,mm;

δ ——管板厚度,mm;

L_1——基管管头伸出管板长度,mm;

n ——管束排管根数。

5.2 型式

5.2.1 水平式管束,见图 2 a)。

a) 鼓风式水平管束(代号 GP);

b) 引风式水平管束(代号 YP)。

5.2.2 斜顶式管束(代号 X),见图 2 b)。

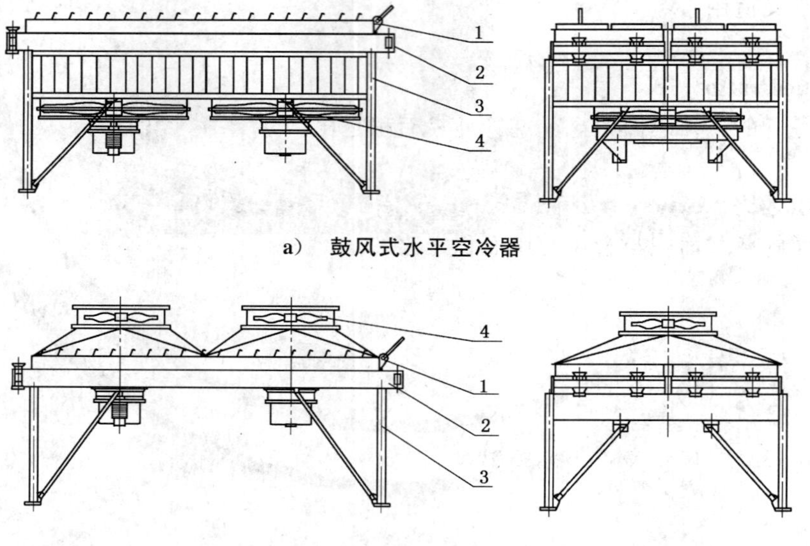

a) 鼓风式水平空冷器

b) 引风式水平空冷器

说明:

1——百叶窗;

2——管束;

3——构架;

4——风机。

图 1

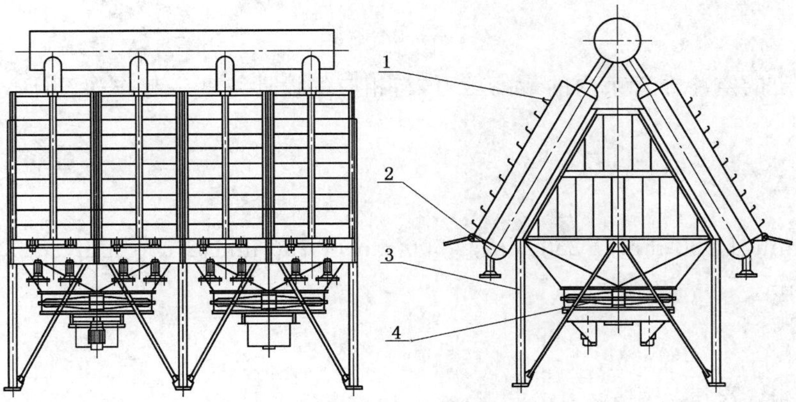

c）鼓风式斜顶空冷器

图 1（续）

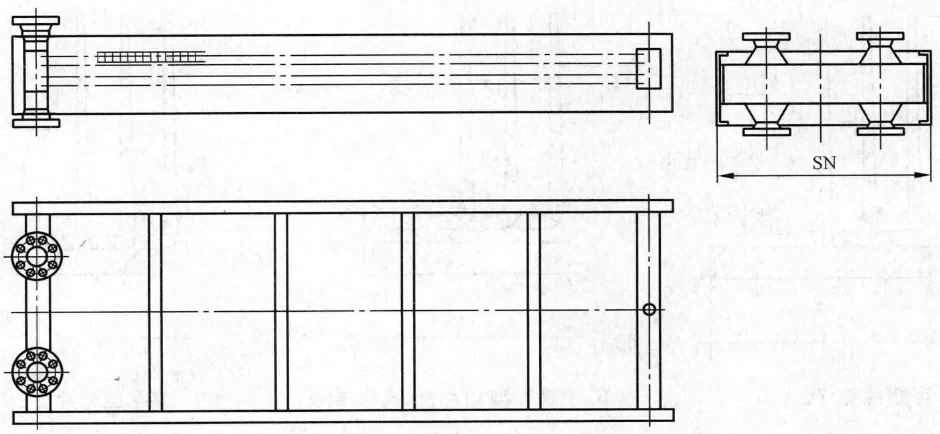

a）水平式管束

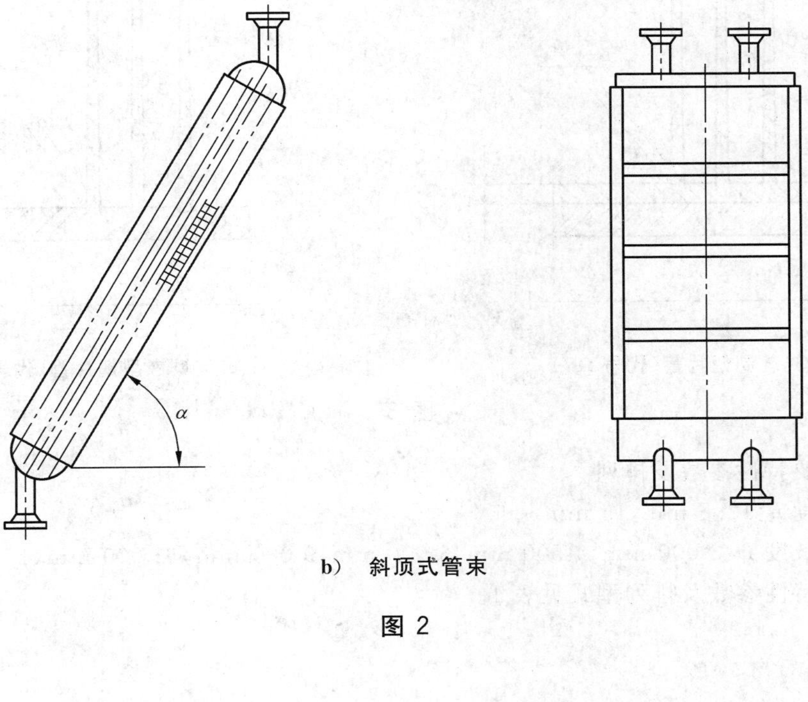

b）斜顶式管束

图 2

5.3 设计压力 *P*

设计压力指设定的空冷器管束内的最高压力，与相应的设计温度一起作为设计载荷条件，其值不低于工作压力。

5.4 公称宽度 BN

500 mm，750 mm，1 000 mm，1 250 mm，1 500 mm，1 750 mm，2 000 mm，2 250 mm，2 500 mm，2 750 mm，3 000 mm。

5.5 实际宽度 SN

系指管束两侧梁外缘之间的距离。

5.6 翅片管

5.6.1 翅片管参数的符号见图 3。

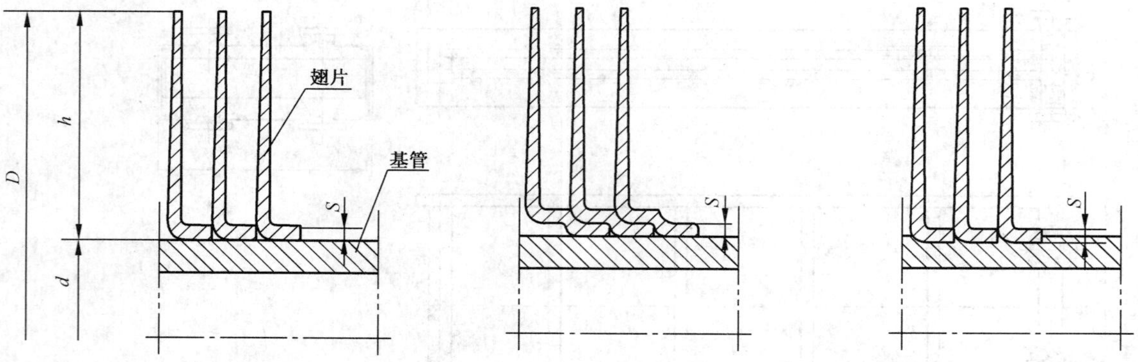

a) L 型翅片管(代号 L)　　b) 双 L 型翅片管(代号 LL)　　c) 滚花型翅片管(代号 KL)

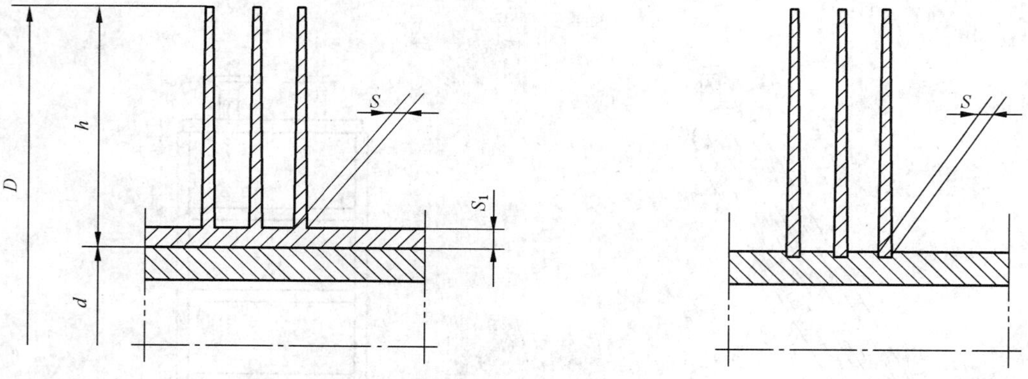

d) 双金属轧制翅片管(代号 DR)　　e) 镶嵌型翅片管(代号 G)

图 3

5.6.2 翅片管主要特性参数及排列。

5.6.2.1 翅片高度 h：12.5 mm，16 mm。

5.6.2.2 翅片管长度 L：3 000 mm，4 500 mm，6 000 mm，9 000 mm，12 000 mm，15 000 mm。

5.6.2.3 翅片管特性参数及排列型式见表 1。

表 1

基管外径 d mm	翅片参数						翅片管排列	
	翅片外径 D mm	翅片名义厚度 S mm		翅片数 片/m	翅片高度 h mm	DR 型翅片管复层厚度 S_1 mm	管心距 mm	排列
		L、LL、KL、G	DR					
25	50	0.4	0.8	433 394 354 315 276	12.5	0.5	54 56 59	等边三角形
	57				16		62 63.5 67	

5.6.2.4 翅片管的翅化比及管束迎风面积比见表 2。

表 2

翅片管型式	翅片数 片/m	翅化比	迎风面积比			翅化比	迎风面积比		
		翅片高度	管心距/mm			翅片高度	管心距/mm		
		h=12.5mm	54	56	59	h=16mm	62	63.5	67
L	433	16.9	0.465	0.484	0.510	23.4	0.519	0.530	0.555
	394	15.5	0.470	0.489	0.515	21.4	0.525	0.536	0.560
	354	14.0	0.475	0.494	0.520	19.3	0.531	0.542	0.566
	315	12.6	0.480	0.499	0.524	17.3	0.537	0.548	0.571
	276	11.2	0.486	0.504	0.529	15.3	0.543	0.553	0.577
LL	433	16.6	0.452	0.472	0.499	23.1	0.508	0.520	0.545
	394	15.2	0.457	0.477	0.503	21.1	0.514	0.526	0.550
	354	13.7	0.462	0.482	0.508	19.1	0.520	0.531	0.556
	315	12.3	0.467	0.486	0.513	17.1	0.525	0.537	0.561
	276	11.0	0.472	0.491	0.517	15.1	0.531	0.542	0.566
KL	433	16.9	0.465	0.484	0.510	23.4	0.519	0.530	0.555
	394	15.5	0.470	0.489	0.515	21.4	0.525	0.536	0.560
	354	14.0	0.475	0.494	0.520	19.3	0.531	0.542	0.566
	315	12.6	0.480	0.499	0.524	17.3	0.537	0.548	0.571
	276	11.2	0.486	0.504	0.529	15.3	0.543	0.553	0.577
G	433	17.2	0.477	0.496	0.521	23.7	0.530	0.541	0.565
	394	15.8	0.482	0.501	0.526	21.7	0.536	0.547	0.570
	354	14.3	0.488	0.506	0.531	19.6	0.542	0.553	0.576
	315	12.8	0.493	0.511	0.536	17.5	0.548	0.559	0.582
	276	11.4	0.499	0.517	0.541	15.5	0.554	0.565	0.587

表 2（续）

翅片管型式	翅片数 片/m	翅化比 翅片高度 h=12.5mm	迎风面积比 管心距/mm			翅化比 翅片高度 h=16mm	迎风面积比 管心距/mm		
			54	56	59		62	63.5	67
DR	433	16.7	0.456	0.475	0.502	23.3	0.496	0.508	0.533
	394	15.3	0.461	0.480	0.507	21.3	0.503	0.515	0.541
	354	13.9	0.467	0.486	0.512	19.2	0.511	0.523	0.548
	315	12.5	0.473	0.492	0.517	17.2	0.519	0.530	0.555
	276	11.0	0.478	0.497	0.523	15.2	0.527	0.538	0.562

5.7 管排数 *Z*

水平式管束：4 排，5 排，6 排，8 排。

斜顶式管束：3 排，4 排。

5.8 管程数 *N*

1，2，3，4，5，6，8。

5.9 水平式管束的基本参数

水平式管束的基本参数组合见表 3。

表 3

公称宽度 BN/mm	管排数 *Z*	管程数 *N*	翅片管长度 *L*/mm					
			3 000	4 500	6 000	9 000	12 000	15 000
500	4	1,2,4				—	—	—
	5	1,2,5				—	—	—
	6	1,2,3				—	—	—
750	4	1,2,4				—	—	—
	5	1,2,5				—	—	—
	6	1,2,3				—	—	—
1 000	4	1,2,4						
	5	1,2,5						
	6	1,2,3						
	8	1,2,4	—	—				
1 250	4	1,2,4						
	5	1,2,5						
	6	1,2,3						
	8	1,2,4	—	—				

表 3（续）

公称宽度 BN/mm	管排数 Z	管程数 N	翅片管长度 L/mm					
			3 000	4 500	6 000	9 000	12 000	15 000
1 500	4	1,2,4						
	5	1,2,5						
	6	1,2,3						
	8	1,2,4	—	—				
1 750	4	1,2,4						
	5	1,2,5						
	6	1,2,3,6						
	8	1,2,4,8	—	—				
2 000	4	1,2,4						
	5	1,2,5						
	6	1,2,3,6						
	8	1,2,4,8	—	—				
2 250	4	1,2,4			—			
	5	1,2,5			—			
	6	1,2,3,6			—			
	8	1,2,4,8	—	—	—			
2 500	4	1,2,4						
	5	1,2,5						
	6	1,2,3,6						
	8	1,2,4,8	—	—				
2 750	4	1,2,4		—				
	5	1,2,5		—				
	6	1,2,3,6		—				
	8	1,2,4,8	—	—				
3 000	4	1,2,4						
	5	1,2,5						
	6	1,2,3,6						
	8	1,2,4,8	—	—				

5.10 管箱

5.10.1 管箱型式按 NB/T 47007 的规定。

5.10.2 接管法兰。

5.10.2.1 法兰标准：按图样要求。

5.10.2.2　法兰密封面型式：凸面、凹凸面、榫槽面、环连接面。

5.10.2.3　接管公称直径 DN：50 mm，80 mm，100 mm，150 mm，200 mm，250 mm，300 mm。

5.10.2.4　接管数量及位置尺寸见表 4 和图 4。

表 4

公称宽度 BN/mm	500	750	1 000	1 250	1 500	1 750	2 000	2 250	2 500	2 750	3 000
接管数量	1			2							
接管间距 b/mm	—			625	750	875	1 000	1 125	1 250	1 375	1 500

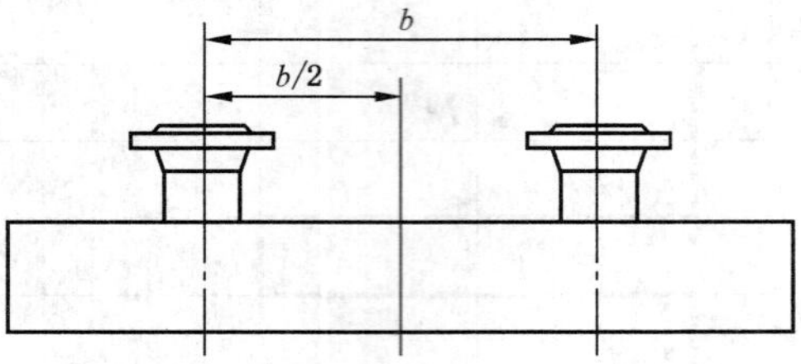

图 4

5.11　管束基管外表面积 A 和排管根数 n

5.11.1　管束基管外表面积按式(1)计算：

$$A=\pi d(L-2\delta-L_1)n\times10^{-6} \quad \cdots\cdots(1)$$

5.11.2　翅片高度 h 为 12.5 mm 的鼓风式水平管束，其管束基管外表面积 A 与排管根数 n 见表 5。

表 5

管排数 Z		4							5						
公称宽度 BN mm	管心距 mm	排管根数 n^a	管束基管外表面积 A^b/m² 翅片管长度 L/mm						排管根数 n^a	管束基管外表面积 A^b/m² 翅片管长度 L/mm					
			3 000	4 500	6 000	9 000	12 000	15 000		3 000	4 500	6 000	9 000	12 000	15 000
500	54	26	6.0	9.1	12.2	—	—	—	33	7.6	11.5	15.4	—	—	—
	56	24	5.6	8.4	11.2	—	—	—	30	7.0	10.5	14.0	—	—	—
	59	24	5.6	8.4	11.2	—	—	—	30	7.0	10.5	14.0	—	—	—
750	54	44	10.2	15.4	20.6	—	—	—	55	12.7	19.2	25.7	—	—	—
	56	42	9.7	14.7	19.6	—	—	—	53	12.3	18.5	24.8	—	—	—
	59	40	9.3	14.0	18.7	—	—	—	50	11.6	17.5	23.4	—	—	—
1 000	54	62	14.4	21.7	29.0	43.6	58.2	72.8	78	18.1	27.3	36.5	54.8	73.2	91.6
	56	60	13.9	21.0	28.0	42.2	56.3	70.5	75	17.4	26.2	35.0	52.7	70.4	88.1
	59	58	13.4	20.3	27.1	40.8	54.4	68.1	73	16.9	25.5	34.1	51.3	68.5	85.7
1 250	54	80	18.5	28.0	37.4	56.2	75.1	93.9	100	23.2	35.0	46.7	70.3	93.9	117.4
	56	78	18.1	27.3	36.5	54.8	73.2	91.6	98	22.7	34.3	45.8	68.9	92.0	115.1
	59	74	17.1	25.9	34.6	52.0	69.5	86.9	93	21.5	32.5	43.5	65.4	87.3	109.2

表 5（续）

管排数 Z		4							5						
公称宽度 BN mm	管心距 mm	排管根数 n^a	管束基管外表面积 A^b/m² 翅片管长度 L/mm						排管根数 n^a	管束基管外表面积 A^b/m² 翅片管长度 L/mm					
			3 000	4 500	6 000	9 000	12 000	15 000		3 000	4 500	6 000	9 000	12 000	15 000
1 500	54	100	23.2	35.0	46.7	70.3	93.9	117.4	125	29.0	43.7	58.4	87.9	117.3	146.8
	56	96	22.2	33.6	44.9	67.5	90.1	112.7	120	27.8	41.9	56.1	84.4	112.6	140.9
	59	90	20.9	31.5	42.1	63.3	84.5	105.7	113	26.2	39.5	52.8	79.4	106.1	132.7
1 750	54	118	27.3	41.2	55.1	82.9	110.7	138.6	148	34.3	51.7	69.2	104.0	138.9	173.8
	56	114	26.4	39.8	53.3	80.1	107.0	133.9	143	33.1	50.0	66.8	100.5	134.2	167.9
	59	108	25.0	37.7	50.5	75.9	101.4	126.8	135	31.3	47.2	63.1	94.9	126.7	158.5
2 000	54	136	31.5	47.5	63.6	95.6	127.6	159.7	170	39.4	59.4	79.4	119.5	159.6	199.6
	56	132	30.6	46.1	61.7	92.8	123.9	155.0	165	38.2	57.7	77.1	116.0	154.9	193.7
	59	124	28.7	43.3	57.9	87.2	116.4	145.6	155	35.9	54.2	72.4	109.0	145.5	182.0
2 250	54	154	35.7	53.8	—	108.3	144.5	180.8	193	44.7	67.5	—	135.7	181.1	226.6
	56	150	34.8	52.4	—	105.4	140.8	176.1	188	43.6	65.7	—	132.2	176.4	220.7
	59	142	32.9	49.6	—	99.8	133.3	166.7	178	41.2	62.2	—	125.1	167.1	209.0
2 500	54	174	40.3	60.8	81.3	122.3	163.3	204.3	218	50.5	76.2	101.9	153.2	204.6	256.0
	56	168	38.9	58.7	78.5	118.1	157.7	197.3	210	48.7	73.4	98.1	147.6	197.1	246.6
	59	158	36.6	55.2	73.8	111.1	148.3	185.5	198	45.9	69.2	92.5	139.2	185.8	232.5
2 750	54	192	44.5	—	89.7	135.0	180.2	225.4	240	55.6	—	112.2	168.7	225.3	281.8
	56	186	43.1	—	86.9	130.7	174.6	218.4	233	54.0	—	108.9	163.8	218.7	273.6
	59	176	40.8	—	82.2	123.7	165.2	206.7	220	51.0	—	102.8	154.6	206.5	258.3
3 000	54	210	48.7	73.4	98.1	147.6	197.1	246.6	263	60.9	91.9	122.9	184.9	246.8	308.8
	56	202	46.8	70.6	94.4	142.0	189.6	237.2	253	58.6	88.4	118.2	177.8	237.5	297.1
	59	192	44.5	67.1	89.7	135.0	180.2	225.4	240	55.6	83.9	112.2	168.7	225.3	281.8

管排数 Z		6							8						
公称宽度 BN mm	管心距 mm	排管根数 n^a	管束基管外表面积 A^b/m² 翅片管长度 L/mm						排管根数 n^a	管束基管外表面积 A^b/m² 翅片管长度 L/mm					
			3 000	4 500	6 000	9 000	12 000	15 000		3 000	4 500	6 000	9 000	12 000	15 000
500	54	39	9.0	13.6	18.2	—	—	—	—	—	—	—	—	—	—
	56	36	8.3	12.6	16.8	—	—	—	—	—	—	—	—	—	—
	59	36	8.3	12.6	16.8	—	—	—	—	—	—	—	—	—	—
750	54	66	15.3	23.1	30.8	—	—	—	—	—	—	—	—	—	—
	56	63	14.6	22.0	29.4	—	—	—	—	—	—	—	—	—	—
	59	60	13.9	21.0	28.0	—	—	—	—	—	—	—	—	—	—

表 5（续）

管排数 Z		6							8						
公称宽度 BN mm	管心距 mm	排管根数 n^{a}	管束基管外表面积 A^{b}/m^{2} 翅片管长度 L/mm						排管根数 n^{a}	管束基管外表面积 A^{b}/m^{2} 翅片管长度 L/mm					
			3 000	4 500	6 000	9 000	12 000	15 000		3 000	4 500	6 000	9 000	12 000	15 000
1 000	54	93	21.5	32.5	43.5	65.4	87.3	109.2	124	—	—	57.9	87.2	116.4	145.6
	56	90	20.9	31.5	42.1	63.3	84.5	105.7	120	—	—	56.1	84.4	112.6	140.9
	59	87	20.2	30.4	40.7	61.2	81.7	102.2	116	—	—	54.2	81.5	108.9	136.2
1 250	54	120	27.8	41.9	56.1	84.4	112.6	140.9	160	—	—	74.8	112.5	150.2	187.9
	56	117	27.1	40.9	54.7	82.2	109.8	137.4	156	—	—	72.9	109.7	146.4	183.2
	59	111	25.7	38.8	51.9	78.0	104.2	130.3	148	—	—	69.2	104.0	138.9	173.8
1 500	54	150	34.8	52.4	70.1	105.4	140.8	176.1	200	—	—	93.5	140.6	187.7	234.8
	56	144	33.4	50.3	67.3	101.2	135.2	169.1	192	—	—	89.7	135.0	180.2	225.4
	59	135	31.3	47.2	63.1	94.9	126.7	158.5	180	—	—	84.1	126.5	168.9	211.4
1 750	54	177	41.0	61.9	82.7	124.4	166.1	207.8	236	—	—	110.3	165.9	221.5	277.1
	56	171	39.6	59.8	79.9	120.2	160.5	200.8	228	—	—	106.5	160.3	214.0	267.7
	59	162	37.5	56.6	75.7	113.9	152.0	190.2	216	—	—	100.9	151.8	202.7	253.6
2 000	54	204	47.3	71.3	95.3	143.4	191.5	239.5	272	—	—	127.1	191.2	255.3	319.4
	56	198	45.9	69.2	92.5	139.2	185.8	232.5	264	—	—	123.4	185.6	247.8	310.0
	59	186	43.1	65.0	86.9	130.7	174.6	218.4	248	—	—	115.9	174.3	232.8	291.2
2 250	54	231	53.5	80.7	—	162.4	216.8	271.2	308	—	—	—	216.5	289.1	361.6
	56	225	52.1	78.6	—	158.2	211.2	264.2	300	—	—	—	210.9	281.6	352.3
	59	213	49.4	74.4	—	149.7	199.9	250.1	284	—	—	—	199.6	266.5	333.5
2 500	54	261	60.5	91.2	122.0	183.5	245.0	306.5	348	—	—	162.6	244.6	326.6	408.6
	56	252	58.4	88.1	117.8	177.1	236.5	295.9	336	—	—	157.0	236.2	315.4	394.5
	59	237	54.9	82.8	110.8	166.6	222.4	278.3	316	—	—	147.7	222.1	296.6	371.0
2 750	54	288	66.7	—	134.6	202.4	270.3	338.2	384	—	—	179.4	269.9	360.4	450.9
	56	279	64.6	—	130.4	196.1	261.9	327.6	372	—	—	173.8	261.5	349.1	436.8
	59	264	61.2	—	123.4	185.6	247.8	310.0	352	—	—	164.5	247.4	330.4	413.3
3 000	54	315	73.0	110.1	147.2	221.4	295.6	369.9	420	—	—	196.3	295.2	394.2	493.2
	56	303	70.2	105.9	141.6	213.0	284.4	355.8	404	—	—	188.8	284.0	379.2	474.4
	59	288	66.7	100.7	134.6	202.4	270.3	338.2	384	—	—	179.4	269.9	360.4	450.9

[a] 排管根数按管束实际宽度(管束公称宽度减 50 mm)、管箱端板厚度为 20 mm 确定。

[b] 管束基管外表面积按管板厚度 δ=22 mm 确定。

5.11.3 翅片高度 h 为 16 mm 的鼓风式水平管束，其管束基管外表面积 A 与翅片管排管根数 n 见表 6。

表 6

管排数 Z		4							5						
公称宽度 BN mm	管心距 mm	排管根数 n^a	管束基管外表面积 A^b/m²						排管根数 n^a	管束基管外表面积 A^b/m²					
			翅片管长度 L/mm							翅片管长度 L/mm					
			3 000	4 500	6 000	9 000	12 000	15 000		3 000	4 500	6 000	9 000	12 000	15 000
500	62	22	5.1	7.7	10.3	—	—	—	28	6.5	9.8	13.1	—	—	—
	63.5	22	5.1	7.7	10.3	—	—	—	28	6.5	9.8	13.1	—	—	—
	67	20	4.6	7.0	9.3	—	—	—	25	5.8	8.7	11.7	—	—	—
750	62	38	8.8	13.3	17.8	—	—	—	48	11.1	16.8	22.4	—	—	—
	63.5	38	8.8	13.3	17.8	—	—	—	48	11.1	16.8	22.4	—	—	—
	67	36	8.3	12.6	16.8	—	—	—	45	10.4	15.7	21.0	—	—	—
1 000	62	54	12.5	18.9	25.2	38.0	50.7	63.4	68	15.8	23.8	31.8	47.8	63.8	79.8
	63.5	54	12.5	18.9	25.2	38.0	50.7	63.4	68	15.8	23.8	31.8	47.8	63.8	79.8
	67	50	11.6	17.5	23.4	35.1	46.9	58.7	63	14.6	22.0	29.4	44.3	59.1	74.0
1 250	62	70	16.2	24.5	32.7	49.2	65.7	82.2	88	20.4	30.8	41.1	61.9	82.6	103.3
	63.5	68	15.8	23.8	31.8	47.8	63.8	79.8	85	19.7	29.7	39.7	59.7	79.8	99.8
	67	66	15.3	23.1	30.8	46.4	61.9	77.5	83	19.2	29.0	38.8	58.3	77.9	97.5
1 500	62	86	19.9	30.1	40.2	60.5	80.7	101.0	108	25.0	37.7	50.5	75.9	101.4	126.8
	63.5	84	19.5	29.4	39.3	59.0	78.8	98.6	105	24.3	36.7	49.1	73.8	98.5	123.3
	67	80	18.5	28.0	37.4	56.2	75.1	93.9	100	23.2	35.0	46.7	70.3	93.9	117.4
1 750	62	102	23.6	35.6	47.7	71.7	95.7	119.8	128	29.7	44.7	59.8	90.0	120.1	150.3
	63.5	100	23.2	35.0	46.7	70.3	93.9	117.4	125	29.0	43.7	58.4	87.9	117.3	146.8
	67	96	22.2	33.6	44.9	67.5	90.1	112.7	120	27.8	41.9	56.1	84.4	112.6	140.9
2 000	62	118	27.3	41.2	55.1	82.9	110.7	138.6	148	34.3	51.7	69.2	104.0	138.9	173.8
	63.5	116	26.9	40.5	54.2	81.5	108.9	136.2	145	33.6	50.7	67.8	101.9	136.1	170.3
	67	110	25.5	38.4	51.4	77.3	103.2	129.2	138	32.0	48.2	64.5	97.0	129.5	162.0
2 250	62	134	31.0	46.8	—	94.2	125.8	157.3	168	38.9	58.7	—	118.1	157.7	197.3
	63.5	132	30.6	46.1	—	92.8	123.9	155.0	165	38.2	57.7	—	116.0	154.9	193.7
	67	124	28.7	43.3	—	87.2	116.4	145.6	155	35.9	54.2	—	109.0	145.5	182.0
2 500	62	152	35.2	53.1	71.0	106.8	142.7	178.5	190	44.0	66.4	88.8	133.6	178.3	223.1
	63.5	148	34.3	51.7	69.2	104.0	138.9	173.8	185	42.9	64.7	86.5	130.0	173.6	217.2
	67	140	32.4	48.9	65.4	98.4	131.4	164.4	175	40.5	61.2	81.8	123.0	164.2	205.5
2 750	62	168	38.9	—	78.5	118.1	157.7	197.3	210	48.7	—	98.1	147.6	197.1	246.6
	63.5	164	38.0	—	76.6	115.3	153.9	192.6	205	47.5	—	95.8	144.1	192.4	240.7
	67	154	35.7	—	72.0	108.3	144.5	180.8	193	44.7	—	90.2	135.7	181.1	226.6
3 000	62	184	42.6	64.3	86.0	129.3	172.7	216.0	230	53.3	80.4	107.5	161.7	215.9	270.1
	63.5	180	41.7	62.9	84.1	126.5	168.9	211.4	225	52.1	78.6	105.1	158.2	211.2	264.2
	67	170	39.4	59.4	79.4	119.5	159.6	199.6	213	49.4	74.4	99.5	149.7	199.9	250.1

表 6（续）

管排数 Z		6							8						
公称宽度 BN mm	管心距 mm	排管根数 n^a	管束基管外表面积 A^b/m^2 翅片管长度 L/mm						排管根数 n^a	管束基管外表面积 A^b/m^2 翅片管长度 L/mm					
			3 000	4 500	6 000	9 000	12 000	15 000		3 000	4 500	6 000	9 000	12 000	15 000
500	62	33	7.6	11.5	15.4	—	—	—	—	—	—	—	—	—	—
	63.5	33	7.6	11.5	15.4	—	—	—	—	—	—	—	—	—	—
	67	30	7.0	10.5	14.0	—	—	—	—	—	—	—	—	—	—
750	62	57	13.2	19.9	26.6	—	—	—	—	—	—	—	—	—	—
	63.5	57	13.2	19.9	26.6	—	—	—	—	—	—	—	—	—	—
	67	54	12.5	18.9	25.2	—	—	—	—	—	—	—	—	—	—
1 000	62	81	18.8	28.3	37.9	56.9	76.0	95.1	108	—	—	50.5	75.9	101.4	126.8
	63.5	81	18.8	28.3	37.9	56.9	76.0	95.1	108	—	—	50.5	75.9	101.4	126.8
	67	75	17.4	26.2	35.0	52.7	70.4	88.1	100	—	—	46.7	70.3	93.9	117.4
1 250	62	105	24.3	36.7	49.1	73.8	98.5	123.3	140	—	—	65.4	98.4	131.4	164.4
	63.5	102	23.6	35.6	47.7	71.7	95.7	119.8	136	—	—	63.6	95.6	127.6	159.7
	67	99	22.9	34.6	46.3	69.6	92.9	116.2	132	—	—	61.7	92.8	123.9	155.0
1 500	62	129	29.9	45.1	60.3	90.7	121.1	151.5	172	—	—	80.4	120.9	161.4	202.0
	63.5	126	29.2	44.0	58.9	88.6	118.3	147.9	168	—	—	78.5	118.1	157.7	197.3
	67	120	27.8	41.9	56.1	84.4	112.6	140.9	160	—	—	74.8	112.5	150.2	187.9
1 750	62	153	35.4	53.5	71.5	107.5	143.6	179.6	204	—	—	95.3	143.4	191.5	239.5
	63.5	150	34.8	52.4	70.1	105.4	140.8	176.1	200	—	—	93.5	140.6	187.7	234.8
	67	144	33.4	50.3	67.3	101.2	135.2	169.1	192	—	—	89.7	135.0	180.2	225.4
2 000	62	177	41.0	61.9	82.7	124.4	166.1	207.8	236	—	—	110.3	165.9	221.5	277.1
	63.5	174	40.3	60.8	81.3	122.3	163.3	204.3	232	—	—	108.4	163.1	217.7	272.4
	67	165	38.2	57.7	77.1	116.0	154.9	193.7	220	—	—	102.8	154.6	206.5	258.3
2 250	62	201	46.6	70.2	—	141.3	188.6	236.0	268	—	—	—	188.4	251.5	314.7
	63.5	198	45.9	69.2	—	139.2	185.8	232.5	264	—	—	—	185.6	247.8	310.0
	67	186	43.1	65.0	—	130.7	174.6	218.4	248	—	—	—	174.3	232.8	291.2
2 500	62	228	52.8	79.7	106.5	160.3	214.0	267.7	304	—	—	142.1	213.7	285.3	356.9
	63.5	222	51.4	77.6	103.7	156.1	208.4	260.7	296	—	—	138.3	208.1	277.8	347.6
	67	210	48.7	73.4	98.1	147.6	197.1	246.6	280	—	—	130.8	196.8	262.8	328.8
2 750	62	252	58.4	—	117.8	177.1	236.5	295.9	336	—	—	157.0	236.2	315.4	394.5
	63.5	246	57.0	—	115.0	172.9	230.9	288.8	328	—	—	153.3	230.6	307.8	385.1
	67	231	53.5	—	107.9	162.4	216.8	271.2	308	—	—	143.9	216.5	289.1	361.6
3 000	62	276	63.9	96.5	129.0	194.0	259.0	324.1	368	—	—	172.0	258.7	345.4	432.1
	63.5	270	62.6	94.4	126.2	189.8	253.4	317.0	360	—	—	168.2	253.1	337.9	422.7
	67	255	59.1	89.1	119.2	179.2	239.3	299.4	340	—	—	158.9	239.0	319.1	399.2

[a] 排管根数按管束实际宽度(管束公称宽度减 50 mm)、管箱端板厚度为 20 mm 确定。

[b] 管束基管外表面积按管板厚度 δ=22 mm 确定。

5.11.4 翅片高度 h 为 12.5mm 的引风式水平管束，其管束基管外表面积 A 与翅片管排管根数 n 见表 7。

表 7

管排数 Z		4							5						
公称宽度 BN mm	管心距 mm	排管根数 n^a	管束基管外表面积 A^b/m^2 翅片管长度 L/mm						排管根数 n^a	管束基管外表面积 A^b/m^2 翅片管长度 L/mm					
			3 000	4 500	6 000	9 000	12 000	15 000		3 000	4 500	6 000	9 000	12 000	15 000
500	54	22	5.1	7.7	10.3	—	—	—	28	6.5	9.8	13.1	—	—	—
	56	20	4.6	7.0	9.3	—	—	—	25	5.8	8.7	11.7	—	—	—
	59	20	4.6	7.0	9.3	—	—	—	25	5.8	8.7	11.7	—	—	—
750	54	40	9.3	14.0	18.7	—	—	—	50	11.6	17.5	23.4	—	—	—
	56	38	8.8	13.3	17.8	—	—	—	48	11.1	16.8	22.4	—	—	—
	59	36	8.3	12.6	16.8	—	—	—	45	10.4	15.7	21.0	—	—	—
1 000	54	58	13.4	20.3	27.1	40.8	54.4	68.1	73	16.9	25.5	34.1	51.3	68.5	85.7
	56	56	13.0	19.6	26.2	39.4	52.6	65.8	70	16.2	24.5	32.7	49.2	65.7	82.2
	59	54	12.5	18.9	25.2	38.0	50.7	63.4	68	15.8	23.8	31.8	47.8	63.8	79.8
1 250	54	78	18.1	27.3	36.5	54.8	73.2	91.6	98	22.7	34.3	45.8	68.9	92.0	115.1
	56	74	17.1	25.9	34.6	52.0	69.5	86.9	93	21.5	32.5	43.5	65.4	87.3	109.2
	59	70	16.2	24.5	32.7	49.2	65.7	82.2	88	20.4	30.8	41.1	61.9	82.6	103.3
1 500	54	96	22.2	33.6	44.9	67.5	90.1	112.7	120	27.8	41.9	56.1	84.4	112.6	140.9
	56	92	21.3	32.2	43.0	64.7	86.3	108.0	115	26.6	40.2	53.7	80.8	107.9	135.0
	59	88	20.4	30.8	41.1	61.9	82.6	103.3	110	25.5	38.4	51.4	77.3	103.2	129.2
1 750	54	114	26.4	39.8	53.3	80.1	107.0	133.9	143	33.1	50.0	66.8	100.5	134.2	167.9
	56	110	25.5	38.4	51.4	77.3	103.2	129.2	138	32.0	48.2	64.5	97.0	129.5	162.0
	59	104	24.1	36.3	48.6	73.1	97.6	122.1	130	30.1	45.4	60.8	91.4	122.0	152.6
2 000	54	132	30.6	46.1	61.7	92.8	123.9	155.0	165	38.2	57.7	77.1	116.0	154.9	193.7
	56	128	29.7	44.7	59.8	90.0	120.1	150.3	160	37.1	55.9	74.8	112.5	150.2	187.9
	59	122	28.3	42.6	57.0	85.8	114.5	143.2	153	35.4	53.5	71.5	107.5	143.6	179.6
2 250	54	152	35.2	53.1	—	106.8	142.7	178.5	190	44.0	66.4	—	133.6	178.3	223.1
	56	146	33.8	51.0	—	102.6	137.0	171.4	183	42.4	64.0	—	128.6	171.8	214.9
	59	138	32.0	48.2	—	97.0	129.5	162.0	173	40.1	60.5	—	121.6	162.4	203.1
2 500	54	170	39.4	59.4	79.4	119.5	159.6	199.6	213	49.4	74.4	99.5	149.7	199.9	250.1
	56	164	38.0	57.3	76.6	115.3	153.9	192.6	205	47.5	71.6	95.8	144.1	192.4	240.7
	59	156	36.1	54.5	72.9	109.7	146.4	183.2	195	45.2	68.2	91.1	137.1	183.0	229.0
2 750	54	188	43.6	—	87.9	132.2	176.4	220.7	235	54.4	—	109.8	165.2	220.6	275.9
	56	182	42.2	—	85.1	127.9	170.8	213.7	228	52.8	—	106.5	160.3	214.0	267.7
	59	172	39.9	—	80.4	120.9	161.4	202.0	215	49.8	—	100.5	151.1	201.8	252.4
3 000	54	206	47.7	72.0	96.3	144.8	193.3	241.9	258	59.8	90.2	120.6	181.4	242.1	302.9
	56	200	46.3	69.9	93.5	140.6	187.7	234.8	250	57.9	87.4	116.8	175.7	234.6	293.5
	59	190	44.0	66.4	88.8	133.6	178.3	223.1	238	55.1	83.2	111.2	167.3	223.4	279.5

表 7（续）

管排数 Z		6							8						
公称宽度 BN mm	管心距 mm	排管根数 n[a]	管束基管外表面积 A^b/m² 翅片管长度 L/mm						排管根数 n[a]	管束基管外表面积 A^b/m² 翅片管长度 L/mm					
			3 000	4 500	6 000	9 000	12 000	15 000		3 000	4 500	6 000	9 000	12 000	15 000
500	54	33	7.6	11.5	15.4	—	—	—	—	—	—	—	—	—	—
	56	30	7.0	10.5	14.0	—	—	—	—	—	—	—	—	—	—
	59	30	7.0	10.5	14.0	—	—	—	—	—	—	—	—	—	—
750	54	60	13.9	21.0	28.0	—	—	—	—	—	—	—	—	—	—
	56	57	13.2	19.9	26.6	—	—	—	—	—	—	—	—	—	—
	59	54	12.5	18.9	25.2	—	—	—	—	—	—	—	—	—	—
1 000	54	87	20.2	30.4	40.7	61.2	81.7	102.2	116	—	—	54.2	81.5	108.9	136.2
	56	84	19.5	29.4	39.3	59.0	78.8	98.6	112	—	—	52.3	78.7	105.1	131.5
	59	81	18.8	28.3	37.9	56.9	76.0	95.1	108	—	—	50.5	75.9	101.4	126.8
1 250	54	117	27.1	40.9	54.7	82.2	109.8	137.4	156	—	—	72.9	109.7	146.4	183.2
	56	111	25.7	38.8	51.9	78.0	104.2	130.3	148	—	—	69.2	104.0	138.9	173.8
	59	105	24.3	36.7	49.1	73.8	98.5	123.3	140	—	—	65.4	98.4	131.4	164.4
1 500	54	144	33.4	50.3	67.3	101.2	135.2	169.1	192	—	—	89.7	135.0	180.2	225.4
	56	138	32.0	48.2	64.5	97.0	129.5	162.0	184	—	—	86.0	129.3	172.7	216.0
	59	132	30.6	46.1	61.7	92.8	123.9	155.0	176	—	—	82.2	123.7	165.2	206.7
1 750	54	171	39.6	59.8	79.9	120.2	160.5	200.8	228	—	—	106.5	160.3	214.0	267.7
	56	165	38.2	57.7	77.1	116.0	154.9	193.7	220	—	—	102.8	154.6	206.5	258.3
	59	156	36.1	54.5	72.9	109.7	146.4	183.2	208	—	—	97.2	146.2	195.2	244.2
2 000	54	198	45.9	69.2	92.5	139.2	185.8	232.5	264	—	—	123.4	185.6	247.8	310.0
	56	192	44.5	67.1	89.7	135.0	180.2	225.4	256	—	—	119.6	180.0	240.3	300.6
	59	183	42.4	64.0	85.5	128.6	171.8	214.9	244	—	—	114.0	171.5	229.0	286.5
2 250	54	228	52.8	79.7	—	160.3	214.0	267.7	304	—	—	—	213.7	285.3	356.9
	56	219	50.7	76.5	—	153.9	205.5	257.1	292	—	—	—	205.3	274.1	342.9
	59	207	48.0	72.3	—	145.5	194.3	243.1	276	—	—	—	194.0	259.0	324.1
2 500	54	255	59.1	89.1	119.2	179.2	239.3	299.4	340	—	—	158.9	239.0	319.1	399.2
	56	246	57.0	86.0	115.0	172.9	230.9	288.8	328	—	—	153.3	230.6	307.8	385.1
	59	234	54.2	81.8	109.4	164.5	219.6	274.8	312	—	—	145.8	219.3	292.8	366.3
2 750	54	282	65.3	—	131.8	198.2	264.7	331.1	376	—	—	175.7	264.3	352.9	441.5
	56	273	63.3	—	127.6	191.9	256.2	320.5	364	—	—	170.1	255.9	341.6	427.4
	59	258	59.8	—	120.6	181.4	242.1	302.9	344	—	—	160.8	241.8	322.9	403.9
3 000	54	309	71.6	108.0	144.4	217.2	290.0	362.8	412	—	—	192.5	289.6	386.7	483.8
	56	300	69.5	104.9	140.2	210.9	281.6	352.3	400	—	—	186.9	281.2	375.4	469.7
	59	285	66.0	99.6	133.2	200.3	267.5	334.6	380	—	—	177.6	267.1	356.6	446.2

[a] 排管根数按管束实际宽度(管束公称宽度减 100 mm)、管箱端板厚度为 20 mm 确定。

[b] 管束基管外表面积按管板厚度 δ=22mm 确定。

5.11.5 翅片高度 h 为 16 mm 的引风式水平管束，其管束基管外表面积 A 与翅片管排管根数 n 见表 8。

表 8

管排数 Z		4							5						
公称宽度 BN mm	管心距 mm	排管根数 n^a	管束基管外表面积 A^b/m^2						排管根数 n^a	管束基管外表面积 A^b/m^2					
			翅片管长度 L/mm							翅片管长度 L/mm					
			3 000	4 500	6 000	9 000	12 000	15 000		3 000	4 500	6 000	9 000	12 000	15 000
500	62	18	4.2	6.3	8.4	—	—	—	23	5.3	8.0	10.7	—	—	—
	63.5	18	4.2	6.3	8.4	—	—	—	23	5.3	8.0	10.7	—	—	—
	67	18	4.2	6.3	8.4	—	—	—	23	5.3	8.0	10.7	—	—	—
750	62	34	7.9	11.9	15.9	—	—	—	43	10.0	15.0	20.1	—	—	—
	63.5	34	7.9	11.9	15.9	—	—	—	43	10.0	15.0	20.1	—	—	—
	67	32	7.4	11.2	15.0	—	—	—	40	9.3	14.0	18.7	—	—	—
1 000	62	52	12.0	18.2	24.3	36.6	48.8	61.1	65	15.1	22.7	30.4	45.7	61.0	76.3
	63.5	50	11.6	17.5	23.4	35.1	46.9	58.7	63	14.6	22.0	29.4	44.3	59.1	74.0
	67	48	11.1	16.8	22.4	33.7	45.1	56.4	60	13.9	21.0	28.0	42.2	56.3	70.5
1 250	62	68	15.8	23.8	31.8	47.8	63.8	79.8	85	19.7	29.7	39.7	59.7	79.8	99.8
	63.5	66	15.3	23.1	30.8	46.4	61.9	77.5	83	19.2	29.0	38.8	58.3	77.9	97.5
	67	62	14.4	21.7	29.0	43.6	58.2	72.8	78	18.1	27.3	36.5	54.8	73.2	91.6
1 500	62	84	19.5	29.4	39.3	59.0	78.8	98.6	105	24.3	36.7	49.1	73.8	98.5	123.3
	63.5	82	19.0	28.7	38.3	57.6	77.0	96.3	103	23.9	36.0	48.1	72.4	96.7	120.9
	67	78	18.1	27.3	36.5	54.8	73.2	91.6	98	22.7	34.3	45.8	68.9	92.0	115.1
1 750	62	100	23.2	35.0	46.7	70.3	93.9	117.4	125	29.0	43.7	58.4	87.9	117.3	146.8
	63.5	98	22.7	34.3	45.8	68.9	92.0	115.1	123	28.5	43.0	57.5	86.5	115.4	144.4
	67	92	21.3	32.2	43.0	64.7	86.3	108.0	115	26.6	40.2	53.7	80.8	107.9	135.0
2 000	62	116	26.9	40.5	54.2	81.5	108.9	136.2	145	33.6	50.7	67.8	101.9	136.1	170.3
	63.5	112	25.9	39.1	52.3	78.7	105.1	131.5	140	32.4	48.9	65.4	98.4	131.4	164.4
	67	108	25.0	37.7	50.5	75.9	101.4	126.8	135	31.3	47.2	63.1	94.9	126.7	158.5
2 250	62	132	30.6	46.1	—	92.8	123.9	155.0	165	38.2	57.7	—	116.0	154.9	193.7
	63.5	128	29.7	44.7	—	90.0	120.1	150.3	160	37.1	55.9	—	112.5	150.2	187.9
	67	122	28.3	42.6	—	85.8	114.5	143.2	153	35.4	53.5	—	107.5	143.6	179.6
2 500	62	148	34.3	51.7	69.2	104.0	138.9	173.8	185	42.9	64.7	86.5	130.0	173.6	217.2
	63.5	144	33.4	50.3	67.3	101.2	135.2	169.1	180	41.7	62.9	84.1	126.5	168.9	211.4
	67	136	31.5	47.5	63.6	95.6	127.6	159.7	170	39.4	59.4	79.4	119.5	159.6	199.6
2 750	62	164	38.0	—	76.6	115.3	153.9	192.6	205	47.5	—	95.8	144.1	192.4	240.7
	63.5	160	37.1	—	74.8	112.5	150.2	187.9	200	46.3	—	93.5	140.6	187.7	234.8
	67	152	35.2	—	71.0	106.8	142.7	178.5	190	44.0	—	88.8	133.6	178.3	223.1
3 000	62	180	41.7	62.9	84.1	126.5	168.9	211.4	225	52.1	78.6	105.1	158.2	211.2	264.2
	63.5	176	40.8	61.5	82.2	123.7	165.2	206.7	220	51.0	76.9	102.8	154.6	206.5	258.3
	67	166	38.5	58.0	77.6	116.7	155.8	194.9	208	48.2	72.7	97.2	146.2	195.2	244.2

表 8(续)

管排数 Z		6							8						
公称宽度 BN mm	管心距 mm	排管根数 n^{a}	管束基管外表面积 A^{b}/m^2 翅片管长度 L/mm						排管根数 n^{a}	管束基管外表面积 A^{b}/m^2 翅片管长度 L/mm					
			3 000	4 500	6 000	9 000	12 000	15 000		3 000	4 500	6 000	9 000	12 000	15 000
500	62	27	6.3	9.4	12.6	—	—	—	—	—	—	—	—	—	—
	63.5	27	6.3	9.4	12.6	—	—	—	—	—	—	—	—	—	—
	67	27	6.3	9.4	12.6	—	—	—	—	—	—	—	—	—	—
750	62	51	11.8	17.8	23.8	—	—	—	—	—	—	—	—	—	—
	63.5	51	11.8	17.8	23.8	—	—	—	—	—	—	—	—	—	—
	67	48	11.1	16.8	22.4	—	—	—	—	—	—	—	—	—	—
1 000	62	78	18.1	27.3	36.5	54.8	73.2	91.6	104	—	—	48.6	73.1	97.6	122.1
	63.5	75	17.4	26.2	35.0	52.7	70.4	88.1	100	—	—	46.7	70.3	93.9	117.4
	67	72	16.7	25.2	33.6	50.6	67.6	84.5	96	—	—	44.9	67.5	90.1	112.7
1 250	62	102	23.6	35.6	47.7	71.7	95.7	119.8	136	—	—	63.6	95.6	127.6	159.7
	63.5	99	22.9	34.6	46.3	69.6	92.9	116.2	132	—	—	61.7	92.8	123.9	155.0
	67	93	21.5	32.5	43.5	65.4	87.3	109.2	124	—	—	57.9	87.2	116.4	145.6
1 500	62	126	29.2	44.0	58.9	88.6	118.3	147.9	168	—	—	78.5	118.1	157.7	197.3
	63.5	123	28.5	43.0	57.5	86.5	115.4	144.4	164	—	—	76.6	115.3	153.9	192.6
	67	117	27.1	40.9	54.7	82.2	109.8	137.4	156	—	—	72.9	109.7	146.4	183.2
1 750	62	150	34.8	52.4	70.1	105.4	140.8	176.1	200	—	—	93.5	140.6	187.7	234.8
	63.5	147	34.1	51.4	68.7	103.3	138.0	172.6	196	—	—	91.6	137.8	184.0	230.1
	67	138	32.0	48.2	64.5	97.0	129.5	162.0	184	—	—	86.0	129.3	172.7	216.0
2 000	62	174	40.3	60.8	81.3	122.3	163.3	204.3	232	—	—	108.4	163.1	217.7	272.4
	63.5	168	38.9	58.7	78.5	118.1	157.7	197.3	224	—	—	104.7	157.5	210.2	263.0
	67	162	37.5	56.6	75.7	113.9	152.0	190.2	216	—	—	100.9	151.8	202.7	253.6
2 250	62	198	45.9	69.2	—	139.2	185.8	232.5	264	—	—	—	185.6	247.8	310.0
	63.5	192	44.5	67.1	—	135.0	180.2	225.4	256	—	—	—	180.0	240.3	300.6
	67	183	42.4	64.0	—	128.6	171.8	214.9	244	—	—	—	171.5	229.0	286.5
2 500	62	222	51.4	77.6	103.7	156.1	208.4	260.7	296	—	—	138.3	208.1	277.8	347.6
	63.5	216	50.0	75.5	100.9	151.8	202.7	253.6	288	—	—	134.6	202.4	270.3	338.2
	67	204	47.3	71.3	95.3	143.4	191.5	239.5	272	—	—	127.1	191.2	255.3	319.4
2 750	62	246	57.0	—	115.0	172.9	230.9	288.8	328	—	—	153.3	230.6	307.8	385.1
	63.5	240	55.6	—	112.2	168.7	225.3	281.8	320	—	—	149.5	224.9	300.3	375.7
	67	228	52.8	—	106.5	160.3	214.0	267.7	304	—	—	142.1	213.7	285.3	356.9
3 000	62	270	62.6	94.4	126.2	189.8	253.4	317.0	360	—	—	168.2	253.1	337.9	422.7
	63.5	264	61.2	92.3	123.4	185.6	247.8	310.0	352	—	—	164.5	247.4	330.4	413.3
	67	249	57.7	87.0	116.4	175.0	233.7	292.4	332	—	—	155.1	233.4	311.6	389.8

[a] 排管根数按管束实际宽度(管束公称宽度减 100 mm)、管箱端板厚度为 20 mm 确定。

[b] 管束基管外表面积按管板厚度 δ=22 mm 确定。

5.12 翅片管外表面积

翅片管外表面积=基管外表面积×翅化比

6 构架

6.1 型式与规格

6.1.1 鼓风式水平构架(代号 GJP)型式见图 5,规格见表 9。

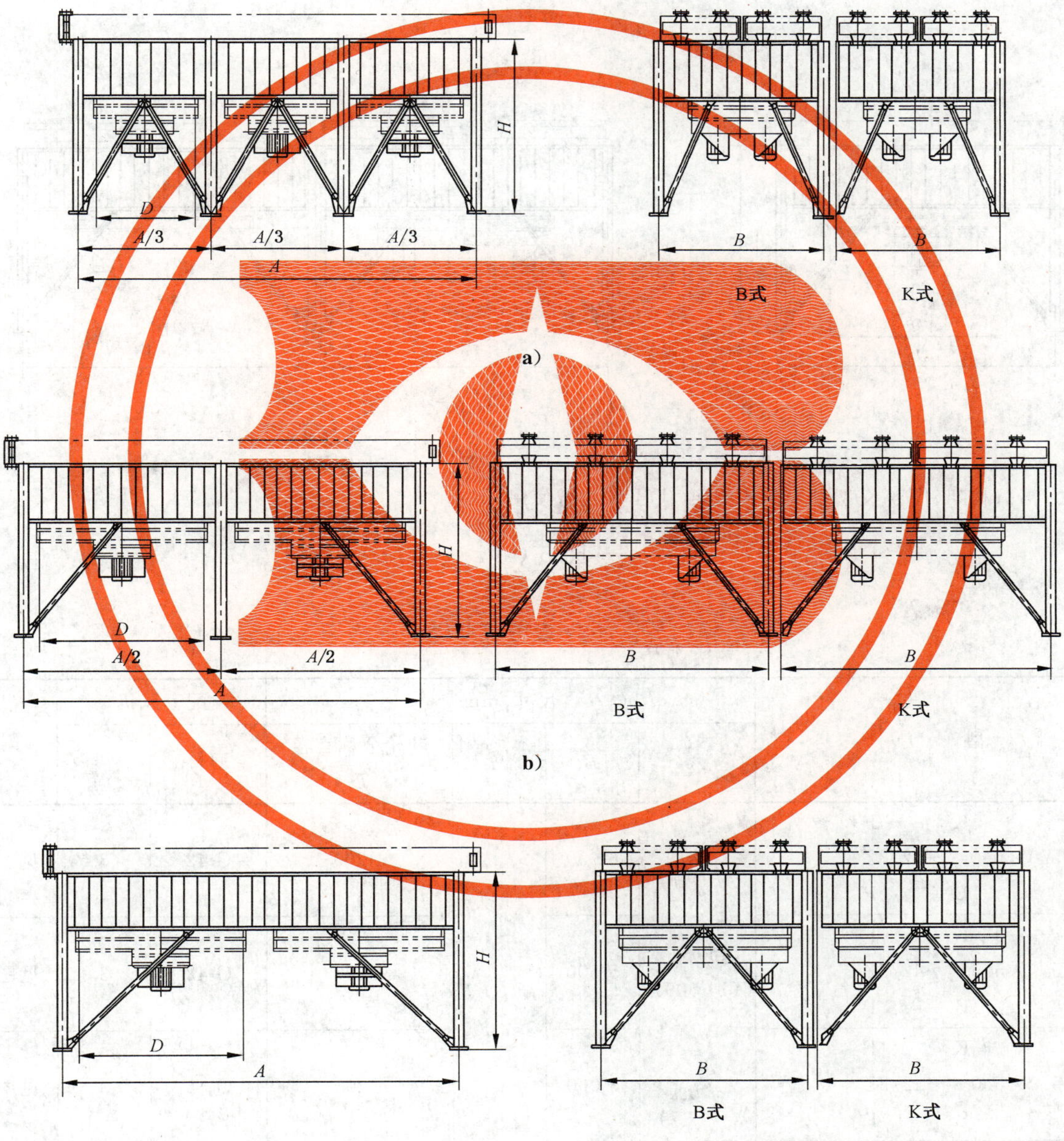

图 5

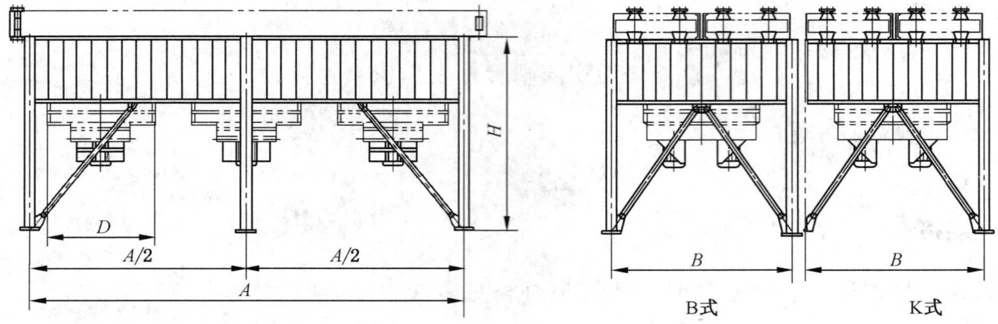

d)

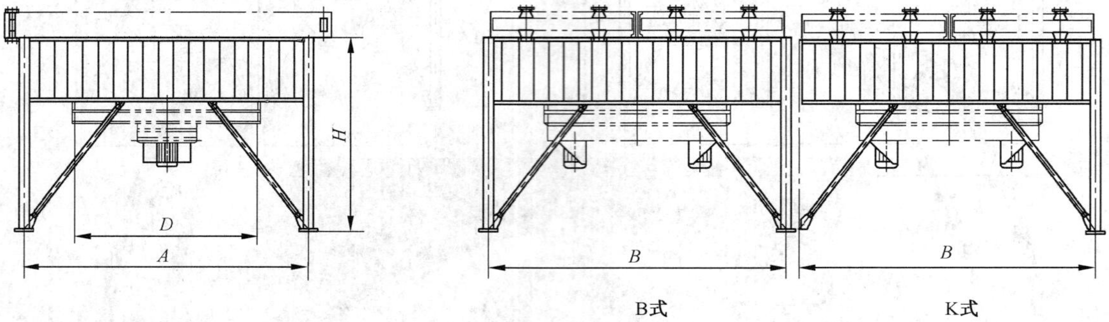

e)

注：开式构架(代号 K)只能与闭式构架(代号 B)组合使用。

图 5（续）

表 9

型　　号	尺寸/mm				配套风机		附注
	A	B	H	叶轮公称直径 D	型号	数量	
K　　　F GJP15.0×6.0　—42/3Z B　　　P	14 700 (14 500)	6 000	≥4 000	4 200	G-42	3	见图 5a)
K　　　F GJP15.0×5.5　—42/3Z B　　　P		5 500		4 200	G-42	3	见图 5a)
K　　　F GJP15.0×5.0　—42/3Z B　　　P		5 000		4 200	G-42	3	见图 5a)
K　45　F GJP12.0×6.0　—　/2Z B　42　P	11 700 (11 500)	6 000		4 500	G-45	2	见图 5b)
				4 200	G-42		

表 9（续）

型　　号	尺寸/mm				配套风机		附注
	A	*B*	*H*	叶轮公称直径 *D*	型号	数量	
K　45　F GJP12.0×5.5　—　/2Z B　42　P	11 700 (11 500)	5 500	≥4 000	4 500 4 200	G-45 G-42	2	见图 5b)
K　45　F GJP12.0×5.0　—　/2Z B　42　P		5 000		4 500 4 200	G-45 G-42	2	见图 5b)
K　F GJP12.0×4.5　—39/2Z B　P		4 500		3 900	G-39	2	见图 5b)
K　F GJP9.0×6.0　—36/2Z B　P	8 700 (8 500)	6 000		3 600	G-36	2	见图 5b)
K　F GJP9.0×5.5　—36/2Z B　P		5 500		3 600	G-36	2	见图 5b)
K　F GJP9.0×5.0　—36/2Z B　P		5 000		3 600	G-36	2	见图 5b)
K　F GJP9.0×4.5　—33/2Z B　P		4 500		3 300	G-33	2	见图 5b)
K　F GJP9.0×4.0　—30/2Z B　P		4 000		3 000	G-30	2	见图 5b)
K　F GJP9.0×3.5　—24/3Z B　P		3 500		2 400	G-24	3	见图 5d)
K　F GJP9.0×3.0　—24/3Z B　P		3 000		2 400	G-24	3	见图 5d)
K　F GJP9.0×2.2　—18/3Z B　P		2 200		1 800	G-18	3	见图 5d)
K　45　F GJP6.0×6.0　—　/1Z B　42　P	5 700 (5 500)	6 000		4 500 4 200	G-45 G-42	1	见图 5e)
K　45　F GJP6.0×5.5　—　/1Z B　42　P		5 500		4 500 4 200	G-45 G-42	1	见图 5e)

表 9（续）

型　　号	尺寸/mm				配套风机		附注
	A	*B*	*H*	叶轮公称直径 *D*	型号	数量	
K　45　F GJP6.0×5.0　—　/1Z B　42　P	5 700 (5 500)	5 000		4 500 4 200	G-45 G-42	1	见图 5e)
K　F GJP6.0×4.0　—24/2Z B　P		4 000		2 400	G-24	2	见图 5c)
K　F GJP6.0×3.5　—24/2Z B　P		3 500		2 400	G-24	2	见图 5c)
K　F GJP6.0×3.0　—24/2Z B　P		3 000		2 400	G-24	2	见图 5c)
K　F GJP6.0×2.5　—21/2Z B　P		2 500		2 100	G-21	2	见图 5c)
K　F GJP6.0×2.0　—18/2Z B　P		2 000		1 800	G-18	2	见图 5c)
K　F GJP4.5×4.5　—39/1Z B　P	4 200 (4 000)	4 500	≥4 000	3 900	G-39	1	见图 5e)
K　F GJP4.5×4.0　—36/1Z B　P		4 000		3 600	G-36	1	见图 5e)
K　F GJP4.5×3.5　—30/1Z B　P		3 500		3 000	G-30	1	见图 5e)
K　F GJP4.5×3.0　—18/2Z B　P		3 000		1 800	G-18	2	见图 5c)
K　F GJP4.5×2.5　—18/2Z B　P		2 500		1 800	G-18	2	见图 5c)
K　F GJP4.5×2.0　—18/2Z B　P		2 000		1 800	G-18	2	见图 5c)
K　F GJP3.0×3.0　—24/1Z B　P	2 700 (2 500)	3 000		2 400	G-24	1	见图 5e)

表 9（续）

型号	尺寸/mm				配套风机		附注
	A	B	H	叶轮公称直径 D	型号	数量	
K　　F GJP3.0×2.5　—21/1Z B　　P	2 700 (2 500)	2 500	≥4 000	2 100	G-21	1	见图 5e)
K　　F GJP3.0×2.0　—18/1Z B　　P		2 000		1 800	G-18	1	见图 5e)

6.1.2　引风式水平构架(代号 YJP)型式见图 6,规格见表 10。

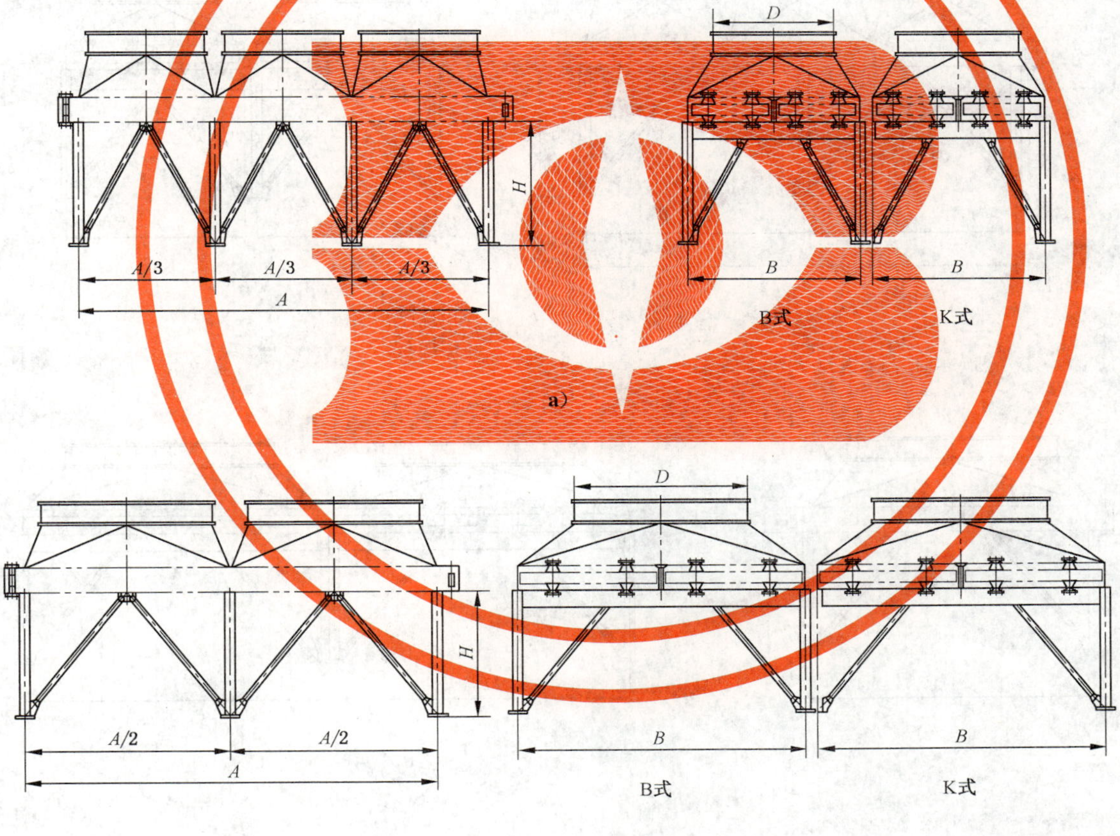

b)

图 6

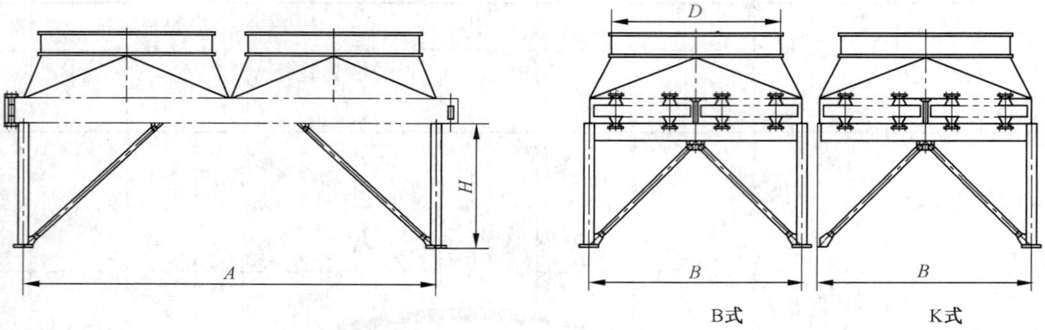

c）

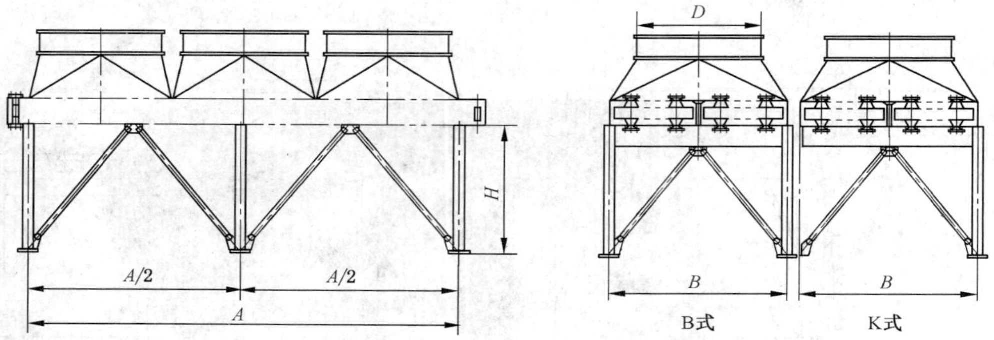

d）

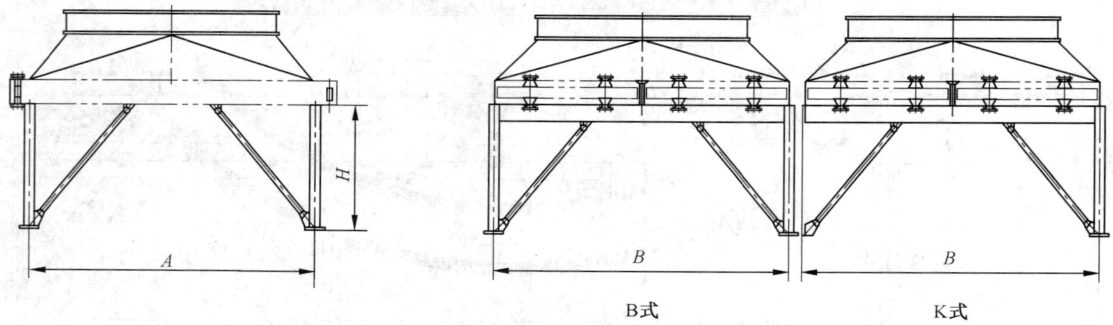

e）

图 6（续）

表 10

型　　号	尺寸/mm				配套风机		附注
	A	*B*	*H*	叶轮公称直径 *D*	型号	数量	
K　　F YJP15.0×6.0　—42/3Z B　　P	14 700 (14 500)	6 000	≥2 500	4 200	Y-42	3	见图 6a)
K　　F YJP15.0×5.5　—42/3Z B　　P		5 500		4 200	Y-42	3	见图 6a)
K　　F YJP15.0×5.0　—42/3Z B　　P		5 000		4 200	Y-42	3	见图 6a)
K　45　F YJP12.0×6.0　—　/2Z B　42　P	11 700 (11 500)	6 000		4 500 4 200	Y-45 Y-42	2	见图 6b)
K　　F YJP12.0×5.5　—42/2Z B　　P		5 500		4 200	Y-42	2	见图 6b)
K　　F YJP12.0×5.0　—42/2Z B　　P		5 000		4 200	Y-42	2	见图 6b)
K　　F YJP12.0×4.5　—39/2Z B　　P		4 500		3 900	Y-39	2	见图 6b)
K　　F YJP9.0×6.0　—36/2Z B　　P	8 700 (8 500)	6 000		3 600	Y-36	2	见图 6b)
K　　F YJP9.0×5.5　—36/2Z B　　P		5 500		3 600	Y-36	2	见图 6b)
K　　F YJP9.0×5.0　—36/2Z B　　P		5 000		3 600	Y-36	2	见图 6b)
K　　F YJP9.0×4.5　—33/2Z B　　P		4 500		3 300	Y-33	2	见图 6b)
K　　F YJP9.0×4.0　—30/2Z B　　P		4 000		3 000	Y-30	2	见图 6b)
K　　F YJP9.0×3.5　—24/3Z B　　P		3 500		2 400	Y-24	3	见图 6d)

表 10（续）

型　　号	尺寸/mm				配套风机		附注
	A	B	H	叶轮公称直径 D	型号	数量	
K　　F YJP9.0×3.0　—24/3Z B　　P	8 700 (8 500)	3 000	≥2 500	2 400	Y-24	3	见图 6d)
K　　F YJP9.0×2.0　—18/3Z B　　P		2 000		1 800	Y-18	3	见图 6d)
K　45　F YJP6.0×6.0　—　/1Z B　42　P	5 700 (5 500)	6 000		4 500 4 200	Y-45 Y-42	1	见图 6e)
K　　F YJP6.0×5.5　—42/1Z B　　P		5 500		4 200	Y-42	1	见图 6e)
K　　F YJP6.0×5.0　—42/1Z B　　P		5 000		4 200	Y-42	1	见图 6e)
K　　F YJP6.0×4.0　—24/2Z B　　P		4 000		2 400	Y-24	2	见图 6c)
K　　F YJP6.0×3.5　—24/2Z B　　P		3 500		2 400	Y-24	2	见图 6c)
K　　F YJP6.0×3.0　—24/2Z B　　P		3 000		2 400	Y-24	2	见图 6c)
K　　F YJP6.0×2.5　—21/2Z B　　P		2 500		2 100	Y-21	2	见图 6c)
K　　F YJP6.0×2.0　—18/2Z B　　P		2 000		1 800	Y-18	2	见图 6c)
K　　F YJP4.5×4.5　—39/1Z B　　P	4 200 (4 000)	4 500		3 900	Y-39	1	见图 6e)
K　　F YJP4.5×4.0　—36/1Z B　　P		4 000		3 600	Y-36	1	见图 6e)
K　　F YJP4.5×3.5　—30/1Z B　　P		3 500		3 000	Y-30	1	见图 6e)

表 10（续）

型　号	尺寸/mm				配套风机		附注
	A	B	H	叶轮公称直径 D	型号	数量	
YJP4.5×3.0 $\begin{matrix}K\\B\end{matrix}$ —18/2Z $\begin{matrix}F\\P\end{matrix}$	4 200 (4 000)	3 000	≥2 500	1 800	Y-18	2	见图 6c)
YJP4.5×2.5 $\begin{matrix}K\\B\end{matrix}$ —18/2Z $\begin{matrix}F\\P\end{matrix}$		2 500		1 800	Y-18	2	见图 6c)
YJP4.5×2.0 $\begin{matrix}K\\B\end{matrix}$ —18/2Z $\begin{matrix}F\\P\end{matrix}$		2 000		1 800	Y-18	2	见图 6c)
YJP3.0×3.0 $\begin{matrix}K\\B\end{matrix}$ —24/1Z $\begin{matrix}F\\P\end{matrix}$	2 700 (2 500)	3 000		2 400	Y-24	1	见图 6e)
YJP3.0×2.5 $\begin{matrix}K\\B\end{matrix}$ —21/1Z $\begin{matrix}F\\P\end{matrix}$		2 500		2 100	Y-21	1	见图 6e)
YJP3.0×2.0 $\begin{matrix}K\\B\end{matrix}$ —18/1Z $\begin{matrix}F\\P\end{matrix}$		2 000		1 800	Y-18	1	见图 6e)

6.1.3　斜顶式构架(代号 JX)型号见图 7，规格见表 11。

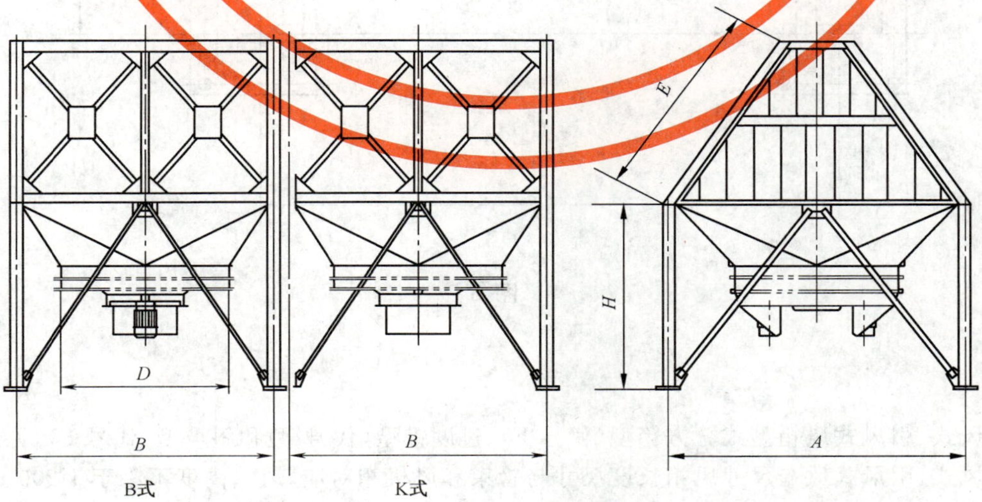

图 7

表 11

单位为毫米

型　　号	*A*	*B*	*E*	*D*	*H*	备　　注
JX5×4×4.5$_{B}^{K}$—36/1Z	5 000	4 000	4 500	3 600	≥4 000	适用于翅片管立排的管束
JX5×5×4.5$_{B}^{K}$—42/1Z	5 000	5 000		4 200		
JX5×6×4.5$_{B}^{K}$—42/1Z	5 000	6 000		4 200		
JX3×6×3$_{B}^{K}$—24/2Z	3 000	5 700	3 000	2 400		适用于翅片管横排的管束
JX3×9×3$_{B}^{K}$—24/3Z	3 000	8 700		2 400		

6.1.4　构架底板螺栓孔位置尺寸见图 8，图中 *A*，*B* 尺寸见表 9～表 11。

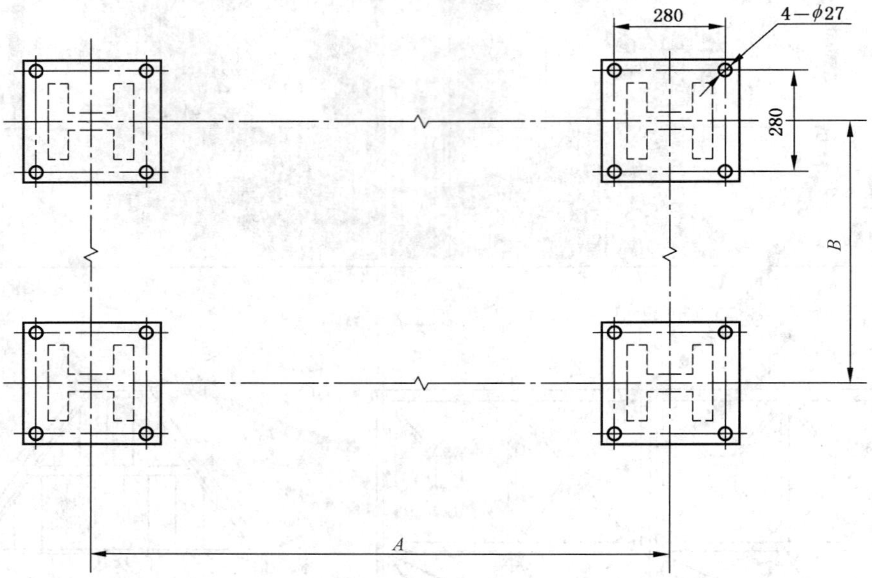

图 8

6.2　风箱

6.2.1　鼓风式、引风式风箱型式分方箱型（代号 F）、过度锥型（代号 Z）和斜坡型（代号 P），见图 9。

6.2.2　鼓风式、引风式风箱尺寸风箱长度尺寸与管束和风机相对应，风箱高度不小于 1 200 mm。

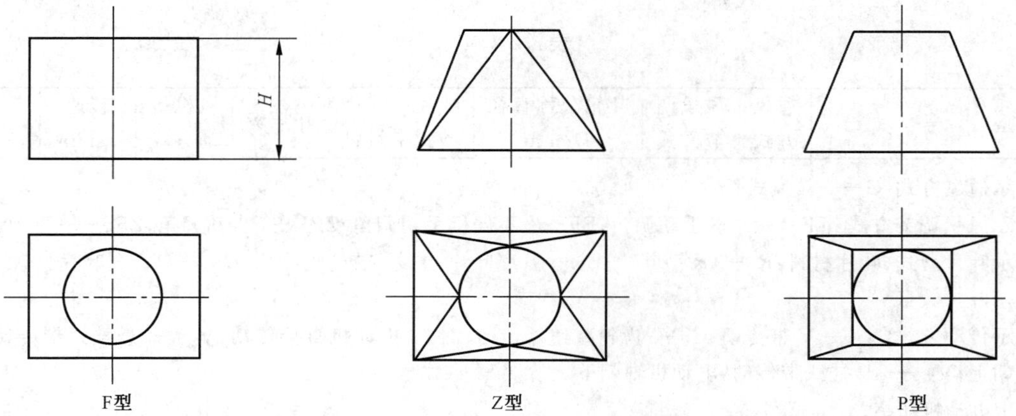

图 9

7 风机

7.1 基本要求

风机的通风方式、风量调节方式、使用温度、传动方式按 NB/T 47007 的规定。

7.2 叶轮直径 *D*

1 200 mm,1 500 mm,1 800 mm,2 100 mm,2 400 mm,2 700 mm,3 000 mm,3 300 mm,3 600 mm,3 900 mm,4 200 mm,4 500 mm。

7.3 叶片数

风机的叶片数分 4 片、5 片、6 片 3 种。

7.4 风机的基本组合参数

风机的基本组合参数见表 12。

表 12

型号	通风方式	风量调节方式	叶轮公称直径 D/mm	叶片型式	叶片材料	叶片数	风机传动方式	转速 r/min	风量 $\times 10^4\ m^3/h$
×[a]-×[b]12×[c]×[d]-×[e]×[f]	G Y	TF BF ZFJ ZFS	1 200	R B	b L	4 5 6	V C Z V_S V_X	955	1.7～2.0
×-×15××-××			1 500					764	3.0～3.7
×-×18××-××			1 800					637	3.5～6.5
×-×21××-××			2 100					546	5.9～7.2
×-×24××-××			2 400					477	7.1～11.2
×-×27××-××			2 700					424	9.2～11.2
×-×30××-××			3 000					382	11.9～14.5
×-×33××-××			3 300					347	12.2～14.8
×-×36××-××			3 600					318	13.7～26.1
×-×39××-××			3 900					294	15.6～25.4
×-×42××-××			4 200					273	19.7～34.8
×-×45××-××			4 500					255	23.6～34.8

表 12（续）

型　　号	通风方式	风量调节方式	叶轮公称直径 D/mm	叶片型式	叶片材料	叶片数	风机传动方式	转速 r/min	风量 $\times 10^4 m^3/h$

[a] 表示通风方式：G——鼓风式；Y——引风式。

[b] 表示风量调节方式：TF——停机手动调角；BF——不停机手动调角；ZFJ——自动调角；ZFS——自动调速。

[c] 表示叶片型式、叶片材料：R——R 型叶片；B——B 型叶片；b——玻璃钢叶片；L——铝合金叶片。

[d] 表示叶片数量。

[e] 表示传动方式：V——V 带传动；C——齿轮减速器传动；Z——电动机直接传动；V_S——悬挂式带传动，电动机轴朝上；V_X——悬挂式带传动，电动机轴朝下。

[f] 表示电动机功率。

8　百叶窗

8.1　调节方式

百叶窗的调节方式按 NB/T 47007 的规定。

8.2　规格

百叶窗的规格见图 10 和表 13。

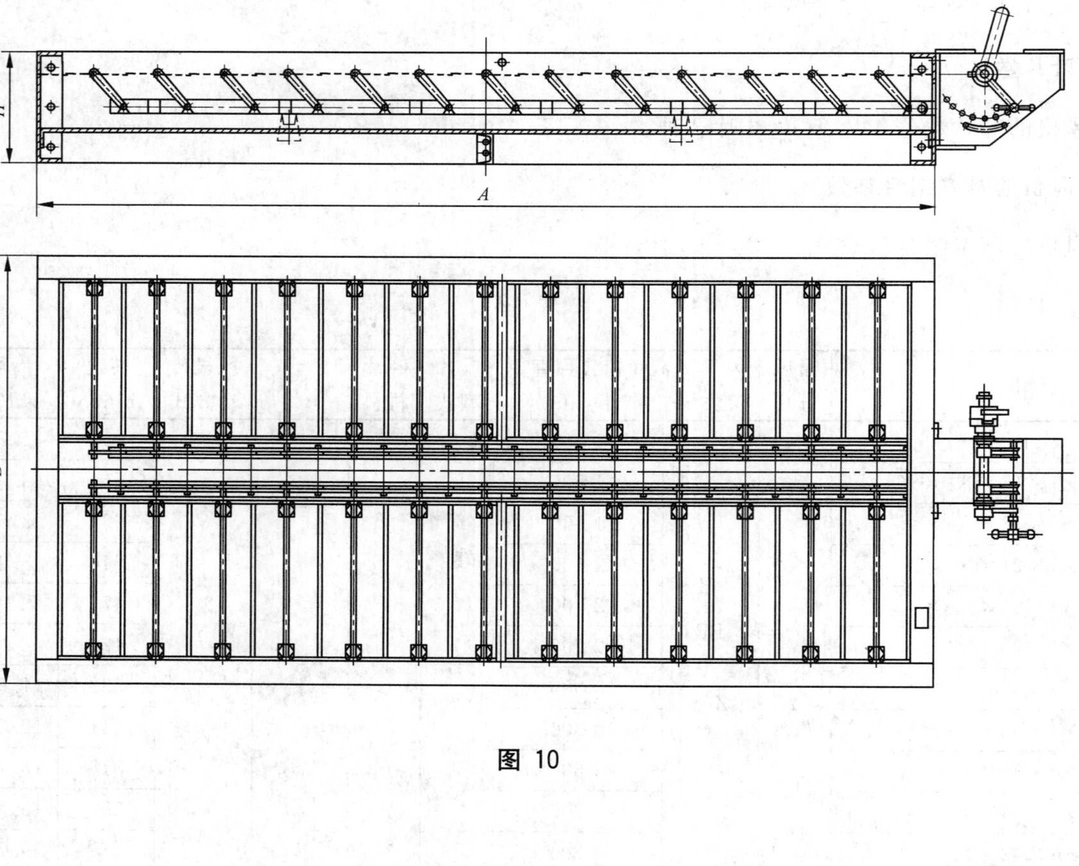

图 10

表 13

型号	*A* mm	*H* mm	*B*[a]/mm	
			鼓风式	引风式
SC15×3 ZC15×3	14 750 (14 550)	350	2 940	2 890
SC15×2.75 ZC15×2.75			2 690	2 640
SC15×2.5 ZC15×2.5			2 440	2 390
SC15×2.25 ZC15×2.25			2 190	2 140
SC15×2 ZC15×2			1 940	1 890
SC15×1.75 ZC15×1.75			1 690	1 640
SC15×1.5 ZC15×1.5			1 440	1 390
SC15×1.25 ZC15×1.25			1 190	1 140
SC15×1 ZC15×1			940	890
SC12×3 ZC12×3	11 750 (11 550)		2 940	2 890
SC12×2.75 ZC12×2.75			2 690	2 640
SC12×2.5 ZC12×2.5			2 440	2 390
SC12×2.25 ZC12×2.25			2 190	2 140
SC12×2 ZC12×2			1 940	1 890
SC12×1.75 ZC12×1.75			1 690	1 640
SC12×1.5 ZC12×1.5			1 440	1 390
SC12×1.25 ZC12×1.25			1 190	1 140
SC12×1 ZC12×1			940	890

表 13（续）

型号	A mm	H mm	B^a/mm	
			鼓风式	引风式
SC9×3 ZC9×3	8 750 (8 550)	350	2 940	2 890
SC9×2.75 ZC9×2.75			2 690	2 640
SC9×2.5 ZC9×2.5			2 440	2 390
SC9×2.25 ZC9×2.25			2 190	2 140
SC9×2 ZC9×2			1 940	1 890
SC9×1.75 ZC9×1.75			1 690	1 640
SC9×1.5 ZC9×1.5			1 440	1 390
SC9×1.25 ZC9×1.25			1 190	1 140
SC9×1 ZC9×1			940	890
SC6×3 ZC6×3	5 750 (5 550)		2 940	2 890
SC6×2.75 ZC6×2.75			2 690	2 640
SC6×2.5 ZC6×2.5			2 440	2 390
SC6×2 ZC6×2			1 940	1 890
SC6×1.75 ZC6×1.75			1 690	1 640
SC6×1.5 ZC6×1.5			1 440	1 390
SC6×1.25 ZC6×1.25			1 190	1 140
SC6×1 ZC6×1			940	890
SC6×0.75 ZC6×0.75			690	640
SC6×0.5 ZC6×0.5			440	390

表 13（续）

型号	A mm	H mm	B^a/mm	
			鼓风式	引风式
SC4.5×3 ZC4.5×3	4 250 (4 050)	350	2 940	2 890
SC4.5×2.5 ZC4.5×2.5			2 440	2 390
SC4.5×2.25 ZC4.5×2.25			2 190	2 140
SC4.5×2 ZC4.5×2			1 940	1 890
SC4.5×1.75 ZC4.5×1.75			1 690	1 640
SC4.5×1.5 ZC4.5×1.5			1 440	1 390
SC4.5×1.25 ZC4.5×1.25			1 190	1 140
SC4.5×1 ZC4.5×1			940	890
SC4.5×0.75 ZC4.5×0.75			690	640
SC4.5×0.5 ZC4.5×0.5			440	390
SC3×3 ZC3×3	2 750 (2 550)		2 940	2 890
SC3×2.75 ZC3×2.75			2 690	2 640
SC3×2.5 ZC3×2.5			2 440	2 390
SC3×2.25 ZC3×2.25			2 190	2 140
SC3×2 ZC3×2			1 940	1 890
SC3×1.75 ZC3×1.75			1 690	1 640
SC3×1.5 ZC3×1.5			1 440	1 390
SC3×1.25 ZC3×1.25			1 190	1 140
SC3×1 ZC3×1			940	890
SC3×0.75 ZC3×0.75			690	640
SC3×0.5 ZC3×0.5			440	390

[a] 鼓风式、引风式的尺寸 B 分别按管束实际宽度为管束公称宽度减 50 mm 和 100 mm 确定。

ICS 23.040.10
H 48

中华人民共和国国家标准

GB/T 28713.1—2012

管壳式热交换器用强化传热元件
第1部分：螺纹管

Enhanced heat transfer elements used in tube-shell heat exchangers—Part 1: Threaded tubes

2012-09-03 发布　　2013-01-01 实施

中华人民共和国国家质量监督检验检疫总局
中国国家标准化管理委员会　发布

前　言

GB/T 28713《管壳式热交换器用强化传热元件》分为 3 个部分：

——第 1 部分：螺纹管；

——第 2 部分：不锈钢波纹管；

——第 3 部分：波节管。

本部分为 GB/T 28713 的第 1 部分。

本部分按照 GB/T 1.1—2009 给出的规则起草。

本部分由全国锅炉压力容器标准化技术委员会(SAC/TC 262)提出并归口。

本部分起草单位：甘肃蓝科石化高新装备股份有限公司、上海蓝滨石化设备有限责任公司。

本部分主要起草人：张延丰、邹建东、赵亮、陈战杨。

管壳式热交换器用强化传热元件
第1部分：螺纹管

1 范围

GB/T 28713 的本部分规定了管壳式热交换器用螺纹管的基本参数及技术要求。

本部分适用于管外总热阻(包括介质膜热阻和污垢热阻)为控制热阻的传热场合。

本部分不适用于管外固体粉尘含量较高或易于结焦的场合。

2 规范性引用文件

下列文件对于本文件的应用是必不可少的。凡是注日期的引用文件，仅注日期的版本适用于本文件。凡是不注日期的引用文件，其最新版本(包括所有的修改单)适用于本文件。

GB 151　管壳式换热器

GB/T 241　金属管　液压试验方法

GB 5310　高压锅炉用无缝钢管

GB 6479　高压化肥设备用无缝钢管

GB 9948　石油裂化用无缝钢管

GB 13296　锅炉、热交换器用不锈钢无缝钢管

3 术语、定义和符号

3.1 术语和定义

GB 151 界定的以及下列术语和定义适用于本文件。

3.1.1

螺纹管　threaded tubes

在无缝钢管的外表面，环向滚压制成的整体低翅片管，结构如图1所示。

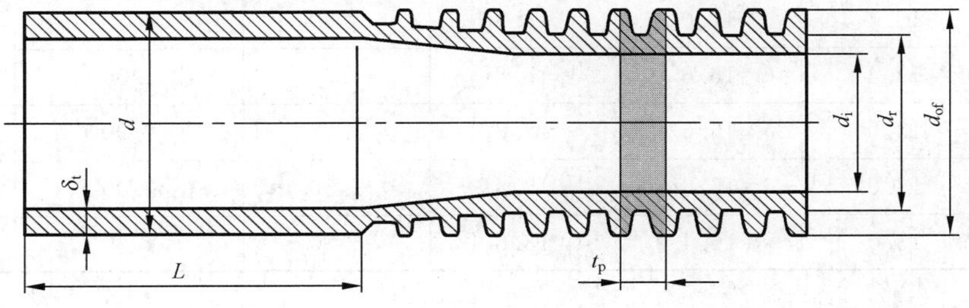

图 1

3.1.2

换热面积　heat transfer area

A

螺纹部分波峰外表面积、波谷外表面积、螺纹两侧面积以及无螺纹部分换热管的外表面积之和。

3.1.3

翅化比　fin ratio

η

螺纹管换热面积与滚压前基管外表面积的比值。

3.2　符号

下列符号适用于本文件。

d ——螺纹管外径(基管外径),mm;

d_e ——螺纹管当量直径(图中阴影部分面积与螺距 t_p之比);

d_i ——螺纹管内径(螺纹部分管内径),mm;

d_r ——螺纹管根径(螺纹部分波谷的直径),mm;

d_{of} ——螺纹管齿顶圆直径(螺纹部分波峰的直径),mm;

L ——无螺纹部分的基管端部长度,mm;

t_p ——螺距,螺纹部分一个波峰的中心到相邻一个波峰的中心的距离,mm;

δ_t ——螺纹管壁厚(基管壁厚),mm。

4　螺纹管基本参数

螺纹管基本参数应符合表1的规定;当需方有要求时,可变更 $d\times\delta_t$,螺纹参数可参照本部分确定。

表 1

钢管尺寸 $d\times\delta_t$/mm	螺纹管尺寸/mm				η 不小于	d_e/mm
	d_i	d_r	d_{of}	t_p		
25×2.5	18.8	23.0	24.8	0.80	2.80	23.9
25×2.5	18.8	22.6	24.8	1.00	2.75	23.7
25×2.5	18.0	22.3	24.8	1.25	2.50	23.6
25×2.5	18.0	22.3	24.8	1.50	2.20	23.5
25×2.5	18.0	22.0	24.8	2.00	1.80	23.4
25×2.5	18.0	22.0	24.8	2.50	1.60	23.3
19×2	13.4	17.0	18.8	0.80	2.80	17.9
19×2	13.4	16.8	18.8	1.00	2.50	17.8
19×2	13.0	16.6	18.8	1.25	2.20	17.8
19×2	13.0	16.6	18.8	1.50	2.00	17.7
19×2	13.0	16.4	18.8	2.00	1.70	17.5

5　技术要求

5.1　加工螺纹管用钢管应有质量证明书;无质量证明书或其检验项目不符合要求者,制造厂应进行复验,不合格的钢管不得使用。

5.2　加工螺纹管的钢管为10号或20号冷拔无缝钢管及奥氏体不锈钢无缝管,应优先选用10号钢管。

钢管的化学成分，力学性能应分别符合标准 GB 5310、GB 6479、GB 9948、GB 13296 的有关规定。

5.3 螺纹管还应符合 GB 151 的有关要求。

5.4 螺纹管的尺寸偏差应符合表 2 的规定，每米最少螺纹数应符合表 3 的规定。

表 2

尺 寸	d_{of}/mm	d_r/mm
偏 差	±0.2	±0.2

表 3

螺距 t_p/mm	0.8	1.25	1.5	2.0	2.5
每米最少螺纹数	990	794	662	497	398

5.5 螺纹管两端应各留出一段不加工螺纹的基管段，其长度 L 为管板厚度加 30 mm，订货合同未作规定时，L 按 120 mm 供货。

5.6 螺纹表面不得有起皮、镶入物等缺陷。

5.7 螺纹管的直线度允差应不大于 1.5 mm/m。

5.8 螺纹管两端应切成直角，并清除毛刺。

5.9 经供需双方协商可逐根进行液压试验。

6 检验与试验方法

6.1 螺纹管外表面应在充分照明条件下逐根目视检查。

6.2 螺纹管的尺寸应采用符合精度要求的量具进行检验。每 300 根(不足 300 根按 300 根计)应随机抽样 3 根进行尺寸检验，其检验项目及结果应符合第 5 章的规定。当任何一根不合格时，应另抽 6 根进行检验。如仍有两根不合格时，则该批应进行逐根检验，不合格者应去除。

6.3 液压试验按照 GB/T 241 进行。

7 包装与质量证明书

7.1 螺纹管的包装方式由制造厂确定，应符合下列要求：

a) 防雨水；

b) 不损伤螺纹表面，不使螺纹管变形；

c) 包装箱倒放、侧放时，螺纹管在箱内应不松动。

7.2 经检验合格的螺纹管，制造厂应填写产品合格证。连同钢管的质量证明书一起装箱发运，产品合格证至少应包括下列各项：

a) 钢管规格；

b) 螺纹管基本参数；

c) 检验项目及其检验结果；

d) 检验日期及检验者姓名或代号；

e) 制造日期；

f) 制造厂名称。

ICS 23.040.10
H 48

中华人民共和国国家标准

GB/T 28713.2—2012

管壳式热交换器用强化传热元件 第2部分:不锈钢波纹管

Enhanced heat transfer elements used in tube-shell heat exchangers—Part 2:Stainless steel corrugated tubes

2012-09-03 发布　　2013-01-01 实施

中华人民共和国国家质量监督检验检疫总局
中国国家标准化管理委员会　发布

前　言

GB/T 28713《管壳式热交换器用强化传热元件》分为3个部分：

——第1部分：螺纹管；

——第2部分：不锈钢波纹管；

——第3部分：波节管。

本部分为GB/T 28713的第2部分。

本部分按照GB/T 1.1—2009给出的规则起草。

本部分由全国锅炉压力容器标准化技术委员会(SAC/TC 262)提出并归口。

本部分负责起草单位：甘肃蓝科石化高新装备股份有限公司、上海蓝滨石化设备有限责任公司、沈阳仪器仪表工艺研究所、姜堰市曙光压力容器厂。

本部分主要起草人：张延丰、邹建东、王玉、陈大新、张希平、孙家东。

管壳式热交换器用强化传热元件 第2部分:不锈钢波纹管

1 范围

GB/T 28713的本部分规定了管壳式热交换器用奥氏体不锈钢波纹管的基本参数及技术要求。

本部分适用于公称压力不大于4.0 MPa,工作温度高于−20 ℃、低于450 ℃,工作介质应适合奥氏体不锈钢的场合。

2 规范性引用文件

下列文件对于本文件的应用是必不可少的。凡是注日期的引用文件,仅注日期的版本适用于本文件。凡是不注日期的引用文件,其最新版本(包括所有的修改单)适用于本文件。

GB 151 管壳式换热器

GB/T 1804 一般公差 未注公差的线性和角度尺寸的公差

GB 13296 锅炉、热交换器用不锈钢无缝钢管

NB/T 47014 钢制压力容器焊接工艺评定

JB/T 4730.5 承压设备无损检测 第5部分:渗透检测

3 术语、定义和符号

3.1 术语和定义

GB 151界定的以及下列术语和定义适用于本文件。

3.1.1

奥氏体不锈钢波纹管 austenitic stainless steel corrugated tubes

由奥氏体不锈钢波纹管(以下简称"波纹管")本体和接头(也可采用其他接头型式)组焊而成的传热元件。波纹管结构与形状见图1和图2,接头型式见图3。

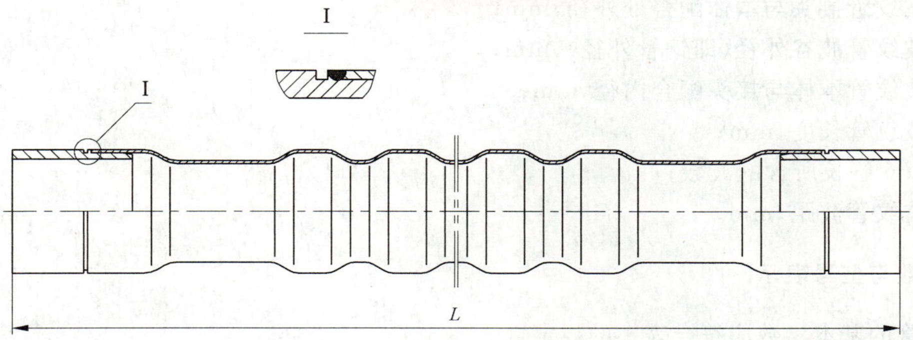

图1

单位为毫米

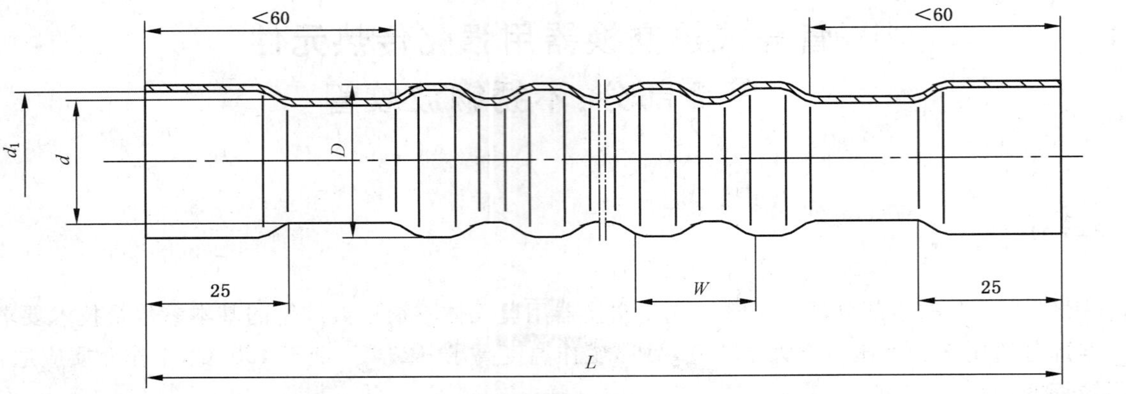

图 2

单位为毫米

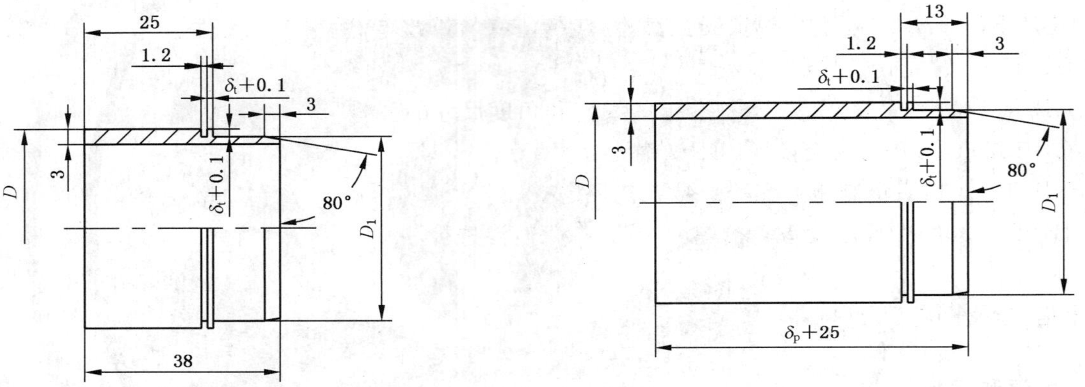

a） **A 型**（适合焊接）　　b） **B 型**（适合胀接和胀焊并用）

图 3

3.2 符号

下列符号适用于本文件。

D ——波纹管波峰外径，mm；

D_1 ——波纹管接头与本体配合处外径，mm；

d ——波纹管波谷外径（即钢管外径），mm；

d_1 ——波纹管本体与接头配合内径，mm；

L ——波纹管长度，mm；

n ——1 m 管长所含的波数；

W ——波纹管波距，mm。

3.3 基本参数与型号表示

3.3.1 波纹管的基本参数应符合表 1 的规定。

表 1

单位为毫米

管坯公称厚度 δ_t	公称尺寸		
	波谷外径 d	波峰外径 D	波距 W
0.6～1.0	24	30	20,25
		32	
	25	30	
		32	
	26	32	
		34	
0.6～1.2	32	40	25,30
		42	
	33	42	
		44	
	34	44	
		46	

3.3.2 波纹管本体每米长度的质量及换热面积见附录 A。

3.3.3 波纹管型号表示方法。

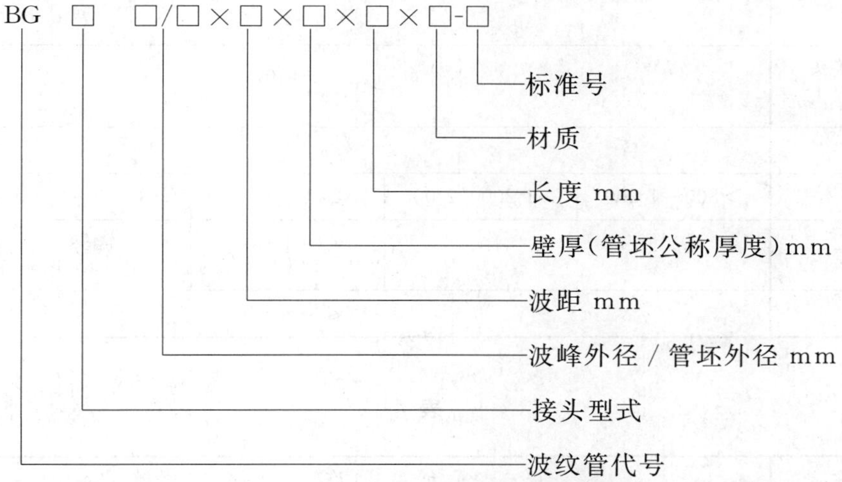

示例：用管坯外径 ϕ32 mm、壁厚为 0.8 mm 的 0Cr18Ni9 奥氏体不锈钢无缝钢管制造波峰外径 ϕ42 mm，波距 25 mm 的波纹管本体，与同材质 A 型接头组焊的波纹管，总长度 3 000 mm，表示为：BGA42/32×25×0.8×3 000×0Cr18Ni9-GB/T 28713.2—2012。

4 技术要求

4.1 材料

4.1.1 制造波纹管本体和接头的材料，应符合 GB 13296 的规定。

4.1.2 管坯材料宜按表 2 选用。

表 2

材 料	热处理状态	牌 号	标准号
奥氏体不锈钢管	固溶处理	0Cr18Ni9 0Cr18Ni10Ti 00Cr19Ni10 0Cr17Ni12Mo2 00Cr17Ni14Mo2 0Cr19Ni13Mo3 00Cr19Ni13Mo3	GB 13296

4.1.3 接头材料牌号与波纹管本体材料相同。

4.2 尺寸允许偏差

波纹管本体的尺寸允许偏差应符合表 3 规定；波纹管的尺寸允许偏差应符合表 4 规定；接头机加工表面的线性尺寸的极限偏差按 GB/T 1804 中 m 级的规定。

表 3

单位为毫米

公称尺寸名称	允 许 偏 差				
波谷外径 d	按钢管外径规定				
波峰外径 D	$^{0}_{-1.0}$				
波纹管本体与接头配合内径 d_1	$^{+0.04}_{0}$				
波距 W	±1.0				
长度 L	>800～1 200	>1 200～2 000	>2 000～3 000	>3 000～4 000	>4 000～6 000
长度允许偏差	$^{+1.0}_{0}$	$^{+1.2}_{0}$	$^{+1.5}_{0}$	$^{+1.8}_{0}$	$^{+2.0}_{0}$
直线度	≤3 mm/m				

表 4

单位为毫米

公称尺寸名称	允 许 偏 差				
接头与波纹管本体配合处外径 D_1	$^{+0.08}_{+0.04}$				
接头与管板配合处外径 D	(D≤30) ±0.2 (D>30) ±0.3				
长度 L	>800～1 200	>1 200～2 000	>2 000～3 000	>3 000～4 000	>4 000～6 000
长度允许偏差	$^{+1.2}_{0}$	$^{+1.5}_{0}$	$^{+1.8}_{0}$	$^{+2.2}_{0}$	$^{+2.5}_{0}$
直线度	≤3 mm/m				

4.3 壁厚

波纹管本体的壁厚减薄量应不大于15%。

4.4 外观

4.4.1 波纹管表面应逐根目测，不允许有可见的剥层、裂纹、夹杂、焊接飞溅物烧伤和焊接引弧烧伤，以及尖锐压坑、划伤等缺陷。同时外观形状应规整，无波纹歪斜等现象。

4.4.2 波纹管的焊接接头（波纹管本体与接头的对接接头）不得存在气孔，焊接接头不得出现过烧现象。

4.4.3 波纹管接头的试压密封面不得有裂纹、划痕等影响密封可靠性的缺陷。

4.4.4 波纹管的端口应平整光滑。

4.5 焊接接头

4.5.1 波纹管本体不允许拼接。

4.5.2 波纹管本体与接头的对接接头，按照 NB/T 47014 规定作焊接工艺评定。

5 检验

5.1 无损检测

按 JB/T 4730.5 规定进行无损检测，I 级合格或按供需双方商定的方法进行。

5.2 水压试验

波纹管应逐根进行水压试验，试验压力不低于 2 倍设计压力（水压），保压 1 min，应无渗漏。

5.3 气密试验

5.3.1 按供需双方协议，可逐根进行气密试验。

5.3.2 气密试验应在水压试验合格后进行。试验压力等于设计压力，保压 1 min，应无漏气。

5.4 应力测定

波纹管的常温应力通过试验测定。试验时压力加压至最高允许工作压力（按附录 B 选取）的 2 倍，最大应力值应不大于该管材的许用应力。

5.5 外压试验

在常温下，用 1 m 长的波纹管做外压试验，管内不加压，管外加压值为最高允许工作压力（按附录 B 选取）的 2 倍，保压 30 min 无失稳现象。

5.6 疲劳试验

在常温下，用 1 m 长的波纹管做疲劳试验，管外加导向筒，管内加压至最高允许工作压力（按附录 B 选取），按 $0.1(n+1)$mm 位移量做纵向疲劳试验，应保证 1 500 次循环无泄漏。

5.7 爆破试验

波纹管的常温爆破压力，应不低于常温设计压力值的 8 倍。

5.8 检验规则

波纹管应逐根进行出厂检验，检验项目按表5的规定。经质检部门检查合格，并附产品合格证、说明书方可出厂。

6 型式试验

6.1 波纹管在下列情况之一时，应进行型式试验：

a) 新产品定型；

b) 正式生产的产品，如结构、材料、工艺有较大改变，可能影响产品性能时；

c) 停产超过半年后，恢复生产时；

d) 国家技术监督部门有要求时。

6.2 型式试验项目

型式试验的项目按表5规定，型式试验的样品应在经出厂检验合格的产品中随机抽取。

表5

序号	检验项目	技术要求章条号	检测方法章条号	出厂检验	型式试验
1	尺寸允许偏差	4.2	6.3.1	√	√
2	壁厚	4.3	6.3.2	△	√
3	外观	4.4	6.3.3	√	√
4	无损检测	5.1	6.3.4	△	√
5	水压试验	5.2	6.3.5	√	√
6	气密试验	5.3	6.3.6	△	√
7	应力测定	5.4	6.3.7	—	√
8	外压试验	5.5	6.3.8	—	√
9	疲劳试验	5.6	6.3.9	—	√
10	爆破试验	5.7	6.3.10	—	√
注："√"表示需要；"△"表示图样有规定时需要；"—"表示不需要。					

6.3 检测方法

6.3.1 尺寸允许偏差

用分度值为0.02 mm的卡尺检测波峰、接头外径；用钢卷尺检测波距（按1 000 mm/波数）的总长度。

6.3.2 壁厚

用误差不大于所测壁厚5%的测厚仪测量最小壁厚，每米长度最少测3个波纹，每个波纹至少测3个点。必要时剖开波纹管本体采用千分尺测量。

6.3.3 外观

在正常照度下，用目视检查。当目视判断不清时，可用4倍放大镜检查。

6.3.4 无损检测

焊接接头的无损检测应符合5.1的要求。

6.3.5 水压试验

水压试验应满足以下要求：

a) 试验设备：电动泵或手动泵、压力表(量程为1.5倍～4倍试验压力，精度1.6，当试验压力大于5.0 MPa时，精度1级。以下要求与此同)、试验水槽、专用夹具；
b) 试验方法：将波纹管装上夹具，一端和泵出口连接，先将水注入管内，待排尽空气后，将出口用堵头封闭，缓慢加压至试验压力，保压1 min后进行检查。结果应符合5.2的要求；
c) 应控制水的氯离子含量不超过25 mg/L。

6.3.6 气密试验

气密试验应在有防护条件下进行，并满足以下要求：

a) 试验设备：空压机或气瓶组、压力表、水槽；
b) 试验介质：干燥洁净的空气或氮气、惰性气体；
c) 试验方法：将波纹管一端安上堵头，另一端与进气口相接，缓慢加压至试验压力1 min后进行检查。结果应符合5.3的要求。

6.3.7 应力测定

采用电阻应变计测量技术进行检测。结果应符合5.4的要求。

6.3.8 外压试验

外压试验应满足以下要求：

a) 试验设备：专用夹具、手动泵、压力表；
b) 试验介质：自来水，应控制水的氯离子含量不超过25 mg/L；
c) 试验方法：将波纹管装入夹具(两端用O型圈密封)，将水注入夹具内，排尽空气，缓慢加压至试验压力，保压30 min后进行检查。结果应符合5.5的要求。

6.3.9 疲劳试验

疲劳试验应满足以下要求：

a) 试验设备：疲劳试验装置、专用夹具、手动泵、压力表；
b) 试验介质：自来水，应控制水的氯离子含量不超过25 mg/L；
c) 试验方法：将波纹管两端固定在疲劳试验装置上，外部加导向筒，接好入水口、排气阀，然后将水注入管内，排尽空气，加压至常温设计压力值(见附录A)，按位移量0.1(n+1)mm，6次/min～12次/min的频率进行试验，结果应符5.6的要求。

6.3.10 爆破试验

爆破试验应在有防护措施的条件下进行，并满足以下要求：

a) 试验设备：电动泵或手动泵、压力表；
b) 试验方法：将波纹管试样平直放置，两端不得限位。一端安装带有排气阀的堵头，另一端和泵出口连接，将水注入管内，排尽空气，关闭排气阀。缓慢加压直至波纹管破坏，记录试样的破坏压力和破坏情况。结果应符合5.7要求。若试验压力超过设计压力值的8倍仍未破坏，允许不做到破坏。

7 标志、包装和贮存

7.1 标志

每批产品均应有以下标识：

a) 制造单位名称和标准号；
b) 材料牌号、钢材质量证明书；
c) 产品名称、型号规格；
d) 产品批号；
e) 制造日期。

7.2 包装

7.2.1 波纹管包装时，包装箱上应标明：

a) 产品名称、型号规格；
b) 产品批号；
c) 包装日期；
d) 装箱员代号。

7.2.2 波纹管应采用防尘并防止碰划的软包装或箱包装，包装内应附有：产品合格证，说明书及装箱单。

7.3 贮存

波纹管产品应存放在干燥、通风、无腐蚀性气体的库房内。

附 录 A
（资料性附录）
波纹管质量及换热面积

波纹管本体每米长度的质量及换热面积见表 A.1。

表 A.1

波峰外径 mm	波谷(管坯)外径 mm	壁厚 mm	波距 mm	质量 kg/m	换热面积 m^2/m
ϕ30	ϕ24	0.6 0.7 0.8 0.9 1.0	20/25	0.40/0.39 0.46/0.45 0.53/0.52 0.60/0.59 0.66/0.65	0.094 2/0.092 0
ϕ32	ϕ24	0.6 0.7 0.8 0.9 1.0	20/25	0.42/0.41 0.49/0.48 0.56/0.55 0.63/0.61 0.70/0.68	0.103 8/0.100 1
ϕ30	ϕ25	0.6 0.7 0.8 0.9 1.0	20/25	0.40/0.39 0.47/0.46 0.54/0.53 0.61/0.60 0.67/0.66	0.093 4/0.091 7
ϕ32	ϕ25	0.6 0.7 0.8 0.9 1.0	20/25	0.43/0.42 0.50/0.49 0.57/0.56 0.64/0.63 0.71/0.69	0.102 4/0.099 4
ϕ32	ϕ26	0.6 0.7 0.8 0.9 1.0	20/25	0.43/0.42 0.50/0.49 0.57/0.56 0.65/0.64 0.72/0.71	0.101 2/0.098 8
ϕ34	ϕ26	0.6 0.7 0.8 0.9 1.0	20/25	0.46/0.44 0.53/0.52 0.61/0.59 0.69/0.67 0.76/0.74	0.111 1/0.107 2
ϕ40	ϕ32	0.6 0.7 0.8 0.9 1.0 1.1 1.2	20/25	0.54/0.53 0.63/0.62 0.72/0.70 0.80/0.79 0.89/0.88 0.98/0.97 1.07/1.05	0.128 3/0.123 7

表 A.1（续）

波峰外径 mm	波谷(管坯)外径 mm	壁厚 mm	波距 mm	质量 kg/m	换热面积 m^2/m
ϕ42	ϕ32	0.6 0.7 0.8 0.9 1.0 1.1 1.2	25/30	0.56/0.55 0.66/0.64 0.75/0.73 0.84/0.82 0.94/0.91 1.03/1.00 1.12/1.10	0.137 0/0.131 4
ϕ42	ϕ33	0.6 0.7 0.8 0.9 1.0 1.1 1.2	25/30	0.57/0.55 0.66/0.65 0.75/0.74 0.85/0.83 0.94/0.92 1.04/1.02 1.13/1.11	0.136 9/0.132 3
ϕ44	ϕ33	0.6 0.7 0.8 0.9 1.0 1.1 1.2	25/30	0.59/0.58 0.69/0.67 0.79/0.77 0.89/0.87 0.99/0.96 1.09/1.06 1.19/1.16	0.147 9/0.140 6
ϕ44	ϕ34	0.6 0.7 0.8 0.9 1.0 1.1 1.2	25/30	0.60/0.58 0.70/0.68 0.80/0.78 0.90/0.87 1.00/0.97 1.10/1.07 1.19/1.17	0.146 0/0.139 4
ϕ46	ϕ34	0.6 0.7 0.8 0.9 1.0 1.1 1.2	25/30	0.63/0.61 0.73/0.71 0.84/0.81 0.94/0.91 1.05/1.01 1.15/1.12 1.26/1.22	0.157 7/0.149 2

注 1：表中参数斜线前边对应前边，后边对应后边。

注 2：材料密度均按 8.00×10^3 kg/m^3 选取。

注 3：波纹管的总质量应加上两端接头的质量。

附　录　B
（规范性附录）
波纹管最高允许工作压力

波纹管最高允许工作压力见表 B.1。

表 B.1

材　料	规格		温　度/℃								
	波峰外径 mm	管坯壁厚 mm	≤20	100	150	200	250	300	350	400	450
			许　用　压　力/MPa								
0Cr18Ni9 0Cr18Ni10Ti 0Cr17Ni12Mo2 0Cr19Ni13Mo3	32/42	0.6	2.6/1.9			2.4/1.8	2.3/1.7	2.1/1.6	2.1/1.6	2.0/1.5	2.0/1.5
		0.7	3.0/2.3			2.9/2.1	2.7/2.0	2.5/1.8	2.4/1.8	2.4/1.8	2.3/1.7
		0.8	3.4/2.6			3.3/2.5	3.1/2.3	2.9/2.2	2.8/2.1	2.7/2.0	2.6/2.0
		0.9	3.9/2.9			3.7/2.8	3.5/2.6	3.2/2.4	3.2/2.4	3.1/2.3	3.0/2.2
		1.0	4.3/3.3			4.1/3.1	3.9/2.9	3.6/2.7	3.5/2.6	3.4/2.6	3.3/2.5
		1.1	—/3.6			—/3.4	—/3.2	—/3.0	—/2.9	—/2.8	—/2.8
		1.2	—/3.9			—/3.7	—/3.5	—/3.3	—/3.2	—/3.1	—/3.0
00Cr19Ni10 00Cr17Ni14Mo2 00Cr19Ni13Mo3		0.6	2.4/1.8			2.2/1.6	2.0/1.5	1.9/1.4	1.8/1.4	1.7/1.3	1.7/1.3
		0.7	2.8/2.1			2.5/1.9	2.4/1.8	2.2/1.7	2.1/1.6	2.0/1.5	2.0/1.5
		0.8	3.2/2.4			2.9/2.2	2.7/2.0	2.6/1.9	2.4/1.8	2.3/1.7	2.3/1.7
		0.9	3.6/2.7			3.3/2.5	3.0/2.3	2.9/2.2	2.7/2.1	2.6/2.0	2.6/1.9
		1.0	4.0/3.0			3.7/2.8	3.4/2.5	3.2/2.4	3.1/2.3	2.9/2.2	2.9/2.1
		1.1	—/3.3			—/3.0	—/2.8	—/2.7	—/2.5	—/2.4	—/2.4
		1.2	—/3.6			—/3.3	—/3.1	—/2.9	—/2.8	—/2.6	—/2.6

注 1：爆破压力安全系数取 8。

注 2：中间温度的许用压力，可按本表的压力值用内插法求得。

注 3：斜线前边为 $\phi32$ 系列（包括 $\phi30$、$\phi32$、$\phi34$）许用压力值，后边为 $\phi42$ 系列（包括 $\phi40$、$\phi42$、$\phi44$、$\phi46$）许用压力值。

ICS 23.040.10
H 48

中华人民共和国国家标准

GB/T 28713.3—2012

管壳式热交换器用强化传热元件
第3部分：波节管

Enhanced heat transfer elements used in tube-shell heat exchangers—Part 3：Wavy tubes

2012-09-03 发布 2013-01-01 实施

中华人民共和国国家质量监督检验检疫总局
中国国家标准化管理委员会 发布

前　言

GB/T 28713《管壳式热交换器用强化传热元件》分为 3 个部分：

——第 1 部分：螺纹管；

——第 2 部分：不锈钢波纹管；

——第 3 部分：波节管。

本部分为 GB/T 28713 的第 3 部分。

本部分按照 GB/T 1.1—2009 给出的规则起草。

本部分由全国锅炉压力容器标准化技术委员会(SAC/TC 262)提出并归口。

本部分起草单位：甘肃蓝科石化高新装备股份有限公司、上海蓝滨石化设备有限责任公司、厦门铭光机械制造有限公司。

本部分起草人：张延丰、杨国义、洪晓波、常春梅。

管壳式热交换器用强化传热元件 第3部分：波节管

1 范围

GB/T 28713 的本部分规定了管壳式热交换器用波节管的基本参数及技术要求。

本部分适用于管壳式热交换器用波节管，其公称压力不大于 4.0 MPa，工作温度高于－20 ℃、低于 450 ℃，工作介质适用于碳素钢及不锈钢的场合。

2 规范性引用文件

下列文件对于本文件的应用是必不可少的。凡是注日期的引用文件，仅注日期的版本适用于本文件。凡是不注日期的引用文件，其最新版本(包括所有的修改单)适用于本文件。

GB 151 管壳式换热器

GB/T 1804 一般公差 未注公差的线性和角度尺寸的公差

GB 5310 高压锅炉用无缝钢管

GB 6479 高压化肥设备用无缝钢管

GB 9948 石油裂化用无缝钢管

GB 13296 锅炉、热交换器用不锈钢无缝钢管

3 术语、定义和符号

3.1 术语和定义

GB 151 界定的以及下列术语和定义适用于本文件。

3.1.1

波节管 wavy tubes

在无缝钢管的外表面，环向挤压成型的异型管。薄壁波节管——B 型见图 1，厚壁波节管——H 型见图 2。

3.2 符号

下列符号适用于本文件。

d ——波节管外径(即光管外径)，mm；

d_f ——波节管顶圆直径(波峰的直径)，mm；

d_r ——波节管根径(波谷的直径)，mm；

L ——两端无波节长度(光管长度)，mm；

t ——短斜边加直边长度，mm；

t_1 ——短斜边长度，mm；

t_p ——波距，mm；

δ_t ——波节管壁厚(光管壁厚)，mm。

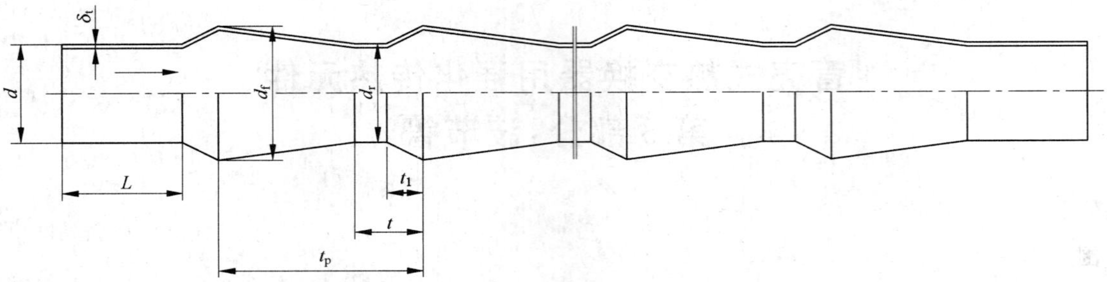

图 1

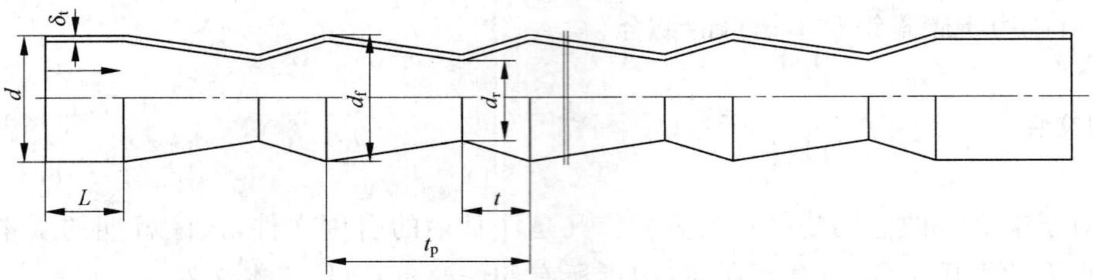

图 2

3.3 波节管基本参数

波节管基本参数见表 1。

表 1

单位为毫米

类型	钢管尺寸		波节管尺寸				
	d	δ_t	$t_p \pm 1.0$	t	t_1	$d_r{}^{0}_{-0.2}$	$d_f{}^{0}_{-0.2}$
B	32	0.5～1.0	60	20	10	32	44
	30		60	20	10	30	42
	27		51	17	9	27	36
	25		51	17	9	25	34
H	19	>1.0～3.5	45	15		15	19
	22		45	15		18	22
	25		45	15		21	25
	32		51	17		26	32
	38		51	17		32	38
	45		51	17		39	45
	51		57	19		45	51
	57		57	19		51	57

4 分类

4.1 波节管的型式分类

波节管按壁厚分为薄壁型(代号 B)和厚壁型(代号 H)。

4.2 波节管型号表示方法

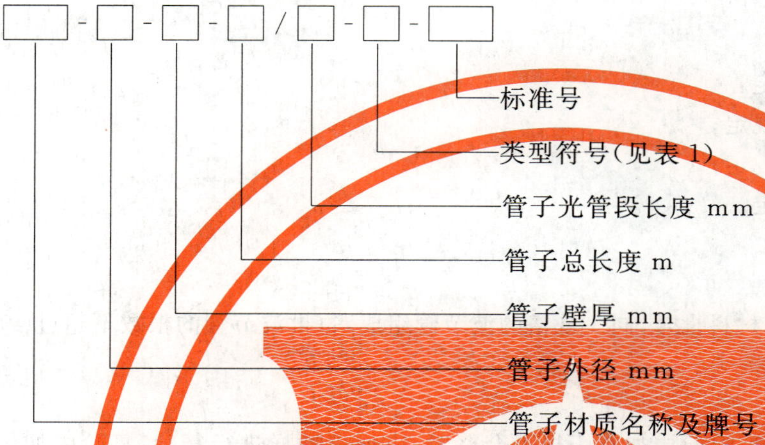

示例:管子的材质为不锈钢 0Cr18Ni9,外径 ϕ25 mm,壁厚 2 mm,总长为 3 000 mm,端部光管长度为 120 mm,其型号表示为:0Cr18Ni9-25-2-3 000/120-H　GB/T 28713.3—2012。

5 技术要求

5.1 材料

5.1.1 波节管用材料及要求应符合 GB 5310、GB 6479、GB 9948、GB 13296 和表 1 的规定。

5.1.2 波节管用材料应有制造厂的产品质量证明书,无产品质量证明书或检验项目不全时,制造厂应进行复验,不合格的材料不得使用。

5.1.3 波节管用材料应按工作条件选用,应符合 GB 151 的规定。

5.2 尺寸检查

5.2.1 波节管光管的基本尺寸应符合表 1 中的规定。

5.2.2 波节管的两端应各留出一段不加工的光管段,其长度 L 为管板厚度加 30 mm,当订货合同未作规定时,L 按 120 mm 交货。

5.2.3 波节管的总长度偏差为±2 mm,直线度应不大于 1.5 mm/m。

5.3 表面质量和性能

5.3.1 波节管光管的表面质量及化学成分,力学性能,交货状态,应符合相应钢管材料的标准要求。

5.3.2 波节管成型后,表面不得产生任何裂纹及缺陷,成型后的异型传热管波节尺寸,应按GB/T 1804 中 M 级规定执行。

6 水压试验

6.1 波节管的单管水压试验由供需双方协商确定，水压试验压力为设计压力的2倍。
6.2 不锈钢波节管试压用水的氯离子含量不超过25 mg/L。

7 检验

7.1 检验项目

产品检验项目应符合以下规定：

a) 尺寸检查应符合5.2的规定；
b) 外观检查应符合5.3的规定；
c) 水压试验应符合6的规定。

7.2 组批检验

按批进行检验，每批应由同一材料批号，同一规格的波节管组成，每批波节管的根数不超过400根。

7.3 取样数量

每捆应随机抽样3根进行检验，检验中如有一根不合格时，应加倍抽样进行复验，复验中如仍有一根不合格，应进行逐根检验。

8 标志

8.1 每捆产品应标明下列内容：

a) 型号；
b) 出厂编号；
c) 数量(单位)；
d) 质量(kg)；
e) 外形尺寸(单位)；
f) 制造厂名称；
g) 出厂日期。

8.2 每根波节管光管段外表面应有醒目的介质流向箭头，如图1、图2所示。

9 包装

9.1 一捆中的波节管应是同一型号、同一出厂编号。
9.2 产品的包装方式由制造厂确定，但装箱后应符合下列要求：

a) 防水；
b) 不损伤波节管外表面，不使波节管变形；
c) 包装箱不论侧放，倒放，波节管在箱内应不松动。

9.3 波节管交货时，应向用户提供原材料质量证明书和制造厂填写的产品合格证，产品合格证至少包括以下内容：

a) 规格型号；

b) 出厂编号；

c) 检验结论及检验员，制造厂质量检验用章；

d) 制造标准；

e) 出厂日期；

f) 制造厂厂名。

ICS 13.060
Z 50

中华人民共和国国家标准

GB/T 28714—2012

取水计量技术导则

Directive for technique of water metering

2012-07-04 发布　　2013-02-01 实施

中华人民共和国国家质量监督检验检疫总局
中国国家标准化管理委员会　发布

前　言

本标准依据 GB/T 1.1—2009 给出的规则编写。

本标准由水利部水资源司提出。

本标准由水利部国际合作与科技司归口。

本标准起草单位：水利部水资源司、中国水利学会、中国水利水电科学研究院、铁道部铁道科学研究院、开封仪表有限公司、开封利源流量计有限公司。

本标准主要起草人：李业彬、陈炳新、王国新、李赞堂、吴剑、张鸿星、李晓华、张清霞、沈磊。

引　　言

本标准主要根据《中华人民共和国计量法》、《中华人民共和国水法》和《取水许可和水资源费征收管理条例》等有关法规、文件，并结合我国取水计量管理的实际制定。

本标准编制时紧密结合指导对象的实际，兼顾和其他有关标准的协调；立足现有科学技术成果，兼顾在一定时期内我国技术力量可能发展的水平。

取水计量技术导则

1 范围

本标准规定了明渠和管道两种输水方式的取水计量技术和设施的选用、安装、操作、维护的原则。

本标准适用于取水户，包括工业、农业、城市生活和生态与环境用水及相关工作的单位和个人。

2 规范性引用文件

下列文件对于本文件的应用是必不可少的。凡是注日期的引用文件，仅注日期的版本适用于本文件。凡是不注日期的引用文件，其最新版本（包括所有的修改单）适用于本文件。

GBJ 138—1990 水位观测标准

GB/T 50095—1998 水文基本术语和符号标准

GB 50179 河流流量测验规范

SL 365—2007 水资源水量监测技术导则

ISO 772:1988 水文测量 词汇和符号(Hydrometry—Vocabulary and symbols)

ISO 6416:1985 水文测量 超声波(声波)法测量流量(Hydrometry—Measurement of discharge by the ultrasonic (acoustic) method)

ISO 8368 明渠水流测量 测流建筑物的选择指南(Hydrometric determinations—Flow measurements in open channels using structures—Guidelines for selection of structure)

ISO 9196 明渠水流测量 结冰条件下的水流测量(Liquid flow measurement in open channels—Flow measurements under ice conditions)

3 术语和定义

GB/T 50095—1998 和 ISO 772:1988 中界定的以及下列术语和定义适用于本文件。

3.1

气介式超声波水位计 ultrasonic water level gauge (through air)

以空气作为超声波传播介质的超声波水位计。

3.2

水介式超声波水位计 ultrasonic water level gauge (through water)

以水作为超声波传播介质的超声波水位计。

3.3

电磁波干扰 electromagnetic wave interference

工作现场因某种原因出现的电磁波信号干扰传感器的正常工作。

3.4

夹装式传感器 sensors clamped on conduit wall

一种计量管道输水流量的传感器，按照一定的要求安装在输水管道外壁的两侧计量管道流量。

3.5

插入式传感器 sensors inserted into conduit

一种计量管道输水流量的传感器，在输水管道选定的管段上开孔，将传感器按要求的方向、插入预定的深度计量流量。

3.6

管道式传感器　sensors installed in conduit system

一种计量管道输水流量的传感器，用法兰盘或其他方法将传感器安装在输水管道上，作为输水管道的一部分，在输水过程中计量流量。

3.7

仿真电磁流量计传感器　dummy sensors of electromagnetic flow meter

与同口径的电磁流量计的几何尺寸、水力学特性完全相同，但无电极、无励磁线圈等电器部分，与电磁流量计配套测流时，可起扩大测流范围、减少投资的作用。

4　总则

4.1　概述

获得水行政管理部门批准的取水户，利用闸、坝、涵洞、虹吸管、水泵、水井及水电站等取水工程和设施，直接从江河、湖泊和水库取水或抽取地下水，都应安装计量设施，进行水量计量。

4.2　关于选用水量计量仪器和设施的规定

国产的水量计量仪器和设施，应是具有《计量器具制造许可证》的厂家生产并经过检定合格的产品；引进的水量计量仪器和设施，应是国家批准引进并颁发有“中华人民共和国计量器具型号批准证书”并经过检定合格的产品；测流建筑物，应由计量行政主管部门授权的单位考核合格。

4.3　取水计量仪器与设施的检定

计量器具应定期检定。检定周期应根据不同的计量器具的规定确定。

4.4　取水计量误差的规定

4.4.1　限额以上取水计量误差的规定

从国务院授权、水利部规定的指定河段和限额以上（含限额）的取水，其测量误差：

a)　明渠输水时，误差应≤±5％；

b)　管道输水时，误差应≤±3％。

4.4.2　限额以下取水计量误差的规定

a)　明渠输水时，误差应≤±7％；

b)　管道输水时，误差应≤±5％；

c)　小水浮标法测流时，测量误差可适当放宽至±10％。

5　明渠取水计量

5.1　概述

通过明渠输水，其取水量的计量都应在输水明渠的渠首段进行，测流渠段断面（梯形、矩形、圆形或U形等）应规则。

5.2 流速—面积法测流

5.2.1 测流渠段及测流断面的选择和断面布设

根据 GB 50179 规定的原则执行，主要包括：

a) 测流渠段应顺直、水流和断面稳定、无沙洲、无崩岸、无回流、无死水等现象。顺直渠段长应大于渠道最大流量时水面宽度的 3 倍。当测流渠段选取在取水建筑物下游时，应避开水流波动的影响。测流渠段不宜选取在水工建筑物上游，如因条件限制，测流渠段只能选取在水工建筑物上游时，顺直渠段的长度应大于渠道最大流量时水面宽度的 5 倍。

b) 测流断面应选择在测流渠段的中间偏下游处，与渠道水流方向垂直，并能保障测流人员安全的地方。

c) 基线的布设应满足下列要求：

 1) 使用经纬仪和平板仪交会法施测起点距时，基线应垂直于测流断面设置，基线的起点在断面线上。基线的长度宜使断面上最远一点的仪器视线与断面线的夹角大于 30°；

 2) 使用六分仪交会法施测起点距时，基线应使六分仪两视线的夹角在 30°～120°之间。基线两端至近岸水边的距离宜大于交会标志与最低水位高差的 7 倍；

 3) 基线长度宜取 10 m 的整倍数，用钢尺或校正过的其他标尺往返测量两次，取其平均值。往返测量误差≤0.1%。

d) 可采用超声波测距仪或激光测距仪测量基线长度。

e) 高程基准点的布设参照 GB 50179 规定的原则执行。

f) 基线桩、断面桩、断面标志桩的设立按照 GB 50179 的规定执行。

5.2.2 基本水尺断面的设置

基本水尺断面的设置应与测流断面重合。

5.2.3 测流横断面测量

5.2.3.1 大断面测量的测量范围包括水下部分的水道断面测量和岸上部分的水准测量，岸上部分应测至最高水位以上 0.5 m 为止。

5.2.3.2 大断面和水道断面起点距宜以高水位时的断面桩作为起算零点。

5.2.3.3 大断面岸上部分的高程宜采用四等水准测量。

5.2.3.4 大断面测量应设立基准点，可不接国家高程水准点。基准点应坚固并设立保护标志，详细记录在案。

5.2.3.5 大断面测深垂线的布设，根据 GB 50179 规定的原则，可以根据具体情况布设 3～10 条垂线。

5.2.3.6 水道断面测量应遵守下列原则：

a) 水道断面测深垂线的布设按 5.2.3.5 的规定执行。

b) 测深垂线和测速垂线应一致。

c) 水道断面测宽方法，可根据不同的具体情况选用“建筑物标志法”（当用水工建筑物测流时）、“直接量距法”、“计数器测距法”和“仪器交会法”（当用缆道或测船测流时）。

d) 垂线水深测量宜采用超声波测深仪、测深锤、测深杆、铅鱼等进行。当用测深锤、测深杆、铅鱼测深时，每条垂线水深应连测两次，两次差值≤2%时，取两次测量的平均值；>2%时，应增加测次到 4 次～5 次，如有明显不合理者，剔除后取多次平均值。用超声波测深仪测深时，仪器使用前应进行现场比测，比测点数不宜少于 7 个不同水深。具体操作方法按照 GB 50179 附录 A 的规定执行。

e) 用铅鱼和测深锤测深，如用悬索悬吊，当受水冲击悬索偏角较大时，宜在保证安全的前提下，加大铅鱼或测深锤的重量以控制悬索偏角。如偏角仍大于10°，应进行水深较正。

f) 水道断面稳定时，每年高、中水位各测一次断面；水道断面不稳定、冲淤变化>±3%时，应在测流时同时测量过水断面。

5.2.4 水位观测

5.2.4.1 水位计的选择、安装和水位观测，按照GBJ 138—1990的规定执行。

5.2.4.2 用超声波、压敏、磁敏等水位传感器观测水位时补充以下原则：

a) 超声波水位计的量程要满足被测水位变幅和传感器盲区的要求。

b) 根据安装水位传感器地点的条件，按4.2的有关规定，宜选购带有显示仪表和温度校正的产品。

c) 当水位计没有温度校正功能时，应在测量水位时，同时测量气温（对气介式超声波水位计）或0.6 h（h为水深）处的水温（对水介式超声波水位计）。使用水介式超声波水位计时，还应观测含沙量。按式(1)对声速进行校正。

水中声速的校正公式：

$$C_T = 1\,410 + 4.21T_w - 0.037T_w^2 + 1.14S_w \quad \cdots\cdots(1)$$

$$S_w = S/\gamma_w \times 100\% \quad \cdots\cdots(2)$$

式中：

C_T ——当水温为T_w、体积质量比含沙量为S_w时超声波在水中的速度单位为米每秒(m/s)；

T_w ——水温，单位为摄氏度(℃)；

S_w ——体积质量比含沙量，用%表示，即单位体积内浑水中泥沙所占的质量分数；

S ——单位浑水体积内泥沙的质量，单位为千克每立方米(kg/m^3)；

γ_w ——水的单位体积质量，单位为千克每立方米(kg/m^3)。

空气中声速的校正公式：

$$C_T' = C_0\sqrt{1 + (T_a/273)} \quad \cdots\cdots(3)$$

式中：

C_T'——气温为T_a时超声波在空气中的声速单位为米每秒(m/s)；

C_0 ——气温为0 ℃时超声波在空气中的速度(C_0=331.4 m/s)。

T_a ——气温，单位为摄氏度(℃)。

d) 水位传感器的安装，推荐采用在岸边建静水井的方案（气介式超声波水位计一般不用）。对静水井的要求：

  1) 深度满足水位变幅的需要；
  2) 考虑安装传感器的基座和超声传感器的盲区；
  3) 连通管不能被泥沙和冰堵塞。

e) 静水井的直径应满足超声传感器声波发射角和安装人员的工作空间的需要。

f) 如采用直接安装在输水渠道内的方法，应选择在没有冲刷和淤积并便于观测的地方，应校正含沙量对测量值的影响。

g) 受水的密度影响的水位传感器（如回声测深仪）在投入使用前应在清水中标定，如与出厂指标不同，应予调整，或记录在册，供整理资料时校准水深（水位）值。

h) 气泡压力式水位计安装时，气管沿程向下倾斜的角度应大于5°并应安装牢固，避免气管移动。

5.2.5 流速仪法测流

5.2.5.1 流速仪法测流应在下列条件下使用：

a) 测流断面内绝大多数测点流速应在生产厂给出的该流速仪的测速范围内；

b) 测流垂线水深应满足流速仪一点法测速时完全淹没流速仪旋转轮叶的需要。

5.2.5.2 流速仪法测流应满足以下要求：

a) 使用缆道测流时，在缆道正式使用之前，应进行比测率定并满足 GB 50179 的规定；

b) 观测基本水尺断面的水位，如水尺附近水面波动>5 cm 时，应连续观测 3 次，取其平均值；

c) 测速垂线布设按 5.2.3.5 的规定执行；

d) 各测速垂线上宜采用两点法或三点法测速，流速测点位置：

1) 两点法为 0.2 h、0.8 h(h 为水深)处；

2) 三点法为 0.2 h、0.6 h、0.8 h 处。

e) 一条垂线上两相邻测点的距离不宜小于流速仪旋桨或旋杯的直径；

f) 当采用两点法测速的仪器位置在 0.2 h 处，流速仪的转叶不能被水流完全淹没时，应采用一点法测速，一点法测速的仪器位置为 0.6 h；如一点法仍不能满足上述要求时，宜改用浮标法或采用手持水密式声学多普勒流速仪涉水测流；

g) 施测垂线流速的同时测量垂线水深以及与其左、右两垂线的间距；

h) 流向偏角大于 10°时，应记录在册，在计算垂线平均流速之前，应对实测流速进行偏角校正；

i) 流速仪在测船上的吊装位置以及测流断面上有回流区的测流方法，参照 GB 50179 的规定执行。

5.2.5.3 *Z-Q*(水位-流量)关系曲线：

a) 应在最低水位和最高水位间比较均匀的确定 7 个水位(含最低水位和最高水位)下施测流量，建立 *Z-Q* 关系，总的测量点据不少于 35 个；

b) 曲线两边 95%的点据应分布在 *Z-Q* 曲线误差±3%的范围内，如超出此范围，应增加测次，满足上述要求；

c) 如测流渠段年内冲淤变化≤±3%，可 2 年检测一次 *Z-Q* 曲线；当年内冲淤变化超过±3%时，应按 5.2.5.3 之 b)的规定重新测量 *Z-Q* 曲线。

5.2.5.4 流速仪等主要仪器的检查与维护，根据 GB 50179 的规定，应做到：

a) 流速仪使用前，检查仪器是否变形、污染、锈蚀，运转是否灵活；

b) 应建立常用流速仪与备用流速仪制度，测速前两种仪器应进行比测：

1) 比测应包括较大流速、较小流速且分布均匀的 7 个以上测点，比测结果的误差应≤±3%，如超出此范围时，应按就地就近原则，将两种仪器送到国家认可的计量器具修理、检定单位修理和检定并备案。以后常用仪器每使用 80 h 需用备用仪器进行一次比测，误差在±3%以内，常用仪器可继续使用，否则，应检修并重新检定；

2) 比测应在水流平稳的地点，两种仪器处于相同的条件；

3) 应避开岸边、河底、水草和水流紊动大的地方。

c) 流速仪在使用后应立即按说明书进行保养；

d) 测速所用计时装置，应采用每日时差小于 10 s 的带秒针的钟表或数字式计时器作为标准，每半年校核一次。每次校核时长为 10 min，误差在 3 s 以内为合格。

5.2.6 实测流量计算

按照 GB 50179 的规定执行。

5.2.7 误差来源与控制

5.2.7.1 误差来源除应考虑 GB 50179 规定外，还需注意：

a) 仪器、测具、设备存在的误差；

b) 水面宽测量和测速垂线间距测量误差。

5.2.7.2 误差控制措施：

a) 根据测流误差的来源，按 GB 50179 及本标准的有关规定进行操作，减少人为因素造成的误差；
b) 建立主要仪器、测具及有关设备装置的定期检定、比测制度，加强保养和维护；
c) 如用测船测流，应使测船测流时定位在测流断面上，并尽量使测船的纵轴线与流线平行，保持测船的稳定；
d) 应尽量减小悬索的偏角，缩小流速仪偏离测流断面下游的距离，在保证安全的前提下，宜适当加大铅鱼的重量；
e) 当悬索偏角大于 10°时，应按 GB 50179 附录二改正流速仪在测点上的位置。

5.3 水工建筑物测流

5.3.1 选用水工建筑物测流的原则

按照 SL 365—2007 的有关规定执行。

5.3.2 用堰、闸、无压管、涵洞等水工建筑物量水时应具有的边界条件和水力学条件

a) 水工建筑物应能对水流产生节流作用，在建筑物上下游产生一定的水位差。遇有淹没流时，水位差应大于 0.05 m，淹没度 H_L/H（H_L 为下游实测水头；H 为上游实测水头）应小于 0.98；
b) 水工建筑物的上下游进出口不应有明显影响流量系数稳定的冲淤变化和障碍物；
c) 位于河（渠）上的堰、闸，进水段的顺直河槽应大于最高水位时水面宽 3 倍，下游的顺直河槽应不小于河槽水面宽 2 倍；
d) 水工建筑物过水断面的尺寸应进行实际测量，3 次至 5 次测量的误差，应控制在±1%以内（含±1%），取其平均值；
e) 闸门上应安装闸门开启高度的指示标尺，标尺的刻度应精确至 0.5 cm。

5.3.3 基本水尺断面的布设应遵循的原则

a) 上游水尺断面应设在水流平稳处，与堰闸的距离大于最大水头的 3 倍至 5 倍（根据闸前水面宽度决定）；下游基本水尺断面应设在水工建筑物下游水流平稳处，距消能设备末端的距离宜大于消能设备总长的 3 倍；
b) 当从水库取水时，其基本水尺断面应设在取水建筑物上游水流平稳、能代表取水建筑物上游水位的地方；当下游出现淹没水流时，应在水跃下游水流平稳处设置基本水尺断面。

5.3.4 水位观测

5.3.4.1 水尺观测水位：

a) 对水尺的要求、水尺的安装除最小刻度取 5 mm 外，均按照 GBJ 138—1990 的有关要求执行；
b) 在观测堰闸（管、涵）前水位的同时，应观测闸门开度、开启孔数、下游水位等计算流量时所需资料。

5.3.4.2 用自记水位计观测水位。自记水位计的选型、允许误差、安装以及使用自记水位计时的水位观测等，按 GBJ 138—1990 的有关要求执行。

5.3.4.3 用超声波水位计、压力式水位计等观测水位。选型、安装和使用及实测声速的校正按 5.2.4.2 的要求执行。

5.3.4.4 取水量平稳时，每天 8 时、20 时各观测水位一次，取 2 次水位的平均值进行取水量计算；当取

水量变更时，应及时观测变更前、后水位，水位精确度读至 5 mm，按变更前、后水位分别计算取水量。变更水位的时间及其水位值应及时记录在册；

5.3.5 流量系数的确定

5.3.5.1 为保证量水的精确度，用水工建筑物测流的流量系数，宜采用现场率定的方法测定。

5.3.5.2 也可直接用实测水位（或水位差）、水工建筑物的特征值（闸室宽度、闸门开度、过流孔数等）和流量建立关系。

5.3.5.3 现场率定流量系数的流速仪测流断面的选择、布设与测量，除按 5.2.1、5.2.3 的有关规定执行外，还应遵守以下原则：

a) 对无闸门的堰，应避开堰坎对断面垂线流速分布的影响；

b) 如闸前流速太小，流速仪不能正常运行时，不宜在上游设测流断面。

5.3.5.4 流速仪法测流的水位观测，按 5.2.4 的有关规定执行；

5.3.5.5 流速仪法测流的流量测量，按 5.2.5 的有关规定执行；

5.3.5.6 流速仪法测流的流量计算，按 5.2.6 的规定执行；

5.3.5.7 流速仪法测流的误差分析，按 5.2.7 的规定执行。

5.3.6 各类建筑物流量系数的现场率定

用流速仪法实测各类水工建筑物的过流量和上游水头（水位差）等水力因素以及水工建筑物各自的特征值如闸门孔数、孔宽、闸墩长度、堰高、堰顶宽度（顺水流方向）、管（涵）的过水断面、出口洞径等，用各自的水力学公式计算流量系数或直接用上述观测数据绘制 *Z-Q* 曲线。

5.3.7 误差来源与控制

5.3.7.1 误差来源主要有：

a) 水工建筑物尺寸实地测量的误差；

b) 闸门开度的标尺刻度及开启时的开度读数误差；

c) 水位观测误差；

d) 测流断面的测量误差；

e) 流速测量误差。

5.3.7.2 误差的控制参照 5.2.7.2 执行。

5.3.8 水工建筑物的检定

水工建筑物各部分尺寸及闸门形状等应每 2 年自行检测 1 次，如有变动，应修正相应流量计算公式或曲线。

5.4 测流堰、测流槽和简易量水槛等计量水量

5.4.1 一般规定

5.4.1.1 本标准给出了为取水计量水量而建造的量水建筑物，包括各种薄壁堰、宽顶堰、量水槽等的技术性能、测流范围、限制条件等。

5.4.1.2 明渠测流中，堰、槽的选用，除末端深度法（误差大）外，按照 ISO 8368 执行。

5.4.1.3 建造和安装测流堰、测流槽，应选择在渠首的顺直、水流条件稳定均匀的渠段，长度应大于最大水面宽的 10 倍，堰、槽宜安装（或建造）在该渠段中间偏下游部分，应注意其上游因壅水可能引起的堤防安全和下游可能引起的河床冲刷。防止产生淹没流。

5.4.1.4 当堰、槽的制作和安装完全满足设计要求、并经验收合格后，可以采用各自的流量公式计算过流量，否则，为了保证测量精确度，各种堰、槽的流量系数或 Z-Q 关系曲线都应用流速仪法进行现场测定。

5.4.1.5 水头测量应在各类堰、槽设计图所规定的断面上进行，宜采用自记仪表。当水头变幅<0.5 m时，宜使用分辨力为1 mm的水位计。

5.4.1.6 测流堰、槽的设计、安装、运行与维护，要遵守以下原则：

a) 各种堰、槽的设计、安装或现场建造，按4.2的有关规定执行；
b) 薄壁堰堰口要防止被撞坏，迎水壁面要保持光滑；
c) 宽顶堰的堰顶和量水槽喉道要保持表面光洁，不能生长水草和青苔。

5.4.2 误差来源与控制

5.4.2.1 误差来源

a) 堰、槽设计带来的误差；
b) 堰、槽建造时未严格按设计图施工导致的误差；
c) 水位测量误差；
d) 薄壁堰堰口损害、宽顶堰堰顶不光滑甚至长草和青苔。

5.4.2.2 误差控制

a) 应按照4.2的有关规定设计堰、槽；
b) 堰槽施工和安装时应按照图纸进行，应注意堰、槽与渠道的过渡段的处理；
c) 注意堰槽的养护，使堰、槽始终处于完好状态；
d) 条件许可时安装自记水位仪，并尽可能减小水位计零点误差。

5.4.3 测流堰、槽的检定

测流堰、槽的检定参照5.3.8的原则执行。

5.5 明渠上的淹没式量水设备测流

5.5.1 概述

在明渠的测流断面上设置垂直于水流方向的挡水板(或挡水墙)，在其下部的中间位置装置潜水型电磁流量计、喷嘴、暗涵、套管等构成淹没式量水设备。

5.5.2 淹没式量水设备量水的特点

a) 量水建筑物在水下，进、出水口均被水流淹没；
b) 过水断面、量水设备固定，过流量只与上、下游水位差有关；
c) 过水断面形状及制作材料不受限制，工艺要求较低，但过水部分应光滑；
d) 当暗涵、套管、喷嘴等过水建筑物的下缘贴近渠底时，可用于含沙水流的流量测量；
e) 明渠上淹没式量水设备的流量计量范围为 5×10^{-3} m^3/s～5 m^3/s 或更高，受制于挡水板(墙)的强度；
f) 进水口水流流态不受边界条件影响时，测流误差≤±5%。

5.5.3 安装淹没式量水设备应遵守的原则

a) 应保证量水设施的上、下游均处于淹没流状态；

b) 应避免进口水面上出现旋涡而有大量空气进入量水设施，影响测量误差；

c) 输水渠道含沙量较大时，暗涵、套管、喷嘴设施进口的下缘应尽可能贴近渠底，但应注意停水时泥沙淤积堵塞量水设备。

5.5.4 潜水式电磁流量计构成淹没式量水设备

潜水式电磁流量计可单独构成淹没式量水设备，还可与相同管径的仿真电磁流量计配合使用，扩大测流范围至单一电磁流量计流量测量值的 $n+1$ 倍（n 为仿真电磁流量计个数，一般不大于5）。

5.6 超声波法、电磁法、雷达法等测流

5.6.1 概述

5.6.1.1 有些物质在水中的运动特性与水流质点的流动速度有关，如超声波在水中传播、电磁感应、多普勒效应等，人们利用这些特性研制出测流方法，如超声波时差法用来测量河流中某一水层的平均流某一速，电磁感应法测量全断面水流的平均流速，声学多普勒效应法，既可设计为测量水流点的流动速度，也可没计为测量一条垂线的流速剖面，雷达法可测量水流表面流速等，这些测流方法的共同特点是同属于流速——断面法。

5.6.1.2 测流误差小于±5%（雷达法需要被测流速大于2.0 m/s）。

5.6.1.3 效率高，劳动强度低，可全天候工作。

5.6.2 超声波法、电磁法、雷达法等测流应满足的要求

a) 测流渠段及测流断面的选择和布设按5.2.1的规定执行；

b) 应确定专职使用人员，组织他们学习其测流的基本原理、性能、技术指标和操作方法，熟悉该流量计的组成部件等，应执行有关规范并按照仪器说明书进行操作；

c) 根据测流河（渠）段的具体情况选择测流方法，如河（渠）宽＜100 m可选用超声时差法，河（渠）宽＜6 m时可采用电磁法，而声学多普勒剖面流速仪法可不受河渠宽的限制，雷达测流用于浮标法，水密式手持小型声学多普勒流速仪可用于取水量小的浅水渠道等。超声波时差法用于含沙量＞10 kg/m³ 的水流中测流时，应对声速进行校正；当含沙量＞10 kg/m³、泥沙颗粒直径＞0.03 mm的水流中测流时，不推荐声学多普勒法。

5.6.3 购买测流设施时应遵守的原则

a) 流量计量设施应按4.2的有关规定执行；

b) 如采用超声波时差法测流，超声波频率，根据ISO 6416:1985附录A，可在200 kHz～2 000 kHz之间选择，水流含沙量较大（如＞30 kg/m³）和渠道较宽（如＞30 m）时，频率应低些；如采用电磁法测流，明渠电磁流量计应配备磁场增强板；声学多普勒剖面流速仪应选配必需的软件；雷达测速仪的响应距离和测速范围（特别是低速端）应满足测验要求；浅水用手持式声学多普勒流速仪应为水密式，以保证能在外业环境下和水流较深处使用；

c) 电源电压和频率应符合使用地的要求；

d) 配备有避雷器；

e) 电缆应能屏蔽电磁波干扰；

f) 换能器（传感器）至转换器（主机）的电缆长度要能满足现场安装的需要；

g) 主机除了能控制传感器工作外还应能输入多种有关参数（如水位、断面大小、声程长度、声道与测流断面的夹角等）；

h) 二次仪表应具有输出流量、水总量、直流标准信号和接口等功能；

i) 销售商或生产厂家应有现场安装测流设备的能力。

5.6.4 安装测流换能器时应遵守的原则

a) 如选用时差法测流，其换能器的安装工作，应由专业人员进行，并做到：

1) 换能器的安装位置宜在测流断面上、下游的两岸边，两换能器应在同一个高程上并互相对准，其声道(即两换能器的连线)与测流断面的夹角宜为45°左右，安装应牢固；

2) 单声道换能器的安装高程，宜选择在一年内70%取水时间的断面平均水深的0.6处；双声道换能器的安装高程，宜选择在一年内70%取水时间的断面平均水深的0.3和0.7处；

3) 换能器应有良好的接地，接地电阻应小于4 Ω。

b) 如选用明渠电磁流量计测流，其换能器的安装工作，应由专业人员进行，并满足以下要求：

1) 测流渠段的顺直段长度应是渠宽的10倍；

2) 电磁流量计传感器应安放在测流渠段中间偏下游的渠道断面中间；

3) 应使传感器的磁力线垂直于水流方向。

c) 如选用固定式声学多普勒流速剖面法测流，传感器的安装原则：

1) 应牢固地安装在没有严重冲淤的地方，传感器不会被泥沙覆盖；

2) 应安装在测流垂线的平均流速能代表断面平均流速的测流垂线上。

5.6.5 测流断面设置

5.6.5.1 应在测流断面两岸分别设立永久性断面桩和断面标志桩，高程应超过最高水位0.5 m～1.0 m，断面桩之间的距离应＞10 m。

5.6.5.2 测流断面测量按5.2.3的有关规定执行。

5.6.5.3 在两岸边浅水区，无法用回声测深仪等测量过水断面时，宜改用测深锤、测深杆配合进行测量，应注意几种测深方法的连接和测量结果的统一。

5.6.6 超声波、电磁法等测流时的测流操作

测流操作按照5.6.2之b)的规定执行，并注意以下几点：

a) 检查仪器是否配件齐全，仪器工作是否正常；

b) 检查两岸超声波换能器是否松动，是否有杂草、污物覆盖；

c) 检查测流断面上的断面桩是否完好；

d) 如选用走航式声学多普勒流速剖面法测流，宜使仪器(测船)运行在测流断面上；

e) 准备好输入到仪表主机的测流断面水位及相应的断面面积等资料；

f) 在用超声波时差法测流的同时测量河水含沙量和水温，用公式(1)、(2)对超声波的水中声速进行校正。

5.6.7 输出信号

应满足5.6.3之h)的规定。

5.6.8 误差来源与控制

5.6.8.1 误差来源，除考虑GB 50179的有关内容外，还有以下几点：

a) 水温、含沙量对声速的影响；

b) 用回声测深仪测量测流断面时，测船没有很好的航行(走航)在测流断面上；

c) 回声测深仪换能器周围有涡流和气泡；

d) 回声测深仪换能器在测船上的安装位置与水面的相对距离没有校准好；

e) 在两岸边浅水区改用测深杆、测深锤测过水断面时与用仪器测量断面的资料连接未处理好；

f) 超声波流量计换能器安装位置和上、下两个换能器对准质量不合要求；

g) 声学多普勒测速剖面仪测流时水流中的含沙量＞10 kg/m^3 或者水流中的泥沙颗粒或气泡直径大于 0.03 mm；

h) 明渠电磁流量计安装不规范，磁力线没有与水流流向垂直。

5.6.8.2 误差的控制，除遵守 GB 50179 的有关规定外，还应遵守以下几点：

a) 测船测深时应航行在测流断面上；

b) 选择好回声测深仪换能器的安装位置并安装好换能器防护罩，保证防护罩的流线型头部对准水流方向；

c) 准确测量回声测深仪换能器在测船上的安装位置与水面的相对距离，并应按此修正测量的水深值；

d) 时差式超声波流量计换能器的安装应满足 5.6.4 之 a)的规定；

e) 避免在水流含沙量大的情况下使用声学多普勒流速剖面仪法测流；

f) 水流中的含沙量＞10 kg/m^3 时应对声速进行校正。

5.7 小水时测流

5.7.1 小水的含义

当取水户取水量改变，测流断面出现下列情况之一时，应视为小水：

a) 当测流断面内水深小于流速仪一点法测速所必须的水深(水流应淹没流速仪转叶)或流速低于流速仪的正常运转范围时；

b) 用超声波时差法测流，当测流断面的水面高程高出超声波测速仪传感器的安装高程＜20 cm 时；

c) 用明渠电磁流量计测流，渠内水深不能淹没磁场增强板时。

5.7.2 小水时测流方法

a) 小浮标测流。小浮标的制作、测流断面布设、浮标的横向分布、运行历时、水位及其他要素观测、浮标系数试验、流量计算及误差来源与控制等，按照 GB 50179 中有关规定执行；

b) 采用手持水密式声学多普勒流速仪涉水测量；

c) 也可开挖小引水渠，采用活动量水堰、槽和容积法等测流。

5.8 在结冰条件下测流

5.8.1 流速-面积法测流

采用流速-面积法测流时按照 ISO 9196 的有关规定执行。

5.8.2 水工建筑物和测流堰、槽测流

采用水工建筑物和测流堰、槽测流时应注意的问题：

a) 在条件许可的情况下，宜对测流设施采取防冻措施如设防风罩(棚)；

b) 测流设备上的流冰应清除；

c) 应检查水位测井的进水管是否被冰堵塞。

5.9 流量测验成果抽检

流量测验时，应有专人即时对测验成果进行抽检，包括流量测验的每个单项(水深、单宽、流速等)、水工建筑物各项尺寸，分析测验结果是否合理等，每项抽检数应不少于 1/3；检查超声波时差法传感器、

明渠电磁流量计、气泡压力式水位计、固定式声学多普勒流速剖面仪等的安装是否规范，如发现问题，宜会同原测验和安装人员共同进行改正，记录在册。

6 管道取水计量

6.1 概述

6.1.1 管道输水流量测量仪表和设施，可按照 SL 365—2007 的原则选用并遵守本标准的规定。

6.1.2 通过管道输水，取水户均应在输水管的上游进口段，选择 $7D$～$15D$（D 为管道内径，根据不同计量设施的说明书确定）的直管段的合适位置安装管道水量计量装置。

6.1.3 取水户在选用流量计时，宜首选那些水头损失小、对水质要求低、安装相对简单、维护比较容易的计量设施。

6.1.4 管道流量计安装时，应采取措施使流量计在运行过程中管内不会发生淤积又能保证满管流的状态。

6.1.5 输水管道进口处应采取措施避免气泡进入管道。

6.2 管道输水计量方法和设施

6.2.1 一般规定

可供管道输水水量计量仪表的品种、型号和规格繁多，本标准将其归纳为两类（传统的、新型的），分别给出适用条件、使用范围以及购买和安装有关计量设施时应该遵守的原则。

6.2.2 传统的管道输水计量设施

传统的管道输水计量设施一般都只适用于清洁水流的输水计量，计量误差为±0.5%（如涡轮流量计）～±5%（如各类水表）。也有一些农用水表，允许带有少量杂质（泥沙、小草）的水流通过，但测量误差较大，一般在±5%左右或更大。本标准将其归纳为两类：一类为由一个圆筒形壳体和安装在该壳体内的带轮叶（或旋翼、螺翼）的轴以及信号转换装置组成，统称其为水表类流量计，水流流过时推动轮叶旋转，周期地产生脉冲信号，经二次仪表处理，获得流过管道的流量、水总量及标准信号，从而实现了流量计量（如涡轮流量计、各种类型水表）；另一类是在一个管段上设置节流件，当水流通过此节流件时，在节流件的上、下游产生压差，该压差经二次仪表处理后输出流过管道的流量、水总量及标准讯号（如孔板、文丘里管、托巴管等），本标准统称其为标准节流式流量计。

水表类流量计适用于口径为 12.5 mm～300 mm 的输水管道，而插入式水表适用的最大管径可达 2 000 mm。

节流式流量计一般对水流条件有一定的要求：孔板流量计宜在雷诺数为 5×10^3～8×10^7 的范围内使用，产品口径为 50 mm～1 000 mm，水头损失大，含有泥沙及其他漂浮物的水流不宜使用；文丘里管流量计宜在雷诺数为 2×10^5～2×10^6 的范围内使用，产品口径为 50 mm～3 000 mm，对水质要求较低，适用于一般水源水；托巴管流量计对水质要求较高，不宜在含有泥沙、纤维物质和其他漂浮物的水流中使用，其系列产品可满足输水管道直径 10 mm～8 000 mm 的需要。

6.2.2.1 选购水表类流量计应遵守以下原则：

a) 按 4.2 的有关规定执行；

b) 产品使用的环境温度应适应当地的气温条件、特别是最低温度的要求；

c) 按输水管道的直径选择流量计的直径，如无相同直径时，宜选口径较小的流量计，用变径管与输水管连接；

d) 注意仪器的成套性，传感器和二次仪表最好是一个厂家的产品；

e） 二次仪表输出信号的要求同 5.6.3 之 h)的规定。

6.2.2.2 安装水表类流量计时应满足下列要求：

a） 传感器前、后的输水管直管段长度，应按说明书的要求执行；

b） 运行时要始终保持满管流；

c） 注意水流方向与水表要求的一致性并宜水平安装。

6.2.2.3 选购标准节流式流量计应掌握以下原则：

a） 按 4.2 的有关规定执行；

b） 选购配套仪表差压计时，其测量误差应满足测量要求；

c） 选购具有防堵塞功能的差压计；

d） 二次仪表输出信号的要求同 5.6.3 之 h)的规定。

e） 选购标准孔板流量计时，其产品的材质一定要耐磨，且孔板表面加工要光滑，孔口锐缘部分不能有任何缺损；

f） 流量计口径的选择按 6.2.2.1 之 c)的规定执行；

g） 选购托巴管流量计时，要求供应商具备现场安装能力。

6.2.2.4 安装标准节流式流量计时应注意以下几点：

a） 输水管的直管段，应满足流量计说明书对传感器前、后直管段的要求；

b） 细心安装，应防止碰坏标准孔板的孔口锐缘；

c） 仔细安装差压计，如连接细管中有气泡，应排除。

6.2.2.5 运行中要注意的问题：

a） 当配套用的差压计没有防堵塞功能时，应经常观察仪表运行情况，防止差压计被堵塞；

b） 充分利用一切输水管道停水机会，检查标准孔板的磨损情况，发现问题要及时处理直至更换。

6.2.2.6 误差来源与控制：

a） 误差来源主要有：

1） 仪表本身的误差如线性误差、随机误差；

2） 传感器安装管段的影响，如传感器前、后直管段的长度不够，直管段附近有截门等；

3） 标准节流件没有按规范生产，使用中有损坏；

4） 插入式传感器插入深度、方向不正确。

b） 误差控制应注意：

1） 按 4.2 的规定购买产品；

2） 应按照本标准的有关规定精心安装；

3） 检查节流件是否有损坏。

6.2.3 新型管道输水计量设施

应用电磁感应、超声波等技术进行管道输水量计量的仪器设施，本标准统称为新型管道流量计。电磁流量计具有较小的测量误差(一般误差为±0.2%～±1.0%)，对水质要求较低，没有水头损失(当流量计口径与输水管直径一致时)或较少的水头损失(插入式电磁流量计或流量计口径与输水管直径不一致时)，产品口径为 5 mm～3 000 mm。时差法超声波流量计的测量误差为±1%～±3%，水流的水温和含沙量对测量误差有影响，但可校正，没有水头损失(当流量计口径与输水管直径一致时)，产品口径为 5 mm～9 000 mm。声学多普勒流量计推荐在含沙量 $S<10\ \text{kg/m}^3$ 和悬沙直径 $d<0.03$ mm 的被测水流中使用，测量误差为±2%～±3%，可供选用的产品口径为 6 mm～1 800 mm。

6.2.3.1 选购新型管道流量计应掌握以下原则：

a） 根据前述各种新型流量计的适用条件和取水户的具体情况，选择适合需要的流量计；

b） 选购设备时应执行 4.2 的有关规定；

c) 按6.2.2.1之c)的规定选用流量计的口径；
d) 应根据输水管的材质、总水头、安装环境和相对湿度大小选择流量计的防护等级；
e) 仪表内宜设有自校单元，便于用户定期自检；
f) 宜有避雷措施；
g) 仪表的输出应满足5.6.3之h)规定的要求；
h) 如选购电磁流量计还应考虑：
   1) 流量计的衬里材料和电极材料，应根据水质情况，与生产厂家配合选定；
   2) 同一厂家生产的同一型号的电磁流量计，其传感器和转换器应可以互换。
i) 如选用时差式超声波流量计则应考虑：
   1) 夹装式超声波换能器应适应输水管的管壁材料；
   2) 夹装式换能器用于较大输水管道计量时，应有相应配件，并弄清其适用管径范围；
   3) 管道式超声波换能器应避免安装在管道内壁不平整的输水管段；
   4) 宜带有水温自动补偿。

6.2.3.2 现场安装新型流量计应遵守以下原则：
a) 电源电压应符合仪器要求；
b) 安装现场应满足流量仪表所要求的条件(如直管段、电磁波干扰小)等，传感器应良好地接地；
c) 布线时，电源电缆不宜与讯号线近距离平行布置，并应分别加以保护，避免破损；
d) 应采取措施保证安装传感器的管段不会产生气泡和泥沙淤积并始终为满管流(可咨询厂商)；
e) 插入式电磁流量计应垂直安装在输水管道上，头部磁场方向应与水流流向正交，并应按说明书要求，控制传感器的插入深度；
f) 插入式电磁流量计安装好后应进行现场检定(如用夹装式仪表)；
g) 如选用超声波流量计，在安装换能器的管段下游$3D$(D为输水管道直径)附近的输水管管壁上，牢固地安装一个带截门的、直径约为10 mm的取水样管，管口与输水管内壁齐平。

6.2.3.3 新型管道流量计的运行：
a) 新型管道流量计的运行准备工作，按5.6.2之b)的规定执行；
b) 如选用超声波流量计，当水流含沙量高于10 kg/m^{3}时，在上午8时、中午12时、下午18时，从取水样管取出水样，及时测量水样的水温和含沙量，以其平均值用公式(1)、(2)对声速进行校正。

6.2.3.4 输出信号应满足5.6.3之h)的要求。

6.2.3.5 误差来源与控制：
a) 误差来源主要有：
   1) 仪表本身的误差如线性误差、随机误差；
   2) 传感器安装时没有严格按要求进行；
   3) 没有用含沙量与水温校正声速；
   4) 测量管段可能发生淤积等。
b) 误差控制的主要措施：
   1) 按4.2的有关要求选购合格产品；
   2) 按照本标准的有关规定精心安装；
   3) 用超声波流量计测流时，若水流含沙量和水温超过允许范围，应进行声速校正。

6.2.3.6 流量计量成果检查：

对管道流量计量成果的检查，除检查仪表的运行是否正常外，还应检查流量计的安装质量，包括流量计前后直管段长度是否满足要求、水表是否水平、运行中的满管流能否得到保证、电磁流量计的接地质量、插入式仪表的插入深度与方向是否符合说明书要求等，详细记录检查结果，并宜有专人负责。对每一项工作进行及时检查、纠正,是管道流量计能否保证正常使用并达到预期目标的关键。

6.3 管道流量计的检定

管道流量计的检定周期为3年,根据就地就近原则,凡能离线的流量计,应送到国家认可的检定机构检定。不能离线的流量计,应申请检定机构进行现场比测。

7 成果汇总

应在每次取水结束后填写成果报告表。由水资源管理单位确定报告表内容,一般宜包括批准取水量、年度下达取水计划安排、截止至填写成果报告表时的实际取水量以及最近一次取水的记录:取水时段、取水量及变化情况、单次取水量及取水总量、备注等。

ICS 65.120
B 46

中华人民共和国国家标准

GB/T 28715—2012

饲料添加剂酸性、中性蛋白酶活力的测定 分光光度法

Determination of acidic and neutral protease activity in feed additives—Spetrophotometric method

2012-09-03 发布　　2013-02-01 实施

中华人民共和国国家质量监督检验检疫总局
中国国家标准化管理委员会　发布

前　言

本标准按照 GB/T 1.1—2009 给出的规则起草。

本标准由全国饲料工业标准化技术委员会(SAC/TC 76)归口。

本标准起草单位:农业部农产品及转基因产品质量安全监督检验测试中心(杭州)、浙江大学饲料科学研究所、武汉新华扬生物有限公司。

本标准主要起草人:王小骊、柳爱春、邹晓庭、吴琪、赵芸、朱加虹、陈小丽、周樱、谢红云。

饲料添加剂酸性、中性蛋白酶活力的测定 分光光度法

1 范围

本标准规定了饲料添加剂酸性和中性蛋白酶活力的测定方法。

本标准适用于饲料添加剂酸性、中性蛋白酶产品中酶活力的测定，以及复合酶产品中中性蛋白酶活力的测定。

本标准定量限为 500 U/g(U/mL)。

2 规范性引用文件

下列文件对于本文件的应用是必不可少的。凡是注日期的引用文件，仅注日期的版本适用于本文件。凡是不注日期的引用文件，其最新版本(包括所有的修改单)适用于本文件。

GB/T 6682　分析实验室用水规格和试验方法

3 术语和定义

下列术语和定义适用于本文件。

3.1

酸性、中性蛋白酶活力单位　acidic and neutral protease active unit

在一定温度(40 ℃±0.2 ℃)和相应的 pH 条件下(酸性蛋白酶 pH3.0，中性蛋白酶 pH7.2)，在 1 min 内水解酪蛋白产生相当于 1 μg 酚基氨基酸(由酪氨酸等同物表示)的酶量，为 1 个酶活单位，以 U 表示。

4 原理

蛋白酶在一定的温度和 pH 条件下，水解酪蛋白底物产生含有酚基的氨基酸(如：酪氨酸、色氨酸)，在碱性条件下，可将福林试剂(Folin)还原，生成钼蓝与钨蓝，其颜色的深浅与酚基氨基酸含量成正比。通过在 680 nm 测定其吸光度，得到酶解产生的酚基氨基酸的量，进而计算蛋白酶活力。

5 试剂和材料

除非另有说明，在分析中使用的试剂均为分析纯，水均为符合 GB/T 6682 规定的二级水。

5.1　碳酸钠溶液[$c(Na_2CO_3)$=0.4 mol/L]

称取无水碳酸钠(Na_2CO_3)42.4 g，用水溶解并定容至 1 000 mL。

5.2　三氯乙酸溶液[$c(CCl_3—COOH)$=0.4 mol/L]

称取三氯乙酸 65.4 g，用水溶解并定容至 1 000 mL。

5.3 盐酸溶液[$c(HCl)=1\ mol/L$]

取浓盐酸 85 mL，加水稀释并定容至 1 000 mL，即为 1 mol/L 盐酸溶液。

5.4 盐酸溶液[$c(HCl)=0.1\ mol/L$]

取 100 mL 1 mol/L 盐酸溶液(5.3)，定容至 1 000 mL，即为 0.1 mol/L 盐酸溶液。

5.5 氢氧化钠溶液[$c(NaOH)=0.5\ mol/L$]

取氢氧化钠 20 g，加水稀释并定容至 1 000 mL，即为 0.5 mol/L 氢氧化钠溶液。

5.6 福林(Folin)试剂

于 2 000 mL 磨口回流装置中加入钨酸钠($Na_2WO_4 \cdot 2H_2O$)100.0 g、钼酸钠($Na_2MoO_4 \cdot 2H_2O$) 25.0 g、水 700 mL、85%磷酸 50 mL、浓盐酸 100 mL。小火沸腾回流 10 h，取下回流冷却器，在通风橱中加入硫酸锂(Li_2SO_4)50 g，水 50 mL 和数滴浓溴水(99%)，再微沸 15 min，以除去多余的溴(冷却后仍有绿色需再加溴水，再煮沸除去过量的溴)，冷却后加水定容至 1 000 mL。混匀、过滤。试剂应呈金黄色，贮存于棕色瓶内。使用时，以 1 份福林(Folin)试剂与 2 份水混匀，制成稀福林(Folin)试剂。

5.7 乳酸缓冲液(pH3.0，适用于酸性蛋白酶)

甲液：称取 10.6 g 乳酸(85%～90%)，加水稀释并定容至 1 000 mL。

乙液：称取 16 g 乳酸钠(70%)，加水稀释并定容至 1 000 mL。

使用溶液：取 4 份甲液，加乙液(约 1 份)调整 pH 至 3.0±0.05，此溶液在 4 ℃冰箱贮存，有效期为 3 d。

5.8 磷酸缓冲液(pH7.2，适用于中性蛋白酶)

分别称取磷酸氢二钠(Na_2HPO_4)2.34 g 和磷酸二氢钠($NaH_2PO_4 \cdot 2H_2O$)1.00 g，用水溶解，用 0.1 mol/L 盐酸溶液(5.4)或 0.5 mol/L 氢氧化钠溶液(5.5)，单向调整 pH 至 7.2±0.05，并定容至 1 000 mL，备用。

5.9 1%酪蛋白溶液

5.9.1 1%酸性酪蛋白溶液(pH3.0)

准确称取酪蛋白[1] 1.000 g，先用约 0.5 mL 浓乳酸湿润后，再加入乳酸缓冲液(5.7)约 80 mL，在沸水浴中或磁力搅拌器上边加热边搅拌直至完全溶解，冷却后，用 0.1 mol/L 盐酸溶液(5.4)或 0.5 mol/L 氢氧化钠溶液(5.5)，单向调整 pH 至 3.0±0.05，并转入 100 mL 容量瓶中，用乳酸缓冲液(5.7)定容至刻度。此溶液在 4 ℃冰箱贮存，有效期为 3 d。

5.9.2 1%中性酪蛋白溶液(pH7.2)

准确称取酪蛋白[1] 1.000 g，先用约 0.5 mL 氢氧化钠溶液(5.5)湿润后，再加入磷酸缓冲液(5.8)约 80 mL，在沸水浴中或磁力搅拌器上边加热边搅拌直至完全溶解，冷却后，用 0.1 mol/L 盐酸溶液(5.4)或 0.5 mol/L 氢氧化钠溶液(5.5)，单向调整 pH 至 7.2±0.05，并转入 100 mL 容量瓶中，用磷酸缓冲液(5.8)定容至刻度。其余同 5.9.1。

---

1) 标准使用的酪蛋白由中国药品生物制品检定所提供。给出这一信息是为了给使用者提供一个相对标准，如果其他产品能有相同的效果，则可以使用等效产品。

5.10 L-酪氨酸标准物质

纯度≥95%。

5.11 L-酪氨酸标准储备溶液

精确称取预先于105 ℃干燥至恒重的L-酪氨酸标准物质0.100 0 g,用20 mL 1 mol/L盐酸溶液(5.3)溶解后,再用蒸馏水定容至100 mL,即为1 mg/mL L-酪氨酸标准储备溶液。

5.12 L-酪氨酸标准溶液

临用前,准确吸取10.0 mL 1 mg/mL酪氨酸标准储备溶液(5.11),用0.1 mol/L盐酸溶液(5.4)定容至100 mL,即得到100 μg/mL L-酪氨酸标准溶液。

6 仪器与设备

除常用实验室仪器设备外,应有下述仪器设备:

6.1 分光光度计:波长范围350 nm~800 nm。

6.2 pH计:精度为0.01pH单位。

6.3 分析天平:感量0.000 1 g和0.01 g。

6.4 恒温振荡水浴锅(或普通水浴锅):精度为±0.2 ℃。

6.5 秒表或定时钟。

7 分析步骤

7.1 标准曲线绘制

分别准确吸取100 μg/mL L-酪氨酸标准溶液0.00 mL、1.00 mL、2.00 mL、3.00 mL、4.00 mL、5.00 mL和6.00 mL于10 mL容量瓶中,用水定容至刻度,摇匀,制成每毫升分别含L-酪氨酸0.0 μg、10.0 μg、20.0 μg、30.0 μg、40.0 μg、50.0 μg和60.0 μg的标准工作溶液。

分别吸取L-酪氨酸标准工作溶液1.0 mL,加5.0 mL碳酸钠溶液(5.1)和1.0 mL稀福林(Folin)试剂(5.6),于具塞试管中(每个浓度做2个平行),混匀。

将标准管同时置于40 ℃水浴,反应20 min,取出,置于冷水中,迅速冷却至室温,用10 mm比色皿,以空白管调仪器零点,在分光光度计波长680 nm处测吸光度。以L-酪氨酸含量为横坐标,以吸光度为纵坐标,绘制标准曲线,获得线性回归方程。回归系数(r^2)在0.997 8以上时,方可使用,否则应重做。

新配制的福林(Folin)试剂应制作新的标准曲线。

7.2 试样制备

7.2.1 液体酶试样的制备

根据样品酶活力大小,吸取适量的液体酶液,酸性蛋白酶试样用乳酸缓冲液(5.7)[中性蛋白酶试样则用磷酸缓冲液(5.8)]稀释至酶活力约为5 U/mL~20 U/mL,待测。

7.2.2 固体酶试样的制备

将试样粉碎或充分碾碎,过孔径为0.25 mm筛。根据样品酶活大小,称取0.2 g~2 g样品,精确至

0.001 g，置于 250 mL 锥形瓶中，酸性蛋白酶试样准确加入 100 mL 乳酸缓冲液(5.7)[中性蛋白酶试样则加入磷酸缓冲液(5.8)]，搅拌使试样充分混匀，30 ℃ 100 r/min 振荡水浴(或用普通水浴锅，每 5 min 搅拌 1 次)，水浴提取 30 min，摇匀，用中速定性滤纸过滤。滤液用乳酸缓冲液(5.7)[中性蛋白酶试样则用磷酸缓冲液(5.8)]，稀释至酶活力约为 5 U/mL～20 U/mL，推荐的样品第二次稀释倍数见表 1。

表 1　推荐样品第二次稀释的倍数

样品酶活/(U/mL 或 U/g)	≤5 000	5 000～50 000	50 000～100 000	≥100 000
稀释倍数	1	10	20	50

7.3　测定步骤

取三支 10 mL 具塞试管(一支样品空白管，两支样品管)，分别向三支试管中准确加入稀释好的待测酶液各 1.0 mL，将试管放入 40 ℃±0.2 ℃水浴中预热 5 min，向两支样品管中加入 1.0 mL 经同样预热的 1%酪蛋白溶液(5.9)，准确计时反应 10 min，迅速、准确地向三支试管中加入 2 mL 0.4 mol/L 三氯乙酸溶液(5.2)，于样品空白管中加入 1.0 mL 1%酪蛋白溶液(5.9)，摇匀。将三支试管继续置 40 ℃±0.2 ℃ 水浴中放置 10 min，取出，迅速冷却至室温，并用中速定性滤纸过滤。

另取三支 10 mL 具塞试管(一支样品空白管，两支样品管)，分别吸取上述相应的滤出液 1.0 mL 加入三支试管中，各加入 5.0 mL 0.4 mol/L 碳酸钠溶液(5.1)、1.0 mL 稀福林(Foiln)试剂(5.6)，摇匀，水浴 40 ℃±0.2 ℃中放置 20 min，取出置于冷水中，迅速冷却至室温。

用水代替滤液做试剂空白，以试剂空白管调仪器零点，在分光光度计波长 680 nm 下，用 10 mm 比色皿，分别测定样品空白管和样品管中样液的吸光度，将样品管与样品空白管吸光度之差取平均值，通过线性回归方程求出生成的酪氨酸的浓度。

8　结果计算与表示

8.1　结果计算

样品中酸性或中性蛋白酶活力以 X_i 表示，按式(1)计算：

$$X_i = \frac{(c - c_0) \times V \times 4 \times N}{1.0 \times m \times 10} \qquad \cdots\cdots(1)$$

式中：

X_i ——蛋白酶活力，单位为酶活单位每克(U/g)或酶活单位每毫升(U/mL)；

c ——样品管的酪氨酸浓度，单位为微克每毫升(μg/mL)；

c_0 ——样品空白管的酪氨酸浓度，单位为微克每毫升(μg/mL)；

V ——固体酶试样提取液的总体积或液体酶试样第一次稀释总体积，单位为毫升(mL)；

N ——样品提取液第二次稀释的倍数；

4 ——酶反应体系总体积，单位为毫升(mL)；

1.0——参与反应的酶量，单位为毫升(mL)；

m ——试样质量或体积，单位为克(g)或毫升(mL)；

10 ——反应时间，单位为分钟(min)。

8.2 结果表示

以平行样的平均值为最终的酶活力测定值，计算结果保留整数位。

9 重复性

试样应至少取两份平行样进行重复测定，平行样的相对标准偏差不超过10.0%。

ICS 65.120
B 46

中华人民共和国国家标准

GB/T 28716—2012

饲料中玉米赤霉烯酮的测定 免疫亲和柱净化-高效液相色谱法

Determination of zearalenone in feed—High performance liquid chromatographic method with immunoaffinity column clean-up

2012-09-03 发布　　2013-02-01 实施

中华人民共和国国家质量监督检验检疫总局
中国国家标准化管理委员会 发布

前　言

本标准按照 GB/T 1.1—2009 给出的规则起草。

本标准由全国饲料工业标准化技术委员会(SAC/TC 76)归口。

本标准起草单位:中国农业科学院农业质量标准与检测技术研究所、农业部饲料质量监督检验中心(南昌)、浙江大学饲料科学研究所、北京中检维康技术有限公司、北京市兽药饲料监察所。

本标准主要起草人:饶正华、李兰、果旗、文虹、余东游、王雄、魏秀莲、孙志文。

饲料中玉米赤霉烯酮的测定 免疫亲和柱净化-高效液相色谱法

1 范围

本标准规定了饲料中玉米赤霉烯酮含量的免疫亲和柱净化高效液相色谱的测定方法。

本标准适用于饲料中玉米赤霉烯酮的测定。

本标准的检测限为 2 μg/kg，定量限为 10 μg/kg。

2 规范性引用文件

下列文件对于本文件的应用是必不可少的。凡是注日期的引用文件，仅注日期的版本适用于本文件。凡是不注日期的引用文件，其最新版本(包括所有的修改单)适用于本文件。

GB/T 6682 分析实验室用水规格和试验方法

GB/T 14699.1 饲料 采样

GB/T 20195 动物饲料 试样的制备

3 原理

试样经乙腈水提取后，提取液用磷酸盐缓冲溶液稀释，用免疫亲和柱进行净化。净化提取液用反相高效液相色谱荧光检测器进行测定，外标法定量。

4 试剂

除非另有说明，所有试剂均为分析纯；实验室用水符合 GB/T 6682 中二级水规定，标准溶液和流动相用水符合一级水规定。

4.1 乙腈：色谱纯。

4.2 甲醇：色谱纯。

4.3 氢氧化钠溶液：$c(NaOH)=0.2$ mol/L。

4.4 提取剂——乙腈+水(8+2)：将 800 mL 乙腈(4.1)与 200 mL 水混合均匀。

4.5 磷酸盐缓冲溶液(PBS)：将 8 g 氯化钠、1.16 g 磷酸氢二钠、0.2 g 磷酸二氢钾、0.2 g 氯化钾溶解至 1 000 mL 水中，用氢氧化钠溶液(4.3)调节 pH 至 7.4。

4.6 玉米赤霉烯酮标准品，玉米赤霉烯酮含量≥99.5%。

4.7 流动相：量取 460 mL 乙腈(4.1)至 1 000 mL 的容量瓶中，加入 460 mL 水和 80 mL 甲醇(4.2)。混合均匀并通过 0.45 μm 滤膜，备用。

4.8 玉米赤霉烯酮标准储备液(50 μg/mL)：称取 5.0 mg 玉米赤霉烯酮标准品(精确至 0.1 mg)于 100 mL 容量瓶中，用乙腈(4.1)溶解并定容至刻度。此标准贮备液在冷冻(−18 ℃)密封情况下保存，可使用 1 年。

4.9 玉米赤霉烯酮标准中间液(5.0 μg/mL)：准确移取 10.0 mL 玉米赤霉烯酮标准储备液(4.8)于 100 mL 容量瓶中，用乙腈(4.1)稀释并定容至刻度。该溶液保存于 2 ℃～8 ℃冰箱里，可使用 6 个月。

4.10 玉米赤霉烯酮标准工作液：玉米赤霉烯酮标准中间液用流动相(4.7)稀释，制备5个玉米赤霉烯酮标准浓度的溶液。准确移取适量玉米赤霉烯酮标准中间液，用流动相(4.7)稀释成浓度分别为0.02 μg/mL、0.05 μg/mL、0.10 μg/mL、0.50 μg/mL、1.0 μg/mL的标准工作液。玉米赤霉烯酮标准工作液储藏在2 ℃～8 ℃冰箱里，可使用6个月。

5 仪器和设备

除实验室常用设备外，还需要以下仪器和设备：

5.1 玉米赤霉烯酮免疫亲和柱：柱容量≥2 μg玉米赤霉烯酮。

5.2 振荡器：200 r/min。

5.3 氮吹仪：30 ℃～60 ℃。

5.4 高速均质器：18 000 r/min～22 000 r/min。

5.5 高效液相色谱仪：配有荧光检测器。

5.6 真空装置或空气压力泵：能与免疫亲和柱配合使用。

5.7 玻璃微纤维滤纸：直径11 cm、孔径1.5 μm，无荧光特性。

5.8 试验筛：1 mm孔径。

6 试样制备

按GB/T 14699.1采样；按GB/T 20195制备样品，实验室样品应能完全通过1 mm试验筛(5.8)。

7 分析步骤

7.1 提取

称取试样40.0 g于250 mL具塞锥形瓶中，加入4.0 g氯化钠及100.0 mL提取剂(4.4)，于振荡器(5.2)上振荡60 min，或于高速匀质器(5.4)匀质2 min后，用定量滤纸过滤，准确移取10.0 mL滤液并加入40.0 mL PBS溶液(4.5)稀释，用玻璃纤维滤纸(5.7)过滤1次～2次，至滤液澄清，备用。

7.2 净化

将免疫亲和柱连接于10.0 mL玻璃注射器下。准确移取10.0 mL样品提取液(7.1)注入玻璃注射器中，将空气压力泵(5.6)与玻璃注射器连接，调节压力使溶液以不大于2 mL/min流速缓慢通过免疫亲和柱，抽干。

分别以10.0 mL纯水淋洗柱子两次(对颜色较重的样品，第一次改用10.0 mL 10%甲醇水溶液清洗柱子一次)，保持流速不大于2 mL/min～3 mL/min，并抽干。

准确加入1.5 mL甲醇(4.2)洗脱，流速不大于2 mL/min，收集洗脱液于55 ℃氮气吹干，用1.0 mL流动相(4.7)溶解残渣，涡旋混匀，过0.45 μm滤膜，上机测定。

注：玉米赤霉烯酮免疫亲和柱的使用要求按厂家说明执行。

7.3 测定

7.3.1 液相色谱测定参考条件

7.3.1.1 色谱柱：C_{18}柱，长150 mm，内径4.6 mm，粒度5 μm，或相当者。

7.3.1.2 流动相：见4.7。

7.3.1.3 流速：0.8 mL/min。

7.3.1.4 检测波长：激发波长 274 nm；发射波长 440 nm。

7.3.1.5 进样量：20 μL。

7.3.1.6 柱温：30 ℃。

7.3.2 色谱测定

分别取相同体积样液和标准溶液注入高效液相色谱仪，在上述色谱条件下测定试样的响应值（峰高或峰面积）。经过与玉米赤霉烯酮标准溶液谱图比较响应值得到试样中玉米赤霉烯酮的浓度。标准品色谱图参见图 A.1。

8 结果

8.1 计算

试样中玉米赤霉烯酮含量以质量分数 X 计，单位为微克每千克（μg/kg），按式(1)计算：

$$X = \frac{P_i \times V \times c_{st} \times V_{st}}{P_{st} \times m \times V_i} \times 10^3 \quad \cdots\cdots(1)$$

式中：

P_i ——试样溶液峰面积值；

V ——样品的总稀释体积，单位为毫升（mL）；

c_{st} ——标准溶液浓度，单位为纳克每毫升（ng/mL）；

V_{st}——标准溶液进样体积，单位为微升（μL）；

P_{st}——标准溶液峰面积平均值；

m ——试样质量，单位为克（g）；

V_i ——试样溶液进样体积，单位为微升（μL）。

8.2 结果表示

检测结果以两次测定值的算术平均值表示；计算结果表示到小数点后一位。

9 重复性

在重复性条件下，获得的玉米赤霉烯酮的两次独立测试结果的绝对差值不大于其算术平均值的 15%。

附　录　A
（资料性附录）
玉米赤霉烯酮标准品色谱图

玉米赤霉烯酮标准溶液(200 μg/mL)的色谱图见图 A.1。

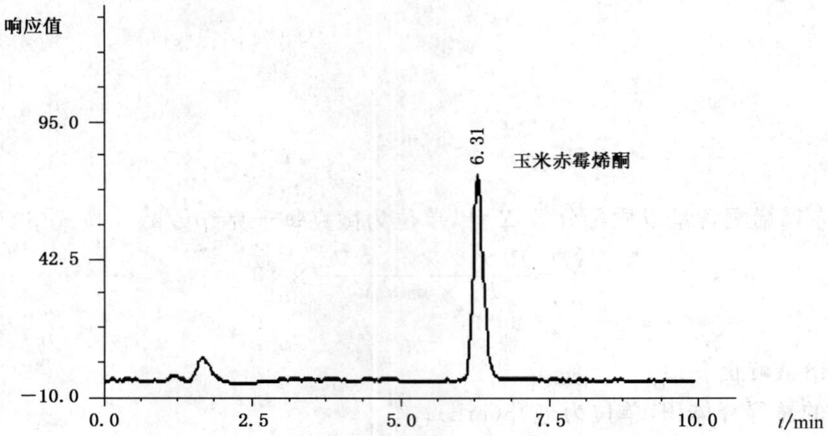

图 A.1　玉米赤霉烯酮标准溶液(200 μg/mL)色谱图

ICS 65.120
B 46

中华人民共和国国家标准

GB/T 28717—2012

饲料中丙二醛的测定 高效液相色谱法

Determination of malonaldehyde in feed—High performance liquid chromatography

2012-09-03 发布 2013-02-01 实施

中华人民共和国国家质量监督检验检疫总局
中国国家标准化管理委员会 发布

前　言

本标准按照 GB/T 1.1—2009 给出的规则起草。

本标准由全国饲料工业标准化技术委员会(SAC/TC 76)归口。

本标准起草单位:上海市饲料质量监督检验站、上海市农业科学院农产品质量标准与检测技术研究所、广东恒兴集团有限公司、广东天科国际(集团)。

本标准主要起草人:赵志辉、杨海锋、林淼、韩薇、陆天华、滕冰、凤懋熙、黄南。

饲料中丙二醛的测定
高效液相色谱法

1 范围

本标准规定了饲料中丙二醛的高效液相色谱检测方法。

本标准适用于配合饲料、浓缩饲料、饲料原料中丙二醛的测定。

本标准方法的检测限为0.015 mg/kg,定量限为0.05 mg/kg。

2 规范性引用文件

下列文件对于本文件的应用是必不可少的。凡是注日期的引用文件,仅注日期的版本适用于本文件。凡是不注日期的引用文件,其最新版本(包括所有的修改单)适用于本文件。

GB/T 6682 分析实验室用水规格和试验方法

GB/T 14699.1 饲料 采样

3 原理

试样中丙二醛经三氯乙酸提取后,与硫代巴比妥酸(TBA)作用生成粉红色复合物,离心取上清液,用高效液相色谱法及荧光检测器检测,外标法计算丙二醛的含量。

4 试剂

除非另有规定,在分析中仅使用确认为分析纯的试剂和符合GB/T 6682中规定的一级水。

4.1 乙腈:色谱纯。

4.2 磷酸二氢钾溶液(50 mmol/L):称取6.804 g(精确至0.002 g)磷酸二氢钾,用水溶解,并定容至1 000 mL。

4.3 硫代巴比妥酸(TBA)溶液(0.02 mol/L):称取0.288 g(精确至0.002 g)硫代巴比妥酸于烧杯中,加入适量水加热至全溶澄清,冷却后定容至100 mL。

4.4 三氯乙酸混合液:准确称取75.0 g(精确至0.01 g)三氯乙酸及1.0 g(精确至0.01 g) EDTA(乙二胺四乙酸二钠),用水溶解,稀释至1 000 mL。

4.5 丙二醛标准储备液(100 μg/mL):准确称取0.315 g(精确至0.002 g)1,1,3,3-四乙氧基丙烷(E. Mesck 97%),用水溶解后稀释至1 000 mL,置冰箱保存,有效期3个月。

4.6 丙二醛标准工作储备液(1 μg/mL):准确移取丙二醛标准储备液(4.5)1.0 mL,用三氯乙酸混合液(4.4)稀释至100 mL,置冰箱备用,有效期2周。

4.7 丙二醛标准系列:准确移取丙二醛标准工作储备液(4.6)1.0 mL、2.0 mL、4.0 mL、8.0 mL、10.0 mL于50 mL容量瓶,以三氯乙酸混合液(4.4)稀释定容,该标准系列中丙二醛的相应浓度为0.02 μg/mL、0.04 μg/mL、0.08 μg/mL、0.16 μg/mL、0.20 μg/mL,现配现用。

5 仪器和设备

5.1 分析天平：感量 0.000 1 g。
5.2 离心机：转速 12 000 r/min。
5.3 振荡器。
5.4 恒温水浴箱。
5.5 样品筛：孔径 0.9 mm。
5.6 高效液相色谱仪：配有荧光检测器。

6 试样的制备

按 GB/T 14699.1 规定，取有代表性饲料样品至少 500 g，四分法缩减至少 100 g，磨碎，过 0.9 mm 孔径样品筛，混匀装入密闭容器中，避光低温保存备用。

7 分析步骤

7.1 提取

称取约 2 g 试样(饲用油脂称取约 1 g，精确至 0.001 g)，置入 250 mL 三角瓶中，准确加入 50 mL 三氯乙酸混合液(4.4)，180 r/min 振摇 30 min，取约 20 mL 提取液于 50 mL 离心管中，5 000 r/min 离心 5 min。

7.2 衍生化

准确移取上述试样溶液(7.1)上清液、丙二醛标准系列溶液(4.7)各 5 mL 分别置于 25.0 mL 比色管内，加入 5.0 mL TBA 溶液(4.3)，混匀，置于 90 ℃水浴中保温 20 min，取出，用冰水浴迅速冷却，移入离心试管内，12 000 r/min 离心 5 min，取上清液上机测定，丙二醛标准系列和试样同步衍生化。

7.3 测定

7.3.1 液相色谱参考条件

7.3.1.1 色谱柱：C_{18} 柱，长 250 mm，内径 4.6 mm，粒径 5 μm，或性能相当者。
7.3.1.2 柱温：35 ℃。
7.3.1.3 流动相：乙腈(4.1)＋磷酸二氢钾溶液(4.2)＝18＋82(V＋V)，用前过 0.45 μm 滤膜。
7.3.1.4 流速：1.0 mL/min。
7.3.1.5 进样体积：10 μL。
7.3.1.6 激发波长：525 nm。
7.3.1.7 发射波长：560 nm。
7.3.1.8 色谱图：参见图 A.1。

7.3.2 液相色谱测定

分别取适量的标准工作液(7.2)和试样溶液(7.2)，按 7.3.1 列出的条件进行液相色谱分析测定。按照保留时间进行定性，以标准工作液做单点或多点校准，并用色谱峰面积积分值定量。待测样液中丙二醛的响应值应在标准曲线范围内，超过线性范围则应稀释后再进样分析，并在试样溶液分析间适当穿插标准工作液，以确保定量的准确性。

8 结果计算与表示

8.1 结果计算

试样中丙二醛的含量(以质量分数 X 计)按式(1)计算：

$$X=\frac{c\times V\times n\times 10^{-3}}{m\times 10^{3}} \quad \cdots\cdots(1)$$

式中：

X ——试样中丙二醛的含量(以质量分数计)，单位为毫克每千克(mg/kg)；

c ——试样溶液中对应的丙二醛浓度，单位为微克每毫升(μg/mL)；

V ——定容体积，单位为毫升(mL)；

n ——稀释倍数；

m ——试样质量，单位为克(g)。

8.2 结果表示

测定结果用平行测定的算术平均值表示，计算结果保留三位有效数字。

9 重复性

在重复性条件下获得的两次独立测试结果的绝对差值不大于这两个测定值的算术平均值的10%。

附 录 A
（资料性附录）
丙二醛硫代巴比妥酸复合物色谱图

丙二醛硫代巴比妥酸复合物色谱图见图 A.1。

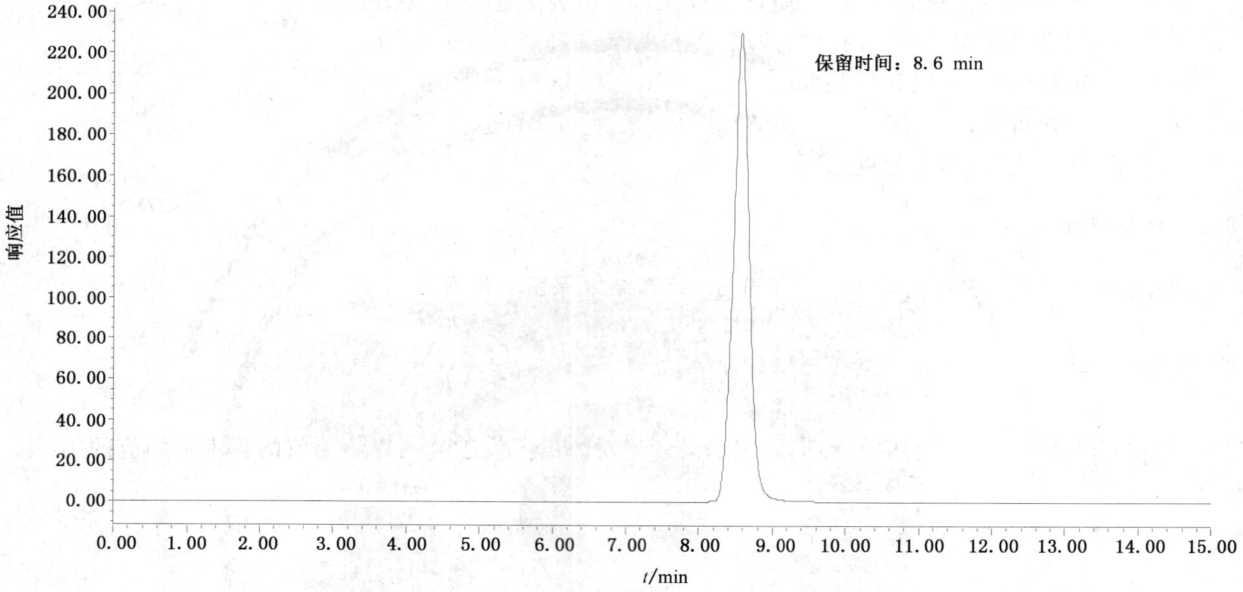

图 A.1 0.20 μg/mL 丙二醛硫代巴比妥酸复合物色谱图

ICS 65.120
B 46

中华人民共和国国家标准

GB/T 28718—2012

饲料中T-2毒素的测定 免疫亲和柱净化-高效液相色谱法

Determination of T-2 toxin in feed—High performance liquid chromatography with immunoaffinity column clean-up

2012-09-03 发布　　2013-02-01 实施

中华人民共和国国家质量监督检验检疫总局
中国国家标准化管理委员会　发布

前　言

本标准按照 GB/T 1.1—2009 给出的规则起草。

本标准由全国饲料工业标准化技术委员会(SAC/TC 76)提出并归口。

本标准起草单位:上海市饲料质量监督检验站、上海市农业科学院农产品质量标准与检测技术研究所、浙江大学饲料科学研究所。

本标准主要起草人:赵志辉、林森、杨海锋、陆天华、顾赛红、凤懋熙、武爱波。

饲料中 T-2 毒素的测定 免疫亲和柱净化-高效液相色谱法

1 范围

本标准规定了饲料中 T-2 毒素含量的免疫亲和柱净化-高效液相色谱测定方法。

本标准适用于饲料原料、配合饲料、浓缩饲料中 T-2 毒素含量的测定。

本标准的方法检出限为 10 μg/kg,定量限为 30 μg/kg。

2 规范性引用文件

下列文件对于本文件的应用是必不可少的。凡是注日期的引用文件,仅注日期的版本适用于本文件。凡是不注日期的引用文件,其最新版本(包括所有的修改单)适用于本文件。

GB/T 6682 分析实验室用水规格和试验方法

GB/T 14699.1 饲料 采样

3 原理

用甲醇和水混合溶液提取试样中的 T-2 毒素,经免疫亲和柱净化,1-蒽腈衍生化后,用高效液相色谱荧光检测器测定,外标法定量。

4 试剂和材料

除非另有规定,在分析中仅使用确认为分析纯的试剂和符合 GB/T 6682 中规定的一级水。

4.1 甲醇:色谱纯。

4.2 乙腈:色谱纯。

4.3 甲苯:色谱纯。

4.4 甲醇+水(80+20):取 80 mL 甲醇加 20 mL 水。

4.5 4-二甲基氨基吡啶(DMAP,0.325 g/L):准确称取 0.032 5 g 4-二甲基氨基吡啶,用甲苯溶解并定容至 100 mL。

4.6 1-蒽腈(1-anthroylnitrile,1-AN,0.3 g/L):称取 0.030 g 1-蒽腈,用甲苯溶解并定容至 100 mL。

4.7 T-2 毒素标准品:纯度大于等于 98%。

4.8 T-2 毒素标准储备液:准确称取适量的 T-2 毒素标准品(精确至 0.000 2 g),用乙腈配成浓度为 0.5 mg/mL 的标准储备液,−20 ℃冰箱中避光保存,有效期 3 个月。使用前用乙腈稀释成适当浓度的标准工作液。

4.9 T-2 毒素标准工作液:根据使用需要,准确吸取一定量的 T-2 毒素标准储备液,用乙腈稀释,分别配成相当于 10 ng/mL、50 ng/mL、100 ng/mL、150 ng/mL、200 ng/mL 的标准工作液,4 ℃保存,有效期 7 d。

4.10 T-2 毒素免疫亲和柱:柱容量大于等于 2 μg。

4.11 玻璃纤维滤纸:直径 11 cm,孔径 1.5 μm,无荧光特性。

5 仪器和设备

5.1 实验室常用设备。

5.2 高效液相色谱仪：配有荧光检测器。

5.3 分析天平：精度为 0.000 1 g。

5.4 粉碎机：转速 10 000 r/min。

5.5 均质器：转速大于 10 000 r/min。

5.6 涡旋混合器。

5.7 注射器：10 mL。

5.8 氮气吹干仪。

5.9 试验筛：1 mm 孔径。

5.10 空气压缩机。

5.11 离心机。

5.12 超声波仪：功率大于 180 W。

5.13 天平：精度为 0.01 g。

5.14 水浴锅。

6 试样的制备

按 GB/T 14699.1 规定，取有代表性饲料样品至少 500 g，四分法缩减至少 100 g，磨碎，过试验筛(5.9)，混匀装入密闭容器中，避光低温保存备用。

7 分析步骤

7.1 提取

称取试样 50 g(精确到 0.01 g)于 500 mL 烧杯中，加入 100 mL 甲醇＋水(80＋20)，高速均质 2 min 或超声 30 min，3 000 r/min 离心 5 min，上清液经定量滤纸过滤，移取 10.0 mL 滤液于 50 mL 容量瓶中，加水定容至刻度，混匀，用玻璃纤维滤纸过滤至滤液澄清，进行免疫亲和柱净化操作。

7.2 净化

将免疫亲和柱连接于注射器(5.7)下，准确移取 10.0 mL 提取液(7.1)，注入注射器中。将空气压缩机与注射器连接，调节压力，使溶液以每秒约 1 滴的流速通过免疫亲和柱，直至空气进入亲和柱中。再用 10 mL 水淋洗免疫亲和柱，流速约为每秒 1 滴至 2 滴，直至空气进入亲和柱中，弃去全部流出液，抽干小柱。

7.3 洗脱

准确加入 1.0 mL 甲醇洗脱，流速约为每秒 1 滴，收集全部洗脱液于干净的玻璃试管中。

7.4 衍生化

7.4.1 T-2 毒素标准工作液的衍生化：取不同浓度的 T-2 毒素标准工作液各 1.0 mL，在 50 ℃下用氮气吹干，加入 50 μL 4-二甲基氨基吡啶(4.5)和 50 μL 1-蒽腈(4.6)，在涡旋混合器上混匀 1 min，50 ℃水浴反应 15 min，50 ℃下用氮气吹干，用 1.0 mL 流动相(7.5.2)溶解，高效液相色谱测定。

7.4.2 样品的衍生化：将洗脱液(7.3)在50 ℃下用氮气吹干，按7.4.1步骤进行。

7.5 高效液相色谱参考条件

7.5.1 色谱柱：C_{18}柱，长150 mm，内径4.6 mm，粒径5 μm，或相当者。
7.5.2 流动相：乙腈(4.2)＋水＝80＋20(体积比)。
7.5.3 流速：1.0 mL/min。
7.5.4 检测波长：激发波长：381 nm，发射波长：470 nm。
7.5.5 进样体积：20 μL。
7.5.6 柱温：35 ℃。

7.6 定量测定

根据样液中T-2毒素衍生物含量情况，分别取适量的标准工作液和试样溶液，按照保留时间进行定性，以标准工作液做单点或多点校准，并用色谱峰面积积分值定量。在上述色谱条件下，标准品色谱图参见图A.1。

7.7 平行试验

按以上步骤，对同一试样进行平行试验测定。

8 结果计算

试样中T-2毒素含量按式(1)计算：

$$X=\frac{A_1\times c\times V}{A_S\times m} \quad\cdots\cdots(1)$$

式中：
X ——T-2毒素的含量，单位为微克每千克(μg/kg)；
A_1 ——试样溶液中T-2毒素衍生物的峰面积；
c ——标准工作溶液中T-2毒素衍生物的浓度，单位为微克每毫升(μg/mL)；
V ——试样溶液最终定容体积，单位为毫升(mL)；
A_S ——标准工作溶液中T-2毒素衍生物的峰面积；
m ——最终样液所代表的试样量，单位为千克(kg)。
测定结果用平行测定的算术平均值表示，计算结果表示到小数点后一位。

9 重复性

同一实验室由同一操作人员使用同一台仪器完成的两个平行测定结果的相对偏差不大于10%。

附　录　A
（资料性附录）
T-2 毒素的液相色谱图

T-2 毒素标准溶液(750 μg/L)的色谱图见图 A.1。

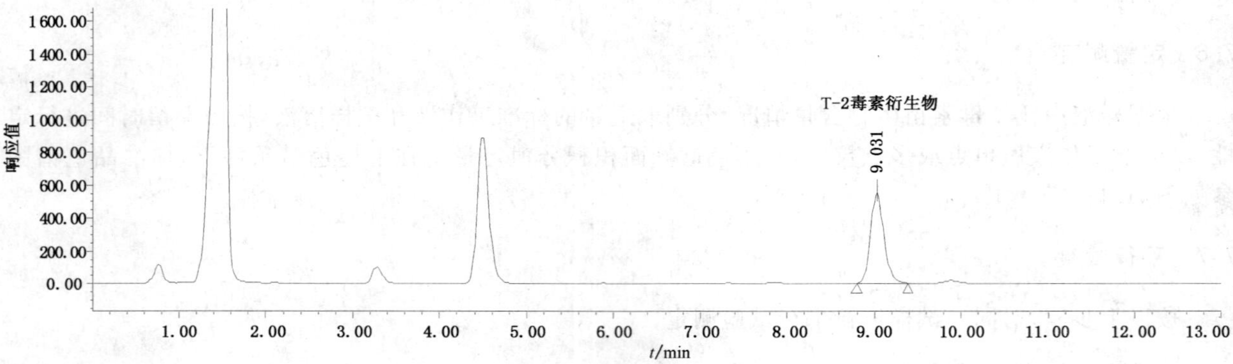

图 A.1　T-2 毒素标准溶液(750 μg/L)的色谱图

ICS 83.140.50
G 43

中华人民共和国国家标准

GB/T 28719—2012

板式热交换器用橡胶密封垫片

Rubber sealing gaskets used in plate heat exchangers

2012-09-03 发布　　2013-05-01 实施

中华人民共和国国家质量监督检验检疫总局
中国国家标准化管理委员会　发布

前　言

本标准按照 GB/T 1.1—2009 给出的规则起草。

本标准由中国石油和化学工业联合会提出。

本标准由全国橡胶与橡胶制品标准化技术委员会密封制品分技术委员会(SAC/TC 35/SC 3)归口。

本标准起草单位:湖北派克密封件有限公司、西北橡胶塑料研究设计院。

本标准主要起草人:王斌、李尚珍、徐义昌。

板式热交换器用橡胶密封垫片

1 范围

本标准规定了板式热交换器用橡胶密封垫片(简称垫片)的术语和定义、要求、检验和试验方法、检验规则及标志、包装、运输与贮存。

本标准适用于板式热交换器用橡胶密封垫片。

2 规范性引用文件

下列文件对于本文件的应用是必不可少的。凡是注日期的引用文件,仅注日期的版本适用于本文件。凡是不注日期的引用文件,其最新版本(包括所有的修改单)适用于本文件。

GB/T 528　硫化橡胶或热塑性橡胶　拉伸应力应变性能的测定

GB/T 529　硫化橡胶或热塑性橡胶撕裂强度的测定(裤形、直角形和新月形试样)

GB/T 531.1　硫化橡胶或热塑性橡胶　压入硬度试验方法　第1部分:邵氏硬度计法(邵尔硬度)

GB/T 3512　硫化橡胶或热塑性橡胶　热空气加速老化和耐热试验

GB 4806.1　食品用橡胶制品卫生标准

GB/T 7759　硫化橡胶、热塑性橡胶　常温、高温和低温下压缩永久变形测定

3 术语和定义

下列术语和定义适用于本文件。

3.1

垫片材料　gasket material

制造垫片所用的混炼胶,每种混炼胶是用不同橡胶和各种辅助材料均匀混合而成。

3.2

密封面　direct sealing surface

垫片中与板片表面相接触并起密封作用的表面。

3.3

非密封面　non-direct sealing surface

垫片中不起密封作用的表面。

3.4

二道密封　double sealing gasket

靠近通道孔处的垫片双密封部分。

3.5

泄漏信号槽　venting slot

垫片上二道密封之间开设的小槽,用以导引泄漏的流体通向大气。

3.6

错位　off-register

垫片横截面在分模面处不齐,是由于上、下模发生横向位移造成的。

3.7

表面缺陷　surface defects

垫片表面影响密封性能的局部隆起、凹陷或气泡等。

3.8

杂质　contamination

黏附或嵌入垫片的木屑、沙石、金属屑粒、橡胶飞边等杂物。

3.9

镶嵌式密封垫的挂扣　pothook of gasket

镶嵌式密封垫与板片组装时与板片连接的部位。

4　要求

4.1　外观

4.1.1　同一种材料的垫片外观应均匀一致。

4.1.2　垫片密封面应平整光滑，不应有表面缺陷和可见的杂质。

4.1.3　垫片错位应不大于 0.2 mm。

4.1.4　非密封面表面缺陷的高度或深度不超过 0.2 mm，长度不超过 2 mm，宽度不大于 1.5 mm。

4.2　尺寸与公差

4.2.1　垫片尺寸应符合图样的规定。

4.2.2　对于单板换热面积小于 0.7 m^2（包括 0.7 m^2）的换热器垫片，其厚度公差为（0～+0.20）mm；对于单板换热面积大于 0.7 m^2 的换热器垫片，其厚度公差为（0～+0.25）mm。

4.2.3　垫片长度不应有正公差，其长边公差为−0.3%～0（保留到小数点后 1 位），且不大于 4 mm。

4.3　材料

4.3.1　垫片材料的物理性能应符合表 1 的规定。

表 1　垫片材料的物理性能要求

序号	性　能	要　求		
		丁腈橡胶（NBR）	三元乙丙橡胶（EPDM）	氟橡胶（FKM）
1	硬度，邵尔 A	75±5	80±5	80±5
2	拉断强度/MPa　最小	13	12	10
3	拉断伸长率/%　最小	250	150	120
4	撕裂强度/(kN/m)　最小 （新月形，缺口，1 mm）	30	20	15
5	压缩永久变形/%　最大 100 ℃×70 h 150 ℃×70 h 200 ℃×70 h	25	30	35

表 1（续）

序号	性　能	要　求		
		丁腈橡胶(NBR)	三元乙丙橡胶(EPDM)	氟橡胶(FKM)
6	热空气老化试验			
	100℃×70 h			
	硬度变化，邵尔 A	0～+15		
	拉断强度变化率/%　最大	−20		
	拉断伸长率变化率/%　最大	−35		
	150 ℃×70 h			
	硬度变化，邵尔 A		−5～+10	
	拉断强度变化率/%　最大		−20	
	拉断伸长率变化率/%　最大		−30	
	200 ℃×70 h			
	硬度变化，邵尔 A			−5～+10
	拉断强度变化率/%　最大			−20
	拉断伸长率变化率/%　最大			−30
注：选用本表以外的密封材料时，材料物理性能应由供需双方商定。				

4.3.2　食品用垫片应符合 GB 4806.1 的规定。

5　检验和试验方法

5.1　垫片厚度用测厚仪进行检测，检测点应均匀分布，其中两端各 4 点；二道密封处各两点，每侧直线部分每米长度检测 3 点(直线长度小于 1 m 时，按 1 m 计算)；垫片的外形及长度采用将垫片自然平放入对应的板片槽中的方法进行检验。

5.2　垫片外观质量应目测检查，有表面缺陷时，应用相应的量具测定。

5.3　垫片材料的硬度按 GB/T 531.1 的规定进行试验。

5.4　垫片材料的拉断强度和拉断伸长率按 GB/T 528 的规定进行试验。

5.5　垫片材料的撕裂强度按 GB/T 529 的规定进行试验。

5.6　垫片材料的压缩永久变形按 GB/T 7759 的规定进行试验，采用 B 型试样。

5.7　垫片材料的热空气老化按 GB/T 3512 的规定进行试验。

5.8　食品用垫片的卫生要求按 GB 4806.1 的规定进行试验。

6　检验规则

6.1　同一配方、同一班次混炼加工的垫片材料为同一批垫片材料，同一批垫片材料、连续硫化加工的同一规格的垫片为同一批垫片。

6.2　每批垫片材料应进行硬度、拉断强度、拉断伸长率和撕裂强度的检验，作为出厂或投产检验，如有一项不合格，取双倍试样进行复验，复验仍不合格允许对胶料修炼一次，修炼后应按 4.3 进行全项性能检验，其中有一项不合格，该批垫片材料不合格。每一配方材料的压缩永久变形和热空气老化试验每月至少进行一次检验。

6.3　垫片外观质量应进行全检。

6.4　每批垫片抽 1%，且不少于一条进行厚度与长度尺寸的检验。如有不合格者，则应进行双倍抽样检验；双倍抽样检验有不合格者，则判定该批垫片为不合格。

6.5 有下列情况之一时，至少应抽取一条垫片，对垫片两侧直线部位、端部与二道密封部位进行横截面尺寸的检验：

a) 用新模具硫化的垫片；
b) 用新垫片材料硫化的垫片；
c) 模具型腔维修后硫化的垫片。

7 标志、包装、运输与贮存

7.1 标志

7.1.1 在每条垫片非密封面或泄漏信号槽应有下列标志内容：

a) 垫片材料代号（丁腈橡胶、三元乙丙橡胶、氟橡胶分别用“N”，“E”，“F”表示）；
b) 硫化日期（年、季度或月）；
c) 规格型号；
d) 垫片制造厂。
e) 对食品用垫片，应在垫片材料代号后再标注字母“S”。

7.1.2 同一批垫片的包装箱（或包装袋）中应有产品质量证明文件。质量证明文件至少应包含下列内容：

a) 产品合格证；
b) 垫片材料；
c) 规格型号；
d) 投料批号；
e) 数量；
f) 硫化日期；
g) 检验结果；
h) 贮存方法及储存期限；
i) 制造单位名称。

7.2 包装

7.2.1 应采用对垫片无损害、无污染的包装材料。

7.2.2 不同材料、型号的垫片应分别包装。

7.2.3 垫片的包装运输应使包装被打开以后垫片能恢复原状。

7.3 运输

垫片在运输过程中，不应与对垫片有腐蚀、有损害的物质接触，避免光照与雨雪的浸淋。

7.4 贮存

7.4.1 垫片应在阴凉、干燥、避免阳光直射或其他具有高紫外线光源的环境中存放，其环境温度应在0 ℃～40 ℃之间。

7.4.2 垫片不应与酸、碱、油类、有机溶剂及损害垫片的物质接触，避免重压。

ICS 67.180
X 69

中华人民共和国国家标准

GB/T 28720—2012

淀粉糖分类通则

General for starch sugar classification

2012-09-03 发布 2013-04-01 实施

中华人民共和国国家质量监督检验检疫总局
中国国家标准化管理委员会 发布

前　言

本标准按照 GB/T 1.1—2009 给出的规则起草。

本标准由全国食品工业标准化技术委员会(SAC/TC 64)提出。

本标准由全国食品工业标准化技术委员会工业发酵分技术委员会(SAC/TC 64/SC 5)归口。

本标准起草单位:广州双桥股份有限公司、鲁洲生物科技(山东)有限公司、梅花生物科技集团股份有限公司、浙江华康药业股份有限公司、中粮融氏生物科技有限公司、西王集团有限公司、保龄宝生物股份有限公司、菱花集团有限公司、河南永昌飞天淀粉糖有限公司、秦皇岛骊骅淀粉股份有限公司、中国生物发酵产业协会。

本标准主要起草人:杜军、李晓燕、徐正康、王德友、胡征宇、姚雪宏、谢海华、唐海静、刘宗利、满德恩、董得平、茹彩友、刘捷、汤桂标、王乃强、高素珍。

淀粉糖分类通则

1 范围

本标准规定了淀粉糖的分类及分类规则、分类说明。

本标准适用于以淀粉或淀粉质或淀粉以外的碳水化合物为原料生产的淀粉糖产品。

2 分类

2.1 按组成成分(含量以干基计)

2.1.1 葡萄糖:以淀粉或淀粉质为原料,经液化、糖化制得的葡萄糖液,并经过精制而成的,含葡萄糖成分的产品。

2.1.1.1 95%以上葡萄糖:葡萄糖含量大于等于95%的产品,如一水葡萄糖、无水葡萄糖、结晶葡萄糖。

2.1.1.2 30%以上葡萄糖:葡萄糖含量大于等于30%的产品,如葡萄糖浆、全糖粉。

2.1.2 麦芽糖:以淀粉或淀粉质为原料,经液化、糖化制得的麦芽糖液,并经过精制而成的,含麦芽糖成分的产品。

2.1.2.1 95%以上麦芽糖:麦芽糖含量大于等于95%的产品,如结晶麦芽糖。

2.1.2.2 70%以上麦芽糖:麦芽糖含量大于等于70%的产品,如高麦芽糖。

2.1.2.3 50%以上麦芽糖:麦芽糖含量大于等于50%的产品,如麦芽糖浆。

2.1.2.4 25%以上麦芽糖:麦芽糖含量大于等于25%的产品,如麦芽糖饴。

2.1.3 果糖:以淀粉或淀粉质为原料,经液化、糖化、异构、精制所得的含果糖的产品。

2.1.3.1 99%以上果糖:果糖含量大于等于99%的产品,如结晶果糖。

2.1.3.2 90%以上果糖:果糖含量大于等于90%的产品。

2.1.3.3 55%以上果糖:果糖含量大于等于55%的产品,如F55果葡糖浆。

2.1.3.4 42%以上果糖:果糖含量大于等于42%的产品,如F42果葡糖浆。

2.1.4 麦芽糊精:以淀粉或淀粉质为原料,经液化、精制、浓缩(或喷雾干燥)制成的不含游离淀粉的产品。

2.1.4.1 MD30:DE>20%。

2.1.4.2 MD20:16%≤DE≤20%。

2.1.4.3 MD15:11%≤DE<16%。

2.1.4.4 MD10:DE<11%。

注1:DE值(dextrose equivalent value)为还原糖(以葡萄糖计)占淀粉水解物干物质的百分比。

注2:MD为麦芽糊精(maltodextrin)的英文缩写。

2.1.5 低聚糖:又称寡糖,分子结构由10个(含)以下单糖分子以糖苷键相连接而形成的产品。

2.1.5.1 低聚异麦芽糖:主要成分为α-1,6-糖苷键结合的异麦芽糖(IG_2)、潘糖(P)、异麦芽三糖(IG_3)及四糖(含)以上(Gn)的产品。

2.1.5.2 低聚麦芽糖:葡萄糖以α-1,4糖苷键结合而得,聚合度为3~7的产品。

2.1.5.3 低聚果糖:果糖基主要经$\beta(2\rightarrow1)$糖苷键[含少许$\beta(2\rightarrow6)$糖苷键]连接而成,聚合度为2~9的产品。

2.1.5.4 其他低聚糖:如低聚木糖、水苏糖、棉籽糖、低聚龙胆糖、异麦芽酮糖、乳酮糖、低聚异麦芽酮糖、低聚壳聚糖、低聚半乳糖。

2.1.6 糖醇:以淀粉或淀粉质或淀粉以外的碳水化合物为原料,经过水解得到的产物,再经氢化、或发酵、或酶催法精制而成含有两个以上羟基的产品。

2.1.6.1 山梨(糖)醇:由山梨糖和己醛糖氢化制得的产品。

2.1.6.2 麦芽糖醇:由麦芽糖氢化制得的产品。

2.1.6.3 甘露糖醇:由甘露糖氢化制得的产品。

2.1.6.4 木糖醇:由木糖氢化制得的产品。

2.1.6.5 赤藓糖醇:又称 1,2,3,4-丁四醇,由藻类、地衣和草中分离而得,亦可由赤藓糖还原制取的产品。

2.1.6.6 异麦芽酮糖醇:又称氢化异麦芽酮糖(hydrogenated isomaltulose)或异麦芽酮糖醇(isomaltulose alcohol),由 α-D-呋喃葡糖基-1,6-D-山梨(糖)醇(α-D-glucopyranosyl-1,6-D-sorbitol;GPS)和 α-D-呋喃葡糖基-1,1-D-甘露糖醇(α-D-glucopyranosyl-1,1-D-mannitol;GPM)混合而成的产品。

2.1.6.7 其他糖醇,如原藻醇。

2.1.7 复合糖(醇):两种或两种以上淀粉糖或添加其他成分混合而成的产品,如复合啤酒用糖浆、复合低聚糖浆(粉)。

2.1.8 其他类:以上各类未包括的产品,如木糖、核糖、甘露糖、赤藓糖、葡萄糖酸盐及其衍生物、改性葡萄糖。

2.2 按物理形态

2.2.1 液体淀粉糖:终产品为液态的产品,如葡萄糖浆、麦芽糖浆、F55 果葡糖浆、F42 果葡糖浆。

2.2.2 固体淀粉糖:终产品为固态的产品,如结晶葡萄糖、全糖粉、结晶麦芽糖、结晶果糖、麦芽糊精。

2.3 按产品用途

2.3.1 食品工业用淀粉糖:用于食品工业的产品,如赤藓糖醇,可用于巧克力、焙烤制品、软饮料、糖果等。

2.3.2 医药工业用淀粉糖:用于医药工业的产品,如木糖醇,可作为糖尿病人的营养补充剂和辅助治疗剂。

2.3.3 饲料工业用淀粉糖:用于饲料工业的产品,如低聚木糖,作为饲料添加剂使用。

2.3.4 其他工业用淀粉糖:用于其他工业的产品,如山梨(糖)醇,在牙膏中作为赋形剂、保湿剂、防冻剂。

参 考 文 献

［1］ GB 7658—2005 食品添加剂 山梨糖醇液
［2］ GB 13509—2005 食品添加剂 木糖醇
［3］ GB 15203—2003 淀粉糖卫生标准
［4］ GB/T 20880—2007 食用葡萄糖
［5］ GB/T 20881—2007 低聚异麦芽糖
［6］ GB/T 20882—2007 果葡糖浆
［7］ GB/T 20883—2007 麦芽糖
［8］ GB/T 20884—2007 麦芽糊精
［9］ GB/T 20885—2007 葡萄糖浆
［10］ GB/T 23528—2009 低聚果糖
［11］ GB/T 23529—2009 海藻糖
［12］ GB/T 23532—2009 木糖
［13］ GB 26404—2011 食品安全国家标准 食品添加剂 赤藓糖醇
［14］ GB/T 26762—2011 结晶果糖、固体果葡糖
［15］ QB/T 2492—2000 功能性低聚糖通用技术规则
［16］ QB/T 2687—2005 啤酒用糖浆
［17］ QB/T 2984—2008 低聚木糖

ICS 25.220.99
A 29

中华人民共和国国家标准

GB/T 28721—2012

大气环境混凝土中钢筋的阴极保护

Cathodic protection of reinforcing steel in atmospherically exposed concrete structures

2012-09-03 发布 2013-02-01 实施

中华人民共和国国家质量监督检验检疫总局
中国国家标准化管理委员会 发布

前　言

本标准按照 GB/T 1.1—2009 给出的规则起草。

本标准由中国石油和化学工业联合会提出。

本标准由全国防腐蚀标准化技术委员会(SAC/TC 381)归口。

本标准起草单位:苏州热工研究院有限公司、中国工业防腐蚀技术协会、南京水利科学研究院、大亚湾核电站运营管理有限公司、中石化西北油田分公司工程研究院防腐蚀中心。

本标准主要起草人:高玉柱、葛燕、李济克、单龙信、林斌、刘爽、朱锡昶、李岩、周波、颜永贵、王昊、羊东明。

大气环境混凝土中钢筋的阴极保护

1 范围

本标准规定了大气环境混凝土中钢筋的阴极保护的术语和定义、总则、建筑物或构筑物状态评估与维修、阴极保护系统、安装程序、试运行、系统记录和文件、运行和维护。

本标准适用于大气环境混凝土中钢筋的阴极保护。

2 规范性引用文件

下列文件对于本文件的应用是必不可少的。凡是注日期的引用文件，仅注日期的版本适用于本文件。凡是不注日期的引用文件，其最新版本(包括所有的修改单)适用于本文件。

GB 4208 外壳防护等级(IP 代码)

GB/T 10123 金属和合金的腐蚀 基本术语和定义

GB/T 12706(所有部分) 额定电压 1 kV(U_m=1.2 kV)到 35 kV(U_m=40.5 kV)挤包绝缘电力电缆及附件

GB 19212.5 电源电压为 1 100 V 及以下的变压器、电抗器、电源装置和类似产品的安全 第 5 部分:隔离变压器和内装隔离变压器的电源装置的特殊要求和试验

GB/T 19285 埋地钢质管道腐蚀防护工程检验

GB/T 50344 建筑结构检测技术标准

CB* 3220 船用恒电位仪技术条件

JGJ/T 23 回弹法检测混凝土抗压强度技术规程

BS EN 1504-9 用于保护和修复混凝土结构的产品和系统 定义、要求、质量控制和合格评估 第 9 部分:产品和系统使用的一般规定(Products and systems for the protection and repair of concrete structures—Definitions, requirements, quality control and evaluation of conformity—Part 9: General principles for the use of products and systems)

3 术语和定义

GB/T 10123 中界定的以及下列术语和定义适用于本文件。

3.1

区域 zone

阴极保护系统的一个部分。

3.2

汇流点 drain point

阴极电缆与被保护建筑物或构筑物钢筋的连接点，保护电流通过此点流回电源。

3.3

阳极 anode

由外部电源提供保护电流用于建筑物或构筑物钢筋阴极保护的电极。

3.4

参比电极 reference electrode

具有稳定可再现电位的电极,在测量其他电极电位值时用以作为参照。

3.5

极化电位 polarized potential

在建筑物/电解质或构筑物/电解质界面处的电位,是钢筋腐蚀电位与阴极极化电位之和。腐蚀电位是在开路条件下,处于电解质中的腐蚀表面相对于参比电极的电位。

3.6

通电电位 on potential

阴极保护系统持续运行时测量的构筑物钢筋对电解质的电位。

3.7

断电电位 off potential

断电瞬间测得的构筑物钢筋对电解质的电位。

3.8

鲁金探头 luggin probe

为减少欧姆电位降对电位测量影响的探头。

3.9

宏电池探头 macro cell probe

肉眼可判别阳极和阴极的腐蚀探头。

4 总则

4.1 设计

设计过程参见附录 A,系统设计至少应包括以下内容:

a) 设计计算;

b) 材料和设备清单;

c) 施工详图;

d) 安装、调试、运行与维护的详细说明。

4.2 质量管理

4.2.1 系统及部件的设计、制造、安装、调试、运行与维护的文件资料都应完整地存档。

4.2.2 应按质量计划进行制造和施工。

4.2.3 系统在安装、调试和运行阶段应进行外观检查、机械测试和电测试。

4.3 人员

阴极保护系统的设计、安装、调试、运行与维护管理,应在受过培训、有可靠专业知识和经验人员的监督下进行。

5 建筑物或构筑物状态评估与维修

5.1 一般规定

5.1.1 在决定实施阴极保护前,应按照 BS EN 1504-9 的要求对建筑物或构筑物材料的状况、结构的完整性、是否需要维修和如何维修等进行评估。

5.1.2　在决定实施阴极保护后，应按照5.2～5.10的内容要求进行补充调查，确认是否适合采取阴极保护措施，并提供系统设计所需要的信息。

5.2　资料

查阅相关的图纸、说明书和记录，确定钢筋的位置、数量、种类和电连续性，以及混凝土的成分和质量情况。

5.3　外观检查和分层调查

5.3.1　对建筑物或构筑物的外观状况进行检查，分析缺陷类型、产生原因、影响范围及其周围的环境特征。

5.3.2　对建筑物或构筑物以往维修区域进行检查，了解使用的维修方法和材料。

5.3.3　对建筑物或构筑物拟采用阴极保护范围内的混凝土保护层进行分层检查。

5.3.4　对裂缝、蜂窝或质量不好的构造缝等缺陷进行记录。

5.4　氯化物分析

按照GB/T 50344的规定测定混凝土中氯化物的含量。

5.5　碳化深度测量

按照JGJ/T 23的规定测定混凝土的碳化深度。

5.6　混凝土保护层厚度和钢筋位置

5.6.1　对混凝土保护层厚度和钢筋的尺寸、位置进行测量。

5.6.2　检查和评估混凝土表面的小铁丝、金属纤维、金属板、塑料板等导电和非导电材料对阴极保护效果的影响。

5.6.3　对钢筋与阳极之间是否存在短路的可能性进行评估。

5.7　钢筋电连续性

5.7.1　按照7.1的要求检测下列内容：

a)　阴极保护系统每一区域内的建筑物或构筑物各构件彼此间的电连续性；

b)　构件中钢筋之间的电连续性；

c)　钢筋与其他金属构件之间的电连续性。

5.7.2　在维修和安装阶段，应按照7.1的方法对钢筋的电连续性进一步核查。

5.8　钢筋/混凝土电位

5.8.1　在测量钢筋/混凝土电位前，应对钢筋电连续性进行检查，确保钢筋/混凝土电位测量区域内的钢筋都是电连续的。

5.8.2　使用便携式参比电极，测量已损坏和未明显损坏区域内的钢筋/混凝土电位。测点宜按方格布置，方格的间距不大于500 mm。

5.8.3　不必对整个建筑物或构筑物的钢筋/混凝土电位进行检测，但应对设计安装参比电极的区域进行仔细的检测，以便将参比电极放置在未加阴极保护时电位最负的位置。

5.9　混凝土电阻率

按照GB/T 19285的规定测定混凝土的电阻率。

5.10 完整性要求

5.10.1 修补

在阴极保护系统安装之前应对破损或劣化的混凝土基体进行修补。

5.10.2 凿除混凝土

5.10.2.1 应凿除电阻率超过本体混凝土电阻率 50%～200%的修补材料。

5.10.2.2 应清除混凝土表面层内与阳极电连接的电线、钉子或其他金属部件。

5.10.2.3 不必去除已受氯化物污染或碳化但外观完好的混凝土。

5.10.3 钢筋处理

5.10.3.1 应清理钢筋表面的疏松腐蚀产物。

5.10.3.2 钢筋表面不宜有非金属涂层和绝缘粘结剂。

5.10.4 混凝土修复

5.10.4.1 应按照 BS EN 1504-9 的规定修复混凝土。

5.10.4.2 为避免阳极与钢筋短路，应适当增加混凝土保护层厚度。

5.10.4.3 用于混凝土修复的水泥基材料应满足以下要求：

a) 不含金属材料(包括纤维或粉末)；

b) 力学性能应与原混凝土接近；

c) 电阻率在本体混凝土电阻率的 50%～200%范围内。

5.10.4.4 安装阳极之前，不应在修复区域表面使用专用养护膜。

5.11 水泥基覆盖层

5.11.1 完成混凝土修补和阳极安装后，应在安装阳极的表面敷设一层水泥基覆盖层。覆盖层材料和实施方法应符合 BS EN 1504-9 的规定。覆盖层与原混凝土粘接强度的平均值应不小于 1.5 N/mm^2 且最小值应不小于 1.0 N/mm^2 或测试破坏面在原混凝土上。

5.11.2 实施覆盖层可与混凝土修补相结合。修补材料的电阻率应在本体混凝土电阻率的 50%～200%范围内。阳极覆盖层的电阻率最大不应超过 100 kΩ·cm。

5.11.3 在施工过程中应监测阳极和钢筋之间的电阻，防止短路。

5.11.4 养护膜应清除或能降解。

5.12 新建构筑物

对于新建构筑物，还应进行下列评估：

a) 按 7.1 进行钢筋电连续性的检查；

b) 监测传感器和电缆，避免在混凝土浇注和振捣时受到破坏；

c) 金属固定装置和附件等的连接、定位和绝缘，避免受到阴极保护系统的不良影响；

d) 绝缘垫片和固定件应有足够的刚性，确保阳极就位准确，防止在混凝土浇注和振捣时阳极和钢筋短路；

e) 浇注混凝土时应监测阳极和钢筋之间的电阻，防止短路。

6 阴极保护系统

6.1 系统组成

阴极保护系统主要由直流电源装置、阳极、监测传感器、监测设备、电缆、接线盒等组成。

6.2 供电电源

有交流电时，可通过变压-整流器提供直流电源装置。

没有交流电时，可用其他形式的电源，如柴油、风力或涡轮发电机为变压整流器提供交流电。可控的直流电源装置还可通过热电或太阳能发电机和风力或涡轮发电机直接产生，经过整流提供给间歇充电的电池系统，由该系统给直流控制器提供电源。

6.3 直流电源装置

直流电源装置应满足下列要求：

a) 应独立且连续可调。
b) 外壳防护等级符合 GB 4208 的规定。
c) 应具有电源开关、保险丝或断路器和漏电电流保护装置。
d) 主变压器应是符合 GB 19212.5 规定的隔离变压器。
e) 直流输出电压不超过 60 V。
f) 直流电源装置位于人或动物易接近的地方，且没有采取隔离措施时，直流输出电压不应超过 24 V。
g) 应具有从零到最大额定输出范围内的无级恒压、恒流或恒电位控制功能。
h) 应具有电流通、断功能，以便进行“瞬时断电”电位测量。
i) 可配备使用便携式仪器测量下列参数的设备接口：
——输出电压；
——输出电流；
——钢筋/混凝土相对于参比电极的电位；
——钢筋/混凝土相对于电位衰减传感器的电位；
——电流密度探头或宏电池探头/钢筋的电流。
j) 至少提供一个正极端和一个负极端用于电缆的连接。
k) 使用多通道设备时，每一个通道都应有完整的标识。
l) 所有的电测试都应按照 CB* 3220 规定的方法进行。

6.4 阳极

6.4.1 性能要求

阳极的输出电流应符合设计要求，不应导致阳极/混凝土界面的混凝土以及阳极性能的下降。

6.4.2 阳极材料

阳极可采用活性钛或性能更优的阳极材料。

6.4.3 阳极安装

6.4.3.1 混凝土表面安装

6.4.3.1.1 活性钛阳极应按照网状或格状形式分布在混凝土表面。

6.4.3.1.2 阳极之间应采用钛导电条采用点焊连接。

6.4.3.1.3 阳极/电缆连接接头应牢固，接触电阻小于 0.01 Ω。

6.4.3.1.4 在浇注混凝土之前，应使用非金属扣件将阳极固定在混凝土表面或钢筋上，保证阳极和钢筋之间不短路。

6.4.3.2 混凝土保护层凹槽中安装

6.4.3.2.1 阳极应采用实心或网状的钛条或钛格。

6.4.3.2.2 阳极的尺寸和分布应符合保护电流密度要求和最大阳极输出电流密度要求。

6.4.3.3 建筑物或构筑物中安装

6.4.3.3.1 阳极应按下列方式埋设在建筑物或构筑物中：

a) 条状、网状、格状或管状的阳极应埋在水泥基修补砂浆中；

b) 阳极应与石墨基导电回填料结合使用；

c) 用于新建构筑物阴极保护时应安装在混凝土结构中，用于旧构筑物时应安装在修补混凝土中。

6.4.3.3.2 回填料作为阳极系统的一部分时，回填料的工作电流密度和阳极的输出电流密度应符合设计要求。

6.4.3.3.3 使用石墨回填料时，应将石墨当作阳极来计算阳极/钢筋的最小间距。

6.5 监测传感器

6.5.1 基本要求

6.5.1.1 应在未施加阴极保护时电位最负处安装监测传感器，用于评估阴极保护的效果。

6.5.1.2 可使用参比电极测量钢筋/混凝土电位来判断系统的性能。

6.5.1.3 电位衰减电极、电流密度探头、宏电池探头等也可与参比电极配合使用。

6.5.2 固定式参比电极

宜采用双管银/氯化银（Ag/AgCl，0.5 mol/L KCl）凝胶电极和二氧化锰（Mn/MnO_2，0.5 mol/L NaOH）参比电极。

6.5.3 便携式参比电极

6.5.3.1 便携式参比电极可直接或通过鲁金毛细管在混凝土表面使用。

6.5.3.2 直接用于混凝土表面的参比电极应有一块可更换的海绵，确保电极与混凝土接触良好。

6.5.3.3 宜采用双管银/氯化银凝胶电极和二氧化锰电极。

6.5.4 其他传感器

6.5.4.1 电位衰减探头

6.5.4.1.1 电位衰减探头仅可用于测量钢筋/混凝土在有限时间内电位的变化（在电源通和断之间），通常不超过 24 h。该种探头不适用于测量钢筋/混凝土的绝对电位或超过 24 h 的长期电位衰减。

6.5.4.1.2 适合永久性安装在混凝土中的电位衰减探头有石墨、活化钛和锌。

6.5.4.2 电流密度探头和宏电池探头

6.5.4.2.1 电流密度探头和宏电池探头可用于确定钢筋的保护电流密度。

6.5.4.2.2 电流密度探头和宏电池探头应由与钢筋成分相同的钢材制造，埋设在混凝土中，也可截取一段钢筋来制作。

6.5.4.2.3 宏电池探头应包裹在高氯离子含量的砂浆圆柱体中。圆柱体中氯化物的含量应至少是建筑物或构筑物混凝土钢筋位置氯化物含量平均值的5倍。

6.5.4.2.4 可通过阴极保护系统通电后宏电池与主筋之间净电流方向是否发生变化来确认活性腐蚀区域是否受到足够的保护。

6.5.4.3 鲁金探头(电桥)

6.5.4.3.1 鲁金探头应含有装在刚性或半刚性绝缘材料中的离子导电介质。

6.5.4.3.2 鲁金探头使用的材料应适合于埋设在混凝土内，并应防止其完全干燥。

6.5.4.3.3 可用便携式参比电极通过鲁金探头测量埋在建筑物或构筑物深处的钢筋电位。

6.6 监测设备

6.6.1 数字仪表

6.6.1.1 数字仪表应满足以下要求：

a) 最小分辨率为1 mV；

b) 精度为±1 mV或更高；

c) 输入阻抗不小于10 MΩ。

6.6.1.2 零电阻电流表或其他装置的精度和分辨率应能使电流的测量精度小于被测量值的±1%。

6.6.2 数据记录仪

数据记录仪应满足以下要求：

a) 应有多通道输入或多路转接器；

b) 应装有识别测试位置、传感器、直流电源系统和阳极区域等功能的软件；

c) 最小输入阻抗为10 MΩ；

d) 测量范围为2 000 mV时分辨率至少为1 mV；

e) 精确度为±5 mV或更高；

f) 应能够在电源断电的0.1 s～0.5 s内采集到钢筋/混凝土电位；

g) 便携式数据记录仪应能够在户外和现场环境下使用；

h) 固定式数据记录仪应按照6.3和6.5的要求，将其放置在适合于现场环境和气候条件的盒子里，按照6.8的要求与传感器、直流电源装置等连接，应具备与网络的连接的功能。

6.7 数据管理系统

6.7.1 数据管理系统应能对校对、整理和评估阴极保护效果的数据和文件进行处理。

6.7.2 处理内容应至少包括下列信息：

a) 阳极区域布置图；

b) 传感器类型和位置；

c) 直流电源装置参数；

d) 初始(试运行前)传感器读数；

e) 试运行数据；

f) 试运行后的传感器数据；

g) 试运行后直流电源装置的输出数据；

h) 事件记录(如检查日期、系统运行的变化等)。

6.7.3 传感器测得的数据应符合 8.6 的规定。

6.8 电缆

6.8.1 电缆编码标识

6.8.1.1 单芯电缆

单芯电缆宜根据其功能以相应颜色编码：

a) 阳极电缆为红色；

b) 阴极电缆为黑色；

c) 测量接地电缆为灰色，但测量电缆与阴极电缆规格不同时，可为黑色；

d) 参比电极电缆为绿色；

e) 其他监测传感器电缆为黄色。

6.8.1.2 多芯电缆

多芯电缆宜通过颜色或数字标识。

6.8.2 电流、电压和温度

电缆电流、电压和温度应满足下列要求：

a) 在温度增加范围内能够承受大于设计电流的 25%的电流；

b) 电流达到设计最大电流的 125%时，电压降应满足直流电源装置的电压输出和阳极/阴极电压的要求，且电流分布均匀；

c) 温度范围应符合 GB/T 12706 的规定。

6.8.3 尺寸、绝缘和环境适用性

6.8.3.1 埋设在混凝土内或穿管和线槽的多芯电缆的最小芯线截面尺寸应满足以下要求：

a) 阳极和阴极电缆为 1.0 mm^2；

b) 监测电缆为 0.5 mm^2；

c) 数据网络电缆应满足网络要求。

6.8.3.2 单芯电缆最小芯线截面尺寸为 2.5 mm^2。

6.8.3.3 应按照设计功能和安装要求选择电缆。所选用的各种电缆应至少包有 7 股线，其绝缘和保护层应满足 GB/T 12706 的要求。

6.8.3.4 与阳极连接的电缆应适应 pH 值为 2 以下的酸性环境，安装在混凝土内的电缆应适合 pH 值为 13 以上的碱性环境。

6.9 接线盒

接线盒设计应按照 GB 4208 的要求进行。设计时应考虑接线盒内接头的类型，以及接线盒将遇到的最恶劣的外部环境和机械暴露条件。

7 安装程序

7.1 电连续性

7.1.1 使用直流变化极性电阻法或直流电位差法测量混凝土中钢筋之间或其他钢构件之间的电连续性。电阻应小于1.0 Ω或电位差小于1 mV。

7.1.2 在混凝土修补或其他工序施工期间，所有裸露的钢筋都应进行电连续性测试。如被测试的钢筋或部件断开，都应进行电连接，并确保其长期的电连接电阻小于1.0 Ω。在结构的每个单元或独立部分应留有裸露出的钢筋，进行测试以评定钢筋电连续性。

7.1.3 应对电连续性测试结果、所有的施工图、建筑物或构筑物的性质和结构进行评估。

7.1.4 应对固定在混凝土建筑物或构筑物上或作为混凝土建筑物或构筑物一部分的辅助钢构件(如嵌入的钢筋梁、支撑、排水管等)进行电连续性测试。

7.2 性能监测系统

7.2.1 直流电源装置应能够检测输出电压、输出电流、钢筋/混凝土电位。

7.2.2 应设置永久性的性能监测系统，以便按照第10章的规定对数据进行评定。

7.2.3 永久性安装的性能评估系统的布置范围和位置应包括下列区域：

a) 腐蚀概率或欠保护概率高的区域；

b) 过保护概率高的区域；

c) 腐蚀风险或腐蚀活性高的区域。

7.2.4 参比电极和传感器不应放置在修补混凝土中，保证其附近钢筋周围的混凝土始终不受到干扰。

7.3 混凝土中钢筋的连接

7.3.1 每个阴极保护区域应至少安装一根阴极电缆、一根测试电缆。

7.3.2 电缆与钢筋的连接电阻应小于0.01 Ω。

7.4 与阴极保护部件有关的混凝土维修

应按照第5章和BS EN 1504-9规定的方法与材料对阴极保护安装期间造成的混凝土破坏进行修复。

7.5 阳极安装前的表面处理

应按照BS EN 1504-9的要求对安装阳极的混凝土表面进行处理，表面应清洁，无泥土和碎石。

7.6 阳极安装

7.6.1 根据设计要求或规范进行阳极系统的安装。应采用已被试验或工程实践证明的方法。

7.6.2 避免阳极与任何钢筋、金属构件、绑扎钢筋的铁丝等短路。

7.6.3 实施水泥基覆盖层后，混凝土表面应保持必要的温度、湿度或水分，确保阳极和(或)覆盖层得到充分的养护。

7.6.4 在阳极系统表面实施覆盖层、表面密封剂或装饰涂层之前，应测量阳极/阴极之间的电阻和电位差以确定是否存在短路。如出现短路，应在下一步工序前进行检测和处理。

7.7 阳极连接

7.7.1 每一个阴极保护区域至少安装一根阳极电缆。

7.7.2 阳极与电缆的连接应采用螺栓或焊接方法。

7.7.3 电缆与钢筋的连接电阻应小于 0.01 Ω。

7.7.4 在实施阳极覆盖层、表面密封剂或装饰涂层之前，应对阳极连接状况进行 100%的检查。

7.8 阳极覆盖层、表面密封剂或装饰涂层的实施

实施阳极覆盖层、表面密封剂或装饰涂层，采用的施工方法和控制条件应通过试验或工程实践证明能够满足性能要求，并符合施工设计方案的要求。

7.9 电气安装

7.9.1 所有电气安装工作应按照国家电气安全标准进行。

7.9.2 除特殊要求外，还应采取下列电气安全措施：

a) 交流电缆应与直流电缆分开；
b) 电缆两端都应有标识；
c) 电缆应有支撑和保护以避免环境、人或动物的破坏；
d) 除 f)中的电缆连接外，其他电缆的连接应在密封罩或接线盒内；
e) 当接线盒不能满足对恶劣的外部暴露环境进行保护时，接线盒内电缆接头应防水处理；
f) 埋设在覆盖层中的电缆接头应采用已被试验或工程实践证明的方法处理；
g) 应按照国家标准对设备的电气安全、测试和维护进行标记。

7.10 安装过程中的测试

7.10.1 阴极保护系统测试应包括下列内容：

a) 所有回路的极性检查；
b) 所有回路的电连续性检查；
c) 所有回路的绝缘检查。

7.10.2 对直流电源装置进行电气安全测试。

8 试运行

8.1 外观检查

对阴极保护系统和所有组成部件进行全面的外观检查，所有部件和电缆应安装正确，并已做好标记。

8.2 通电前的测量

通电前，测量和记录下列各项：

a) 钢筋/混凝土相对于固定式参比电极或电位衰减传感器的电位；
b) 钢筋/混凝土相对于便携式参比电极的电位；
c) 其他传感器的数据。

8.3 初始通电

8.3.1 所有水泥基覆盖层养护 15 天后才能通电。

8.3.2 初始通电时，应采用较低的电流值通电并测量和记录，内容应包括下列内容：

a) 钢筋/混凝土相对于所有固定式参比电极和便携式参比电极的电位；
b) 直流电源装置的输出电压和输出电流；
c) 确认所有测量结果的极性符合设计要求，确认通电后的电位向负方向偏移。

8.4 初始调试

8.4.1 应调整电流使系统达到预期保护电位。

注 1：通电电流根据初始通电时系统的反应来确定(如通电时电位向负的方向偏移 200 mV 或 300 mV)。

注 2：在相对较低的电流密度下慢慢极化。

8.4.2 系统应在初始设置的电流下极化足够长的时间，然后再进行初始性能评估。

注：初始通电后的极化时间通常在 7 d 至 28 d 之间，采取慢极化通电方法(较低的初始电流)，充分极化时间可能超过 28 d。

8.5 初始性能评估

8.5.1 初始极化后，应进行初始性能评估，内容包括：

a) 测量各个区域的输出电压和输出电流，计算回路电阻；

b) 在所有固定参比电极位置和其他规定的位置测量“瞬时断电”电位(消除 IR 降)；

注 1：通常“瞬时断电”电位在断电后的 0.1 s～0.5 s 内测量。

c) 切断阴极保护电流达到稳定后测量电位衰减。应说明电位衰减的时间和测量钢筋/混凝土电位的时间间隔；

注 2：典型的衰减时间为 4 h～25 h，在断电后的 0.5 h、1 h、2 h、3 h、4 h、23 h、24 h、25 h 或其中的部分时间进行测量，阴极保护电流达到稳定的时间取决于极化衰减的程度和速度。

d) 测量监测系统传感器的参数；

e) 测量钢筋/混凝土的通电电位(包括 IR 降)。

注 3：测量瞬时断电电位期间，切断和接通直流电源装置进行连续的钢筋/混凝土电位测量。

8.5.2 用于“瞬时断电”电位测量的切断：接通的时间比最小为 1：4。

注：采用人工采集数据时，典型的时间为切断 3 s，接通 12 s。

8.6 保护准则

8.6.1 任一具有代表性的点应满足以下要求之一：

a) 瞬时断电电位负于－720 mV(相对于银/氯化银参比电极，下同)；

b) 瞬时断电 24 h 内的电位衰减至少为 100 mV；

c) 瞬时断电长时间后(24 h 或更长)的电位衰减至少为 150 mV。

8.6.2 普通钢筋的瞬时断电电位不负于－1 100 mV，预应力钢筋的瞬时断电电位不负于－900 mV。

8.7 保护电流的调整

若性能评估数据分析表明系统已达到保护准则要求，则可按照第 10 章的要求采取措施。若没有达到保护准则要求或是判断将来不能达到保护准则要求，应对保护电流进行调整，至少通电 28 d 后，再次按照 8.5 和 8.6 进行性能评估。

9 系统记录和文件

9.1 质量和测试记录

质量计划、质量文件、外观检查和测试结果都应作为系统记录。

9.2 安装和试运行报告

安装和试运行报告应包括以下内容：

a) 工程整体描述、工程参与者(如业主、设计工程师、监理工程师、承包商、分包商)和阴极保护系统设计、监理、试运行负责人及职责;
b) 有关系统安装和试运行的施工说明、规范和图纸以及设计计算书;
c) 有关安装和试运行的详细描述;
d) 竣工图,应详细描述系统安装及其组成部件,以满足将来对系统及其主体部件进行检查、维护和重建的需要;
e) 系统通电前后和初始系统性能评估期间所有的测量和测试数据;
f) 系统运行记录;
g) 阴极保护系统变更建议。

9.3 运行和维护手册

系统运行和维护手册的内容应包括:
a) 系统的详细描述和竣工图纸;
b) 日常维护和检查周期以及程序;
c) 性能评估及数据分析的周期和程序;
d) 日常维护、检查和性能评估;
e) 系统的维护/维修程序;
f) 系统主要部件清单,包括数据表和备件的来源,以及这些部件和整个系统的维护程序。

10 运行和维护

10.1 周期和程序

10.1.1 运行、维护检查、测试的周期和程序应按照运行和维护手册的要求进行。

10.1.2 配备有电子数据记录或电子数据发射监测系统的阴极保护系统,可降低现场测量的频率。

10.1.3 如经过连续的检查和测试,系统性能没有出现故障、损坏或明显的波动,可考虑延长日常检查和测试的周期。

10.1.4 日常检查程序如下:
a) 功能检查:
 1) 确认所有系统在运行;
 2) 测量阴极保护系统每个区域的输出电压和输出电流;
 3) 数据评估。
b) 性能评估:
 1) 测量"瞬时断电"电位;
 2) 测量电位衰减;
 3) 测量性能监测系统所有传感器的参数;
 4) 对阴极保护系统进行全面的外观检查;
 5) 评估数据;
 6) 调整保护电流。

10.1.5 所有检查和测试都应按照第8章的要求进行。

10.2 系统复查

检测和测试工作应包括下列各项,最长时间间隔不能大于12个月:
a) 对上次复查以后所有的测试数据和检查记录进行复查;

b） 按照 10.1.4 b)进行性能评估；

c） 对系统进行外观检查；

d） 对数据进行复查和分析整理，通常按照第 8 章的要求进行；

e） 如有必要，根据第 8 章的要求调整保护电流；

f） 依据 10.3 准备系统复查报告。

10.3 系统复查报告

报告应至少包括下列内容：

a） 所做的工作；

b） 收集的数据；

c） 有关改变运行和维护或系统复查间隔时间和程序的建议；

d） 对改变阴极保护系统的建议；

e） 其他需要增加的内容。

附 录 A
（资料性附录）
设 计 过 程

A.1 初步设计

经过可行性评价确认采取阴极保护作为修补方案后，根据以下因素（但不限于）初步确定阳极区域的位置和尺寸：混凝土中的氯化物含量、混凝土电阻率、混凝土湿度、钢筋表面积和分布、预计的保护电流、使用寿命、服役环境、重量、安装顺序和限制条件，同时初步考虑阳极类型、电缆布置、安装变压-整流器的位置。

A.2 阳极系统类型

根据钢筋表面积和分布以及选取或测量得到的阴极保护电流密度，计算阴极保护电流和每个阳极的工作电流密度，根据计算结果确定阳极类型，同时考虑 A.1 中的因素选择适当的覆盖层材料。

A.3 阳极系统布置

设计阳极区域的大小，布置和计算主阳极间距，确保各处的阴极保护电流满足要求，并使该区域内的电压差减少到最小。选取主阳极材料及其横截面，确定主阳极的分布及其与阳极电缆的连接位置以及所需的余量，并使电压降减至最小。

A.4 电流供给

根据工作电流和所需的预留容量，计算总的供给电流。

受到氯化物污染的混凝土中的钢筋，阴极保护所需的电流密度通常为 2 mA/m^2～20 mA/m^2（相对于钢筋表面积）；未受到氯化物污染的混凝土中的钝化钢筋，阴极防护所需的电流密度为 0.2 mA/m^2～2 mA/m^2。

由于极化作用，阴极保护所需的电流将随时间逐渐下降。

相对距阳极较远的钢筋，距阳极最近的钢筋将得到较高的阴极电流密度。

A.5 钢筋的连接

对电流回路和监控回路的钢筋连接进行设计，计算连接的数量和位置以及所需的余量，并使电压降减至最小。

A.6 电缆

确定阳极电缆和阴极电缆的横截面积和走向以及所需的余量，并使电压差降至最小；同时，确定每一接线盒的位置。

A.7 直流电源装置

根据工作电流和预留容量，用回路电阻计算变压-整流器的输出电压；确定用于监控等所需的辅助变压-整流器设备，提出对交流电源的要求。

A.8 监控

确定传感器和其它仪器设备的类型、频率、位置，以达到所需的监测和控制水平。同时确定数据存储要求。

A.9 资料

记载所使用材料/部件的设计资料和规范，系统的安装程序和分布以及各工作阶段要求进行的测试工作的详细内容

参 考 文 献

[1] BS EN 12696—2000 Cathodic protection of steel in concrete.

ICS 71.040.50
G 85

中华人民共和国国家标准

GB/T 28722—2012

氨基酸中铁和铅的测定 原子吸收光谱法

Determination of iron and lead in amino acids—Atomic absorption spectrometry

2012-09-03 发布　　2013-02-01 实施

中华人民共和国国家质量监督检验检疫总局
中国国家标准化管理委员会　发布

前言

本标准按照 GB/T 1.1—2009 给出的规则起草。

本标准由中国石油和化学工业联合会提出。

本标准由全国化学标准化技术委员会(SAC/TC 63)归口。

本标准起草单位:湖北出入境检验检疫局、浙江省化工研究院有限公司。

本标准主要起草人:崔海容、郭坚、方路、杨顺风、杜文、凌约涛。

氨基酸中铁和铅的测定 原子吸收光谱法

1 范围

本标准规定了用原子吸收光谱法测定氨基酸中铁和铅的方法。

本标准适用于氨基酸中铁和铅的测定。石墨炉原子吸收光谱法测铅的检出限为 0.005 mg/kg;火焰原子吸收光谱法测铅的检出限为 0.1 mg/kg、测铁的检出限为 2 mg/kg。

2 规范性引用文件

下列文件对于本文件的应用是必不可少的。凡是注日期的引用文件,仅注日期的版本适用于本文件。凡是不注日期的引用文件,其最新版本(包括所有的修改单)适用于本文件。

GB/T 6682 分析实验室用水规格和试验方法

3 铅的测定 石墨炉原子吸收光谱法

3.1 原理

试样经灰化或酸消解后,注入原子吸收分光光度计石墨炉中,原子化的铅通过光源发出的光,吸收其 283.3 nm 共振线,在一定浓度范围,其吸收值与铅含量成正比,与标准系列比较定量。

3.2 试剂

3.2.1 除另有规定外,所用试剂均为优级纯,水为 GB/T 6682 规定的一级水。

3.2.2 硝酸。

3.2.3 高氯酸。

3.2.4 硝酸溶液(0.5 mol/L)

取 3.2 mL 硝酸(3.2.2)加入 50 mL 水中,稀释至 100 mL。

3.2.5 硝酸溶液(1 mol/L)

取 6.4 mL 硝酸加入 50 mL 水中,稀释至 100 mL。

3.2.6 磷酸二氢铵溶液(20 g/L)

称取 2.0 g 磷酸二氢铵,以水溶解稀释至 100 mL。

3.2.7 混合酸[硝酸+高氯酸(4+1)]

取 4 份硝酸与 1 份高氯酸混合。

3.2.8 铅标准储备液(1 mg/mL)

准确称取 1.598 g 硝酸铅,加 10 mL 0.5 mol/L 硝酸溶液溶解后定量转移入 1 000 mL 容量瓶并定容。此溶液 1 mL 相当于 1 mg 铅。贮存于聚乙烯瓶内,4 ℃保存。

3.2.9 铅标准使用液

准确移取 1.00 mL 铅标准储备液于 1 000 mL 容量瓶中,用水定容,摇匀后备用。分别移取稀释后溶液 0 mL、1.00 mL、2.00 mL、4.00 mL、6.00 mL、8.00 mL 于 100 mL 容量瓶中,加硝酸(0.5 mol/L)

或硝酸(1 mol/L)至刻度。配制成每毫升含0.0 ng、10.0 ng、20.0 ng、40.0 ng、60.0 ng、80.0 ng的铅标准使用液。

3.3 仪器

3.3.1 原子吸收分光光度计(附石墨炉)。

3.3.2 高温炉。

3.3.3 可调式电热板、可调式电炉。

3.3.4 天平,0.1 mg。

3.3.5 实验室常用玻璃仪器,使用前均应以硝酸(1+5)浸泡过夜,并用水洗干净。

3.4 分析步骤

3.4.1 测定次数

对同一试样,至少独立测定两次,取其平均值。

3.4.2 试样消解

可根据实验室条件选用以下任何一种方法消解。

3.4.2.1 干法灰化

称取2.5 g试样(精确至0.000 1 g)于瓷坩埚中,先小火在可调式电热板上炭化至无烟,移入高温炉于500 ℃灰化6 h～8 h,冷却。若试样灰化不彻底,则加1 mL混合酸在可调式电炉上小火加热,反复多次直到消化完全,冷却至室温,用硝酸(0.5 mol/L)将灰分溶解,将试样消化液洗入或过滤入(如有不溶性残渣)25 mL容量瓶中,用水少量多次洗涤瓷坩埚,洗液合并于容量瓶中并定容至刻度,混匀备用;同时做空白试验,空白试验除不加试样外,其他操作与试样相同。

3.4.2.2 湿式消解法

称取2.5 g试样(精确至0.000 1 g)于锥形瓶或高型烧杯中,放数粒玻璃珠并加10 mL混合酸,置于电炉上消解,若变棕黑色,再加混合酸,直至冒白烟,消化液呈无色透明或略带黄色,冷却后将消化液洗入或过滤入(如有不溶性残渣)25 mL容量瓶中,用水少量多次洗涤锥形瓶或高型烧杯,洗液合并于容量瓶中并定容至刻度,混匀备用;同时做空白试验,空白试验除不加试样外,其他操作与试样相同。

3.4.3 测定

3.4.3.1 仪器条件

根据各自仪器性能调至最佳状态。参考条件为波长283.3 nm,狭缝0.2 nm～1.0 nm,灯电流5 mA～7 mA,干燥温度120 ℃,20 s,灰化温度450 ℃,持续15 s～20 s,原子化温度1 700 ℃～2 300 ℃,持续4 s～5 s,背景校正为氘灯或塞曼效应。

3.4.3.2 基体改进剂的使用

注入适量(5 μL)的基体改进剂磷酸二氢铵溶液(20 g/L)或与试样同量消除干扰。绘制铅标准曲线时也要加入与试样测定时等量的基体改进剂磷酸二氢铵溶液。

3.4.3.3 标准曲线绘制

吸取铅标准使用液0 ng/mL,10.0 ng/mL,20.0 ng/mL,40.0 ng/mL,60.0 ng/mL,80.0 ng/mL

(或 μg/L)各 10 μL,注入石墨炉,测量其吸光值,以吸光值为纵坐标、浓度为横坐标绘制标准曲线,同时计算吸光值与浓度关系的一元线性回归方程。

3.4.3.4 试样测定

分别吸取样液和试剂空白液各 10 μL,注入石墨炉,测得其吸光值,代入标准系列的一元线性回归方程中求得相应的铅含量。

3.5 结果计算

试样中铅的质量分数按式(1)进行计算。

$$w = \frac{(\rho - \rho_0) \times V \times 1\,000}{m \times 1\,000 \times 1\,000} \qquad \cdots\cdots(1)$$

式中:

w ——试样中铅的质量分数,单位为毫克每千克(mg/kg);

ρ ——测定样液中铅含量,单位为纳克每毫升(ng/mL);

ρ_0 ——空白液中铅含量,单位为纳克每毫升(ng/mL);

V ——试样消化液定量总体积,单位为毫升(mL);

m ——试样质量,单位为克(g)。

计算结果保留两位有效数字。

3.6 精密度

在规定条件下,获得的两次独立测定结果的绝对差值不得超过算术平均值的 20%。

4 铅和铁的测定 火焰原子吸收光谱法

4.1 原理

试样消解后,导入原子吸收分光光度计中,经火焰原子化后,铁、铅分别吸收光源中 248.3 nm、283.3 nm 的共振线,其吸收值与它们的含量成正比,与标准系列比较定量。

4.2 试剂

4.2.1 除另有规定外,所用试剂均为优级纯,水为 GB/T 6682 规定的一级水。

4.2.2 高氯酸。

4.2.3 硝酸。

4.2.4 混合酸[硝酸+高氯酸(4+1)]

取 4 份硝酸与 1 份高氯酸混合。

4.2.5 硝酸溶液(0.5 mol/L)

取 3.2 mL 硝酸(4.2.3)加入 50 mL 水中,稀释至 100 mL。

4.2.6 铁标准储备溶液(1 mg/mL)

准确称取金属铁(纯度大于 99.99%)1 g(精确至 0.000 1 g),或含 1.000 0 g 纯金属铁相对应的氧化物,加硝酸溶解并移入 1 000 mL 容量瓶中,加 0.5 mol/L 硝酸溶液并稀释至刻度。此溶液 1 mL 相当于 1 mg 铁。贮存于聚乙烯瓶内,4 ℃保存。

4.2.7 铅标准储备溶液(1 mg/mL)

按照 3.2.8 配制。

4.2.8 铁、铅标准使用液

分别吸取铁、铅标准储备液 0 mL、0.10 mL、0.20 mL、0.40 mL、0.60 mL、0.80 mL、1.00 mL 于 100 mL 容量瓶中，加硝酸（0.5 mol/L）至刻度。稀释成浓度为 0 μg/mL，1.0 μg/mL，2.0 μg/mL，4.0 μg/mL，8.0 μg/mL，10.0 μg/mL 的标准使用液。

4.3 仪器

4.3.1 原子吸收分光光度仪。

4.3.2 电热板。

4.3.3 高温炉。

4.3.4 天平，0.1 mg。

4.3.5 实验室常用玻璃仪器，使用前均应以硝酸（1+5）浸泡过夜，并用水洗干净。

4.4 分析步骤

4.4.1 测定次数

对同一试样，至少独立测定两次，取其平均值。

4.4.2 试样消解

可根据实验室条件选用以下任何一种方法消解。

4.4.2.1 干法灰化

准确称取 2.5 g（精确至 0.000 1 g）试样于 250 mL 高型烧杯中，加混合酸消化液 20 mL～30 mL，盖上表面皿。置于电热板或电炉上进行加热消化。如未消化好而酸液过少，再补加几毫升混合酸消化液，继续消化，直至无色透明为止。加热除去多余的硝酸，待溶液至 2 mL～3 mL 时取下冷却，用去离子水洗至 25 mL 容量瓶中，加水定容至刻度。同时做空白试验，空白试验除不加试样外，其他操作与试样相同。

4.4.2.2 湿式消解法

称取试样 2.5 g（精确至 0.000 1 g）于锥形瓶或高型烧杯中，放数粒玻璃珠并加 10 mL 混合酸，置于电炉上消解，若变棕黑色，再加混合酸，直至冒白烟，消化液呈无色透明或略带黄色，冷却后用滴管将试样消化液洗入或过滤入（如有不溶性残渣）25 mL 容量瓶中，用水少量多次洗涤锥形瓶或高型烧杯，洗液合并于容量瓶中并定容至刻度，混匀备用；同时做空白试验，空白试验除不加试样外，其他操作与试样相同。

4.4.3 测定

4.4.3.1 测定条件

参数见表 1。

表 1 测定条件参数

元素	波长/nm	光源	火焰	标准系列浓度范围/（μg/mL）	稀释溶液
铁	248.3	空心阴极灯	空气-乙炔	1.0～10.0	0.5 mol/L 硝酸溶液
铅	283.3	空心阴极灯		1.0～10.0	

其他实验条件：仪器狭缝、空气及乙炔的流量、元素灯电流等均按使用的仪器说明调至最佳状态。

4.4.3.2 标准曲线绘制

取浓度分别为 0 μg/mL，1.0 μg/mL，2.0 μg/mL，4.0 μg/mL，8.0 μg/mL，10.0 μg/mL 的铅、铁标准使用液进样，测量其吸光值，以吸光值为纵坐标、浓度为横坐标绘制标准曲线，同时计算吸光值与浓度关系的一元线性回归方程。

4.4.3.3 试样测定

分别将试剂空白液和样品试液进样分析，测得其吸光值，代入标准系列的一元线性回归方程中求得相应的铅含量。

4.4.4 结果计算

试样中铅或铁的质量分数按式(2)计算：

$$w=\frac{(\rho-\rho_0)\times V\times 1\ 000}{m\times 1\ 000} \quad \cdots\cdots(2)$$

式中：

w ——试样中铅或铁的质量分数，单位为毫克每千克(mg/kg)；

ρ ——测定样液中铅或铁的含量，单位为微克每毫升(μg/mL)；

ρ_0 ——空白液中铅或铁的含量，单位为微克每毫升(μg/mL)；

V ——试样消化液定量总体积，单位为毫升(mL)；

m ——试样质量，单位为克(g)。

计算结果保留两位有效数字。

4.5 精密度

在规定条件下，获得的两次独立测定结果的绝对值不得超过算术平均值的 15%。